农业实用技术培训教材

XIANDAI
YANGZHI
SHIYONG JISHU

现代养殖

实用技术

何德肆 ◎主编

中国农业出版社

图书在版编目（CIP）数据

现代养殖实用技术 / 何德肆主编 . —北京：中国
农业出版社，2017.4（2019.6 重印）
农业实用技术培训教材
ISBN 978-7-109-22915-0

Ⅰ. ①现… Ⅱ. ①何… Ⅲ. ①养殖—农业技术—技术
培训—教材 Ⅳ. ① S8

中国版本图书馆 CIP 数据核字（2017）第 078066 号

中国农业出版社出版
（北京市朝阳区麦子店街 18 号楼）
（邮政编码 100125）
责任编辑　黄向阳　郭永立　林珠英　神翠翠
————————————
北京通州皇家印刷厂印刷　　新华书店北京发行所发行
2017 年 4 月第 1 版　　2019 年 6 月北京第 3 次印刷
————————————
开本：787mm×1092mm　1/16　印张：39
字数：750 千字
定价：96.00 元
（凡本版图书出现印刷、装订错误，请向出版社发行部调换）

编委会名单

主　编　何德肆

副主编　陈钦华　邓灶福　尹存成　陈佩华　龙唐忠

委　员（按姓名笔画排序）

王文龙　朱万江　李　萍　李　微　李昊帮

李海辉　肖玉梅　何忠伟　张　李　张　彬

欧阳叙向　周团章　赵炳国　姜卫星　贾伟华

高　帅　黄兴国　黄其永　黄登斌　葛玲瑞

董益生　滕　茜　熊　钢

本书有关用药的声明

随着兽医科学研究的发展、临床经验的积累及知识的不断更新，治疗方法及用药也必须或有必要做相应的调整。建议读者在使用每一种药物之前，参阅厂家提供的产品说明书以确认推荐的药物用量、用药方法、所需用药的时间及禁忌等，并遵守用药安全注意事项。执业兽医有责任根据经验和对患病动物的了解决定用药量及选择最佳治疗方案。出版社和作者对动物治疗中所发生的损失或损害，不承担任何责任。

中国农业出版社

序

十八大以来，以习近平同志为核心的党中央对于"三农"问题更加高度重视，采取了一系列务实、接地气的措施，描绘出了一幅幅更加美好的"三农"发展画卷。《中华人民共和国国民经济和社会发展第十三个五年规划纲要》提出，"必须加快转变农业发展方式，着力构建现代农业产业体系、生产体系、经营体系，提高农业质量效益和竞争力，走产出高效、产品安全、资源节约、环境友好的农业现代化道路"。《全国农业现代化规划（2016—2020年）》也指出，"农业的根本出路在于现代化"，要"坚定不移地深化农村改革、加快农村发展、维护农村和谐稳定，突出抓好建设现代农业产业体系、生产体系、经营体系三个重点，紧紧扭住发展现代农业、增加农民收入、建设社会主义新农村三大任务"。为早日实现上述目标要求，近年来每年"中央一号"文件都聚焦"三农"发展问题。农业在我国国民经济中的基础地位更加牢固，农业现代化的步伐更加坚实。

现代农业属于技术、资本、人才密集型产业。要真正实现传统农业到现代农业的转型，人才是关键。近年来，虽然我国不少地区有了适度的农业生产规模和一定的物质技术装备，但具有专业素养的职业农民仍然十分匮乏，农村"技工荒"现象日益严重。为解决这一矛盾和问题，《国家中长期人才发展规划纲要（2010—2020年）》提出"以提高科技素质、职业技能和经营能力为核心，以农村实用人才带头人和农村生产经营型人才为重点，着力打造服务农村经济社会发展、数量充足的农村实用人才队伍"。《"十三五"全国新型职业农民培育发展规划》也提出"以提高农民、扶持农民、富裕农民为方向，以吸引年轻人务农、培养职业农民为重点，通过培训提高一批、吸引发展一批、培育储备一批，加快构建一支有文化、懂技术、善经营、会管理的新型职业农民队伍"。因此，培育新型职业农民是我国"三农"发展中的重点目标和任务，也是解决我国"三农"问题的重要途径，更是开创中国特色农业发展道路的现实选择。

养殖业是衡量一个国家和地区农业发展水平的重要标志。发展养殖业是现代化农业发展的客观要求。近年来，我国养殖业继续呈现持续健康发展的态势，为保持有效供给、增加农牧民收入、繁荣农业农村经济做出了突出贡献。但是，我国农村养殖人员的专业素质与操作技能离养殖业现代化的要求还有一定差距，需要进行专

1

业辅导和培训。《现代养殖实用技术》涵盖了绝大部分家畜家禽、特种养殖和水产养殖技术内容，是养殖从业人员学习、培训的好教材。通过引导养殖者自学和集中培训，尽快打造一支新型职业农民队伍，为实现"农业强起来、农民富起来、农村美起来"的发展目标做出应有贡献。

本书立足我国农村养殖业发展的实际和养殖生产中存在的主要问题，为农民朋友系统地介绍了猪、牛、羊、家禽、特种动物、水产动物等的生态养殖新技术以及养殖产品加工新工艺，内容丰富、数据翔实、可操作性强，适用于新型职业农民和基层农业干部培训使用。

全国畜牧总站总畜牧师

2017 年 4 月

社会主义新农村建设的过程是与我国现代化建设同步的过程，建设社会主义新农村、发展现代农业最终要靠有文化、懂技术、会经营的新型农民。没有新型农民，就没有新农村；没有农民素质的现代化，就没有农业和农村的现代化。农民科技文化素质的高低直接决定着农村生产力的发展水平，直接影响新农村建设的发展进程。搞好农民科技与文化的培训，提高农民整体素质，已成为发展现代农业、全面推进新农村建设的当务之急。如果为数众多的农村劳动力的综合素质得到提高，就可以变人口压力为劳动力资源优势。因此，各级政府都大力发展农村职业教育和技能培训，以提高农民的整体素质。《现代养殖实用技术》一书的出版，对于农村基层干部、农技推广人员、养殖户和农民了解农业新技术，对于指导农民发展养殖业生产、调整产业结构，提高农民科技文化素质和致富本领，促进农业和农村经济更快更好地发展，都具有较大的推动作用。

《现代养殖实用技术》共分九大部分，内容包括生猪标准化生态养殖技术、种草养羊技术、肉牛饲养技术、林地生态土鸡养殖技术、水禽养殖技术、特种动物养殖技术、活水养鱼技术、特种水产养殖技术和畜禽产品贮藏与加工。本书紧密结合生产实际，内容丰富，技术先进，方法实用，通俗易懂。读者对象主要是从事养殖业和畜禽产品加工的广大农民朋友，也适合于基层农业技术推广人员、农村基层干部及农业院校师生阅读参考。希望本书的编辑出版能对推广科普知识、推动现代农业的发展和促进农民增收起到应有的作用。

本书由湖南生物机电职业技术学院动物科技学院何德肆主编，参加编写的人员有湖南畜牧兽医研究所李昊帮、高帅，湖南农业大学动物科技学院陈佩华、张彬、陈钦华，湖南生物机电职业技术学院动物科技学院邓灶福、欧阳叙向、董益生、肖玉梅、葛玲瑞、熊钢、贾伟华、李萍、李微，湖南省野生动物救护中心姜卫星，湖南猪卫士科技服务有限公司李海辉，湖南伟益农业科技有限公司黄其永、佳和农牧股份有限公司王文龙，北京农学院何忠伟，湘西民族职业技术学院滕茜，湖南省蚕桑科学研究所龙唐忠，永州工贸学校尹存成、朱万江、张李、黄登斌，内蒙古巴彦淖尔市乌拉特中旗海流图镇兽医站赵炳国。

本书参考和引用了国内外许多作者的观点和有关资料，在此谨向有关作者表示深切的谢意。在编写过程中，得到了农业部相关领导和湖南农业大学动物科技学院等同行专家的关心、帮助和指导，在此一并表示感谢。

　　由于本教材内容较多，涉及知识面较广，受知识水平和资料条件限制，难免会有缺点甚至错误，恳切希望广大读者和同行专家学者不吝赐教，以便今后修改完善。

编者
2017 年 4 月

目　录

1

第一章
生猪标准化生态养殖技术

第一节　标准化规模养猪场的选址与设计

一、选址与猪舍设计参数

（一）选址

（1）土地使用应符合相关法律法规与区域内土地使用规划,场址选择不得位于《中华人民共和国畜牧法》明令禁止的区域。应选择地形整齐、开阔,地势高燥、平坦、向阳,土质坚实、未被污染,水质良好、水源充足,供电和交通方便的地方建设猪场。应距铁路、公路、城镇、居民区或其他公共场所1km以上,并应位于居民区的下风向或侧风向。距屠宰厂、畜产品加工厂、垃圾及污水处理场、旅游区2 000m以上。占地面积符合生猪养殖需要,每头能繁母猪占地40m²以上。

（2）场区总体布局参照GB/T 17824.1—8《规模猪场建设》,做到生产区与生活区分开,生产区内母猪区、保育与生长区分开。

（3）应根据生产工艺流程确定猪舍的种类和布局,按人工受精站、配种舍、妊娠舍、分娩哺育舍、断乳仔猪舍、生长猪舍、育肥猪舍和装猪台进行排列。

（4）应根据当地的主风向和地理位置确定猪舍朝向,猪舍的理想朝向是座北朝南偏东15°～20°。

（5）每相邻两栋猪舍的间距不应小于一栋猪舍的宽度,一般应为12～15（8～10）m。

（6）猪舍布局分设净道和污道。净道一般位于场区中部靠近每栋猪舍管理间一端,用于饲养人员出入和饲料的运送,进口与场区大门相通;污道一般位于猪舍的另一端,用于运送粪污,出口与堆粪场相通。设有污水处理区与病死猪无害化处理区。

（7）场区周围应建设围墙或防疫沟,并建绿化带。

（8）应设有污水处理区与病死猪无害化处理区。

（二）猪舍及其附属设施

（1）生猪标准化示范场要求能繁母猪年存栏300头以上（含300头），年出栏肥猪5 000头以上，至少应配备72个产床。猪舍的设计与建造应综合生产工艺流程和技术水平等多种因素进行，要求设计科学、技术先进、经济适用。分娩舍、保育舍应采用高床式栏舍设计，种猪舍与保育舍应配备必要的通风换气、温度调节等设备，并有自动饮水系统。

（2）猪舍建筑宜采用单层矩形平面，不宜采用丁字形、工字形平面。猪舍长度和跨度可根据生产工艺和场区规划要求设置，一般长度以45～75m为宜，跨度以9～12m为宜，舍内净高以2.4～2.6m（2.7～3.1m）为宜。

（3）猪舍屋顶可根据跨度大小采用单坡、双坡等形式，要求屋面轻便、防水、耐火。屋内要设置天棚，要求天棚保温隔热、不透水、不透气、防潮、耐火、表面光滑平整。

（4）猪舍墙体要保温隔热、坚固、防潮、防火，内墙面要平整光滑，距地面1m高要做水泥砂浆墙裙。

（5）窗应自地面1.0～1.1m起，窗顶距屋檐40～50cm，两窗间距为窗宽度的2倍，多设南窗，少设北窗，以能保证夏季通风为宜。门能保证人、猪顺利出入和运料、除粪的需要，一般要求猪舍外门宽1.2～1.5m，高1.8～2.2（2.0～2.2）m。外门的设置最好避开冬季主风向，必要时加设门斗。

（6）猪舍地面要坚实、平整、不光滑、不渗漏、耐消毒液或水冲洗。如为实体地面饲养时，要求猪只趴卧区具有较好的保温性能，宜将此部分做成保温地面；地面自猪床向排水沟（或集尿沟）要有1%～2%（3%～3.5%）的坡度。

（7）公猪栏长2.8～3.0m，宽2.4～2.6m，高1.2m。如为栅栏式猪栏隔条间距为12～15cm。

（8）空怀母猪栏和妊娠母猪栏按每头能繁母猪配套建设8m²（销售猪苗）、12m²（销售活大猪）的栏舍面积进行核算，其中母猪区每头能繁母猪配套建设5.5m²栏舍，并建有后备猪隔离舍。

（9）实体地面分娩哺育栏长2.8～3.0m、宽2.8～3.0m、高1.0m，饲养1头分娩哺乳母猪及其所哺育的仔猪，如隔栏为栅栏应使栏高50cm以下部分隔条间距为5cm，栏高50cm以上部分隔条间距为10～12cm。在猪栏内靠近母猪睡床的一角设置护仔栏，内可设保温箱、悬挂红外线灯或铺设电热板、放置补料槽等；高床网上分娩哺育栏长2.2～2.3m、宽1.7～1.8m，四周设50cm高仔猪实体或栅栏围栏。如为栅栏围栏，隔条间距为5cm，中间设母猪限位架。

（10）高床网上保育仔猪栏长1.8～2.0m、宽1.6～1.8m，实体或栅栏围栏高0.7m。

如为栅栏围栏，隔条间距为7cm，饲养9～11头断乳仔猪。也可建成长2.5～3.5m、宽2.4～3.0m、高0.7m的保育仔猪栏，饲养20～25头断乳仔猪。如为实体地面饲养，应适当增加每头猪的占地面积。

（11）生长猪栏长2.5～3.0m、宽1.9～2.1m、高0.8m，饲养9～11头生长猪；也可建成长3.2～4.8m、宽3.0～3.5m、高0.8m的生长猪栏，饲养20～25头生长猪。如隔栏为栅栏隔条间距为8～10cm。

（12）育肥猪栏长3.0～3.2m、宽2.6～2.8m、高0.9m，饲养9～11头育肥猪；也可建成长3.0～3.2m、宽5.5～6.0m、高0.9m的育肥猪栏，饲养20～25头育肥猪。如隔栏为栅栏隔条间距为10～12cm。

（13）养猪场有防疫隔离带，防疫标志明显，场区入口应设有车辆、人员消毒池，生产区入口有更衣消毒室，对外销售的出猪台与生产区保持严格隔离状态。

二、环境保护

（一）环保设施

（1）养猪场的储粪场所位置合理，并具有防雨、防渗设施。
（2）养猪场配备焚烧炉或化尸池等病死猪无害化处理设施。

（二）废弃物处理

1. 处理原则

（1）根据"资源化、无害化、减量化"与"节能减排"的原则对猪场废弃物进行集中管理。采用先进的工艺、技术与设备、改善管理、综合利用等措施，从源头削减污染量。

（2）生猪粪便处理应坚持综合利用的原则，实现粪便的资源化。

（3）养猪场必须建立配套的粪便无害化处理设施或处理（置）机制。

（4）养猪场应严格执行国家有关法律、法规和标准，粪便经过处理达到无害化指标或有关排放标准后才能施用和排放。

2. 处理场地的要求

（1）新建、扩建和改建养猪场必须配置猪粪便处理设施或猪粪便处理场。已建的养猪场没有处理设施或处理场的，应及时补上。猪场的选址禁止在下列区域内建设猪粪便处理场：

①生活饮用水水源保护区、风景名胜区、自然保护区的核心区及缓冲区。

②城市和城镇居民区，包括文教科研区、医疗区、商业区、工业区、游览区等人口集中地区。

③县级人民政府依法划定的禁养区域。

④国家或地方法律、法规规定需特殊保护的其他区域。

（2）在禁建区域附近建设猪粪便处理设施和单独建设的猪粪便处理场，应设在规定的禁建区域常年主导风向的下风向或侧风向处，场界与禁建区域边界的最小距离不得小于500m。

3. 处理场地的布局

设置在养殖区域内的粪便处理设施应按照NY/T 682的规定设计，应设在养殖场生产区、生活管理区的常年主导风向的下风向或侧风向处，与主要生产设施之间保持100m以上的距离。

4. 粪便的收集

（1）新建、扩建和改建猪场应采用先进的清粪工艺，避免粪便与冲洗等其他污水混合，减少污染物排放量，已建的猪场要逐步改进清粪工艺。

（2）粪便收集、运输过程中必须采取防扬散、防流失、防渗漏等环境污染防止措施。

5. 粪便的贮存

（1）猪场产生的粪便应设置专门的贮存设施。

（2）猪场或粪便处理场应分别设置液体和固体废弃物贮存设施，粪便贮存设施位置必须距离地表水体400m以上。

（3）粪便贮存设施应设置明显标志和围栏等防护措施，保证人畜安全。

（4）贮存设施必须有足够的空间来贮存粪便。在满足下列最小贮存体积条件下设置预留空间，一般在能够满足最小容量的前提下将深度或高度增加0.5m以上。

①对固体粪便储存设施其最小容积为贮存期内粪便产生总量和垫料体积的总和。

②对液体粪便贮存设施最小容积为贮存期内粪便产生量和贮存期内污水排放量的总和。对于露天液体粪便贮存时，必须考虑贮存期内降水量。

③采取农田利用时，猪粪便贮存设施最小容量不能小于当地农业生产使用间隔最长时期内猪场粪便产生总量。

（5）猪粪便贮存设施必须进行防渗处理，防止污染地下水。

（6）猪粪便贮存设施应采取防雨（水）措施。

（7）贮存过程中不应产生二次污染，其恶臭及污染物排放应符合GB 18596的规定。

6. 粪便的处理

（1）禁止未经无害化处理的猪粪便直接施入农田。猪粪便经过堆肥处理后必须达到表1-1的卫生学要求。

（2）猪固体粪便宜采用条垛式、机械强化槽式和密闭仓式堆肥等技术进行无害化处理，养猪场和猪粪便处理场可根据资金、占地等实际情况选用。

①采用条垛式堆肥，发酵温度45℃以上的时间不少于14天。

表 1-1　粪便堆肥无害化卫生学要求

项　目	卫　生　标　准
蛔虫卵	死亡率 ≥ 95%
粪大肠菌群数	≤ 10^5 个 /kg
苍蝇	有效地控制苍蝇滋生，堆体周围没有活的蛆、蛹或新羽化的成蝇

②采用机械强化槽式和密闭仓式堆肥时，保持发酵温度 50℃以上时间不少于 7 天，或发酵温度 45℃以上的时间不少于 14 天。

③液态猪粪便可以选用沼气发酵、高效厌氧、好氧、自然生物处理等技术进行无害化处理。处理后的上清液和沉淀物应实现农业综合利用，避免产生二次污染。

（3）处理后的上清液

①处理后的上清液、沉淀物作为肥料进行农业利用时，其卫生学指标应达到表 1-2 的要求。

表 1-2　液态粪便厌氧处理无害化卫生学要求

项　目	卫　生　标　准
寄生虫卵	死亡率 ≥ 95%
血吸虫卵	在使用粪液中不得检出活的血吸虫卵
粪大肠菌群数	常温沼气发酵 ≤ 10 000 个 /L，高温沼气发酵 ≤ 100 个 /L
蚊子、苍蝇	有效地控制蚊蝇滋生，粪液中无孑了，池的周围无活的蛆、蛹或新羽化的成蝇
沼气池粪渣	达到表 1-1 要求后方可用作农肥

②处理后的上清液作为农田灌溉用水时，应符合 GB 5084 的规定。

③处理后的污水直接排放时，应符合 GB 18596 的规定。

（4）无害化处理后的猪粪便进行农田利用时，应结合当地环境容量和作物需求进行综合利用规划。

（5）利用无害化处理后的猪粪便生产商品化有机肥和有机－无机复混肥，须分别符合 NY 525 和 GB 18877 的规定。

（6）利用猪粪便制取其他生物质能源或进行其他类型的资源回收利用时，应避免二次污染。

7. 对粪便处理场场区要求

猪粪便处理场场区臭气浓度应符合 GB 18596 的规定。

8. 对排放水的要求

猪场产生的排放水应符合 GB 18596—2001 的要求。

9. 监督与管理

（1）养猪场和猪粪便处理场按当地农业部门和环境保护行政主管部门的要求，定期报告粪便产生量、粪便特性、贮存、处理设施的运行情况，并接受当地和上级农业部门和环境保护机构的监督与检侧。

（2）排污口标志应按国家环境保护总局有关规定设置。

（三）无害化处理

养猪场的病死猪采取深埋或焚烧的方式进行无害化处理。

（四）环境卫生

养猪场区内垃圾集中堆放，位置合理，无杂物堆放。

三、管理制度

具备养猪场备案登记手续，档案完整，具备《种畜禽生产经营许可证》，并无非法添加物使用记录。

（一）建立质量管理制度

（1）应根据质量管理目标以有效文件的形式建立质量管理制度。
（2）应建立岗位管理制度，明确各部门及岗位的工作职责，以及产品质量的负责机构和人员。
（3）应建立设备、设施的维护程序。
（4）应建立各生产岗位的技术操作规范。
（5）应建立原料（投入品）的采购、使用和管理制度。
（6）应建立卫生防疫制度。
（7）应建立对病、死猪的治疗、隔离、处理制度。
（8）应建立产品质量检验制度。
（9）应建立产品标识、质量追溯制度。
（10）应建立职工培训制度。
（11）应建立内部审核和官方评审制度。
（12）各项管理制度要求挂墙。

（二）员工要求

（1）技术负责人须具有畜牧兽医专业中专以上学历并从事养猪业三年以上。
（2）应了解自己在质量管理体系中的作用和职责。

（3）应取得健康证。

（三）记录要求

（1）应根据监控方案的要求建立生产过程，以提供符合要求和质量管理体系有效运行的证据。记录应保持清晰、易于识别和检索，保存 2 年以上。

（2）生产记录　包括圈舍号、畜禽变动情况（转入、转出等）、存栏数、记录时间、记录人员等。

（3）饲料、饲料添加剂和兽药使用记录　包括开始使用时间、投入品名称、生产厂家、批号 / 加工日期、用量、停止使用时间、记录时间、记录人员等。

（4）消毒记录　包括日期、消毒场所、消毒药名称、用药剂量、消毒方法、操作员签字等。

（5）免疫记录　包括时间、圈舍号、存栏量、免疫数量、疫苗名称、生产厂家、批号（有效期）、免疫方法、免疫剂量、免疫人员等。

（6）诊疗记录　包括时间、畜禽标识编码、圈舍号、日龄、发病数、病因、诊疗人员、用药名称、用药方法、诊疗结果等。

（7）防疫检测记录　包括采样日期、圈舍号、采样数量、监测项目、监测单位、监测结果、处理情况等。

（8）畜禽无害化处理记录　包括日期、数量、处理或死亡原因、畜禽标识编码、处理方法、处理单位（或责任人）等。

（9）设备、设施的维护记录　包括日期、设备名称、维护情况、维护人等。

（10）产品质量检验记录　包括产品名称、检测日期、检测方法、检测结果、检测单位（人）等。

（11）产品销售记录　包括销售时间、销售批次、销售数量、销售价格、销售地点等。

（四）培训方案

应对全体职工进行质量管理体系相关知识的培训，使其理解掌握质量管理的要求和岗位要求。

第二节　生猪标准化规模养殖生产操作流程

一、生物安全与兽医防疫流程

猪场生物安全存在"广义"与"狭义"之分，广义的范畴是指阻止一切外源病原微生物传入猪场和切断内源病原微生物在猪场内各阶段猪群中的循环传播与感染；狭义的范畴是指猪群的免疫、保健与隔离治疗，以及猪场消毒等兽医防疫体系。

（一）猪场规划与配套设施建设的生物安全及兽医防疫要求

1. 防疫设施

根据防疫需要，设立更衣消毒室、兽医室、隔离舍、病死猪无害化处理间等，并应设在猪场下风向 50m 以外，场内道路布局合理，进料（净道）和出粪（污道）道严格分开，防止交叉感染。

2. 全场按照功能分区

养猪场做到生产区与生活区、行政管理区严格分开，生产区应在离生活、行政管理区 100m 以外的下风处。饲料仓库、种猪舍应设在生产区的上风处。

3. 生产区按功能设置分区

按三阶段饲养要求，分为繁育区、保育区、育肥区。每个区独立，且每区内各猪舍之间的距离为 20m 左右。

4. 消毒设施

猪场大门、生产区入口处要设置宽同大门、长为机动车车轮一周半水泥结构的消毒池。生产区门口设有更衣、换鞋、消毒室或淋浴室。猪舍入口处要设长 1.0m 的消毒池，并设置消毒盆，供进入人员消毒。

5. 水井水塔

场内自建水井及水塔供全场用水。水质应符合国家规定的卫生标准。

6. 污水处理设施

猪场要有专门的粪污处理场、粪尿污水处理设施、无害化处理设施及设备，要符合环境保护要求。

7. 隔离栏

应建设专门用来隔离净化种猪的隔离舍（隔离舍距离养殖区域 500m 以上），种猪进场前必须进行隔离观察。

8. 装猪台

最好设在全场围墙的外边，出猪时，拖猪车必须完全不能进入场内。

9. 饲料仓库

入口最好设在全场围墙外边，购入饲料时，饲料车必须完全不能进入场内。

（二）具体生物安全措施与操作流程

猪场生物安全措施包括：①场外生物安全措施，即一切有利于阻止外界病原微生物传入猪场内感染各阶段猪群的有效措施；②场内生物安全措施，即一切有利于切断病原微生物在猪场内各阶段猪群中循环传播与感染的有效措施。

1. 猪场内生物安全措施

（1）两点式或多点式饲养　按照生产工艺流程将育肥阶段（或保育和育肥阶段）与繁殖生产阶段分成两个（或多个）区域分开饲养管理，各区域相隔一定距离，相对独立。

（2）全进全出饲养管理　繁殖母猪从计划配种抓起，适时调整配种日龄，实行以周为单位同期发情，小单元栏舍（15～20窝/单元）产仔集中，同期断奶。在分娩、保育、生长育肥各阶段均实行全进全出，禁止遗留。

（3）隔离与分群管理　每一批次分娩的小单元内预留1～2个空产床，选留泌乳性能较好的断奶母猪用于集中寄养弱仔猪，禁止将弱仔猪进行混合寄养；在保育和育成阶段，每一批次转群时按照适宜的饲养密度进行大小、强弱和公母分群，同时预留1～2个相对独立的隔离栏，适时将亚健康和掉队的猪只进行隔离治疗。

（4）空栏清洗与消毒　①猪群全部转出后，栏舍严格执行空栏、清洗与消毒，闲置3～5天后再进行下一批次生产；②每一栋栏舍及单元门口均设立脚踏消毒池或消毒桶，经常更换消毒液，并保持有效浓度；③选用高效、低毒的安全消毒剂每周进行带猪喷雾消毒1次。

（5）环境卫生与消毒　每天坚持打扫猪舍卫生，保持料槽、水槽、用具干净，地面清洁，猪场道路和环境要保持清洁卫生，定期进行环境消毒。

（6）病残猪及时淘汰和无害化处理　对每个批次隔离栏内经适时治疗无效的病残猪及时进行淘汰和无害化处理。

2. 场外生物安全措施

（1）合理布局与规划，严格分区管理　将猪场分成生活区、管理区、生产区和隔离区等4个功能区，严格执行分区管理。生产区按饲养规程应设立繁殖区（包括公母猪舍、妊娠舍、产房）、仔猪培育区和育肥区，各区相对独立。隔离区设立更衣消毒室、兽医室、隔离舍、病死猪无害处理间和粪污处理场等，隔离区在整个生产区的下风向、地势较低处并远离生产区至少100m以上。所有人员、猪群和物资运转应采取单一流向，净道和污道严格分开，防止交叉污染和疫病传播。

（2）严格执行猪场大门和生产区入口消毒管理

①猪场大门入口设置宽与大门相同，长等于进场大型机动车车轮一周半长的水泥结构消毒池和人员消毒通道，严格对运输车辆和人员进行消毒管理。

②生产区门口设有更衣、换鞋、消毒室和淋浴室，生产人员进入生产区要经过淋浴、更换专用消毒工作服、鞋帽后方能进入。工作服、鞋帽必须每次都消毒。严禁生产人员在办公区、生活区穿戴工作服。

③严格执行隔离制度：隔离的目的就是防止场外病原微生物传入场内引起疫病。

A. 引种隔离：场外引进的后备猪群必须在隔离舍进行60天的隔离观察与饲养，经驱虫、免疫驯化与监测、带猪喷雾消毒后并入生产群。

B. 人员隔离：严禁非本场工作人员进入生产区，兽医不到外场出诊，不收治病猪，严禁场外人员进入生产区挑选、屠宰生猪，饲养人员不相互串栋。

C.其他隔离：生产区内不应饲养其他动物，特别是猫、犬之类的动物。严禁从市场购买活畜、生肉进入生产区进行屠宰、加工后食用，猪场职工食用的猪肉应由本场猪屠宰提供。不喂食堂饭店的泔水、下脚饲料。固定使用工具、物品，外来车辆不得进入生产区。

装猪台应设在生产区围墙外面，所有猪群出场需经专用赶猪道进入装猪台。严禁购猪者进入装猪台内选猪、饲养员赶猪上车和多余猪只返回栏舍内。

定期灭蚊蝇、灭鼠和防野鸟。

（三）消毒操作流程与消毒药的选择

猪场消毒是根据病原微生物的种类选择针对性的敏感化学试剂和药品将病原微生物及其芽孢杀死或抑制其繁殖，是有效切断猪场内外病原微生物传播的关键措施。

1. 猪场门卫消毒

指由门卫完成的猪场外围环境消毒，包括大门消毒、人员消毒、车辆消毒等。

（1）大门消毒　须建立大门消毒池（消毒池一般深度15cm、长度8m、宽度4m），主要供出入猪场的车辆和人员通过，要避免日晒雨淋和污泥浊水进入池内，池内的消毒液 2～3 天彻底更换一次，所用消毒剂要求作用较持久、较稳定，可选用2%氢氧化钠或1%过氧乙酸等。同时需要注意的是：大门消毒池的废旧消毒水不能排入河流或进入地下水源。

（2）人员消毒　猪场进出口除了设有消毒池可消毒进入人员的鞋靴外，还需进行洗手消毒，须设立洗手消毒盆，旁边配备洁净毛巾，消毒药应采用对人体及皮肤无刺激性和异味的消毒剂，可选用 0.5% 过氧化氢溶液（双氧水）或 0.5% 新洁尔灭（季胺盐类消毒剂）。

（3）车辆消毒　进出猪场的运输车辆，特别是运猪车辆，车轮、车厢内外都需要进行全面的喷洒消毒，应采用对猪体无刺激性和不良影响的消毒剂，可选用 0.5% 过氧化氢溶液、1% 过氧乙酸或二氯异氰尿酸钠等。任何车辆不得进入生产区。

2. 猪场内消毒

（1）全进全出后的空栏消毒　产房、保育及育肥舍每个批次猪群转栏后，彻底清扫猪舍内外的粪便、污物、疏通沟渠。取出舍内可移动的部件（饲槽、垫板、电热板、保温箱、料车、粪车等），洗净，置阳光下曝晒。舍内的地面、走道、墙壁等处用自来水或高压泵冲洗，栏栅、笼具进行洗刷和抹擦。放置 1 天，自然干燥后才能喷雾消毒（用高压喷雾器），消毒剂的用量为 1L/m²。要求喷雾均匀，不留死角。可选用 1% 过氧乙酸、2% 氢氧化钠、5% 次氯酸钠等，有条件的可进行熏蒸消毒。消毒后需空栏 3～5 天才能进猪。

（2）出现疫情时紧急消毒 当发生可疑疫情或在特殊的情况下，对局部或部分区域、物品随时采取应急的消毒措施。包括带猪消毒、空气消毒、饮水消毒和器械消毒。

（3）带猪消毒 当某一猪圈内突然发现个别病猪或死猪，疑似传染病时，在消除传染源后，对可疑被污染的场地、物品和同一栏舍的猪群进行的消毒。可选用1%新洁尔灭、1%过氧乙酸、二氯异氰尿酸钠或复合碘等。

（4）空气消毒 在寒冷季节，门窗紧闭，猪群密集，舍内空气严重污染的情况下进行的消毒。要求消毒剂不仅能杀菌还有除臭、降尘、净化空气的作用。采用喷雾消毒，消毒剂用量 $0.5L/m^3$。可选用1%过氧乙酸、0.1%新洁尔灭等。

（5）饮水消毒 饮用水中细菌总数或大肠菌群数超标或可疑污染病原微生物的情况下，需进行消毒。要求消毒剂对猪体无毒害，对饮欲无影响。可选用二氯异氰尿酸钠、次氯酸钠、0.1%百毒杀（季胺盐类消毒剂）等。

（6）器械消毒 注射器、针头、手术刀、剪子、镊子、耳标钳、止血钳等物品的消毒。将欲消毒物品清洗干净后，置于消毒锅内煮沸消毒30min。使用专门消毒锅进行高压消毒。

（7）环境消毒 猪场道路和环境要保持清洁卫生，每天坚持打扫猪舍卫生，保持料槽、水槽、用具干净，地面清洁，选用高效、低毒、广谱的消毒药品，定期消毒（1～2次/周）。

（8）产房消毒 产房要严格消毒，母猪进入产房前进行体表清洗和消毒，分娩前母猪用0.1%高锰酸钾溶液对外阴和乳房擦洗消毒。仔猪断脐要用5%碘酊严格消毒。

（四）药物保健措施与方案

药物保健是指根据不同阶段猪群携带病原菌的种类和易感性，结合病原菌对抗生素的敏感性和季节性流行情况，有针对性地提前对猪群进行给药预防和净化，是控制传染病和提高机体抵抗力的重要管理手段之一。通过猪场常见病原微生物摸底调查和药物敏感性试验反复筛选，制定《猪场常规保健方案》。猪场应坚持交叉轮换用药的原则，合理规范使用抗生素，减少病原菌耐药株的产生，严禁滥用抗生素和使用违禁药品，并严格遵循商品猪群上市前各类临床药物的休药期。

（五）免疫接种操作流程

通过免疫接种，使猪群获得高水平的特异性抵抗力，提高猪群健康水平，防止传染病的发生与流行。因此，免疫接种是规模化猪场生物安全体系的重要措施。

1. 生物制品保存

生物制品不同制剂和同一制剂的不同批号应分别存放，灭活苗、水剂苗存放于 2 ~ 8℃的冷藏箱内，冻干苗置于冰箱的冷冻箱中。须经常检查冰箱的冷冻效果及保持冰箱的整洁性，及时清理过期疫苗。坚决避免疫苗过期，坚决禁止使用过期疫苗。

2. 免疫接种

（1）免疫程序　猪场兽医应根据各猪场免疫现状结合近期疫病流行趋势，对各类重大疫病的基础免疫程序提出规定与要求，同时定期对各猪场进行抗原抗体监测，以实时监控免疫效果和及时调整免疫程序。

（2）免疫器械　包括注射器、针头、针头盒、专用瓶、镊子等，所有器械在接种前要清洗干净，置消毒锅内加水煮沸消毒 30min，冷却，备用。

（3）疫（菌）苗的准备

①检查：疫苗要逐瓶检查，瓶签与应注射疫苗是否相符，疫苗瓶有无破损，液体苗有无异常，油乳苗有无破乳，冻干苗有无解冻，有无超过有效期等，凡有上述现象之一，该瓶疫苗不能使用。

②稀释：水剂苗或油乳剂苗使用前不必稀释，但必须摇匀。需稀释时应计算好剂量；稀释两种以上的疫苗，应使用不同的注射器和器皿，不能混用混装。

③稀释后的保存：疫苗使用坚持现配现用的原则，并避免阳光照射，外部环境在 15℃以下时应在 6h 内用完，外部环境在 15 ~ 25℃时应在 2h 内用完，外部环境超过 25℃时须在 1h 内用完。如考虑注射时间偏长，疫苗应放在加冰块的保温箱内。

④疫苗的注射：疫苗在使用前必须摇匀。边注射边做好记号，以免漏注或重复注射。根据猪只大小和接种部位的要求，选择长短、大小适宜的针头。按要求每头、每窝、每栏使用针头。保证注射部位准确、注射剂量和注射密度，做到不漏打、不打飞针。注射过程中发现疫苗漏出时，应补注。

⑤记录：注射疫苗后，记录日期、名称、免疫猪群、注射剂量等免疫情况。

3. 免疫接种应注意的问题

（1）对有病态、体质衰弱的猪，暂不宜接种，做好标记，等康复后进行补注。

（2）免疫时猪出现过敏等不良反应时，及时做好相应的抢救措施。

（3）免疫弱毒菌苗时避免同时使用抗生素。

（4）紧急接种时，要按先安全猪群、后受威胁猪群的顺序注射，防止交叉感染。

（5）免疫接种后剩余的疫苗不得随意倾倒，要进行消毒和无害化处理。

（六）保健程序及免疫程序实例

为使养殖户更好地制定保健方案和免疫程序，选用湖南某标准化生态猪场保健方案和免疫程序作为附件，以作参考。

1. 保健方案

猪场药物保健方案见表 1-3、表 1-4 和表 1-5。

表 1-3　母猪保健方案

使用阶段	药物名称及组方	方法用量
每季度	敌虫健（或敌虫净）	按说明剂量使用
怀孕第 5 周和第 12 周	鱼腥草粉	按使用说明拌料，连用 1 周
上产床前（定位栏里）	肥皂水 + 清水	清洗全身皮肤
上产床后当天	1. 动保双甲脒 + 消毒 2 号（复方戊二醛溶液） 2. 杀螨灵 + 复合酚 3. 2% 敌百虫	1、2、3 任选一种：按说明配成溶液，体表、环境喷雾
产前、产后 1 周	林可 - 大观 2kg+ 鱼腥草粉（或板蓝根）2kg	拌料 1t，连用 7 ~ 10 天
分娩后当天	①青霉素钠 480 万 IU 或头孢菌素适量 + 鱼腥草 20ml 肌内注射；②动保产后康 20ml 肌内注射；③在 7 ~ 9 月期间 5% 葡萄糖盐水、肌酐等输液	①+②分侧肌内注射，每天 1 次，使用 1 ~ 2 次；③高温季节视情况使用
热应激时期（7 ~ 9 月）	通风，冲凉，柠檬酸、维生素 C	开排风扇、电风扇；栏舍和体表凉水冲洗，条件许可时中午浴池洗澡；饮水、饲料中加柠檬酸、维生素 C

表 1-4　外购仔猪保健方案

使用阶段	药物名称及组方	方法用量
引进 1 ~ 7 天	①氨基酸多种维生素、葡萄糖饮水； ②枝原净 100mg/kg+ 强力霉素 200mg/kg； ③恩诺沙星 150mg/kg+ 氨苄西林 200mg/kg 拌料保健（②和③任选一）	如预混剂按说明剂量使用，饮水或湿拌料，连用 7 ~ 10 天

表 1-5　商品猪保健方案

年龄段	药物名称及组方	方法用量
1 日龄	恩诺沙星或庆大 - 小诺霉素注射液	按说明剂量口服或肌内注射
3 日龄	补铁、硒	按说明肌内注射
7 ~ 10 日龄（阉割时）	①头孢噻呋肌内注射； ②磺胺消炎粉涂撒伤口	①和②两者任选一，头孢噻呋肌内注射按说明量使用
断奶当天至转栏后 1 周	①替米考星 200mg/kg+ 强力霉素 200mg/kg； ②恩诺沙星 150mg/kg+ 氨苄西林 200mg/kg	两者任选一，如预混剂按说明剂量使用，连用 7 ~ 10 天
8 周龄	敌虫健（伊维菌素 + 芬苯达唑）	1kg/t 连用 7 天
9 ~ 10 周龄（转栏前后）	枝原净 100mg/kg+ 强力霉素 200mg/kg 泰乐菌素 200mg/kg+ 磺胺二甲嘧啶 110mg/kg	两者任选一，如预混剂按说明剂量使用，连用 7 ~ 10 天
13 周龄	林可 - 壮观霉素预混剂	按说明剂量使用，连用 7 ~ 10 天

2. 免疫程序

（1）"伪狂犬阴病性 - 蓝耳阳病性稳定"猪场免疫程序　见表 1-6、表 1-7 和表 1-8。

表 1-6　商品 / 种用仔猪免疫程序

日龄	免疫类别	免疫剂量	疫苗选择
14	圆环病毒全病毒 / 基因工程灭活苗	2ml/ 头	普莱科 / 大北农
21	JiangXi-1R 株高致病性蓝耳病弱毒苗	0.5 头份 / 头	中牧政府采购苗
30	猪瘟高效弱毒疫苗	1 头份 / 头	普莱科高效苗
35	口蹄疫高端灭活苗	2ml/ 头	中农威特高端苗
42	JiangXi-1R 株高致病性蓝耳病弱毒苗	1 头份 / 头	中牧政府采购苗
60	猪瘟高效弱毒疫苗	2 头份 / 头	普莱科高效苗
65	口蹄疫高端灭活苗	2ml/ 头	中农威特高端苗
70	伪狂犬病（gE）基因缺失苗	1 头份 / 头	青岛易邦 / 大北农
75 ~ 80	猪丹毒 / 猪肺疫弱毒疫苗	各 1 头份 / 头	中牧
110	口蹄疫灭活苗	3ml/ 头	前期免疫 2 次高端苗的可选用中农威特政府采购苗

备注：口蹄疫免疫程序一般从每年 9 月初开始执行，一直持续到次年 5 月底；同时，每年 5 月初和 9 月初对全场（产业化农户）断奶至上市阶段内尚未免疫过口蹄疫疫苗的种用或商品猪群普免 1 次高端苗，剂量 2 ~ 3ml/ 头（50kg 以下 2ml/ 头，50kg 以上 3ml/ 头）。

表 1-7　后备公、母猪群免疫程序

日龄	免疫类别	免疫剂量	疫苗选择
126 日龄（55 ~ 60kg）	猪瘟高效弱毒疫苗	2 头份 / 头	普莱科
133 日龄（60 ~ 65kg）	伪狂犬病（gE）基因缺失苗	2 头份 / 头	青岛易邦 / 大北农
150 日龄（70 ~ 80kg）	JiangXi-1R 株高致蓝耳病弱毒苗	1 头份 / 头	中牧政府采购苗
165 日龄（85 ~ 90kg）	细小病毒病、乙型脑炎疫苗	各 1 头份 / 头	两侧肌内注射 3 周后加强免疫 1 次
180 日龄（95 ~ 100kg）	口蹄疫高端灭活苗	3ml/ 头	中农威特高端苗 3 周后加强免疫 1 次
配种前 4 周（100 ~ 115kg）	伪狂犬病（gE）基因缺失苗	2 头份 / 头	青岛易邦 / 大北农
配种前 3 周（115 ~ 120kg）	JiangXi-1R 株高致病性蓝耳病弱毒苗 圆环病毒病灭活疫苗	蓝耳 1 头份 圆环 2ml/ 头	蓝耳：中牧政府苗 圆环：普莱科 / 大北农
配种前 1 周（120 ~ 125kg）	猪瘟高效弱毒疫苗	2 头份 / 头	普莱科

表 1–8 经产公、母猪群免疫程序

免疫时间	免疫类别	免疫剂量	备注
每年的 4 月上旬	细小病毒病、乙型脑炎疫苗	乙脑：1 头份 / 头 细小：2ml/ 头	两侧注射，细小只免疫第 1 ~ 2 胎母猪
每年的 3，9，10，12 月下旬	口蹄疫疫苗	4ml/ 头	3、9、10 月中农威特高端苗；12 月政府苗
每年的 3，7，11 月中旬	伪狂犬病（gE）基因缺失苗	2 头份 / 头	青岛易邦 / 大北农
每年的 1，5，9 月上旬	猪瘟弱毒苗	3 头份 / 头	普莱科
每年的 2，6，10 月上旬	母猪：JiangXi-1R 株高致病性蓝耳病弱毒苗 公猪：JiangXi-1R 株高致病性蓝耳病灭活苗	弱毒苗：1 头份 / 头 灭活苗：2ml/ 头	母猪：中牧政府采购苗 公猪：中牧商品苗
每年的 4，11 月下旬	猪丹毒 / 猪肺疫疫苗	各 1 头份 / 头	两者可同时进行免疫

备注：蓝耳病阳性稳定判定标准：①产房流产比例 ≤ 5%，哺乳仔猪死亡率 ≤ 5%；②保育或育肥猪呼吸道疾病发病及死亡率 ≤ 5%；③流产胎儿组织或脐带血蓝耳病原检出率 0%；④种猪群蓝耳病抗体阳性率 ≥ 90%，离散度 ≤ 40%。①和②中出现 1 项判定为生产稳定场；③和④中出现 1 项则可确定为蓝耳病稳定场。

（2）"伪狂犬病阴性—蓝耳病阳性不稳定"猪场免疫程序 见表 1–9、表 1–10 和表 1–11。

表 1–9 商品 / 种用仔猪免疫程序

日龄	免疫类别	免疫剂量	疫苗选择
10 ~ 14	JiangXi-1R 株高致病性蓝耳病弱毒苗	0.5 头份 / 头	中牧政府采购苗
14	圆环病毒全病毒 / 基因工程灭活苗	2ml/ 头	普莱科 / 大北农
30	猪瘟高效弱毒疫苗	1 头份 / 头	普莱科高效苗
35	口蹄疫高端灭活苗	2ml/ 头	中农威特高端苗
42	JiangXi-1R 株高致病性蓝耳病弱毒苗	1 头份 / 头	中牧政府采购苗
60	猪瘟高效弱毒疫苗	2 头份 / 头	普莱科高效苗
65	口蹄疫高端灭活苗	2ml/ 头	中农威特高端苗
70	伪狂犬病（gE）基因缺失苗	2 头份 / 头	青岛易邦 / 大北农
75 ~ 80	猪丹毒 / 猪肺疫弱毒疫苗	各 1 头份 / 头	中牧
110	口蹄疫灭活苗	3ml/ 头	前期免疫 2 次高端苗的可选用中农威特政府采购苗

备注：口蹄疫免疫程序一般从每年 9 月初开始执行，一直持续到次年 5 月底；同时，每年 5 月初和 9 月初对全场（产业化农户）断奶至上市阶段内尚未免疫过口蹄疫疫苗的种用或商品猪群普免 1 次高端苗，剂量 2 ~ 3ml/ 头（50kg 以下 2ml/ 头，50kg 以上 3ml/ 头）。

表 1-10　后备公、母猪群免疫程序

日龄	免疫类别	免疫剂量	疫苗选择
126 日龄（55～60kg）	猪瘟高效弱毒疫苗	2 头份／头	普莱科
133 日龄（60～65kg）	伪狂犬病（gE）基因缺失苗	2 头份／头	青岛易邦／大北农
150 日龄（70～80kg）	JiangXi-1R 株高致病性蓝耳病弱毒苗	1 头份／头	中牧政府采购苗
165 日龄（85～90kg）	细小病毒病、乙型脑炎疫苗	各 1 头份／头	两侧肌内注射 3 周后加强免疫 1 次
180 日龄（95～100kg）	口蹄疫高端灭活苗	3ml／头	中农威特高端苗 3 周后加强免疫 1 次
配种前 4 周（100～115kg）	伪狂犬病（gE）基因缺失苗	2 头份／头	青岛易邦／大北农
配种前 3 周（115～120kg）	JiangXi-1R 株高致病性蓝耳病弱毒苗 圆环病毒病灭活疫苗	蓝耳 1 头份 圆环 2ml／头	蓝耳：中牧政府苗 圆环：普莱科／大北农
配种前 1 周（120～125kg）	猪瘟高效弱毒疫苗	2 头份／头	普莱科

表 1-11　经产公、母猪群免疫程序

免疫时间	免疫类别	免疫剂量	备　注
每年的 4 月上旬	细小病毒病、乙型脑炎疫苗	乙脑：1 头份／头 细小：2ml／头	两侧注射，细小只免疫第 1～2 胎母猪
每年的 3，9，10，12 月下旬	口蹄疫疫苗	4ml／头	3、9、10 月中农威特高端苗；12 月政府苗
每年的 3，7，11 月中旬	伪狂犬病（gE）基因缺失苗	2 头份／头	青岛易邦／大北农
每年的 1，5，9 月上旬	猪瘟弱毒苗	3 头份／头	普莱科
每年的 2，5，8，11 月上旬	母猪：JiangXi-1R 株高致病性蓝耳病弱毒苗 公猪：JiangXi-1R 株高致病性蓝耳病灭活苗	弱毒苗：1 头份／头 灭活苗：2ml／头	母猪：中牧政府采购苗 公猪：中牧商品苗
每年的 4，11 月下旬	猪丹毒／猪肺疫疫苗	各 1 头份／头	两者可同时进行免疫

　　备注：蓝耳病阳性不稳定判定标准：①产房集中流产比例 ≥ 8%，哺乳仔猪死亡率 ≥ 20%；②保育或育肥猪呼吸道疾病发病及死亡率 ≥ 20%；③流产胎儿组织或脐带血蓝耳病原检出率 ≥ 5%；④种猪群蓝耳病抗体阳性率 ≤ 90%，离散度 ≥ 40%。①和②中出现 1 项判定为疑似不稳定场，③和④中出现 1 项则可确定为蓝耳病不稳定场。

　　（3）"伪狂犬病阳性—蓝耳病稳定"猪场免疫程序　见表 1-12、表 1-13 和表 1-14。

表 1-12　商品 / 种用仔猪免疫程序

日龄	免疫类别	免疫剂量	疫苗选择
0	伪狂犬病（gE）基因缺失苗	1 头份 / 头	喷鼻，海博莱水性佐剂疫苗
14	圆环病毒全病毒 / 基因工程灭活苗	2ml/ 头	普莱科 / 大北农
21	JiangXi-1R 株高致病性蓝耳病弱毒苗	0.5 头份 / 头	中牧政府采购苗
30	猪瘟高效弱毒疫苗	1 头份 / 头	普莱科高效苗
35	口蹄疫高端灭活苗	2ml/ 头	中农威特高端苗
42	JiangXi-1R 株高致病性蓝耳病弱毒苗	1 头份 / 头	中牧政府采购苗
60	猪瘟高效弱毒疫苗	2 头份 / 头	普莱科高效苗
65	口蹄疫高端灭活苗	2ml/ 头	中农威特高端苗
70	伪狂犬病（gE）基因缺失苗	1 头份 / 头	梅里亚 / 海博莱
75 ~ 80	猪丹毒 / 猪肺疫弱毒疫苗	各 1 头份 / 头	中牧
100	伪狂犬病（gE）基因缺失苗	1 头份 / 头	梅里亚 / 海博莱
110	口蹄疫灭活苗	3ml/ 头	前期免疫 2 次高端苗的可选用中农威特政府采购苗

备注：口蹄疫免疫程序一般从每年 9 月初开始执行，一直持续到次年 5 月底；同时，每年 5 月初和 9 月初对全场（产业化农户）断奶至上市阶段内尚未免疫过口蹄疫疫苗的种用或商品猪群普免 1 次高端苗，剂量 2 ~ 3ml/ 头（50kg 以下 2ml/ 头，50kg 以上 3ml/ 头）。

表 1-13　后备公、母猪群免疫程序调整

日龄	免疫类别	免疫剂量	备注
126 日龄（55 ~ 60kg）	猪瘟高效弱毒疫苗	2 头份 / 头	普莱科
133 日龄（60 ~ 65kg）	伪狂犬病（gE）基因缺失苗	1 头份 / 头	梅里亚 / 海博莱
150 日龄（70 ~ 80kg）	JiangXi-1R 株高致蓝耳病弱毒苗	1 头份 / 头	中牧政府采购苗
165 日龄（85 ~ 90kg）	细小病毒病、乙型脑炎疫苗	各 1 头份 / 头	两侧肌内注射 3 周后加强免疫 1 次
180 日龄（95 ~ 100kg）	口蹄疫高端灭活苗	3ml/ 头	中农威特高端苗 3 周后加强免疫 1 次
配种前 4 周（100 ~ 115kg）	伪狂犬病（gE）基因缺失苗	1 头份 / 头	梅里亚 / 海博莱
配种前 3 周（115 ~ 120kg）	JiangXi-1R 株高致病性蓝耳病弱毒苗 圆环病毒病灭活疫苗	蓝耳 1 头份 圆环 2ml/ 头	蓝耳：中牧商品苗 圆环：普莱科 / 大北农
配种前 1 周（120 ~ 125kg）	猪瘟高效弱毒疫苗	2 头份 / 头	普莱科
初产前 4 周	伪狂犬病（gE）基因缺失苗	1 头份 / 头	梅里亚 / 海博莱

表 1–14　经产公、母猪群免疫调整

免疫时间	免疫类别	免疫剂量	备注
每年的 4 月上旬	细小病毒病、乙型脑炎疫苗	乙脑：1 头份 / 头 细小：2ml / 头	两侧注射，细小只免疫第 1 ~ 2 胎母猪
每年的 3，9，10，12 月下旬	口蹄疫疫苗	4ml / 头	3、9、10 月中农威特高端苗；12 月政府苗
每年的 3，6，9，12 月中旬	伪狂犬病（gE）基因缺失苗	1 头份 / 头	梅里亚 / 海博莱
每年的 1，5，9 月上旬	猪瘟弱毒苗	3 头份 / 头	普莱科
每年的 2，6，10 月上旬	母猪：JiangXi-1R 株高致病性蓝耳病弱毒苗 公猪：JiangXi-1R 株高致病性蓝耳病灭活苗	弱毒苗：1 头份 / 头 灭活苗：2ml / 头	母猪：中牧政府采购苗 公猪：中牧商品苗
每年的 4，11 月下旬	猪丹毒 / 猪肺疫疫苗	各 1 头份 / 头	两者可同时进行免疫

备注：蓝耳病阳性稳定判定标准：①产房流产比例 ≤ 5%，哺乳仔猪死亡率 ≤ 5%；②保育或育肥猪呼吸道疾病发病及死亡率 ≤ 5%；③流产胎儿组织或脐带血蓝耳病原检出率 0%；④种猪群蓝耳病抗体阳性率 ≥ 90%，离散度 ≤ 40%。①和②中出现 1 项判定为生产稳定场；③和④中出现 1 项则可确定为蓝耳病稳定场。

（4）"伪狂犬病阳性 - 蓝耳病不稳定"猪场免疫程序　见表 1–15、表 1–16 和表 1–17。

表 1–15　商品 / 种用仔猪免疫程序

日龄	免疫类别	免疫剂量	疫苗选择
0	伪狂犬病（gE）基因缺失苗	1 头份 / 头	喷鼻，海博莱水性佐剂疫苗
10 ~ 14	JiangXi-1R 株高致病性蓝耳病弱毒苗	0.5 头份 / 头	中牧政府采购苗
14	圆环病毒全病毒 / 基因工程灭活苗	2ml / 头	普莱科 / 大北农
30	猪瘟高效弱毒疫苗	1 头份 / 头	普莱科高效苗
35	口蹄疫高端灭活苗	2ml / 头	中农威特高端苗
42	JiangXi-1R 株高致病性蓝耳病弱毒苗	1 头份 / 头	中牧政府采购苗
60	猪瘟高效弱毒疫苗	2 头份 / 头	普莱科高效苗
65	口蹄疫高端灭活苗	2ml / 头	中农威特高端苗
70	伪狂犬病（gE）基因缺失苗	1 头份 / 头	梅里亚 / 海博莱
75 ~ 80	猪丹毒 / 猪肺疫弱毒疫苗	各 1 头份 / 头	中牧
100	伪狂犬病（gE）基因缺失苗	1 头份 / 头	梅里亚 / 海博莱
110	口蹄疫灭活苗	3ml / 头	前期免疫 2 次高端苗的可选用中农威特政府采购苗

备注：口蹄疫免疫程序一般从每年 9 月初开始执行，一直持续到次年 5 月底；同时，每年 5 月初和 9 月初对全场（产业化农户）断奶至上市阶段内尚未免疫过口蹄疫疫苗的种用或商品猪群普免 1 次高端苗，剂量 2 ~ 3ml / 头（50kg 以下 2ml / 头，50kg 以上 3ml / 头）。

表 1-16　后备公、母猪群免疫程序调整

日龄	免疫类别	免疫剂量	备注
126 日龄（55～60kg）	猪瘟高效弱毒疫苗	2 头份/头	普莱科
133 日龄（60～65kg）	伪狂犬病（gE）基因缺失苗	1 头份/头	梅里亚/海博莱
150 日龄（70～80kg）	JiangXi-1R 株高致病性蓝耳病弱毒苗	1 头份/头	中牧政府采购苗
165 日龄（85～90kg）	细小病毒病、乙型脑炎疫苗	各 1 头份/头	两侧肌内注射 3 周后加强免疫 1 次
180 日龄（95～100kg）	口蹄疫高端灭活苗	3ml/头	中农威特高端苗 3 周后加强免疫 1 次
配种前 4 周（100～115kg）	伪狂犬病（gE）基因缺失苗	1 头份/头	梅里亚/海博莱
配种前 3 周（115～120kg）	JiangXi-1R 株高致病性蓝耳病弱毒苗 圆环病毒病灭活疫苗	蓝耳 1 头份 圆环 2ml/头	蓝耳：中牧商品苗 圆环：普莱科/大北农
配种前 1 周（120～125kg）	猪瘟高效弱毒疫苗	2 头份/头	普莱科
初产前 4 周	伪狂犬病（gE）基因缺失苗	1 头份/头	梅里亚/海博莱

表 1-17　经产公、母猪群免疫调整

免疫时间	免疫类别	免疫剂量	备注
每年的 4 月上旬	细小病毒病、乙型脑炎疫苗	乙脑：1 头份/头 细小：2ml/头	两侧注射，细小只免疫第 1～2 胎母猪
每年的 3，9，10，12 月下旬	口蹄疫疫苗	4ml/头	3、9、10 月中农威特高端苗；12 月政府苗
每年的 3，6，9，12 月中旬	伪狂犬病（gE）基因缺失苗	1 头份/头	梅里亚/海博莱
每年的 1，5，9 月上旬	猪瘟弱毒苗	3 头份/头	普莱科
每年的 2，5，8，11 月上旬	母猪：JiangXi-1R 株高致病性蓝耳病弱毒苗 公猪：JiangXi-1R 株高致病性蓝耳病灭活苗	弱毒苗：1 头份/头 灭活苗：2ml/头	母猪：中牧政府采购苗 公猪：中牧商品苗
每年的 4，11 月下旬	猪丹毒/猪肺疫疫苗	各 1 头份/头	两者可同时进行免疫

备注：蓝耳病阳性不稳定判定标准：①产房集中流产比例 ≥ 8%，哺乳仔猪死亡率 ≥ 20%；②保育或育肥猪呼吸道疾病发病及死亡率 ≥ 20%；③流产胎儿组织或脐带血蓝耳病原检出率 ≥ 5%；④种猪群蓝耳病抗体阳性率 ≤ 90%，离散度 ≥ 40%。①和②中出现 1 项判定为疑似不稳定场，③和④中出现 1 项则可确定为蓝耳病不稳定场。

二、配种怀孕舍饲养管理操作规程

母猪的生产周期中有 80% 的时间在配种怀孕舍度过，因此，配种怀孕舍的饲养管理工作显得尤为重要，常被誉为猪场之"龙头"。饲养管理的好，母猪膘情适中，发情正常，配种受胎率高，胎均产仔数多，有效使用年限长，经济效益好；饲养管理

不好，母猪过肥或过瘦，发情异常，配种受胎率低，胎均产仔数少，有效使用年限缩短，经济效益差。

（一）配种操作规程

1. 仪器设备和试剂的准备

（1）人工授精仪器设备

①显微镜和玻片：建议配备目镜为16倍、物镜含10倍和40倍的显微镜。玻片包括盖玻片和载玻片。

②电子秤：通过称其质量来换算测量精液的体积。

③温度计：校正好的30cm（12英寸）的温度计两根，温度计范围：0～100℃。

④精子密度仪：检测样本中精子的浓度，由此可以更加精确地进行精液稀释，获得准确的稀释精液头份数。使用前必须进行校准。公司原种猪场已配备，其余猪场根据实际情况，自行决定采购。

⑤水浴锅：控制稀释液的温度，通常温度设定为37℃。

⑥精液贮存设备：17℃恒温冰箱。

⑦加热板：预热载玻片、盖玻片和相关设备。

⑧磁力搅拌器或玻棒：用于稀释液的配制。

⑨广口容器：体积1～5L的玻璃或塑料广口容器，用来配制稀释液和稀释精液。各场根据实际需要自行采购使用数量。

⑩输精瓶及瓶盖：规格为80ml。

⑪输精管：由公司统一采购的一次性输精管。

⑫净水制造系统：蒸馏水发生器或双蒸水仪，用于制造蒸馏水。

⑬恒温箱：采精器皿的预热设备，如玻璃烧杯、采精杯、玻片、纱布等，恒温箱温度设定为37℃。

⑭其他：过滤纸、一次性采精袋（聚乙烯食品袋）等采精常用的耗材。

（2）精液稀释剂　精液稀释剂使用公司采购部统一采购的商品制剂，稀释用水须为蒸馏水。按精液稀释剂使用说明的比例配制好所需量的稀释液，置于水浴锅中预热至35～37℃。

（3）妊娠诊断仪　使用公司统一采购的B型超声波妊娠诊断仪。

2. 公猪繁殖配种

（1）初配　种公猪8月龄开始调教，体重达到130kg以上开始使用。

（2）使用频率　后备公猪每周配种（采精）1次，成年公猪每周配种（采精）2～3次。各场确保每头现役公猪每周至少采精1次。

（3）使用年限　正常情况下公猪使用2～4年。有以下情况之一者需要淘汰：因病、因伤不能使用者，精液品质不合格者，所配母猪受胎率低下者。

（4）公猪调教　详见本节二（二）1.（2）。

（5）采精前的准备　提前 1h 配制好稀释液，置于水浴锅中预热至 35 ～ 37℃备用。调节好质检用的显微镜，开启显微镜载物台上恒温板并预热精子密度测定仪（可选）。准备好精液瓶。采精前剪去公猪包皮的长毛，将周围脏物冲洗干净并擦干水渍。采精杯清洗消毒后，置于 37℃的恒温箱中备用，并准备好采精时清洁公猪包皮内污物的纸巾或消毒清洁的干纱布。

（6）采精程序　采精员一手带双层手套（或用 0.1% 高锰酸钾溶液清洗后再用清水清洗双手），另一手持集精杯，用 0.1% 高锰酸钾溶液清洗公猪腹部和包皮，再用清水清洗干净，避免药物残留对精子的伤害。

采精员挤出公猪包皮积尿，按摩公猪包皮，刺激其爬跨假台猪，待伸出阴茎时脱去外层手套，用手紧握龟头，顺其向前冲力将阴茎的 S 状弯曲拉直，握紧阴茎龟头防止其旋转。待公猪射精时，用四层纱布过滤收集浓份或全份精液于集精杯，最初射出的 5ml 精液（精液前段，此段精液清亮，混有尿液等杂质）不接取，直至公猪射精完毕。采精完毕立即登记《公猪采精登记表》。下班之前彻底清洗采精栏。

（7）精液品质检查

①精液外观检查：

A. 颜色检查：正常精液颜色为乳白色或浅灰色，若精液呈红色（混有血液）、黄绿色（有脓或炎症）、褐色（被污染）等均为不正常。

B. 气味检查：正常精液略带特殊微腥味，若有其他气味均为不正常精液。

C. 射精量：正常射精量为 150 ～ 500ml，成年公猪的射精量应不低于 200ml。精液量的多少因品种、品系、年龄、采精间隔、气候和饲养管理水平等不同而不同。

②精液密度检查：

A. 分光光度法：只需将一滴精液加入精子密度仪中，就可以很快得到所需的原精液精子密度和精子总数。此方法比较准确，操作简便，原种猪场多采用。

B. 目测法：在 16×10 低倍显微镜下观察。密：精子运动时，精子之间间距小于 1 个精子（3 亿个 / ml）；中：精子之间间距等于 1 个精子（2 亿个 / ml）；低：精子之间间距大于等于 2 个精子（1 亿个 / ml）。

③精液活力检查：精子活力指原精液精子的运动能力，用镜检视野中呈直线运动的精子数占精子总数的百分比来表示。

精液密度评级：目前国内常用 10 级表示。取 1 滴原精液于干净的载玻片上，盖上载玻片，使充满精液且无气泡，分别记录各级活动精子占总精子数的百分率：100% 精子直线运动的为 1.0 级；80% 精子直线运动的为 0.8 级，依次类推。此外，也可以使用精子活力检测仪进行精子活力的检测和评级。精子活力超过 0.7 才能使用。

④精子形态检查：精子形态的正常与否关系到公猪精液的品质，也会影响到母猪受胎率。鉴于各猪场条件限制，建议猪场定期（半个月或 1 个月）对场内每头公猪进行精子形态检查。

在载玻片上取稀释 1 倍的精液与 10% 福尔马林各 1 滴混合均匀，盖上盖玻片在 40×10 倍显微镜下观察精子形态。正常精子形似蝌蚪，凡精子形态为卷尾、双尾、折尾、无尾、大头、双头、精子丛、原生质均为畸形精子。一般畸形精子比率不能超过 18%。畸形精子一般不能直线运动，受精能力差，但不影响精子的密度。

⑤公猪精液检查原则：

A. 精液检查完需立即填写精液质量记录，包括精子外观、活力、密度、稀释份数、储存期精子活力。

B. 所有的后备公猪必须在精液品质检查合格后方可投入使用。

C. 精检不合格的公猪绝对不可以使用。

D. 首次检查不合格的公猪，经过连续 7 周每周一次采精检查，一直不合格的公猪建议淘汰处理，若中途检查合格，视精液品质状况酌情使用。

（8）精液的处理

①精液稀释：精液品质检查合格后，进行稀释工作。采集精液后应尽快稀释，原精贮存不超过 30min。稀释前，稀释液与精液两者温差不超过 0.5℃（即等温稀释），以精液温度为标准来调节稀释液的温度，绝不能反过来操作。

稀释时，将稀释液沿盛精液的杯（瓶）壁缓慢加入到精液中，然后轻轻摇动或用已消毒的玻璃棒搅拌，使之混合均匀。高倍稀释时，应先 1∶（1～2）低倍稀释，待半分钟后再将余下的稀释液沿壁缓缓加入。要求每个输精剂量含有效精子数 40 亿个以上，输精量以 80ml 确定稀释倍数。

稀释后要求静置片刻再检查精子活力，如果稀释前后活力无太大变化，即可进行分装与保存；如果活力显著下降，不能使用。

根据育种工作的需要，原种场及扩繁场母猪不能使用混合精液配种。商品场为提高配种效率，可以采用这种方法。精液混合时应注意，新鲜精液首先按 1∶1 稀释，根据精子密度和混合精液的量记录需加入稀释液的量，将部分稀释后的精液放入水浴锅中保温，混合 2 头公猪精液置于容器，加入剩余部分稀释液（要求与精液等温），混合后再进行分装。

②精液的分装：一般为 80ml/ 瓶，将精液分装在精液瓶中。分装后，应在瓶上标明公猪耳号和生产日期。

③精液贮存：精液置于室温（25℃）1～2h 后，放入 17℃ 恒温箱贮存，也可将精液瓶用毛巾包严直接放入 17℃ 恒温箱内。稀释后的精液一般可保存 3 天，贮存过程中每隔 12h 轻轻翻动一次精液瓶，防止精子沉淀而引起死亡，贮存的精液应尽快用完。3 天内未使用完的精液应按镜检结果判断可否使用。

④精液运输：精液运输应置于保温较好的装置内，保持在 16～18℃ 恒温器中运输，防止受热、震动和碰撞。

3. 母猪繁殖配种

（1）初配　后备母猪在 8～9 月龄、体重达到 125～135kg，第二或第三次发情后配种。

（2）使用年限及淘汰标准　正常情况下母猪的利用年限为4年，有以下情况之一者需要淘汰。

①受重伤或因病不能作种用。

②除公猪精液质量及人为因素干扰，连续返情配种2次，第3次配种又出现空怀或者返情。

③除人为因素干扰，断奶后持续40天未出现发情征状。

④除人为因素干扰，空怀或流产后持续60天未出现发情征状。

⑤连续2胎流产。

⑥连续2胎仔猪断奶成活率明显低于其他母猪或泌乳能力明显低下。

⑦胎龄≥8胎且产活仔数低于9头。

⑧胎龄≥10胎且产活仔数低于8头。

⑨胎龄≥11胎。

⑩经产母猪连续2胎繁殖力低下（胎平均产仔：大约克夏猪、长白猪及二元母猪少于8头，杜洛克母猪少于6头）。

⑪有严重恶癖者。

（3）发情观察

①观察时间：早晚各对母猪进行一次发情观察。必须利用试情公猪进行试情。

②发情征状：

A.行为：发情开始时表现为不安、食欲下降；至发情盛期时，喜欢爬跨其他母猪或接受其他母猪爬跨，自动接近公猪，用公猪试情时愿意接受爬跨和交配。

B.阴户：发情初期外阴开始红肿，颜色由浅变深，并流出少量透明黏液；发情盛期外阴流出白色浓稠带丝状黏液。

C.压背反射：用力按压母猪腰部站立不动，举尾竖耳，表现出交配姿势即"静立反射"。

（4）适时配种

①配种时间：母猪发情开始后24～36h、阴户由充血红肿到紫红暗淡、肿胀开始消退并出现皱纹、黏液由稀薄到浓稠并带有丝状、出现"静立反射"时。

②配种方式和次数：初配母猪采用人工授精输精2～3次，经产母猪采用人工授精输精2次。第1次配种（输精）后间隔8～12h再进行2、3次配种（输精）。

（5）输精

①输精时机：当按压母猪腰尻部，母猪表现很安定、两耳竖立或出现"静立反应"、母猪阴户流黏液时，此时是输精最佳时机。如用公猪试情，一般在母猪愿意接受公猪爬跨后的4～8h之内输精为宜，之后每间隔8～12h进行第2或第3次输精。

②精液检查：从17℃恒温箱中取出精液，轻轻摇匀，用已灭菌的滴管取1滴放于恒温的载玻片上，用显微镜检查活力，精子活力≥0.7，方可使用。

③输精管的检查：检查一次性输精管包装袋密封是否完整，袋口有破裂的建议停止使用。同时检查输精管前端的橡皮头是否松动，每头母猪一支输精管。

④输精程序：

A. 输精人员清洁消毒双手。

B. 首先用0.1%高锰酸钾溶液清洗母猪外阴、尾根及臀部周围，然后用蒸馏水冲洗干净，最后用洁净的抽纸或卫生纸擦拭干净阴户内部及外阴部。

C. 从密封袋中取出输精管，手不应接触输精管前2/3部分，在橡皮头上涂上润滑剂。

D. 将输精管45°向上插入母猪生殖道内，当感觉有阻力时，缓慢逆时针旋转同时向前移动，直到感觉输精管前端被锁定（轻轻回拉不动），并且确认被子宫颈锁定。

E. 从精液贮存箱取出品质合格的精液，确认公猪耳号。

F. 缓慢颠倒摇匀精液，用剪刀剪去输精瓶瓶嘴，接到输精管上，用手指轻轻挤压输精瓶，排空输精管内的气泡，确保精液能够流入输精瓶。

G. 控制输精瓶的高低（或进入空气的量）来调节输精时间，输精时间要求3～5min，不能过快或者过慢。输精过程中，可采用按压母猪背部（背身骑乘）或按摩母猪外阴、乳房等方式刺激母猪接受输精。

H. 当输精瓶内精液输完后，放低输精瓶约15s，观察精液是否回流到输精瓶，若有倒流，再将其输入。

I. 在防止空气进入母猪生殖道的情况下，把输精瓶后端一小段折起，放在输精瓶中，使其滞留在生殖道内5min以上，让输精管慢慢滑落。

J. 做好母猪圈号、耳牌号、配种时间、与配公猪耳标号、配种方式和配种员等的相关记录。

（6）妊娠诊断

①妊娠诊断时间：配种后18～24天，通过公猪试情观察母猪是否返情，25～35天用超声波妊娠诊断仪进行妊娠诊断，一周两次检查。

②B超诊断受孕：设备开启预热后，在探头顶端涂上适量的耦合剂，将探头与猪的皮肤贴紧，在孕检部位（倒数第二个奶头、后腿前缘、距乳头基线上5cm处）小角度移动，观察设备屏幕，观察有无明显的黑点或带有空洞的黑圈，判断是否妊娠。

（7）预产期的推算

①"三三三"推算法：配种日期加三个月三周三天。

②加4减6法：配种日期月份加4，日期减6。

（二）种猪的饲养管理

1. 种公猪的饲养管理

（1）饲喂要求　使用种公猪料，饲喂量及投喂次数见表1-18。采精后当天在喂料前补喂一枚熟鸡蛋。每餐不要喂得过饱，以免猪饱食贪睡，不愿运动而造成过肥。

表 1-18　种公猪投料标准

种猪阶段	投料量〔kg/（头·天）〕	夏季日投料次数	冬季日投料次数
配种期	2.5 ~ 3.5	3	2
休闲期	2.2 ~ 2.8	3	2

注：配种期指公猪采精当天，休闲期指不采精的时间。

（2）公猪的管理与利用

①要求单栏饲养：保持圈舍与猪体清洁，合理运动，有条件时每周安排 2 ~ 3 次驱赶运动。

②公猪调教与试情：后备公猪达 8 月龄、体重达 130kg、膘情良好时即可开始调教。调教时将成年公猪的精液、包皮部分泌物或发情母猪尿液涂在假台畜后部，将公猪引至假台畜训练其爬跨，每天可调教 1 次，但每次调教时间最好不超过 20min。也可将后备公猪放在旁边的隔离栏中，观摩、学习配种能力较强的老公猪采精。严禁粗暴对待公猪。用公猪试情时，需要将正在爬跨的公猪从母猪背上拉下来，这时要小心，不要推其肩、头部以防遭受攻击，实践中可使用移动式铁笼装载试情公猪。

③公猪使用方法：后备公猪 9 月龄开始使用，使用前先进行配种调教和精液质量检查，开配体重应达到 130kg 以上。后备公猪每周配种（采精）1 次，成年公猪每周配种（采精）2 ~ 3 次。各场确保每头现役公猪每周至少采精 1 次。若公猪患病，一个月内精液不准使用。

④公猪每月须严格检查精液品质 1 次，夏季每月 2 次，若连续 3 次检查不合格或连续二次检查不合格且伴有睾丸肿大、萎缩、性欲低下、跛行等疾病时，必须淘汰。应根据检查结果，合理安排好公猪的使用强度。

⑤防止公猪热应激，做好防暑降温工作，当公猪舍温度超过 29℃时，需开启水帘降温。天气炎热时应选择在早晚较凉爽时配种，并适当减少使用次数。

⑥经常刷拭冲洗猪体，及时驱除体外寄生虫，注意保护公猪肢蹄。

⑦性欲低下的，每天可补喂辛辣性添加剂或注射丙酸睾丸素。有病应及时治疗，治疗无效的应考虑淘汰。

2. 种母猪的饲养管理

（1）"三区二滤"配种怀孕管理模式　"三区二阶段"：将母猪自断奶待配（或后备待配）开始，至怀孕临产整个程序环节，分为三区（待配区、过滤区和怀孕区），通过两个时段孕检筛查（二次过滤），做好母猪的发情鉴定与配种怀孕工作。

①三区的分区方法：

A. 待配区：通常为断奶、空怀、流产母猪或处于待配期的后备母猪。在此区应特别注意母猪的发情鉴定和公猪诱情。

B. 过滤区：发情配种后至 35 天的种母猪群体，注意观察母猪的返情和空怀状况。二次过滤的工作主要在此区域进行。

C.怀孕区:已经被确认为怀孕的母猪群体,注意调整好母猪的饲养管理,防止流产。

②二次过滤:又称双层过滤,是指在配种后 30 ~ 35 天之前确定母猪是否怀孕,分为返情过滤及 B 超过滤。

A.返情过滤:第一次过滤是人为观察返情现象,时间为母猪配种后 18 ~ 24 天。一般采取每天两次驱赶公猪试情来判定母猪是否发情。检测母猪返情必须有公猪参与,可大大提高检测准确性。

B.B 超过滤:第二次过滤是母猪配种后 25 ~ 35 天,采用 B 超妊娠诊断技术,早期确认母猪怀孕状况,避免怀孕母猪产生应激反应,降低母猪流产发生概率。

B 超测孕时间确定小技巧:利用日历,当天测孕最晚的母猪为日历中当天左下角的日期再提前 1 个月,如 13 号测孕,应最早测孕到上月 19 日配种的母猪(表 1–19)。

表 1–19　B 超测孕时间表

星期日	星期一	星期二	星期三	星期四	星期五	星期六
1	2	3	4	5	6	7
8	9	10	11	12	13	14
15	16	17	18	19	20	21
22	23	24	25	26	27	28
29	30	31				

③三区二滤的意义(图 1–1):

A.通过集中饲养同等类型的母猪,有利于按照不同配种日龄的饲料标准精准给料,大大提高饲养员的喂料效率。

B.有利于对不同阶段的母猪区别开展工作(如只对待配区和过滤区的母猪进行返情检查,只对过滤区的母猪进行 B 超测定),大大提高配种员的工作效率。

C.通过严格的二次过滤,尽早检测出空怀母猪,最大限度地降低非生产天数,提升了母猪生产力,降低了成本。

D.通过集中分区,提高了猪场栏舍的利用率。

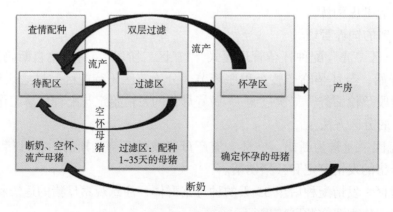

图 1–1　三区二滤母猪饲养流程图

（2）断奶母猪的饲养管理　哺乳后期不要过多削减母猪喂料量；抓好仔猪补饲、哺乳，降低母猪哺乳的营养消耗；适当提前断奶。断奶前后1周内适当减少哺乳次数，逐渐减少喂料量以防发生乳房炎。有计划地淘汰8胎以上或生产性能低下的母猪。确定淘汰猪最好在母猪断奶时进行。

从产房接收的断奶母猪当天驱赶至运动场（极端天气驱赶至大栏饲养），1～2天后驱赶至待配区观察，以促进其尽早发情。断奶母猪阶段使用哺乳料，饲喂量及饲喂要求见表1-20。断奶后3～7天注意做好母猪的发情鉴定和公猪的试情工作。

表1-20　断奶母猪投料标准

种猪阶段	投料量〔kg/（头·天）〕		夏季日投料次数	冬季日投料次数
断奶至下次配种	1～2胎母猪	3胎以上母猪	2	2
	3.0～3.5	3.0～3.5		

（3）怀孕母猪的饲养管理

①母猪配种后按配种时间在妊娠定位栏编组排列，分阶段按标准饲喂（表1-21）。

表1-21　怀孕母猪投料标准

种猪阶段	投料量〔kg/（头·天）〕		夏季日投料次数	冬季日投料次数
	1～2胎母猪	3胎以上母猪		
配种至妊娠7天	1.6～1.8	1.6～1.8	2	2
妊娠8～30天	2～2.5	1.8～2.0	2	2
妊娠31～90天	2.2～3	2.0～2.5	2	2
妊娠91～111天	2.7～3.2	3.0～3.5	2	2
妊娠112～114天	1.0～2.0	1.0～2.0	2	2

每次投放饲料要准、快，以减少应激。要给每头猪足够的时间吃料，不要过早放水进食槽，以免造成浪费。对妊娠母猪定期进行评估，表1-22、表1-23和图1-2提供了膘情评定标准及各阶段母猪膘情情况，供实践操作时参考。

表1-22　膘情评定标准

部位	1分	2分	3分	4分	5分
脊柱	突出、明显可见	突出但不明显，易摸到	看不见，可以摸到	很难摸到，有脂肪层	摸不到，脂肪层厚
尾根	有很深的凹	有浅凹	没有凹	没有凹，有脂肪层	脂肪层厚
骨盆	突出、明显可看到	突出可看到，易摸到	突出看不到，可以摸到	突出看不到，用大力可摸到	突出看不到，摸不到

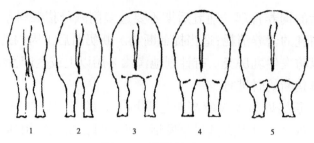

图1-2 膘情评分图

表1-23 各阶段母猪的标准膘情

阶　　　段	标准膘情
断奶	2.5～3分
断奶至配种	2.5分以上（低于2.5分不宜配种）
配后至配后35天	2.5分
配后36～84天	3～3.5分
85天至上床	3.5～4分

膘情是通过对母猪躯体三个较重要的部位（脊柱、尾根、骨盆）进行检查而得出的母猪体况的综合性评价。

②不喂发霉变质饲料，防止中毒。减少应激发生，防止流产。按免疫程序做好各种疫苗的免疫接种工作。做好生物安全措施。

③妊娠母猪临产前1周转入产房，转入前冲洗消毒，并同时驱除体内外寄生虫。

（4）返情及空怀母猪的饲养管理 出现返情空怀母猪后，判断原因，有针对性地采取有效措施。

①准确掌握青年母猪的初配适期：后备母猪初配适期不早于8月龄、体重不低于130kg。一般在其第二次或第三次发情时进行配种。

②对空怀不发情母猪可采取几种办法处理（表1-24）：

A.刺激：

a.精液刺激：公猪精液按1∶3稀释后，取1～3ml喷于母猪鼻端或鼻孔内，每天1次，连用2天。

b.公猪刺激:用试情公猪追逐久不发情的母猪（每天一次，15～20min/次，连续3～4天),或将母猪赶在同一圈内,通过公猪爬跨等刺激,使母猪脑下垂体产生卵泡素,促进母猪发情排卵。

c.运动刺激：每天上午将母猪赶出圈外运动1～2h，加速血液循环，促进发情。

d.换圈刺激：将久不发情的母猪，调到有正在发情母猪的圈内，经发情母猪的爬跨刺激，促进发情排卵，一般4～5天即出现明显的发情。

表 1-24　问题母猪处理方法

处理方法	运动	限料	优饲	冲洗子宫投药	对症治疗	加大查情	注射激素	诱情
过肥	○	○				○		○
偏瘦			○					
子宫内膜炎				○	○		催产素 40 IU	
卵泡囊肿							PG600	
持久黄体							PG600	
断奶后 11 天以上不发情	○		○			○	PG600	○

B. 激素催情：

a. 肌内注射垂体前叶促性腺激素 1 000IU（每次 500IU，间隔 4 ~ 6h，在预测下一个发情期前 1 ~ 2 天用药。但要注意记录情况，适时配种。

b. 肌内注射三合激素 2ml，或氯前列醇 1.2 ~ 2.0ml，对仍无发情现象的母猪在 4 天后再用药同剂量肌内注射一次。经处理后发情的母猪，于配种前 8 ~ 12h 肌内注射绒毛膜促性腺激素 1 000IU。

c. 氯前列醇可有效地溶解不表现发情的母猪卵巢上的持久黄体，使母猪出现正常发情，每头母猪肌内注射 2ml（0.2mg）。注射后不发情母猪 11 ~ 13 天后再次注射 2ml（0.2mg）。

d. 肌内注射律胎素 2ml，缩宫素 4 支。

e. 使用 PG600 进行处理。

C. 饮红糖水：对不发情或产后乏情的母猪，按体重大小取红糖 400g 左右，在锅内加热熬焦，再加适量水煮沸，冷却后拌料，连喂 2 ~ 7 天。

D. 防治原发病：坚持做好乙型脑炎、猪瘟、细小病毒病、蓝耳病、伪狂犬病等的防治工作；对患有生殖器官疾病的母猪给予及时治疗；不用发霉的饲料；对出现子宫炎的母猪，先治疗，用 0.1% 高锰酸钾 20ml 或 50ml 蒸馏水 + 800 万 IU 青霉素 + 320 万 IU 链霉素或用庆大霉素 20ml+ 蒸馏水 50ml，用输精管输入冲洗，清除渗出物，每天 2 次，连续 3 天。同时，肌内注射律胎素 2ml、孕马血清 10ml、维生素 E 2 支、维生素 A 2 支，促进发情排卵。

③饲养方式：饲喂标准同断奶母猪的饲喂要求。应根据母猪体况进行饲喂，不能过肥或过瘦。

④环境控制：

A. 温度、湿度及通风：配种舍温度应控制在 18 ~ 22℃。配种舍相对湿度应控制在 60% ~ 80%。炎热夏季当舍内温度达到 29℃时，必须开启水帘风机通风降温，通风方式由横向变为纵向，同时使用水帘降温。

冬季为达到猪舍温度要求，同时保证猪舍空气新鲜，采用横向通风方式，保持合适的最小通风量。

B.卫生：为保证猪只良好的生产环境和优质新鲜的饲料，在平时的饲养管理中，应做好猪舍内外环境卫生工作，主要包括以下几个方面。

a.每天早上喂料时，清粪一次。

b.每天查情配种后，清洁母猪料槽里的湿料（防止因温度高而引起饲料发霉）和粉料（适口性差，猪只减少采食量）。

c.排水沟每2天清一次，下水道每周换水一次，以保证猪舍内空气新鲜。

d.猪舍外环境每周平整清扫一次。

三、产房饲养管理操作流程

产房饲养管理是整个养猪生产中工作最为烦琐、繁忙的环节。产房实行全进全出制度，工作内容围绕母猪和仔猪进行，是解决生长育肥阶段猪源的关键。其目的是保证母猪安全分娩，尽可能提高仔猪成活率和断奶重，同时是对母猪下一周期的发情配种起着至关重要的过渡恢复时期，因而产房的饲养管理是整个养猪生产过程中承上启下的关键环节。

（一）上产床准备

（1）栏舍无死角彻底清洗消毒（打扫卫生→烧碱浸泡→清水冲洗→全面喷雾消毒→熏蒸消毒），地面过道可用生石灰铺撒，保持干燥，空栏1周以上备用。

（2）上产床前对母猪全身进行彻底清洗，待母猪及栏舍干燥后对猪体及产床进行驱虫（双甲脒按1：250）和消毒（1%过氧乙酸）。

（3）检验清楚预产期，母猪的妊娠期平均为114天，将母猪按预产期顺序排列，虽不一定完全按照预产期时间依次分娩，但在一定程度上有利于后续母猪投料量控制、仔猪补铁、去势、疫苗免疫等工作的有序进行。

（4）按照兽药中心提供的保健方案准备好所需保健饲料，并严格按照时间和用量进行饲喂（建议保健时间为产前7天，分娩后即停止保健）。

（二）母猪分娩判断

母猪表现以下征状时，即将分娩。

（1）烦躁不安，时起时卧。

（2）阴阜红肿，有黏液流出，频频排尿。

（3）尾根两侧下凹。

（4）乳房有光泽、两侧乳房外涨，用手挤压有乳汁排出。

（5）前面乳头能挤出乳汁时，约 24h 内产仔；中间乳头能挤出乳汁时，约 12h 内产仔；最后一对乳头能挤出乳汁时，4 ~ 6h 内产仔。

（6）子宫羊水破出，表明母猪已经开始产仔。

（三）分娩接产

1. 产前准备

（1）接产工具　保温灯、剪牙钳、消毒短绳、络合碘、麻袋、胎衣桶、毛巾、消毒桶、高锰酸钾、刷子、断尾钳、百球清、保健药、铁剂、注射器、电子秤等。

（2）治疗药品及用具　生理盐水、葡萄糖、甲硝唑、青霉素、产后康、鱼腥草、林壮经典、复合维生素 B 注射液、维生素 B、维生素 C、右旋糖酐铁、输液管、输精管、输精瓶、注射器、灭菌针头、透明胶带。

（3）保温灯安装　仔猪体温较低、自身抵抗力较差易发生仔猪黄痢、感冒等病而引起死亡，保温是提高仔猪成活率的关键措施，初生仔猪放入保温箱，保持箱内温度 30℃以上。

（4）挤乳汁　母猪乳腺乳头上乳导管与外界相通，大肠杆菌等致病菌可进入乳头污染乳汁，乳汁中乳脂肪等营养物质丰富，不仅为病原体所利用，而且易被空气氧化酸败，因此须把分娩前母猪乳头中前几滴乳汁挤掉。

（5）三"洗"　母猪粪便中含有大量细菌、寄生虫等病原体，产前母猪后躯及乳腺周围均被粪污污染，初生仔猪产后习惯于在母猪后躯及腹部乳腺处活动吸吮，并且抵抗力低下，易被环境中病原体感染致病，因而产前需对母猪后躯、乳腺及产床先用清水清洗，再用 0.1% 高锰酸钾进行消毒，为仔猪提供一个相对洁净的环境。

2. 开始分娩

（1）垫布　分娩开始时在母猪后躯垫麻布袋或饲料袋，既清洁卫生又可保温。

（2）看管　要求有专人看管，接产时每次离开时间不得超过 10min，防止仔猪产出后因无人接产而憋死。

（3）保持干净　仔猪出生后，应立即将其口鼻黏液清除、擦净，用抹布将猪体抹干，放入保温箱保温。

（4）剪牙　共剪 8 颗牙齿。纵向剪，四次完成，断面平整，不损伤牙龈，牙床和舌头，每头剪完后用络合碘消毒剪牙钳。

（5）断脐　将仔猪侧卧，从脐带末端开始往仔猪体内勒挤，将脐血挤入仔猪体内，将脐带用消毒细线扎好，留 2cm 钝性掐断，用络合碘消毒脐带口。

（6）断尾　止血钳钝性掐 3 下剪断（非种用猪 3cm，种猪 4cm ± 0.5cm），涂抹络合碘。

（7）产中能量补充及消炎　母猪产完 5 头仔猪时开始静脉滴注：①能量液：5% 葡萄糖盐水 500ml＋肌苷 5 ～ 8 支＋维生素 C 8 ～ 10ml；②抗菌消炎液：生理盐水 500ml＋青霉素 480 万 IU＋鱼腥草 20ml。对产仔无力的母猪，可用辅助治疗。

（8）称重　对已出生仔猪进行称重并记录完整，不仅有利于统计结果的准确性，而且可以通过初生仔猪体重情况，初步分析怀孕期母猪的饲养管理情况是否正常。

（9）吃初乳

①初乳含有较高的营养和抗体，具有抑菌、杀菌、增强机体抵抗力等功能。放奶前，必须将乳头前端几滴乳汁挤掉，并用高锰酸钾对乳房进行擦洗消毒。

②初乳必须在 12h 内到达仔猪肠道，时间久仔猪肠道通透性下降，乳汁中的抗体不能通过肠道让仔猪吸收。

③在仔猪吸取初乳之前，绝对不能调栏和寄养，以免影响仔猪日后的健康度。

④固定乳头，初生重小的放在前面、大的放在后面，对初生仔猪的存活及健康生长具有重要意义。

（10）补铁与保健

①补铁：9 号（15mm）针头耳根部肌内注射（不伤骨）右旋糖酐铁 1ml/ 头，按住针孔 2 ～ 3s，再将针头轻轻拔出。

②药物保健：肌内注射阿莫西林（0.5g/ 瓶，用 10ml 氯化钠溶液稀释，颈部肌内注射 10 头仔猪，即 0.05g/ 头）。

③灌服百球清：将 5% 百球清用葡萄糖盐水 1 ∶ 3 稀释，再按 1ml/ 头灌服（不溢出），3 ～ 5 日龄进行。

（11）假死猪急救　刚生的仔猪身软、"没有"呼吸，但脐带基部仍有波动，触摸心脏仍在跳动，则为假死。先将仔猪鼻、口内的黏液清理干净，倒提后腿、拍胸拍背、人工呼吸、温水浸泡（40℃，口鼻朝外），可用碘酒擦拭鼻孔刺激。

（12）难产处理　母猪一般很少难产，个别母猪由于骨盆狭小或胎儿过大、胎位不正等，也有发生难产的现象，主要表现为母猪反复努责但无仔猪产出。难产又可见以下两种情况：

①有羊水流出，强烈努责较长时间仍未能产出一头仔猪。

②母猪已有仔猪产出，间隔较长时间未产出下一头。

无论哪一种情况，均不能轻易使用催产素，否则可能会引起子宫破裂。此时只能依据人工助产的操作规程对母猪进行助产。助产时先感觉仔猪胎位，若胎位不正，先理正胎位，若胎儿过大，可借助助产绳等进行助产。

（四）催产素（缩宫素）的合理使用

1. 母猪分娩

正常无需使用催产素。

2. 以下情况可以使用催产素

（1）在仔猪出生 1 ~ 2 头后，估计母猪骨盆大小正常，胎儿大小适度、胎位正常，从产道产出是没问题的，但子宫收缩无力，母猪长时间有努责而不能产出仔猪时（间隔时间超过 45min 以上）可考虑使用催产素，使子宫增强收缩力促使胎儿产出。

（2）在人工助产的情况下，进入产道的仔猪已被掏出，估计还有仔猪在子宫角未下来时可使用。

（3）胎衣不下。母猪产仔后 1 ~ 3h 即可排出胎衣，若 3h 以后仍没有排出则为胎衣不下，可注射催产素，2h 后可重复注射一次。

3. 使用催产素注意事项

（1）必须在子宫颈口开张后才能考虑使用。

（2）每次使用剂量 2 ~ 4ml。

（3）过多使用会造成子宫痉挛、母猪体力消耗太大、子宫炎。

（五）人工助产

1. 人工助产限制使用范围

一般不能随便进行人工助产，但在分娩过程中有如下情况的，可考虑进行人工助产。

（1）母猪产程一般 2 ~ 5h，若产程过长，超过 3h（经产）或 5h（后备），分娩到中途收缩无力，主要表现为母猪分娩出每一头仔猪间隔时间过长，超过 30min，并且在间隔中无努责，此时可肌内注射缩宫素 2ml/ 头，半小时后仍无仔猪产出，可考虑人工助产。

（2）母猪破水或有胎粪排出 4h 后仍无仔猪产出。

（3）母猪在分娩过程中不断地努责超过 45min 仍无仔猪产出。

（4）母猪产程过长，在确认还未分娩完，注射了缩宫素超过 30min 仍无仔猪产出。

2. 人工助产须严格执行的消毒卫生操作规范

（1）助产人员必须先把指甲剪平并磨光滑，以防在助产过程损伤母猪产道。

（2）助产人员彻底清洗消毒手掌至手臂，并用石蜡油润滑。同时用石蜡油润滑母猪产道，然后并拢五指，慢慢地把手旋转进入母猪产道。如果仔猪胎位不正，用手把仔猪胎位摆正。助产时应顺着母猪的努责，用力慢慢地把仔猪往外拉，在整个助产过程中动作应该轻柔、不粗暴。遇到母猪努责时，助产的手应暂停往内伸进，必须保证不损伤母猪生殖道。

3. 人工助产操作程序

按摩乳房→排挤少量奶水→压力辅助→赶起来换方位躺卧→肌内注射缩宫素→掏宫→假死仔猪的救护。

（六）产后护理

1. 弱仔的护理

（1）对体重小于 0.8kg 的弱小仔猪，应人工挤母猪初乳，在仔猪出生时灌服，每小时 1 次，连灌 4 ~ 5 次，每次 5 ~ 10ml。

（2）弱小仔猪剪牙断尾推迟 3 ~ 5 天。

（3）对吃不到奶的仔猪，出生后腹腔注射 5% 或 10% 葡萄糖注射液 10 ~ 20ml（注意温度与仔猪体温相当），并灌服初乳，要及时寄养到多奶的母猪。

（4）弱小仔猪定期注射科特壮。

2. 寄养

（1）时间　出生后 12 ~ 24h。

（2）依据　根据母猪乳头数与产仔头数、窝内仔猪个体均匀度状况对初生仔猪进行寄养，固定乳头不可少。

（3）标准　只有在仔猪充分吃到亲母初乳后寄养才是有利的。

（4）原则　夜寄昼不寄、寄强不寄弱（将强健的寄养出去）、寄后不寄前（日龄相差不超过 3 天）、经产与初产不交叉寄养，并且尽量寄养到第 2 ~ 4 胎母猪。

3. 教槽

仔猪出生后第 5 天开始具体操作方式会在后面进行阐述。

4. 补铁

（1）时间　出生后第 3 天和第 7 天。

（2）操作　7 号（15mm）针头耳根部肌内注射（不伤骨）右旋糖酐铁，按住针孔 2 ~ 3s，再将针头轻轻拔出。

（3）用量　第 3 天用量 1ml，第 7 天用量 2ml。

5. 去势

（1）时间　出生后第 7 天。

（2）操作　原种场按育种中心要求操作。

A. 轻轻二刀挑开仔公猪阴囊皮肤，切口要小到刚好将睾丸挤出。

B. 紧紧抓住睾丸，向外拉出，将精索和血管拉断。

C. 检查是否有管索仍旧在切口外，如果有用手术刀切断，将阴囊内血水挤干。

D. 伤口涂抹络合碘或消炎粉消毒，颈部肌内注射头孢噻呋钠 0.1g/ 头。

6. 母猪护理

（1）投料　母猪投料方式参考表 1–25。

密切观察母猪动态：密切观察母猪产后情况，尤其是最初的 2 ~ 3 天，尽早发现问题非常关键，尽量确保每天每头母猪起立、采食，并能摄入足够新鲜饮水。

（2）及时准确对母猪进行产后消炎　产后 3 天对于不发热、正常采食母猪，均需利用青霉素（480 万 IU）或林可霉素（20ml）或鱼腥草（20ml）等进行消炎解毒，

表 1-25　母猪投料方式详情请参考

状态和阶段	投料量〔kg/（头·天）〕		饲料品种	投料次数
	1 ～ 2 胎	3 胎以上		
上产床至妊娠 111 天	2.7 ～ 3.2	3.0 ～ 3.5	哺乳料或攻胎料	2
妊娠 112 天至分娩	1.0 ～ 2.0	1.0 ～ 2.0	哺乳料或攻胎料	2
分娩当天	不喂或少量		哺乳料	
产后前 3 天	2.0 ～ 4.0（逐渐加量）		哺乳料	根据需要随时喂料
产后 4 天至断奶	5 ～ 7.5（自由采食）		哺乳料	根据需要随时喂料
断奶至下次配种	3.0 ～ 3.5		哺乳料	2

并可加注复合维生素 B 开胃促食；对于发生感染、体温升高而不采食母猪，须测量体温并做好记录，若超过 40℃，采用头孢类或静脉输液等进行治疗，此类母猪为重点护理对象，确保其尽快恢复。

（3）清宫

①清宫对象：

A. 正常情况不得进行母猪子宫冲洗。

B. 产后出现子宫炎排恶露流脓的母猪，可采取子宫冲洗。

C. 产整窝死胎、木乃伊的母猪，流产、助产、难产的母猪，可采取子宫冲洗。

②清宫原则：早、多、严：第一次冲洗时间要早、冲洗量要多，冲洗过程中输精管瓶、人手、母猪后躯等严格消毒，使用前再用 0.9% 盐水冲洗干净，一般每头 2 ～ 3 次或者更多至不流脓为止。

③清宫时间：

A. 母猪产后 2 ～ 3 天，查看恶露排放情况，如量多呈脓性腥臭，或产道仍然流出红褐色黏稠液体或血样液体，其黏液常在母猪后躯形成结痂，并有腐败气味的开始冲洗。

B. 对产整窝死胎、木乃伊的母猪，流产、助产、难产的母猪，在产后 12 小时内开始冲洗。

（4）抗菌消炎

①清洗母猪阴户、输精管，如进行过配种操作，手用 0.9% 500 ～ 1 500ml 生理盐水冲洗，将子宫内蓄脓冲洗出来，直至流出清亮盐水为准。轻往后拉输精管放尽子宫内盐水（冬天，盐水预热到 37℃）。

②将 40ml 宫炎净配加 40ml 0.9% 生理盐水混匀后挤入子宫内。抽出输精管让宫炎净保留在子宫内，抗菌消炎。

③用宫炎净消炎 2 天后母猪阴户仍有排出物的，用 0.2% 左氧氟沙星 100ml 挤入子宫抗菌消炎。

（七）环境管理

1. 产房温度与湿度控制

产房环境温度与湿度控制请参考表1-26。

表1-26　产房温度与湿度控制

阶　段		温　度（℃）	湿　度
仔猪	初生	32～35	60%～70%
	1～7日龄	30～32	
	8～14日龄	28～30	
	15～21日龄	26～28	
	21～28日龄	24～26	
母猪	整个大环境	20～25	

2. 供水情况检查

（1）饮水嘴是否堵塞。

（2）饮水器高度方向是否利于母猪饮水。

（3）水压与流量控制：2L/min。

（4）水质是否有异味。

（八）产房母猪饲喂标准及方式

1. 产房母猪投料饲喂模式

请参考表1-27、表1-28。

表1-27　产房母猪饲喂模式

状态和阶段	投料量〔kg/（头·天）〕		饲料品种	投料次数
	1～2胎	3胎以上		
上产床至妊娠111天	2.7～3.2	3.0～3.5	哺乳料或攻胎料	2
妊娠112天至分娩	1.0～2.0	1.0～2.0	哺乳料或攻胎料	2
分娩当天	不喂或少量		哺乳料	
产后前3天	2.0～4.0（逐渐加量）		哺乳料	根据需要随时喂料
产后4天至断奶	5～7.5（自由采食）		哺乳料	根据需要随时喂料
断奶至下次配种	3.0～3.5		哺乳料	2

表 1-28 产房母猪季节性推荐投料方式

一般季节	夏季	投料量（kg）	是否湿拌	备注
6：30 ~ 7：00	5：30 ~ 6：00	1 ~ 1.5	湿拌	实际生产中可根据母猪食欲情况不定时加料，做到采食量最大化
7：30 ~ 8：00	6：30 ~ 7：00	1	湿拌	
11：00	11：00	1	干料	
14：00 ~ 14：30	15：00 ~ 15：30	1	湿拌	
16：00 ~ 16：30	17：00 ~ 17：30	1	湿拌	
17：00	20：00	1 ~ 1.5	干料	

2. 母猪奶水不足问题可能原因及可采取的措施

（1）由于怀孕中后期母猪饲喂不当，母猪过肥或过瘦导致乳腺发育不良，需加强对怀孕期母猪饲喂量的控制，根据阶段看膘投料，控制母猪体膘在 3.5 分左右。

（2）环境温度较高导致母猪采食量低引起奶水不足，一是采取相关降温措施，二是采用湿拌料进行饲喂，三是增加饲喂次数，四是在早晚相对阴凉时间段进行投料。

（3）产后炎症导致母猪采食量低引起奶水不足，需做好产前产后母猪的护理与消炎工作，勤消毒勤打扫，减少环境中有害细菌对母猪的侵袭。

（九）教槽、断奶管理

1. 教槽管理

（1）时间 出生后第 5 天。

（2）操作要求

①教槽所用料盘必须在使用之前清洗消毒干净。

②教槽料盘的位置放在母猪与保温区之间或者仔猪经常出入活动的地方。

③教槽所用饲料必须新鲜，不论仔猪采食与否，每天至少定时更换 2 次，其他时间巡栏补料 3 ~ 4 次。

④如果料盘被粪便污染，必须及时更换或清洗干燥后补充新料，否则教槽效果适得其反。

2. 断奶管理

（1）减小断奶应激关键前提 教槽饲喂，实行少喂多餐（6 ~ 8 次 / 天），对于采食量较大的可以适当控制，逐渐过渡到自由采食，饲料要保持清洁，防止霉变，剩料及时清除。

（2）温度与湿度控制 注意保温通风，断奶仔猪适宜温度 24 ~ 26℃，湿度 60% ~ 70%。

（3）检查水源 保证供给充足清洁的饮水。

（4）环境卫生 猪舍内外要经常清扫，定期消毒，杀灭病菌，防止传染病发生。

3. 教槽及断奶后 1 周饲喂模式

请参考表 1–29。

表 1–29 教槽及断奶后 1 周仔猪饲喂模式

时间	均重（kg）	日龄	饲料品种	饲喂方式和饲喂量	kg/头
产后 5 天至断奶	2 ~ 6	5 ~ 21	教槽料	适当补料、少食多餐	2
断奶至断奶后 7 天	6 ~ 7	21 ~ 28	教槽料	自由采食〔50 ~ 350g/（头·天）〕	

（十）疝气手术

猪腹股沟阴囊疝是腹腔脏器（多为小肠）经鞘膜管进入鞘膜腔引起的一种常见外科病，俗称"通肠卵"，是猪较为常见的疾病。多采用手术治疗。疝气手术宜在仔猪体重达 10kg 以前进行。

1. 术前准备

（1）手术前准备好相应物品：止血钳、缝合针、细线、头孢类药品、络合碘、消炎针、麻醉剂（氯丙嗪）、疝气猪及手术架。

（2）将仔猪倒立四肢保定在栏片上，兴奋不安的猪静脉注射盐酸氯丙嗪注射液每千克体重 0.2 ~ 0.4ml。

2. 手术

手术局部用络合碘消毒(包括双手)。在患侧腹股沟外环处做 4 ~ 8cm 的皮肤切口，分离皮下组织；在腹股沟外环处切开总鞘膜，还纳肠管，不要伤到肠，动作迅速。并将阴囊内的睾丸挤至切口处，用细绳结扎，摘除，然后涂抹络合碘。腹内投阿莫西林粉，消炎。从里到外分三层：基层（缝合腹股沟孔）、表皮黏膜层、皮肤层缝合，缝合后在伤口先涂擦络合碘，再抹阿莫西林粉防止伤口感染，同时注射 0.25g 阿莫西林消炎。

3. 术后护理

疝气手术后猪只应特别护理，单独或手术猪只集中一栏，每天添加电解多维，连续 5 天，保证单独栏舍良好的卫生。每日观察其采食情况、伤口愈合情况，出现伤口感染及时治疗。不采食猪只饲喂湿拌料，避免因惊群、跳跃和其他激烈挣扎引起复发。

四、保育猪饲养管理操作流程

仔猪从断奶到出栏上市，因其各种生理机能和免疫功能还不完善，极易受各种病原微生物的侵袭，加之断奶时多种应激因素（如断奶应激、环境应激、饲料应激等）的影响，其死亡率可达 15% 甚至以上。保育舍管理方面的改进不仅会提高保育期仔猪乃至整个育肥阶段的生长性能，而且对仔猪免疫力、存活率的提升有着直接影响，可见保育阶段饲养管理的重要性不容忽视。

（一）保育舍进猪前准备

1. 清洗消毒

保育舍实行全进全出制度。猪只转走当天，先将料槽残余饲料清理干净，给其他猪只吃。在保育猪进入前，首先要对保育舍进行彻底清洗消毒，杀灭病原。在冲洗时，尽量将舍内所有栏板、饲料槽拆开，用高压水冲洗，将整个舍内的天花板、墙壁、窗户、地面、料槽、水管等进行彻底的冲洗。同时将下水道污水排放掉，并冲洗干净。要注意凡是猪可接触到的地方都要进行冲洗，更不能有猪粪、饲料遗留的痕迹。

一般要求程序：打扫卫生→烧碱浸泡→清水高压冲洗→全面喷雾消毒→福尔马林等薰蒸消毒，空栏1周备用，进猪前要再进行一次消毒。

注意清洗消毒安全用品：橡胶手套、橡胶水鞋、防护服、口罩等。

2. 保育舍设施设备维护

修理栏位、饲料槽、保温箱，检查每个饮水器是否通水，检查加药器是否能正常工作，检查所有的电器、电线是否有损坏，检查窗户是否可以正常关闭。

（二）保育舍进猪

1. 大小强弱分群

猪群转入后立即进行调整，按大小和强弱分栏，饲养密度按 0.4m² 左右 / 头。在分群时按照尽量维持原窝同圈、大小体重相近的原则进行，个体太小和太弱的单独分群饲养。这样有利于仔猪情绪稳定，减轻混群产生紧张不安的刺激，减少因相互咬斗而造成的伤害，有利于仔猪转群后快速适应与恢复正常生长发育。

2. 病残弱猪特别照顾

猪群的分布要注意照顾弱小猪，冬天注意保温，远离门口。残次猪及时隔离饲养。病猪栏设于通风的下风向。较大的仔猪放在靠近门口处，一方面由于抵抗力较强，另一方面也方便出栏转群。

3. 三点定位调教工作

仔猪从产房到保育舍新的环境中，在进猪后的前3天，饲养员应加强猪群调教，训练猪群吃料、睡觉、排便"三定位"。这是养好保育猪最关键最首要的工作，猪习惯行为的调教成功，关键在猪转入 24h 内，超过此时是很难成功的。所以要抓得早、抓得勤、勤守候、勤调教。在食槽里放少量饲料、将排粪区淋湿、将睡觉区清扫干净，假如有小猪在睡卧区排泄，这时要及时把小猪赶到排泄区并把粪便清洗干净。饲养员每次在清扫卫生时，要及时清除休息区的粪便和脏物，同时留一小部分粪便于排泄区，经2～3天的调教，仔猪就可形成固定的睡卧区和排泄区，这样可保持圈舍的清洁与卫生。

（三）保育舍温度与湿度控制

1. 保温与通风

保育舍环境温度对仔猪影响很大，寒冷气候情况下，仔猪肾上腺激素分泌量大幅上升，免疫力下降，生长滞缓，而且下痢、胃肠炎、肺炎等的发生率也随之增加。因而保育舍保温是冬春寒冷季节的工作重心之一。

进猪后要注意温度控制：保育舍最适宜温度为 20 ~ 26℃，每栋保育舍单元应挂一个温度计，高度尽量与猪身同高。高于 30℃时，对地面或墙壁进行淋水并适当进行通风；当温度低于 20℃时，要开保温灯（或采取其他保温措施），提高舍内温度，同时应注意舍内通风情况。

氨、硫化氢等污浊气体含量过高会使猪呼吸道疾病的发病率升高。通风是消除保育舍内有害气体含量和增加新鲜空气含量的有效措施。但过量通风会使保育舍内的温度急骤下降。生产中，保温和换气应采用较为灵活的调节方式，两者兼顾。高温则多换气，低温则先保温再换气。

2. 保育舍适宜的温度与湿度范围

保育舍适宜的温度与湿度控制范围参考表 1–30。

表 1–30　保育舍适宜的温度与湿度控制范围

体重（kg）	温度（℃）	湿度（%）
7	26	
9	25	
11	24	60 ~ 70
15	22	
20	21	
30	20	

（四）保育舍具体饲养管理

1. 保育舍投料

保育猪饲喂以自由采食为主，不同日龄（体重）喂给不同的饲料。饲养员应在记录表上填好各种料开始饲喂的日期，保持料槽都有饲料。当仔猪进入保育舍后，先用教槽料饲喂一段时间，也就是不改变原饲料，以减少饲料变化引起的应激，然后逐渐过渡到保育料。具体饲喂模式参考表 1–31。

表 1-31 保育猪饲喂模式

保育猪阶段		均重（kg）	日龄	饲料品种	饲喂方式	耗料（kg）
保育猪	断奶后 8 ~ 11 天	7 ~ 8	29 ~ 32	教槽料	自由采食	1.3
	断奶后 12 ~ 14 天	8 ~ 8.8	33 ~ 35	教槽料 + 保育前期料（逐渐过渡）	自由采食	教保料各 0.6
	断奶后 15 ~ 32 天	8.8 ~ 15	36 ~ 53	保育前期料	自由采食	9.3
	断奶后 33 ~ 42 天	15 ~ 20	54 ~ 63	保育后期料	自由采食	9
	断奶后 43 ~ 56 天	20 ~ 30	64 ~ 77	保育后期料	自由采食	18

备注：①体重达到 8kg 后换料分 3 天过渡，教槽料：保育前期料 =2：1、1：1、1：2 比例进行；
②自由采食，少量多餐，每天至少巡栏加料 6 次以上，晚上夜班人员须至少加料 1 次；
③每日空槽 1 ~ 2h 为宜，建议在中午 12：00 ~ 14：00 进行；其他时间段应保证料槽料量充足；
④及时对猪群进行调栏，避免个体差异过大，达到体重猪群可先进行换料，可在一定程度上降低饲养成本。

2. 保育舍饮水

水是猪每天食物中最重要的营养，饮水不足，使猪的采食量降低，直接影响饲粮的营养价值，猪的生长速度可降低 20%。高温季节，保证猪的充分饮水尤为重要。天气太热时，仔猪将会因抢饮水器而咬架；有些仔猪还会占着饮水器取凉，使别的小猪不便喝水；还有的猪喜欢吃几口饲料又去喝一些水，往来频繁。如果不能及时喝到水，则吃料也就受影响。因而在巡栏或者打扫卫生过程中应注意饮水器供水是否正常：①饮水嘴是否堵塞；②饮水器高度方向是否利于仔猪饮水；③水压与流量控制：1L/min；④水质是否有异味。

3. 保育舍饲养密度

在一定圈舍面积条件下，密度越高、群体越大，越容易导致拥挤和饲料利用率降低。但在冬春寒冷季节，若饲养密度和群体过小，则舍内温度偏低，影响仔猪生长。圈舍采用漏缝或半漏缝地板，每头仔猪占圈舍面积为 $0.4m^2$ 左右。如果密度高且通风不好，则有害气体氨气、硫化氢等浓度过大，空气质量相对较差，猪容易发生呼吸道疾病。因而控制密度、保证空气质量是控制呼吸道疾病的关键。

4. 保育舍日常管理

（1）保持栏舍干净 保持圈舍卫生、干燥、干净是养好保育猪的首要条件，也是基本要求。每天至少清粪 1 次（包括漏缝地板栏舍），用斗车将干粪收集，禁止用水进行冲洗；栏舍内清扫完毕后，对赶猪道、走道、粪道清扫一遍。

（2）观察猪群健康状态 清理卫生和喂料时要注意观察猪群情况。喂料时观察食欲情况；仔猪休息时检查呼吸情况；每天巡栏三次，观察猪只粪尿、皮肤、耳朵、鼻镜、眼睛等，了解猪群健康状况。

（3）及时隔离病猪 发现病猪及时隔离、对症治疗，情况严重或发病原因不明时

（特别是有传染性的）及时上报。

（4）及时调栏　进猪后每隔一段时间就要调一次栏，确保各栏仔猪大小均匀。为了减少相互咬架而产生应激，应遵守留弱不留强、拆多不拆少、夜并昼不并的原则，对残弱仔猪要进行特别护理。

（5）并群减少应激　为防止仔猪打架，可对并圈的猪只喷洒有味药液，以清除气味差异；或者在栏边悬挂饲料袋和药瓶供仔猪玩耍。调栏后饲养人员要多加观察。

（6）及时淘汰无饲养价值的猪只　实行周淘汰制，对没有饲养价值的残、弱、病猪每周淘汰 1 ~ 2 次。

（7）及时严格消毒　消毒包括环境消毒和带猪消毒，要严格执行卫生消毒制度，平时猪舍门口的消毒池内放入烧碱水，每周更换 2 次。冬天为了防止结冰冻结，可以使用干的生石灰进行消毒。带猪消毒可用卫康、消毒 1 号等交替使用，以避免病菌产生耐药性，于猪舍进行喷雾消毒，每周 2 次，发现疫情时每天 1 次。冬春季节在天气晴朗暖和的时间进行消毒，防止给仔猪造成大的应激。

五、育肥猪饲养管理操作流程

猪结束保育阶段饲养后，随即进入生长育肥阶段管理，此期饲料消耗占全程 70% 左右。大家普遍认为，该阶段的猪生长速度快、死亡率较低，比较好养，不需多高的技术，只是按时饲喂、清粪、治疗就可以。其实不然，在实际生产中，由于饲养管理、免疫及生物安全工作不到位导致的高料肉比、高死亡率、生长缓慢、出栏周期长的现象时有发生，因而做好育肥期猪群的饲养管理工作仍然十分重要，不能马虎。

（一）育肥舍进猪前准备

1. 清洗消毒

栏舍无死角彻底清洗消毒（打扫卫生→烧碱浸泡→清水冲洗→全面喷雾消毒→熏蒸消毒）。冬季地面过道可用生石灰铺撒，保持干燥，空栏 1 周以上备用。

2. 育肥舍设施设备维护

修理栏位、饲料槽等，检查每个饮水器是否通水，检查加药器是否能正常工作，检查所有的电器、电线是否有损坏，检查窗户是否可以正常关闭。

（二）育肥舍进猪

1. 分群

为了提高猪的均匀整齐度，保证"全进全出"操作流程的顺利运作，从保育猪转入开始根据公母、大小和强弱等进行合理组群，并注意观察，以减少保育猪争斗现象的发生，对于个别病弱猪只要进行单独饲养、特殊护理。

2. 调教

猪从保育舍到育肥舍新的环境中，在进猪后的前 3 天，饲养员应加强猪群调教，训练猪群吃料、睡觉、排便"三定位"。这是养好育肥猪最关键最首要的工作。猪习惯行为的调教成功，关键在猪转入开始至 24h 内，超过此时是很难成功的。所以要抓得早、抓得勤、勤守候、勤调教。在食槽里放少量饲料、将排粪区淋湿、将睡觉区清扫干净。假如有猪在睡卧区排泄，这时要及时把猪赶到排泄区并把粪便清洗干净。饲养员每次在清扫卫生时，要及时清除休息区的粪便和脏物，同时留一小部分粪便于排泄区，经 2 ~ 3 天的调教，猪就可形成固定的睡卧区和排泄区，从而为保持舍内环境及猪群管理创造条件。

（三）育肥舍温湿度控制

进猪后要注意温度控制，尤其是在冬季体重 15kg 左右转至育肥舍的猪群，其生活环境由保温条件较好的保育舍高床到冰冷的水泥地面，因而在冬季进猪前要求提前开启保温灯（或采取其他保温措施），提高舍内温度。同时应注意舍内通风情况，冬季栏舍内氨、硫化氢等污浊气体含量过高会使猪呼吸道疾病的发病率升高。通风是消除育肥舍内有害气体含量和增加新鲜空气含量的有效措施。但过量通风会使育肥舍内的温度下降。生产中，保温和换气应采用较为灵活的调节方式，两者兼顾。高温则多换气通风，低温则先保温再换气。育肥舍合适的温度控制范围为 15 ~ 22℃，合适的湿度范围为 60% ~ 70%。

（四）育肥舍具体饲养管理

1. 育肥舍饲养密度

饲养密度不要过大，也不能过小。密度过大，有害气体浓度较高，并且容易出现因采食不足导致个体不均现象；密度过小，栏舍利用率低，并且在冬春寒冷季节不利于保温。进猪时猪群个体较小，随着个体的不断增大，需根据大小进行调栏，提高出栏整齐度。育肥舍合适饲养密度参考表 1–32。

表 1–32　育肥舍合适饲养密度控制范围

体重（kg）	面积（m²/头）
15 ~ 30	0.4 ~ 0.5
30 ~ 80	0.5 ~ 0.8
80 ~ 115	0.8 ~ 1.2

2. 育肥舍饮水

饮水量与采食量、体重呈正相关。育肥猪饮水量不足，会使消化吸收能力下降，采食量下降，饲料报酬降低，生长速度缓慢，出栏时间延长，成本增加。每天在巡栏或者打扫卫生过程中应注意查看饮水器供水是否正常：①饮水嘴是否堵塞；②饮水器高度方向是否利于猪群饮水；③水压与流量控制在 1 ~ 1.5L/min；④水质是否有异味。

3. 育肥舍投料标准及方式

根据育肥猪的生活习性，建立合适的饲养制度。

（1）定时饲喂 每天喂猪的时间、次数要固定，可提高猪的食欲和饲料利用率。

（2）定量饲喂 不可忽多忽少。应根据气候、饲料种类、食欲、粪便等情况灵活掌握。

（3）定质饲喂 即日粮的配合不要变动太大，变更饲料时要逐渐过渡，否则容易导致猪消化不良，发生腹泻情况。一般变更期为 5 天，即在 5 天内，被替换料饲喂量逐渐减少，替换料饲喂量逐渐增加，5 天后更换完毕。

（4）饲喂标准及方式 育肥猪在不同阶段的营养要求不一样，具体饲喂模式参考表 1-33。

表 1-33 育肥猪饲喂模式

育肥猪阶段（kg）	饲喂次数	耗料（kg）	饲喂时间（天）
15 ~ 30	4	27	27
30 ~ 50	4	44	31
50 ~ 80	3	81	37
80 ~ 115	3	105	39
总计		257	134

4. 育肥舍日常管理规程

（1）保持栏舍干净 保持圈舍卫生、干燥、干净是养好育肥猪的首要条件，也是基本要求。每天至少清粪 2 次（上下午各 1 次），用斗车收集干粪，冬春寒冷季节禁止用水进行冲洗。栏舍内清扫完毕后，清扫一遍赶猪道、走道、粪道。

（2）观察猪群健康状态 清理卫生和喂料时要注意观察猪群情况。喂料时观察食欲情况；猪只休息时检查呼吸情况；每天巡栏三次，观察猪只粪尿、皮肤、耳朵、鼻镜、眼睛等，了解猪群健康状况。

（3）及时隔离病猪 发现病猪及时隔离、对症治疗，情况严重或发病原因不明时（特别是有传染性时）及时上报。

（4）及时调栏 进猪后每隔一段时间就要调一次栏，确保各栏猪大小均匀。为了减少相互咬架而产生应激，应遵守留弱不留强、拆多不拆少、夜并昼不并的原则。对残弱猪要进行特别护理。

（5）严格及时消毒 消毒包括环境消毒和带猪消毒，要严格执行卫生消毒制度。平时猪舍门口的消毒池内放入烧碱水，每周更换 2 次。冬天为了防止结冰冻结，可以使用干的生石灰进行消毒。带猪消毒可用卫康、消毒1号等交替使用，以避免病菌产生耐药性，于猪舍进行喷雾消毒，每周2次，发现疫情时每天1次。冬春季节在天气晴朗暖和的时间进行消毒。

六、后备猪饲养管理操作流程

后备母猪是猪场猪群管理的基石，做好后备母猪的选择，可为以后的管理打下坚实的基础，因此制定种猪淘汰原则及标准非常重要。同时配合良好的后备猪饲养管理方法，才能实现猪场生产效益最大化。

（1）按进猪日龄，分批次做好免疫计划、限饲优饲计划、驱虫计划并予以实施。后备母猪配种前驱体内外寄生虫一次，进行乙型脑炎、细小病毒病等疫苗的注射。

（2）后备猪具体饲喂要求　见表1-34。

表1-34　后备猪投料标准

种猪状态和阶段		饲料品种	投料量〔kg/（头·天）〕	夏季日投料次数	冬季日投料次数
后备公猪		公猪料	2.2 ~ 2.8	3	2
后备母猪	50 ~ 120kg	后备母猪料	1.8 ~ 2.5	2	2
	120kg 至配种	后备母猪料	2.5 ~ 3.5（短期优饲）	2	2

做好后备猪发情记录，并将该记录移交配种舍人员。母猪发情记录从6月龄时开始。仔细观察初次发情期，以便在第2 ~ 3次发情时及时配种，并做好记录。

（3）后备公猪单栏饲养，圈舍不够时可2 ~ 3头一栏。后备母猪小群饲养，5 ~ 8头一栏。

（4）引入后备猪的第1周，饲料中适当添加一些抗应激药物，如多种维生素、矿物质添加剂等。同时饲料中适当添加一些抗生素药物，如强力霉素、利高霉素、土霉素、卡那霉素。

（5）从外面引进猪的有效隔离期约6周（40天），即引入后备猪至少在隔离舍饲养40天。栏舍若能周转，最好饲养到配种前1个月，即公母猪7月龄。转入生产线前与本场老母猪或老公猪混养2周以上。

（6）进入过滤区的后备母猪每天用公猪试情检查。

（7）以下方法可以刺激母猪发情：调圈、和不同的公猪接触、尽量和发情的母猪关在一起、进行适当的运动、限饲与优饲、应用激素。

（8）后备种猪淘汰依据"种猪淘汰原则"执行。

（9）对患有气喘病、胃肠炎、肢蹄病的后备母猪，应隔离单独饲养在一栏内，此栏应位于猪舍的最后。观察治疗一个疗程仍未见好转的，应及时淘汰。

（10）有条件的场，后备猪每天分批次赶到运动场运动1 ~ 2小时。

后备母猪在 7 ~ 8 月龄转入配种舍，小群饲养（每栏 5 ~ 6 头）。后备母猪的配种月龄须达到 8 月龄、体重要达到 130kg 以上。公猪单栏饲养，配种月龄须达到 8 月龄、体重要达到 130kg 以上。

第三节　生态养猪发展进程和模式

一、集约化养猪生产存在的问题

（一）疫病防治难度增大

1. 疫病种类增加，危害严重

在经济全球化、国际贸易频繁和国际间种猪、猪肉及产品流通等原因日益加快了疫病的全球性流行。自 20 世纪 70 年代以来，猪疫情呈上升趋势，病毒性腹泻（轮状病毒性腹泻、冠状病毒性腹泻）、无名高热（高致病性蓝耳病）等接连发生。

2. 感染谱增宽，耐药性增强

在生产实践中所流行的疫病其感染谱一般都很宽。近年来，由于病原进化、致病性增强，使感染谱增宽，临床症状日益复杂，流行时难以控制，且呈全球化趋势。例如，通过对禽流感病毒流行病学的研究发现，禽流感病毒能够感染猪群。

生产实践证明，用抗生素作饲料添加剂确实可以提高猪的增重和饲料回报率，抗生素药物广泛用于养猪业。近年来，很多猪场因长期不适当地使用抗菌药物和含抗菌药的饲料添加剂，使许多细菌产生耐药性，常使细菌病的治疗和防治失败。2000 年证实，只有 42% 的金色葡萄球菌对万古霉素没有抗性。而约 55% 的大肠杆菌对氨苄 / 羧苄等青霉素持有抗性，约 3% 和 5% 的大肠杆菌分别对庆大霉素和 ciprofloxacin 持有抗性。细菌菌株的多重耐药性呈上升趋势。20 世纪 60 年代，菌株几乎没有多重耐药性；70 年代，四耐、五耐的菌株居多；80 年代，则五耐、六耐、七耐的菌株占绝大多数；90 年代七耐以上的菌株的比率接近 90%。据统计。有抗生素抗性的金黄色葡萄球菌（58%）、大肠杆菌（55%）和肺炎球菌（15% 和 7%）已成为医学界的头号杀手。目前又出现全耐药菌，对常用抗生素全部耐药菌株（pan—resistant bacteria）。细菌耐药性的提升给疾病的治疗和控制带来很大困难，造成直接经济损失和人力浪费。耐药菌已成为 21 世纪一个重大公共卫生问题。2003 年 10 月，我国对供香港肉类的限用抗生素种类增加到 37 种。对此，美国（CDC）、英国（cDCs）等许多国家都制定了相应的策略。根据欧盟第 70/524 号令，所有抗生素在 2006 年后全面禁止饲用添加。

3. 多病原混合感染，临床诊断困难

由一种主要因素和多种辅助性因素引起的、病因和症状复杂的新传染病称之为综合征，如猪繁殖与呼吸综合征和断奶仔猪多系统衰竭综合征（PMWS）等。再如猪细小病毒病，普遍认为只引起妊娠猪流产，现在报道它与猪渗出性皮炎（病猪面部、双耳四肢、身体、两侧及腹下出现严重的疱状病变或有一层油性暗褐色渗出物）、仔猪（2～3周龄）腹泻（伴有神经症状、呼吸困难和脱水等症状，小肠腺管上皮弥漫性坏死、绒毛脱落、心肌多灶性坏死等）密切相关。

（二）环境污染日趋严重

养猪生产过程中对环境污染，主要有两大部分：即宏观可视物和残留物污染。

按照理论计算，一头出栏的商品育肥猪按照体重90～110kg计算，在25～90kg或者25～110kg育肥期内，料重比按照3.5：1估算，需要采食230～300kg的饲料；按照消化率70%和鲜粪含水率70%计算，则排出230～300kg鲜粪，这还不算尿和冲圈所排出的污水。按照生长育肥猪饲料中蛋白质含量平均为16%估算，在鲜粪中，蛋白质含量约为5%。这样，一个年出栏10 000头商品育肥猪的养猪场，就要排出3 100～4 000t的鲜粪。如果处理不利，则污秽恶臭，污染周围环境。有资料表明，猪体内粗蛋白代谢产物主要是：硫化氢、醇类、醛类、酚类、酮类、氨、酰胺、吲哚等碳水化合物和含氮有机物，它们在有氧条件下可分解成二氧化碳、水和硝酸盐等无害或明显臭味的物质。若粪便大量堆积，在无氧条件下可发酵为中间产物。研究表明排泄物在18℃情况下，经70天以后，有24%植物纤维片段和45%粗蛋白发生降解。碳水化合物转化为挥发性脂肪酸、醇类及二氧化碳等，这些物质略带臭味和酸味；含氮化合物转化生成氨、硫酸、乙烯醇、二甲基硫醚、硫化氢和三甲胺等，这些气体有腐败洋葱味、臭蛋味、鱼味等；有些通过酶解作用迅速放出硫酸盐，被水解成硫化氢等。据报道，猪粪中可散发出的臭味化合物共有168种之多。这些腐败有机物富含氮磷。一般认为，臭气的浓度与粪便中磷酸盐和氮的含量成正比。家畜粪便中，磷酸盐含量，鸡＞猪＞牛。因此，猪场臭气比牛场大。

伴随着人们追求"皮红、毛亮、贪睡、拉黑屎"的饲料特征，高铜、高砷、违禁药品在饲料中的添加屡禁不止。同时，猪饲料中还添加大剂量的磷来满足日粮中钙磷的需求。饲料中的重金属、违禁药品和氮磷通过猪粪排泄到环境中，造成多层次的污染。一是污染地面水和地下水，使水体富营养化；二是重金属污染地表径流和地下水源；三是有机氯、化学药品等对环境的污染。这些污染物通过两种渠道危害人体健康。一种是通过农作物的富集作用，将土壤中的污染物富集到谷物中；另一种途径就是直接作用于人体内，比如有机氯影响人的繁殖、氟引起斑釉齿、铅引起贫血、镉引起骨痛等。

（三）消费安全难以保障

在养猪的传统大国，如中国、美国、巴西、越南等国，采用工业化生产方式进行养猪生产。尤其是中国，自 20 世纪 90 年代以来，在集约化、工厂化养猪方面进行了大规模的研究和模仿。工厂化养猪意在通过工业的连续生产工艺提高劳动生产率。但是，养猪生产过程是种生物学过程。采用工业连续生产工艺要符合不同生产过程的生物学规律才能保证其效率和质量。但在生产实际中却存在大量的不符合猪生物学特性和产业特点的生产环节。比如，高密度的饲养方式造成疾病大量流行，增加了治疗用药，在有效的安全期内难以降解并排出体外；某些人猪共患传染病造成人的疾病传播，如链球菌病；生产环节增加，可溯源制度越来越难以执行，如比利时的二噁英事件等。

（四）环境应激无法消除

猪具有喜群居、食性杂、群体位次明显的生物学特性，具有较强的社会性。在集约化养猪生产方式中，限位饲养、"全价"配合饲料、单槽单圈饲喂等形式严重地限制了猪只的活动范围。水泥地式的猪床无法满足猪只拱土觅食的习惯，高密度的饲养增加了猪只间的争斗和恃强凌弱等现象，全封闭式的圈舍在通风和保温的矛盾中无法找到平衡点，等等。这些"违和"的生产方式对猪群的健康产生了严重的影响。在生产现场猪只空嚼、异嗜、咬尾、咬耳等现象屡见不鲜，轻则影响猪群正常的休息和活动，重则使猪群处于亚健康的临床状态，再严重就可能引起疫病流行，甚至引起猪只死亡。

二、生态养猪概念及国内外发展进程

（一）生态养猪的概念

生态养猪就是运用生态学原理、食物链原理、物质循环再生原理、物质共生原理，采用系统工程方法，在无污染的适宜猪繁殖生长的环境下，在一定的养殖空间和区域内，通过相应的技术和管理措施，把养猪业与农、林、渔及其他生态环境有机结合起来，有效开发利用饲料资源的再循环，以降低生产成本，变废为宝，减少环境污染，保持生态平衡，提高养猪效益的一种养殖方式。实现养猪经济效益、生态效益、社会效益三统一的体系，是养猪业发展的高级阶段。

（二）生态养猪的历史

国外生态农业又称自然农业、有机农业和生物农业等，其生产的食品称生态食品、健康食品、自然食品、有机食品等。各国对生态农业提出了各自的定义。例如，美国农业部的定义是：生态农业是一种完全不用或基本不用人工合成的化肥、农药、动植物生长调节剂和饲料添加剂的生产体系。德国对生态农业提出了多个条件：

①不使用化学合成的除虫剂、除草剂，使用有益天敌或机械除草方法；

②不使用易溶的化学肥料，而是有机肥或长效肥；

③利用腐殖质保持土壤肥力；

④采用轮作或间作等方式种植；

⑤不使用化学合成的植物生长调节剂；

⑥控制牧场载畜量；

⑦动物饲养采用天然饲料；

⑧不使用抗生素；

⑨不使用转基因技术。

另外，德国生态农业协会（AGOEL，）还规定其成员企业生产的产品必须95%以上的附加料是生态的，才能被称作生态产品。尽管各国对生态产品的叫法不同，但宗旨和目的是一致的，这就是：在洁净的土地上、用洁净的生产方式、生产洁净的食品，提高人们的健康水平，促进农业的可持续发展。

生态养猪作为生态农业的主要组成部分，一直伴随着生态农业的发展而发展。无论是在有机农业、替代农业、生态农业还是自然农业中，养猪也一直扮演着主要角色。

美国农业部的King于1909年考察了中国农业后，于1911年写了《四千年的农民》，介绍中国传统农业利用人畜粪便、塘泥和一切废弃物来肥田，有利于人类持续发展的技术，提出了最初的有机农业思想。后来，英国植物病理学家A.Howard进一步深入研究和总结中国传统农业的经验，20世纪30年代初开始倡导有机农业，在1940年写了《农业圣典》。此书成为当今指导国际有机农业运动的经典著作之一。1945年，美国Rodale创办了Rodale有机农场，兴办研究所，开创了有机农业的先河。

1949年以前，我国养猪一直处于家庭副业的生产模式，规模小、生产效率低，基本没有工厂化的概念。除提供肉食外，养猪的基本目的是积累粪便作为粪肥，农谚有"养猪不挣钱，回头望望田"之说。

1949年以后，中国养猪经历了三次工厂化高潮。但是，前两次都以失败告终，究其原因是饲料工业和规模化养猪技术无法适应工厂化的发展。第三次的工厂化养猪高潮在20世纪80年代以后开始。由于属于浅层次的模仿，环境保护、生产工艺和疫病防制等问题便迅速出现，短时间内就出现了猪肉质量下降、人猪共患病流行和生产效益低下等问题。因此，生态养猪生产模式越来越引起人们的重视。

几千年来，处于小农经济模式的中国农民在圈舍建设上采用厚垫草，在生产管理上采用吊架子—放牧等形式，形成原始的生态养猪模式。随着新兴资本的不断注入，一些荒山荒坡被承包，在恢复生态时往往会形成"山上松树盖帽、山腰果树环绕、山下养猪种稻"模式，利用养猪生产为果树和农作物提供粪肥，形成良性的微循环经济。同时，还存在"三位一体"的生态养猪模式，是典型的无公害生态养猪模式。

三、生态养猪的模式

生态养猪与生态农业的发展相伴随。在养猪发展中，形成了以发酵床、户外养猪、室内＋户外放牧等形式，这些在一定程度上符合生态的内涵和客观要求。

（一）发酵床生态养猪技术

1. 原理

将农作物副产物、锯末等作为猪床垫料，形成发酵培养基，通过降解猪粪以及生成生物热来提高环境温度（特别是猪床的体感温度）、满足猪只拱土觅食的生物学特性、缓解环境应激等，提高猪群的饲料转化率和降低对抗生素、化学药品的依赖程度，达到提高猪肉及其制品消费安全和经济效益的目的。

2. 历史

发酵床生态养猪综合了欧美国家锯末垫料和生物发酵床除臭技术、日本和韩国的发酵床以及中国的厚垫草等技术。其中，既有欧美等国家将锯末、麦秸等单纯作为垫料来清除粪污的手段，也有日本、韩国自然农业中发酵技术的参与，还整合了中国北方养猪厚垫草技术的精髓，经过吸收、组装和整合，创新地形成了发酵床生态养猪模式。

3. 基本形式

在经过改良的传统圈舍外维护内，铺设90cm深的、以玉米秸秆、红土、锯末和畜牧盐等配合而成的垫料。经过一定生产工艺后，发酵形成发酵床。猪只生活在发酵床上。为了使发酵过程持续和发酵程度适中，需要优化猪只饲养密度、喷洒发酵菌液、翻耙发酵垫料等技术环节。

4. 实际效果

发酵床生态养猪模式具有节省劳动力、降低环境污染、提高猪群健康状况、提高饲料转化率和提高经济效益等特点。但是，在生产实际中，发现发酵床生态养猪模式存在发酵垫料的优选、发酵工艺的优化等问题，这两方面的问题成为制约发酵床生态养猪模式进一步推广的瓶颈。

（二）户外养猪模式

由于集约化养猪缺点的逐渐暴露和"动物福利"的呼声越来越高，这就使得人们研究出一种新的方法——户外养猪生产系统。

1. 原理

挑选符合养猪生产条件的草场、山地、林地等，以栅栏、铁丝、树篱等为场区维护，通过轮牧、固定放牧等生产方式，在场地的某一处形成中央管理区，进行养猪生产。在一定的饲养密度下，猪群通过其生物学特点保持正常的繁殖、生长，通过土地、水资源的自洁作用降解、消纳猪群产生的粪污。同时，由于户外养猪生产体系模拟了猪只的自然生存环境，满足了消费者对其肉质和安全的要求。

2. 历史

现代户外养猪历史是随着人们不断关注养猪福利以及环境应激对猪肉品质的影响而产生的一种养猪生产模式。随着20世纪80年代，欧洲各国对养猪福利方面立法的不断加强，室内集约化养猪越来越受到立法、经济和社会的批评，户外养猪生产体系随之发展起来。

现代户外养猪法是大规模的集约化养猪模式，在英国、德国、荷兰等已经兴起。尤其是在荷兰通过的一系列法律法规，如动物福利和健康行动（Gezondheidsen Welzunswetvoor Dieren，1992）和其他法律（VarkensbesIUit，1994；VarkensbesIUit，1998），对养猪的福利做了特殊规定，如：①只允许不同猪只在断奶1周内混群一次。②每头猪的生活面积必须增加（如85～110kg的猪从0.7m² 增加到1.0m²）。③猪圈内必须有垫料（如稻草）。

3. 具体形式

选择有充分水源、土质良好的土地作为场地，将场地围住，选择适应性强、室外养殖生产性能好的猪只进行养殖，一般要求每公顷土地野外放养10头猪，这样土地可以循环利用。

4. 实际效果

室外养猪的优点：生产成本低，特别是建场投资成本低，除了土地、简易猪棚和围栏以外，几乎不需要其他投资。此外，室外养猪的劳动力成本和兽医药成本一般较低。养在室外的猪比室内的猪更健康，兽医照料少，药物用得不多。另一优点是无需贮粪设施，也不存在处理猪粪问题，因为猪群本身已经在田地中送粪到位了。

（三）舍饲—放牧形式

有机农业是一个以可持续生态系统、食品安全与良好营养、动物福利和社会公益为基础的一系列系统化生产过程。根据其基本要求和标准，舍饲—放牧养猪生产系统在中国得到了很大的发展。

1. 原理

这个系统的理论依据是有机农业的基本概念和核心理念。生产者应当保障牲畜生活环境、设施和畜群密度、种群规模符合其天然习性的行为要求。并提供：足够的自由活动空间，表达正常行为模式的机会；充足的新鲜空气、水、饲料、自然光照，以满足牲畜需求；通向休息区域、庇护所的通道，在阳光直射、气温、下雨、泥泞、刮风等恶劣生存环境下得到保护，以减小生存压力；维护牲畜特有的社会习性，保障不把喜群居动物个体从群体中隔离开；厩舍物质和生产设备不应当对人或牲畜健康构成危害。

2. 历史

舍饲—放牧形式的生态养猪主要是伴随着认证制度的发展而发展起来的。自 20 世纪 80 年代以来，世界养猪业面临疫病流行和肉质变差的压力越来越大。因此，以苜蓿、麦秸等牧草和农作物副产物为代表的、降低饲粮养分浓度和集约化程度的养猪形式开始出现。但是，在仔猪生产工艺中，单纯户外养猪对仔猪的成活、均匀度等有着较大的负面影响。所以，在养猪发达的国家往往采用增加投资的方式来生产有机猪肉。而发展中国家则充分利用树林、山地、草场和草坡来生产有机猪肉。

这种生产方式在吉林省长白山区得到了大力的发展。以吉林省的吉林精气神有机农业有限公司生产的"山黑猪"为典型代表，通过了 COFCC 中绿华夏有机食品认证和 BCS 欧盟、美国有机认证，取得了巨大的市场成功。

3. 具体形式

吉林精气神有机农业有限公司采用"公司＋农户"的生产方式，将断奶仔猪以合同的方式出售给经过认证的小养殖户。养殖户在饲养"山黑猪"过程中，始终处于公司的技术监督与服务下，通过既定的生产规程，将商品"山黑猪"出售给吉林精气神有机农业有限公司，公司再按照一定认证标准进行屠宰、分割、冷却、包装和销售。

4. 实际效果

在舍饲—放牧生态系统中，公司和养殖户发挥了各自的优势。即公司凭借技术优势完成"山黑猪"配套系的育种和商品仔猪的生产工作，而农户依托场地、劳动力优势完成商品"山黑猪"的育肥工作。在这个模式下所生产的猪肉品质满足了人们对"安全、优质"猪肉的消费需求，开创了生态养猪新模式：发挥不同生产者的优势、优化资源配置和优选自然环境，组装、整理出适合中国发展的生态养猪模式。

（四）沼气能源生态模式

1866 年，勃加姆波（Bechamp）首先指出甲烷的形成是一种微生物学过程，为甲烷的人工生产提供了科学依据。1896 年在英国埃克塞特市，用马粪发酵制取沼气点燃街灯。从此，开创了人类利用粪污生产沼气的先河。

在养猪生产中大量的粪污不但污染了环境，也浪费了能源。按照消化率平均 70% 估算，1 头 110kg 的生长育肥猪每年向环境排放的能量约为 4 184MJ（1 000Mcal）。猪粪便的生物利用，可推动微循环经济的发展，成为生态养猪的热点之一。

1. 原理

将猪粪尿注入一定形式下的沼气生产池中，通过微生物的作用，产生沼气并将沼气作为能源应用于养猪生产；通过微生物发酵产热，杀死大部分病原体，达到减少疫源的作用；沼液作为园艺作物的灌溉／营养液，提高其产量，减少农药、化学的使用量以生产低／无农药及化肥残留的园艺产品；沼渣作为有机肥施于农田，通过相关的

规程 / 标准生产有机农作物，供市场消费或作为猪生产的有机饲料。

2. 历史

中国农村户用沼气池推广应用规模高居世界首位。截至 2005 年，中国农村户用沼气池达 1 807 万户（一般户用池 6 ~ 10m³），总体产气量达 705 893 万 m³。自 20 世纪 70 年代以来，中国政府就开始有组织、有计划地推进农村沼气建设，经历了"能源需求阶段""效益吸引阶段"和"小康必需阶段"。目前，中国北方已经在冬季成功进行沼气的生产，结合太阳能，给养猪生产带来了生态能源，促进了生态养猪的可持续发展。

3. 具体形式

（1）猪—沼—鱼—果—粮模式　猪粪便入沼气池产生沼气，沼液流入鱼塘，最后进入氧化塘，经净化后再排到稻田灌溉。

利用沼气渣、鱼塘泥作肥料，施于果园。由于建立了多层次的生态良性循环，构成了一个立体的养殖结构，可以有效开发利用饲料资源，降低生产成本，变废为宝，减少环境污染，防止猪流行性疾病的发生，获取最大的经济效益。

（2）猪—沼—草模式　猪排泄物进入沼气池进行厌氧发酵作无害化处理，沼液抽到牧草地进行灌溉。将牧草刈割后，经过加工调制，如干燥、粉碎成草粉，或者打浆成发酵饲料饲喂猪只。这样，既节省了饲养成本，又提高了猪的肉质，能够取得良好的经济效益。

4. 实际效果

在我国北方，漫长的冬季是沼气—养猪模式的主要制约因素。因此，在生产实践中，以养猪为基础，以太阳能为动力，以沼气为纽带，将日光温室、猪舍、沼气池和厕所有机地结合在一起，使四者相互依存、优势互补，构成"四位一体"能源生态综合利用体系，从而在同一块土地上实现产气和产肥同步，种植和养殖并举的发展态势。

第四节　猪场主要疫病防治

一、猪瘟

一种急性、热性、高度接触性的传染病。其特征为急性经过，高热稽留，死亡率很高和小血管变性引起出血、梗塞和坏死等。各年龄的猪均可发病，一年四季流行。

【病原】为黄病毒科、瘟病毒属的猪瘟病毒。该病毒抵抗力不强，一般消毒药均可灭活。

【流行病学】猪发病不分年龄、品种、性别、季节，均易发病死亡。 以消化道和呼吸道传播为主，蚊、蝇作为媒介可引起本病的传播；也可垂直传播：妊娠母猪有一定的免疫力，感染后发病不明显，带毒，导致胎儿带毒，分娩后仔猪不发病，断奶后发病；母猪感染无免疫性，毒力不特别强，引起死胎、木乃伊胎、弱胎，个别存活仔猪出现神经症状。

病猪是主要的传染源，可经排泄物、分泌物排毒，猪肉产品及污染的饲料、饮水也是危险的传染源。

【临床症状】发病突然，病猪体温升高，食欲不振，喜欢饮水，眼结膜充血，颈部、腿内侧、腹下侧出现少量的发绀和出血。病死率可达100%，病程短、1～2天。

（1）急性型　体温升高明显，达41～42℃，稽留热；脓性结膜炎；先便秘，后腹泻，便中带血、带脓；全身皮肤重点部位（少毛部位）出血、发绀非常明显。另一变化为流产，病程7～10天，病死率为70%～80%。如发生在哺乳仔猪，最大特点为神经症状，运动障碍，转圈，死前角弓反张，抽搐。

（2）亚急性型　常发生于有猪瘟流行的地区，体温变化不规则，脓性结膜炎，口腔黏膜形成伪膜，扁桃体溃疡，无溃疡的肿胀也非常明显，咽炎，皮肤因出血形成瘀斑，或便秘或腹泻，死亡率稍低，50%～60%，病程10天至1个月。

（3）慢性型　主要见于幼龄猪，便秘或腹泻交替出现，口腔黏膜上伪膜明显，出现溃疡，猪衰弱，出血处出现坏死，如果不死亡形成僵猪。

（4）非典型（温和性）猪瘟　低毒力病毒引起，皮肤上出现轻度的出血、发绀，干耳、干尾（干性坏疽），甚至脱落，全身性皮肤花斑状脱落，称为"花皮猪"，扁桃体变化明显，充血、肿胀、溃疡、发热轻。病程1～2个月，发育停滞。

【病理变化】

（1）最急性型　突发高热而无明显症状并且迅速死亡。浆膜、黏膜和肾脏中仅有极少数的点状出血，淋巴结轻度肿胀、潮红、出血。

（2）急性型　败血症变化。除皮肤出血外，皮下组织和肌肉出血也非常明显，全身各处的黏膜、浆膜普遍出血，最明显的为肾脏、膀胱、喉头、回盲瓣，扁桃体出血、肿胀、溃疡。淋巴结周边髓质出血，出现"大理石样花纹"；脾肿大，边缘出现楔形梗死灶；肾贫血、发黄，表面有出血点，或多或少，称"麻雀肾"；膀胱黏膜出血；心外膜出血；小肠卡他性出血性肠炎，肠道淋巴结肿胀，大肠黏膜在出血的基础上发展为坏死，呈灰黄色、干燥，表面纤维素附着，形成扣状肿；胆囊坏死。

（3）慢性型　肠道固膜性肠炎；继发感染巴氏杆菌，形成纤维素性胸膜炎、心包炎；继发感染沙门氏杆菌，肝脏形成坏死灶，脾可能肿大，固膜性肠炎加重，非常干燥、糠麸状，肠道淋巴结出现髓样肿；幼猪出现钙、磷代谢紊乱，肋骨与软骨间出现钙化现象，出现黄色的骨化线。

（4）温和型　病变较轻，淋巴结肿胀，出血轻微或不出血；肾脏出血也较少；脾梗死灶少，略有肿胀；膀胱黏膜没有出血，大肠黏膜很少有扣状肿。

【防控】

（1）预防采取以疫苗免疫为主的综合防治措施。提倡自繁自养，加强饲养管理和卫生工作，定期消毒，制定科学的免疫程序。

（2）仔猪乳前免疫，即仔猪出生后未吃初乳前用猪瘟弱毒冻干疫苗接种后 2h 哺乳。

（3）定期检查母猪的猪瘟强毒抗体、弱毒抗体效价及猪群弱毒抗体效价。

二、猪伪狂犬病

由伪狂犬病病毒引起的一种急性传染病。感染猪的临床特征为体温升高，新生仔猪表现神经症状，还可侵害消化系统。成年猪常为隐性感染，妊娠母猪感染后可引起流产、死胎及呼吸系统症状，无奇痒。

【病原】该病原属疱疹病毒科、疱疹病毒亚科，只有一个血清型。毒力是由几种基因协同控制，主要有 gE、gD、gI 和 TK 基因。发现 TK 基因一旦灭活，则 PRV TK 缺失变异株对宿主毒力将丧失或明显降低。病毒对外界抵抗力较强。

【流行病学】病猪、带毒猪以及带毒鼠类为本病重要传染源。猪配种时可传染本病。母猪感染本病后 6 ~ 7 天乳中有病毒，持续 3 ~ 5 天，乳猪可因吃奶而感染本病。妊娠母猪感染本病时，常可侵及子宫内的胎儿。哺乳仔猪日龄越小，发病率和病死率越高，随着日龄增长而下降，断乳后仔猪多不发病。

【临床症状】潜伏期一般为 3 ~ 6 天。2 周龄以内哺乳仔猪，病初发热、呕吐、下痢、厌食、精神不振，有的见眼球上翻，视力减退，呼吸困难、呈腹式呼吸，继而出现神经症状，发抖，共济失调，间歇性痉挛，后躯麻痹，做前进或后退转动，倒地四肢划动。耐过仔猪往往发育不良，成为僵猪。母猪多呈一过性和亚临床性，孕猪出现流产、死胎。流产发生率为 50%。

【防治】本病目前无特效治疗药物，对感染发病猪可注射猪伪狂犬病高免血清，对断奶仔猪有明显效果，同时应用中药制剂黄芪多糖配合治疗。对未发病受威胁猪进行紧急免疫接种。

本病主要应以预防为主，对新引进的猪要进行严格的检疫，引进后要隔离观察、抽血检验，对检出阳性猪要注射疫苗，不可作种用。种猪要定期进行灭活苗免疫，育肥猪或断奶猪也应在 2 ~ 4 月龄时用活苗或灭活苗免疫。如果只免疫种猪，育肥猪感染病毒后可向外排毒，直接威胁种猪群。另外感染猪增重迟缓、饲料报酬降低、推迟出栏，间接损失也是巨大的。

三、猪细小病毒感染

由猪细小病毒引起猪的繁殖障碍性疾病，其特征为感染母猪，特别是初产母猪产出死胎、畸形胎、木乃伊胎、流产及病弱仔猪。母猪本身无明显症状。

【病原】本病病原属细小病毒科、细小病毒属。该病毒对外界抵抗力极强，在 56℃恒温 48h，病毒的传染性和凝集红细胞能力均无明显的改变。70℃经 2h 处理后仍不丧失感染力，在 80℃经 5min 加热才可使病毒失去血凝活性和感染性。0.5% 漂白粉、2% 氢氧化钠 5min 可杀死病毒。

【流行病学】大多数猪都易感，发病大多为初产母猪；妊娠期 55 天前感染可产生免疫耐受，感染胎儿出生后无抗体，终生带毒排毒；公猪感染急性期精液带毒。

【临床症状】仔猪和母猪的急性感染通常表现为亚临床症状。猪细小病毒感染的主要症状表现为母源性繁殖障碍。感染母猪可能重新发情而不分娩，或只产出少数仔猪，或产大部分死胎、弱仔及木乃伊胎等。怀孕中期感染母猪的腹围减少，无其他明显临床症状。此外，本病还可引起产仔瘦小、弱胎、母猪发情不正常、久配不孕等症状。

【病理变化】母猪无大体病变，显微变化限于子宫；胎儿死亡和水分被吸收，胎儿矮小，表面血管明显充血、水肿、出血，体腔有血液，出血在出生后变深；胎儿脱水、木乃伊化。

【防治】本病无特效治疗药物，通常应用对症疗法，可以减少仔猪死亡率，促进康复。发病后要及时补水和补盐，给大量的口服补液盐，防止脱水。用肠道抗生素防止继发感染，可减少死亡率。试用康复母猪抗凝血或高免血清，仔猪每天口服 10ml，连用 3 天，对新生仔猪有一定的治疗和预防作用。同时应立即封锁发病猪舍，严格消毒猪舍、用具及通道等。预防本病可在入冬前 10 ~ 11 月给母猪接种弱毒疫苗，通过初乳可使仔猪获得被动免疫。

四、猪繁殖与呼吸综合征

【病原】病原为动脉炎病毒科、动脉炎病毒属有囊膜 RNA 病毒。毒株分类有强毒和弱毒，有欧洲型和美洲型两种血清型；我国分离出的为美洲型。该病毒在外界环境中的抵抗力相对较弱，对高温和消毒药敏感。

【流行病学】目前研究结果表明，猪是唯一的易感动物，不同年龄、品种、性别和生长期的猪均可感染，但以妊娠母猪和 1 月龄内的仔猪最易感染，并表现该综合征典型的临床症状。

呼吸道是本病的主要感染途径，空气传播和易感猪的移动是其主要的传播方式。

本病是一种高度接触传染性疾病，猪与猪之间直接接触可传播，母猪和仔猪之间垂直传播。

本病呈地方流行性，一年四季均可发生，春季发病率高。

最近研究发现，老鼠可能是本病的病原携带者，也可能是传播者。

【临床症状】猪繁殖与呼吸综合征是一种主要引起母猪流产及产出死胎、弱仔，引起哺乳和断奶后仔猪严重的呼吸道症状的一种新的传染病。猪发病初期表现精神倦怠，厌食，类似"感冒"样症状，继而表现呼吸困难，体温高达 41 ~ 42℃，咳嗽，流鼻液，打喷嚏，嗜睡。部分猪耳部及四肢末端发绀、呈蓝紫色、眼睑水肿、发紫。

（1）母猪　精神沉郁，食欲减退或废绝，咳嗽，不同程度的呼吸困难，间情期延长或不孕。

（2）妊娠母猪　发生早产，后期流产，产出死胎、木乃伊，部分新生仔猪表现呼吸困难、运动失调、轻瘫、体弱，有的生后几天死亡。

（3）仔猪　以1月龄内的仔猪最易感染并表现典型的临床症状。体温高达40℃以上，呼吸困难，有时呈腹式呼吸，食欲减退或废绝，腹泻，离群独处或互相挤作一团。被毛粗乱，后腿肌肉震颤，共济失调，渐进性消瘦，眼睑水肿，感染猪群生长性能下降。

（4）育肥猪　对本病易感性较差，表现轻度的类流感症状，呈现暂时的厌食及轻度呼吸困难。少数病猪咳嗽及双耳背面、边缘及尾部皮肤出现一过性的深青紫色斑块。

（5）公猪　发病率低，表现厌食、呼吸加快、消瘦，无发热现象，精液质量下降。

【防控】坚持自繁自养原则，按猪龄隔离饲养，实施全进全出饲养方式，这是减少该病临床症状最好的饲养管理程序。可以采取缓解临床症状和控制继发感染等措施。

补充电解质，平衡体液酸碱度，用复方氯化钠注射液、5%～10%葡萄糖注射液、碳酸氢钠注射液，静脉注射；补充维生素C、复方维生素B；提高饲料蛋白质和能量水平。

使用抗菌药防止继发感染，如恩诺沙星、青霉素、链霉素。

夏季天气炎热，采取降温、通风措施。同时，发病后要及时采取隔离、消毒措施；没有发病的猪要加强护理，饲料中可适当添加抗生素，如泰乐菌素或泰妙菌素。

采取以上措施，仅能缓和临床发病症状，减少死亡，但不能控制疾病的进一步发生。

五、猪丹毒

猪丹毒是由猪丹毒杆菌引起猪的一种急性、热性传染病。急性型呈败血症症状；亚急性型在皮肤上出现紫红色疹块；慢性型表现非化脓性关节炎和疣状心内膜炎。

【流行病学】本病一年四季均可发生，但北方在夏季炎热、多雨季节流行最盛，南方地区则在冬春季节流行。常为散发性或地方流行传染，有时暴发流行。以4～5月龄的架子猪发病最多；在流行初期猪群中，往往突然死亡1～2头健壮大猪，以后出现较多的发病或死亡病猪；如能及时用青霉素治疗，常能收到显著疗效，终止此病的流行。

【临床症状】

（1）败血症型　为急性型，见于流行初期，个别健壮猪突然死亡，未表现任何症状。多数病猪表现减食，或有呕吐，寒战，体温突然升高达42℃以上，常躺卧不愿走动，大便干。有的后期腹泻。皮肤上出现形状和大小不一的红斑，指压时褪色。若小猪得猪丹毒病时，常有抽搐等神经症状。

（2）疹块型　为亚急性型猪丹毒，皮肤表面出现疹块是其特征症状，俗称"打火印"或"鬼打印"。现实生产中较少见此类病例。

（3）慢性型　这种类型多由急性或亚急性转化而来的，主要病症是心内膜炎或四肢关节炎。

【病理变化】

（1）急性型　以败血症的全身变化和肾、脾肿大为特征；淋巴结肿大，切面多汁，或有出血。肾肿大，呈大红肾，包膜散在弥漫暗灰色不规则斑纹，被膜易剥离，呈花斑肾。脾充血、肿大、紫红色；切面外翻隆起，脆软的髓质易于刮下。胃底及幽门部黏膜弥漫性出血和小点出血尤其严重。

（2）慢性型　可见左心二尖瓣有菜花样赘生物，或有关节炎。

【防治】此病菌广泛地存在于环境中，加强饲养管理和卫生防疫，定期预防接种猪丹毒弱毒菌和灭活菌苗。发生疫情时认真消毒，隔离病猪，单独饲养治疗。

及时用青霉素按每千克体重 1.5 万～3 万 IU，复方氨基比林注射液 10～20ml，一次肌内注射，每天 2～3 次，连用 3～5 天。绝大多数病例的疗效良好，极少数不见效。

在非疫区搞好猪场的卫生、消毒等工作，可免受猪丹毒杆菌感染。

六、猪肺疫

猪肺疫是由多杀性巴氏杆菌引起的一种急性传染病，又叫猪巴氏杆菌病。临床主要特征症状为急性出血性败血病、咽喉炎和肺炎，俗称"锁喉疯"或"肿脖子瘟"。

【流行病学】本病无明显的季节性，但以秋末春初气候剧变、潮湿、闷热、多雨时期多发；尤其当饲养管理不良、营养差、寄生虫病、长途运输等诱因可促进本病发生。常为散发，有时可呈地方流行性。

【临床症状】

（1）急性型　有的未看到病猪任何症状表现，晚上吃料正常，第二天清晨发现死于栏内，此为最急性。常见急性型的猪表现体温升高达 41～42℃，食欲废绝，卧地不起或烦燥不安，呼吸困难，伸长头颈呼吸。咽喉部红肿、发热、坚硬，有的向后延及胸前，作犬状姿势发出喘鸣声，口鼻流出泡沫。可视黏膜发绀，腹侧、耳根和四肢内侧皮肤出现红斑。有的表现咳嗽、胸部触诊疼痛等急性胸膜炎症状；有的初便秘、后腹泻。往往多因窒息而死亡，病程几天不等，不死的转为慢性。

（2）慢性型　主要表现为慢性肺炎和慢性胃炎症状，如不及时治疗，多在 2 周以后衰竭而死。

【病理变化】最急性的为败血症出血点变化，以及咽喉部炎症为特征。常见的急性型主要是肺不同程度的肝变区，切面呈大理石状。气管内含有大量泡沫状黏液，黏膜充血或出血；常有病肺与胸膜粘连，胸腔和心包积液。慢性型病死猪消瘦、贫血，肺肝变区大，并有黄色或灰色坏死灶，病肺与肋胸膜粘连，胸腔有大量纤维素状物沉积。

【防治】定期预防接种。发生疫情时认真消毒，隔离病猪，及时用抗生素及磺胺类药物治疗。

在疫区，用利高霉素预混剂，除可预防猪肺疫和猪痢疾等细菌病外，有促生长作用，可提高增重 10.4%，改善饲料转换率等。

在非疫区，搞好猪场卫生消毒、饲养管理，可免受多杀性巴氏杆菌感染而致病。

七、猪流行性感冒

本病是由 A 型猪流感病毒引起的猪一种急性、热性、高度接触传染性疾病。临床特点是突然发生，很快感染全群，体温升高、咳嗽和呼吸道症状。一般可自愈，有猪嗜血杆菌混合感染时，病情加重可引起死亡。

【流行病学】本病流行有明显的季节性，大多发生在天气骤变的晚秋和早春以及寒冷的冬季。发生快速，流行面广，死亡率低。各个年龄、性别的猪均有易感性。病猪、带毒猪和病人是主要传染来源。已证实人的甲 3 型流感病毒能自然感染猪和其他动物。

【临床症状】发病突然，常全群同时发病，体温升高到 40～42℃，厌食或废绝，常挤卧不愿站立，呼吸急促，阵发性咳嗽，从鼻和眼流出黏液性分泌物。野猪的抗病力强，多数猪 3～5 天自行康复。若发病期间饲养管理和护理不好，继发感染肺炎、胸膜炎等会加重病情或引起死亡。

【病理变化】鼻、喉、气管和支气管黏膜充血，表面有大量泡沫黏液；肺呈紫红色如鲜牛肉状，触之坚实。

【防治】严格执行防疫卫生制度，加强饲养管理，猪舍应防寒保温、清洁干燥、空气新鲜等。

及时对症治疗 可选用安乃近、复方安基比林、复方奎宁等解热镇痛药肌内注射；并选用抗生素和磺胺类药以防继发感染。也可选用板蓝根、柴胡等中药治疗。还要配合病猪的护理，往往可收到良好的效果。

八、仔猪黄痢与白痢病

（一）仔猪黄痢

仔猪黄痢是初生仔猪常发的急性、致死性传染病。多在仔猪出生后几小时到 3 天以内发病，发病率高死亡率也高，是危害哺乳仔猪的重要传染病之一。临床以病仔猪排出黄色稀粪、急性死亡为特征。当一窝中有一头乳仔猪发病时，就会迅速地传染给全窝。仔猪发病后，如不及时积极地采取综合防治措施，就会造成全窝仔猪死亡，损失很大。这种病对养猪业的危害极大。

引起乳仔猪黄痢病的大肠杆菌的抗原结构比较复杂，根据其所含的菌体抗原（O抗原、H抗原、K抗原）不同菌株多数能形成肠毒素，引起乳仔猪发生黄痢病，死亡率很高。由于菌群较多，加之各地差异，所以控制本病的难度较大。

【流行病学】主要发生在 1～3 日龄的乳仔猪，7 日龄以上的乳仔猪较少发生此病。往往是一窝一窝地发病，死亡率很高。带菌母猪是本病发生的主要传染源，由粪便排出病菌，感染了母猪的乳头、皮肤及环境。仔猪出生后吸吮乳头和舐吸母猪皮肤时，或接触传染物时，经消化道进入胃肠内传染发病。新建猪场，从不同场区引进种猪，如患有仔猪黄痢的病史，也会导致本病的扩散。本病的流行无季节性。猪场内一旦流行仔猪黄痢，就会经久不断，很难根除。因此，要抓早、抓小，采取综合性的科学的防治措施，扑灭之。

【临床症状】仔猪出生时尚很健康。有的乳仔猪出生后 12h 左右就发生此病；有的在 1～3 日龄发生此病。最急性型，不显临床症状突然死亡。病仔猪突然发生腹泻、粪便呈黄色浆糊状或黄色水样，并含有凝乳小片。病仔猪肛门松弛，捕捉时会因挣扎或鸣叫而增加腹压，常由肛门排出稀粪，呈水样喷出。病程稍长者很快消瘦、脱水、昏迷而死亡。但患此病的乳仔猪，无呕吐现象。

【病理变化】剖检常见小肠急性卡他性炎症和败血症变化。小肠黏膜红肿、充血或出血，小肠内充满气体、肠壁变薄、松弛。胃黏膜发红、肠系膜淋巴结肿大。重者，心、肝、肾等脏器有出血点，有的还有小的坏死灶。

【防治】

（1）抗生素和磺胺药物疗法　在使用抗菌药物的同时，应根据病情进行对症治疗，特别是要注意补液，可以做腹腔注射，也可以口服补液盐，剂量按猪的大小而定，每次 50～200ml，每天 2～3 次，若能适当添加收敛、壮补的药物，效果更好。

选用的抗菌药物有庆大霉素、卡那霉素和硫酸链霉素。庆大霉素每头次 2 万 U，每天 2 次，口服；每千克体重 4～7mg，每天 1 次，肌内注射；卡那霉素每头 5 000 U，每天 2 次，肌内注射；磺胺脒 0.5g 加甲氧苄氨嘧啶 0.1g，研末，每次每千克体重 5～10mg，每天 2 次。

（2）微生态制剂疗法　目前，我国有促菌生、乳康生、和调痢生、EM 原露等制剂，都有调整胃肠道内菌群平衡，预防和治疗仔猪黄痢的作用。促菌生于仔猪吃奶前 2～3h，喂 3 亿活菌，以后每天 1 次，连服 3 次；与药用酵母同时喂服，可提高疗效。乳康生于仔猪出生后每天早晚各服 1 次，连服 2 天，以后每隔 1 周服 1 次，每头仔猪每次服 0.5g（1 片）。调痢生每千克体重 0.10～0.15g，每天 1 次，连用 3 天。在服用微生态制剂期间禁止服用抗菌药物。

（3）其他疗法　交巢穴注射以上各种抗生素或交巢穴激光治疗，均有较好效果。

【防治】要控制住仔猪黄痢的发生，要治本，就要做到以下两点：一是要搞好猪舍的环境卫生和消毒工作。应保持产房清洁干燥、不蓄积污水和粪尿，注意通风换气和保暖工作。母猪临产前，要对产房进行彻底清扫、冲洗、消毒。垫上干净的垫草。

母猪产仔后，把仔猪放在已消毒好的保温箱里或筐里，暂不接触母猪。待把母猪的乳头、乳房、胸腹部皮肤用 0.1% 高锰酸钾水溶液擦洗干净（消毒），逐个乳头挤掉几滴奶水后，再让仔猪吮乳，这样就切断了传染途径。二是要做好对母猪的接种免疫工作，提高保护率。我国已制成大肠杆菌 K88ac-LTB 双价基因工程菌苗，大肠杆菌 K88、K99 双价基因工程菌苗和大肠杆菌 K88、K99、987P 三价灭活菌苗，前两种采用口服免疫，后一种用注射法免疫。均于产前 15 ~ 30 天免疫（具体用法参见说明书）。母猪免疫后，其血清和初乳中有较高水平的抗大肠杆菌的抗体，能使仔猪获得很高的被动免疫保护率。黄痢病发病急，死亡率达 30% 以上，如不抓紧治疗，会大大降低仔猪成活率。

（二）仔猪白痢

该病为致病性大肠杆菌引起仔猪的疾病，常引起严重的腹泻和败血症，影响生产和造成死亡，给养猪业带来一定的影响。

【病原】大肠杆菌为革兰氏阴性、中等大小的杆菌，对外界环境不利因素的抵抗力不强，一般消毒药均可杀死。

【流行病学】一般发生于 10 日龄至 1 月龄的仔猪，以 10 ~ 20 日龄较多。不是同窝发病，发病率高达 50% 以上，死亡率低。本病的发生与菌群失调和母源抗体减少有关，并与各种应激因素有密切的关系。

【临床症状】病猪突然发生腹泻，排出浆状、糊状的粪便，色乳白、灰白或黄白，粪腥臭，性黏腻。病猪行动迟缓，被毛粗糙，发育停滞。病程 2 ~ 3 天，能自行康复，死亡的很少。

【诊断】根据流行病学和临床症状可以诊断，确诊须进行实验室诊断。

【防治】妊娠母猪产前 42 天和 21 天用大肠杆菌疫苗（K88、K99、987P）接种一次。加强饲养管理，应尽早给仔猪补料建立肠道的正常菌群。给母猪和仔猪喂食一定的抗贫血药物可起到预防和治疗作用。用干的黄土块拌木炭粉或草木灰炒熟后，放入猪舍让仔猪自由舔食，具有很好的预防与治疗作用。治疗同仔猪黄痢，可采取止泻、收敛、补液、助消化等措施。

九、猪痢疾

猪痢疾又称血痢、黑痢。临诊以消瘦、腹泻、黏液性或黏液性出血性下痢为特征。病理学特征为卡他性、出血性、纤维素性或坏死性盲肠和结肠炎。

【病原】为螺旋体科、密螺旋体属的猪痢疾密螺旋体。对一般消毒药敏感，对热、氧、干燥也敏感。

【流行病学】本病只感染猪，不同年龄的猪均易感染，以 7 ~ 10 周龄的猪最易发病。病猪和带菌猪为主要的传染源。粪便排毒污染环境，易感猪经消化道感染本病。发病季节不明显，但以4、5、9、10月份发病较多，流行缓慢、持续期长。应激因素可促进本病的发生。发病后自行痊愈的猪可产生免疫；但在急性发病期给予药物治疗的猪，则不产生免疫。

【临床症状】本病潜伏期一般为7～8天。新发生本病时，常呈急性经过，后逐渐转为亚急性和慢性。

（1）最急性型　见于流行初期，死亡率高，个别猪无症状突然死亡。多数病例为厌食，剧烈下痢，粪便由黄灰色软粪变为水泻，内含有黏液和血液或血块。随病程的发展，粪便中混有黏膜或纤维素渗出物的碎片，味腥臭。病猪精神沉郁，排便失禁，弓腰，腹痛，呈高度脱水现象，往往在抽搐状态下死亡。病程12～24h。

（2）急性型　多见于流行的初、中期，病初排软便或稀便，继而粪便中含有大量半透明的黏液，粪便呈胶冻样，多数粪便中含有血液和血凝块、脱落黏膜组织碎片。食欲减退，口渴加重，腹痛，消瘦，有的死亡，有的转为慢性。病程7～10天。

（3）亚急性和慢性型　多见于流行的中后期，亚急性病程为2～3周，慢性型为4周。反复发生下痢，粪便含有黑红色血液或黏液，病猪食欲正常或减退。消瘦、贫血、生长迟缓。

【病理变化】病变主要在大肠。急性病例可见卡他性或出血性炎症，肠黏膜肿胀，内容物稀薄。病程稍长，大肠黏膜表层出现点状坏死或黄色和灰色的伪膜，剥去伪膜露出浅的糜烂面。肠系膜淋巴结肿胀，切面多汁。肝、脾、心、肺无明显的变化。

【诊断】根据流行病学、症状和病理变化可作出初步诊断，确诊尚需进行细菌学检查。

【防治】采取综合性的防治措施，加强检疫，禁止从疫区引种。 药物治疗可采用磺胺类、呋喃类、硝基咪唑类抗生素。本病尚无有效的疫苗。

十、猪传染性胃肠炎

由猪传染性胃肠炎病毒引起的高度接触性传染病。临床特征为明显的呕吐，严重的水样腹泻。10日龄内的仔猪可100%发病，死亡率达100%。5周龄后发病率降低，死亡减少。

【病原】为冠状病毒科、冠状病毒属的猪传染性胃肠炎病毒。本病毒对脂溶剂和光线敏感且不耐热，紫外线能迅速杀灭病毒。

【流行病学】本病的传染源为病猪和带毒猪，其排毒途径为粪便、乳汁、鼻分泌物，主要通过消化道和呼吸道传染给易感猪。外界环境的应激因素往往可促进本病的发生。各年龄的猪均可感染本病，7～10日龄的仔猪发病最严重，2周龄以上的猪发病缓和，再大一些的育肥猪、断奶猪只有轻微的症状或无症状。本病的发生有一定的季节性，冬春季节多发。本病在新疫区发病呈流行性，在老疫区呈地方流行性。

【临床症状】潜伏期短，一般为 15～18h，有的可延长至 2～3 天。仔猪突然发病，先呕吐，继而发生频繁的水样腹泻，粪便呈黄色、绿色或白色，含有凝乳块。仔猪随着腹泻体温下降，迅速脱水和消瘦，病程短，2～7 天死亡。个别痊愈仔猪的发育停滞，生长受阻。成年猪仅出现食欲不振或轻微的腹泻。

【病理变化】尸体脱水明显，剖检可见轻重不一的卡他性胃肠炎变化。胃内含有凝乳块，胃底部出血或少量出血斑。肠内充满白色或黄色液体，肠绒毛明显萎缩，肠壁变薄呈透明状，肠系膜淋巴结肿胀。

【诊断】根据流行病学、病理变化、临床症状和实验室检查，一般不难诊断。

【防治】可采取对症治疗以减轻失水、酸中毒和防止并发感染，加强护理，提供良好的环境。

用药方法：①腹泻至严重脱水应静脉注射（或腹腔注射）10% 葡萄糖生理盐水 500ml 加入 8 万 U 的庆大霉素，连用 2 瓶；②同时肌内注射乳酸环丙沙星每千克体重 0.2ml，早晚各 1 次，连用 3 天。

用传染性胃肠炎弱毒冻干疫苗进行预防免疫：妊娠母猪产前 20～30 天注射 2 ml，初生仔猪 0.5ml，体重 10～50kg 注射 1ml，体重 50kg 以上注射 2ml，免疫期半年。

【预防】要加强猪场的检疫工作，定期清扫消毒，加强饲养管理。当猪群发病时，应立即隔离，对健康猪群进行免疫，加强环境消毒。

十一、流行性腹泻

由病毒引起的高度接触性传染病。其临床特征为呕吐、腹泻、脱水、食欲下降或缺乏。

【病原】本病病毒为冠状病毒科、冠状病毒属的类冠状病毒。

【流行病学】病猪为本病的主要传染源，通过粪便排毒污染环境。各年龄的猪均可感染，症状和致死率与年龄成反比。发病主要集中在冬春季节，夏季也可以发生。本病的感染途径主要为消化道，也存在呼吸道感染。感染本病可造成肠壁细胞破坏，肠绒毛萎缩。

【临床症状】猪自然感染本病的潜伏期相对长些，一般 4～5 天。表现为呕吐、水样腹泻。无发热现象，体温基本正常。7 日龄以内的仔猪发病后 2～3 天死亡，病死率达 50%，最高达 90%。断奶猪和育肥猪可 100% 发病；母猪发病率偏低，为 15%～90%。本病的临诊表现与传染性胃肠炎十分相似，但比较缓和。

【病理变化】病变局限于小肠，其中充满黄色液体，肠绒毛萎缩，肠壁变薄，肠系膜淋巴结肿胀。

【诊断】仅根据临床症状很难做出诊断。鉴别诊断主要区别于典型的传染性胃肠炎。确诊须进行实验室诊断。

【防治】其防治方法与猪传染性胃肠炎类似。

十二、猪轮状病毒病

本病是轮状病毒引起仔猪的急性胃肠炎，特征为急性腹泻。

【病原】属于RNA病毒。该病毒抵抗力较强、比较稳定。本病毒需用胰蛋白酶来活化其感染性。在体内感染主要限于小肠细胞，仔猪小肠下2/3处胰蛋白酶最高，病毒在此感染最严重。

【流行病学】患病的人、畜及隐性感染的带毒猪都是重要的传染源。病毒存在于肠道，随粪便排出体外，经消化道感染易感猪群。轮状病毒存在交互感染作用，只要病毒在人或一种动物中长期存在，就可能造成本病在自然界中长期传播。本病传播迅速，多发生于晚冬至早春的寒冷季节。当并发感染其他病时可使病情加剧，死亡率增高。

【临床症状】小猪在感染本病12～24h内，一般表现沉郁、食欲不振和不愿活动，以后严重腹泻，一般在腹泻后3～7天内死亡，死亡率变化无常。轮状病毒所引起的腹泻随断奶而增强。腹泻物的颜色和稠度可从黄、白到黑色，可以是水样、半固体状和发酵状。

【病理变化】病变主要限于消化道。胃弛缓，内充满凝乳块。肠壁菲薄、半透明，小肠绒毛短缩扁平。肠系膜淋巴结水肿，胆囊肿大。

【诊断】根据临床症状和流行病学可做出初步诊断，但本病与猪传染性胃肠炎、猪流行性腹泻和仔猪黄、白痢相似，因此确诊须进行实验室检查。

【防治】本病无特效治疗药物，常采取对症治疗方法。要采取综合性的防预措施，加强饲养管理，减少应激因素，加强检疫、消毒工作，保持环境卫生。如发病应立即采取隔离措施，同时进行对症疗法，防止继发感染。

十三、猪乙型脑炎

本病是由日本乙型脑炎病毒引起的一种人畜共患传染病。母猪表现为流产、死胎，公猪表现为睾丸炎。

【病原】乙脑病毒属披风病毒科、黄病毒属。该病毒对外界抵抗力不强，常用的消毒药都有良好的抑制和杀灭作用。

【流行病学】乙脑病毒必须依靠吸血雌蚊作为媒介而进行传播。流行环节是猪—蚊—猪。三代吻库蚊为主要的传播媒介。乙脑病毒可在蚊体内繁殖和越冬，并可经卵传代。带毒越冬的蚊可成为次年感染动物的来源。本病具有严格的季节性，与蚊的活动密切相关，主要在7～8月间。乙脑病毒可通过胎盘垂直感染胎儿。各种年龄、品种、性别的猪均易感染此病，但 6 月龄以前的猪更易感，病愈后不再复发。

【临床症状】母猪、妊娠新母猪感染后，首先出现病毒血症，无明显的临床症状。当病毒随血流经胎盘侵入胎儿，致使胎儿发病，而发生死胎、畸形胎和木乃伊胎，只有母猪在流产或分娩时才能发现。分娩时间多数延长，母猪因胎衣停滞、胎儿木乃伊化不能排出体外，常引发子宫内膜炎而导致繁殖障碍。

公猪常发生睾丸炎，多为单侧性，初期肿胀、有热痛感，数日后炎症消退，睾丸萎缩变硬、性欲减退、精液带毒、失去配种能力。

【病理变化】流产母猪子宫内膜显著充血、水肿，黏膜表面覆盖黏液性分泌物，刮去分泌物可见黏膜糜烂和小点状出血，黏膜下层和肌层水肿，胎盘呈炎性反应。早产仔猪多为死胎、大小不一，生后存活的仔猪常伴有抽搐等神经症状。实质器官有多发性坏死灶。公猪睾丸萎缩后，实质大部分结缔组织化。

【诊断】根据临床症状和流行病学可进行初步诊断，确诊必须进行实验室诊断。

【防治】本病无有效的治疗方法，消灭蚊虫是清除该病的根本方法。目前常采用疫苗接种，控制并减少本病的危害。

十四、猪传染性萎缩性鼻炎

本病是一种慢性接触性传染病。特征为在猪的鼻部、鼻甲、鼻梁骨发生病变，鼻甲骨萎缩、下卷，鼻梁骨变形。猪场一旦发生本病很难清除。

【病原】支气管败血波氏杆菌是本病的主要传染源，产毒多杀性巴氏杆菌是本病的一种次要的、温和型病原。

【流行病学】各年龄猪均可感染，但以幼猪病变严重，成年猪感染见不到任何病变，症状轻微呈隐性经过。病猪和带菌猪是本病的传染源，可经飞沫传播，也可直接接触传播，且传染性极强。只有生后几天至几周的仔猪感染才能发生鼻甲骨萎缩，较大的猪可能只发生鼻炎、咽炎和轻度的鼻甲骨萎缩。

【临床症状】发病仔猪打喷嚏、流鼻涕，产生浆液性或黏液性鼻分泌物，病情加重持续 3 周以上发生鼻甲骨萎缩。病情严重可流出脓性鼻液。鼻黏膜受到损伤出现流鼻血，往往是单侧性的。鼻甲骨萎缩除引起呼吸障碍外，可见明显的脸变形，上颌骨变短出现咬合不全。鼻泪管阻塞流出的眼泪在眼下部形成圆形或半月形斑点，称为泪斑。

【病理变化】沿鼻部纵切可见鼻甲骨萎缩，鼻中隔弯曲，鼻黏膜常有黏脓性或干酪样分泌物。

【诊断】由临床症状、病理变化和微生物学检查可做出正确的诊断。

【防治】引进猪进行严格的检疫工作，淘汰阳性猪。改善环境卫生，消除应激因素。母猪和仔猪可进行疫苗接种。

十五、猪气喘病

本病是猪的一种高度接触性慢性传染性疾病。其临床特征为咳嗽和气喘，影响正常生长。病变特点为融合性的支气管周围炎。

【病原】猪肺炎支原体为本病的病原。该病原对青霉素、链霉素、磺胺类不敏感，对壮观霉素、丝裂霉素、泰乐霉素、卡那霉素敏感。一般消毒药均有杀灭作用。

【流行病学】本病的自然病例仅见于猪，不同年龄、品种、性别的猪均易感。本病可通过呼吸道排毒，飞沫传染。一年四季均可发生，但以冬、春季节多发。由于是呼吸道感染往往继发巴氏杆菌、肺炎球菌、化脓性菌类、猪鼻支原体等。一旦感染，猪场不易消除此病。

【临床症状】本病的潜伏期为 10 ~ 16 天。根据病的经过可分为急性、慢性和隐性。

（1）急性　见于首次发病的猪群，各年龄猪均易感，多发于母猪和小猪，发病率可达100%。表现犬坐姿势，腹式呼吸，咳嗽少而喘的严重，体温正常。继发感染时发热。病程 1 ~ 2 周，病死率较高。

（2）慢性　小猪通常在 3 ~ 10 周龄时出现第一批症状。以咳为主，在剧烈运动和清晨时咳嗽明显，呈痉挛性连续性剧咳。表现拱背、伸颈、痛苦状。病程长，2 ~ 3 个月，甚至半年。在外表康复后，当猪达到 16 周龄时可能复发或第二次暴发。

（3）隐形型　由急性和慢性转变而来。一般不表现明显的症状，但生长发育不良，饲料报酬降低。当外界环境变差、应激因素增加时常转为阳性发病。

【病理变化】肺的心叶、尖叶、中间叶、膈叶出现融合性支气管炎。淋巴细胞增生，由点到片面积逐渐增大，呈深灰色或灰红色半透明，又叫虾肉样变。肺切开，切面湿润，能见到支气管流出浆液。如病程较长，肉变变得更紧密，称为胰样变。肺门淋巴结、纵隔淋巴结出现明显的肿胀，切面呈灰黄色、灰白色，边缘充血。继发感染时肺、胸腔出现纤维素性化脓性炎，严重出现坏死。

【诊断】根据临床症状和流行病学诊断，活体诊断可用 X 线透视，肺肉变后出现阴影。确诊须进行实验室诊断。

【防治】药物治疗可采用卡那霉素、泰乐菌素、林可霉素、金霉素等。预防本病主要采取综合性的防治措施。加强饲养管理，自繁自养，建立 SPF 猪群。如发生此病，应立即隔离治疗，对猪群进行疫苗接种免疫。

十六、猪链球菌病

本病是由多种链球菌感染所引起的疾病。包括猪败血性链球菌病和猪淋巴结脓肿。特征表现败血症、化脓性淋巴结炎、脑膜炎及关节炎。

【病原】多为 C 群的兽疫链球菌和类马链球菌、D 群的猪链球菌以及 L 群的链球菌等。

【流行病学】集约化密集型养猪易流行此病。病猪和带菌猪是本病的主要传染源。病猪的鼻液、尿、唾液、血液、肌肉、内脏、肿胀的关节内可检出病原体。本病多经呼吸道和消化道感染。本病四季均可发生，但以春、秋多发，各年龄猪都易感，仔猪多见败血症型和脑膜脑炎型。

【临床症状】

（1）败血症型 最急性病例发生于流行初期，往往未见任何症状，次日早晨已死亡；或出现体温升高，精神萎靡，呼吸困难，便秘，粪干硬，结膜发绀，突然倒地，从口、鼻流出淡红色泡沫样液体，腹下有紫红斑。急性病例，常见精神沉郁，体温升高、呈稽留热，食欲减退或不食，眼结膜潮红、流泪，有浆液状鼻汁，呼吸浅表而快。少数病猪在病后期于耳尖、四肢下端、腹下呈紫红色或出血性红斑，有跛行，病程 2～4 天。

（2）脑膜脑炎型 多见于哺乳仔猪和断奶后的小猪，病初体温升高，不食，便秘，有浆液性或黏液性鼻汁；继而出现神经症状，运动失调，转圈，磨牙，直至后躯麻痹倒地，四肢做游泳状运动，甚至昏迷不醒。部分猪出现关节炎，关节肿大。病程 1～2 天。

（3）关节炎型 由前两型转来或从发病起即呈关节炎症状，表现一肢或几肢关节肿胀、疼痛，有跛行，甚至不能站立。病程 2～3 周。

（4）化脓性淋巴结炎型 多见于颌下淋巴结，其次是咽部、耳下和颈部淋巴结，受害淋巴结触诊坚硬、发炎肿胀、有热有痛，可影响采食、吞咽和呼吸，有的表现咳嗽、流鼻汁。肿胀中央逐渐变软，化脓成熟，表面皮肤坏死、破溃，流出脓汁，以后全身症状逐渐转好，化脓部位长出肉芽组织结疤愈合。病程 3～5 周。

【病理变化】

（1）最急性型 口、鼻流出泡沫样液体，气管、支气管充血，充满带泡沫液体。

（2）急性型 皮肤有出血点，皮下组织广泛出血，鼻黏膜充血、出血，肺肿大、水肿、出血。全身淋巴结肿大、出血。脾肿大、呈暗红色或蓝紫色，柔软、质脆。胃和小肠黏膜有不同程度的充血和出血。心内膜、心耳有弥漫性的出血点。肾肿大，被膜下可见出血点。胸腹腔有大量积液，有时有纤维素渗出。有精神症状的，大脑膜充血、出血，严重的瘀血，少数脑膜下积液，白质和灰质有明显的小点出血，脊髓也有类似变化。关节腔内有液体渗出。

【诊断】本病的症状和剖检症状较复杂，容易与多种疾病混淆，必须进行实验室检查才能确诊。

【防治】对于发病猪可应用青霉素、链霉素等抗生素治疗。淋巴结脓肿，可将脓肿切开排脓，进行脓创处理。应用疫苗可以预防本病。加强饲养管理，搞好环境卫生，加强消毒。病猪及排泄物进行无害化处理。

十七、猪水肿病

猪水肿病是由致病性大肠杆菌引起仔猪的一种肠毒血症。此病一年四季均可发生，尤以冬春季节多发，流行较广泛，在猪群中发病率为 10% ~ 35%，致死率为 10% ~ 30%。仔猪中以生长快、体质健康、个体稍大、营养佳良的仔猪最为常见。

【临床症状】在仔猪水肿病暴发初期，患猪常见不到症状就突然死亡。发病稍慢的早期病猪，表现为精神沉郁，食欲不振，多数体温不高，心跳加快。行走不稳、摇摆，四肢运动不协调，有的病猪前肢跪地，两后肢直立，受到刺激或捕捉时十分敏感，触之惊叫，四肢乱弹，呈游泳姿势。空嚼磨牙，口流泡沫。后期反应迟钝，呼吸困难，发出呻吟声或嘶哑的叫声，站立时背部拱起。常便秘，而发病前都伴有腹泻，消瘦后突然呈肿胖状，先两后肢不能直立，眼睑出现红圈，进而眼脸、肛门、头部淋巴结水肿及神经症状，也有肺、肝、心和全身水肿。剖检见胃壁及大小肠系膜水肿，结合流行特点一般可做出诊断。

【预防】仔猪断奶时应注意加强饲养管理，防止突然改变饲料和饲养方法，减少应激，避免饲料过于单一和蛋白质比例过高（不超过 20%）。仔猪提早补料，训练采食，正式断奶前 3 ~ 4 天仔猪进行白天断奶（与母猪分开）、晚上喂奶的方法饲养，使之断奶后能较快适应新的环境和独立生活。

在训练采食时，在仔猪饲料中添加大蒜叶或已切碎的大蒜，不喂浓缩饲料。正式断奶后，前几天减少饲料投量，1 周后再添加至足量。适量掺入青饲料，在猪圈中经常撒些红土，让之舔食。并在饲料中加药物投喂，如大黄末，氟哌酸、新霉素、磺胺类药物或痢菌净、硒剂药物混合投喂。

在仔猪出生第 14 ~ 18 天，即按每千克体重注射仔猪水肿病多介活油剂灭活疫苗 1ml，可取得很好的预防效果。

如市场上能买到组胺球蛋白，则应在仔猪断奶前 1 周和断奶后 2 周，每周各注射一次，每次各 2ml 的组胺球蛋白。特别在发现第一个病例后要立即对同窝仔猪进行预防性治疗，可取得很好的预防效果。

【治疗】在仔猪多日腹泻而治疗未愈确认并非副伤寒病时，不要以为仔猪未断奶不会患水肿病，因为未断奶仔猪水肿病一般先为极长时间的腹泻，继而转便秘。在腹泻时，立即采用高效肿毒康（四川重庆生产）按仔猪每千克体重 0.4ml 掺庆大霉素 4 万 ~ 8 万 IU 颈部肌内注射。该疫苗可治愈腹泻，且防治水肿病效果极好。

安维糖腹腔注射。即用安维糖注射液，每头猪腹腔注射 40 ~ 60ml，在注射过程中，药液要加温至与体温相近。

地塞米松磷酸钠、磺胺嘧啶及维生素 C 注射液大剂量注射。并配合痢菌净拌料投喂。

对病猪颈部一侧按说明量注射强力水肿消，另一侧注射硫酸卡那霉素 2ml（25 万 U/ml）或磺胺嘧啶注射液治疗，也可取得满意效果。

十八、猪传染性胸膜肺炎

本病又称猪胸膜肺炎，是由胸膜肺炎放线杆菌引起猪呼吸系统的一种严重的接触性传染病。本病以急性出血性纤维素性胸膜肺炎和慢性纤维素性坏死性胸膜肺炎为特征。

【病原】病原为胸膜肺炎放线杆菌。本菌抵抗力不强，易被一般消毒药杀灭，但对结晶紫、杆菌肽、林肯霉素、壮观霉素有一定的抵抗力。

【流行病学】各种年龄的猪均易感，但以 6 周龄至 6 月龄的猪较为多发。病猪和带菌猪是本病的传染源。病菌主要存在于病猪的支气管、肺脏和鼻汁中，形成飞沫传播，经呼吸道感染。本病具有明显的季节性，多在 4 ~ 5 月和 9 ~ 11 月发生。应激因素可促进本病的发生。

【临床症状】人工接触感染的潜伏期为 1 ~ 7 天。本病根据病程经过可分为最急性型、急性型、亚急性型和慢性型。

（1）最急性型 猪突然发病，初期体温升高、沉郁、不食、短时的轻度腹泻和呕吐，无明显的呼吸系统症状。后期呼吸高度困难，常呈犬坐姿势，张口伸舌，从口鼻流出泡沫样淡红色的分泌物，脉搏增速，心衰，耳、鼻、四肢皮肤呈蓝紫色，在 24 ~ 36h 死亡，个别幼猪死前见不到任何症状。病死率达 80% ~ 100%。

（2）急性型 体温升高，呼吸困难，咳嗽，心衰，受外界因素影响病程长短不定，可转为亚急性或慢性型。

（3）亚急性和慢性型 食欲废绝，不自觉的咳嗽或间歇性的咳嗽，生长迟缓，出现一定程度的异常呼吸，经过几日至 1 周，或痊愈或进一步恶化。最初暴发时可见流产，个别猪可见关节炎、心内膜炎和不同部位的脓肿。

【病理变化】

（1）最急性型 可见患猪流血色鼻液，气管和支气管充满泡沫样血色黏液性分泌物。早期病变表现为肺泡与间质水肿，淋巴管扩张，肺充血、出血和血管内纤维素性血栓形成。肺炎病变多发于肺的前下部，在肺的后上部特别是靠近肺门的主支气管周围，常出现周界明显的出血性突变区或坏死区。

（2）急性型 肺炎多为两侧性，常发生于尖叶、心叶和膈叶的一部分，病灶区呈紫红色、坚实、轮廓清晰，间质积留血色胶样液体，纤维素性胸膜炎明显。肾小球毛细血管、入球动脉和小叶间动脉有透明血栓，血管壁纤维素性坏死。

（3）亚急性型 肺脏可能发现大的干酪样病灶或含有坏死碎屑的空洞。继发感染可发生脓性病变，常于胸膜发生纤维素性粘连。

（4）慢性型　常于膈叶见到大小不等的结节，其周围由较厚的结缔组织围绕，肺胸膜粘连。

【诊断】通过流行病学、症状和病理变化可作出初步诊断。确诊须进行细菌学检查和血清血检查。

【防治】采取综合性的防控措施。搞好环境卫生，加强管理，减少各种应激因素。药物治疗应做药敏试验选最佳药物。

十九、猪附红细胞体病

猪附红细胞体病是由猪附红细胞体引起猪的一种急性、热性传染病。临床上以发热、贫血、溶血性黄疸、呼吸困难、皮肤发红和虚弱为特征。各种年龄猪群都可感染发病，对养猪业危害较大。

【流行病学】仅感染猪，不同年龄、品种和性别的猪均可感染发病。节肢动物（虱、疥螨）是该病的主要传播媒介，也可通过污染的手术器械或注射针头等机械传播。本病主要发生于温暖的季节，夏季多发。断奶仔猪互相殴打、过度拥挤、圈舍卫生条件差、营养不良等都可导致该病的急性发作。

【临床症状】

（1）急性型　猪病初体温升高达 40～42℃，呈稽留热，厌食，随后可见鼻腔分泌物增多，咳嗽，呼吸困难，黄疸。耳廓、尾部和四肢末端皮肤发绀，呈暗红色或紫红色。根据贫血程度的不同，经治疗可能康复，也可能出现皮肤坏死。由于感染猪不能产生免疫力，再次感染可随时发生，最后可因衰竭死亡。母猪急性感染时出现厌食、体温升高，多因产前应激而引起。

（2）慢性型　病猪出现逐渐衰弱、消瘦、皮肤苍白、黄疸，易继发感染导致死亡。母猪感染会出现繁殖机能下降、不发情、受胎率低或流产等现象。

（3）亚临床型　可长期带菌，当受到应激时可促使发病。

【病理变化】典型的黄疸性贫血。剖检可见黏膜、皮肤苍白，脾脏肿大，淋巴结水肿，腹水，心包积水。

【诊断】根据流行病学、临床症状、剖检、血液学检查可初步诊断该病。确诊可取发热期病猪血液，预温至 38℃涂片瑞氏染色后，高倍镜下观察红细胞表面的附红细胞体。

【防治】加强饲养管理，注意环境卫生，给予全价饲料，增强机体抵抗力，减少不良应激等对本病的预防有重要意义。同时控制疥螨和猪虱等吸血昆虫，注意注射针头等医疗器械的严格消毒。发病猪群用四环素、土霉素和血虫净等药物治疗有较好效果。

二十、猪球虫病

本病是由艾美耳球虫和等孢球虫寄生于猪肠上皮细胞引起的一种原虫病。

【流行特点】只见于仔猪，常发生于 7 ~ 21 日龄的仔猪，发病率可达 50% ~ 75%，一般情况下死亡率不高，但有时可达75%，尤其在温暖潮湿季节严重。成年猪为带虫者，是传播本病的传染源，多呈良性经过。

【临床症状】常见食欲不振，腹泻、消瘦，一般持续 4 ~ 6 天。粪便液状或糊状、呈黄白色，偶而可见便血。重病的可因脱水而死亡。

【病理变化】主要是空肠和回肠的急性炎症。

【粪便检查】可直接刮取空肠和回肠的黏膜，制成抹片染色；也可用饱和盐水漂浮法检查粪便中的球虫卵囊，在显微镜下前者找到大量内生发育阶段的虫体（裂殖子、裂殖体和配子体）即可确诊。

【防治】清除环境中的球虫卵囊和避免卵囊污染猪舍是防治本病的关键。由于一般的消毒药不能杀死卵囊，所以用甲醛、戊二醛、环氧乙烷熏蒸法消毒；或过氧乙酸喷雾法、加热火焰法消毒，效果好，对卵囊有很强的杀灭作用。

母猪在分娩前 1 周和产后哺乳期给予氨丙啉，剂量为每千克体重 25 ~ 65mg，拌料或混饮喂服，连用 3 ~ 5 天；也可按此剂量给病仔猪防治。

第二章
种草养羊技术

第一节　种草养羊的意义

一、有助于实现生态效益和经济效益有机结合

养羊能积肥，用羊粪肥田能提高农作物产量。羊粪尿中的氮、磷、钾含量高，是一种很好的有机肥料，土地施用羊粪尿，不仅可以明显地提高农作物的单位面积产量，而且对改善土壤团粒结构、防止板结，特别是对改良盐碱土和黏土，提高土壤肥力效果显著。一只羊全年的净排粪量 750 ～ 1 000kg，总含氮量 8 ～ 9kg，相当于一般的硫酸铵 35 ～ 40kg。我国广大劳动人民长期以来因地制宜地积累了许多养羊积肥的经验，如有的地区往远地、高山送粪时结合放羊，轮流到各地块露宿一段时间，轮排粪，这种把放羊、积肥、送肥相结合的方法，称为"卧羊"。种草养羊，羊粪肥地，循环往复，充分利用，既促进了有机农业发展，降低了生产成本，又提高了产品品质，同时保护了环境和水体资源不受污染，形成良性循环、相得益彰，实现了生态效益和经济效益的良性结合，显著地增加了养羊业的经济收入。当然，积肥只是养羊的副产品，不是养羊的目的。

二、有利于促进节粮型畜牧业发展

在我国畜牧业生产中，猪、鸡等耗粮型家畜占绝对优势，牛、羊等草食性家畜所占比例较低。随着工业化、城镇化步伐的加快，人口数量将继续增长，耕地面积将不断减少，粮食增产难度越来越大，保持粮食供求长期平衡任务艰巨。改革开放 30 多年来，我国饲料用粮占粮食总产量的比重不断提高，用量逐年增加，饲料原料短缺的局面将成为我国畜牧业可持续发展的最大瓶颈。如果合理发展草食畜牧业，每年将会节省大量粮食。因为，我国现有可利用草原总面积 3.3 亿 hm^2，人工种草面积

2 500 万 hm^2，退耕还草面积 550 万 hm^2，农作物秸秆 6 亿 t 以上，十分适宜发展草食畜牧业。大力发展肉羊等节粮型草食家畜，是充分利用自然资源、缓解粮食安全压力、促进我国居民食物消费结构升级的有效途径。

三、有助于促进农民较快增收

随着国家各项农村经济政策的贯彻落实，我国养羊业生产已从集体经营为主转变为以家庭经营为主，这对调动城乡广大农民的生产积极性，推动养羊业生产发展创造了有利条件。例如，湖南某农民，一家四口人，2016 年养羊 80 只，其中繁殖母羊 60 只，分别是波尔山羊与黑山羊杂交一代杂种羊 40 只、二代杂种羊 20 只，另外，饲养波尔山羊纯种公羊 1 只。由于该农户实现了养羊良种化，加上管理精细，经营理念新，市场意识强，2016 年出售各类杂种羔羊 56 只，加上其他羊业收入，总收入 32 000 元，扣除成本 8 000 元，全年盈利 24 000 元，仅羊业一项全家人均纯收入 6 000 元，经济效益十分显著。

四、有助于充分利用农作物秸秆资源

我国丰富的农副产品特别是农作物秸秆和饼粕等资源，是发展我国农区养羊业的重要物质基础。根据农业部畜牧业司的资料，2015 年全国青贮秸秆已经超过 2.8 亿 t，还有很多农田饲料生产基地，每年生产数量可观的优质饲草饲料；其他农副产品经过加工处理，用其养羊，潜力十分巨大。比如，南方是中国重要的粮食生产基地，年产农作物秸秆 3 亿 t 左右，但是仅 25% ~ 30% 秸秆用作饲料。据估算，1t 普通秸秆的营养价值相当于 0.25t 粮食的营养价值。所以南方大力发展养羊业有助于利用秸秆资源和提高土地利用率。

五、有利于充分利用我国草地资源

根据农业部资料，2015 年全国草原面积近 4 亿 hm^2，约占国土面积的 41.7%。这些辽阔的草地资源，是我国牧区和半牧区发展养羊业的宝贵资源。湖南省现有草山草坡面积 637 万 hm^2，约占我国南方地区的 10%；其中可利用的有 573 万 hm^2，约是耕地的 1.98 倍。在可利用草地中连片超过 667hm^2 的面积约占 15.24%，333hm^2 以上的连片草地面积约占 60%，大多数草地平均年产草量可达每亩 * 900kg 左右，此外还有冬闲田 230 万 hm^2 等。但目前草地利用率不足 30%，且改良面积不足 5%，具有较大的开发利用潜力。

---

* 亩为非法定计量单位，1 公顷 =15 亩。

第二节 农区牧草高产栽培与饲草利用技术

一、栽培牧草的意义

近年来，我国草地建设和农区草山草坡改良利用的实践经验表明，旱地人工种草可提高产草量5～10倍，人工种植灌溉草场加上施肥等措施，可提高产草量十几倍。建立人工草地，可以大大提高牧草的产量和质量，为发展草食家畜提供充足的优质饲草。

1. 栽培牧草是促进草食家畜快速发展的重要手段

自然牧草产量偏低，营养价值相对较差，制约草食家畜的快速发展。人工草地和天然草地相比一般能增加牧草产量2.5倍以上，有的高达十几倍，牧草的质量提高得更多，草场载畜量和利用率都得到了极大的提高。因此，栽培优良牧草成为快速发展草食家畜的重要手段。

2. 提高土壤肥力

牧草特别是多年生豆科牧草和禾本科牧草，根系强大，能在土壤中积累大量的有机物，增加土壤腐殖质的含量，使土壤形成水稳性团粒结构，恢复土壤肥力，提高作物的产量。尤其是豆科牧草的根系具有根瘤，可以固定空气中游离的氮素，提高土壤的氮素营养。据中国农业科学院北京畜牧兽医研究所调查，种植苜蓿3～4年后的土地种植小麦，能增产1倍以上。

3. 保持水土，防风固沙

牧草的根系发达，枝叶繁茂，生长迅速，能很好地覆盖地面，可以减少雨水冲刷及地面径流。在水土流失严重的黄土高原、山坡、丘陵、沟壑地带种植牧草，不仅可以解决牲畜草料问题，还可以起到保持水土的作用。

二、主要牧草栽培技术

（一）豆科类牧草

1. 苜蓿

（1）基本特征 苜蓿为"牧草之王"，豆科多年生牧草，亩产鲜草可达8 000～9 000kg，干物质中粗蛋白质含量一般为15%～20%（图2-1）。

（2）栽培管理技术 播种一般分为春播、夏播、秋播。播种方法有条播和撒播两种，播种深度为2～3cm，土湿宜浅，土干则深。播种量为每亩1.0～1.5kg，种植密度一般为每平方米135～270株。

图 2-1　紫花苜蓿

2. 红、白三叶

（1）基本特征　多年生豆科牧草，年刈割 4 ~ 5 次，叶层一般高 15 ~ 25cm，年亩产鲜草 3 000 ~ 3 500kg，鲜草蛋白质含量达到 28% 左右。播种量每亩 0.25 ~ 0.5kg（图 2-2，图 2-3）。

（2）栽培管理技术　秋播，10 月中下旬播种，行距 30cm、播深 1.5 ~ 2cm。生长缓慢，不耐杂草，要中耕除杂，控制采食量（含植物胶质和甲基醇，会引起羊臌胀病）。

图 2-2　白三叶

图 2-3　红三叶

3. 紫云英

（1）基本特征　紫云英是豆科、黄芪属二年生草本植物，匍匐多分枝，高可达30cm。分布于中国长江流域各省区，生于海拔 400 ~ 3 000m 间的山坡、溪边及潮湿处（图 2-4）。草质鲜嫩多汁，适口性好。多与水稻进行轮作，是水稻的良好前作，是主要的稻田绿肥作物。

图 2-4　紫云英

（2）栽培管理技术 种子在播种前一般需要进行一些处理，包括擦种、盐水选种、浸种、根瘤菌和磷肥拌种等。秋播应在日平均气温下降至25℃以下时为宜，春播以日平均气温上升至5℃以上为好。播种量南方以每亩2～3kg为好。稻底套播的，要先开好沟，并进行晒田。除围沟外，一般每隔10～15m左右开一条直沟，并于围沟相连。晒田以人立有脚印但不陷足为宜。翻耕播种的也应开沟作畦。

（二）禾本科类牧草

1.桂牧一号杂交象草

（1）基本特征 多年生禾本科牧草，一年刈割4～5次，株高可达1.8～3.0m，粗纤维含量低，蛋白质含量高，年亩产鲜草达1.5万～2万kg（图2-5）。

图2-5 桂牧一号杂交象草及育苗

（2）栽培方法 按常规耕平整地后开穴，穴行株距均为80cm、穴深6～8cm，每穴用土杂肥2～2.5kg（以火土灰与猪粪混合而成），或每穴施复合肥80～100g，每穴栽桂牧1号种苗一根，南方丘陵湖区最佳移栽时间为每年4月20至5月10日，最迟不超过6月10日。要中耕除杂，每次刈割后对水逐蔸追施尿素，每亩用肥15kg，或碳铵45～50kg。在7～9月高温干旱季节，利用放水抗旱。第一次刈青留茬高3～5cm，以后每刈青一次向上递增1～2cm。

2.皇竹草

（1）基本特征 多年生禾本科牧草，亩产2万kg左右，鲜草中粗蛋白含量达18.5%，是各种草食牲畜的良好青饲料。

（2）栽培管理技术 茎节繁殖，穴深7cm、株距0.5m、行距1m，竖直或是斜向上放，芽向上，覆土踩实，1周可出苗（图2-6）。对土壤的肥力反应快速，牛粪为最佳肥料。可耐低温及微霜，但不耐冰冻，可用保茎、保兜的方法越冬。

图 2-6　皇竹草

3. 多年生黑麦草

（1）基本特征　喜温凉湿润气候，宜夏季凉爽、冬季不太严寒地区生长。难耐
–15℃的低温，10～27℃均能适宜生长。适合我国南方、华北、西南地区大面积种植，
生长速度快，适口性好，可饲喂多种畜禽，粗蛋白质含量达 9.2%，可多次刈割，年
亩产鲜草 3 000～5 000kg（图 2-7）。一次种植可利用 5 年以上。在南方 3 月底 4 月
初为分蘖期，4 月底抽穗，5 月初开花，6 月上旬种子成熟。排水不良或地下水位过
高时不利于生长，不耐旱，高温干旱对其生长不利。

（2）栽培管理技术　耕翻整地，施足底肥。宜秋播，在湖南地区一般在 10 月底
播种较适宜，行距 15～30cm，手工播深 1～2cm，每亩播种量 1.5～2kg。喜氮肥，
每次刈割后宜追施速效肥。

图 2-7　多年生黑麦草

4. 多花黑麦草

（1）基本特征　多花黑麦草又名意大利黑麦草，一年生、越年生或短期多年生。
新疆、陕西、河北、湖南、贵州、云南、四川、江西等省、自治区普遍引种栽培（图 2-8）。
多花黑麦草适口性好，各种家畜均喜采食。早期收获叶量丰富，抽穗以后茎秆比重增

加。适于收割青饲，调制优质干草，亦可放牧利用。

（2）栽培管理技术　与多年生黑麦草相同。

图2-8　多花黑麦草

5. 苏丹草

（1）基本特征　苏丹草别名野饲用高粱。原产于非洲的苏丹高原。我国新中国成立前已经引进，现已作为一种主要的一年生牧草，全国各省均有较大面积的栽培（图2-9）。根系发达、入土深，可达2.5m。茎直立，呈圆柱状，高2～3m。分蘖力强，侧枝多，一般1株15～25个、最多40～100个。

苏丹草作为夏季利用的青饲料饲用价值很高。苏丹草的茎叶比玉米、高粱柔软，易于晒制干草。再生力强，第一茬适于刈割鲜喂或晒制干草，第二茬以后再生草进行放牧。茎叶产量高，含糖量丰富，可与高粱杂交，杂交后植株高大、鲜草产量高。在旱作区栽培，用来调制青贮饲料，饲用价值超过玉米青贮料。

（2）栽培管理技术　苏丹草根系发达，应充分整地，创造疏松的耕层环境。一般深耕20～22cm，并及时耙压。种植前要施足底肥，对红壤、黄壤和盐渍化土壤应增施磷肥。当表土土温稳定在10℃以上时即可春播，播期可延至7月份。一般采用条播，行距为30cm，每亩用种量2～3kg，播种深度2～3cm，播后要填压。苏丹草可与一年生豆类作物混播。出苗后应及时中耕除草，一般苗高10～15cm时开始中耕除草一次，15天后视情况再除草一次，将杂草消灭在封垄前。此外，除播种前放足底肥外，在分蘖、拔节、孕穗期以及每次收刈后，均应及时结合灌溉或淋水进行一次追肥。

6. 高丹草

（1）基本特征　一年生禾本科牧草，以高粱不育系为母本、苏丹草为父本杂交而成（图2-10）。具有苏丹草茎秆细、再生性好、产量高、抗性好，且氢氰酸含量低的特点。亩产量可达1万～1.5万kg。

（2）栽培管理技术　适宜土壤温度15℃，春播，清明至谷雨为宜。条播或穴播。每亩播种量1.5～2.0kg，播种深度3cm，条播行距15～30cm。

图2-9　苏丹草

图2-10　高丹草

7. 扁穗牛鞭草

（1）基本特征　禾本科多年生牧草（图2-11），每年可刈青 4 ~ 6 次，每亩产鲜草 0.8 万 ~ 1.2 万 kg，干草中粗蛋白质含量 9.48%，羊、牛、鱼均爱食。

（2）栽培管理技术　茎秆扦插。扦插季节全年均可，但以 4 ~ 6 月和 9 ~ 10 月效果更佳。具体方法是将准备的茎秆切成 3 ~ 4 个节为一段，2 ~ 3 根成束扦插，入土 1 ~ 2 节，覆土 4 ~ 5cm。行距 20 ~ 30cm。株距 10 ~ 15cm，扦插后浇水定根，土内保持 5 ~ 7 天湿润，便可发根。

8. 玉米与青刈玉米

（1）基本特征　玉米是禾本科一年生高产作物，被称为"饲料之王"（图2-12），是优良的青饲料和青贮原料。青贮玉米与普通籽实玉米不同，主要区别是：青贮玉米植株高大，在 2.5 ~ 3.5m，最高可达 4m，以生产鲜秸秆为主；而籽实玉米以产玉米籽实为主。青贮玉米的最佳收获期为籽粒乳熟末期至蜡熟前期，此时产量最高、营养价值也最好；而籽实玉米的收获期必须在完熟期以后。专用青贮玉米品种亩产鲜秸秆可达 4.5 ~ 6.3t，而普通籽实用玉米却只有 2.5 ~ 3.5t。

图2-11　扁穗牛鞭草

图2-12　青刈玉米

（2）栽培管理技术　选地与整地方法与普通籽实用玉米相同，土质疏松肥沃、有机质含量丰富的地块有利于获得高产。播种期与大田作物播种期相同。合理密植有利于高产，若采用精量点播机播种，播种量为每亩 2 ~ 2.5kg；若采用人工播种，播种量为每亩 2.5 ~ 3.5kg。一般青贮玉米的亩保苗数为 5 000 ~ 6 000 株。采用大垄条播，实行垄作，行距 60cm、株距 15 ~ 20cm，单条播或双条播都可，双条播可获得较高产量。

三、牧草与秸秆的加工与贮藏

（一）青干草的晒制

贮存优质的青干草应颜色青绿、气味芬香、含杂质少、无霉烂。而青干草的质量与牧草的种类、收割时间、晒制方法和保存情况有关。调制青干草的关键在于加快植物中水分蒸发的速度，缩短干燥时间，减少营养损失。调制方法有自然干燥和人工干燥两种方法。人工干燥法干燥速度快、营养损失少，但耗费大，我国很少使用。常通过自然干燥晒制青干草，包括地面晒制和草架晒制两种方法。地面晒制青干草分两个阶段：第一阶段是选择晴朗的天气，将收割的青草薄薄地平铺在地面，经 4 ~ 6h 太阳曝晒，其含水量由 65% ~ 85% 迅速降至 38% 左右（加速细胞死亡，防止异化作用）。第二阶段是继续曝晒，将牧草堆成直径 1.5m、高约 1m，重约 50kg 的小堆，继续晒 3 ~ 5 天，这时水分由 38% 降至 17%，此时可堆成大堆备用。这一阶段应减少曝晒面积，以降低胡萝卜素的损失。整个过程应尽量防止叶片的损失。豆科牧草晒制，应先平铺薄晒 3 ~ 4h，水分由降至以下，此时搬动不落叶；小捆悬挂于阴凉通风处晾晒 7 ~ 10 天，水分即降至 30%。树叶类晒制，先大太阳曝晒 1 天，中间翻动 2 ~ 3 次，当水分降至 30% 左右，手能搓碎时装袋贮存。

（二）饲料青贮

青贮是将青绿饲料（如甘薯藤、玉米苗、牧草等）贮入窖内发酵，以达到长期保存的一种方法。青贮饲料属于青绿多汁饲料类，它既能保持青饲料的营养价值、提高适口性，又可调节青饲料的均衡供应，是山羊青饲料常用的调制方法之一。

1. 青贮原理

厌氧乳酸菌在无氧环境下以糖和淀粉为能源进行繁殖，产生大量乳酸和少量乙酸及其他酸类（甲酸、丙酸、丁酸），这时可抑制其他微生物如腐败菌的繁殖。在良好的青贮环境中，丁酸含量一般极低，乳酸水平逐渐上升，pH 下降到 4 左右，绝大部分微生物停止繁殖；同时，乳酸菌本身也由于乳酸的不断积累而受到抑制，停止活动，使青贮窖内形成了无氧环境，使饲料能够长期保存，达到青贮的目的。

2. 加工方法

（1）建造青贮窖　建造青贮窖要选择干燥、土质坚硬、排水方便、离羊舍较近的地方。有砖石水泥窖和土窖两种。土窖简便、经济，可在地上挖一个圆形或方形深 3.5 ~ 7m 的土坑，其大小一般根据青贮量而定。窖壁铲平拍光，窖底可挖成锅底形，以便青贮时少量水分沉到底部而不致影响青贮质量。小规模家庭养羊户，可根据计划青贮量选择不同的青贮容器，如水缸、小型水泥池、塑料袋均可。

（2）青贮饲料制作　制作青贮饲料时，可在窖底垫一层约 10cm 厚秕谷或统糠等干性吸水性垫料，再将待贮原料铡成 1 ~ 2cm 长的小段，装进窖里，边装边踩紧，每填一层撒一点盐和尿素，当饲料装满高出窖面 20cm 以上，经完全压紧后，在原料上面盖一层未铡短的青草和薄膜，上铺一层稻草，再盖土密封（土质干燥可洒少量水，使之能互相粘合），土堆成馒头形状。以后经常检查，如发现下陷或裂缝，应及时补修，以防进雨水和透气而影响青贮质量。制作青贮时，必须注意层层压紧、排尽空气，尽量形成窖内的无氧环境，才能保持青贮的质量（图 2-13）。

图 2-13　饲料青贮

（3）青贮原料水分的控制　青贮时，应使原料水分含量在 65% ~ 70%，这是确保青贮成功的关键。调整原料含水量的方法通常有两种：一种方法是将原料晒 1 天使水分降至 65% ~ 70%，另一方法是水分中和法。作者采用水分中和法在含水量高的白菜叶中均匀混入干稻草，使水分含量达到制作要求，再进行青贮加工，获得了十分理想的贮存效果。这种方法除了可以切实保证青贮质量外，还可以大大增加山羊对稻草的适口性和秸秆资源的利用率，是值得养羊户推广的方法。除上述方法外，四川、陕西、湖南等采用塑料袋制作青贮料获得成功，为饲料青贮提供了简便方法。塑料袋青贮的好处是：经济、存放占地少、贮喂简便。制作时按常规的青贮方法，将准备好的原料装入带有塑料内胆的纤维编织袋中，装袋时应尽量压紧，以最大限度地减少袋内的残留空气，装满后用绳子扎紧袋口，倒放或横放在不受阳光直射的地方即可。塑料袋青贮，应注意防止袋子破裂或被老鼠咬烂，保证密封不漏气。

3. 青贮饲料开封和使用

青贮时间达到 8 ~ 30 天时即可开封使用，开封后应自上而下分层取用，如表面一层变黑，应弃去不用，每次取料后要用薄膜覆盖严密，保证青贮饲料不变质。大型长方形窖，可从一端取料。青贮饲料具有轻泻作用，日喂量不应超过日粮总量的30%，一般为15%～25%。怀孕母羊不宜多喂，霉烂变质的青贮饲料不能喂羊。

（三）秸秆氨化处理

1. 秸秆氨化处理的作用

含粗纤维多的秸秆饲料如麦秸、稻草等，通过氨化处理可转化其中的粗纤维和木质素，提高干物质的消化率和山羊的适口性。据报道，氨化处理后的麦秸可增加可消化蛋白质。试验及营养分析表明：氨化后的秸秆粗蛋白的含量提高4%～6%，采食量提高20%～40%，消化率提高10%～20%，成本低，每千克仅增加0.03元，还有杀菌作用。

2. 常用处理方法

秸秆通常可用氨水和尿素进行处理，但氨源有限，且运输、贮存有一定的危险性，因而，用尿素进行秸秆氨化处理更易于推广。下面着重介绍利用尿素处理稻草的具体方法。将稻草、麦秸等切成3～5cm长或粉碎后，每100kg原料用尿素5kg、水50～60kg，先将尿素溶于水中，然后将切短的原料分层填入氨化池（窖、缸）中，每层均匀地喷洒尿素溶液。每立方米池（缸、窖）大约80～100kg可氨化稻草原料。装料时应层层压紧踏实，顶部可稍高，然后用塑料薄膜密封，以不漏气为原则。氨化处理的时间根据气温而定，5℃以下需8周以上，5～15℃需4～8周，15～30℃需1～4周，30～45℃以上约1周。一般来说，秸秆氨化处理必须达到规定的时间，才能取得比较好的效果，如果处理时间不够，喂羊效果不理想。处理成熟的氨化（稻草）饲料，色泽棕黄或黄褐色，质地柔软，湿度适中。用氨化饲料喂羊，应先将其取出平铺在通风处搁置1～2天，待氨气释放后再拌入适量能量饲料和青绿多汁饲料，以提高山羊对氨化饲料的适口性和利用。

（四）秸秆微贮处理

秸秆微贮是近年来发展起来的一项利用微生物发酵的饲料生物处理新技术。具有成本低、效益高、适口性好、原料充足等优点，可以提高秸秆粗蛋白质的含量。由于大量有益微生物的作用，可以增加动物的免疫力和抗病力，具有一定的防病作用。微贮技术主要用于玉米秸、麦秸、稻草等秸秆的处理。微贮方法通常使用菌液微贮和活干菌微贮两种方法。

1. 菌液微贮处理

秸秆饲料菌液是由营养液与菌液按一定比例配备使用的一种液体制剂，由日本的比嘉照夫博士研究发明，在国内已经开始普遍推广。

（1）处理方法与步骤　首先进行菌液增活与稀释（按贮存秸秆所需菌液进行增活与稀释，将专用营养糖菌种倒入 10～20 倍的温水中充分溶解，再将溶解后的营养糖液倒入装有 40℃ 左右的温水容器中搅拌，待糖液与菌液混匀后，放置 2～3h 增活。将增活好的菌液，加水菌种量的 50 倍以上进行稀释）。稀释后的菌液必须当天用完。其次将秸秆切成长 2～3cm 或粉碎成粗粉状备用。

然后填料。在窖底（池底）铺放厚的备用秸秆原料，撒入的大麦粉，或玉米粉和麦麸各占的混合粉，按 1：1 的比例均匀喷洒菌液水，分层拌匀压实秸秆。再加入厚的秸秆原料，喷洒菌液并撒大麦粉或玉米和麦麸混合粉，拌匀压实秸秆，直至装料高出窖（池）口 40cm 以上。在这一步中，分层压实的目的是排除秸秆中的空气，为微生物群的繁殖创造厌氧条件。

最后封窖。秸秆分层压实直到高出窖口 40cm，再作最后加力压实，上面均匀撒上食盐（食盐用量为每平方米 100～150 克，以防上层秸秆发霉变质）。盖上厚塑料膜，窖或池边要与塑料膜接合严密，不允许有任何漏气的现象。薄膜上面再加的秸秆，盖土，确保窖顶密封不漏气。微贮秸秆生物饲料的水分要求在 60%～70% 之间，最为适宜。

（2）贮存发酵的时间　不同的季节发酵时间有一定差异，一般夏季 3～4 天，秋季 5～7 天或冬季 10 天以上。发酵完全的微贮饲料，颜色呈金黄色或茶黄色，手感松散、湿润而柔软，具有醇香（酒香）味和苹果香味，口尝有弱酸甜味。如果手感干燥、粗硬，则属品质不良。秸秆内水分过高导致发酵温度偏高，则酸味加强；发现有腐臭味或霉变味时，手感发黏，则不能用于喂羊，应弃作肥料。

（3）使用注意事项　①饲料贮存必须达到规定时间，让微生物充分发酵后才能用于喂羊。②每次取料后必须加盖严密，切忌将窖内的微贮饲料全部暴露或长时间暴露，每次取出的料必须当天喂完，不能隔天喂。③发霉变质的饲料不能喂羊。

2. 活干菌微贮处理秸秆饲料

（1）处理方法与步骤　活干菌是一种活的微生物粉末制剂，通常用小袋包装。用活干菌制作微贮饲料，首先要进行菌种复活。复活菌种的方法是：将小袋内的菌种在常温下溶于浓度为 1.5% 的砂糖溶液中，放置 2h，将复活后的菌液加入与秸秆原料同等重量的生理盐水中充分搅匀，备用。原料的选择与加工、填料、封窖等步骤以及质量检查和饲喂注意事项等均与微贮饲料制作相同。

（2）贮存发酵的时间　当外界气温在 15℃ 左右时，大约贮存 1 个月即可开窖使用。

（五）秸秆碱化处理

秸秆还可用石灰水进行碱化处理，以软化粗纤维，提高粗纤维和营养物质的消化率，还可增加羊的采食量和补充钙质。其处理方法比较简单：将秸秆切碎后，用生石灰溶液完全浸泡 3～5min，捞出放置 24h 即可用来喂羊。也可水中完全浸泡 24h，再取出稻草，滤出残存液后用于喂羊。经 1% 的生石灰水处理的秸秆（麦秸、稻草）

有机物的消化率提高，粗纤维消化率提高，无氮浸出物的消化率提高。将切碎后的秸秆用2%左右的氢氧化钠溶液拌匀，溶液与秸秆的比例为1∶1，处理后的秸秆，消化率显著提高。

（六）稻草处理与利用

稻草是我国南方主要的作物秸秆，其来源十分广泛，资源极其丰富。但其粗纤维多，生物学结构中存在的限制性因素使其营养价值较低、适口性也较差。其利用现状极少部分被用作造纸业，绝大多数被焚烧、废弃而白白浪费。如能将稻草进行合理的加工调制，这种丰富的几乎被人们废弃的廉价饲料资源可望成为南方养羊的一种新型饲料。

1. 稻草的营养特性

稻草这一类秸秆饲料，总能虽然与干草相似，但由于它的限制性因素，其营养价值只相当于干草的一半或谷物的四分之一。它的营养特点表现在粗纤维比例大和蛋白质含量低。

2. 稻草处理与利用

虽然稻草是营养价值很低的秸秆饲料，但将稻草进行合理的加工调制，可使其饲养价值得到较大的改进，产生较佳的饲喂效果。实践证明，采用氨化、碱化和微贮等生物、化学方法处理稻草喂羊，饲喂价值可较大提高。在进行上述化学处理的同时，将稻草进行切短或者粉碎等物理加工是十分必要的，它在一定程度上增加了山羊的采食量，提高了秸秆的利用率。由于物理加工方法不同，山羊的采食量有较大的差异。如将稻草粉碎后进行氨化处理，其处理效果要比未粉碎的稻草好得多，适口性显著提高。

（1）切短和粉碎 这是处理稻草和其他秸秆的最简便而又重要的方法之一。稻草经过切短和粉碎处理后，便于山羊咀嚼，减少能耗，同时可提高采食量，并减少饲喂过程中的饲料浪费。此外，切短和粉碎后的稻草易与其他饲料进行配合，是生产实践上常采用的方法。一般认为，切短和粉碎虽然可以增加粗饲料的采食量，但也容易引起纤维物质消化率下降和瘤胃内挥发性脂肪酸生成比例发生变化。用体外法测定，切短和粉碎粗饲料消化率有所增加，这主要是由于破坏了纤维物质的晶体结构，部分地分离了纤维素、半纤维素与木质素的结合，从而使饲料更易受消化酶的作用所致。

根据山羊的消化特点，稻草粉碎后喂羊，应讲究利用方法。一是将稻草粉进行氨化处理或者微贮处理后喂羊；二是饲喂时必需加入一定比例的其他干粗饲料，粉末状饲料与干粗饲料的比例通常以4∶6或5∶5为宜；三是平衡蛋白质和能量的水平，山羊日粮中的蛋白质含量一般要求在8%以上，而稻草中蛋白质的含量通常不能满足其营养需要，因此用稻草喂羊应充分考虑加入适量的蛋白质饲料，可采取添加蛋白质饲料和非蛋白氮。如果是以添加非蛋白氮（如氨化处理、添加微多蛋白素或直接加入尿素等）的形式来平衡日粮蛋白质，则必须考虑在饲料中加入适量的能量精饲料，以提供瘤胃微生物大量增殖所需要的营养。

（2）浸泡　秸秆饲料浸泡后质地柔软，能提高适口性。将稻草切碎后加水浸泡拌入精料，可以改善饲料利用效率。为了提高稻草的适口性，还可以尝试使用秸秆"盐化"技术，即在浸泡稻草的水里面加进适量的食盐以改善适口性，往往可以取得更好的效果。

第三节　山羊品种

一、马头山羊

（一）特征特性

公母羊均无角，头形似马，性情迟钝，群众俗称"懒羊"。头较长，大小中等，皮厚而松软，毛稀无绒。体形呈长方形，结构匀称，背腰平直，肋骨开张良好，臀部宽大、稍倾斜，尾短而上翘。母羊乳房发育尚可（图2-14）。

图2-14　马头山羊

（二）生产性能

马头山羊繁殖力强，四季均可发情配种，产羔率为200%左右。成年体重公羊为40～60kg，母羊为30～40kg。早期育肥效果好，可生产肥羔肉。周岁阉羊体重可达36.45kg，屠宰率55.90%，出肉率43.79%。板皮品质良好，平均面积81～90cm^2。毛洁白、均匀，是制毛笔、毛刷的上等原料。

（三）适宜区域

马头山羊体型较大，适应性强，适宜于在农区、山区饲养。

二、湘东黑山羊

（一）品种来源

主要产区为湖南省浏阳市，毗邻的长沙、株洲、醴陵、平江、铜鼓等地也有少量分布。2004年被纳入农业部畜禽遗传资源保护名录。截至2005年年末，主产区存栏黑山羊50.18万只，饲养量115.4万只。

（二）特征特性

湘东黑山羊头小而清秀，眼大有神，有角，角呈扁三角锥形。耳竖立，额面微突起，鼻梁微隆，颈较细长。胸部较窄，后躯较前躯发达。四肢短直，矫健，蹄壳结实，尾短而上翘。被毛全黑且有光泽，公羊被毛比母羊稍长，皮肤呈青缎色。公母羊均有角，角稍扁，呈灰黑色。公羊角向后两侧伸展，呈镰刀状，背部平直，雄性特征明显。母羊角短小，向上、向外斜伸，呈倒八字形，腰部稍凹陷，乳房发育较好（图2-15）。

图2-15　湘东黑山羊

（三）生产性能

湘东黑山羊属早熟小型肉皮兼用品种，具有肉质好、板皮品质好、繁殖力较强等特性。成年体重公羊为29.6kg，母羊为25.3kg。屠宰率羯羊为44%，母羊为41%。繁殖力强，成年母羊一年四季都可发情，但多数集中在春、秋两季配种，大多数一年可产两胎，产羔率为171%～199%。

（四）适宜区域

适宜在低山丘陵或山区饲养。

三、波尔山羊

（一）品种来源

波尔山羊原产于南非，被称为世界"肉用山羊之王"。自1995年我国首批从德国引进波尔山羊以来，通过纯繁扩群逐步向周边地区和全国各地扩展。湖南省湘西、岳阳、浏阳等地区有大型波尔山羊杂交育肥场。

（二）特征特性

毛色为白色，头颈为红褐色，额端到唇端有一条白色毛带。耳宽下垂，被毛短而稀。波尔山羊是耐粗和适应性强的家畜品种之一，具有体型大、生长快、繁殖力强、产羔多、屠宰率高、产肉多、肉质细嫩和抗病力强等特点（图2-16）。

棕红波尔

图2-16　波尔山羊

（三）生产性能

波尔山羊属非季节性繁殖家畜，一年四季都能发情配种产羔。平均窝产羔数为1.93头。成年体重公羊可达90～130kg，母羊可达60～100kg。屠宰率较高，平均为48.3%。作为终端父本能显著提高杂交后代的生长速度和产肉性能。据统计，作为父本用于改良本地山羊品种，F1代可提高生产性能30%以上。波尔山羊是世界著名的生产高品质瘦肉的山羊。此外，波尔山羊的板皮品质极佳，属上乘皮革原料。

（四）适宜区域

能适应各种气候地带，内陆气候、热带和亚热带灌木丛、半荒漠和沙漠地区都表现生长良好。但由于体型较大爬坡能力不强，山地放牧可选择与本地羊进行杂交改良。

四、南江黄羊

（一）品种来源

南江黄羊是四川南江县经过 7 年选育而成的肉用型山羊品种，1995 年 10 月经过南江黄羊新品种审定委员会审定，1996 年 11 月通过国家畜禽遗传资源管理委员会羊品种审定委员会实地复审，1998 年 4 月被农业部批准正式命名。

（二）特征特性

南江黄羊被毛黄色，毛短而富有光泽，面部毛色黄黑，鼻梁两侧有一对称的浅色条纹，公羊颈部及前胸着生黑黄色粗长被毛，自枕部沿背脊有一条黑色毛带，十字部后渐浅。头大小适中，鼻微拱，有角或无角；体躯略呈圆桶形，颈长度适中，前胸深广、肋骨开张，背腰平直，四肢粗壮（图 2-17）。

南江黄羊（公）　　　　　　　　　　南江黄羊（母）

图 2-17　南江黄羊

（三）生长性能

南江黄羊成年体重公羊 40 ~ 55kg，母羊 34 ~ 46kg。周岁羯羊平均胴体重 15kg，屠宰率 49%，净肉率 38%。成年母羊四季发情，产羔率 200% 左右。南江黄羊不仅具有性成熟早、生长发育快、繁殖力高、产肉性能好、适应性强、耐粗饲、遗传性稳定的特点，而且肉质细嫩、适口性好、板皮品质优，是发展规模化肉用山羊养殖的优良父本。

（四）适宜区域

南江黄羊体型较大、适应性强，适宜于在农区、山区饲养。

五、金堂黑山羊

（一）品种来源

金堂黑山羊产于四川省成都市金堂县。该山羊群体在长期自然选择基础上，通过60余年的群选群育而形成具有良好生产性能和相当规模的黑山羊群体。于2001年11月被命名为四川省地方优良品种。

（二）特征特性

体形较大，体质结实，全身各部位结合良好；头中等大，颈长短适中，前身躯发育良好，胸宽深，背腰宽平，后躯发育较好，尻部较宽、较斜。四肢粗壮，蹄质结实。全身黑色，毛较短、富有光泽。公羊体态雄壮，睾丸发育良好；母羊体态清秀，乳房发育良好（图2-18）。

图 2-18　金堂黑山羊

（三）生长性能

金堂黑山羊具有个体大、生长发育快、繁殖率高、适应性好和抗病力强、肉质细嫩无膻味等优点。成年体重及体高，公羊74.6kg及76.7cm，最高体重达125kg；母羊56.2kg及68.5cm，最高体重达80.5kg。公羊8～10月龄、母羊6～7月龄开始配种繁殖。母羊一般年产1.7胎，产羔率初产193%、2～4胎246%。6月龄体重及体高，公羊25.5kg及58.2cm，母羊23.8kg及55.1cm；12月龄体重及体高，公羊37.2kg及65.8cm，母羊34.9kg及60.7cm。

（四）适宜区域

金堂黑山羊体型较大、适应性强，适宜于在农区、山区饲养。

六、努比亚奶山羊

（一）品种来源

努比亚奶山羊是世界著名的乳用山羊品种之一。原产于非洲东北部的埃及、苏丹及邻近的埃塞俄比亚、利比亚、阿尔及利亚等国，在英国、美国、印度、东欧及南非等地都有分布。

（二）特征特性

努比亚奶山羊头短小，额部和鼻梁隆起呈明显的三角形，俗称"兔鼻"（图2-19）；两耳宽大而长且下垂至下颌部。公、母羊无须无角。毛色较杂，以暗红色居多，被毛细短、有光泽。头颈相连处肌肉丰满呈圆形，颈较长，胸部深广，肋骨拱圆，背宽而直，尻宽而长，四肢细长，骨骼坚实，体躯深长，腹大而下垂。母羊乳房丰满而有弹性，乳头大而整齐，稍偏两侧。

图2-19 努比亚奶山羊

（三）生产性能

努比亚奶山羊是世界著名的奶肉兼用山羊。成年体重公羊一般可达100kg以上，母羊可达70kg以上。努比亚奶山羊2月龄断奶体重公羊28.16kg，母羊21.20kg，高于国内其他品种50%。母羊乳房发育良好，多呈球形。泌乳期一般5～6个月，产奶量300～800kg，盛产期日产奶2～3kg，高者可达4kg以上，乳脂率4%～7%，奶的风味好。我国四川省饲养的努比亚奶山羊，平均一胎261天产奶375.7kg，二胎257天产奶445.3kg。国内育成品系有简阳大耳羊。

（四）适宜区域

丘陵地区的农户采用圈养或拴养两种方式，山区多采用放养加补饲的方式，平原农区多数采用圈养。

第四节　羊的饲养管理技术

山羊的生长速度、繁殖率、羔羊成活率等生产性能及水平的高低，都与饲养管理水平有着密切的关系。科学的饲养管理不仅能保证山羊的健康状况，提高生产性能，而且能降低成本、提高养羊效益。

一、山羊的生物学特性

（一）采食性能强，饲料利用率高

山羊嘴尖，口唇灵活，下颌门齿锐利，上颌硬滑，臼齿咀嚼粗饲料的能力强，能采食很低的矮草、草根和灌木树枝，其采食性比绵羊、牛更为广泛，"羊吃百样草"就说明了这一问题。据对 5 种家畜饲喂植物的试验，山羊能采食的植物有 607 种，不采食的有 83 种，采食率为 88%；而绵羊、牛、马、猪的采食率分别为 80%、64%、73% 和 46%。山羊消化道长度相当于体长的 40 倍左右，草料通过消化道的时间长，对粗纤维的消化率比绵羊和牛高。

（二）合群性强，易训练

山羊有较强的合群性，羊只很少单独离群，这便于山羊的放牧管理。同时，山羊的神经敏锐，易于领会人的意图，易于调教，实践中常训练头羊帮助放牧。放牧时，只要指挥头羊出栏舍、过桥、越沟、爬山等，其余羊群就会跟随其后，进行活动。如旺草季节个别羊只表现离群落后，可能是羊只有病，应予以检查。

（三）山羊活泼，喜登高

山羊活泼好动，爱斗架玩耍，行动敏捷，喜欢攀登墙甚至直立的物体。小羊喜欢跳在高出地面的物体上活动。放牧时善于游走，能在陡坡和树枝下直立羊身采食高处或树枝上的野草、嫩叶，因而可以充分利用其他家畜不能达到的山坡、陡坎上的牧草。根据这个特点，可以在羊舍内设立石制或木制的高台，供山羊活动。放牧时，应防止山羊在果木林中毁坏林木或果苗。

（四）爱清洁，喜干恶潮湿

山羊在采食前先嗅气味，如草料被污染，宁愿挨饿也不吃。在干燥卫生的环境中生长健康，潮湿的环境中容易患病，生长速度减慢。因此，放牧时应轮换草场，供给清洁饮水，避免饮脏水、污水。栏舍内安置羊床，保持清洁卫生，防止地面潮湿，特别是南方雨水较多，更应防潮。舍内补饲时，不应将草料撒在地上，必须将其放在草架和料槽内。每次喂羊前要清扫干净再放草料，这样既省草省料，又能让羊吃饱吃好。

（五）适应性广，抗病力强

山羊能广泛适应各种生活环境，尤其在较为恶劣的条件下，山羊比其他家畜更具有耐受力。山羊抗病力极强，一般说，山羊病初不易被发现，没有经验的饲养员，必须仔细观察羊群，判断病羊，及早治疗。

（六）早熟多胎繁殖快

山羊在1岁时即可产下第一胎，如果技术得当，可实现年产两胎，每胎产羔2～3只。

二、山羊的生长发育规律

山羊各时期生长发育不尽相同。绝对增重初期较小，之后逐渐增大，到一定年龄后又逐渐下降直至停止生长；而相对增重却以幼龄迅速，以后逐渐转缓直至停止生长。绝对增重由高到低的转折点为生长转缓点。浏阳黑山羊的生长转缓点出现在6月龄左右，6月龄前生长快，体尺体重迅速增加，是山羊生长的高峰，尤以1月龄更为明显。同时，体尺增长速度超过体重增长。6月龄后，山羊生长逐渐转缓，速度下降，且体尺下降速度比体重下降更为明显；1.5岁时各项体尺增长趋向停滞，体重增长继续下降，山羊开始以沉积脂肪为主。在生长发育期中，公羊增重速度明显快于母羊。根据这个规律，在山羊生长高峰期应加强管理，放牧并补饲精料，以提供较高的营养水平，促进山羊迅速生长。对不留作种用的羔羊，要及早阉割育肥，1岁以前全部出栏。如拖延饲养，生长变慢，浪费饲料，生产效益显著降低。

三、山羊的放牧管理

放牧是山羊饲养的基本方式。北方气候寒冷干燥，草源丰富，草场面积大，常实行季节性放牧和划区轮牧。南方虽然草山草坡植被丰富、气候温和，除严冬积雪和暴风雨天气以外，一年四季均可放牧。但由于草场类型不一，草质、地形差异较大，加上大多数土地广泛种植各种农作物或经济林木，因此，必须根据不同的草场和气候条件，研究羊群的放牧和管理技术，以保证羊群的健康生长，避免养羊和农业、林业的矛盾，促进农、林、牧三者的协调发展。

（一）合理组织羊群

为提高放牧的劳动效率，促进山羊商品规模的形成，放牧时需要组织一定规模的羊群。羊群规模的大小，应根据可放牧草场的类型、牧草状况和草场面积以及牧工的技术水平等具体情况而定，每群可由几十到数百只不等。具体可按每公顷草场放牧100只母羊来计算定额。对于大面积的成片草场或疏林类、灌木类草山，可根据具体草场面积设计组织中型或大型羊场，但每个放牧群的母羊以300～500只左右适宜，并划定放牧区域，由1～2人放牧管理；而农作物较多、地形复杂、草场偏差的地区，羊群宜小，每群定额100只为宜，否则，羊群难以控制，不利于放牧；农作物区的田间隙地、沟边路旁、河滩、堤坝等零星草场，要求羊群更小；不能放牧的地区，可利用拴牧等方式每户饲养3～5只母羊。

（二）放牧要点及注意事项

1. 放牧季节与时间

就放牧时间而言，必须尽量延长，保证充分放牧，山羊每天要吃3～4个饱肚。具体时间因季节、天气情况等确定。南方气候温和，一般可终年放牧，但不同的季节，牧草生长和气候环境有一定差异，其放牧管理方面也有所不同。

（1）春季（3～5月）　山羊经过越冬后，膘情差、体质弱，需要增加营养供给，而天然草场青草刚刚萌发，饲料青黄不接，气温变化不定，是养羊的困难时期。春季放牧应选择适宜的草地，并合理补饲，使山羊迅速恢复体力，促进健康。放牧时注意由吃枯草逐渐过渡到吃青草，放牧时间由每天4～6h逐渐延长。早春不宜出牧过早，防止山羊突然采食过量的青草和水分而导致臌胀、腹泻或发生青草症。

（2）夏季（6～8月）　牧草转旺，是羊群贪青长膘的有利时机，但气候炎热、多雨，容易影响生长，应选择凉爽、通风、背阴、饮水方便的山地放牧。其要点是尽量延长放牧时间，清早出牧，傍晚归牧，中午在通风林荫内休息，防止曝晒中暑。夏季炎热，应供给充足饮水，同时注意补充食盐，可将食盐放在舍内妥善的地方，羊群出入羊舍时任其舔食，或将食盐溶于饮水中喂羊。归牧后应让羊群休息片刻再给饮水，以防山羊太渴饮水过急而呛肺。夏季放牧每天不少于4h，放牧条件好或有围栏的牧地，5～8月羊群进行夜牧或露天过夜，让羊采食更多的牧草，增加营养供给。通过夏季放牧，山羊膘体要求达到八成以上。

（3）秋季（9～11月）　气候转凉，牧草正处于开花结籽期，营养价值高，此时放牧的主要任务是最大限度地蓄积体脂，增加体重，膘体应达到十成以上，为安全越冬度春作好准备。"夏抓肉膘秋抓油，膘满冬春不用愁"。秋初放牧应坚持晚归，增加山羊采食时间。秋末，早霜开始降临，应防止采食霜草，可适当晚出，坚持晚归，中午不休息，秋季放牧每日应保持 5 ~ 6h。

（4）冬季（12 月至次年 2 月）　牧草枯黄粗硬，营养价值与适口性降低，加上气候寒冷，山羊易散失体热，应适当减少放牧时间。根据天气，日放牧时间 4 ~ 6h 为宜，并选择避风向阳、地势高燥、水源好的山脚和阳坡堤凹处的草场放牧，坚持晚出，防止吃冰霜草。冰霜草可导致母羊流产和消化道疾病。冬季放牧必须结合补饲，以达到保膘保胎的目的。

2. 训练头羊

羊有合群性，容易训练。羊群的行动往往尾随头羊，因此，调教好头羊，是训练羊群的关键。头羊要选择体大健壮、反应灵敏，平时喜欢走向前面吃草的青年母羊或阉公羊。调教时，根据头羊特征起个名字，进行偏吃偏爱，重点训饲。可经常采集羊爱吃的野草嫩枝，把头羊引在羊群前面，边走边喂、并唤羊名进行训练。经一段时间后，头羊就会领会人的意图，带领羊群前进。放牧时要经常树立头羊的权威，如发现其他羊只抢在头羊之前，其他羊与头羊打架时，应帮助头羊驱打其他羊只，让头羊取胜。训练好头羊，能方便放牧管理。羊群放牧管理，应首先由 2 ~ 3 名牧工帮助强制进行。训练时，可使用一定的音响（如吹哨子等）指挥羊群活动，羊群可很快形成条件反射，按人的意图随头羊运动。

3. 处理好林牧关系

山羊喜啃食嫩枝树叶，利用林地放牧养羊时，应加强对羊群的放牧管理和调教。放牧的山羊切忌无人看守，防止羊群损害树木，特别是株高 1.5m 以下的幼林不宜放牧。在林地放牧养羊应采取幼林封山、成林开放的原则，规划牧道、轮流放牧，这样既可为山羊提供场地，又保证林业生产的正常发展。

4. 合理利用草场，分区轮牧

为了提高草山载畜量和利用率，应根据草场特点实行分区轮牧。所谓分区轮牧，就是将草场分为若干小区，每个小区连续放牧 4 ~ 6 天，最多不超过 7 天，2 个月以后再重新轮到第一小区放牧。南方草场类型复杂、大小不等，要根据不同情况轮牧。面积较小的山坡、山沟、河洲等可依河水、山坎、山脊等自然屏障划分小区，按次序循环利用。集中成片的草场可将其划成若干个小区，进行分区围栏，轮流放牧。分区轮牧有如下优点：

（1）减少牧草浪费，节约草场面积　分区轮牧时，羊群被限制在较小的地块上自由走动采食，对牧草的利用均匀，减少了践踏造成的损失，有利于牧草的再生。放牧后隔段时间，草场上又长满了嫩草，可大大提高草场载畜量，人工草场轮牧优势更大。轮牧可提高放牧草场产草量，羊群全年都能吃到较多较好的牧草，能相应减少草料补饲量，有利于饲草的平衡供应和降低生产成本。

（2）减少寄生虫的感染　寄生虫病是山羊的主要病害，危害性很大。羊粪中常含有大量的寄生虫卵，随粪便排出体外，6～7天后虫卵孵化，变成具有感染力的幼虫，这些幼虫可借土壤和牧草的庇护，在牧草中存活30天以上。这个时期如果没有遇到中间宿主，即自行死亡。山羊在同一牧地上长期放牧，易造成寄生虫病的重复感染和交叉感染。分区轮牧时，由于一个小区放牧时间不超过6天，寄生虫感染机会大大减少。

5. 喂盐和饮水

饮水和喂盐在放牧中十分重要。山羊饮水可根据放牧季节、温度、湿度及草的含水量而定，一般夏季每天饮水2～3次，温度高时可适量增加，其他季节每天饮水1次即可。舍饲喂干饲料时，应增加饮水。饮水必须清洁卫生，防止饮脏水、污水或塘水。喂食盐可以调节山羊体液的酸碱平衡，维持正常的体细胞渗透压，提高食欲，促进消化液的分泌，促进山羊生长发育等。长期缺盐，山羊食欲降低，生长减慢，营养不良，生长力下降。

6. 推行晨牧

（1）晨牧的概念　不少地区养羊，长期沿袭"羊吃午时草，到了未时自然饱"的午时放牧传统陋习，放牧时间过短，羊采食不够，满足不了营养需要，这是导致山羊生长缓慢、产品率低、养羊效益差的重要原因。所谓晨牧是针对这些传统陋习而提出的一种清晨放牧的方法。实践证明，山羊在早晨和傍晚的食欲和采食能力都很旺盛，早晨和傍晚是山羊放牧的两个关键时刻。试验测定表明，推广晨牧的浏阳黑山羊，日增重比原来午时放牧提高了3.8%。因此，适当的季节，必须开展晨牧，做到天亮出牧、傍晚归牧，尽量延长放牧时间，促进山羊生长。对于个别羊只可能因早晨采食露水草而引起腹泻，但这并不表明山羊不能吃露水草。分析其原因主要有两个方面：一是寄生虫影响。随羊粪排到地面的虫卵孵化后形成感染性幼虫，在温度、湿度、光照适宜的清晨，幼虫喜欢顺着牧草爬到露珠里活动，温度升高时，幼虫又爬到土壤中躲藏，由于土壤的庇护，幼虫可存活较长时间。当羊采食含感染性幼虫的露水草，大量幼虫侵袭胃肠道而致腹泻。二是山羊长期午后放牧，形成习惯，如一次突然摄入过量露水草，肠道内水分增加过多也可引起腹泻。

（2）推广晨牧的注意事项　①循序渐进，放牧时间逐渐提前。一般要经过5～10天的训练，才能由传统的午时放牧改为天亮出牧，这样可避免因饲养环境的突然变化而产生的副作用。从新牧地开始，实行分区轮牧。防止寄生虫的交叉感染，提高草场的利用率。②制订驱虫计划，实行定期驱虫。到新牧地放牧，必须先驱虫，后放牧。③对症处理。晨牧时，如发现羊只腹泻，应查明原因，对症治疗。试验证明，只要正确开展晨牧，羊群健康无病，生长速度明显提高。④推广晨牧的适宜季节。晚春至初秋（5～9月）是山羊晨牧的适宜季节。早春、秋末和冬季，天气寒冷，应避免采食露水草，需等露水干后才能放牧。冰霜草对羊影响较大，可导致山羊发生臌胀病和母羊流产等。

7. 系牧

田埂、塘坎、河堤等窄小而分散的零星草场，不宜放牧养羊，可采用系牧的方法进行拴养。系牧时，应防止山羊缠栓，在过陡的山坡和树枝较多的草山放牧更应注意。为了让羊只能采食大量的牧草，每天必须更换几个地方，以增加其吃草的范围。

四、羊的饲养管理

（一）种公羊的饲养管理

1. 种公羊的饲养

饲养种公羊的主要任务是要保证精力充沛，膘情适中，性欲旺盛，精液品质优良。种公羊的精液中除了水分，其余大部分为蛋白质，每射精 1ml，需消耗蛋白质 50g。因此，种公羊的日粮中必须保证充足的蛋白质。入夏后，食欲逐渐减弱而性欲不断增强。因此，饲养上应在春季趁食欲旺盛时，尽量延长放牧时间，让公羊大量采食各种牧草，力争入夏前基本达到膘体丰满、颈部粗壮，全身看不到突出的关节棱角，被毛滑顺有光泽，但不过肥。夏秋季节，公羊逐渐进入配种旺季，这时，应适当补充适口性好，富含蛋白质、维生素、矿物质的混合精料和青干草。精料配方可参考：玉米 33%、豆粕 23%、麸皮 40%、骨粉 2%、食盐 2%，微量元素、维生素 A、D、E 粉等 0.5%。日补饲量 0.1 ~ 0.5kg，如一天配种 3 ~ 4 次，每天还可以补喂 1 ~ 2 枚鸡蛋，以补充蛋白质的不足。配种淡季或非配种期，以放牧饲养为主，可以不补精料或少补精料，但营养水平不能过低。总之，种公羊的饲养应根据膘情及精子质量的好坏不断调整饲养水平，使公羊长期具备较好的膘情和旺盛的配种能力。

2. 种公羊的管理和利用

种公羊应单独放牧关养，不与母羊混群，因为混入母羊中放牧饲养，容易造成早配而引起近亲繁殖。为了克服山羊的近亲繁殖，最可靠的方法是严格实行山羊的计划配种。具体做法是当母羊发情后，由饲养员将种公母羊牵到配种房让其自然配种。这样，公母羊的配种组合完全由人为控制，从而避免了山羊的近亲繁殖。事实上，一些地区的养羊户为了配种方便，常常将种公羊与母羊混在一起同时放牧，以此来保证母羊在发情后能够及时配种，从而减少母羊的空怀率，提高母羊的繁殖率。然而，这种方法往往不可避免地增加了母羊近亲交配的概率而降低了山羊后代的质量。为了有效克服山羊的近亲繁殖，生产中可以采取种公羊定期异地交换使用的方法来加以解决。对于非种用公羊应适时去势育肥，这样做也是防止山羊近亲繁殖的必要措施。种公羊应避免到树桩较多的茂密林地放牧，以防止树桩划伤阴囊。如采取舍饲饲养种公羊，则应保证每天运动 6h 以上。种公羊每天配种 1 ~ 2 次，配种旺季可日配 3 ~ 4 次，连配 2 天后应休息 1 天。青年公羊初配年龄 6 ~ 8 月龄，每天配种 2 次以内，过早过频易影响生长发育。为提高种公羊利用率，应积极推广人工授精技术。

（二）种母羊的饲养管理

母羊是羊群发展的基础，饲养种母羊的主要任务是促进发情、排卵、泌乳，提高繁殖率。因此，应根据母羊的不同生理阶段，进行合理的饲养。

1. 空怀期母羊的饲养管理

哺乳母羊断奶后体质较差，必须加强饲养管理，充分放牧，使之迅速恢复体况，促进正常发情、排卵和受孕。空怀母羊配种前可实行短期优饲，使母羊达到配种所需的体况膘情，力争满膘配种。膘情好的母羊不需短期优饲。短期优饲的方法：配种前30天，母羊日补精料1.2 ~ 1.6kg，补充适当的胡萝卜或维生素，这样便于母羊发情排卵和受精卵着床，使产羔集中，多产羔。

2. 怀孕母羊的饲养管理

怀孕母羊除本身营养需要外，还要供给胎儿生长的营养需要，并储备一定营养供产后泌乳，因此，要提高怀孕母羊的营养水平。怀孕前期3个月，胎儿发育较慢，所需营养少，这个阶段除配种后7 ~ 10天给予短期优饲外，其余时间的营养水平与配种前差不多，但要求营养更加全面。饲养时应予充分放牧，个别弱瘦母羊可适当补饲。怀孕后期2个月，胎儿发育迅速、生长加快，绝对增重占初生重的80%，母羊需要大量的营养供给胎儿生长发育和备乳，营养标准应比平时高，每天增加饲料单位30% ~ 40%，可消化蛋白质应增加40% ~ 60%，钙、磷需要增加1 ~ 2倍。因此，怀孕后期应在放牧的基础上，根据母羊的膘情，合理补饲混合精料和优质青、干草以及块根多汁饲料等。精料配方可参考：玉米60%、麸皮8%、棉籽饼16%、豆粕12%、磷酸氢钙3%、骨粉2%、食盐1%。每只羊日补饲量为0.5 ~ 0.7kg。有些农户给怀孕后期母羊补饲熟潲、米潲水等，以增加后期营养，也是一个好办法。

怀孕母羊后期的饲养管理还应注意：①选择平坦的幼嫩草地放牧，防止走远路，以免过于疲劳。舍饲时，应适当运动，以促进食欲，有利于胎儿发育和产羔。②不喂腐败、发霉的饲料或易发酵的青贮料，放牧时避免吃霜冻草和寒露草。不饮冰水和污水。③防止驱赶、殴打母羊，避免拥挤和斗架，否则易造成流产。临产前1个月，做到单栏关养。如发现母羊流产，应将流产胎儿、胎盘、垫草及粪便扫出羊舍深埋，栏舍用石灰水消毒。

3. 哺乳母羊的饲养管理

这一阶段的主要任务是供给羔羊充足的乳汁，必须根据母羊的泌乳规律和产后的生理情况进行饲养管理。

（1）哺乳母羊的泌乳规律　母羊产后及开始泌乳育羔，这时乳腺机能比较敏感，由于怀孕期间体内营养物质的积存，泌乳初期即使不能满足母羊的营养需要，泌乳量也会逐渐上升，一般母羊产后30 ~ 40天左右，进入泌乳高峰；乳山羊产后40天进入泌乳高峰；浏阳黑山羊泌乳高峰比其他山羊要早，一般产后5 ~ 10天进入高峰，并维持 15 天，以后逐渐下降。

（2）饲养管理要点　母羊产后的最初几天，其生理状况比较复杂，表现身体虚弱、消化能力较差，而产后腹压减小、胃肠空虚而表现较强的饥饿感，必须加强护理，饲养以舍饲为主，以优质嫩草、干草作主要饲料。每天给 3 ~ 4 次清洁饮水，并在饮水中加少量的食盐、麸皮，或喂给米汤、米粥水，让其自由饮用，根据母羊的肥瘦、乳房膨胀程度、食欲表现等情况灵活掌握。母羊体况好、产羔少、乳汁充足可不补或少补精料；如乳汁不足，可给母羊补饲青绿多汁饲料和适量精料。同时，可选择中药催乳：王不留行、穿山甲、通草、苍术、芍药、当归、黄芪、党参。母羊产后 30 ~ 40 天已处于泌乳高峰期，这时母羊食欲旺盛、饲料利用率高，但怀孕期储存的养分不断消耗、体重下降，为了促进泌乳，使泌乳高峰期持续较长时间，应在原有饲料和充分放牧的基础上增加补饲。一般每天可适当补饲精料，并尽量喂给优质青绿饲料，以刺激泌乳机能的发挥。补饲时间要适宜，不能过早或过晚。过早补饲大量精料往往会伤及肠胃，引起消化不良或导致乳房炎；过晚则大量消耗体内营养，羊体迅速消瘦，影响泌乳，危及健康。正确、适时补料有利于延长泌乳高峰，提高羔羊的成活率和断奶重。当泌乳量开始下降时，应视山羊体况逐渐减少精料，否则，羊容易发胖而使泌乳量下降过快。减少母羊精料时，应注意抓好羔羊的断奶工作。哺乳母羊的管理要注意保持栏舍干燥、清洁，并做到定期清粪、消毒；不要到灌木丛、荆棘中放牧，以免刺伤乳房；哺乳母羊因采食量大，常离群采食，放牧时应防止羔羊丢失。

（三）羔羊的培育

羔羊培育的主要任务是提高羔羊的成活率和最大限度地加快生长速度。养好羔羊应着重抓好以下几项工作。

1. 抓好羔羊的哺乳工作

（1）及时吃初乳　母羊产后 3 天内的奶为初乳，其营养价值很高，维生素、矿物质极为丰富。其中的镁离子具有轻泻作用，有利于胎粪排出。初乳中大量的抗体（免疫球蛋白）可以预防羔羊患病。可见，初乳是羔羊健康发育不可缺少的营养物质。羔羊产后 1h 内就应吃饱初乳，以提高羔羊抵抗力，对于母羊产后缺乳或失去母羊的羔羊，要设法让其从别的母羊那里吃到初乳。

（2）吃好常乳　3 天以后的奶为常乳。1 个月以内的羔羊，以吃常乳为主。只有保证母羊充足的乳汁，才能保证羔羊健康发育。缺乳的羔羊可喂给鲜牛奶或人工代乳料（如妈咪奶等），也可找保姆羊代乳；同时诱导羔羊及早采食草料，促进羔羊提早断奶。

2. 羔羊早期断奶

山羊传统的断奶时间为 2 ~ 4 个月，如采用提早补料的方法饲养羔羊，可使羔羊在 60 ~ 70 天安全断奶。羔羊早期断奶除促进羔羊发育，加快生长速度外，更重要的是大大缩短了母羊的繁殖周期，这是保证母羊年产两胎的重要技术措施。羔羊出生时胃小，瘤胃微生物区系尚未形成，既不反刍，也不能发酵、分解粗青饲料，这时只有真胃起消化作用。羔羊瘤胃、网胃的发育和胃肠消化机能的成熟与放牧、采食饲料的迟早有很大关系。当羔羊提早采食大量牧草时，瘤胃等受草料刺激而得以迅速发育，反刍提前，瘤胃微生物区系加快形成，其对粗纤维的消化功能大大增强。因此，羔羊在哺乳期内应及早训练采食，这是促进羔羊提早断奶的重要措施。羔羊一般在出生后1周左右即可随母羊一起放牧运动，晒晒太阳。7日龄后，应训练采食幼嫩的青干草，以刺激唾液分泌，锻炼胃肠机能。具体可将幼嫩的青草或干草，用绳子扎好吊适当的高度或草架中让羔羊采食，也可将其切碎放在料槽内喂养。15～20日龄可适量补饲精料，精料要求含蛋白质、粗纤维不宜过高，并加入1%的食盐和骨粉，以及铜、铁、钴等微量元素添加剂。羔羊起初不适应吃精料，应先将部分精料炒熟，保持一定香味，改变精料的适口性，提高羔羊采食精料的能力。喂时可按定量用水调成半干湿状态，放在食槽内单独喂羊或与切碎的青干草混合喂羊。日补饲量为：15～70日龄利用补饲槽自由采食，70日龄以上每天补饲0.1～0.3kg。羔羊早期补饲，饲料应多样搭配，并注意少喂勤添。日粮搭配可根据各地饲料条件而定。随着羔羊的增长和采食能力的提高，应逐渐减少哺乳次数，一般60日龄可以完全断奶。

3. 加强运动，增强羔羊体质

羔羊应尽早到野外放牧或在运动场自由运动，羊舍内可用砖、石或木料做成高台，任其攀登，以增加其运动量。

4. 驱虫

60日龄以后的羔羊较多感染球虫和绦虫，这些寄生虫严重危害羔羊的生长发育。因此，对2月龄前后的羔羊进行体内驱虫也是提高羔羊成活率的有效措施之一。驱绦虫可用硫双二氯酚或仙鹤草煎水喂羊，驱球虫可用氨丙啉灌服。

5. 防寒防湿，通风保暖

羔羊抵抗力弱，寒冷、潮湿、脏污等可导致羔羊疾病。因此，羔羊栏舍要保持干燥、清洁、通风、冬暖夏凉，为羔羊创造安静舒适的饲养环境。应特别注意，舍内温度过低可导致羔羊大量死亡，造成重大的经济损失。故在寒冷的冬季，羔羊舍内应实行人工升温，使羊舍温度保持在10℃以上，以切实保证羔羊的成活率。

五、山羊的育肥

羊肉是山羊生产的重要产品之一，凡陶汰的种羊和不留作种用的羔羊，都应进行育肥，以提高屠宰率，增加羊肉产量。

（一）育肥前的准备

1. 整群

将不留作种用的断奶羔羊和淘汰的成年种羊，全部编入育肥群内。为不浪费饲料，育肥前应将年龄过老、有严重消化器官疾病或其他疾病无育肥价值的羊剔除，以提高育肥效率。

2. 栏舍及设备

山羊育肥需要栏舍、补料槽、饮水槽和草架等设备。育肥栏舍需要控制一定的温度，冬季舍内温度要求在8℃以上，防止贼风侵袭；夏季温度不宜超过30℃，必须保证通风凉爽。温度过低，山羊耗体热过多而影响增重；温度过高，山羊代谢受阻、食欲下降，同样影响育肥效果。温度适宜的季节，栏舍可采用敞棚。育肥羊舍要求清洁、干燥、光线稍暗，并适当限制运动，以加强生理同化作用，有利于肉脂的沉积，提高增重。

3. 驱虫

寄生虫对山羊育肥的效果影响很大，育肥前应对全部羊只进行一次驱虫，全面消除山羊体内外寄生虫。驱虫可采用联合用药方法进行。

4. 去势

准备育肥的公羊必须去势。去势后的公羊性情温驯，便于管理，容易育肥，羊肉品质好，肉细嫩、膻味小。去势可采用如下两种方法。

（1）结扎法　适用于1～3周龄的公羔。将睾丸挤在阴囊底部捏紧，用消毒后的橡胶圈（可用自行车内胎制作）在距腹部处结扎精索，越紧越好。约15天后，阴囊、睾丸因血循受阻而萎缩、干枯，自然脱落。此法简便易行、安全、有效。整个过程中，羔羊采食情况无多大变化。个别在处理后几天内采食有所减少，不久即恢复正常。

（2）刀切法　用手术方法摘除公羊的睾丸。由1～2人提起羊后肢或侧卧保定，腹部向术者露出阴囊部。用一手握住阴囊，固定睾丸；另一手用酒精棉消毒术部后，在睾丸下1/3处切开一侧阴囊，挤出睾丸，将精索与提睾肌分离，用手向内勒几下，拉断精索，摘除睾丸。同法摘除另一侧睾丸，撒上消炎粉即可。如体重较大，为防止出血，术后必须进行精索结扎。

5. 分组编号和测重记载

育肥前应按年龄、体重、性别及营养状况将山羊分成几组，每组数量根据栏舍情况自行确定，以便育肥羊均匀采食，防止强夺弱食。做好山羊的编号、测重和记载工作，以便掌握增重情况和育肥进度。

6. 饲料

进行山羊育肥必须准备充足的饲料。山羊育肥饲料种类很多，各地可根据当地资源具体选用。一般要求有足够的放牧场地，或贮存足够的氨化饲料、青贮饲料、混合饲料和其他饲料。

7. 适宜的育肥时间和年龄

山羊在6月龄以前肌肉组织增长迅速，骨骼增粗；6月龄后是山羊生长发育的最高峰，这个生长高峰可以维持到1岁左右，以后逐渐下降。根据这个规律，生长山羊的育肥年龄应在1岁以内，尤以4～6月龄的时候最佳。育肥时间一般为3～4个月。成年淘汰山羊的育肥主要是增加体膘，育肥时间40～60天不等，恢复体膘即可出栏。

一些饲养户习惯在羔羊断奶后不经育肥就出栏，没有完全利用山羊生长高峰的优势，大大降低了养羊的经济效益。

（二）育肥方法

山羊的育肥方法有放牧育肥、舍饲育肥和羔羊育肥三种。

1. 放牧育肥

利用草山草坡放牧山羊是最经济而常用的一种育肥方法，通常适宜于成年淘汰山羊的催膘育肥。放牧应选择产草量高、草质优良的草场，并尽量延长放牧时间，使山羊采食大量的优质牧草，增加育肥效果。夏季天气炎热，放牧应坚持早出晚归，中午要选择阴凉地方（如荫棚和林荫地）休息。如放牧条件好，可实行晨牧或夜牧。秋季牧草结籽、营养价值很高，是山羊催膘育肥的关键时期，日放牧时间不应少于 8h，每天至少吃三个饱肚。放牧中，还必须注意山羊的饮水和补充食盐。

2. 舍饲育肥

在枯草季节或放牧场地受到限制的地方可采用舍饲的方法育肥山羊。

（1）育肥饲料及日粮的组成原则 舍饲育肥的饲料包括粗料和精料两种类型。粗饲料主要有各种优良的青草、青干草、各类秸秆饲料、氨化饲料、青贮饲料、加工副产品（酒糟、蔗渣、糖糟等）。精料主要有各类根（块）茎类饲料、各类谷物以及羊用配合饲料等。对于山羊育肥的日粮组成，最基本的原则就是合理安排粗饲料和精饲料的搭配比例以及粗饲料的合理加工。根据所做的体外消化试验和动物饲养试验得知，粗料与精料的比例以 6∶4 较好。因此，进行山羊舍饲育肥时，应在氨化饲料、青贮饲料及其他秸秆等粗饲料中加入精饲料，以获得较理想的育肥效果。

（2）日粮中粗饲料的构成 粗饲料的饲喂量占整个育肥日粮的60%左右。日粮中粗饲料可由青干草、玉米秆、稻草、麦秆、蔗渣、粗草粉等禾本科秸秆以及大豆秆、干花生苗等豆科秸秆以及各类青贮饲料组成。对于禾本科秸秆，通常在氨化处理后再喂羊，而稻草、麦秸等含硅较多的一类秸秆，可经碱化处理或者微贮处理以后再喂羊。无论采用哪种方法，都必须充分掌握处理方法和处理技术，并切实保证其处理的质量。对于豆科秸秆因其含有较高的粗蛋白质，饲养时并不一定要实行氨化处理，临用前可将其切短后用一定浓度的食盐水浸泡一夜，可起到软化纤维的作用，并可提高采食量。精饲料可由玉米、稻谷、大麦、麦麸等单一饲料原料组成，也可根据山羊的营养需要生产羊用配合饲料。精饲料无论是单独喂羊还是制成配合饲料喂羊，都不宜粉碎过细，应适当粗一些，对于稻谷、小麦等可不通过粉碎加工而直接喂羊，可提高饲料消化率。

（3）饲喂方法 将粗饲料和精饲料按照 6∶4 的比例均匀混合成湿拌料，投放到饲槽内让羊自由采食。饲喂时应注意先喂给如氨化饲料等适口性较差的饲料，然后再喂给优质青草或青干草等适口性较好的饲料，以保证山羊适宜的采食量。至于饲喂次数，以一天喂 3 ~ 4 次比较适宜。白天喂 3 次，夜间喂 1 次。进行山羊舍饲育肥，必须供给自由饮水，保证山羊不缺水。

（4）注意事项

①3 月龄以内的羔羊，瘤胃微生物区系发育尚不完全，利用无机氨的能力差，不宜喂给过量的氨化饲料。

②山羊饲喂氨化饲料时，开始羊不太习惯采食，应进行采食训练。训练山羊采食氨化饲料，应使山羊处在饥饿状态时喂料，促使山羊尽快习惯采食氨化饲料；饲喂量应由少到多，逐渐达到标准喂量；氨化饲料取出时氨味过浓，应薄摊于地上通风数小时放氨，待无刺鼻的氨气味时才用于喂羊。青贮饲料是一种偏酸性多汁饲料，具有轻泻作用，饲喂时应尽量避免单独使用且不宜过量。

③山羊是反刍动物，精饲料必须与秸秆粗饲料混合饲喂，不宜单独喂给，粗料与精料的混合比例控制在 6 ：4 左右比较理想。如果单独喂给过量的精料，容易导致山羊消化系统异常而出现瘤胃积食。

3. 羔羊育肥

羔羊育肥是对早熟型肉用山羊品种及其杂种进行强度育肥。一般根据幼龄羔羊在 6 月龄以前生长发育快、肉多脂少、不肥不腻、鲜嫩可口的特点，在羔羊断奶前后加强放牧和补饲，促进其快速生长和发育。羔羊育肥是一项综合技术，应从羔羊出生后就开始培育。一方面给母羊补料催乳，使羔羊吃饱奶汁；另一方面及早训练羔羊采食牧草和精料，以锻炼羔羊胃肠机能和加快瘤胃微生物区系的形成，促使羔羊提早断奶。断奶后的羔羊可以完全依靠采食饲料而获得营养，其精料饲喂的比例可逐渐增大，一般可达到日粮总量的 60% 以上。

六、羊安全越冬的主要措施

冬末春初有一个较长的枯草期，是养羊业最困难的时期。不少地区往往由于入冬前准备工作没做好，草料缺乏引起羊只极度消瘦。寒冷和其他因素影响，可造成山羊大量死亡，给养羊业带来严重损失。为了保证羊群安全越冬度春，必须采取如下措施。

（一）切实抓好夏秋膘

羊群安全越冬度春，膘情是关键。入冬以前，在牧草旺盛的夏、秋季节，必须充分放牧，让羊吃饱饮足，尽一切力量抓好羊膘，为山羊越冬贮备丰富的体脂和能量。

（二）贮备足够的草料

按山羊的营养需要及采食量计算，一只成年山羊一个冬季需要贮备干粗饲料 90 ~ 150kg，青贮饲料 60 ~ 90kg，精料 10 ~ 15kg。南方不少地方冬季仍可放牧，贮草量可适当减少。冬季贮草工作应从平时抓起，夏秋季节牧草旺盛，应在抓好放牧的同时，集中人力大量晒制、收藏优质芳香的青干草。此外，还应注意晒制收存甘薯藤、花生苗、豆秆、玉米秸、树叶、稻草、麦秆、油菜秸等。稻草、麦秆等通过氨化后喂羊，大大提高适口性、营养性，是冬季粗饲料的重要来源。有计划地青贮，是保证山羊越冬期青绿多汁饲料供给的重要措施。牧草、甘薯藤、玉米秸、花生苗等可以通过青贮来贮存。

（三）选优去劣，整顿羊群

羊群经过夏秋放牧，大都膘肥体壮，如仍十分瘦弱，越冬前必须淘汰处理。对于已达到出栏要求的商品肉羊，应全部出栏；对失去饲养价值的种羊，应及时淘汰。应将那些优良的山羊个体逐只选留下来，组成越冬的优秀羊群，这样可大大减轻山羊越冬的负担。

（四）驱虫和补饲

山羊在冬季营养较差、抵抗力下降，寄生虫对其影响极大。因此，经过整顿后的越冬羊群，应在11月中、下旬用硫双二氯酚片剂加左旋米唑片剂进行联合驱虫。并按年龄、体重、性别、强弱等进行分组，妊娠母羊按怀孕期长短分组，根据不同情况进行放牧管理，合理补饲，对弱小羊、怀孕后期母羊和哺乳羊要重点补饲。补饲要适时，不要在膘情很差时才补饲，这样，会影响补饲效果。

（五）防寒保暖

冬季羊舍必须干燥温暖，防止贼风侵袭。"圈暖三分膘"，羊舍温暖可减少羊体热能的消耗，有利于保膘、维持体力、减少疾病。如保暖不好，舍内温度过低，羊只被迫分解体内脂肪、糖原及其他营养物质，产生大量热能来抵抗严寒、维持正常体温，羊只很快掉膘、消瘦，抵抗力下降，稍遇有害因素就容易导致疾病而死亡。可见，冬季圈舍保暖十分重要。

（六）积极种植人工牧草

人工牧草生长期长、枯草期短，能够缓解冬季缺草的矛盾。有些地方将黑麦草种在晚稻田里代替红花草籽，收割晚稻后黑麦草全部长出，到冬季即可供山羊放牧采食并一直利用到来年春耕时节。这时，黑麦草被翻耕变为绿肥，而野生牧草已经返青并很快进入生长旺盛季节。这种方法既保证了冬春牧草的衔接供应，又为农田提供有机绿肥，可谓一举两得，值得推广。

第五节 羊场舍的建设

羊舍是山羊补饲、休息、遮风避雨、防寒防暑的必要设施，是养羊生产的主要物质基础。羊舍与羊的健康、繁殖、生产性能关系很大。因此要根据山羊怕湿、怕脏的习性，本着自力更生、因陋就简的原则，修建能防寒避暑、防潮湿、防雨淋的经济耐用，既利于积肥又便于预防疾病传染的羊舍。

一、羊舍场地的选择

一般家庭如果利用已有的空闲房屋发展小规模养羊，可以遵循因地制宜、因陋就简的原则进行羊舍改造。除此以外，具有一定规模的牧场应选择适宜的场地建场，选择场地时应考虑地形、地势、水源、土壤及其社会条件等方面的综合因素。

（一）地形和地势

地形是指场地的形状、大小和地面物（房屋、树木、河流、沟坎）等情况。羊场选址（图2-20）要求地形整齐、开阔、有足够的面积。整齐开阔的地形便于充分利用场地和合理布局羊场建筑物，同时减少清理场地和建筑施工的工作量。至于面积，则应根据羊场初步设计提出的面积来衡量，并考虑场地各方向的距离是否便于进行场区划分和建筑物的布局。地势是指地面的高低起伏状况，建立羊舍的地方，地势高燥、平坦，可有适当坡度但不宜过大。

图2-20 山羊圈舍的选址

同时要求场地的地下水位低，排水性能良好，背风向阳，面积宽敞。地势低洼的地方容易积水而潮湿泥泞，夏季通风不良、湿度大、闷热，蚊、蝇、细菌和寄生虫多且繁殖快，易导致羊只疾病增多。我国夏季多南风或东南风，冬季多北风或西北风，在坡地建场，还应注意选择背风向阳的山坡，达到冬季背风、夏季当风的目的。如在阴坡地建羊场，不仅背阳而且冬季北风、夏季南风，对羊场小气候十分不利。在山区建羊场，应避免选择山谷、山口、陡滑坡地做场址。

（二）水源

水是养羊的重要条件之一。一个理想的养羊场地，必须要有水量充足、水质良好的水源，以供给山羊饮水、种植饲料用水和生产生活用水等。因此，选择羊舍场地时对水源的水量、水质应认真研究，以免出现水多成灾、水少干旱或者水质不良导致山羊传染各种疾病的现象。一般要求有足够用水，水质符合卫生要求。最好的水源是泉水、溪涧水或城市自来水，其次是江河中流动的活水，再次是池（塘）水。池塘水一般是死水，容易污染，必须注意卫生消毒。有些地方在选择羊舍场地时，常常不易获得清洁而又卫生的天然水源，可考虑凿井或开塘积贮天然雨水，以备需要。

（三）土质

羊舍土质的好坏与山羊的健康有密切联系。不良的土壤会对羊体和羊舍建筑物产生有害的影响。如被病原菌和有害寄生虫污染的土壤，会给山羊带来疾病；土壤中如缺乏某些矿物质，会使生长在其上面的植物缺乏相应的元素，这些植物用作饲料时，使羊只发生营养缺乏症；如土壤中缺乏硒，可造成羊的白肌病。因此，羊舍应选择在土质较好的地方建筑。羊舍用地最好是砂质土壤。这种土壤透水性好，能保持干燥，导热性小，有良好的保温性能，可为羊群提供良好的生活条件。砂质土壤由于内部空气和水分较协调，因而也是植物生长的良好土壤，有利于饲料作物的生长。黄土和黏土土壤的颗粒很小，颗粒间的黏着力很强，透水性差，水多时地面潮湿，天旱时又容易结成板块，不宜选作羊舍场地。

（四）位置

羊舍位置应选择在比较方便的地方，但不要紧靠公路、铁路、屠宰场、牲畜市场、畜产品加工厂及牲畜来往频繁的道路。因为这些地方交通频繁、牲畜流量大，容易传播疾病。可见，羊舍的位置必须在保证交通方便的前提下重点注意防疫问题。一般要求，羊舍离交通主干线不少于 500～1 000m 距离，羊舍场地不应和居民点在一起，中间应有 500m 以上的间隔。这对居民的环境卫生和羊只的防疫卫生都有很大的好处。除了要保持一定的距离外，羊舍还应选在居民点的下风向和居民供水低位处。此外，各个羊舍之间也要有 10m 左右的间隔。

（五）饲料基地

羊舍场地附近必须有广阔的草地或草山草坡，以满足山羊放牧的需要。同时，还应考虑有适当的饲料基地,用以生产本场所需的饲料和种植人工牧草。根据各地经验,要选择完全合乎理想的场地是比较困难的。但是,应该掌握原则,因地制宜,尽可能选择符合要求的地点作为羊舍建筑地址。

二、羊场的规划布局

(一)整体区域规划

对于具有一定规模的羊场,一般要按照场前区(如办公室、宿舍、饲料库及饲料加工、水电配置等)、生产区(生产羊舍等)和隔离区(病羊隔离舍、死羊剖检以及排污处理等)来进行整体区域规划。从场前区进入生产区,应设立门卫值班室和消毒更衣室,进场人员必须按规定进行消毒和更衣。在进行羊场整体规划时,应根据场地的地势和全年主风向顺序进行区域安排。各区域之间应保持一定距离,以利严格防疫。生产区与场前区应相隔50m,与隔离区应相隔10m。各区之间应植隔离林,场区内还应合理规划种草植树,绿化环境,以改善羊舍小气候(图2-21)。

图2-21　规模化羊场布局(鸟瞰图)

(二)建筑物及布局

规划羊场内各建筑物的配置,应根据羊场的规划安排,既要保证山羊的正常生长发育,又要为提高劳动率创造条件,还要能合理利用土地和节约基本建设投资。建筑物布局要力求紧凑,既可避免冬季寒风侵袭,又可保证夏季凉爽和雨季防潮。羊场建筑物主要有:羊舍、产房(包括羔羊哺乳房)、人工受精室、兽医室、病羊隔离舍、饲料库、饲料加工间、水塔、青贮池、干草棚、办公室和生活区等。

1.羊舍

羊舍是羊场生产区的主要建筑物。修建数栋羊舍时,应靠场区一侧采用单列布局原则,实行长轴平行配置,前后对齐。羊舍之间应相距 10m 左右,或以羊舍高度的 3 ~ 5 倍为间距。这样有利于饲养管理和采光,也有利于防疫。在羊舍附近应配置足够大的运动场。

2. 饲料加工间

饲料加工间应靠近大门,与饲料库相距较近,以便于运输饲料。

3. 青贮窖及干草棚

青贮窖的建造要靠近羊舍,以便于取用,但不能影响羊场的整体布局。干草棚应建在离羊舍较远的地方,以便于防火防尘。

4. 产房和人工授精室

产房应设在靠近母羊舍的下风头处,或者建在成年羊舍内。人工受精室可设在成年公母羊舍之间或设在其附近。

5. 兽医诊疗室及病羊隔离室

兽医室及病羊隔离室应设在羊场的下风头处,距羊舍 10m 以上,以防止传播疾病。在隔离室附近应设置掩埋处理病羊尸体的深坑(井)。

6. 办公室及生活区

行政管理办公室和生活区一般可设在羊场大门口附近或设在羊场以外,应处于上风处,以防人畜相互影响。

三、羊场舍的建设

(一)羊舍建设基本要求

羊舍必须做好防热、防寒、防潮工作,要求舍内干燥,空气流通,光线充足,冬暖夏凉,冬季易于保温,夏季易于防暑,雨季易于防潮。舍内应架设离地羊床,有利于防湿、防病。舍外最好有树林,以利遮阳。

(二)羊舍的类型

目前各地较为常见的羊舍有两大类型,一类是砖瓦结构的正规羊舍,另一类是土木结构的简易羊舍。

1. 标准建筑羊舍

这类羊舍为瓦屋顶、砖砌墙,属砖瓦结构类型(图 2-22,图 2-23)。舍内用水泥做成斜坡地面,用木材和竹料架设漏缝式高床羊栏。这种类型的羊舍防热、防湿性能较好,且坚固耐用,便于管理,但造价较高,一些正规化大型羊场较多采用这种类型。这类羊舍可将排粪沟设在中间走道两旁,也可将排粪沟设在羊舍的两侧。

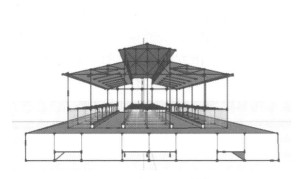

图2-22 标准建筑羊舍设计图

图2-23 标准建筑羊舍施工

2. 小型简易羊舍

这类羊舍大多是利用当地的空闲旧屋改建而成，或者因陋就简、就地取材，依地形而建造的水泥地面、草屋顶、土坯墙的简易羊舍，多为土木结构（图2-24）。内设漏缝离地高床羊栏，这类羊舍造价低、防热性能好，但防潮能力差。事实上，我国山羊大多养殖在千家万户或中小规模的养羊专业户，这类专业户和农户一般资金有限，难以修建投资较大的标准羊舍，故多采用各种小型简易羊舍饲养山羊。

（1）旧房改造羊舍　由于农村经济的发展，很多农户都新盖了楼房，一些过时的土砖旧房可以稍加改造用于养羊。这类房屋大多数都是泥土地面，改用养羊时应改成具有一定坡度的水泥地面，靠墙建造宽的漏缝高床羊栏即可喂羊，在羊栏外边应建造排粪沟，以便于羊舍内的清洁卫生。

图2-24 小型简易羊舍

（2）吊脚楼羊舍　我国南方的草山草坡较多，农户可利用这种地形条件，借助不同坡度的坡地建造部分悬空的吊脚楼羊舍。羊舍的地面高度应根据坡度情况而定、并采用漏缝式地板，粪便可经栏底缝隙排到山坡上，清粪十分方便。建筑要求可根据养羊户的资金条件来决定，屋顶可盖成斜面平顶或盖成人字尖顶。屋面可用石棉瓦覆盖，但为了能更好地节约投资，也可就地取材使用杉树皮或稻草盖顶，四周可用木条或竹片修建，但栏底的木材一定要坚固耐用，防止倒塌而造成经济损失。由于羊舍依靠山坡，羊舍前后应修建排水沟，以保证山坡流水畅通，防止雨水冲毁羊舍。这类羊舍结构简单、投资小，通风、防潮、避暑，清洁卫生，无粪尿污染，适合于南方天气炎热，多雨潮湿、草山草坡较多的地区，适宜于南方温暖地区的中小规模养羊户使用。但由于这类栏舍不便于保温，在温度较低的寒冷季节，往往会发生羔羊冻死的情况。因此，冬季温度较低的时候，应采用草帘或塑料布遮挡通风处等措施进行保温，必要时应另外修建过冬保温羊舍，确保山羊越冬安全和提高羔羊的冬季成活率（图 2-25）。

图 2-25　山坡吊脚楼羊舍羊栏

（三）羊舍建设主要技术参数

1. 羊舍面积

羊舍应有足够的面积，羊舍过小容易造成羊拥挤，舍内潮湿、空气混浊，损害羊的健康；羊舍过大，造成浪费，不利于冬季保温。羊舍的面积应根据羊的性别、大小及所处不同生理时期和养羊数量的多少而定。各类羊个体平均所需面积（m^2/ 只）分别为：种公羊 1.5 ~ 2.0，母羊 1.0，育成羊 0.8 ~ 0.9，怀孕或哺乳母羊 1.2，断奶羔羊 0.5，羯羊 0.6 ~ 0.8。

2. 羊舍的高宽长

高度一般不低于 2.5 ~ 3.2m，宽度自定或宽度为 7 ~ 10m，单排羊舍的宽度不宜超过 2m，长度可依据羊的多少而定。

3. 地面

羊舍地面应高出周围地面 30 ~ 40cm 或以上，建成缓坡，以利于排水和防止雨水进入舍内。羊舍地面有实地面和漏缝地面两种。现代羊舍一般采用漏缝地板作为羊舍地面（图 2-26），漏缝下修筑下水道以利于舍内清洁。

图 2-26　山羊圈舍的地面

4. 门窗

羊舍的门应当宽一些，散养条件下，大门宽度 2 ~ 2.5m，可防止羊进出时拥挤，造成母羊流产。南方地区由于高温高湿，羊舍南北两面宜修建 0.9 ~ 1m 的半墙，上半部分敞开，可保证羊舍的通风和羊舍内足够的光线。

5. 舍内设计

舍内可根据羊只性别与年龄，用移动木栏分隔羊圈。舍内靠墙用木条设置高 1m 左右的草架，采食缝隙间隔 15cm。料槽可用水泥或木板制成，一般上宽 25cm、下宽 22cm、深 10 ~ 15cm。饮水设备沿墙设置，可安装水槽或水盆，如选用自动饮水器每隔 3m 安装一个。

6. 建筑用料

羊舍建筑用料应就地取材，以价廉耐用为原则，可利用砖瓦、石材、水泥、木材、钢筋、竹子等建筑材料建造永久性羊舍。这种羊舍使用年限长、维修费用少，较为经济。

7. 药浴池

药浴池应建在圈舍附近，深不小于 1m、池底宽 30 ~ 50cm、上口宽 60 ~ 80cm。入口前设有围栏，羊群在围栏内等候入浴。药浴池入口呈陡坡，利于羊进入池内（图 2-27，图 2-28）。药浴池出口筑成有一定坡度的滴流台，便于羊走出。羊出浴后，在滴流台上停留一段时间，使药液流回池内。

图 2-27　山羊圈舍的药浴池外观

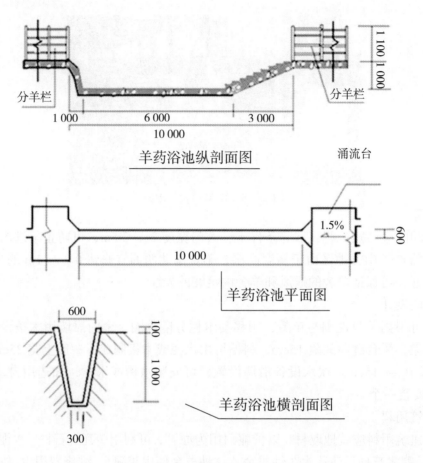

图 2-28　山羊圈舍的药浴池设计图

8. 运动场

对于规模较大的羊场或采用舍饲技术的羊场，应备有运动场，运动场的面积为羊栏面积的 2 ~ 3 倍为宜，以保证羊只在放牧不足时有充分的运动空间。

四、羊舍的环境影响与控制

（一）羊舍小气候

1. 温度

温度是肉羊的主要外界环境因素之一，羊的产肉性能只有在一定的温度条件下才能充分发挥遗传潜力，温度过高或过低，都会使产肉水平下降，甚至使羊的健康和生命受到影响。温度过高超过一定界限时，羊的采食量随之下降，甚至停止采食；温度太低，羊吃进去的饲料全被用于维持体温，没有生长发育的余力。一般情况下羊舍适宜温度范围 5 ~ 21℃，最适温度范围 10 ~ 15℃，一般冬季产羔舍温度不低于 8℃，其他羊舍不低于 0℃；夏季舍内温度不超过 30℃。

2. 湿度

空气相对湿度的大小，直接影响着羊体热的散发，潮湿的环境有利于微生物的发育和繁殖，使羊易患疥癣、湿疹及腐蹄病等。羊在高温、高湿的环境中，散热更困难，往往引起体温升高，皮肤充血、呼吸困难、中枢神经机能失调等，在低温低湿的条件下，羊易感冒、患神经痛、关节炎和肌肉炎等各种疾病。对羊来说，较干燥的空气环境对健康有利。羊舍应保持干燥，地面不能太潮湿。舍内的适宜相对湿度以 50% ~ 70% 为宜，不能超过 80%。

3. 气流

气流（风速）与其他热环境因素共同影响机体的体温调节，进而影响生产力和健康状况。在炎热的夏天，适当提高舍内空气流动速度，加大通风量，必要时辅以机械通风；在冬季低温高湿的环境中，风速增大会使机体散失过多的热而感到寒冷，气流使羊能量消耗增多，进而影响育肥速度。不过，即使在寒冷季节舍内仍应保持适当的通风，有利于将污浊气体排出舍外。羊舍冬季以 0.1 ~ 0.2m/s 为宜，最高不超过 0.25m/s。夏季则应尽量使气流不低于 0.25 ~ 1m/s。

4. 辐射

辐射包括太阳辐射和畜体与其周围环境之间通过辐射形式的热交换。空气干燥时，不论温度高低，接收辐射热小，机体散发热量较小。相反，空气潮湿、温度低时，容易吸收皮肤的辐射热，而且空气愈潮湿、温度愈低，吸收的辐射热愈多，畜体散发出的热量也就越多。在寒冷的冬季，为了减少机体因辐射而散发的热量，要求对羊舍的墙壁、天花板、地板等加以保温，减少冷刺激，改善羊舍小气候状况。同时要尽量降低羊舍内空气的湿度，并适当增加饲养密度。对于羔羊培育舍，采用管道加热以保持羔羊的适宜温度，或采用红外线灯或远红外电热辐射板，以保证羔羊的正常生长和发育，提高羔羊成活率。在炎热季节，羊舍内必须加强通风散热，舍外要采取绿化和其他遮阳措施，避免强烈的阳光直射，减少饲养密度，避免过热。

（二）羊舍空气卫生

1. 有害气体的污染

在羊舍内，由于羊的呼吸、排泄以及排泄物的腐败分解，不仅使羊舍内的氧气减少、二氧化碳增加，而且还产生大量的有害气体，其中最主要的是氨气、硫化氢、甲烷，此外还有少量的有机酸、胺、酰胺、乙醇、碳酰、粪臭素、硫醚和硫醇等。它们组成带有恶臭的混合气体，造成空气污染。氨气比空气轻，易于挥发，如天气炎热、湿度大，加之舍内通风不良，使氨的浓度升高。羊舍内氨的浓度可根据人的感觉来初步判断。一般地说，适合羊群生存的氨气浓度为 0 ～ 5mg/m³，超过 5 ～ 19mg/m³ 浓度时，动物就会给眼、呼吸道黏膜带来刺激，超过 20mg/m³ 会引起呼吸道黏膜和眼结膜发炎。一些规模养羊户，由于气温高、湿度大，大多使用漏缝式离地羊栏饲养山羊，常因清粪不及时，加之通风不良，粪便迅速分解产生大量的氨气，直接作用于羊体而使羊只失明或诱发其他多种疾病。硫化氢也是一种有害气体，羊舍内硫化氢的含量高于 8mg/m³ 浓度时，和氨一样对羊有较大危害，虽然作用机理与氨不同，但在某些症状与氨的危害很相似，如对黏膜产生强烈刺激，引起眼炎，表现畏光、流泪以致失明。二氧化碳、一氧化碳的浓度在羊舍内超过一定的限度，都会导致羊的疾病反应，严重时可致羊窒息死亡。羊舍内二氧化碳的浓度应限制在 0.3% 以下。

2. 减少有害气体的措施

（1）合理通风　寒冷冬季为了保温，往往紧闭羊舍门窗，结果使水汽、有毒、有害气体在舍内聚积，因此造成的危害可能超过所保温效果。由此可见，既使在寒冷的冬季，羊舍也应保持适量的通风。夏季更应该注意羊舍的通风换气，以消除舍内的有害气体。

（2）合理设计清粪和排水系统　羊舍地面的材料、坡度、施工质量，都关系到粪尿、污水能否顺利排出。排水和清粪系统设计、施工不合理，会造成粪尿、污水的滞留，成为有毒有害气体的来源。

（3）加强环境卫生管理　应及时清除羊粪尿。漏缝式离地羊栏应设置可冲洗地面（如水泥地等），并配置季节供暖和通风设备，以便定期冲洗地板和粪沟，经常保持清洁卫生。湿度增大时通风排湿，通风后由供暖系统保持适宜舍温。

第六节　羊病诊断和治疗技术

一、羊病的诊断方法

基本诊断方法包括问诊、视诊、触诊、叩诊、听诊五种，是靠检查者的感觉器官进行检查的方法。问诊：就是向畜主等有关人员了解羊群或病羊有关发病情况。主要内容是：羊群的饲料来源，饲养管理、放牧、病羊既往发病情况，本次发病的时间、地点，病羊的主要表现，对发病原因的估计，发病的经过，治疗措施与效果，以及其他羊群或其他家畜的发病情况。视诊：以肉眼观察病羊的一般状况，如精神、体格、营养、行动、姿势等，认真观察呼吸状态以及分泌物、排泄物，观察分析体表和黏膜的变化。视诊后用其他方法深一步进行检查，作出确诊。有的疾病经视诊就可以作出确诊。如破伤风表现为四肢强直，形如木马。触诊：是用手触摸了解被检查组织器官表面的性质、温度、敏感性、硬度、形状及彼此之间的联系，触诊还常用于脉搏、瘤胃、妊娠的检查。叩诊：用手指或器械敲打羊体表的某一部位，使相应的内脏组织发生振动，产生声音，借助声音的性质判断内脏病理变化的一种方法。主要用于诊断胸部和腹部疾病。叩诊声音的性质可分浊音、半浊音、清音、鼓音。听诊：常用听诊器听取羊体内器官活动所发出的各种音响，以推断器官活动状况的方法。主要用于诊断心脏、肺、胃、肠、胎儿心脏活动。

在临床检查时一般要检查如下内容：

（一）精神面貌状况

主要通过观察其耳的活动、眼的表情及各种反应来判定。精神兴奋、情绪躁动、重则前冲后退，多属热性疾病前期、脑病或中毒。精神抑郁、情绪低沉、行动迟缓或反应迟钝，多属疾病后期或属消耗性虚弱性亏损性的疾病。精神萎靡、神智不清、耳耷头低，多属疾病危险期或衰竭期。

（二）皮毛情况

正常山羊皮毛顺伏、有光泽。若皮毛粗糙、无光泽，又不按季节换毛，应考虑有寄生虫病。如皮毛粗糙结痂形成鳞片，成块脱落，一般多是体表寄生虫病。皮毛逆竖则多属高热性疾病。

（三）采食、反刍和嗳气

羊是反刍动物。在一般情况下，羊采食 30 ~ 60min，即出现反刍，每次反刍咀嚼 40 ~ 60 次，持续 30 ~ 60min，每昼夜反刍 4 ~ 8 次。羊把胃内气体从口腔排出称为嗳气。瘤胃在发酵和消化饲料时，会产生大量的气体，这些气体主要通过嗳气被排出体外。如果嗳气停止或产生的气体多于嗳出的气体，就会发生瘤胃臌胀。健康羊每小时嗳气 15 ~ 30 次，若采食、嗳气、反刍减少或停止都是病态的表现，常见的病有瘤胃积食、瘤胃臌胀等。健康羊一般都有旺盛的食欲，若羊不喜采食而经常舔土，除微量元素缺乏外，多见于捻转胃虫病及棕色胃虫病。

（四）粪尿变化情况

羊粪小而呈圆粒，羊尿透明、呈淡黄色。若羊粪稀软或带黏液，应考虑胃肠炎；粪稀带血反复出现，并有磨牙等表现，应考虑寄生虫病；如粪便中夹有乳白色节片，可确诊为绦虫病；尿水清长有寒征，尿水短赤为有热征，排血红蛋白尿多属焦虫病、锥虫病或败血性疾病等。其他异常还应考虑泌尿系统或肝的疾病。

（五）呼吸系统

健康山羊为胸腹式呼吸，每分钟呼吸 12 ~ 30 次。当体温升高或肺炎等疾病时，呼吸次数明显增加。当瘤胃臌胀或胃肠扩张时，腹部受到限制，则呈现胸式呼吸；反之，当肺部或胸部发炎时，胸部运动受到限制，则呈现腹式呼吸。若常流鼻涕、打喷嚏应考虑鼻腔发炎；如感冒等。

（六）心跳与脉搏

健康羊心跳均匀、脉搏有力、间隙相等，每分钟跳动 70 ~ 80 次。如心跳加快、有力，多为热性疾病的初期；心跳减慢、无力，多属虚寒；心跳不均匀、紊乱无常，多属心脏本身疾病及其他疾病的危险期。

（七）体温变化

羊的正常体温为 38 ~ 40℃。一般来说超过正常体温的 0.5 ~ 1℃属微热，超过 1 ~ 2℃的属中热，超过 2 ~ 3℃的属高热。临床上一般内科、外科、产科、少数寄生虫病初期多属微热；中热多见于肺炎、胃肠炎等。高热多见于急性传染病，如羊瘟、巴氏杆菌病。体温急剧下降是危症的表现。

（八）病势

病势急、发病快、个体症状基本相同，应考虑为中毒或急性传染病。若病势缓慢、头数多，呈消耗性消瘦，应考虑寄生虫病。只有个别羊发病，则应考虑普通病。

（九）落后与避群

羊的集群性较高，一般不离群，若离群而躲在一边，则是有病的征象。在放牧时若相当一部分羊跟不上队，稀稀拉拉，无精打采，多为寄生虫病，落后呆立不动多为肝片吸虫病。

二、常用治疗技术

治疗山羊常用的给药方法有注射、口服投药、药浴，现分别介绍如下。

（一）注射

注射是药物在体内吸收最快、作用发挥最为迅速的一种治疗技术，注射方法和种类有很多，在兽医临床实践中，皮下注射、肌内注射和静脉注射较为常用。

1. 皮下注射

（1）注射部位　一般选择颈侧、耳根或肘后。

（2）注射方法　用左手食指和拇指捏起羊注射部位的皮肤，右手持注射器，使皮肤与针头成30°～40°的角，迅速刺入捏起的皮肤下层；然后左手放松皮肤，扶住注射器和针头尾部，右手注入药液。

2. 肌内注射

（1）注射部位　选择羊肌肉发达部位，一般在颈侧肩胛前缘部或臀部。

（2）注射方法　一是左手固定注射部的皮肤，右手持注射器垂直刺入肌肉后，改用左手扶住注射器和针头尾部，右手将注射器的内塞回抽一下，如无血液抽出即可缓慢注入药液；二是以右手拇指、食指和中指紧持注射针头的针尾，对准注射部位迅速刺入肌肉，然后接上注射器，注入药液。

3. 静脉注射

需迅速发挥药效或不适宜作肌内注射、皮下注射以及用药量大的药液，如葡萄糖生理盐水、氯化钙等应作静脉注射。

（1）注射部位　羊静脉注射部位一般以颈静脉沟中处最好。

（2）注射方法　准备好注射器，装上针头（一般以7～9号长针头为宜），并检查有无堵塞，再吸入药液，排尽空气。取下针头，注射器的前端及针头分别用酒精棉包好。在羊左边颈静脉注射时，用左手拇指压紧左侧静脉沟的近心端，其余四指放在右侧相应位置抵住使颈静脉充盈怒张，右手将针头与颈静脉成15°～45°，对准颈静脉管快速刺入，针头刺进血管时即可见到血液不断流出，此时接上注射器。再改用左手固定针头，右手握紧注射器，手背紧靠羊颈部为支点，回抽注射器内塞，见有血液回流时，再推进药液。

4. 注射注意事项

在预防和治疗山羊疾病时，无论采用哪种注射方法，都必须注意以下事项：

（1）注意消毒灭菌。注射前，用碘酒棉球局部消毒，以防感染。注射前，需仔细查看要注射的药名、剂量、药物有无浑浊、是否过期等。

（2）要选择锐利的针头。

（3）注射前针筒内空气要排尽。

（4）静脉注射要尽量防止漏针。

（二）口服投药

1. 自然采食投药

将药物拌入饲料或饮水中，让羊自然采食，达到预防和治病的一种方法。其条件是：病羊尚有食欲，药量不多并且没有特殊气味。

2. 灌服投药

给羊灌药时，一人牵住羊绳，抬高羊头，握住羊上唇或鼻部。一人左手从羊的一侧口角处伸入，打开口腔，并轻压舌头，右手持盛满药水的竹筒，从另一侧口角伸入，并送向舌背部后将药液灌入，待其咽下药物后再取出竹筒。也可使用自制的口服投药器给羊灌药。

（三）药浴

药浴是用来预防治疗羊体外寄生虫病和皮肤病的一种方法。羊群规模较大时，药浴应在专设的药浴池内进行。羊只少时可使用缸浴或桶浴。准备好温度表和其他用品，同时根据不同需要配制药液。

1. 药浴方法

少数羊只用浴缸进行药浴时，将配制好的药液倒入池内，测量温度保持在30℃左右，两人将羊只入水，露出羊嘴鼻部，将羊整个洗湿透毛，最后捏住羊鼻嘴部将羊头快速浸入水中2次即可。药浴时间为1min左右。然后将羊放在太阳下休息1～2h。大群羊药浴时，应使用专用药浴池。池内需配制好适宜浓度和适宜温度的药水，药液深度要超过最高羊只背部高度10～15cm以上。药浴时将羊赶到药浴池的待浴栏内，逐只将羊赶入药浴池中，让羊游到药浴池的另一端，当羊上岸后，应让羊在滴流台上等候片刻，待羊身上的药液回流到药浴池内，再将羊赶到温暖处休息，晾干羊毛。

2. 药浴注意事项

（1）要选择天暖、无风、日出的上午进行，使其在药浴后能迅速晾干水分，以防感冒。

（2）药浴前先用2～3只羊进行安全试验，确认羊无中毒现象时才可按计划进行全群药浴。

（3）浴前8h应停止放牧和饲喂，在浴前让其充分饮水，防止药浴时误饮药液中毒。

（4）边浴边测药液温度，防止过冷过热，引起不良后果。

三、羊的主要疾病防治技术

（一）普通病

1. 口炎

口炎是口腔黏膜表层和深层组织的炎症。

【病因】原发性口炎多由外伤引起，继发性口炎则多发生于羊患口疮、口蹄疫、羊痘、霉菌性口炎、过敏反应和羔羊营养不良时。

【症状】病羊表现食欲减少，口内流涎，咀嚼缓慢，欲吃而不敢吃，当继发细菌时有口臭。卡他性口炎，病羊表现口黏膜发红、充血、肿胀、疼痛，特别在唇内、齿龈、颊部明显；水疱性口炎，病羊的上下唇内有很多大小不等的充满透明或黄色液体的水疱；溃疡性口炎，在黏膜上出现有溃疡性病灶，口内恶臭，体温升高。上述各类型口炎可以单独出现，也可相继或交错发生。在临床上以卡他性（黏膜的表层）口炎较为多见。

【预防】加强管理，防止外伤性原发口炎，传染病并发口炎应隔离消毒。饲槽、饲草可用2%碱水刷洗消毒。

【治疗】

（1）喂给柔软富含营养易消化的草料，要补喂牛奶、羊奶。

（2）轻度口炎病羊可选用0.1%高锰酸钾、0.1%雷佛奴尔水溶液、3%硼酸水、10%浓盐水、2%明矾水、鲁格液等反复冲洗口腔，洗毕后涂碘甘油，每天1～2次，直至痊愈为止。

（3）口腔黏膜溃疡时，可用5%碘酊、碘甘油、龙胆紫溶液、磺胺软膏、四环素软膏等涂拭。

（4）病羊体温升高，继发细菌感染时，根据情况用青霉素40万～80万IU、链霉素100万IU，肌内注射，每天2次，连用2～3天。

2. 前胃弛缓

前胃弛缓是前胃兴奋性降低、收缩力减弱引起的疾病。由于饲养管理失误，或某些寄生虫病、传染病或代谢性疾病引起。在冬末、春初饲料缺乏时容易发生。

【病因】主要由于羊体质衰弱，长期饲喂不易消化的饲料（如秸秆、豆秸、麦衣）或单一饲料，缺乏刺激性的饲料（如麦麸、豆面和酒糟等），突然改变饲养方法，供给精料过多，运动不足，饲料品质不良、霉败冰冻、虫蛀染毒等所致。也可继发于瘤胃臌气、瘤胃积食、创伤性网胃炎、真胃变位、肠炎、腹膜炎、酮病、外科及产科疾病和肝片吸虫病等。

【症状】患羊食欲减退或废绝，反刍停止。瘤胃内容物发酵腐败，产生大量气体，左腹增大，触诊柔软。粪便初期呈糊状或干硬，附着黏液，后期排出恶臭稀粪。慢性病例表现精神沉郁，倦怠无力，喜卧地，被毛粗乱，食欲减退，反刍缓慢，瘤胃蠕动减弱。若为继发性前胃弛缓，则常伴有原发病的症状。

【预防】合理配合日粮，防止长期饲喂过硬、难以消化或单一劣质的饲料，切勿突然改变饲料或饲喂方式。供给充足的饮水，防止运动过度或不足，避免各种应激。

【治疗】消除病因，加强护理，增强瘤胃机能，防腐止酵。病初可用饥饿疗法，禁食2～3次，多饮清水，然后供给易消化的多汁饲料，适当运动。

（1）成年羊用硫酸镁20～30g或人工盐20～30g，加石蜡油100～200ml、番木鳖酊2ml、大黄酊100ml，加水500ml，一次灌服。

（2）10%氯化钠注射液300ml、5%氯化钙注射液100ml、10%安钠咖注射液30ml、10%葡萄糖注射液1 000ml，一次静脉注射。

3. 瘤胃积食

羊瘤胃积食又称前胃积食，中兽医称之为宿草不转，是瘤胃充满多量食物，胃壁急性扩张，食糜滞留在瘤胃引起严重消化不良的疾病。特征为反刍、嗳气停止，瘤胃坚实，疝痛，瘤胃蠕动极弱或消失。

【病因】多为饲养管理不当，一次或长期采食过多的某种饲料（如苜蓿、青饲料）及养分不足的粗饲料，或一次喂过量适口饲料，或采食多量干料（如大豆、豌豆、麸皮、玉米）后饮水不足、缺乏运动等，使瘤胃内容物大量积聚。也可继发于前胃弛缓、创伤性网胃炎、瓣胃阻塞、真胃阻塞、真胃扭转、腹膜炎等疾病。

【症状】羊只患病初期不断嗳气，随后嗳气停止，腹痛。后期精神委靡，瘤胃蠕动音消失，左侧腹下轻度膨大，肷窝略平或稍凸出，触诊硬实。呼吸迫促，脉搏增数，黏膜呈深紫红色。重者脱水，发生酸中毒和胃肠炎。

【预防】避免大量饲喂干硬而不易消化的饲料，合理供给精料。冬季舍饲时，应给予充足的饮水，在饱食后不宜供给其大量冷水。

【治疗】消导下泻，兴奋瘤胃蠕动，止酵防腐，纠正酸中毒，健胃补液。

（1）消导下泻，排除瘤胃内容物。鱼石脂 1～3g，陈皮酊 20ml、石蜡油 100ml、人工盐 50g 或硫酸镁 50g、芳香氨醑 10ml，加水 500ml，一次灌服。

（2）兴奋瘤胃，促进反刍。番木鳖酊 15～20ml、龙胆酊 50～80ml，加水适量，一次灌服。

（3）强心补液。10% 安钠咖 5ml 或 10% 樟脑磺酸钠 4ml，静脉或肌内注射。呼吸系统和血液循环系统衰竭时，用尼可刹米注射液 2ml，肌内注射。

4. 瘤胃臌气

瘤胃臌气主要是因采食了大量容易发酵的饲料，在瘤胃内微生物的作用下异常发酵，迅速产生大量的气体，致使瘤胃急剧膨胀，膈与胸腔器官受到压迫，呼吸与血液循环障碍，发生窒息现象的一种疾病。临床上以呼吸极度困难，反刍、嗳气障碍，腹围急剧增大等症状为特征。

【病因】主要因采食大量水分含量较高、易发酵的饲草、饲料，如幼嫩多汁的青草或者经雨、露、霜、雪侵蚀的饲草、饲料而引起；采食霉败饲草和饲料，如品质不良的青贮饲料、发霉饲草和饲料引起；也可继发于食管阻塞、前胃弛缓、创伤性网胃炎、瓣胃与真胃阻塞、发热性疾病等。

【症状】左腹部急剧膨胀是本病的特征性症状（图 2-29），严重时可高出脊背。腹壁紧张，触诊有弹性，叩诊呈鼓音，瘤胃蠕动初强后弱，甚至完全消失。疼痛不安，有时回顾腹部，后肢踢腹，甚至起卧不安。体温正常，呼吸浅快，有时张口伸舌作喘。脉搏快而弱，静脉怒张，黏膜发绀。后期出汗，运动失调，倒地呻吟而死。

【预防】加强饲养管理，禁止饲喂霉败饲料，尽量少喂堆积发酵或被雨露浸湿的青草。在饲喂易发酵的青绿饲料时，应先饲喂干草，然后再饲喂青绿饲料。由舍饲转为放牧时，最初几天要先喂一些干草后再出牧，并且应限制放牧时间及采食量。不让羊进入到萝卜地、马铃薯地、苜蓿地暴食幼嫩多汁植物。

图2-29 瘤胃臌气

【治疗】

（1）羊用植物油50～60ml，草木灰5～10g加水灌服。或松节油50～150ml（加水500ml）对泡沫性和非泡沫性急性瘤胃臌气均有效。

（2）消气灵10～20ml，加水500ml灌服，5～30min内见效，一次治愈率达90%以上。

（3）对臌气严重而有窒息危险的病例，应迅速进行瘤胃穿刺放气术。方法是在左侧肷窝正中稍上处剪毛消毒后，先于术部做一长约2cm的切口，切透皮肤，然后用套管针于皮肤切口向对侧肘头方向刺入瘤胃，气体即随针管逸出。

（二）传染病

1. 口蹄疫

口蹄疫是由口蹄疫病毒引起的偶蹄类动物共患的急性、热性、高度接触性传染病。其临床特征是患病动物口腔黏膜、蹄部和乳房发生水疱和溃疡，民间俗称"口疮""蹄癀"。

【病原】口蹄疫病毒属微RNA病毒科口疮病毒属。病毒具有多型性和变异性，根据抗原的不同，可分为O、A、C、亚洲Ⅰ及南非Ⅰ、Ⅱ、Ⅲ等7个不同的血清型和65个亚型，各型之间均无交叉免疫性。口蹄疫病毒具有较强的环境适应性，耐低温，不怕干燥。该病毒对酚类、酒精、氯仿等不敏感，但对日光、高温、酸碱的敏感性很强。常用消毒剂有1%～2%氢氧化钠、30%热草木灰、1%～2%甲醛、0.2%～0.5%过氧乙酸、4%碳酸氢钠溶液等。

【流行特点】该病主要侵害偶蹄兽，如牛、羊、猪、鹿、骆驼等，其中以猪、牛最为易感；其次是绵羊、山羊和骆驼等。人也可感染此病。病畜和带毒动物是该病的主要传染源。羊感染口蹄疫病毒后一般经过1～7天的潜伏期出现症状。病羊体温升高，初期体温可达40～41℃，精神沉郁，食欲减退或拒食，脉搏和呼吸加快。口腔、蹄、乳房等部位出现水疱、溃疡和糜烂。严重病例可在咽喉、气管、前胃等黏膜发生圆形烂斑和溃疡，上盖黑棕色痂块。绵羊蹄部症状明显，口黏膜变化较轻。山羊症状多见于口腔，呈弥漫性口黏膜炎，水疱见于硬腭和舌面，蹄部病变较轻。病羊水疱破溃后，体温即明显下降，症状逐渐好转。

【症状】除口腔（图2-30）、蹄部的水疱和烂斑外，病羊消化道黏膜有出血性炎症。心肌色泽较淡、质地松软，心外膜与心内膜有弥散性及斑点状出血，心肌切面有灰白色或淡黄色、针头大小的斑点或条纹，如虎斑，称为"虎斑心"，以心内膜的病变最为显著。

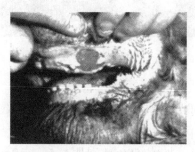

图2-30　羊口蹄疫

【防控】一旦发生疫情，要遵照"早、快、严、小"的原则，严格执行封锁、隔离、消毒、紧急预防接种、检疫等综合扑灭措施。"早"即早发现、早扑灭，防止疫情扩散与蔓延；"快"即快诊断、快通报、快隔离、快封锁；"严"即严要求、严对待、严处置；"小"即适当划小疫区，便于做到严格封锁，在小范围内消灭口蹄疫，降低损失。防控四部曲：隔离、加强消毒、紧急预防接种、细心照顾。

2. 羊布氏杆菌病

由布氏杆菌引起羊以流产为特征的传染病，又称传染性流产。该病易传染给人和其他家畜，应注意做好消毒防护工作。

【病原】羊型布氏杆菌是细小的短杆菌或球杆菌，多单个存在，有的成对排列，不形成芽孢，无荚膜和鞭毛，革兰氏染色阴性，主要危害羊。

【流行病学】凡接触病羊流产的胎儿、排泄物、乳汁及其他污染物，均能发生传染。一般经消化道和生殖道感染较为常见，也可以经伤口感染。

【症状】患羊常发生关节炎、睾丸炎、子宫炎，多在怀孕3～4个月流产，第一次妊娠的母羊发生流产比较多，经产母羊发生流产较少，但流产不是必然的症状，检验阳性的羊有的并不会流产。流产前往往没有明显的症状，只有少数在流产前有口渴、腹痛、卧地等表现。公羊发生睾丸炎，睾丸肿胀，性欲降低，不能配种，低热，食欲减退，逐渐消瘦。确诊根据流行病学和症状表现，并做凝集反应和细菌学检查。

【治疗】目前尚无理想的治疗药物，病羊一般应淘汰处理。贵重种羊应及时隔离，选用链霉素、土霉素、四环素等药物进行早期治疗，按照剂量说明交替使用，但治疗效果并不十分理想。

【预防】

（1）引进羊只必须检疫，经隔离观察，无病时方可与健康羊合群。

（2）发现病羊立即隔离，污染的畜舍、用具用2%～3%氢氧化钠溶液或石灰乳剂消毒，粪尿采用发酵处理，流产胎儿、胎衣、羊水等要深坑掩埋。

（3）淘汰病羊。母羊和羔羊分群饲养，逐步淘汰病羊，培养健康羊群。

3. 羔羊痢疾

初生羔羊以剧烈腹泻为特征的急性传染病。多发7日龄以内的羔羊。

【病原】比较复杂，有些地方是大肠杆菌、肠球菌、沙门氏菌；有些地方最为常见的是B型魏氏梭菌引起本病。

【流行病学】主要经消化道感染，也可经脐带感染。天气剧变、温度变化大、接羔不卫生、羔羊饥饱不均可促使本病发生。

【症状】患羊精神沉郁，食欲废绝，排恶臭的白色、黄色以致稀水样粪便，迅速消瘦，眼窝下陷，口流泡沫，粪中带血，很快死亡。

【治疗】病初以清理肠道与杀菌为主，可选用黄连素、土霉素等药物，同时可结合清洗胃肠、强心、补液等治疗措施。

【预防】

（1）加强饲养管理，羊圈内要保持干燥、温暖。

（2）产前要对圈舍彻底清理消毒，接羔注意卫生。

（3）在常发病地区，羔羊生后12h内口服土霉素预防。每年秋季给母羊注射羔羊痢疾菌苗或羊厌气菌五联菌苗，产前2～3周再接种一次。

4. 山羊痘

山羊痘是一种病毒性传染病。

【病原】病原是山羊痘病毒。

【流行病学】山羊痘仅感染个别羊群，很少广泛流行，对其他家畜无致病性，甚至绵羊在自然条件下也不感染。

【症状】潜伏期6～7天，羊病初体温升至41～42℃，精神沉郁，少食或不食，弓腰发抖，呆立在一边或卧地，鼻腔、唇、眼角有脓性分泌物，咳嗽，乳房出现痘疹；重者口腔、鼻腔、唇、肛门周围及四肢内发生病变，有的并发肺炎和化脓性乳房炎。怀孕后期母羊，往往引起流产。轻者温度不高，皮肤痘疹稀少，形成坚硬的结节，然后消失不留痕迹。羔羊病变集中在口腔、鼻腔及舌黏膜。

【诊断】对新形成而未化脓的丘疹进行镜检，如见原生小体，即可确诊。

【防控】

（1）严防健康羊与病羊接触，新引进的羊只需隔离观察。病羊污染的场地要用2%烧碱消毒，粪便发酵处理。

（2）对疫区和受威胁区的羊群，定期预防注射，每只羊尾部皮内注射羊痘弱毒冻干苗。

5. 羊肠毒血症

羊肠毒血症是羊的一种急性传染病，在临床上极似羊快疫，故称"类快疫"。剖检肾脏松软如泥，故又称软肾病。

【病原】病原体是 D 型产气荚膜梭菌（魏氏梭菌），为厌氧菌，革兰氏染色阴性。

【流行病学】羊只采食污染的饲料、饮水经消化道感染。各品种羊都有感染性，但绵羊发病更多。本病有明显的季节性，多在春末夏初或秋末冬初发生，多为散发性。如羊只采取大量多汁嫩草或过食精料，降低胃的酸度或其他因素引起胃肠机能发生障碍，导致 D 型魏氏梭菌在体内迅速繁殖，产生大量外毒素，进入血流，引起全身中毒而死亡。

【症状】多为急性经过，羊当晚不见症状，次晨死于圈内。发病缓慢者腹痛不安，发生腹泻，排褐色或暗绿色水样便，临死前意识紊乱，发抖，磨牙呻吟，倒地不起，四肢抽搐痉挛，头向后仰，角弓反张，口吐白沫，呼吸和心跳加快，耳尖、四肢发凉，体温一般不高，多数几小时至 3 天内死亡。剖检肾脏表面充血，实质松软，呈不定型的软泥状。肝脏肿大、充血、质脆，胆囊胀大 1 ~ 3 倍，充满胆汁。全身淋巴结肿大、充血。真胃、大肠、小肠有充血、出血，肠黏膜有脱落和溃疡，胸腔或腹腔积有大量渗出液。心包液增多，心外膜有出血点，确诊时还可做毒素试验。

【治疗】病程较缓慢的病例，可用青霉素或磺胺类药物肌内注射。

【预防】

（1）疫区内，每年在发病季节前，注射羊快疫、肠毒血症及羊猝狙三联苗。

（2）妥善处理尸体，圈舍场地用 2% ~ 3% 氢氧化钠溶液或石灰乳消毒。

6. 羊快疫

羊快疫是羊的一种急性致死性传染病。该病以突然发病，病程短促，真胃出血性、炎性损害为特征。

【病原】梭状芽孢杆菌，革兰氏染色阳性，呈丝状长链的大杆菌，常存在于低洼沼泽地带。

【流行病学】在洪水泛滥之后或夏末冬初易发生本病。由消化道或伤口感染。营养不良、天气剧变、体内寄生虫侵袭、感冒等情况下，易诱发本病。本病以 6 ~ 18 月龄的绵羊多发，而山羊较少发生。

【症状】发病突然，死亡很快，常看不到生前症状。死亡慢的表现昏迷，磨牙或牙关紧闭，呼吸困难，行走时后躯摇摆，腹痛，臌气，拉稀粪、味臭，死亡率在 100%。体温不高或微热，死前卧地啃土，有时口鼻及粪中带有血丝泡沫或黏液。剖检尸体迅速腐败，皮下充血或有胶样浸润，血凝不良；真胃和十二指肠急性发炎、出血，甚至形成溃疡；肝脏肿大、质脆、呈水煮状，胆囊多胀大，充满胆汁；大多数病例腹水带血，肺脏充血，脾脏一般无明显变化。

【治疗】

（1）0.1% 高锰酸钾溶液灌服，每天 2 次，连续 3 天之后，改为日服 1 次，连续 1 周，对慢性病者效果明显。

（2）可试用青霉素、土霉素或磺胺类药物等肌内注射。

【预防】

（1）疫区每年在发病季节前注射三联苗，免疫期 6 个月。

（2）在发病季节内将羊群转移至高地干燥草场放牧。发生本病，应妥善处理尸体，消毒被污染了的场地和羊舍。

7. 羊猝狙

本病是一种急性致死性疾病，病原体为 C 型产气荚膜杆菌，由于该病菌在肠道中产生毒素而致病。本病病程短促，常未见到任何症状即突然倒地死亡，有时病羊掉群、卧地、表现不安，衰弱或痉挛，于数小时内死亡。剖检时，十二指肠和空肠黏膜严重充血、糜烂，个别区段可出现大小不等的溃疡灶，体腔积液，暴露于空气后形成纤维素絮状，浆膜上可见有小出血点，死后 8h，骨胳肌间积聚血样液体，肌肉出血，有气性裂孔。本病的流行特点、症状与羊快疫相似，这两种病常混合发生。本病的确诊主要靠肠内容物毒素的检查和定型。预防治疗，与羊快疫和羊肠毒血症相同。

8. 羊链球菌病

羊链球菌病俗称嗓喉病，是羊的一种急性、热性、败血性传染病。该病以咽喉部及下颌淋巴结肿胀，大叶性肺炎，呼吸异常困难，胆囊肿大为特征。

【病原】病原是溶血性链球菌，革兰氏染色阳性，多呈双球菌排列，并有荚膜。

【流行病学】该病流行有较明显的季节性，一般在冬春季节交替时开始流行，缺草及饲养管理不当易诱发此病。

【症状】潜伏期一般 3 ~ 5 天，羊病初体温高达 41 ~ 42℃，精神沉郁，不吃草料，反刍停止。眼结膜充血，流泪，后变为脓性分泌物。眼皮、嘴唇、面颊、咽喉以及舌和乳房肿胀，下颌淋巴结肿大，呼吸困难且发出鼾声，流鼻涕，口流涎并混有泡沫。粪稀软，常有黏液或血液。个别羊表现头肿、磨牙、抽搐、惊厥等神经症状。病程 1 ~ 3 天。剖检胸膜腔及心包积液。腹腔器官的浆膜上附有纤维素样物，手拉呈丝状。各内脏器官广泛出血，尤以淋巴结出血明显，呼吸道黏膜出血，肺有水肿、气肿、出血，有时肝坏死并与胸壁粘连。脾肿大、色紫黑，肝肿大、色鲜红，有时可见到化脓灶。胆囊增大。

【预防】在疫区用羊链球菌氢氧化铝甲醛菌苗作预防注射，大小羊一律皮下注射，3 月龄以下羔羊 2 ~ 3 周后重复一次。发生本病时，隔离病羊。未发病的羊群要远离病羊放牧和饮水，对污染羊栏舍和场地用 3% 来苏儿或 5% 福尔马林消毒。

【治疗】

（1）病初注射青霉素，每天 2 次，连用 2 ~ 3 天。适量的小苏打水灌服，每天 2 次，连用 2 ~ 3 天。

（2）可选用复方磺胺甲基异恶唑或复方磺胺甲氧嘧啶，肌内注射，每天 2 次，连用 3 天。

9. 恶性水肿

本病是一种急性热性毒血症。其特点是体表出现气肿和水肿。

【病原】病原是多种厌氧菌，主要是腐败梭菌，其次是水肿梭菌和产气荚膜杆菌。

【流行病学】绵羊比山羊更易感染，本病一般为伤口传染，呈散发性。

【症状】潜伏期 2 ~ 5 天，病初创伤部周围呈弥漫性水肿、热痛，后则变为冷而无痛的气肿，指压有捻发音，伤口流出恶臭而带有气泡的红棕色的液体。如产道感染则阴部红肿，阴道黏膜坏死，会阴和腹下水肿。严重者全身发热，呼吸困难，黏膜充血、发绀，腹泻，最后发展为毒血症而死亡。剖检可见皮下黄褐色液体浸润，肌肉呈暗黑色，内含有腐败性气泡，脾和淋巴肿大，腹腔和心包积液。

【治疗】本病应尽早进行全身治疗和局部治疗。

（1）尽早用青霉素肌内注射，进行全身治疗。在病灶周围用青霉素分点注射，或肌内注射复方磺胺甲氧嘧啶。

（2）进行强心、补液和解毒等全身对症治疗。可适当使用樟脑酒精葡萄糖溶液和 5% 碳酸氢钠，可改善心脏机能和防止酸中毒。

（3）初期可结合局部冷敷进行配合治疗，后期则切开患部，除去腐败组织，然后用双氧水充分冲洗，并撒布磺胺药粉等。对被污染的圈舍和场地用 10% 漂白粉溶液、石灰乳或 3% 氢氧化钠溶液消毒。垫草和粪便一律烧掉。

10. 羊传染性结膜炎

羊传染性结膜炎又称"红眼病"，是山羊的一种急性接触性传染病。损害仅局限于眼部，其特征是结膜发炎，伴有大量的流泪，随后引起角膜混浊或生成乳白色翳膜。

【病原】病原为立克次氏体。

【流行病学】只发生于山羊的结膜和角膜，发病率较高，长途运输易诱发本病。

【症状】结膜红肿，羞明流泪，分泌物逐渐变浓，角膜混浊，眼睑半闭，严重者角膜溃烂、穿孔、生翳膜，直至失明。多数羊先一只眼发病，然后再波及另一只眼，症状一般一侧重、另一侧较轻。只有个别羊两只眼同时发病，体温一般不高，全身症状不明显。病程 7 ~ 20 天，在营养良好的情况下一般能自愈。

【治疗】

（1）用 2% 硼酸水或 1% 生理盐水冲洗患眼部，擦干后可选用红霉素或金霉素眼膏，每天 3 次。

（2）三砂粉点眼：硼砂、朱砂、硇砂各等份，研成细末，洗眼后取适量用小竹筒或纸筒吹入眼内，用土霉素粉也可。

（3）角膜混浊时，用青霉素 80 万 IU，加入病羊的全血中，立即于眼睑四周做皮下注射，并在混浊的角膜上吹入冰片粉末，效果较好。

（4）链霉素 20 万 IU，加蒸馏水作眶上孔注射，隔天 1 次。

（5）中药选用：龙胆草、石决明、草决明、白蒺藜、川木贼、蝉蜕、苍术、白芍、甘草各 10g，共为细末，开水一次冲服或煎水灌服。每天 1 次。

11. 羊传染性脓疱口膜炎（羊口疮）

羊传染性脓疱口膜炎是山羊的一种慢性、非致死性传染病，死亡率很低。但羔羊发病严重，常因不能采食（吃奶）而死亡率较高。以山羊皮肤和口腔黏膜产生脓疱或溃疡为主要特征。

【病原】该病病原是一种过滤性病毒，常与坏死杆菌混合感染。

【流行病学】本病发病快、传染迅速，羊不分品种、年龄、性别均能发病，但以羔羊发病率高，成年羊次之，老年羊较少发生。一般在 4 ~ 7 月呈流行性发病，其他季节则多呈散发性。

【症状】病初首先在唇部皮肤发生单个红斑，严重的口腔黏膜也有发生，继而变成水疱、脓疱、烂斑，破裂后形成褐色疣状痂块。如呈良性经过，常经 1 ~ 2 周痂块干燥、脱落而痊愈。严重病例，患部继续发生丘疹、水疱、脓疱、痂垢，并相互融合，波及整个口唇周围及鼻孔、眼睑和耳廓等部位，形成大面积痂垢。痂垢不断增厚，硬痂下伴有肉芽组织增生，撕脱痂皮后表面出血，整个嘴唇肿大、外翻、呈桑葚状隆起，影响采食，病羊日趋衰弱而死亡。病羔由于嘴唇肿痛，有时表现颌下水肿，甚至水肿波及咽喉部，颌下淋巴结肿大，羔羊不能吮乳或不能采食，多因饥饿而死亡。该病容易继发感染其他病菌，如化脓杆菌和坏死杆菌等，致使病势恶化，有时导致羔羊成批死亡。成年羊和老年羊常呈良性经过，病变只限于唇部边缘，尤其是口角，脓疱破裂后形成的溃疡，很快结痂愈合。病程较短，常持续 1 周左右。

【治疗和预防】

（1）冲洗患部，先用水杨酸软膏将垢痂软化，除去垢痂后用 0.1% ~ 0.2% 高锰酸钾水或 2% ~ 3% 过氧化氢溶液清洗患部。也可用 3% 明矾水清洗患部后涂药。

（2）涂药，清洗后，用 2% 碘甘油或土霉素软膏涂抹患部，每天 1 ~ 2 次。

（3）用青霉素 80 万 IU，肌内注射，每天 2 次，连用 3 天。

（4）可选用 2% 龙胆紫（紫药水）涂擦疮面，间隔 3 ~ 5 天再用一次，同时肌内注射维生素 E 0.5 ~ 1.5g 及维生素 B 20 ~ 30g，每天 2 次，连续注射 3 ~ 4 天。

（5）接种疫苗，自制疫苗方法：取痂皮磨碎后，加入甘油生理盐水中，再加入适量的青霉素及链霉素，培养数天后即可应用。接种方法：在尾根腹侧光滑无毛处消毒后，用针头刺破表皮，涂上疫苗。接种小时后，在接种部位有轻微炎症，2 天后有部分变成水疱及脓疱，4 天后脓疱变小，部分开始结痂，1 周后基本复原。免疫期一般为 1 年。羊痘疫苗对该病有一定的预防作用。

12. 山羊传染性胸膜肺炎

山羊传染性胸膜肺炎俗称烂肺病，是一种山羊特有的接触性传染病，以发热、咳嗽、浆液性和纤维蛋白渗出性肺炎以及胸膜炎为特征。

【病原】本病病原为丝状支原体，为一细小、多形状的病原体微生物。革兰氏染色阴性。主要存在于肺组织和胸腔渗出液中，该病原体在肺渗出液中可存活天，腐败材料中可存活3天，干粪内强光直射仍可保持毒力8天之久。加热至，分钟可被杀死。1%克辽林5min福尔马林或的石碳酸小时可杀死病原，对四环素比较敏感。

【流行病学】该病主要通过空气、飞沫经呼吸道传染。病羊是主要的传染源，该病常呈地方性流行，接触传染性很强，成羊发病率较高，冬季和早春枯草季节发病率较高。阴雨连绵、寒冷潮湿和营养不良易诱发此病。

【症状】羊病初体温升高，精神沉郁，食欲减退。随即咳嗽，流浆液性鼻液；4～5天后咳嗽加重，干而痛苦，浆液性鼻液变为脓性，常黏附于鼻孔、上唇，呈铁锈色，多在一侧出现胸膜肺炎性变化。叩诊呈实音区，听诊呈支气管呼吸音及摩擦音，触压胸壁表现疼痛。呼吸困难，高热稽留，腰背拱起呈痛苦状。孕羊大部分流产。患羊肚胀腹泻，甚至口腔溃烂，唇部、乳房皮肤发疹，眼睑肿胀，口半开张，流泡沫样唾液，头颈伸直，最后羊衰竭死亡。病程多为7～15天，长的达1个月，耐过不死的转为慢性。剖检病变多局限于胸部，胸腔有淡黄色积液，暴露于空气后发生纤维蛋白凝块，肺部出现纤维蛋白性肺炎，切面呈大理石样；肺小叶间质变宽，界限明显。血管内血栓形成，胸膜变厚而粗糙，与肋膜、心包膜发生粘连。支气管淋巴结和纵隔淋巴结肿大，切面多汁，有出血点。心包积液，心肌松弛、变软。肝、脾肿胀。肾脏肿大，被膜下可见有小出血点。

【治疗】

（1）新胂矾纳明（九一四）按体重剂量，溶于生理盐水中一次缓慢地静脉注射，必要时3～5天后再注射一次，剂量减半。

（2）病羊初期治疗用土霉素（或长效土霉素），按每天每千克体重20～50mg，分两次肌内注射。

（3）病初也可用红霉素按体重剂量，溶于5%葡萄糖溶液中一次静脉注射，每天2次。

（4）也可选用10%氟苯尼考注射液，每千克体重0.2ml剂量作肌内注射，每天1次，连用3天。

【预防】

（1）坚持自繁自养，不从疫区引进羊只，对从外地引进的羊只，应隔离观察7～15天后确认无病时才能合群。加强饲养管理，保证山羊体质健壮，有足够的抗病能力。

（2）疫区内，要定期进行预防注射，用山羊传染性胸膜肺炎氢氧化铝苗进行预防接种，半岁以下羊皮下或肌内注射，半岁以上的注射，免疫期1年。

13. 小反刍兽疫

小反刍兽疫，又名小反刍兽伪牛瘟，是由小反刍兽疫病毒引起的一种急性病毒性传染病。主要感染小反刍动物，以发热、口炎、腹泻、肺炎为特征。世界动物卫生组织（OIE）将其列为A类疫病。我国规定为一类动物疫病。

【病原】小反刍兽疫病毒属副黏病毒科麻疹病毒属。与牛瘟病毒有相似的物理化学及免疫学特性。

【流行病学】主要感染山羊、绵羊、羚羊、美国白尾鹿等小反刍动物，山羊发病比较严重。牛、猪等可以感染，但通常为亚临床经过。

本病主要通过直接和间接接触传染或呼吸道飞沫传染。

本病的传染源主要为患病动物和隐性感染动物，处于亚临床型的病羊尤为危险。病畜的分泌物和排泄物均含有病毒。

【症状】潜伏期为4～5天，最长21天，《陆生动物卫生法典》规定为21天。

自然发病仅见于山羊和绵羊。山羊发病严重，绵羊也偶有严重病例发生。一些康复山羊的唇部形成口疮样病变。急性型体温可上升至41℃，并持续3～5天。感染动物烦躁不安，被毛无光，口鼻干燥，食欲减退。流黏液脓性鼻漏，呼出恶臭气体。在发热的前4天，口腔黏膜充血，颊黏膜进行性广泛性损害，导致多涎，随后出现坏死性病灶，开始口腔黏膜出现小的粗糙的红色浅表坏死病灶，以后变成粉红色，感染部位包括下唇、下齿龈等处。严重病例可见坏死病灶波及齿龈、腭、颊部及其头、舌头等处。后期出现带血水样腹泻，严重脱水，消瘦，随之体温下降。出现咳嗽、呼吸异常。发病率高达100%，在严重暴发时，死亡率为100%，在轻度发生时，死亡率不超过50%。幼年动物发病严重，发病率和死亡都很高。

【病理变化】患畜可见结膜炎、坏死性口炎等肉眼病变，严重病例可蔓延到硬腭及咽喉部。皱胃常出现病变，而瘤胃、网胃、瓣胃很少出现病变，病变部常出现有规则、有轮廓的糜烂，创面红色、出血。肠可见糜烂或出血，尤其在结肠直肠结合处呈特征性线状出血或斑马样条纹。淋巴结肿大，脾有坏死性病变。在鼻甲、喉、气管等处有出血斑。

【诊断】根据临床症状和病理变化可做出初步诊断，确诊需进一步做实验室诊断。

鉴别诊断：小反刍兽疫诊断时，应注意与牛瘟、蓝舌病、口蹄疫做鉴别。

【防治措施】

（1）预防 严禁从存在本病的国家或地区引进相关动物。

在发生本病的地区，可根据小反刍兽疫病毒与牛瘟病毒抗原相关原理，用牛瘟组织培养苗进行免疫接种。

（2）处理 一旦发生本病，应按《中华人民共和国动物防疫法》规定，采取紧急、强制性的控制和扑灭措施，扑杀患病和同群动物。疫区及受威胁区的动物进行紧急预防接种。

（三）常见寄生虫病

1.肝片吸虫病

肝片吸虫病是严重危害山羊的主要寄生虫病之一。该病主要寄生在羊的肝脏、胆管中，还寄生于牛和其他反刍家畜的肝脏中，马属、猪属动物及一些野生动物亦可寄生，但较为少见。人亦有被寄生的报道。其特征为呈急性或慢性的肝炎或胆管炎，常并发全身性的中毒现象和营养障碍。本病在我国普遍存在，常呈地方性流行，可引起牛、羊大批死亡，因而给畜牧业经济带来很大的损失。

【病原】肝片吸虫虫体扁平，外观呈叶片形，自胆管取出时呈棕红色，固定后呈灰白色。虫体长 20 ~ 35mm，宽 5 ~ 13mm，腹面有两个吸盘，在口吸盘和腹吸盘中间有生殖孔，可以产卵。虫卵呈长卵圆形、黄褐色，前端较窄，有一个不明显的卵盖，后端较钝。卵壳较薄而透明，卵内充满着卵黄细胞和一个胚细胞。虫卵大小为（116 ~ 132）μm×（66 ~ 82）μm。

【发育史和流行病学】主要中间宿主为椎实螺。成虫在胆管内产出虫卵，卵随胆汁进入消化道，随粪便排出体外。外界温度达 25 ~ 30℃在时卵内胚细胞开始发育，在适当的氧气、水分、光照条件下，孵出毛蚴。毛蚴呈长形，前端较宽，后端较狭。前端有一吻突，体表被有线毛。毛蚴在水中迅速游动，如遇到适宜的中间宿主——某种椎实螺时，即钻入其体内。经胞蚴、雷蚴，发育为尾蚴。尾蚴由椎实螺中钻出，黏附到水草上，脱出尾部，形成包囊称为囊蚴。羊吃了带囊蚴的水草而感染，在羊肠道里，即脱出包囊穿过肠壁进入腹腔，由肝包膜或血循进入肝脏再到胆管，或从十二指肠的胆管开口处进入胆管逐渐发育为成虫。从囊蚴发育为成虫需 2 ~ 4 个月，成虫在胆管内可生存 3 ~ 5 年。虫卵中孵出的毛蚴在 6 ~ 36h 内，如没有遇到适宜的中间宿主，则逐渐自然死亡。

本病呈地方性流行，多发生在螺蛳多的低洼沼泽湖滩地区。牛、羊大量感染多在夏秋两季（南方春季也能感染）。春末夏秋的气候适合肝片吸虫的发育。幼畜轻度感染亦表现症状。

【症状】多见慢性表现。羊病初食欲不振，行动迟缓，容易疲倦，不愿行走，甚至呆立不动，离群；贫血，极度消瘦，黏膜苍白，一般无黄疸；拉稀、便秘交替发生；腹痛，常常回头望腹；下颌、腹部、腹下水肿，逐渐衰弱。最严重的病例，因肝脏严重创伤大量出血，流入腹腔形成腹血症，腹部下垂波动，终至死亡。急性病例较少见。山羊抵抗力弱，一次感染数量多时可急性发病。其症状为病初发热、衰弱、易疲劳、离群落后、食欲减少或不良，很快出现贫血，黏膜苍白或黄染，多在几无内趋于死亡。轻度感染时，一般不表现症状。

【预防】

（1）定期驱虫。本病常发生于 10 月至次年 5 月，所以在流行区每年春秋两季应定期驱虫。

（2）羊粪应堆积发酵后才能肥田。

（3）不到潮湿低洼处放牧，不饮死水、脏水，有计划地开展灭螺工作。

【治疗】

（1）硝氯酚（拜耳），每千克体重 4 ~ 5mg，一次口服，对童虫效果不佳。也可使用硝氯酚注射剂，每千克体重 0.75 ~ 1.0mg，一次深部肌内注射。

（2）三氯苯唑（肝蛭净），每千克体重 12mg，一次口服，该药对成虫和童虫均有效。

（3）丙硫咪唑（抗蠕敏），每千克体重 15mg，一次口服，对成虫有很好的疗效。

（4）联氨酚噻，每千克体重 12mg，一次灌服，对幼虫效果很好，对怀孕母羊无不良影响。

2. 前后盘吸虫病

前后盘吸虫病又称双口吸虫病、同盘吸虫病或"红虫绣肚"。南方一些地方把它称作"蚂蟥症"。是由前后盘科的多种前后盘吸虫引起牛羊的疾病，成虫较多寄生在牛、羊的瘤胃壁和胆管壁上。一般危害不大，但如果大量幼虫寄生在真胃、小肠、胆管、胆囊时，可引起严重疾病，甚至可导致大批死亡。本病分布于全国各地，南方较北方多见，感染率和感染强度很高。

【病原】前后盘吸虫种类很多，虫体大小有一定差异，约绿豆大至黄豆大。有的虫体呈乳白色，有的呈深红色，外形呈圆柱形或圆锥形。虫体有两个吸盘，口吸盘位于虫体前端；后吸盘较大，位于虫体后端，后吸盘大于口吸盘。故称前后盘吸虫或称双口吸虫。如鹿前后盘吸虫，为淡红色圆锥状，稍向腹面弯曲，虫体长 5 ~ 11mm，宽 2 ~ 4mm。后吸盘特别发达。虫卵椭圆形、灰白色，卵盖明显，卵黄细胞稀疏，不充满整个虫卵，常集在一端，卵壳内有较大空隙，透明度大。

【生活史和流行病学】其发育过程与肝片吸虫相似。成虫在瘤胃内产卵，卵随粪便排出体外，发育成毛蚴后钻入中间宿主——淡水螺，发育成尾蚴；尾蚴离开淡水螺后，附在水草上形成囊蚴，被牛、羊吞食而感染；囊蚴到达肠道后，童虫、幼虫从囊内游离出来，先在小肠、胆管、胆囊和真胃内移行寄生 20 ~ 25 天，最后到达瘤胃发育为成虫。

【症状】本病主要发生于夏秋两季。成虫危害轻微，较少发病，但大量童虫移行寄生在真胃、小肠和胆管时，则可引发疾病。主要症状是顽固性下痢，粪便腥臭，食欲减退，体温有时升高。病羊消瘦、贫血，颌下水肿，严重时发展到整个头部以致全身，最后衰竭死亡。

【治疗】用硝氯酚、三氯苯唑、丙硫咪唑或联氨酚噻等药物治疗有效。具体参照肝片吸虫病的防治。

3. 莫尼茨绦虫病

该病是由扩展莫尼茨绦虫和贝氏莫尼茨绦虫引起羊的疾病。虫体主要寄生于羊小肠，致病力强，对羔羊危害严重，它不仅影响羔羊的生长发育，严重时常引起大批死亡。本病常呈地方性流行，分布广泛。

【病原】莫尼茨绦虫为乳白色，扁平链带状，长 1 ~ 6m。由头节、颈节、体节三部分组成，头节呈球形，有四个吸盘，无顶突和钩。虫体成熟的节片（称为孕节）脱落，随粪便排出体外，外观呈乳白色米粒样物。孕节内充满虫卵。卵形不一，呈三角形、方形或圆形，卵内有一个含有六钩蚴的梨形器。

【生活史和流行病学】莫尼茨绦虫的发育需地螨为中间宿主。虫体的孕节和虫卵随粪便排到体外。虫卵被地螨吞食，卵内六钩蚴逸出，在地螨体内发育成具有感染力的似囊尾蚴，羊采食了带有似囊尾蚴的地螨而被感染。地螨被消化，似囊尾蚴逸出，附着在小肠黏膜上，经 40 ~ 50 天发育为成虫。成虫在羊体内可生存 2 ~ 6 个月，一般为 3 个月，超过此期限，虫体可自行排出体外。因此，羊感染莫尼茨绦虫主要是 7 月龄以前的羔羊。本病具有明显的季节性，一般以春季感染严重，2 ~ 5 月龄的羔羊感染率高、危害大。

【症状】本病无特异性症状，取慢性经过。患羊表现食欲降低、饮欲增加、下痢，粪便中混有米粒样的黄白色孕节，或肛门上吊有带子状的节链。腹部膨胀，被毛枯燥、无光泽，继而出现贫血、消瘦，有的表现抽搐、回旋等神经症状，有的发生异食癖现象。严重时卧地不起、口流泡沫、头向后仰，最后极度衰竭而死亡。

【治疗】

（1）氯硝柳胺（灭绦灵），每千克体重 60 ~ 75mg 配成悬液灌服，一般给药 3h 后可排出虫体，疗效显著。

（2）丙硫咪唑，每千克体重 15mg，一次口服。

（3）硫酸铜，每千克体重 10 ~ 15mg，将硫酸铜制成 1% 的溶液，一次灌服。

4. 胃肠道线虫病

山羊真胃、肠道内寄生的线虫（外形呈线状而得名），种类很多，长度不一，往往不同种类同时寄生于山羊的消化道内，共同造成危害。线虫种类多，各自有引起疾病的能力和不同的临床症状，均可引起不同程度的胃肠炎、消化机能障碍、下痢、消瘦、贫血、水肿等，在我国各地均有发生。

【病原】

（1）捻转血矛线虫 属毛圆科线虫，寄生于羊的真胃，偶见于小肠。新鲜虫体淡红色、毛发状。透过皮肤可见体内白色的生殖器官和红色的肠管相互绕成"麻绳"状，有明显的阴门盖。虫卵呈椭圆形，卵壳薄而光滑，稍带黄色，其中几乎被胚细胞充满。

（2）食道口线虫（结节虫） 属毛线科线虫，主要寄生于羊结肠，可在肠黏膜上形成绿豆大小的结节。较常见的是哥伦比亚食道口线虫，该虫虫体乳白色、较短粗，前端弯曲似钩状。虫卵呈椭圆形，内充满胚细胞。

（3）仰口线虫（钩虫） 属钩口科线虫，寄生于羊的小肠，虫体吸血后呈粉红色，较粗大，头端口囊较大，口缘有切板，囊底部有齿，头部向背面略弯曲。虫卵钝圆，胚细胞大而数量少，一般4～8个，内含暗黑色颗粒。

（4）毛首线虫（鞭虫）　属毛首科毛首线虫，寄生于羊的盲肠，外形像鞭子，前部细长像鞭鞘，后部粗像鞭杆，故称鞭虫。虫体乳白色，雄虫后部弯曲，雌虫后端钝圆。虫卵呈棕黄色，腰鼓形，卵壳厚，两端有卵塞。

（5）类圆线虫　属小杆科线虫，危害猪为主，对山羊危害较轻。感染羊的多为乳突类圆线虫。主要寄生于羊小肠内，该虫雄虫寄生的报道极少，多为孤雌生殖的雌虫寄生。雌虫身体细小、乳白色。

上述各类线虫以捻转血矛线虫分布广泛，感染量大，危害严重。

【发育史和流行病学】上述除鞭虫由侵袭性虫卵感染外，其他虫体寄生在羊胃肠道内并排出虫卵，虫卵在适宜的外界条件下1～2天发育成幼虫；幼虫破壳而出，在土壤中生活，经两次蜕皮后，成为具有感染力的幼虫，它们可直接发育而不需中间宿主，能在土壤和牧草中存活一定时间。这种感染性幼虫常在清晨和傍晚，阴雨和多雾天气爬到湿润的牧草上，羊采食后遭受感染（仰口线虫和类圆线虫还可经皮肤感染）。感染后即移行到一定部位发育为成虫。

【症状】虫体在胃肠道寄生，因在局部吸取营养，引起黏膜损伤和发炎。同时，虫体分泌的毒素，使血液不易凝固，致使血液由虫体造成的黏膜伤口大量流失（特别是捻转血矛线虫和钩虫）。有的虫体分泌毒素，可干扰造血功能，这样由于失血和血液再生障碍造成贫血。结节虫幼虫进入肠壁可形成结节，扰乱消化吸收机能。临床上多表现慢性消耗症状。山羊日渐消瘦，食欲减退，贫血，黏膜苍白，胃肠炎，顽固性下痢，身体下部水肿，被毛粗乱、发黄，生长发育明显受阻，严重时可导致死亡。鞭虫感染严重时，临死前数日排水样血色便。

【防治】

（1）左咪唑，每千克体重6～10mg，一次口服。

（2）丙硫咪唑，每千克体重10～15mg，一次口服。

（3）伊维菌素或阿维素，每千克体重0.2mg，一次口服或皮下注射。

（4）加强本病预防、流行区每羊每天将硫化二苯胺混于饲料中喂服，可抑制虫体产卵，防止本病继续扩散和流行。

（5）对重症病例，应配合对症和支持疗法。

5. 羊螨病（疥癣病）

羊螨病是由疥螨或痒螨寄生于羊的皮肤上引起的接触性传染性慢性病，又称羊疥癣（俗称羊癫）。山羊表现剧痒、结痂、脱毛和皮肤增厚以及消瘦等主要症状。本病分布广、发病率高，常成群发生，其传播速度快、危害大，给养羊业带来巨大损失。

（1）疥螨病

【病原】体疥螨成虫呈圆形，微黄白色，背面隆起，腹面扁平。虫卵椭圆形。

【发育史及流行病学】疥螨钻进山羊表皮，挖凿隧道，虫体在隧道内进行发育繁殖，雌虫在隧道中产卵。经过卵、幼虫、若虫和成虫4个发育阶段。卵在隧道中经过3天孵化成幼虫；幼虫爬到皮肤表面，在毛间的皮肤上开凿小穴，经2～3天蜕化变成若虫；若虫钻入皮肤，形成狭而浅的穴道，雄性若虫，约经3天变成成虫，雌性若虫约经6天变成成虫。本病以秋冬季和早春季节多发，尤其是阴雨天气，蔓延广、发病剧烈。春末、夏季由于阳光照射，气候干燥，疥螨被大量杀死，而症状减轻或康复。幼羊容易受疥螨侵害，危害也严重。

【症状】首先在患羊不安，嘴唇、鼻梁、眼圈及耳根部，皮肤奇痒、发红、肥厚、肿胀，继而出现丘疹、疱疹、皮肤结痂。特别是嘴唇、口角附近及耳根部，往往发生龟裂和干痂。有时，眼睑肿胀，羞明流泪，以致失明。严重时，患羊食欲明显减退，很快消瘦，虫体迅速蔓延于全身，脱毛严重，衰竭死亡。

【治疗】

①1%伊维菌素注射液，羊只体重每5kg皮下注射0.1ml。

②烟叶水药浴　带梗烟叶7.5g，加水50kg，煮沸半小时，将烟叶梗取出，再加水至100kg，药浴。

【预防】防止健康羊与病羊接触。春、秋两季进行定期药浴或用虫克星进行定期皮下注射，并对羊圈进行消毒。

（2）痒螨病

【病原】痒螨虫体较疥螨大而长。肉眼可见，眼观如针尖大小、椭圆形、口器长而尖、呈圆椎形。足较长，两对前足发达，有的足末端具有分节的细柄和喇叭形吸盘。

【发育史和流行病学】痒螨寄生于羊皮肤表面，以口器刺破表皮，吸取渗出液为食。冬季特别是潮湿阴暗而拥挤的羊舍内，传播和发病更快、更严重。发育过程与疥螨基本相同。

【症状】以剧烈擦痒和大量脱毛为主要症状，故又称脱毛癣。痒螨常寄生于羊背部、臀部、尾根等处，随后波及体侧。痒螨侵害毛根部，导致羊毛很快脱落，有的首先表现绒毛脱落，浮于表面，像棉絮，故有的地方叫"棉虫病"。病程进一步发展，擦痒加剧，被毛很快脱落，形成秃毛症。皮肤丧失弹性，出现鳞屑。病羊极度不安，食欲不振，迅速消瘦，最后虚脱死亡。

【防治】参照疥螨病的防治方法。

6.虱病

各种家畜多寄生虱，山羊则更为普遍。

【病原】山羊虱有吸血虱和食毛虱两种，侵害山羊的主要有山羊颚虱、山羊长颈虱和山羊毛虱。主要寄生于皮毛之间，以吸血和食毛为生，虫体背腹扁平，呈圆锥状。

【发育史及流行病学】整个发育都在宿主体表上，雌虫产卵并黏附在毛根部，经5～10天孵化为幼虱，再经2～3周变为成虱。本病多发于冬春季节，互相接触而传染。

【症状】当体表有大量羊虱寄生时，由于吸血、啮毛、叮咬山羊，造成羊只剧痒，常摩擦墙壁或树枝，或搔咬，影响采食和正常休息，皮肤上出现小结节、小点出血，进而皮肤发炎、脱毛、脱皮，患羊消瘦、贫血，幼羊则发育不良。

【防治】可参照疥螨病的防治方法。

第三章
肉牛饲养技术

第一节　肉牛的优良品种

一、国外品种

（一）西门塔尔牛

1. 原产地及分布

原产于瑞士西部的阿尔卑斯山区，主要产地为西门塔尔平原和萨能平原。在法、德、奥等国边境地区也有分布。西门塔尔牛占瑞士全国牛只的50%、奥地利占63%，现已分布到很多国家，成为世界上分布最广、数量最多的肉乳兼用型品种之一。

2. 外貌特征

毛色为黄白花或淡红白花，头、胸、腹下、四肢及尾帚多为白色，头较长，面宽；角较细而向外上方弯曲，尖端稍向上（图3-1）。颈中等长；体躯长，呈圆筒状，肌肉丰满；前躯较后躯发育好，胸深，尻宽平，四肢结实，大腿肌肉发达；乳房发育好，成年公牛体重平均为800～1200kg，母牛650～800kg。

图3-1　西门塔尔牛

3. 生产性能

乳、肉用性能均较好，平均产奶量为 4 070kg，乳脂率 3.9%。在欧洲良种登记牛中，年产奶 4 540kg 者约占 20%。该牛生长速度较快，平均日增重可达 1.0kg 以上。胴体肉多，脂肪少而分布均匀，公牛育肥后屠宰率可达 65% 左右。

成年母牛难产率低，适应性强，耐粗放管理。总之，该牛是兼具奶牛和肉牛特点的典型品种。

4. 与我国黄牛杂交的效果

我国自 20 世纪初就开始引入西门塔尔牛，至 1981 年我国已有纯种该牛 3 000 余头，杂交种 50 余万头。西门塔尔牛改良各地的黄牛，都取得了比较理想的效果。据河南省舞钢市报道，西杂一代牛的初生重为 33kg，本地牛仅为 23kg；平均日增重，杂种牛 6 月龄为 608.09g，18 月龄为 519.9g，本地牛相应为 368.85g 和 343.24g；6 月龄和 18 月龄体重，杂种牛分别为 144.28kg 和 317.38kg，而本地牛相应为 90.13kg 和 210.75kg。

5. 产奶性能

从全国商品牛基地县的统计资料来看，207 天的泌乳量，西杂一代为 1 818kg，西杂二代为 2 121.5kg，西杂三代为 2 230.5kg。

（二）夏洛莱牛

1. 原产地及分布

原产于法国中西部到东南部的夏洛莱省和涅夫勒地区，是举世闻名的大型肉牛品种，自育成以来就以其生长快、肉量多、体型大、耐粗放而受到国际市场的广泛欢迎，早已输往世界许多国家，参与新型肉牛育成、杂交繁育，或在引入国进行纯种繁殖。

2. 外貌特征

最显著的特点是被毛为白色或乳白色，皮肤常有色斑；全身肌肉特别发达；骨骼结实，四肢强壮。夏洛莱牛头小而宽，角圆而较长，并向前方伸展，角质蜡黄、颈粗短，胸宽深，肋骨方圆，背宽肉厚，体躯呈圆筒状，肌肉丰满，后臀肌肉很发达，并向后和侧面突出（图 3-2）。成年活重，公牛平均为 1 100 ～ 1 200kg，母牛 700 ～ 800kg。

图 3-2　夏洛莱牛

3. 生产性能

最显著特点是生长速度快，瘦肉产量高。在良好的饲养条件下，6月龄公犊可达250kg，母犊210kg。日增重可达1 400g。在加拿大，良好饲养条件下公牛周岁可达511kg。该牛作为专门化大型肉用牛，产肉性能好，屠宰率一般为60%～70%，胴体瘦肉率为80%～85%。16月龄的育肥母牛胴体重达418kg，屠宰率66.3%。母牛泌乳量较高，一个泌乳期可产奶2 000kg，乳脂率为4.0%～4.7%，但该牛纯种繁殖时难产率较高（13.7%）。

4. 与我国黄牛杂交效果

我国在1964年和1974年，先后两次直接由法国引进夏洛莱牛，分布在东北、西北和南方部分地区，用该品种与我国本地牛杂交来改良黄牛，取得了明显效果。

（三）利木赞牛

1. 原产地及分布

原产于法国中部的利木赞高原，并因此得名。在法国，其主要分布在中部和南部的广大地区，数量仅次于夏洛莱牛，育成后于20世纪70年代初输入欧美各国。现在世界上许多国家都有分布，属于专门化的大型肉牛品种。

2. 外貌特征

毛色为红色或黄色，口鼻眼四周、四肢内侧及尾帚毛色较浅，角为白色，蹄为红褐色。头较短小，额宽，胸部宽深，体躯较长，后躯肌肉丰满，四肢粗短（图3-3）。平均成年体重，公牛1 100kg，母牛600kg；在法国较好饲养条件下，公牛活重可达1 200～1 500kg，母牛达600～800kg。

图3-3 利木赞牛

3. 生产性能

产肉性能高，胴体质量好，眼肌面积大，前后肢肌肉丰满，出肉率高，在肉牛市场上很有竞争力。集约饲养条件下，犊牛断奶后生长很快，10月龄体重即达408kg，周岁时体重可达480kg左右，哺乳期平均日增重为0.86～1.0kg；因该牛在幼龄期，8月龄小牛就可生产出具有大理石纹的牛肉。因此，是法国等一些欧洲国家生产牛肉的主要品种。

4. 与我国黄牛杂交效果

1974年和1993年，我国数次从法国引入利木赞牛，在河南、山东、内蒙古等地改良当地黄牛。利杂牛体型改善，肉用特征明显，生长强度增大，杂种优势明显。

（四）安格斯牛

1. 原产地及分布

安格斯牛属于古老的小型肉牛品种。有黑安格斯和红安格斯，原产于英国的阿伯丁、安格斯和金卡丁等郡，并因地得名。目前世界上多数国家都有该品种牛。

2. 外貌特征

以被毛黑色（红色）和无角为其重要特征，故也称其为无角黑（红）牛。该牛体躯低翻、结实、头小而方，额宽，体躯宽深，呈圆筒形，四肢短而直，前后档较宽，全身肌肉丰满，具有现代肉牛的典型体型（图3-4）。成年公牛平均活重700～900kg，母牛500～600kg，犊牛平均初生重25～32kg；成年体高，公母牛分别为130.8cm和118.9cm。

图3-4 安格斯牛

3. 生产性能

具有良好的肉用性能，被认为是世界上专门化肉牛品种中的典型品种之一。表现早熟，胴体品质高，出肉多。屠宰率一般为60%～65%，哺乳期日增重900～1000g。育肥期日增重（1.5岁以内）平均0.7～0.9kg。肌肉大理石纹很好。

该牛适应性强，耐寒抗病。缺点是母牛稍具神经质。

（五）摩拉水牛

原产于印度，属河流型水牛，是世界著名的大型乳用水牛品种。该品种体型高大深厚，头较小，前额宽而略突，鼻孔大，眼突，耳小，薄而下垂，角短，弯曲呈螺旋状，皮肤和被毛黝黑，尾帚白色或黑色（图3-5）。公牛胸部发达，四肢强健，肢势良好，蹄质坚硬。成年公牛体重770～1000kg。

图 3-5　摩拉水牛

摩拉水牛以其产奶性能高而著称，改良我国沼泽型水牛，杂交优势十分明显，杂种一代母牛 1 个泌乳期产乳量为 1 300 ~ 1 500kg。摩拉水牛具有抗病力强、耐热、耐粗饲等特点。

二、国内主要肉牛品种

（一）南阳牛

南阳牛是中国地方优良品种之一，在中国黄牛中体格最高大。南阳牛产于河南省南阳市行河和唐河流域的平原地区，以南阳、唐河、邓县、新野、镇平、社旗、方城等 8 个县、市为主产区。许昌、周口、驻马店等地区分布也较多。

据初步统计，2003 年，南阳全市黄牛饲养量达 442.2 万头，其中存栏 300.5 万头，占全国 2.3%、全省的 22.6%，年产牛肉 18.2 万吨。南阳地区所处地理位置较偏僻，填质坚硬，需要体大力强的牛只进行耕作和运输，群众素有选留大牛的习惯。以舍饲为主。

1. 体型外貌

南阳牛属较大型役肉兼用品种。体高大，肌肉较发达，结构紧凑，体质结实，皮薄毛细，鼻镜宽，口大方正。角形以萝卜角为主，公牛角基粗壮，母牛角细。鬐甲隆起，肩部宽厚。背腰平直，肋骨明显，荐尾略高，尾细长。四肢端正而较高，筋腱明显，蹄大坚实。公牛头部雄壮，额微凹，脸细长，颈短厚稍呈弓形，颈部皱褶多，前躯发达。母牛后躯发育良好（图 3-6）。毛色有黄、红、草白三种，面部、腹下和四肢下部毛色浅。鼻镜多为肉红色，部分南阳牛是中国黄牛中体格最高的。

2. 生产性能

经强度育肥的阉牛体重达 510kg 时宰杀，屠宰率达 64.5%，净肉率 56.8%，眼肌面积 95.3cm²。肉质细嫩，颜色鲜红，大理石纹明显。南阳牛体格高，步伐快，挽车速度每秒 1.1 ~ 1.4m，载重 1 000 ~ 1 500kg 时能日行 30 ~ 40km，是著名的"快牛"。

在繁殖性能上，南阳牛较早熟，有的牛不到 1 岁即能受胎。母牛常年发情，在中等饲养水平下，初情期在 8 ～ 12 月龄。初配年龄一般掌握在 2 岁。发情周期 17 ～ 25 天，平均 21 天。发情持续期 1 ～ 3 天。妊娠期平均 289.8 天，范围为 250 ～ 308 天。怀公犊比怀母犊的妊娠期长 4.4 天。产后初次发情约需 77 天。

图 3-6　南阳牛

（二）秦川牛

秦川牛为中国地方良种，是中国体格高大的役用牛种之一。

1. 产地

产于陕西省关中地区，因"八百里秦川"而得名，以渭南、临潼、蒲城、富平、大荔、咸阳、兴平、乾县、礼泉、泾阳、三原、高陵、武功、扶风、岐山等 15 个县、市为主产区。还分布于渭北高原地区。甘肃省庆阳地区原产早胜牛，20 世纪 70 年代主要引用秦川牛改良，于 1980 年经省级鉴定，并入秦川牛。总头数在 70 万头以上。关中地区自古以来种植苜蓿，也是历代粮食主产区，农民对饲养管理和牛种选择积累有丰富经验。由于当地耕作精细，农活繁重，车辆挽具笨重，牛只都比较大。选种遵循农谚："一长""二方""三宽""四紧""五短"的要求；在毛色上非紫红色不作种用，这些对现代秦川牛的形成起到了重要作用。

2. 体型外貌

属较大型的役肉兼用品种。体格较高大，骨骼粗壮，肌肉丰满，体质强健。头部方正，肩长而斜。中部宽深，肋长而开张。背腰平直宽长，长短适中，结合良好。荐骨部稍隆起，后躯发育稍差。四肢粗壮结实，两前肢相距较宽，蹄叉紧。公牛头较大，颈短粗，垂皮发达，鬐甲高而宽；母牛头清秀，颈厚薄适中，鬐甲低而窄（图 3-7）。角短而钝，多向外下方或向后稍弯。公牛角 14.8cm，母牛角长 10cm，毛色为紫红、红、黄色三种。鼻镜肉红色约占 63.8%，亦有黑色、灰色和黑斑点的，约占 32.2%。角呈肉色，蹄壳分红、黑和红相间三种颜色。

图 3-7 秦川牛

3. 生产性能

经育肥的 18 月龄牛的平均屠宰率为 58.3%，净肉率为 50.5%。肉细嫩多汁，大理石纹明显。泌乳期为 7 个月，泌乳量（715.8+261.0）kg。鲜乳成分为：乳脂率（4.70+1.18）%，乳蛋白率（4.00+0.78）%，乳糖率 6.55%，干物质率（16.05+2.58）%。公牛最大挽力为（475.9+106.7）kg，占体重的 71.7%；在繁殖性能上，秦川母牛常年发情。在中等饲养水平下，初情期为 9.3 月龄。成年母牛发情周期 20.9 天，发情持续期平均 39.4h。妊娠期 285 天，产后第一次发情约 53 天。秦川公牛一般 12 月龄性成熟，2 岁左右开始配种。秦川牛是优秀的地方良种，是理想的杂交配套品种。

（三）鲁西牛

鲁西牛是中国中原四大牛种之一。以优质育肥性能著称。

1. 产地

主要产于山东省西南部的菏泽和济宁两地区，北自黄河，南至黄河故道，东至运河两岸的三角地带。分布于菏泽地区的郓城、鄄城、菏泽、巨野、梁山和济宁地区的嘉祥、金乡、济宁、汶上等县、市。聊城、泰安以及山东的东北部也有分布。20 世纪 80 年代初大约有 40 万头，现已发展到 100 余万头。

2. 体型外貌

体躯结构匀称，细致紧凑，为役肉兼用。公牛多为平角龙门角，母牛以龙门角为主。垂皮发达。公牛肩峰高而宽厚。胸深而宽，后躯发育差，尻部肌肉不够丰满，体躯明显地呈前高后低的前胜体型。母牛鬐甲低平，后躯发育较好，背腰短而平直，尻部稍倾斜。前肢呈正肢势，后肢弯曲度小，飞节间距离小。蹄质致密但硬度较差，尾细而长，尾毛常扭成纺锤状。被毛从浅黄到棕红色，以黄色为最多，一般前躯毛色较后躯深，公牛毛色较母牛的深。多数牛的眼圈、口轮、腹下和四肢内侧毛色浅淡。俗称"三粉特征"。鼻镜多为淡肉色，部分牛鼻镜有黑斑或黑点。角色蜡黄或琥珀色（图 3-8）。

图 3-8　鲁西牛

3. 生产性能

据屠宰测定的结果，18 月龄的阉牛平均屠宰率 57.2%，净肉率 49.0%，骨肉比 1∶6.0，脂肉比 1∶4.23，眼肌面积 89.1cm²。成年牛平均屠宰率 58.1%，净肉率为 50.7%，骨肉比 1∶6.9，脂肉比 1∶37，眼肌面积 94.2cm²。肌纤维细，肉质良好，脂肪分布均匀，大理石状花纹明显。

4. 繁殖性能

母牛性成熟早，有的 8 月龄即能受胎。一般 10 ～ 12 月龄开始发情，发情周期平均 22 天，范围 16 ～ 35 天；发情持续期 2 ～ 3 天。妊娠期平均 285 天，范围 270 ～ 310 天。产后第一次发情平均为 35 天，范围 22 ～ 79 天。

三、湖南省内肉牛品种

（一）湘西黄牛（巫陵牛）

1. 特征描述

体格中等，发育匀称，体躯较短，前高后低，肌肉发达，骨骼坚实。公牛头短额宽，母牛头秀长。母牛乳房不发达，公牛睾丸显露。四肢端正，蹄质坚实，蹄黑色居多。尾较长，尾根较粗且着生部位较高。全身毛色以黄色者居多（图 3-9），栗色、黑色次之，杂色很少。公牛平均体高 117.11cm，平均体重 334.29kg；母牛平均体高 106.06cm，平均体重 240.24kg。具有性情温驯、繁殖力高等特点，适于山区、丘陵区饲养。

2. 生产性能

其产肉性能好，屠宰率公牛 49.65%、母牛 46.49%。母牛泌乳期平均 205.75 天，日平均产奶 2.25kg。

图 3-9 湘西黄牛

（二）湘南黄牛

1.特征描述

个体矮小，公牛肩峰高，骨架细，体质健壮，结构紧凑，全躯短促（图 3-10）。公牛躯体前高后低，母牛后躯略高于前躯。公牛头额宽，母牛颈细而长。垂皮发达，整个颈部显得消瘦。公牛肩峰高大突出；成年公牛平均体重 180.56kg，母牛 142kg。湘南黄牛耐粗饲能力强，善于爬坡、繁殖率高、适应性和抗病力强，能适应南方山地的生态环境和粗放的饲养管理条件。

图 3-10 湘南黄牛

2.生产性能

平均屠宰率公牛为 46.25%，母牛为 46.54%；平均净肉率，公牛为 38.04%，母牛为 37.53%；平均日产奶 1.75kg。

（三）滨湖水牛

1.特征描述

体躯高大，骨骼粗壮，各部匀称，肌肉丰满，头长额宽（图 3-11）。公牛颈粗厚，母牛颈细长。鬐甲丰满，胸围平均在 190cm 以上。背腰平直，肋骨张开显弓形。母牛腹大而圆；公牛肚略小似圆筒状。成年公牛平均体重为 416kg，母牛为 406kg。滨湖水牛具有体高力大、耐粗易肥、性温驯、能耐劳和适应性强等特点。

图 3-11 滨湖水牛

2. 生产性能

公牛屠宰率为 46.22%，净肉率 37.18%；母牛屠宰率 48.45%，净肉率 36.95%；泌乳期一般为 6 ~ 8 个月，产奶量 550kg，乳脂率 9.4% ~ 10.6%。

四、品种应用

（一）国外主要肉牛品种应用

（1）西门塔尔　肉乳兼用型品种。主要优点：适应性强，易放牧，具有良好的肉乳用特性，适宜改良本地母牛作杂交一代父本。

（2）利木赞　大型肉用品种。主要优点：早期生长发育快，产肉性能优良，难产率低，适宜于作杂交二代父本。

（3）夏洛莱　大型肉用品种。主要优点：早期生长发育快，瘦肉多，杂交一代对增重的改良效果非常明显，适宜于作杂交二代父本。

（4）安格斯　中小型肉用品种。主要优点：生长发育快，早熟，出肉率高，适应性强，难产率低，适宜农区放牧母牛改良。

（5）皮尔蒙特　中型肉用品种。主要优点：屠宰率高、瘦肉率高，肉质好，适宜生产高档牛肉出口。

（二）国内品种应用

（1）秦川牛　产于陕西，生产肉用杂交牛的良好母本，此牛役用能力强、肉质好。

（2）南阳牛　产于河南，我国黄牛中体型最高大的品种，成牛体重母牛达430kg、公牛 850kg。

（3）鲁西牛　产于山东，有优质育肥性能，役肉兼用品种。

（4）晋南牛　产于山西，相对而言，此牛生长发育较慢。

（5）延边牛　产于东北三省，抗寒性能强，耐粗饲，体重较小。

（三）养殖肉牛品种的选择

我国地域辽阔，各地自然条件、生态条件、饲草料条件不同，养牛业基础水平及社会化的畜牧业服务体系和产品销售渠道也存在很大差异。因此，根据当地的实际情况来选择适宜的肉牛养殖品种或类型，能起到节约资源、提高生产效率和生产效益的双重作用。

1. 地域因素的限定条件

山区养牛的不利条件是：山区的饲草资源在很大程度上是精饲料资源不很丰富，养牛资金缺乏，农民文化水平和科技素质低，社会化的服务体系也不健全。因此，山区养牛宜以饲养繁殖母牛、生产育肥架子牛为生产计划核心。在交通运输条件便利、当地活牛交易兴旺的地区，应以选择利用大型西门塔尔牛对当地牛进行杂交改良，饲养一二代杂种牛，饲养至 12～24 月龄出售，作为架子牛供易地育肥。二代以上杂种牛可选择德国黄牛、利木赞牛等作杂交父本。如果还需要利用牛进行耕地等役用作业，则以利用西门塔尔杂种牛间相互交配，生产乳肉役兼用犊牛饲养为宜，不宜进行多元杂交。在还非常需要畜力耕地或放牧的山区，则以引进利用西门塔尔、安格斯作杂交父本，或引进我国的五大良种黄牛饲养为好。

农区已成为我国牛肉生产的主要基地。农区养牛业的特点是饲草料资源比较丰富，肉牛杂交改良率的高低与当地政府对养牛业的重视程度密切相关。有的地方，牛杂交改良率高；有的地方杂交改良推广慢。绝大多数农户养牛都是以母牛自繁为主。农户养牛一般都是养母牛繁殖小牛，靠卖小牛赚钱；但专业型只育肥、不繁殖的肉牛育肥户、育肥场，肉牛业正向科技型、效益型和高档优质产品化方向发展。因此，农区养牛，品种应选择饲养杂种牛。利用引进的国处优良肉牛品种西门塔尔、利木赞、夏洛莱、德国黄、安格斯为父本与当地母牛杂交；一代杂交宜选择西门塔尔、利木赞为父本。在已有杂交改良基础的地方，可选择进行三元杂交和四元杂交，提高牛的生长、育肥速度，增加高档优质牛肉比例，提高养牛的生产和经济效益。

草场状况较好的地区，可实行放牧加补饲育肥，后期集中育肥，或向农区提供育肥架子牛，因此养牛品种可选择西门塔尔、短角牛、安格斯作杂交父本与当地牛杂交。杂种后代既适于向农区提供育肥架子牛，也可在当地进行放牧育肥，获得较好的生产效果。

2. 饲养管理水平的限定条件

非大型集约规模化的农民个体养牛农户，个人并不能左右和选择养牛的品种。作为一般原则，应知道品种内个体间的差异要远大于不同品种间群体的差异；不同品种间杂交，一般情况下，总是能产生相当的杂种优势；引用优良的父系品种与当地牛杂交，总是能产生改良效果。因此，购牛应选择在当地普遍的牛品种，母牛配种父系则应选择当地政府大力支持引进的杂交父系公牛。这样在当地具有生产性能良好、品种一致的普遍牛群，有利于通过规模和广告效应吸引外来客户，提高当地肉牛的生产效益。

对于架子牛生产企业和育肥企业的架子牛培育基地，由于我国目前还没有国产的肉牛品种，因此架子牛生产的组织最好采用饲养国处肉牛品种，如夏洛莱、德国黄、皮埃蒙特、利木赞等；商品架子牛杂交组合的组织，杂交一、二代以选择西门塔尔和利木赞对地方黄牛改良为主。西门塔尔为肉乳兼用大型品种牛，体型大，产奶量高，由于我国黄牛普遍泌乳量少，杂交之后能迅速提高母牛的产奶量，犊牛的生长速度提高，加上奶水充足，其增生速度要明显快于地方黄牛；利木赞是纯肉用品种，对地方黄牛杂交改良具有很好的效果。

第二节　肉牛饲养管理

一、肉牛饲养管理的一般原则

（一）满足肉牛的营养需要

首先提供足够的粗料，满足瘤胃微生物的需要。然后根据不同的品种类型和同一类型的不同生长阶段配合日粮。日粮的配合应全价营养，种类多样化，适口性强，易消化，精、粗、青饲料合理搭配。犊牛要及早哺足初乳，确保健康，哺乳犊牛要及早放牧，补喂植物性饲料，促进瘤胃机能发育，并加强犊牛对外界环境的适应能力；生长牛日粮以粗料为主，并根据生产目的和粗料品质，合理配比精料，育肥牛则以高精料日粮为主进行育肥；对繁殖母牛妊娠后期进行补饲，以保证胎儿后期正常的生长发育。

（二）严格执行防疫、检疫及其他兽医卫生制度

定期进行消毒，保持清洁卫生的饲养环境，防止病原微生物的增加和蔓延；经常观察牛的精神状态、食欲、粪便等情况；及时防病、治病，适时免疫接种；制订科学的免疫程度。对断奶犊牛和育肥前的架子牛要及时驱虫保健，及时杀死体表寄生虫。要定期坚持进行牛体刷拭，保持牛体清洁。夏天注意防暑降温，冬天注意防寒保暖。定期进行称重和体尺测量，做好多项必要的记录工作，做到牛卡相符。

（三）加强饮水，定期运动

要求水质无污染，冬季适当饮用温水，保证饮水充足。为了减少牛体营养物质

的消耗，提高育肥效果，应尽量减少育肥牛的运动量，每次喂完后要将牛缰绳拴短（30～40cm），以牛能卧下休息为宜。但适当运动有利于牛新陈代谢，促进消化，增强牛对外界环境急剧变化的适应能力，防止牛体质衰退和肢蹄病的发生。

二、肉牛的育肥生产技术要点

育肥肉牛包括幼龄牛、成年牛和老残牛。育肥的目的是科学应用饲料和管理技术，以尽可能少的饲料消耗获得尽可能高的日增重，提高出栏率，生产出大量优质牛肉。

（一）架子牛的选购

架子牛就是从牧区或农户家中收购来的，未经精饲料育肥的牛。要取得肉牛育肥的高效益，选购架子牛非常关键。选购架子牛最好是优良肉牛品种杂交的改良牛，如夏洛莱、西门塔尔、皮埃蒙特、安格斯牛等与本地牛的杂交改良牛。因为这些优良肉用品种的杂交改良牛增重速度快，饲料报酬高，经济效益就好。一般选购架子牛要选择 1 岁左右的、体重在 250～400kg 健康无病、体型外貌发育良好的公牛。选购架子牛并不是越肥越好，如是因为营养不足而导致的架子牛瘦，只要无病，才更有育肥的潜力，才能更有效益。

（二）季节的选择

肉牛育肥以秋季最好，其次为春、冬季节。夏天气温如超过 30℃，肉牛自身代谢快，饲料报酬低，必须做好防暑降温工作。

（三）去势

近年来研究表明，2 岁前公牛育肥则生长速度快，瘦肉率高，饲料报酬高；2 岁以上的公牛，宜去势后育肥，否则不便管理，会使肉脂有膻味，影响胴体品质。

（四）驱虫

育肥牛在育肥前应进行体内外驱虫。体外寄生虫（如牛虱、牛鳖虫、牛螨等）使牛体表痛痒，不舒服，使牛采食量减少，影响增重效果。体内寄生虫（如肝片吸虫、蠕虫等），吸收肠道中的营养物质和破坏牛的器官，影响育肥牛的生长和育肥增重效果。要根据牛体重大小计算出用药量。根据不同的驱虫药，有拌料、灌服和皮下注射等方法。驱虫药可选用丙硫苯咪唑、左旋咪唑、阿维菌素、抗螨敏等。7 天后再进行第二次驱虫。

（五）健胃

架子牛购回后，在适应期内要进行健胃，可用健胃散。特别对食欲不振，不能吃饱的牛更应该进行健胃。

（六）要做到"六定""五看""四净"

1. "六定"

（1）定时　每天早上 7～9 点，下午 5～7 点各喂一次，间隔时间不能忽早忽晚。保证上、中、下午定时饮水 3 次。炎热高温天气要增加饮水次数。

（2）定量　每天的饲料喂量要定量，特别是精饲料用量按每 100kg 体重 1kg 左右定量，不能随意增减。

（3）定人　育肥牛的饲喂和日常管理要固定专人。不但方便熟悉每头牛的采食情况和健康，并可避免由于换人饲喂使牛产生应激反应，影响育肥牛的正常增重效果。

（4）定牛位　就是将牛拴系的位置排序要固定不变，否则牛互相不熟悉，就会打架，而影响采食。

（5）定时刷拭牛体　每天上、下午定时给牛体刷拭一次，促进牛体血液循环，增进食欲，还可预防体外寄生虫。

（6）定期称重　为了及时了解牛的育肥增重情况，要定期称重，一般每月称重一次、每次取连续两天早上空腹称重的平均数。

对于增重差的育肥牛要查找原因，调整饲养方案，有必要时对增重差的牛做淘汰处理。

2. "五看"

这五看也是判断牛是否患病的关健。

（1）看采食　在每次喂料时，要注意观察每头牛的采食情况，对吃得少或不吃的牛，要及时找出原因，看是饲料原因还是牛只患病，要及时处理解决。

（2）看饮水　每次饮水时要注意每头牛的饮水情况，对未喝水的牛要认真观察，查找原因，看牛是否患病。

（3）看粪尿　正常牛的粪便不稀不干，粪便呈迭盘状，颜色黄绿，无恶臭味。患病的牛粪便或干硬如盘珠，或稀如浊水，或便中带有脓血，表明牛患有消化道疾病或吃了霉变饲料。正常牛的尿液清中微黄，如发现牛尿液中有血或混浊不清，也是牛患病的表现，要注意观察，及时治疗。

（4）看反刍　正常牛吃食半小时后进行反刍，每次反刍 1h 左右，每天 6～8 次，如发现牛不反刍，可能是患病牛。要注意观察，及时找兽医诊治。

（5）看精神状态　我们在日常的饲养管理中要注意仔细观察牛的精神状态。

正常牛两耳随外界声音的方向扇动灵活，手摸温暖，不冷不热；患病牛两耳扇动迟钝，不灵活，或低垂不动，手摸耳根，非冷即热。正常牛两眼明亮有神。眼睛转动灵活，无眼屎。患病牛两眼无神，眼皮下垂或微闭、目光无神或睁眼凝视，有眼屎。正常牛的鼻镜湿润有水珠，用手抹去后又会复出，鼻镜时而上下扇动；患病牛的鼻镜干燥无水珠，甚至干裂脱皮，一般多为感冒或炎症发烧的表现。鼻腔流鼻涕或流出黏液等也表示此牛有病。正常牛被毛光亮、顺滑；患病牛被毛粗乱，无光泽。正常牛站立时四肢着力均匀，腰背伸展，头转动灵活，反应敏捷。行走时四肢步伐稳健、精神抖擞、摇头摆尾。正常牛趴卧站起后，伸懒腰，或便尿或便粪。患病牛或呆立不动，或骚动不安，不停鸣叫，或喜趴卧，精神沉郁，反应迟钝。站起后，弓腰弯背，头耳转动缓慢，两眼无神，鼻镜干燥。食欲不振或停食，离群站立。

3. "四净"

（1）草料净　饲草、饲料中不得有砂石、泥土、铁钉、铁丝、塑料等异物。在调制饲料过程中要及时清除异物。饲草饲料不得发霉变质，没有有毒有害物质的污染。牛喂完饲料后，要将槽内饲料清扫干净，防止草料残渣在槽内发霉变质。

（2）饮水净　要注意牛饮水卫生，不要喂有毒有害物质污染的水。

（3）牛体净　要经常刷拭牛体，保持牛体卫生，防止体外寄生虫。

（4）圈舍要净　圈舍每天要勤打扫，勤除粪，牛床地面要保持干燥。保持舍内空气流通，冬暖夏凉。

三、肉牛的育肥方法及注意事项

（一）放牧育肥

这是一种最经济的育肥方法，在草场辽阔、水草丰富的地方可采用此法。放牧育肥的技术要点是，在青草旺盛期，按牛的性别、年龄、膘体分组编群，选好草场，分区轮放，温暖天可日夜放牧，炎热天可在早晨，傍晚放牧，平均每天放牧 12h，即春放阳，夏放岗，同时保证牛吃饱吃好饮足水，每月需称毛重或估测体重一次，以了解育肥增重情况，育肥期可依膘情而定，一般为 3 ~ 6 个月，放牧时要注意牛的休息和补盐，夏季防署，狠抓秋膘。

（二）半舍饲育肥

在草场条件差、水草不足的地方，可采用放牧和舍饲相结合的育肥方法，即白天充分利用草场放牧，晚上舍饲、辅以精料，配方如下：玉米 50%、豆粕 20%、糠麸 25%、食盐 2%、骨粉 3%，一般每天 2 ~ 4kg，为了提高饲料营养消化利用率，可将秸秆铡短浸泡，拌上精料喂饲，育肥期一般 3 ~ 6 个月。

（三）舍饲育肥

将牛整天关在栏舍内，全期以人工草料和补充精料饲喂，使之在短期内达到育肥的目的。有两种方法：一是刈割青草育肥，白天到田边地坡、山地草场刈割青草喂牛，晚上补充精料。二是采用农副产品，如玉米、高粱秸秆、甘薯藤、花生藤、酒糟、糖糟、豆渣、棉籽饼等来喂牛。

（四）育肥牛饲养中应注意的六个问题

（1）肉牛饲料要品种多样，合理配合　根据育肥牛的育肥情况适时调整配方和用量：不喂发霉变质的饲料，要注意清理饲料中杂质。必须将各种饲料按比例调拌均匀（如饲养的牛多，可利用闲房屋或临时搭建拌料房，地面用水泥或红砖铺平。如牛少，可在牛舍过道上拌料，节约费用）。不要突然变换肉牛饲料品种，确需要变换饲料品种时，要在7天内逐渐增减不同饲料的用量，使牛逐渐适应新的饲料品种，不至于造成牛的应激反应，以免影响肉牛的消化机能。

（2）喂牛要定时定量　必须保证牛吃饱，根据牛采食情况，逐渐增加饲料用量。

（3）必须保证牛只充足、清洁的饮水　特别炎热的夏季，牛如缺水会严重影响消化机能，容易造成消化道疾病。牛可少吃草，但绝不可缺水。

（4）必须做好肉牛的驱虫、健胃、疫病预防工作　新购入的架子牛要及时进行口蹄疫疫苗的注射，预防疫病的发生有重要的意义。牛舍要定期进行消毒，尽量避免外人进入牛舍。

（5）每天必须刷拭牛体2次，保持牛体清洁卫生、促进血液循环，增进食欲，预防体外寄生虫。

（6）每天要搞好牛舍内牛床及周围卫生，利于防病。

四、母牛的繁殖

（一）初情期与性成熟

初情期是指母牛初次发情或排卵的年龄。此时母牛虽有发情表现，但生殖器官仍在继续生长发育。

性成熟即是公母牛到一定年龄，生殖器官发育基本完成，母牛可以正常发情和排出成熟的卵子，公牛在成熟精子。此时有配种受胎能力，但身体的发育尚未完成，故还不宜配种，否则会影响到母牛的生长发育、使用年限及胎儿的生长发育。黄牛的性成熟在8月龄左右，水牛12月龄左右。因品种、饲养条件及气候等条件不同而异。

（二）配种

1. 初配年龄

牛的身体发育成熟（即体成熟）后才能配种，不能过早，但也不能过迟。牛性成熟后，体重达到成年牛体重的70%左右，就可以配种。一般要15～18月龄（母牛1.5～2岁，公牛2～3岁），跟品种、饲养条件和气候不同有关。

2. 发情

发情是母牛性活动的表现，具体表现为兴奋、骚动不安、频频排尿、食欲减退，常爬跨其他牛，也接受其他牛爬跨。阴户肿大、湿润松弛，有大量透明黏液流出（图3-12）。

发情周期是指上一次发情开始到下一次发情开始的间隔时间。黄牛的发情周期一般为18～24天（平均21天）水牛发情周期为18～30天，以20～21天者较多。

母牛在发情期间，由开始发情至发情结束这段间隔称为发情持续期。黄牛的发情持续期为1～2天，水牛为2～3天。由于排卵的时间不同，适宜配种的时间也不同，黄牛多在发情后12～20h内，水牛在发情开始后24～36h为宜。一般配2次，每间隔8～12h再配一次。

图3-12　母牛发情表现

3. 配种

（1）自由交配　即公母牛混养放牧（按公母比例1∶20～30），由其自由交配。

（2）人工辅助交配　公母分开饲养，配种时用指定公牛，配完又将公母分开。

（3）人工授精　人工采集精液，再用输精器将公牛的精液输入发情母牛的生殖道内，使其受精。人工授精能充分利用良种公牛的作用，延长使用年限，减少饲养成本，防止生殖道传染病的传播。

（三）妊娠与分娩

1. 妊娠征状

母牛配种后，经过一两个发情周期不再发情，可能是妊娠了。妊娠母牛表现：安静、温顺、举动迟缓，放牧时往往走在牛群的后面，食欲好，吃草量和饮水量增加，被毛光泽，身体渐趋饱满，腹部逐渐变大，乳房逐渐胀大。此外，也可采用直肠检查法，即母牛配种 60 天后，直肠触摸子宫角，如果子宫角扩大，便为妊娠。

2. 妊娠期和预产期

牛的妊娠期是黄牛（包括黑白花奶牛）一般为 270 ~ 285 天，平均 280 天；水牛 300 ~ 320 天，平均 310 天。但妊娠期可因牛的品种、个体、年龄、饲养管理条件等不同而有差别。

母牛妊娠后，为做好分娩前的准备工作，应准确推算母牛的产犊日期。

预产期推算公式：月减 3，日加 6，例如配种日期为 2016 年 10 月 1 日，则预产期为 10–3=7，1+6=7，这头牛的预产期为 2017 年 7 月 7 日。

3. 保胎

妊娠期的母牛如管理不当，易造成死胎、流产。因此应注意：

（1）满足妊娠母牛的营养需要，特别是蛋白质、矿物质、维生素的需要等。

（2）注意饲料质量，不宜多喂多汁饲料和豆科青饲料，预防瘤胃臌气。不能饲喂霉败、变质、酸度过大以及冰冻饲料。不要突然变料。

（3）加强管理，最好单独饲养，防止剧烈运动。不要鞭打、顶挤、挤压；防止孕牛在泥泞、冰冻、较滑的路面上行走。

（4）加强防疫工作，防止疫病感染。

4. 分娩与接产

母牛分娩时忽视护理，助产和消毒不当，就会造成母牛难产、生殖器官疾病、产后不孕或犊牛死亡，严重的造成母牛死亡或丧失繁殖能力。

（1）产前的准备　产前必须做好以下工作：

①产房准备：产房要清洁干燥、保温良好，使用前要进行全面的消毒，并铺设 10 ~ 15cm 的褥草。

②药品器械准备：产房应提前准备好水盆、毛巾、肥皂、消毒纱布、脱脂棉、细绳、剪刀、产科器械和手术器械以及消毒药，部分抗菌药等。还应准备部分红糖、开水或米汤等，以备母牛分娩后饮用。

③母牛进产房前要进行牛体的消毒。

④要有人员值班，注意观察。

（2）分娩的征状　母牛分娩时征状如下：

①外形表现：临产前的母牛尾根两侧凹陷，减食或不食，起卧不安，常作排粪尿状态，不时回顾腹部。

②外阴部：分娩前 1 周，阴唇开始松软、肿大、充血潮红，临产前有透明黏液从阴道流出。

③乳房：乳房胀大，分娩前 1 ~ 2 天内甚至可挤出初乳。

（3）分娩过程　分娩可分为三个时期：

①开口期：是胎儿转变成分娩时的胎位和胎势，开口期历时 2 ~ 6h。

②产出期：母牛努责，羊膜破裂，排出羊水，胎儿先露出前肢和头部，慢慢产出。产出期一般为 0.5 ~ 4h。

③胎衣排出期：胎儿产出后，一般 5 ~ 8h 胎衣排出。若超过 12h 后胎衣仍未排出，应按胎衣不下处理。

（4）助产　母牛分娩过程中要注意观察，正常的分娩可让其自然将胎儿产出，不需助产。对初产母牛，胎位不正或分娩过程较长的母牛要进行助产。

助产时，助产人员首先用温肥皂水将分娩母牛的肛门、尾根和外阴洗净，再用 1% 新洁尔灭进行彻底消毒。当胎儿露出阴门但仍包着羊膜时，助产人员可及时将羊膜剪破，让羊水流出。待犊牛的前肢或倒生出犊牛的后肢露出阴门时，助产人员可随母牛的努责并顺母牛的骨盆方向顺势牵拉。当胎儿腹部通过阴门时，助产人员应握住脐带孔部，以防脐带断在脐孔内。犊牛产出后，就立即将其口鼻中的黏液和羊水擦干净，然后断脐、产出后 1h 内要及时喂上母乳。

（5）母牛的产后护理　母牛产犊后，由于体液消耗多，体质虚弱，生殖器官各部位均有不同程度的损伤，所以，对产后母牛要加强护理，以保证母牛体质尽快恢复和防止生殖器官感染。产后母牛应及时饮些红糖和益母草水，以促进胎衣排出和生殖器官的复原。同时可喂给一些小米稀饭粥或麸皮盐水汤，补充体液。此外，把被污染的垫草清除，换上干净垫草，保持室内和畜体清洁卫生。如有产科病的，应立即采取相应的措施进行治疗。

（四）提高母牛繁殖力的主要措施

要迅速发展养牛业，就务必要繁殖大量健壮的小牛，因此，必须保证母牛有正常的繁殖机能，提高母牛的繁殖力。母牛繁殖力的高低，与营养、管理、繁殖技术及疾病防治等密切相关，因而提高母牛繁殖力的主要途径，就在于供给必需的营养，进行科学的管理，提高繁殖技术，以及做好防治疾病等保健工作。

1. 满足营养需要

饲养母牛，应保证其能量、蛋白质、矿物质和维生素等的需要。能量水平要适当，不能水平过低，但也不能水平过高。母牛日粮中缺乏蛋白质，会影响正常发育，造成母牛的不孕或胎儿生长受阻。矿物质中钙、磷最为重要，应按其需要，给予适量且比例合适的钙、磷〔一般认为日粮中钙与磷的比例以（1.5 ~ 2）：1 较好〕。矿物质中除了钙、磷以外，一些微量元素如锰、钴、铜、铁、碘等，对牛的健康和繁殖也有一定的作用，不能缺少。维生素中对繁殖影响较大的是维生素 A。维生素 A 或胡萝卜素是维持生殖系统上皮组织正常机能的重要物质。

2. 实行科学的管理

为提高母牛的繁殖力，除了合理的饲养，满足母牛对各种营养物质的需要外，还要注意管理，给予适当的运动、充足的阳光照射和新鲜的空气。加强对母牛的管理，还包括对母牛的合理使役，以防母牛受伤或劳役过度而引起流产。另外，配种前应对母牛的发情规律、特点以及繁殖情况进行调查，对已配的母牛，要检查受胎的情况，有漏配的应及时补配。

3. 提高繁殖技术

发情母牛受胎率的高低，除与公牛的精液品质有关外，与能否适时配种及配种技术有很大的关系。实践证明，母牛产犊后，第一次发情配种，能提高受胎率，且使母牛一年产一犊。如果母牛产犊后，第一次发情或第二、三次发情不给配种，较易造成不孕。因此，一般母牛产犊后第一次发情，就应抓紧配种。

4. 做好防治疾病等保健工作

做好母牛的保健工作，防止疾病的传染，保证母牛的健康，是提高繁殖力的重要一环。对于常配不上种，或出现流产的母牛，应认真检查，加以分析，找出原因。属于营养性的，应加强营养，改善饲养；若为生殖器官疾患，则应及早治疗。

五、犊牛的饲养管理

犊牛是指初生至断奶阶段的小牛。为了最大限度地利用母牛的繁殖能力，减少母牛空怀时间，保证小牛育成后有较高的产肉（乳）性能，犊牛阶段的饲养管理尤为重要。

（一）犊牛的消化生理特点

1. 犊牛胃的发育

初生犊牛的前胃（瘤、网、瓣胃）容积很小，机能也不发达，而皱胃相对容积大，约占四个胃总容积的 70%，为消化的主要器官。犊牛吃奶时，体内产生一种自然的神经反射作用，使食道沟卷合，形成管状结构，避免牛奶流入瘤胃，使之经过食道沟直接进入皱胃进行消化。随着犊牛月龄的增长，并因采食固体物质（饲草，饲料等）的机械刺激，瘤胃内微生物逐渐形成，瘤胃内壁的乳头状突起逐渐发育，瘤胃与全胃容积之比已基本接近成年牛。

2. 微生物群的定栖

犊牛 3 周龄开始尝试咀嚼干草、谷物和青贮饲料，瘤胃内的微生物区系开始形成。6 周龄时，其菌群在很大程度上与成年牛相似；9～13 周龄时，其菌群基本上与成年牛相同，菌数与成年牛相等。同时，瘤胃内原生动物也开始栖生。

3. 反刍

犊牛开始吃草料时即出现反刍。随着采食量的增多，反刍次数和时间延长。大约到一天采食达 1～1.5kg 时，反刍时间基本稳定。约出生后 5 周龄时，唾液腺分泌唾液急剧增多，唾液中重碳酸盐的含量也几乎接近成年牛的含量。

4. 犊牛的消化机能

犊牛以皱胃为主要消化器官时，尚不具备胃蛋白酶进行消化的能力。所以，犊牛出生后头几周需要以牛奶为日粮，牛奶进入皱胃时，由皱胃分泌的凝乳酶对牛奶进行消化，但随着犊牛的生长，凝乳酶活力逐渐被胃蛋白酶所替代。大约在3周龄时，犊牛开始有效地消化非乳蛋白质，如谷类蛋白质、肉粉、鱼粉等。

初生犊牛的肠道里，存在有足够的乳糖酶，能够很好地消化牛奶中的乳糖。而这些乳糖酶的活力随着犊牛年龄的增长而逐渐降低。

初生犊牛消化系统里缺少麦芽糖酶的活性，所以出生后的早期阶段不能利用大量的淀粉。大约到7周龄时，麦芽糖酶的活性才逐渐显现出来。

初生犊牛几乎完全没有蔗糖酶活性，以后也提高得非常慢，因此犊牛的消化系统不具备大量利用蔗糖的能力。

初生犊牛的胰脂肪酶活性也很低，但随着日龄的增加而迅速增强，8日龄时，其胰脂肪酶的活性也达到相当高的水平，使犊牛能够很容易地利用全奶及其他动植物代用品中的脂肪，另外，犊牛也同样分泌脂肪酶，对乳脂的消化有益。但唾液脂肪酶随着犊牛采食粗饲料量的增加面逐渐减少。

（二）犊牛的饲养

1. 初生犊牛的处理

犊牛出生后，身上的黏液最好由母牛将其舔干，以增加母子感情，但口腔、鼻腔内的黏液，应用毛巾清除。在寒冷的冬季产犊，应采取保暖措施。犊牛出生后，脐带要用碘酒消毒。同时要除去牛蹄底的软蹄。

2. 尽早哺喂初乳

犊牛生后半小时内，设法帮助其吃上初乳。一般肉用犊牛采用自然哺乳，如果母牛产后死亡、虚弱、缺乳，或母性不佳，不能进行自然哺乳时，可寻找奶水充足的其他初产母牛代喂养，或从母牛身上挤出初乳喂，或用人工喂乳。

3. 及时补料

为了促进犊牛胃肠发育，提倡早期补料。一般于生后第一周补给优质干草，自由采食（通常将干草放入草架内，防止采食污草），生后第二周可试着补些精料，即代乳料，生后20天在饲料中加些切碎的多汁饲料，2月龄以后可喂青贮饲料。

代乳粉：一般用脱脂奶粉、乳清粉或酪蛋白代替50%的蛋白质，其余50%蛋白质用大豆蛋白浓缩物和鱼蛋白浓缩物，饲喂效果比较理想。

大豆蛋白浓缩物：优质大豆粕用水和酒精除去可溶性化合物，并加热使胰蛋白酶抑制因子等有害物质失去活性。

人工乳酶中包括动物脂肪和植物脂肪、添加脂肪，可有效地减少犊牛腹泻的发生率。

4. 搞好犊栏卫生

犊牛栏可设在舍外，要保持阳光充足，通风良好，防止潮湿，保持干燥，要勤清扫，勤换垫草。

5. 保证运动

犊牛每日舍外活动时间不能少于 4h（生后 10 天开始），因为运动和阳光照射可促进犊牛的生长发育。要注意夏季中午炎热，不要在太阳下曝晒，以防中暑；冬季寒风大雪时，也不要赶到外面，以免感冒。

6. 断奶

犊牛 4 ~ 6 月龄时，体重超过 100kg 以上，其消化机能已健全，已能利用一定的精料及粗饲料，可逐渐断奶，将母子分开。具体方法是，将小牛移入断乳牛舍，最初可隔 1 天，而后隔 2 天吃一次母乳，约 10 天完全离乳。母牛在断乳前 1 周开始，减少其精料及多汁料的给量，使其不再泌乳。

六、母牛的饲养管理

肉用繁殖母牛饲养管理的好坏，不仅影响繁殖率，而且直接影响犊牛的质量，所以母牛的饲养应该引起足够的重视。

（一）育成母牛的饲养管理

育成期大约在断奶后 6 个月。必须按不同年龄生长特点进行正确饲养。

（1）6 ~ 12 月龄　为母牛性成熟期，在此时期，母牛的性器官和第二性征发育很快，体躯向高度和长度两个方向急剧生长，同时，其前胃已相当发达，容积扩大 1 倍左右。因此，在饲养上要求供给足够的营养物质，所喂饲料必须具有一定的容积，才能刺激其前胃的生长。所以，对这时期的育成牛，除给予优良的牧草、干草、青贮料和多汁饲料外，还必须适当补充一些混合精料。从 9 ~ 10 月龄开始，可掺喂一些秸秆和谷糠类粗饲料，其比例占粗料总量的 30% ~ 40%。

（2）13 ~ 18 月龄　育成牛消化器官更加扩大，为了促进消化器官的生长发育，其日粮应以粗饲料和多汁饲料为主，其比例约占日粮总量的 75%，其余 25% 为配（混）合饲料，以补充能量和蛋白质的不足。

（3）19 ~ 24 月龄　这时母牛已配种受胎，生长比较缓慢，体躯显著向宽向深发展，如饲养太好，在体内容易贮积过多脂肪，导致牛体过肥，造成不孕。但如果饲养过于贫乏，又会使牛体生长受阻，成为体躯狭浅、产奶量不高的母牛。因此，在此期间，应以优质干草、青草、青贮料和少量氨化秸秆为基础饲料，精料可以少喂甚至不喂。但到妊娠后期，由于体内胎儿生长迅速，则须补充精料，日定额为 2kg 左右。

育成母牛在管理上应首先与育肥牛分开，可以单留饲养，也可围栏饲养。每天应至少刷拭 1 ~ 2 次,每次 5min,同时加强运动,促进其肌肉组织和内脏器官,尤其是心、肺等呼吸和循环系统的发育,使其具有高产母牛的特征。配种受胎 5 ~ 6 个月后,母牛乳房组织处于高度发育阶段,为了促进其乳房组织的发育,且能养成母牛温顺的性格,分娩后容易接受挤奶,一般早晚可按摩 2 次,每次按摩时用热毛巾擦拭乳房,产前 1 ~ 2 个月停止按摩。

(二)妊娠母牛的饲养

怀孕母牛的营养需要和胎儿生长有直接关系,胎儿增重主要在妊娠的最后三个月,此时的增重占犊牛初生重的 70% ~ 80%,需要从母体吸收大量营养。若胚胎期胎儿生长发育不良,出生后就难以补偿,增重速度减慢,饲养成本增加。同时,母牛体内需蓄积一定养分,以保证产后泌乳量,妊娠前 6 个月胚胎生长发育较慢,不必为母牛增加营养,对怀孕母牛保持中上等膘情即可。

以放牧为主的肉牛,青草季节应尽量延长放牧时间,一般不可补饲。枯草季节,根据牧草质量和牛的营养需要确定补饲草料的种类和数量,特别是在怀孕最后的 2 ~ 3 个月,如果遇上枯草季节,应进行重点补饲,特别是要补充胡萝卜素和维生素 A,另外要补充能量饲料、蛋白质和矿物质的需要。

舍饲情况下,按以青粗饲料为主适当搭配精料的原则,粗料以玉米秸秆,优质豆科牧草,再添加饼粕类,粗料补加 1kg,其中玉米 270g,麦麸 250g,饼类 200g,稻谷 250g,石粉 10 ~ 20g,食盐 10g。怀孕牛禁喂棉饼、菜饼、酒糟等饲料。不喂冰冻、发霉饲料,饲喂顺序采用先粗后精的饲喂方法,先喂粗料,等牛半饱后,再喂精饲料和多汁饲料。

怀孕后期应做好保胎工作,无论放牧和舍饲,都要防止挤压、猛跑。临产前注意观察,保证安全分娩。在饲料条件较好时,应避免过肥和运动不足。充足的运动可增强母牛体质,促进胎儿生长发育,并可防止难产。纯种肉用难产率较高,尤其初产母牛较高,须做好助产工作。

(三)泌乳母牛的饲养管理

1. 分娩前后的护理

临产的母牛应停止放牧,并给予营养丰富、品质优良、易于消化的饲料。产前半个月,最好将母牛移入产房,由专人饲养和看护,发现临产预兆,要做好接产工作。母牛临产预兆主要表现有:在分娩前乳房发育迅速,体积增大,腺体充实,乳头膨胀,阴唇在分娩前 1 周开始逐渐松弛、肿大、充血;在分娩前 1 ~ 2 天阴门有透明黏液流出。产前 12 ~ 36h,尾根两侧凹陷,临产前母牛表现不安,常回顾腹部,后躯摇摆,排粪尿次数增多,每次排出量少,食欲减少或停止。分娩时牛体内损失大量水分,分娩后应立即给母牛饮温麦麸汤。一般用温水 10kg,加麦麸 0.5kg,食盐 5kg,加 250g

红糖效果更好。母牛产后易发生胎衣不下、食滞、乳房炎等症状，要经常观察，发现病牛及时医治。

2. 泌乳牛的饲养管理

人们把母牛分娩前1个月和产后70天称作母牛饲养的关键100天，这100天饲养的好坏对母牛的分娩、泌乳、产后发情、配种受胎、犊牛的初生重和断奶重、犊牛的健康和正常发育都十分重要，带仔母牛的采食量和营养需要，是母牛各生理阶段中最高和最关键的，能量需要增加50%，维生素需要量增加50%，蛋白质需要量加倍，钙、磷需要量增加3倍，母牛的日粮中如果缺乏这些物质，就会导致牛犊生长停滞、下痢、患肺炎和佝偻病等，为了使母牛获得充足的营养，应给以品质优良的青草和干草，补充足量的维生素，应多喂青绿饲料，加喂青贮料、胡萝卜和大麦芽等。

（四）空怀母牛的饲养管理

空怀母牛的饲养管理主要考虑提高配种率、受胎率，充分利用精饲料，降低饲养成本等方面，繁殖母牛在配种前应保持中上等膘情，过瘦过肥往往影响繁殖。在日常饲养管理工作中，倘若喂给过多的饲料而且运动不足，易使牛过肥，造成不发情，在肉用母牛的饲养管理中，这是最常见的。但在饲料缺乏、母牛瘦弱的情况下，也会出现母牛不发情而影响繁殖，这种情况主要出现在干旱和草畜比例失调的情况，为此，瘦弱母牛在配种前1～2个月，需加强饲养，适当补充精料，可提高受胎率。

母牛发情应及时予以配种，防止漏配和错过发情期。

七、种公牛的饲养管理

（一）成年种公牛三大生理特性

（1）记忆力强　对种公牛应指定专人负责，在给种公牛进行治疗时，饲养员应尽量避开，以免给以后工作带来麻烦。

（2）防御反射强　种公牛有较强的自卫性，饲养人员应胆大心细，认真呵护，以养成种公牛的良好习性。

（3）性反射强　如果种公牛长期不采精或采精技术不良，公牛的性格往往变坏，容易出现顶人的恶癖或者形成自淫的毛病。

（二）种公牛管理措施

（1）拴系　育成公牛10～12月龄时，穿鼻环，经常牵引训练，养成温驯的性格。

（2）牵引运动　应坚持双绳牵导，由两人分别在牛的左侧前面和右侧后面牵引，人和牛保持一定的距离。种公牛每天必须坚持运动，要求上、下午各进行一次，每次1.5～2h，行走4km左右。

（3）刷洗 要坚持每天定时进行刷拭，经常保持牛体清洁，在夏季应边淋浴边刷。

（4）种公牛睾丸和阴囊定期检查和护理 经常按摩和护理睾丸，每天坚持一次，可结合刷拭进行，每次5～10min，可增进精液品质。

（5）护蹄 饲养员和兽医要随时检查四肢有无异常，要经常保持蹄壁、蹄叉洁净，每年春秋各修蹄一次。

（6）严格执行防疫、检疫和其他兽医卫生制度 定期对环境和运动场进行消毒，建立公牛病例档案，每年进行两次健康检查。公牛进站必须有检疫说明。公牛进站必须在站内隔离饲养45天以上。

（7）称重 成年种公牛应每季度称重一次，根据其体重的变化进行合理的饲养，种公牛只能保持中等的膘情。

（8）细心照料 对待种公牛应严肃大胆，细心谨慎，使其从小就饲养成听人指引和接近人的习惯。任何时候都不要逗引公牛，饲养员和采精员尽可能不参与兽医治疗工作。

（三）夏季种公牛的饲养管理

种公牛耐寒怕热，气温30℃条件下，会引起睾丸和阴囊皮温上升到34℃，常造成精子数目的减少、畸形精子的增加、精子活力下降。高温使种公牛的食欲降低，采食量下降。

提高夏季种公牛精液质量主要措施：充足清洁的饮水；采精后、大量运动后不要进行冲澡，一般在上午11点和下午2～4点安排冲澡；采精时间安排在早上凉爽时间进行。选择早晚凉爽时间运动，搞好环境卫生工作。如果采取上述措施仍不能保持优质的精液，应及时停止采精生产，以保证种公牛顺利度过炎热夏季。

八、春季耕牛管理方法

春季是耕牛配种的高峰期，但气候变化无常，牛的发病率和死亡率极高。因此春季要加强饲养管理，科学配种受胎，确保母子平安，提高繁殖率。

（1）空怀母牛的饲养 每天每头牛补喂50g左右的食盐和1～2kg的大麦、玉米和黄豆等水泡粉碎的混合精料。实行先饮水后喂草，待牛吃到五六成饱后，喂给混合精料，再饮淡盐水，待牛休息15～20min后出牧。放牧回舍后备足饮水和夜草，让牛自由饮水和采食。母牛过肥时可增加使役量，多喂粗料和多汁饲料。过瘦则多补精料和青绿饲料，力争在配种前达到中等膘情。

（2）发情母牛适时配种 母牛适宜配种时间为：如果上午发情则当日晚上8～10

时配种，次日上午 7 ~ 8 时补配一次；如果下午发情，则次日上午配种，下午或傍晚补配一次。

（3）诱发母牛发情排卵　母牛生殖器正常但不发情或错过发情期，可用孕牛尿、乙烯雌酚三合激素、求偶二醇等诱导母牛发情排卵，及时配种受胎，防止空怀。

（4）精心饲喂怀孕母牛　孕牛要满足自身和胎儿的营养需要，因此要供给优质配合饲料，配方为玉米 30%、豆饼 20%、稻谷 15%、棉籽饼 15%、菜籽饼 5%、米糠15%，适量骨粉和食盐。每天 1 ~ 2kg 精料、足够青绿饲料和氨化饲料。饲喂定时，少给勤添，饮用温水。晴天选择背风向阳的地方放牧，增强牛体运动。

（5）防流产保母子平安　怀孕中期牛应逐渐减轻使役强度，严禁抽冷鞭，干急活，转急弯，使重役。临产前 1 个月停止使役以防流产。若母牛怀孕前期阴道流出黏液，不断回头看腹部，起卧不安；后期乳腺肿大，呈拱腰尿频姿势，腹痛明显，胎动停止则是流产预兆，要及时治疗，可用黄体酮 0.5 ~ 1g 肌内注射，每天 1 次，连用 4 ~ 6 天。

（6）加强日常饲养环境管理　栏舍要堵塞漏洞，向阳避风，不漏雨，不潮湿。勤除牛粪勤换土，勤晒勤换垫草。定期用生石灰或草木灰消毒。牛外出放牧后将栏内门窗打开换气透风，每天刷拭牛体皮肤保持洁净，增强抗病能力。

九、牛场建设

（一）场址的选择

牛场场址的选择要有周密考虑，统筹安排和比较长远的规划。必须与农牧业发展规划、农田基本建设规划以及修建住宅等规划结合起来，必须适应于现代化养牛业的需要。所选场址，要有发展的余地。

（1）地势高燥　肉牛场应建在地势高燥、背风向阳、地下水位较低、具有缓坡的北高南低、总体平坦的地方。切不可建在低凹处、风口处，以免排水困难，汛期积水及冬季防寒困难。

（2）土质良好，土质以沙壤土为好　土质松软，透水性强，雨水、尿液不易积聚，雨后没有硬结，有利于牛舍及运动场的清洁与卫生干燥，有利于防止蹄病及其他疾病的发生。

（3）水源充足　要有充足的合乎卫生要求的水源，保证生产生活及人畜饮水。水质良好，不含毒物，确保人畜安全和健康。

（4）草料丰富　肉牛饲养所需的饲料特别是粗饲料需要量大，不宜运输。肉牛场应距秸秆、青贮和干草饲料资源较近，以保证草料供应，减少运费，降低成本。

（5）交通方便　架子牛和大批饲草饲料的购入，育肥牛和粪肥的销售，运输量很大，来往频繁，有些运输要求风雨无阻，因此，肉牛场应建在离公路或铁路较近的交通方便的地方。

（6）卫生防疫　远离主要交通要道、村镇工厂500m以外，一般交通道路200m以外。还要避开对肉牛场污染的屠宰、加工和工矿企业，特别是化工类企业。符合兽医卫生和环境卫生的要求，周围无传染源。

（7）节约土地　不占或少占耕地。

（8）避免地方病　人畜地方病多因土壤、水质缺乏或过多含有某种元素而引起。地方病对肉牛生长和肉质影响很大，虽可防治，但势必会增加成本。故应尽可能避免。

（二）规划布局

牛场场区规划应本着因地制宜和科学饲养的要求，合理布局，统筹安排。场地建筑物的配置应做到紧凑整齐，提高土地利用率，供水管道节约，有利于整个生产过程和便于防火灭病，并注意防火安全。

规模大小是场区规划与牛场设计的重要依据，规模大小的确定应考虑以下几个方面：

（1）自然资源　特别是饲草饲料资源，是影响饲养规模的主要制约因素。生态环境对饲养规模也有很大影响。

（2）资金情况　肉牛生产所需资金较多。资金周转期长，报酬率低。资金雄厚，规模可大，总之要量力而行，进行必要的资金运行分析。

（3）经营管理水平　社会经济条件的好坏，社会化服务程度的高低，价格体系的健全与否，以及价格政策的稳定性等，对饲养规模有一定的制约作用。在确定饲养规模时，应予以考虑。

（4）场地面积　肉牛生产，牛场管理职工生活及其他附属建筑等需要一定场地、空间。牛场大小可根据每头牛所需面积、结合长远规划计算出来。牛舍及其他房舍的面积为场地总面积的15%～20%。由于牛体大小、生产目的、饲养方式等不同，每头牛占用的牛舍面积也不一样。育肥牛每头所需面积为1.6～4.6m²。通栏育肥牛舍有垫草的，每头牛占2.3～4.6m²，有隔栏的每头牛占1.6～2.0m²。

（5）架子牛的来源　规模饲养肉牛应选择杂交改良牛。杂交改良牛增重快，肉质好，饲料报酬高。农区应积极推广饲养国外黄牛与南阳牛、秦川牛、晋南牛、鲁西牛等国内地方牛的杂交后代，可以利用西门塔尔、皮埃蒙特牛等作杂交改良的终端父本，会收到优质高效的理想效果。

（三）设计原则

修建牛舍的目的是为了给牛创造适宜的生活环境，保障牛的健康和生产的正常运行。花较少的资金、饲料、能源和劳力，获得更多的畜产品和较高的经济效益。为此，设计肉牛舍应掌握以下原则。

（1）为牛创造适宜的环境　一个适宜的环境可以充分发挥牛的生产潜力，提高饲料利用率。一般来说，家畜的生产力20%取决于品种，40%～50%取决于饲料，20%～30%取决于环境。不适宜的环境温度可以使家畜的生产力下降10%～30%。此外，即使喂给全价饲料，如果没有适宜的环境，饲料也不能最大限度地转化为畜产品，从而降低了饲料利用率。由此可见，修建畜舍时，必须符合家畜对各种环境条件的要求，包括温度、湿度、通风、光照、空气中的二氧化碳、氨、硫化氢，为家畜创造适宜的环境。

（2）要符合生产工艺要求，保证生产的顺利进行和畜牧兽医技术措施的实施　肉牛生产工艺包括牛群的组成和周转方式、运送草料、饲喂、饮水、清粪等，也包括测量、称重、采精输精、防治、生产护理等技术措施。修建牛舍必须与本场生产工艺相结合。否则，必将给生产造成不便，甚至使生产无法进行。

（3）严格卫生防疫，防止疫病传播　流行性疫病对牛场会形成威胁，造成经济损失。通过修建规范牛舍，为家畜创造适宜环境，将会防止或减少疫病发生。此外，修建畜舍时还应特别注意卫生要求，以利于兽医防疫制度的执行。要根据防疫要求合理进行场地规划和建筑物布局，确定畜舍的朝向和间距，设置消毒设施，合理安置污物处理设施等。

（4）要做到经济合理，技术可行　在满足以上三项要求的前提下，畜舍修建还应尽量降低工程造价和设备投资，以降低生产成本，加快资金周转。因此，畜舍修建要尽量利用自然界的有利条件（如自然通风、自然光照等），尽量就地取材，采用当地建筑施工习惯，适当减少附属用房面积。畜舍设计方案必须是通过施工能够实现的，否则，方案再好而施工技术上不可行，也只能是空想的设计。

（四）牛舍建筑

1. 建舍要求

牛舍建筑，要根据当地的气温变化和牛场生产、用途等因素来确定。建牛舍因陋就简，就地取材，经济实用，还要符合兽医卫生要求，做到科学合理。有条件的，可建质量好的、经久耐用的牛舍（图3-13）。

图3-13　牛舍建筑

牛舍内应干燥，冬暖夏凉，地面应保温，不透水，不打滑，且污水、粪尿易于排出舍外。舍内清洁卫生，空气新鲜。

由于冬季春季风向多偏西北，牛舍以坐北朝南或朝东南好。牛舍要有一定数量和大小的窗户，以保证太阳光线充足和空气流通。房顶有一定厚度，隔热保温性能好。舍内各种设施的安置应科学合理，以利于肉牛生长。

2. 基本结构

（1）地基与墙体　基深 8 ~ 100cm，砖墙厚 24cm，双坡式牛舍脊高 4.0 ~ 5.0m，前后檐高 3.5m。牛舍内墙的下部没墙围，防止水气渗入墙体，提高墙的坚固性、保温性。

（2）门窗　门高 2.1 ~ 2.2m，宽 2 ~ 2.5m。门一般设成双开门，也可设上下翻卷门。封闭式的窗应大一些，高 1.5m，宽 1.5m，窗台高距地面 1.2m 为宜。

（3）屋顶　最常用的是双坡式屋顶。这种形式的屋顶适用于较大跨度的牛舍，可用于各种规模的各类牛群。这种屋顶既经济，保温性又好，而且容易施工修建。

（4）牛床和饲槽　肉牛场多为群饲通槽喂养。牛床一般要求是长 1.6 ~ 1.8m，宽 1.0 ~ 1.2m。牛床坡度为 1.5%，牛槽端位置高。饲槽设在牛床前面，以固定式水泥槽最适用，其上宽 0.6 ~ 0.8m，底宽 0.35 ~ 0.40m，呈弧形，内缘高 0.35m（靠牛床一侧），外缘高 0.6 ~ 0.8m（靠走道一侧）。为操作简便，节约劳力，应建高通道、低槽位的道槽合一式为好。即槽外缘和通道在一个水平面上。

（5）通道和粪尿沟　对头式饲养的双列牛舍，中间通道宽 1.4 ~ 1.8m。通宽度应以送料车能通过为原则。若建道槽合一式，道宽 3m 为宜（含料槽宽）。粪尿沟宽应以常规铁锨正常推行宽度为易，宽 0.25 ~ 0.3m，深 0.15 ~ 0.3m，倾斜度 1 : 50 ~ 1 : 100。

（6）运动场、饮水槽和围栏　运动场的大小，其长度应以牛舍长度一致对齐为宜，这样整齐美观，充分利用地皮。其宽度应参照每头牛 10m² 设计而计算出宽度。牛随时都要饮水，因此，除舍内饮水外，还必须在运动场边设饮水槽。槽长 3 ~ 4m，上宽 70cm，槽底宽 40cm，槽高 40 ~ 70cm。每 25 ~ 40 头应有一个饮水槽，要保证供水充足、新鲜、卫生。运动场周围要建造围栏，可以用钢管建造，也可用水泥桩柱建造，要求结实耐用。

3. 牛舍建造

（1）封闭式牛舍　封闭式牛舍多采用拴系饲养。又分为单列式和双列式两种。

①单列式：只有一排牛床。这类牛舍跨度小，易于建造，通风良好，适宜于建成半开放式或开放式牛舍。这类牛舍，适用于小型牛场。

②双列式：有两排牛床。一般以 100 头左右建一幢牛舍，分成左右两个单元，跨度 12m 左右，能满足自然通风的要求。尾对尾式中间为清粪道，两边各有一条饲料通道。头对头式中间为送料道，两边各有一条清粪通道。

（2）半开放式牛舍　半开放式牛舍三面有墙，向阳一面敞开，有顶棚，在敞开一侧设有围栏。这类牛舍的开敞部分在冬季可以遮拦，形成封闭状态。从而达到夏季利于通风，冬季能够保暖，使舍内小气候得到改善。这类牛舍相对封闭式牛舍来讲，造价低，节省劳动力。

（3）装配式牛舍　这种牛舍以钢材为原料，工厂制作，现场装备，属敞开式牛舍。屋顶为镀锌板或太阳板，屋梁为角铁焊接；U字形食槽和水槽为不锈钢制作，可随牛只的体高随意调节；隔栏和围栏为钢管（图3-14）。

图 3-14　双列式装配式牛舍

装配式牛舍室内设置与普通牛舍基本相同，其适用性、科学性主要体现在屋架、屋顶和墙体及可调节饲喂设备上。屋架梁是由角钢预制，待柱墩建好后装上即可。架梁上边是由角钢与圆钢焊制的檩条。

屋顶自下往上是由 3mm 厚的镀锌铁皮、4cm 厚的聚苯乙烯泡沫板和 5mm 厚的镀锌铁皮瓦构成，屋顶材料由螺丝贯串固定在檩条上，屋脊上设有可调节的风帽。墙体四周 60cm 以下为砖混结构（围栏散养牛舍可不建墙体）。每根梁柱下面有一钢筋水混柱墩，其他部分为水泥沙浆面。墙体 60cm 以上部分分为三种结构：两屋山及饲养员住室、草料间两边墙体为"泰克墙"，它的基本骨架是由角钢焊制，角钢中间用 4cm 厚泡沫板填充，骨架外面扣有金属彩板，骨架里面固定一层钢网，网上水泥沙浆抹面；饲养员住室，草料间与牛舍隔墙为普通砖墙外粉水泥沙浆；牛舍前后两面 60cm 以上墙体部分安装活动卷帘。卷帘分内外两层，外层为双帘子布中间夹腈纶棉制作的棉帘，里边一层为单层帘子布制作的单帘，两层卷帘中间安装有钢网，双层卷帘外有防风绳固定。

装配式牛舍系先进技术设计，采用国产优质材料制作。其适用性、耐用性及美观度均居国内一流，且制作简单、省时、造价低。

适用性强：保温，隔热，通风效果好。牛舍前后两面墙体由活动卷帘代替，夏季可将卷帘拉起，使封闭式牛舍变成棚式牛舍，自然通风效果好。屋顶部安装有可调节风帽。冬季卷帘放下时通风调节帽内蝶形叶片使舍内氨气排出，达到通风换气效果。

耐用：牛舍屋架、屋顶及墙体根据力学原理精心设计，选用优质防锈材料制作，既轻便又耐用，一般使用寿命在 20 年以上（卷帘除外）。

美观：牛舍外墙采用金属彩板（红色，蓝色）扣制，外观整洁大方。

造价低：按建筑面积计算，每平方米造价仅为砖混结构、木屋结构牛舍的80%左右。

建造快：其结构简单，工厂化预制，现场安装。因此省时，一栋标准牛舍一般在15～20天即可造成。

第三节 肉牛的主要疾病防治

一、传染病防治

（一）口蹄疫

口蹄疫是由口蹄疫病毒引起的发热性急性传染病，以牛及其他偶蹄兽为感染对象。

【原因及症状】口蹄疫由口蹄疫病毒引起，可通过消化道、呼吸道、创伤、配种等途径传播，除与病畜接触传染外，还可以经病畜唾液、乳汁、粪、尿污染的饲料、饮水、垫草、用具等间接传染。患牛体温升高（40～41℃），精神委顿、闭口、流涎，1～2天后口腔、唇内侧、颊部黏膜以及齿龈、舌面发生水疱及水疱破裂留下的边缘整齐的红色糜烂溃面。以后蹄冠、趾间以及乳房、乳头等柔软的皮肤也发生水疱。一般很快好转，但糜烂部如感染化脓，则蹄匣会脱落，也能引起乳房炎症。犊牛多发病突然，不以水疱为特征，多表现为出血性肠炎、心肌麻痹，死亡率高。

【防治措施】口蹄疫宜采取综合性防治措施。

平时要积极预防、加强检疫，常发地区要定期注射口蹄疫疫苗。常用的疫苗有口蹄疫弱毒疫苗、口蹄疫亚单位苗和基因工程苗，牛在注射疫苗后14天产生免疫力，免疫力可维持4～6个月。

一旦发病，则应及时报告疫情，同时在疫区严格实施封锁、隔离、消毒、紧急接种及治疗等综合措施；在紧急情况下，尚可应用口蹄疫高免血清或康复动物血清进行被动免疫，按每千克体重0.5～1ml皮下注射，免疫期约2周。疫区封锁必须在最后1头病畜痊愈、死亡或急宰后14天，经全面大消毒才能解除。

（二）巴氏杆菌病

巴氏杆菌病是由多杀性巴氏杆菌引起的发生于各种家畜、家禽和野生动物的一种传染病的总称。牛巴氏杆菌病又称牛出血性败血症，是牛的一种急性传染病。以高热、肺炎和内脏广泛出血为特征。

【病原及流行病学特点】病原为多杀性巴氏杆菌。本菌对外界抵抗力不强，在干燥环境中 2 ~ 3 天内死亡，在血液和粪便中存活 10 天，在腐尸内能存活 1 ~ 3 个月，在直射阳光和高温下很快死亡。2% ~ 3% 火碱水和 2% 来苏儿在短时间内即可杀死本菌。本菌存在于病畜全身各组织体液、分泌物及排泄物中，病原体可在健康牛的上呼吸道内存在，当动物抵抗力下降时即可引起发病。发病后的病原体毒力增强，随分泌物排出体外，污染饲料和饮水等，引起其他牛感染。也可经呼吸道感染。

【症状】潜伏期 2 ~ 5 天，根据临床症状和病型可分为以下两型。

（1）急性败血型　体温突然升高到 40 ~ 42℃，精神沉郁，食欲废绝，呼吸困难，黏膜发绀，有的鼻流带血泡沫，有的腹泻，粪便带血，发病后 24h 内因虚脱而死亡，剖检时往往没有特征性变化，只有黏膜和内脏表面有广泛的点状出血。

（2）肺炎型　此型最常见。病牛呼吸困难，有痛性干咳，鼻流无色泡沫，叩诊胸部有浊音区，听诊有支气管呼吸音和啰音，或胸膜摩擦音，严重时呼吸高度困难，头颈伸直，张口伸舌，颌下喉头及颈下方常出现水肿，病牛不敢卧地，病牛常迅速死于窒息。2 岁以下的小牛多伴有带血的剧烈腹泻。主要病变为纤维素性肺炎，胸腔内有大量蛋花样液体；肺与胸膜心包粘连，肺组织肝样变，切面呈红色或灰黄色、灰白色，有散在的小坏死灶。发生腹泻的牛则胃肠黏膜严重出血。

本病在幼龄绵羊和羔羊常发，而在山羊不易感染。潜伏期很短，最急性者见于哺乳的羔羊，突然发病寒战，呼吸困难，在数分钟或数小时内死亡，急性型体温升高，呼吸迫促，咳嗽，鼻孔有出血，颈下水肿，腹泻或粪带血。

【防治措施】

（1）治疗　用恩诺沙星、环丙沙星等抗菌药大剂量静脉注射，每天 2 次。也可用大剂量四环素 50 ~ 100mg/kg（按体重），溶于葡萄糖生理盐水，制成 0.5% 的溶液静脉注射，每天 2 次，有一定治疗效果。另外，青霉素、链霉素、庆大霉素及磺胺类药物都有很好的疗效，一般连用 3 ~ 4 天，中途不能停药。另外，对呼吸困难者可给予输氧，因喉头水肿而吸入性呼吸困难，而有窒息危险者可考虑作气管切开术。

（2）预防　平时加强饲养管理和清洁卫生，消除疾病诱因，增强抗病能力。对病牛和疑似病牛，应严格隔离。对污染的厩舍和用具用 5% 漂白粉或 10% 石灰乳消毒。对疫区牛每年应接种牛出血性败血症氢氧化铝菌苗 1 次，体重 200kg 以上的牛 6ml，小牛 4ml，皮下或肌内注射。

（三）传染性胸膜肺炎

牛传染性胸膜肺炎，又称牛肺疫，是由丝状支原体引起的对牛危害严重的一种高度接触性传染病，主要侵害肺和胸膜。OIE 将其列为 A 类传染病。

【病原】病原体为丝状支原体。在自然条件下，本病只有牛易感，多存在于病牛的肺组织、胸腔渗出液和气管分泌物中。日光、干燥和热均不利于本菌的生存；对苯胺染料和青霉素具有抵抗力。但 1% 来苏儿、5% 漂白粉、1% ～ 2% 氢氧化钠或 0.2% 升汞均能迅速将其杀死。十万分之一的硫柳汞、十万分之一的新砷矾钠明（"914"）或每毫升含 2 万 ～ 10 万 IU 的链霉素，均能抑制本菌。

【流行特点】牛肺疫在自然条件下主要侵害牛类，主要以呈现纤维素性肺炎和浆液纤维素性胸膜肺炎为特征。自然感染主要途径是经呼吸道感染，也可经消化道或生殖道感染。长途运输、饲养管理条件差、畜舍密度过大等都是促发本病的因素。本病的发生不受年龄、性别、季节和气候等因素的影响。

【症状】潜伏期一般为 2 ～ 4 周，短者 7 天，有的长达几个月。按其过程可分为急性型和慢性型。

（1）急性型 主要呈急性胸膜肺炎的症状，病初体温升高至 40 ～ 42℃，呈稽留热。鼻孔扩张，鼻翼扇动，呼吸极度困难，腹式呼吸。前肢张开，喜站。脉细而快，每分钟 80 ～ 120 次。随着病情发展，有吭声或痛性短咳，咳嗽逐渐频繁，而且咳声弱而无力，有时有浆液性或脓性鼻液流出。胸部叩诊疼痛，呈水平浊音，听诊可听到湿性啰音和胸膜摩擦音，病程后期，前胸下部及颈垂水肿。迅速消瘦，伏卧伸颈，体温下降，最后窒息而死，病程一般为 5 ～ 8 天，亚急性型病程更长。

（2）慢性型 往往都是由急性转变而来，有的病牛开始就取慢性经过，偶发干咳，叩诊偶有实音区且敏感，食欲时好时坏，消化机能紊乱。病程 2 ～ 4 周，也有延续至半年以上者。耐过者发育停滞。

【病理变化】主要特征性病变是肺脏和胸腔，典型病例是大理石样肺和浆液纤维素性胸膜肺炎。肺的损害常限于一侧，初期以小叶性肺炎为特征。中期为该病典型病变，表现为浆液性纤维素性胸膜肺炎。支气管淋巴结和纵隔淋巴结肿大、出血，心包液混浊且增多。末期肺部病灶坏死并有结缔组织包囊包裹，严重者结缔组织增生使整个坏死灶瘢痕化。

【防控措施】

（1）预防 非疫区勿从疫区引牛。老疫区宜定期用牛肺疫兔化弱毒菌苗预防注射；发现病牛应隔离、封锁，必要时宰杀淘汰；污染的牛舍、屠宰场应用 3% 来苏儿或 20% 石灰乳消毒。

（2）免疫方法 疫区和受威胁区的牛应每年定期接种牛肺疫兔化弱毒苗。接种时，按瓶签标明的剂量，用 20% 氢氧化铝胶生理盐水稀释 50 倍，臀部肌内注射，牧区成年牛 2ml，6 ～ 12 月龄小牛 1ml，农区黄牛尾端皮下注射，用量减半；或以生理盐水稀释，于距尾尖 2 ～ 3cm 处皮下注射，大牛 1ml，6 ～ 12 月龄牛 0.5ml。接种后 21 ～ 28 天产生免疫力。免疫期 1 年。

该疫苗有一定残余毒力，因此，注射后要注意观察，反应严重者，要立即静脉注射新砷矾钠明（"914"），每次每千克体重注射 10mg，极量为每次每头 4g；或注射土霉素，用量是每天每千克体重注射 5 ～ 10mg。

（四）布氏杆菌病

由布氏杆菌引起的人畜共患慢性传染病。

【原因与症状】布氏杆菌的带菌者是主要的传染源。消化道是主要传染途径（也可通过皮肤与黏膜）。主要侵害生殖系统和关节，母牛以流产为特征。公牛则发生睾丸炎、附睾炎、精液量与精子活力下降甚至失去配种能力。

【诊断】主要通过血清凝集试验来判断确诊。

【防治】无特效药物治疗。主要通过防治措施建立假定健康牛群和健康牛群，及时淘汰检出的阳性牛；其次是加强环境、工具的消毒和进出牛场的消毒池等设施的管理，切断外源传染途径。

（五）结核病

结核病是由结核分枝杆菌引起的一种人畜共患的慢性传染病。使各组织器官呈现结节与干酪样病变。

【病因与症状】由结核分枝杆菌传播引起。外界环境不好，本身抵抗能力差是诱因。主要症状因受损部位不同而异，最常见的是肺结核，其中还有心包结核、肠结核、生殖器官结核、乳房结核等。肺结核表现为干性咳嗽，呼吸困难，肺部有干性或湿性啰音，咽部淋巴肿胀引起吞咽困难，伴有间歇热和弛张热。心包结核伴有心包炎、心包腔积液等。腹部器官结核，时而腹痛、便秘、腹泻交替，混有黏液与脓液。生殖器结核，不孕、流产，伴有脓性黏液及黄白色絮片排出，可检查到结核结节的存在。

【治疗】药物治疗多用异烟肼和链霉素、卡那霉素，由于用量大成本高，多不进行药物治疗。主要是通过检疫途径每年5月和10月两月进行两次检测，将阳性反应牛淘汰处理，组建假定健康或健康牛场。或者通过对病牛女儿牛的多次检疫组建新群。

（六）病毒性腹泻

本病简称牛病毒性腹泻或牛黏膜病，是牛的一种重要的传染病。以发热、白细胞减少、口腔及消化道黏膜糜烂、坏死和腹泻为特征，但大多数牛是隐性感染。

【流行特点】本病主要感染牛，幼龄牛更易感。羊、鹿、猪也可自然感染，产生抗体，但很少出现症状。病牛和带毒动物为本病的传染源。病毒随分泌物、排泄物污染饲料、饮水和环境，经消化道和呼吸道传播。自然发病多见于冬、春季。

【症状】多为隐性感染，幼龄牛较易感，一般表现轻度症状，但有时突然暴发，全群表现严重症状。

（1）急性型　突然发热，体温升高至40～42℃，白细胞减少，食欲减小或拒食，反刍停止，呼吸、心跳加快，咳嗽、流鼻涕，口腔黏膜潮红，唾液增多，继而出现糜烂。腹泻如水，持续数天，粪便中混有气泡和血液。严重者因脱水和衰竭而死。有的病牛结膜发炎，甚至角膜混浊，孕牛常发生流产。病程1~3周，犊牛发病死亡率较高，可高达90%多。

（2）慢性型　临床症状不明显。病牛呈现生长发育缓慢，消瘦，持续或间歇性腹泻。病程2~6个月。

【治疗】本病尚无特效疗法。应对症治疗，即止泻，防止细菌继发感染，防止脱水和电解质紊乱。可用下列处方治疗：糖盐水1 000~2 000ml，恩诺沙星注射液8~18ml，维生素C 2~4g，5%碳酸氢钠200~400ml，混合静脉注射，每天1次，连用3~4天，还可应用大青叶等抗病毒药肌内注射。同时加强护理，促进病牛康复。

【预防】加强免疫，可用黏膜病弱毒疫苗进行免疫。

加强综合防疫措施，严禁从有病地区购牛，引进的种牛要隔离检疫，确保不引进病畜。发生病时，病牛应隔离治疗或急宰，牛舍、用具等用10%石灰乳或1%氢氧化钠溶液消毒。粪便和污物堆积发酵处理。有报道用猪瘟弱毒冻干苗对新生犊牛进行免疫预防注射能成功地控制本病流行。

二、寄生虫病防治

（一）肝片形吸虫病

肝片形吸虫寄生于牛、羊等反刍动物的肝脏胆管中，也寄生于人体。本虫能引起肝炎、胆管炎，并伴有全身性中毒现象和营养障碍，危害相当严重，尤其对幼畜和绵羊，可引起大批死亡。

【流行病学】肝片形吸虫系世界性分布，是我国分布最广泛、危害严重的寄生虫之一。该虫的宿主范围较广，主要寄生于黄牛、水牛、绵羊、山羊、鹿等反刍动物。动物长期停留在狭小而潮湿的牧地上放牧时，最易遭受严重感染。舍饲动物也可因饲喂用从低洼、潮湿牧地割来的牧草而受感染。

温度、水、淡水螺是肝片形吸虫病流行的重要因素。虫卵的发育，毛蚴和尾蚴的游动以及淡水螺的存活与繁殖都与温度和水有直接关系。因此，肝片形吸虫病的发生和流行及其季节动态，都与各地区的具体地理气候条件有密切关系。本病在多雨年份，特别在久旱逢雨的温暖季节可促使其暴发和流行。

【致病作用和病理变化】肝片吸虫的致病作用和病理变化，与虫体的发育阶段不同而有不同的表现。当一次感染大量囊蚴时，童虫在向肝实质移行过程中，可机械地损伤和破坏肠壁、肝包膜和肝实质及微血管，引起肝炎和出血，此时肝脏肿大，肝包膜上纤维素沉积、出血、肝实质内有暗红色虫道和幼小的虫体。

虫体进入胆管后，由于虫体长期的机械刺激和毒性物质的作用，引起慢性胆管炎、慢性肝炎和贫血现象。虫体多时，引起胆管扩张、增厚、变粗甚至堵塞；胆汁停滞而引起黄疸。

【症状】轻度感染常常不见症状。严重感染时，在童虫移行阶段患畜可突然死亡。有的病初表现体温升高，精神沉郁，食欲减退，衰弱离群，迅速发生贫血、肝区疼痛、腹水，严重者可在几天内死亡。多发生在夏末、秋季及冬初季节。当成虫在胆管寄生阶段时，多表现慢性经过，其特点逐渐消瘦，贫血，低蛋白血症。患畜表现高度消瘦，黏膜苍白，眼睑、颌下及胸下水肿和腹水，妊娠羊可引起流产，终因恶病质而死亡，多发现在冬末春初季节。

【诊断】根据临床症状、流行病学、粪便检查和死后剖检等进行综合判定。

【防治措施】

（1）定期驱虫　一般每年两次驱虫，一次在冬季；另一次在春季。急性病例随时驱虫。

（2）选择在高燥处放牧　饮水最好用自来水、井水或流动的河水，保持水源清洁。从流行区运来的牧草须经处理后，再喂舍饲的动物。

（3）治疗　常用药物有硝氯酚：口服量牛为每千克体重 3 ~ 4mg，绵羊为每千克体重 4 ~ 5mg；丙硫咪唑：口服量牛为每千克体重 20 ~ 30mg，绵羊为每千克体重 10 ~ 15mg；三氯苯唑（肝蛭净）：口服量黄牛为每千克体重 10 ~ 15mg，羊为每千克体重 8 ~ 12mg。均为一次口服量。

（二）螨病

螨病又叫疥癣病，主要有疥螨和痒螨寄生在畜禽体表而引起的慢性寄生性皮肤病。其特征：剧痒，湿疹性皮炎，脱毛，患部逐渐向周围扩展和具有高度传染性。

【症状】剧痒是整个病程的主要症状。病情越重，痒觉越剧烈。当螨在宿主皮肤上采食和活动时，就刺激神经末梢而引起痒觉。该病发痒有一个特点，即病畜进入温暖场所或运动后皮温升高时，痒觉更加剧烈。

结痂、脱毛和皮肤增厚也是螨病必然出现的症状。在虫体和毒素的刺激作用下，皮肤发生炎症，发痒处皮肤形成结节和水疱。由于蹭痒，导致结节、水疱破溃，流出渗出液。渗出液与脱落的上皮细胞、被毛及污垢混杂在一起，干燥后就结成痂皮。痂皮被擦破或除去后，创面有多量液体渗出及毛细血管出血，又重新结痂。随着角质层角化过度，患部脱毛，皮肤肥厚，失去弹性而形成皱褶。

消瘦也是本病的一个重要症状。由于发痒，病畜终日啃咬、摩擦和烦躁不安，影响正常的采食和休息，并使消化、吸收功能降低。加之该病又发生在冬季，由于皮肤裸露，体温大量散失，体内蓄积的脂肪被大量消耗，再加患部的组织液不断向外渗出。所以，病畜逐渐消瘦，有时继发感染，严重时衰竭死亡。

（1）绵羊痒螨病　危害绵羊特别严重，多发生于密毛的部位如背部、臀部，然后波及全身。首先发现患羊皮肤发痒，有零散的毛丛悬垂在羊体上，严重时全身被毛脱光。患部皮肤湿润，有浅黄色猪脂样物，最后形成浅黄色的痂皮。

（2）绵羊疥螨病 主要在头部明显，嘴唇周围、口角两侧、鼻子边缘和耳根下面。发病后期病变部形成白色坚硬胶皮样痂皮。

（3）山羊痒螨病 主要发生于耳壳内面，在耳内生成黄色痂，将耳道堵塞，使羊变聋，严重感染甚至死亡。

（4）山羊疥螨病 主要发生于嘴唇四周、眼圈、鼻背和耳根部，可蔓延到腋下、腹下和四肢曲面等无毛及少毛部位。严重时口唇皮肤皲裂，采食困难。

（5）牛痒螨病 初期见于颈、肩和垂肉，严重时蔓延到全身。奇痒，常在墙、桩等物体上摩擦或用舌舔患部。患部脱毛，结痂，皮肤增厚失去弹性。

（6）牛疥螨病 开始发生于牛的面部、颈部、背部、尾根等被毛较短的部位，严重时可波及全身。

【防治措施】

（1）预防 畜舍要宽敞、干燥、透光、通风良好；畜舍经打扫，注意环境卫生。经常注意畜群中皮肤有无发痒，掉毛现象，及时发现隔离饲养和治疗。引入家畜时应事先了解有无螨病存在，并作螨虫检查，确实无螨病时，再并入畜群中。

（2）治疗

①药物喷淋法：50～100mg/kg溴氰菊酯水乳液；250～600mg/kg二嗪农水乳剂等向动物体表喷淋，隔7～10天后再同法喷淋一次。

②药物注射法：伊维菌素注射剂，阿维菌素注射剂，一次皮下注射量，0.2mg/kg（猪0.3mg/kg），严重病畜隔7～10天重复用药一次。

（三）犊新蛔虫病

【病原】该蛔虫虫体粗大，呈淡黄色。头端有3片唇，食道呈圆柱形。雄虫长11～26cm，尾端有一小锥突，弯向腹面。雌虫长14～36cm，尾直。虫卵近似球形，壳厚，外层呈蜂窝状。

【症状】犊牛出生2周后为受害最严重时期，主要发生于5个月以内的犊牛。常见是食欲不振，腹泻；因肠黏膜损伤，可见排出多量黏液或血液，有特殊臭味。腹部膨大，患犊消瘦，精神不振，后肢无力，站立不稳，虫体太多时可造成肠阻塞或肠穿孔而死亡。

【诊断】根据临床症状，结合犊牛的年龄及临床症状和化验找到虫卵，即可确诊。

【防治措施】可用左咪唑（左旋咪唑）内服量每千克体重8mg，一次内服。丙硫咪唑驱虫，每千克体重15～20mg，一次内服。阿维菌素内服与皮下注射量：一次量为每千克体重0.2mg。1～2周龄的犊牛对敌百虫敏感，内服正常剂量（每千克体重20～40mg）而发生中毒，故禁用。

三、常见普通病防治

（一）前胃弛缓

前胃弛缓又称脾胃虚弱，是由各种原因导致的前胃兴奋性降低、收缩力减弱，瘤胃内容物运转缓慢，菌群紊乱，产生大量腐败分解有毒物质，引起消化障碍和全身机能紊乱的一种疾病。本病是耕牛、奶牛的一种多发病，特别是舍饲牛群更为常见。有些地区的耕牛发病率在前胃疾病中达到75%以上。本病的特征是病牛食欲减退，前胃蠕动减弱，反刍、嗳气减少或丧失等。

【病因】病因比较复杂，一般分为原发性和继发性两种。

（1）原发性前胃弛缓　亦称为单纯性消化不良（simple indigestion），病因都与饲养管理和自然气候的变化有关。

（2）继发性前胃弛缓　通常是为一种临床综合征，病因比较复杂。

①牛的胃肠疾病　常见于创伤性网胃腹膜炎，迷走神经胸支和腹支受损害，腹腔脏器粘连，瘤胃积食，瓣胃阻塞以及皱胃溃疡、阻塞或变位或肝脏疾病等，都伴发消化障碍，发生前胃弛缓现象。

②在口炎、舌炎、齿病经过中，咀嚼障碍，影响消化功能；或因肠道疾病、腹膜炎以及外产科疾病反射性抑制，以至引起继发性前胃弛缓。

③某些营养代谢疾病，如牛骨软症、生产瘫痪、酮血症；或牛产后血红蛋白尿病及某些中毒性疾病等，都由于消化功能紊乱而伴发前胃弛缓。

④在牛肺疫、牛流行热等急性传染病；结核病、布氏杆菌病、前后盘吸虫病、肝片吸虫病、细颈囊尾蚴等慢性体质消耗性疾病，以及血孢子虫病和锥虫病等侵袭病，都常常呈现消化不良综合征。

此外，治疗用药不当，长期大量地应用磺胺类和抗生素制剂，瘤胃内菌群共生关系受到破坏，因而发生消化不良，呈现前胃弛缓。

【症状】前胃弛缓按其病情发展过程，可分为急性和慢性两种类型。

（1）急性型　多呈现急性消化不良，精神委顿，神情不活泼，表现为应激状态。

①食欲减退或消失，反刍弛缓或停止，体温、呼吸、脉搏及全身机能状态无明显异常。

②瘤胃收缩力减弱，蠕动次数减少或正常，瓣胃蠕动音低沉，奶牛泌乳产量下降，时而嗳气，有酸臭味，便秘，粪便干硬、呈深褐色。

③瘤胃内容物充满，黏硬，或呈粥状；由变质饲料引起的，瘤胃收缩力消失，轻度或中等度膨胀，下痢；由应激反应引起的，瘤胃内容物黏硬，而无膨胀现象。

④一般病例病情轻，容易康复。如果伴发前胃炎或酸中毒症，病情急剧恶化，呻

吟，磨齿，食欲、反刍废绝，排出大量棕褐色糊状便，具有恶臭；精神高度沉郁，皮温不整，体温下降；鼻镜干燥，眼球下陷，黏膜发绀，发生脱水现象。

（2）慢性型　通常多为继发性因素所引起，或由急性转变而来，多数病例食欲不定，有时正常，有时减退或消失。常常虚嚼、磨牙，发生异嗜，舔砖吃土，或摄食被尿粪污染的褥草、污物。反刍不规则、无力或停止。嗳气减少，嗳出气体带臭味。

病情时好时坏，水草迟细，日渐消瘦，皮肤干燥，弹力减退，被毛逆立，干枯无光泽，体质衰弱。瘤胃蠕动音减弱或消失，内容物停滞，稀软或黏硬。多数病例网胃与瓣胃蠕动音减弱或消失，瘤胃轻度膨胀。腹部听诊，肠蠕动音微弱或低沉。便秘，粪便干硬、呈暗褐色、附着黏液；下痢，或下痢与便秘互相交替。排出糊状粪便，散发腥臭味；潜血反应往往呈阳性。

病的后期，伴发瓣胃阻塞，精神沉郁，鼻镜龟裂，不愿移动，或卧地不起，食欲、反刍停止，瓣胃蠕动音消失，继发瘤胃膨胀，脉搏快速，呼吸困难。眼球下陷，结膜发绀，全身衰竭、病情危重。

【病理变化】原发性前胃弛缓，病情轻，很少死亡。重剧病例，发生自体中毒和脱水时，多数死亡。主要病理变化，瘤胃和瓣胃胀满，皱胃下垂，或皱胃扩张弛缓，也有的继发皱胃阻塞，其中瓣胃容积甚至增大3倍，内容物干燥，可捻成粉末状；瓣胃叶间内容物干涸，形如胶合板状，其上覆盖脱落上皮及成块的瓣叶。瘤胃和瓣胃露出的黏膜潮红，具有出血斑，瓣叶组织坏死、溃疡和穿孔。有的病例有局限性或弥漫性腹膜炎以及全身败血症等病理变化。

【病程及预后】原发性前胃弛缓，若无并发症，采取病因疗法，加强饲养和护理，3～5天内即可康复。如果治疗不及时，伴发瓣胃阻塞，可能转为慢性型，预后不定。继发性前胃弛缓，多取慢性经过，病情发展与转归，则视原发病而定。病程缓慢，病情弛张，反复发生瘤胃膨胀或肠气胀，预后不良。

【诊断】本病的临床诊断通常根据发病原因、临床症状（即食欲、反刍异常，消化机能障碍等病情）分析和判定。通过检测瘤胃内容物性质的变化，可作为诊断和治疗的依据。

【治疗】前胃弛缓的治疗原则为：改善饲养管理，消除病因，增强神经体液调节机能，强脾、健胃、防腐、止酵、消导、防止脱水和自体中毒的综合性措施，进行治疗。

原发性前胃弛缓，病初禁食1～2天后，饲喂适量富有营养、容易消化的优质干草或放牧，增进消化机能。同时兴奋副交感神经恢复神经体液调节机能，促进瘤胃蠕动，可用氨甲酰胆碱，牛1～2mg，羊0.25～0.5mg；新斯的明，牛10～20mg，羊2～4mg；毛果芸香碱，牛30～50mg，羊5～10mg，皮下注射。但对病情危急、心脏衰弱、妊娠母牛，则须禁止应用，以防虚脱和流产。

防腐止酵剂，牛可用稀盐酸15～30ml，酒精100ml，煤酚皂溶液10～20ml，常水500ml；或用鱼石脂15～20g，酒精50ml，常水，1 000ml，一次内服，每天1次。但在病的初期，宜用硫酸钠或硫酸镁300～500g，鱼石脂10～20g，温水600～1 000ml，一次内服；或用液体石蜡 1 000ml，苦味酊 20 ~ 30ml，一次内服，以促进瘤胃内容物运转与排除。

促反刍液，通常用 5% 氯化钠溶液 300ml，5% 氯化钙溶液 300ml，安钠咖 1g，一次静脉注射。实际上，应用 10% 氯化钠溶液 100ml，5% 氯化钙溶液 200ml，20% 安钠咖溶液 10ml，静脉注射，可促进前胃蠕动，提高治疗效果。可用小剂量吐酒石，牛每次 2 ~ 4g，温水 1 000 ~ 2 000ml，内服，每天 1 次，连用 3 次，有一定效果。但吐酒石易沉积于瘤胃内，能引起化学性瘤胃炎，多次应用，还可引起中毒反应，故应慎重。

应用缓冲剂，调节瘤胃内容物 pH，恢复其微生物群系的活性及其共生关系，增进前胃消化功能。当瘤胃内容物 pH 降低时，宜用氧化镁 200 ~ 400g，配成水乳剂，并用碳酸氢钠 50g，一次内服。反之，pH 升高时，可用稀醋酸 20 ~ 400ml，或常醋适量，内服，具有较好的疗效。必要时，采取健康牛瘤胃液 4 ~ 8L，经口灌服接种，对更新微生物群系、提高纤毛虫存活率，效果显著。

伴发瓣胃阻塞时，消化障碍，病情重剧，可先用液体石蜡油 1 000ml，内服，同时应用新斯的明，或氨甲酰胆碱兴奋副交感神经药物，促进前胃蠕动及排除作用，连用数天。若不见效，即作瘤胃切开，取出其中内容物，将胃管从瘤胃插入网瓣孔，灌注 1% 食盐水（38 ~ 40℃）20 ~ 40L，冲洗瓣胃。

晚期病例，瘤胃积液，伴发脱水和自体中毒时，可用 25% 葡萄糖溶液 500 ~ 1 000ml，静脉注射；或用 5% 葡萄糖生理盐水，1 000 ~ 2 000ml、40% 乌洛托品溶液 20 ~ 40ml、20% 安钠咖注射液 10 ~ 20ml，静脉注射。并用胰岛素 100 ~ 200 单位，皮下注射。此外，还可用樟酒糖注射液，或撒乌安注射液，防止败血症。还可用导胃法和胃冲洗法以排除瘤胃内有毒物质。

按照中兽医辨证施治原则，脾胃虚弱，水草迟细，消化不良，着重健脾和胃，补中益气为主，牛宜用四君子汤加味：党参 100g、白术 75g、茯苓 75g、炙甘草 25g、陈皮 40g、黄芪 50g、当归 50g、大枣 200g。水煎去渣内服，每天 1 剂，连用 2 ~ 3 剂。

牛久病虚弱，气血双亏，应以补中益气，养气益血为主，可用八珍散加味：党参 50g、白术 50g、茯苓 40g、甘草 25g、当归 50g、熟地 50g、白芍 40g、川芎 40g、黄芪 50g、升麻 25g、山药 50g、陈皮 50g、干姜 25g、大枣 200g。水煎去渣内服，每天 1 剂，连服数剂。

病牛口色淡白，耳鼻俱冷，口流清涎，水泻，应以温中散寒补脾燥湿为主，可用厚朴温中汤加味：厚朴 50g、甘草 25g、陈皮 50g、茯苓 50g、草豆蔻 40g、广木香 25g、干姜 40g、桂心 40g、苍术 40g、当归 50g、茴香 50g、砂仁 25g。水煎去渣内服，每天 1 剂，连用数剂。

此外，也可以用红糖 250g，生姜 200g（捣碎），开水冲，内服，具有和脾暖胃，温中散寒的功效。

【预防】前胃弛缓的发生，多因饲料变质、饲养管理不当而引起，因此，应注意饲料选择、保管和调理，防止霉败变质，改进饲养方法。奶牛依据饲料日粮标准，不可突然变更饲料，或任意加料。耕牛在大忙季节，不能劳役过度，冬季休闲，注意适当运动。并须保持安静，避免奇异声、光、音、色等不利因素的刺激和干扰，引起应激反应。注意牛舍清洁卫生和通风保暖。提高牛群健康水平，防止本病的发生。

（二）瘤胃臌胀

瘤胃臌胀，是因前胃神经反应性降低，收缩力减弱，采食了容易发酵的饲料，在瘤胃内菌群作用下，异常发酵，产生大量气体，而向体外排气的嗳气运动停止时，可引起瘤胃和网胃急剧膨胀，膈与胸腔脏器受到压迫，呼吸与血液循环障碍，发生窒息现象的一种疾病。

瘤胃臌胀，依其病因，有原发性和继发性的区别；按其经过，则有急性和慢性之分；从其性质上看，又有泡沫和非泡沫性的不同类型。

本病多发于牛和绵羊，山羊少见。夏季草原上放牧的牛羊，可能有成群发生瘤胃臌胀的情况。

【病因】

（1）原发性瘤胃臌胀　发病原因主要是采食了大量易发酵的青绿饲料，特别是舍饲转为放牧的牛羊群，最容易导致急性瘤胃臌胀的发生。

①采食开花前的幼嫩多汁的豆科植物，如苜蓿、紫云英、金花菜（江南各地生长的野苜蓿）、三叶草、野豌豆等；或鲜甘薯蔓、萝卜缨、白菜叶、再生草等。因采食过多，迅速发酵，产生大量气体而引起。

②采食堆积发热的青草，或冰霜冻结的牧草、霉败的干草及多汁易发酵的青贮料，特别是舍饲的牛、羊，突然饲喂这类饲料，往往引起本病。

③奶牛和肉牛饲喂的饲料配合或调理不当，谷物饲料过多，而粗饲料不足，或给予的黄豆、豆饼、花生饼、酒糟等未经浸泡和调理；或饲喂胡萝卜、甘薯、马铃薯等块根饲料过多；或因矿物质不足，钙、磷比例失调等，都可成为本病的发病原因。

④舍饲的耕牛，长期饲喂干草，突然改喂青草或到草场、田埂、路边放牧，采食过多，或误食毒芹、乌头、白藜芦、佩兰、白苏以及毛茛科等有毒植物，或桃、李、梅、杏等的幼枝嫩叶，均可导致急性瘤胃臌胀的发生。

（2）继发性瘤胃臌胀　最常见于前胃弛缓，其他如创伤性网胃腹膜炎、食管阻塞、痉挛和麻痹、迷走神经胸支或腹支损伤、纵隔淋巴结结核肿胀或肿瘤、瘤胃与腹膜粘连、瓣胃阻塞、膈疝及前胃内存有泥沙、结石或毛球等，都可引起排气障碍，致使瘤胃壁扩张而发生臌胀。

【症状】

（1）急性瘤胃臌胀　通常在采食大量易发酵性饲料后迅速发病，甚至有的在采食中突然呆立，停止采食，食欲消失，临床症状急剧发展。

①病的初期举止不安，神情忧郁，结膜充血，角膜周围血管扩张 回头望腹，腹围迅速膨大。瘤胃收缩先增强，后减弱或消失，腰旁窝突出。腹壁紧张而有弹性，叩诊呈鼓音。

②呼吸困难，随着瘤胃扩张和臌胀，膈肌受压迫，呼吸促迫而用力，甚至头颈伸展、张口伸舌呼吸，呼吸数增至 60 次 /min 以上。心悸，脉搏快速，脉搏数可达 100 ~ 120 次 /min 以上。后期心力衰竭，脉搏微弱，病情危急。

③泡沫性臌胀，常见泡沫状唾液从口腔中逆出或喷出。瘤胃穿刺时，只能断断续续地排出少量气体。瘤胃液随着瘤胃壁紧张收缩向上涌出，阻塞穿刺针孔，排气困难。

④病的后期，心力衰竭，血液循环障碍，静脉怒张，呼吸困难，黏膜发绀，奶牛乳房皮肤也变暗蓝色，目光恐惧，出汗，间或肩背部皮下气肿，站立不稳，步态蹒跚，往往突然倒地、痉挛、抽搐，陷于窒息和心脏麻痹状态。

（2）慢性瘤胃臌胀 多为继发性因素引起，病情弛张，瘤胃中等臌胀，时而消长，常在采食或饮水后反复发生。通常为非泡沫性臌胀，穿刺排气后，继而又臌胀起来，瘤胃收缩运动正常或减弱，穿刺针随同瘤胃收缩而转动。犊牛排出的气体，具有显著的酸臭味。病情发展缓慢，食欲、反刍减退，水草迟细，逐渐消瘦。生产性能降低，奶牛泌乳量显著减少。

【病程及预后】原发性急性瘤胃臌胀，病程急促，如不及时急救，数小时内窒息死亡。病情轻的病例，治疗及时，可迅速痊愈，预后良好。但有的病例，经过治疗消胀后又复发，预可后疑。

慢性瘤胃臌胀：病程可持续数周至数月。由于病因不同，预后不一。继发于前胃弛缓的，原病治愈，慢性臌胀也消失。继发于创伤性网胃腹膜炎的，腹腔脏器粘连，由肿瘤等病变而引起的，久治不愈，预后不良。

【诊断】急性瘤胃臌胀，病情急剧，根据病史，采食大量易发酵性饲料发病，腹部臌胀，左旁肷窝凸出，血液循环障碍，呼吸极度困难，确诊不难。慢性臌胀，病情弛张，反复产出气体。随原发病而异，通过病因分析，也能确诊。

【治疗】本病的病情发展急剧，抢救病畜应及时。采取有效的紧急措施，排气消胀，方能挽救病畜。因此，治疗原则着重于排除气体，防止酵解、理气消胀、强心补液、健胃消导，以利康复过程。

病的初期，使病畜头颈抬举，用草把适度地按摩腹部，促进瘤胃内气体排除。同时应用松节油 20 ~ 30ml，鱼石脂 10 ~ 15g，95% 酒精 30 ~ 50ml，加适量温水，或 8% 氧化镁溶液 600 ~ 1 000ml，一次内服，具有消胀作用。

严重病例，当发生窒息危险时，首先应用套管针进行瘤胃穿刺放气，防止窒息。非泡沫性臌胀，放气后，宜用稀盐酸 10 ~ 30ml ；或鱼石脂 15 ~ 25g，95% 酒精 100ml，水 1 000ml ；也可用生石灰水 1 000 ~ 3 000ml。放气后用 0.25% 普鲁卡因溶液 50 ~ 100ml、青霉素 100 万 IU，注入瘤胃，效果更佳。

泡沫性臌胀，以灭沫消胀为目的，宜用表面活性药物，如二甲基硅油 2 ~ 2.5g；或消胀片（二甲基硅油 15mg/ 片）30 ~ 60 片，内服，能迅速奏效。实际上，应用菜籽油、豆油、花生油或香油 300ml，温水 500ml，制成油乳剂，内服；也可以用松节油 30 ~ 40ml，液体石蜡 500 ~ 1 000ml，常水适量，一次内服，都具有消灭泡沫的功效。

此外，用 2% ~ 3% 碳酸氢钠溶液，进行瘤胃洗涤，调节瘤胃内容物 pH。若因采食紫云英而引起的，可用食盐 200 ~ 300g，常水 4000 ~ 6 000ml，内服，都具有止酵消胀作用。为了排除瘤胃内容物及其酵解物质,可用盐类或油类泻剂（剂量与用法，参照瘤胃积食）;或用毛果芸香碱 0.02 ~ 0.05g，或新斯的明 0.01 ~ 0.02g，皮下注射，兴奋副交感神经，促进瘤胃蠕动，有利于反刍和嗳气。

在治疗过程中，应注意全身机能状态，及时强心补液（参照瘤胃积食疗法），增进治疗效果。

但须指出，泡沫性臌胀，药物治疗无效时，即应进行瘤胃切开术，取出其中的内容物，按照外科手术要求处理、防止污染。实践证明，常常获得良好效果。

接种瘤胃液，在排除瘤胃气体或进行瘤胃手术后，采用牛健康瘤胃液 3 ~ 6L，并应用青霉素或土霉素适量，灌入瘤胃内，提高防治效果。

至于病情轻的病例，使病牛立于斜坡上，保持前高后低姿势，不断牵引其舌，或用木棒涂煤酚皂溶液，给病牛衔在口内，同时按摩瘤胃，促进气体排除，也能奏效。

【预防】本病的预防，着重加强饲养管理，增强前胃神经反应性，促进消化机能，保持其健康水平。

（1）在放牧或改喂青绿饲料前 1 周，先饲喂青干草、稻草或作物秸秆，然后放牧或青饲，以免饲料骤变发生过食。

（2）在放牧中应注意避免采食开花前的豆科植物;堆积发酵或被雨露浸湿的青草，要尽量少喂，以防臌胀。

（3）气体产生与牧草含糖量有关，苜蓿、紫云英等豆科植物的含糖量下午比上午高，下午采食，易发生急性臌胀，故应注意。

（4）幼嫩牧草，采食后易发酵，应晒干后掺干草饲喂。饲喂量应有所限制。放牧应注意茂盛牧区和贫瘠草场进行轮牧，避免过食。

（5）注意饲料保管,防止霉败变质,加喂精料应适当限制,特别是粉渣、酒糟、甘薯、马铃薯、胡萝卜等，更不宜突然多喂，饲喂后也不能立即饮水，以防发生本病。

（6）舍饲牛在开始放牧前一两天内，先给予聚氧化乙烯，或聚氧化丙烯 20 ~ 30g，加豆油少量放在饮水内，内服，然后再放牧，可以预防本病。

（三）创伤性网胃腹膜炎

创伤性网胃腹膜炎，是由于金属异物（针、钉、碎铁丝）混杂在饲料内，被采食吞咽落入网胃，导致急性或慢性前胃弛缓，瘤胃反复臌胀，消化不良。并因穿透网胃刺伤膈或腹膜，引起急性弥漫性或慢性局限性腹膜炎，或继发创伤性心包炎。

本病主要发生于舍饲的耕牛和奶牛，间或发生于山羊。草原上放牧牛羊群，距离城市和工矿区远，很少发生。

【症状】病牛采食时随同饲料吞咽下的金属异物，在未刺入胃壁前，不表现任何临床症状。通常存留在网胃内的异物，当分娩阵痛、长途输送、犁田耙地、瘤胃积食以及其他致使腹腔内压增高的因素影响下，突然呈现临床症状。

病的初期，一般多呈现前胃弛缓、食欲减退，有时异嗜，瘤胃收缩力减弱，反刍无力，不断嗳气，常常呈现间歇性瘤胃臌胀。肠蠕动音减弱，有时发生顽固性便秘，后期下痢，粪有恶臭。奶牛的泌乳量减少。由于网胃疼痛，病牛有时突然骚扰不安。病情逐渐增剧，久治不愈，并因网胃和腹膜或胸膜受到金属异物损伤，呈现各种异常临床症状。

（1）姿态异常　站立时，常采取前高后低的姿势，头颈伸展，两眼半闭，肘关节向外展，拱背，不愿移动。

（2）运动异常　牵病牛行走时，嫌忌上下坡、跨沟或急转弯；牵牛在砖石或水泥路面上行走时止步不前。

（3）起卧异常　当卧地、起立时，因感疼痛，极为谨慎，肘部肌肉颤动，甚至呻吟和磨牙。

（4）叩诊异常　叩诊网胃区，即剑状软骨左后部腹壁，叩诊音呈鼓音，病牛感疼痛，呈现不安，呻吟退让，躲避或抵抗。

（5）反刍吞咽异常　有些病例，反刍缓慢，间或见到吃力地将网胃中食团逆呕到口腔，并且吞咽动作常有特殊表现，颜貌痛苦，吞咽时缩头伸颈，停顿，很不自然。

（6）敏感检查　用力压迫胸椎脊突和剑状软骨，或于鬐甲与网胃水平线上，双手将鬐甲皮肤捏成皱襞，病牛表现出敏感不安，并引起背部下凹现象，称为鬐甲反射阳性。

（7）疼痛试验　由于胸骨剑状软骨区的疼痛，因此可用器官（网胃）叩诊法（用拳头叩击网胃）或剑状软骨区触诊法，可能获得阳性结果。最好用一根木棍通过剑状软骨区的腹底部猛然抬举，给网胃施加强大的压力，对急性病例阳性反应是明显的。

（8）诱导反应　必要时，应用副交感神经兴奋剂，皮下注射，促进前胃运动机能，病情随之增剧，表现疼痛不安状态。

（9）血象检查　白细胞总数增多，可达 11 000 ～ 16 000。其中中性粒细胞增至45% ～ 70%，淋巴细胞减少至 30% ～ 45%，核型左移。结合病情分析，具有实际临床诊断意义。

（10）全身机能状态　体温、呼吸、脉搏在一般病例无明显变化，但在网胃穿孔后，最初几天体温可能升高至 40℃以上，其后降至常温，转为慢性过程。病牛表现无神无力，消化不良，病情时而好转，时而恶化，逐渐消瘦。当金属异物穿透网胃、膈到达心包时，金属异物对心包造成创伤，胃腔内病原菌感染心包膜，致使心包膜的壁、脏层感染后出现炎症反应，急性阶段为浆液性、纤维素性，随后转为化脓腐败性渗出。大量渗出物积聚心包腔内，使其内压增高，限制心脏舒张，致使静脉血回流受阻，心输出量减少，动脉压下降，形成全身性血液循环障碍，动物往往因心力衰竭及毒血症死亡，此称为化脓性心包炎。

病情延误治疗或治疗不当，化脓性心包炎常常转为慢性缩窄性心包炎，其特征为：心包脏层与壁层上沉积着大量机化的纤维素，逐渐增厚，厚度达 2 ~ 3cm，呈颗粒状或绒毛状纤维板，包裹心脏，限制心脏的舒张，静脉血回流受阻，心输出量减少，动脉供血减少，冠状循环供血不足。动物表现行走缓慢，静脉怒张，中心静脉压升高至2 500 ~ 2 800pa，颌下及胸前水肿，病牛终因心力衰竭而死亡。

由于金属异物穿刺网胃、刺损内脏和腹膜的部位不同所导致的炎症变化也不同，有的金属异物穿透网胃后，向右侧经瓣胃并刺入右侧胸壁处，引起局部化脓感染和瓣胃瘘；有的金属异物刺入肝脏引起肝脏脓肿；有的刺入肠壁而引起局部的感染和肠穿孔等。一般而言，这些损伤常发生急性局限性腹膜炎，体温轻度升高，脉搏增数，姿态异常，食欲减少，当异物被结缔组织包埋后，症状可能消退；若伴发急性弥漫性腹膜炎时，全身症状明显，常因全身脓毒败血症病情急剧发展和恶化。

【诊断】由于本病临床特征不突出，一般病例，都具有顽固性消化机能紊乱现象，容易与胃肠道其他疾病混淆。唯有反复临床检查，结合病史进行论证分析，予以综合判定，才能确诊。

本病的诊断应根据饲养管理情况，结合病情发展过程进行。姿态与运动异常，水草迟细，顽固性前胃弛缓，逐渐消瘦，网胃区触诊与疼痛试验，血象变化（白细胞总数增多，中性粒细胞与淋巴细胞比例倒置）以及长期治疗不见效果，是本病的基本病征。应用金属异物探测器检查，可获得阳性结果。有条件单位，应用 X 线透视或摄影，也可获得正确诊断印象。

【治疗】创伤性网胃腹膜炎，在早期如无并发病，采取手术疗法，施行瘤胃切开术，从网胃壁上摘除金属异物，同时加强护理措施，其治愈率可达85.1%。

保守疗法，将病牛立于斜坡上或斜台上，保持前躯高后躯低的姿势，减轻腹腔脏器对网胃的压力，促使异物退出网胃壁。同时应用磺胺类药物，按每千克体重0.07g 内服；或用青霉素 600 万 IU 与链霉素 6g，每天上、下午分别肌内注射，连续用药 3 天，据报道治愈率可达 70%。也可用特制磁铁经口投入网胃中，吸取胃中金属异物，同时应用青霉素和链霉素肌内注射，治愈率约达 50%，但有少数病例可能复发。

此外，加强饲养和护理，使病牛保持安静，先禁食 2 ~ 3 天，其后给予易消化的饲料，并适当应用防腐止酵剂、高渗葡萄糖或葡萄糖酸钙溶液，静脉注射，增进治疗效果。

磁铁吸取操作方法：病牛禁食12h以上，不限制饮水。在操作前先让牛充分饮水或给牛灌水4 000～5 000ml。先装置牛网胃金属异物打捞器开口器，并抬高牛头使之呈水平状态，将打捞器磁铁经特制开口器的硬质塑料管送入牛咽腔内，牛即可自然咽下磁铁。磁铁相连的金属软绳及塑料管端仍保留在口腔外。拉紧金属软绳，推送塑料管，将塑料管端顶在磁铁尾端，用塑料管推送磁铁通过贲门进入瘤胃内10～15cm，然后放松金属软绳，向外抽出塑料管15～20cm，使塑料管末端进入食道，此时一手固定塑料管，另一只手缓缓向外牵拉金属软绳，当磁铁靠近贲门时，金属软绳的阻力加大，此时猛然放松金属软绳，使磁铁从瘤胃前庭的贲门处自然下降而落入下方的网胃腔内，让磁铁在网胃腔内停留5～8min，待磁铁吸上网胃内金属异物后，再缓缓向外牵拉金属软绳，磁铁和吸在磁铁上的金属异物一起经食道拉出口腔外，去除磁铁上的金属异物，经过3～4次的反复打捞即可将游离在网胃内或与网胃壁结合不太紧密的金属异物全部取出。

【预防】

（1）在于加强经常性饲养管理工作，注意饲料选择和调理，防止饲料中混杂金属异物。

（2）村前屋后、铁工厂、作坊、仓库、垃圾堆等地，不可任意放牧。从工矿区附近收割的饲草和饲料，也应注意检查。特别是奶牛、肉牛饲养场，种牛繁殖场，在加工饲料的铡草机上，应增设清除金属异物的电磁铁装置，除去饲料、饲草中的异物，以防本病的发生。

（3）不可将碎铁丝、铁钉、缝针、发卡及其他各种金属异物随地乱抛，加强饲养管理工作。

（4）建立定期检查制度。特别是对饲养场的牛群，可请兽医人员应用金属探测器进行定期检查，必要时再应用金属异物打捞器从瘤胃和网胃中摘除异物。

（5）目前已有许多奶牛场应用磁铁笼，经口投入网胃，吸附金属异物，每隔6～7年更换一次，更换办法用强性磁铁打捞器吸出。也有应用磁铁牛鼻环，以减少本病的发生。

（6）新建奶牛场或饲养场，应远离工矿区、仓库和作坊。乡镇与农村饲养牛的牛房，也应离开铁匠铺、木工房及修配车间，减少本病发生的机会，保证牛群的健康。

（四）瓣胃阻塞

瓣胃阻塞，主要是因前胃弛缓、瓣胃收缩力减弱、内容物充满而干涸，致使瓣胃扩张、坚硬、疼痛，导致严重消化不良所引起。因内容物停滞压迫，胃壁麻痹，瓣叶坏死，引起全身机能变化，是牛的一种严重的胃肠疾病。本病多见于耕牛，奶牛也常发生。

【病因】本病的病因，通常见于前胃弛缓，可分为原发性和继发性两种。

（1）原发性阻塞 主要见于长期饲喂麸糠、粉渣、酒糟等含有泥沙的饲料，或粗纤维坚硬的甘薯蔓、花生秧、豆秸、青干草、红茅草以及豆荚、麦秸等。其次，放牧转变为舍饲，或饲料突然变换，饲料质量低劣，缺乏蛋白质、维生素以及微量元素，或因饲养不正规，饲喂后缺乏饮水以及运动不足等都可引起。

（2）继发性阻塞 常见于皱胃阻塞、皱胃变位、皱胃溃疡、牛肠便秘、腹腔脏器粘连、生产瘫痪、黑斑病甘薯中毒、急性热性病及血液原虫病等。在这些疾病经过中，往往伴发本病。

【病理变化】瓣胃内容物充满、坚硬如木，指压无痕，其容积增大 2 ~ 3 倍。重剧病例，瓣胃邻近的腹膜及内脏器官，多具有局限性或弥漫性的炎性变化。瓣叶间内容物干涸，形如纸板，可捻成粉末状。瓣胃叶上皮脱落变为菲薄，有溃疡、坏死灶或穿孔。此外，肝、脾、心、肾及胃肠等部分，具有不同程度的炎性病理变化。

【症状】本病初期呈现前胃弛缓的症状，食欲不定或减退，便秘，粪成饼状或干小呈算盘珠样，瘤胃轻度臌胀，瓣胃蠕动音微弱或消失。于右侧腹壁瓣胃区（第 7 ~ 9 肋间的中央）触诊，病牛感疼痛；叩诊，浊音区扩张。精神迟钝，时而呻吟；奶牛泌乳量下降。

病情进一步发展，精神沉郁，反应减退，鼻镜干燥、龟裂，空嚼、磨牙，呼吸浅表、快速，心脏机能亢进，脉搏数增至 80 ~ 100 次 /min。食欲、反刍消失，瘤胃收缩力减弱。进行瓣胃穿刺检查，用 15 ~ 18cm 长穿刺针，于右侧第 9 肋间肩关节水平线上进行穿刺时，有阻力，不感到瓣胃收缩运动。直肠检查可见肛门与直肠痉挛性收缩，直肠内空虚、有黏液，少量暗褐色粪块附着于直肠壁。晚期病例，瓣胃叶坏死，伴发肠炎和全身败血症，体温升高 0.5 ~ 1℃，食欲废绝，排粪停止，或排出少量黑褐色糊状带有少量黏液恶臭粪便。尿量减少、呈黄色，或无尿。呼吸疾速，次数增多，心悸，脉搏数可达 100 ~ 140 次 /min，脉律不齐，有时徐缓，微循环障碍，皮温不整，结膜发绀，形成脱水与自体中毒现象。体质虚弱，神情忧郁，卧地不起，病情显著恶化。

【诊断】瓣胃阻塞多继发于前胃其他疾病和皱胃疾病，临床诊断应分清原发与继发。对该病的诊断应根据病史调查和临床病征，结合瓣胃穿刺诊断。必要时进行剖腹探诊，可以确诊。同时，应注意同前胃弛缓、瘤胃积食、创伤性网胃腹膜炎、皱胃阻塞、肠便秘等病进行鉴别诊断，以免误诊。

【治疗】治疗原则，应着重增强前胃运动机能，促进瓣胃内容物排除。

初期，可用硫酸镁或硫酸钠 400 ~ 500g、水 8 000 ~ 10 000ml，或液体石蜡油 1 000 ~ 2 000ml，或植物油 500 ~ 1 000ml，一次内服。同时应用 10% 氯化钠溶液 100 ~ 200ml、20% 安钠咖注射液 10 ~ 20ml，静脉注射，增强前胃神经兴奋性，促进前胃内容物运转与排除。病情重剧的，同时可应用士的宁 0.015 ~ 0.03g，皮下注射，毛果芸香碱 0.02 ~ 0.05g，或新斯的明 0.01 ~ 0.02g，或氨甲酰胆碱 1 ~ 2mg，皮下注射。但须注意，体弱、妊娠母牛、心肺功能不全病牛，忌用这些药物。

瓣胃注射，可用 10% 硫酸钠溶液 2 000 ～ 3 000ml，液体石蜡或甘油 300 ～ 500ml，普鲁卡因 2g，盐酸土霉素 3 ～ 5g，配合一次瓣胃内注入。注射部位，在右侧第 8 肋间与肩关节水平线相交点，略向前下方刺入 10 ～ 12cm，判明针头已刺入瓣胃时，方可注入。

病牛具有肠炎或全身败血症现象时，可根据病情发展，应用撒乌安注射液 100 ～ 200ml，或樟酒糖注射液 200 ～ 300ml，静脉注射，同时须注意及时输糖补液，防止脱水和自体中毒，缓和病情。

瓣胃梗塞的胃腔冲洗：瘤胃切开术。先将瘤胃内容物基本掏空，随之左手持胃导管端插入网瓣胃孔内（重剧的瓣胃梗塞，因网瓣胃孔多为干涸胃内容物堵塞，须用手指掏出部分堵塞物，再插入胃管），导管另一端在体外接一漏斗灌入等渗温盐水，待瓣胃沟冲出一定空间后，手持导管端进入瓣胃沟内，用温水浸泡和手指松动胃内容物相结合的方法，将瓣胃叶间干涸内容清除掉。切忌急于沟通皱瓣胃孔，以免瓣胃叶间干涸内容物尚未清除前，使大量温盐水进入皱胃。瓣胃左后上方叶间内容手指不易触及，为加快排除此处胃内容，术者手退回瘤胃腔内，隔瘤胃右侧壁按压瓣胃，使其叶间内容脱落，并随温盐水返流入网胃和瘤胃腔内。温盐水的持续灌注，手指对胃内容物的不断松动和隔着胃壁对瓣胃的按压，瓣胃内容物都可被除尽。返流入瘤胃腔内的水及瓣胃内容，可用虹吸法排除。

按中兽医辨证施治原则，牛百叶干是因脾胃虚弱，胃中津液不足，百叶干燥，防治原则为生津、清胃热、补血养阴、通畅润燥，宜用藜芦润燥汤：藜芦 60g、常山 60g、二丑 60g、当归 60 ～ 100g、川芎 60g，水煎后加滑石 90g、石蜡油 1 000ml、蜂蜜 250g，内服。

在治疗过程中，应加强护理，充分饮水，给予青绿饲料，有利于恢复健康。本病的病程经过 1 ～ 2 周，轻症的，及时治疗，可以痊愈。重症病例若通过瓣胃冲洗预后良好，但保守疗法，多预后不良。

【预防】本病的预防，在于注意避免长期应用糠麸及混有泥沙的饲料喂养，同时注意适当减少坚硬的粗纤维饲料，糟粕饲料也不宜长期饲喂过多，注意补充矿物质饲料，并给予适当运动。发生前胃弛缓时，应及早治疗，以防止发生本病。

四、肉牛场防疫技术

（一）肉牛参考免疫程序

预防接种时要注意以下几点：

（1）要了解被预防牛群的年龄、妊娠、泌乳及健康状况，体弱或原来就生病的牛预防后可能会引起各种反应，应说明清楚，或暂时不免疫。

（2）对怀孕后期的母牛应注意了解，如果怀胎已逾三个月，应暂时停止预防注射，以免造成流产。

（3）对半月龄以内的牛犊，除紧急免疫外，一般暂不注射。

（4）预防注射前，对疫苗有效期、批号及厂家应注意记录，以便备查。

（5）对预防接种的针头，应做到一头一换。

表 3-1　肉牛参考免疫程序

牛	接种日龄	疫苗名称	接种方法	免疫期及备注
犊牛	5	牛大肠杆菌病灭活苗	肌内注射	建议做自家苗
	80	气肿疽灭活苗	皮下注射	7个月
	120	2号炭疽芽孢苗	皮下注射	1年
	90	牛O型口蹄疫灭活苗	肌内注射	6个月，可能有反应
	180	气肿疽灭活苗	皮下注射	7个月
	200	布氏杆菌病活疫苗（猪2号）	口服	2年，牛不得采用注射法
	240	牛巴氏杆菌病灭活苗	皮下或肌内注射	9个月，犊牛断奶前禁用
	270	牛羊厌氧菌氢氧化铝灭活苗	皮下或肌内注射	6个月，可能有反应
	330	牛焦虫细胞苗	肌内注射	6个月，最好每年3月接种
成年牛	每年3月	牛O型口蹄疫灭活苗	肌内注射	6个月，可能有反应
		牛巴氏杆菌病灭活苗	皮下或肌内注射	9个月
		牛羊厌氧菌氢氧化铝灭活苗	皮下或肌内注射	6个月，可能有反应
		气肿疽灭活苗	皮下注射	7个月
		牛焦虫细胞苗	肌内注射	6个月
		牛流行热灭活苗	肌内注射	6个月
	每年9月	牛O型口蹄疫灭活苗	肌内注射	6个月，可能有反应
		牛巴氏杆菌病灭活苗	皮下或肌内注射	9个月
		气肿疽灭活苗	皮下注射	7个月
		2号炭疽芽孢苗	皮下注射	1年
		牛羊厌氧菌氢氧化铝灭活苗	皮下或肌内注射	6个月，可能有反应

以上免疫程序仅供参考，具体免疫程序和计划应根据本场实际和当地疫病流行情况制定。

（二）养殖场常用消毒药的配制和使用

1. 草木灰水

配制：取草木灰 30 份，加水 100 份，煮沸 1h，补足蒸发掉的水分，过滤后取滤液使用。

用法：可用作用具、地面、圈栏、工作服等的消毒。草木灰必须新鲜、干燥，草木灰水要趁热使用，效果较好。

2. 石灰乳

配制：取生石灰 10 份，加水 10 份，待石灰块化成浆糊状，再加水 40 ~ 90 份，即成 10% ~ 20% 的石灰乳。

用法：常用作栏舍的墙壁、地面、圈栏等的消毒。石灰乳中加入 1% ~ 2% 的烧碱，可增强消毒效果。现配现用。

3. 生石灰粉

配制：临用时，取生石灰 10 份，加水 5 ~ 6 份，使其分解成粉末即可使用。

用法：适用于撒在牛舍门口的消毒池（盆内），也可用作栏舍（尤其是阴暗潮湿的地面）、粪池及污水等的消毒。不要放置过久，否则失掉消毒作用。

4. 烧碱

配制：取 97 ~ 99 份水加 1 ~ 3 份烧碱，充分溶解后即成 1% ~ 3% 的烧碱水。

用法：可作用具、牛舍、运输工具等的消毒。在烧碱液中加入 5% 石灰水，可增强消毒效果。此药应趁热使用，有强烈的腐蚀性，用时要注意人畜安全。

5. 漂白粉

配制：取 5 ~ 20 份漂白粉，加水 30 ~ 95 份，搅拌后即成为 5% ~ 20% 混悬液。

用法：可用作牛舍、用具、地面、粪便、污水等的消毒。漂白粉应装在密封的容器内，不能作金属及工作服的消毒，此药有强烈的腐蚀性，用时要注意人畜安全。混悬液配制后在 48h 内用完。喷雾器用完后应立即洗净。

6. 过氧乙酸

该消毒剂为甲、乙两组的二元包装消毒剂，使用前需将甲 2 份、乙 1 份混合，经 12 ~ 24h 混合反应后成为浓度 ≥ 18% 的原液，将此原液按照实际应用的需要（如空气消毒、物体表面消毒）可配制成不同使用浓度的病毒液。

（三）牛常见疾病防治首选药

1. 牛的传染病首选药

（1）牛巴氏杆菌病　恩诺沙星、硫酸链霉素、磺胺甲基异噁唑，牛巴氏杆菌病灭活疫苗。

（2）牛布鲁氏菌病　环丙沙星、土霉素，布鲁氏苗病活疫苗。

（3）牛副伤寒　环丙沙星、牛副伤寒灭活疫苗。

（4）犊牛大肠杆菌病　环丙沙星、硫酸庆大霉素、磺胺对甲氧嘧啶。

（5）牛结核病　异烟肼，利福平、硫酸链霉素。

（6）牛放线苗病　青霉素 G、硫酸链霉素、林可霉素。

（7）气肿疽　气肿疽灭活疫苗，气肿疽抗血清。

（8）牛传染性胸膜肺炎　牛传染性胸膜肺炎弱毒疫苗。

（9）炭疽　红霉素、抗炭疽血清、11 号炭疽芽孢疫苗、无荚膜炭疽芽孢苗。

（10）口蹄疫　口蹄疫 O 型、A 型灭活苗。

2. 牛寄生虫病防治首选药

（1）消化道线虫病　丙硫苯咪唑、伊维菌素。

（2）毛首线虫病（鞭虫病）　吩噻啶、精制敌百虫。

（3）肺线虫病　枸橼酸乙胺嗪、氰乙酰肼、左咪唑。

（4）莫尼茨绦虫病　氯硝柳胺、硫双二氯酚、溴羟替苯胺。

（5）肝片吸虫病　硝氯酚、三氯苯咪唑。

（6）双腔吸虫病　海托林。

（7）日本血吸虫病　吡喹酮、六氯对二甲苯。

（8）螨病（疥癣病、癞）　二嗪农、伊维菌素。

（9）蜱病　氧硫磷、双甲脒、敌敌畏、二嗪农（螨净）。

（10）牛皮蝇蛆病　倍硫磷、皮蝇磷。

（11）巴贝斯焦虫病　双脒苯脲、硫酸喹啉脲（阿卡普林）、三氮脒、伯氨喹、青蒿素。

（12）泰勒焦虫病　咪唑苯脲、硫酸喹啉脲、三氮脒。

（13）球虫病　莫能菌素、氨丙啉、磺胺二甲嘧啶。

3. 普通病防治首选药

（1）急性瘤胃臌气（发酵性）　鱼石脂、甲醛溶液、来苏儿。

（2）急性瘤胃臌气（泡沫性）　二甲基硅油、松节油。

（3）前胃弛缓　浓氯化钠注射液、新斯的明、氨甲酰胆碱、马钱子酊、酒石酸锑钾。

（4）瓣胃阻塞　液体石蜡、硫酸钠、浓氯化钠注射液、新斯的明、毛果芸香碱。

（5）酮病　葡萄糖。

（6）卵巢囊肿　促性腺激素释放激素。

（7）肺水肿　呋喃苯胺酸（速尿）、丁苯氧酸（丁尿胺）。

（8）持久黄体　前列腺素 $F_{2\alpha}$、绒毛膜促性腺素、促黄体激素。

（9）难产　催产素、垂体后叶素。

（10）胎衣不下　麦角新碱。

（11）先兆性流产　黄体酮。

（12）生产瘫痪（乳热症）　葡萄糖酸钙。

（13）子宫内膜炎　宫炎清、环丙沙星、恩诺沙星。

（14）乳房炎　环丙沙星、苯唑青霉素钠、硫酸庆大霉素。

第四章
林地生态土鸡养殖技术

第一节 土鸡的品种特点与生活习性

土鸡又叫柴鸡、草鸡或笨鸡。所谓土鸡并不是指鸡的一个品种,是指我国本地品种鸡的统称。土鸡具有耐粗饲、适应性广、觅食性强、遗传性能稳定、就巢性强和抗病力强等特性,适于家庭散养和在山坡、林地、荒地、果园、大田中放养。采用放牧与补饲相结合的方式,让鸡在宽广的放牧场地上得到充足的阳光、新鲜的空气和运动,采食青草、虫蛹、籽实等各种营养丰富的饲料。土鸡因其味道浓郁、鲜美可口、营养丰富而受到消费者的青睐。

一、土鸡的品种及分类

（一）蛋用型品种

主要品种仙居鸡、白耳黄鸡、济宁百日鸡、汶上芦花鸡。

（二）兼用型品种

主要品种狼山鸡、大骨鸡、北京油鸡、浦东鸡、烟台糁糠鸡、寿光鸡、萧山鸡、鹿苑鸡、固始鸡、边鸡、彭县黄鸡、林甸鸡、峨眉黑鸡、静原鸡。

（三）肉用型品种

主要有溧阳鸡、武定鸡、桃源鸡、衡南黄鸡、惠阳胡须鸡、清远麻鸡、杏花鸡、霞烟鸡、河田鸡。

（四）观赏型品种

主要有中国斗鸡、鲁西斗鸡。

（五）药用型品种

主要有丝羽乌骨鸡、雪峰乌骨鸡。

（六）其他品种

主要有茶花鸡、藏鸡。

二、土鸡的外貌结构和特征

土鸡多以鲜活鸡供应市场，外观特征是土鸡的包装性状，在商品土鸡生产中往往决定土鸡的售价。不同地区、不同的消费者对土鸡的外貌特征和屠体体表要求存在很大的差异。消费者对土鸡的冠形和冠色、羽毛形状、羽毛颜色、羽毛光泽和完整性、肤色、喙色、胫脚的颜色、胫长、体重及肌肉丰满程度等都有严格的选购标准。

（一）基本要求

土鸡一般体型较小，适合家庭消费。外观清秀，胸肌丰满，腿肌发达，胫短细或适中，头小，颈长短适中，羽毛美观。母鸡翘尾，公鸡尾呈镰刀状。

（二）羽毛特征

土鸡羽毛要求丰满，紧贴身躯。土鸡羽色斑纹多样，不同品种差异明显，有白色、红色、黄色、黑色、芦花羽、浅花羽、江豆白、青色羽、栗羽、麻羽、灰羽、草黄色、金色、咖啡色等。公鸡颈羽、鞍羽、尾羽发达，有金属光泽。土鸡的羽色是其天然标志，生产中要根据消费者的不同需求来选留合适的羽色和花纹。

（三）冠形

土鸡冠形多样，如桑葚冠、豆冠、玫瑰冠、杯状冠、角冠、平头和毛冠等。土鸡冠颜色要求红润（乌冠除外），冠大，肉髯发达，有的个体有胡须。

（四）喙、胫脚的特征

喙、胫脚的颜色有白色、肉色、深褐色、黄色、红色、青色和黑色等，有的个体呈黄绿色和蓝色。不同的消费者对胫色要求不同，南方市场较喜欢青色胫和黄色胫。土鸡以光胫为主，但也有毛胫、毛脚。趾有双四趾的，有一侧四趾一侧五趾的，也有双五趾的。爪短直，不像笼养蛋鸡那样长。土鸡的胫部较细，与其他肉鸡有明显的不同。

（五）皮肤颜色

皮肤有白色、黄色、灰色和黑色等。

三、土鸡的生活习性

（一）耐寒喜暖

土鸡全身布满羽毛，形成了良好的隔热层，加之每年秋季鸡要重新换上一身完整洁净的羽毛过冬，因此土鸡具有较强的耐寒性。土鸡喜欢温暖干燥的环境，因没有汗腺，加之全身羽毛形成的有效保温层，散热主要依靠呼吸和排泄，因此土鸡不喜欢炎热潮湿的环境。当气温超过 26.6℃时，随着气温的上升，呼吸频率加快，增加热量的散失；当气温超过 30℃时，产蛋率下降；当气温超过 36℃时，鸡群会出现热应激死亡。所以，夏季饲养土鸡应该注意防暑降温。舍外放养一定要有树阴或凉棚，避免阳光直射，阴凉下沙浴可防止中暑。

（二）体小灵活

土鸡体型小，体重轻，羽毛丰满，利于飞翔、攀高。反应灵敏，胆小怕惊，任何新的声响、动作、物品的突然出现和生产程序的突然变化，都会导致鸡只的惊叫、逃跑、炸群等应激反应。土鸡喜欢登高栖息，习惯上栖架休息。放牧饲养条件下，活动范围广，采食面积大。大规模高密度饲养条件下则会出现争斗、啄肛、啄羽等恶癖，如果措施不力，很容易出现啄死现象。

（三）合群认巢

土鸡的合群性较强，喜欢成群活动采食，刚出壳几天的雏鸡就会找群，一旦离群就叫声不止。一般是以 1 只公鸡为首形成自然交配群。鸡生长到一定的日龄，相互之间争斗，形成一定的序位（根据个体之间争斗能力的强弱在鸡群中形成一种由强到弱的秩序），群体序位利于群体的稳定。

土鸡的认巢能力都很强，能很快适应新的环境，自动回到原处栖息。放牧饲养时，早上放出之前和晚上收圈时用哨子或口哨给鸡一个信号，然后再喂料，反复进行训练，经过1周后，鸡群就会建立条件反射。晚上收圈时吹哨子或打口哨，鸡群就会回到舍内。

（四）低产就巢

土鸡性成熟时间较晚，受季节影响大，春天饲养的土鸡性成熟早，秋季饲养的土鸡开产晚，一般开产日龄为150～180日龄。自然条件下，土鸡的产蛋性能具有极强的季节性，主要受营养、温度和光照的影响，每年春、秋季是其产蛋率较高的时期。而在光照时间缩短、气温下降、营养供应不足的冬季会停止产蛋。所以，土鸡的年产蛋量低，一般只有100～130枚。

土鸡都有不同程度的就巢性（抱性）。自然条件下土鸡通过抱窝来孵化小鸡，抱窝时母鸡会停止产蛋，影响产蛋量的提高。人工大量饲养土鸡时应注意提供适宜的环境条件，加强对种鸡的选择，淘汰抱性强的母鸡，提高生产性能。

（五）杂食

土鸡的消化系统结构特殊。鸡无牙齿，采食主要靠角质化的喙啄食，嗉囊与腺胃、腺胃与肌胃交接处狭窄，易于阻塞。因此，加工饲料时，要防止枯枝、铁丝、铁钉、羽毛、毛纤维、塑料布、编织线以及不易消化的青草混入饲料，以免被鸡误食形成阻塞，既而发展为软嗉、硬嗉病。放牧饲养时，注意清理牧场异物。鸡的唾液腺及其他消化腺不发达，对食物的机械消化作用主要在肌胃内（鸡的腺胃是分泌消化腺的场所）进行。

鸡可以充分利用各种动物性、植物性、单细胞类和矿物质饲料，长期放牧饲养的土鸡能采食树叶、草籽、嫩草、青菜、昆虫、蚯蚓、蝇蛆、蚂蚁、砂砾等，也可在果园、收获后的庄稼地采食落在地里的果实和撒落在地里的粮食。土鸡虽然具有一定的耐粗饲的能力，但在粗饲条件下生长较慢。

第二节　土鸡的繁育技术

一、种蛋的选择

土鸡孵化效果取决于多种因素，而孵化前妥善地选择种蛋，是提高孵化率的直接因素。选择符合标准的种蛋，出雏量高，雏鸡健康、活泼、好养。对于种蛋的选择，一般可按下列7个标准进行。

（一）种蛋来源

种蛋必须来自健康而高产的土种鸡群，种鸡群中公母配种比例要恰当。有些带病鸡，特别是曾患过传染病的，如传染性支气管炎、腺病毒病等，以及带有遗传性疾病的母鸡生的蛋，还有体弱、畸形、低产的母鸡生的蛋，绝对不能留种；有些母鸡年龄大，或者母鸡虽然年轻，而配种公鸡年龄过大（3岁以上），这样的鸡产的蛋，也不能留作种用。

（二）种蛋保存时间

一般保存5～7天内的新鲜种蛋孵化率最高，如果外界气温不高，可保存到10天左右。随着种蛋保存时间的延长，孵化率会逐渐下降。经过照蛋器验蛋，发现气室范围很大的种蛋，都是属于存放时间过长的陈蛋，不能用于孵化。

（三）蛋的重量

种蛋大小应符合品种标准，土鸡的种蛋略小，在40～55g不等。应该注意，一批蛋的大小要一致，这样出雏时间整齐。蛋体过小，孵出的雏鸡也小；蛋体过大，孵化率比较低。

（四）种蛋形状

种蛋的形状要正常，看上去蛋的大端与小端明显，长度适中，蛋形指数（横径与纵径之比）为74%～77%的种蛋为正常蛋；小于74%者为长形蛋，大于77%者为圆形蛋。可用游标卡尺进行测量。长形蛋气室小，常在孵化后期发生空气不足而窒息，或在孵化18天时，胚胎不容易转身而死亡；圆形蛋气室大，水分蒸发快，胚胎后期常因缺水而死亡。所以，过长或过圆的蛋都不应该选作种蛋。

（五）蛋壳的颜色与质地

蛋壳的颜色应符合品种要求，蛋壳颜色有粉色、浅褐色或褐色等。砂壳、砂顶蛋的蛋壳薄、易碎，蛋内水分蒸发快；钢皮蛋蛋壳厚，蛋壳表面气孔小而少，水分不容易蒸发。由此，这几种蛋都不能做种用。区别蛋壳厚薄的方法是：用手指轻轻弹打，蛋壳声音沉静的，是好蛋；声音脆锐如同瓦罐音的，则为壳厚硬的钢皮蛋。

（六）蛋壳表面的清洁度

蛋壳表面应该干净，不能污染粪便和泥土。如果蛋壳表面很脏，粪泥污染很多，则不能当种蛋用；若脏得不多，通过揩擦、消毒还能使用。如果发现脏蛋很多，说明产蛋箱很脏，应该及早更换垫草，保持产蛋箱清洁。

（七）蛋白的浓稠度

蛋白的浓稠度，跟孵化率的高低有密切关系。有人试验指出，蛋白浓稠的孵化率为 82.2%，稀薄的则只有 69.6%。生稀薄蛋白蛋的产蛋母鸡，是因为饲料中缺乏维生素 D 和 B 族维生素。

二、种蛋保存

（一）蛋库

大型鸡场有专门保存种蛋的房舍，叫做蛋库；专业户饲养群鸡，也得有一个放种蛋的地方。保存种蛋的房舍，应有天花板，四墙厚实，窗户不要太大，房子可以小一点，保持清洁、整齐，不能有灰尘、穿堂风，防止老鼠、麻雀出入。

（二）存放要求

为了保证种蛋的新鲜品质，以保存时间愈短愈好，一般不要超过 1 周。如果需要保存时间长一点，则应设法降低室温，提高空气的相对湿度，每天翻蛋 1 次，把蛋的大端朝下放置。保存种蛋标准温度的范围是 12 ~ 17℃，若保存时间在 1 周以内，以 15 ~ 17℃为宜；保存 2 周以内，则把温度调到 12 ~ 13℃；3 周以内应以 10 ~ 11℃为佳，室内的相对湿度以 70% ~ 80% 为宜。湿度小则蛋内水分容易蒸发，但湿度也不能过高，以防蛋壳表面上发霉，霉菌侵入蛋内会造成蛋的霉败。种蛋保存 3 周时间，湿度可以提高到 85% 左右。

保存 1 周以内的种蛋，大端朝上或平放都可以，也不需要翻蛋；若保存时间超过 1 周以上，应把蛋的小端朝上，每天翻蛋 1 次。

三、种蛋消毒

种蛋在存放期内应进行消毒。最方便的消毒方法是，在一个 15m² 的贮蛋室里用一盏 40 瓦紫外线灯进行消毒，消毒时开灯照射 10 ~ 15min；然后把蛋倒转 1 次，让蛋的下面转到上面来，使全部蛋面都照射到。

正式入孵时，种蛋还要进行 1 次消毒。这次消毒要彻底。种蛋入孵前消毒的方法有许多种，除紫外线灯消毒外，还有熏蒸消毒法和液体消毒法。

（一）熏蒸消毒法

适用于大批量立体孵化机的消毒。把种蛋摆进立体孵化机内，开启电源，使机内温、湿度达到孵蛋要求，并稳定一段时间，这时种蛋的温度也升高了。按照已经测量的孵化机内的容积，准备甲醛、高锰酸钾的用药量（每 $1m^3$ 容积用甲醛 30ml、高锰酸钾 15g）；准备耐热的玻璃皿和搪瓷盘各 1 个，将玻璃皿摆在搪瓷盘里，再把两种药物先后倒进玻璃皿中，送进孵化机内，把机门和气孔都关严。这时冒出刺鼻的气体，经 20 ～ 30min 后，打开机门和气孔。排除气体，接着进行孵化。

（二）液体消毒法

适于少量种蛋消毒。

（1）新洁尔灭溶液消毒　用原液 0.1% 的浓度，装进喷雾器内。把种蛋平铺在板面上，用喷雾法把药液均匀地洒在种蛋表面，有较强的去污和消毒作用。该药呈碱性，忌与肥皂、碘酊、高锰酸钾和碱合用。蛋面晾干后就可以入孵。

（2）有机氯溶液消毒　将蛋浸入含有 1.5% 有效氯的漂白粉溶液内消毒 3min（水温 43℃）后取出晾干。

（3）高锰酸钾溶液消毒　配制 0.1% 高锰酸钾温水溶液，将种蛋放入浸泡 3 ～ 4min，取出晾干。该药宜现配现用。消毒过的蛋面颜色有些变化，但不影响孵化效果。

（4）红霉素溶液消毒　将孵化前的种蛋放进孵化机内加温至 37.8℃，然后取出放入 2 ～ 4℃ 的红霉素溶液中浸泡 15min，让药液渗进蛋内。药液的配制浓度是，每升水含药物 400 ～ 1 000mg。

（5）氢氧化钠溶液消毒　将种蛋浸泡在 0.5% 氢氧化钠溶液中 5min，能有效地杀灭蛋壳表面的鼠伤寒沙门氏菌。

（6）庆大霉素溶液消毒　每升水加入 0.5g 庆大霉素。将种蛋放入溶液中浸泡约 3min，取出晾干。能杀灭蛋表面严重感染的沙门氏菌。

四、孵化设备和用具

土鸡的机器孵化设备有孵化器和出雏器，另需要蛋架车、孵化盘、出雏盘、照蛋器和清洗机等用具。现代土鸡规模化生产均采用全自动孵化器和出雏器。十几年以来，我国研制的孵化器、出雏器均达到国际领先水平，实现了全自动化、电脑化和模糊控制等。孵化厅要备用专门的发电机组，以防突然停电引起的经济损失。电力不足或供电不稳定或电费偏高的地区，应选用近几年来研制成功的煤、电两用节能式孵化器。这种类型的孵化器，其机箱、蛋架、蛋盘、照蛋器和煤炉可自行设计，另需要购置均温风扇、温度和湿度自动控制器。这种类型的孵化器经济节能。

电力不便的地方或偏远山区可选用温室孵化、水孵化、火炕孵化、缸孵化和煤油灯孵化等传统方法。所需设备和用具主要有：供温烟道、火炕、煤油灯、孵缸、摊床、棉被、蛋架、蛋盘、出雏盘（笺）、温度计、水盆与笺筐等。

五、火炕孵化

火炕孵化是我国传统的孵化方法之一，温度的调节是通过加减覆盖物、翻蛋、倒蛋以及调节室温来完成的。

（一）火炕的结构

火炕一般设在孵化室的一侧，另外一侧放置摊床，供孵化后期上摊床自温孵化，中间要设置走道。火炕由炉灶、炕洞、炕面、烟囱等几部分组成。炉灶设在火炕一端靠下的位置，用来烧火加温；烟囱设在火炕的另一端，向上延伸，高出孵化室顶部；炉灶和烟囱之间，设置多道炕洞，使炕面温度均匀一致；炕面上要抹上厚泥，四周加炕沿。

（二）炕孵管理

（1）试温　孵化前2～3天烧火试温，检查火炕的效果，炕洞是否畅通，有无漏烟的地方。等温度升高后，盖上棉被测定炕面多点温度，掌握温度变化规律以及燃料种类、多少与炕面温度的关系。

（2）入孵　为了避免温度忽高忽低，先在炕面上铺设1层干草，厚度3～5cm，然后在干草上铺草席。种蛋预热后，码放在草席上。最后，种蛋上盖上棉被保温。也可将种蛋码放在孵化盘中，直接将孵化盘放在炕上，无须干草和草席。

（3）温度调节　在棉被下、蛋面上放置温度计，多点测定孵化温度，以保证孵化所需正常温度。温度的调节是通过加减覆盖物、翻蛋、倒蛋及调节室温来完成的。覆盖物由棉被、单被，逐渐过渡到床单。

（4）调盘　用孵化盘孵化，入孵后当蛋温超过所需温度0.5～1℃时，需进行调盘。方法是将上层调下层，下层调中层，以后每次都按此顺序调盘。

（5）翻蛋　在草席上码蛋孵化，每隔6h翻蛋1次，每天翻蛋4次。在翻蛋的同时，炕中央的种蛋和炕四周的种蛋要调换位置，保证受热均匀。

六、机器孵化

（一）入孵前的准备

（1）孵化机检修　孵化前要对孵化机进行全面检修，温度、湿度控制要求为：在孵化面内的各部温差不要超过 0.2℃；孵化时机内各部湿度差不要超过 3%。调节方法是在地面上洒水，机内增加或减少水盘。

（2）消毒　孵化室和孵化机具要彻底消毒。

（二）种蛋的预热

入孵前种蛋要预热，如果凉蛋直接放入孵化机内，由于温度悬殊对胚胎发育不利，还会使种蛋表面凝结水气。预热对存放时间长的种蛋和孵化率低的种蛋更为有利。一般在 18 ~ 22℃的孵化室内预热 6 ~ 18h。

（三）入孵及入孵消毒

入孵的时间应在下午 4 ~ 5 时，这样可在白天大量出雏，方便进行雏鸡的分级、性别鉴定、疫苗接种和装箱等工作。种蛋要大头向上码入蛋盘中，分批入孵时"新蛋"与"老蛋"交错放置，彼此调节温度。当机内温度升高到 27℃、相对湿度达到 65% 时，进行入孵消毒。熏蒸法熏蒸消毒后要打开排风扇，排除消毒药气体。

（四）温度、湿度调节

入孵前要根据不同的季节和前几次的孵化经验设定合理的孵化温度、湿度，设定好以后，旋钮不能随意扭动。刚入孵时，开门上蛋会引起热量散失，同时种蛋和孵化盘也要吸收热量，这样会造成孵化器温度暂时降低，经 3 ~ 6h 就可以恢复正常。孵化开始后，要对机显温度和湿度、门表温度和湿度进行观察记录。一般要求每隔半个小时观察 1 次，每隔 2h 记录 1 次，以便及时发现问题，得到尽快处理。有经验的孵化人员，要经常用手触摸胚蛋或放在眼皮上测温，实行"看胚施温"。正常温度情况下，眼皮感温要求微温，温而不凉。

（五）通风换气

在不影响温度、湿度的情况下，通风换气越通畅越好。在恒温孵化时，孵化机的通气孔要打开一半以上，落盘后全部打开。变温孵化时，随胚胎日龄的增加，需要的氧气量逐渐增多，所以要逐渐开大排气孔，尤其是孵化第 14 ~ 15 天以后，更要注意换气、散热。

（六）翻蛋

入孵后 12h 开始翻蛋，每 2h 翻蛋 1 次，1 昼夜翻蛋 12 次。在出雏前 3 天移入出雏盘后停止翻蛋。孵化初期适当增加翻蛋次数,有利于种蛋受热均匀和胚胎正常发育。每次翻蛋的时间间隔要求相等,转蛋角度为90°。

（七）照检

不同日龄胚胎发育特征见图4-1、图4-2。

孵化期间一般照蛋2次,也有在中间抽检1次的。照蛋的目的:一是查明胚胎发育情况及孵化条件是否合适,为下一步采取措施提供依据;二是剔出无精蛋和死胚蛋,以免污染孵化器,影响其他蛋的正常发育。

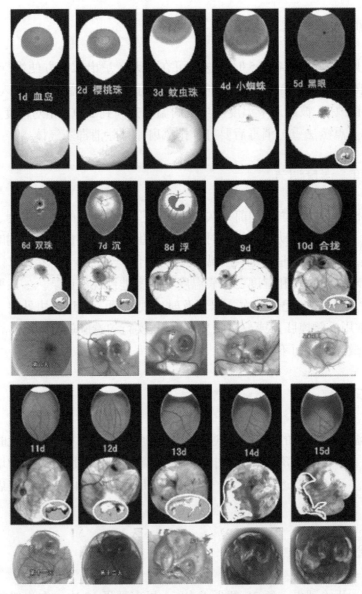

图4-1　土鸡1～15日龄胚胎发育特征

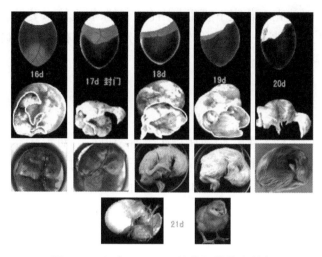

图 4-2　土鸡 16 ~ 21 日龄胚胎发育特征

（1）头照　一般在入孵后第五天进行，主要是检出无精蛋和死胚蛋。

无精蛋：颜色发淡，只能看见卵黄的影子，其余部分透明，旋转种蛋时，可见扁形的蛋黄悠荡飘转，转速快。

活胚蛋：可见明显的血管网，气室界限明显，胚胎活动，蛋转动胚胎也随着转动，剖检时可见到胚胎黑色的眼睛。

死胚蛋：可见不规则的血环或几种血管贴在蛋壳上，形成血圈、血弧、血点或断裂的血管残痕，无放射形的血管。

（2）抽检　一般在入孵后第 10 ~ 11 天进行，主要观察胚胎的发育程度，检出死胚。种蛋的小头有血管网，说明胚胎发育速度正好。死胚蛋的特点是气室界限模糊，胚胎黑团状，有时可见气室和蛋身下部发亮，无血管，或有残余的血丝或死亡的胚胎阴影。活胚则呈黑红色，可见到粗大的血管及胚胎活动。

（3）二照　一般在落盘的同时进行。此时如见气室的边缘呈弯曲倾斜状，气室中有黑影闪动为活胚蛋。若小头透亮，则为死胚蛋。

（八）落盘

孵化到第 18 ~ 19 天时，将入孵蛋移至出雏箱，等候出雏，这个过程称落盘。要防止在孵化蛋盘上出雏，以免被风扇打死或落入水盘溺死。

（九）捡雏

孵化到 20.5 天时，开始出雏。这时要保持机内温度、湿度的相对稳定，并按一定时间捡雏。将雏鸡于孵化后第 21 天大批取出，并用人工助产法帮助那些自行出壳困难的雏鸡。若雏鸡已经啄破蛋壳，壳下膜变成橘黄色时，说明尿囊血管已萎缩，出壳困难，应施行人工破壳。若壳下膜仍为白色，则尿囊血管未萎缩，这时人工破壳会造成出血死亡。人工破壳是从啄壳孔处剥离蛋壳 1cm 左右，把雏鸡的头颈拉出并放回出雏箱中继续孵化至出雏。

（十）清扫与消毒

为保持孵化器的清洁卫生，必须在每次出雏结束后，对孵化器进行彻底清扫和消毒。在消毒前，先将孵化用具用水浸润，用刷子除掉脏物，再用消毒液消毒，最后用清水冲洗干净，沥干后备用。孵化器的消毒，可用 3% 来苏儿水喷洒或用甲醛熏蒸（同种蛋）消毒。

第三节　生态土鸡的饲养管理

一、育雏期的饲养管理技术

（一）雏鸡的生理特点

1. 体温调节机能不完善

初生雏的体温较成年鸡体温低 2 ~ 3℃，4 日龄开始慢慢地均衡上升，到 10 日龄时才达成年鸡体温，到 3 周龄左右体温调节机能逐渐趋于完善，7 ~ 8 周龄以后才具有适应外界环境温度变化的能力。

2. 生长迅速，代谢旺盛

蛋用型雏鸡 2 周龄的体重约为初生时体重的 2 倍，6 周龄为 10 倍，8 周龄为 15 倍。前期生长快，以后随日龄增长而逐渐减慢。雏鸡代谢旺盛，心跳快，脉搏每分钟可达 250 ~ 350 次，安静时单位体重耗氧量与排出二氧化碳的量比家畜高 1 倍以上，所以在饲养上要满足营养需要，管理上要注意不断供给新鲜空气。

3. 羽毛生长快

幼雏的羽毛生长特别快，在 3 周龄时羽毛为体重的 4%，到 4 周龄便增加到 7%，其后大体保持不变。从孵出到 20 周龄羽毛要脱换 4 次，分别在 4 ~ 5 周龄、7 ~ 8 周龄、12 ~ 13 周龄和 18 ~ 20 周龄。羽毛中蛋白质含量为 80% ~ 82%，为肉、蛋的 4 ~ 5 倍。因此，雏鸡对饲粮中蛋白质（特别是含硫氨基酸）水平要求高。

4. 胃的容积小，消化能力弱

幼雏消化系统发育不健全，胃的容积小，进食量有限。同时消化道内又缺乏某些消化酶，肌胃研磨饲料能力低，消化能力差，在饲养上要注意饲喂纤维含量低、易消化的饲料，否则产生的热量不能维持生理需要。

5. 敏感性强

对饲料中各种营养物质的缺乏或有毒药物的过量，幼雏会反映出病理状态。

6. 抗病力差

幼雏由于对外界环境的适应性差，对各种疾病的抵抗力也弱，饲养和管理稍不注意，极易患病。

7. 群居性强，胆小

雏鸡喜欢群居，单只离群便奔叫不止。胆小，缺乏自卫能力，如遇外界刺激便鸣叫不止，因此育雏环境要安静，防止各种异常声响和噪声以及新奇的颜色入内。舍内还应有防止兽害的措施。

（二）育雏的条件

环境条件影响雏鸡的生长发育和健康，只有根据雏鸡生理和行为特点提供适宜的环境条件，才能保证雏鸡正常的生长发育。

1. 适宜的温度

温度是饲养雏鸡的首要条件，不仅影响雏鸡的体温调节、运动、采食、饮水及饲料营养消化吸收和休息等生理环节，还影响机体的代谢、抗体产生、体质状况等。只有适宜的温度才有利于雏鸡的生长发育和成活率的提高。育雏一般控制时间在35 ~ 42日。适宜的育雏温度见表4-1。

表4-1　育雏期适宜温度

日龄	1 ~ 2	7	14	21	28	35	48
温度（℃）	35 ~ 33	33 ~ 30	30 ~ 28	28 ~ 26	26 ~ 24	24 ~ 21	21 ~ 18

正确测定温度也很重要，如果温度计不准确或悬挂位置不当，导致测定的育雏温度不正确，会直接影响育雏效果。温度计使用前要校准，其方法是：将一支标准温度计（体温计）和要校准的温度计放入35 ~ 38℃温水中，观察其差值，如果与标准温度计一致，说明准确；如果低于标准温度计A℃，可在校对的温度计上贴上白色胶布，并标注 +A℃；如果高于标准温度计A℃，可在校对的温度计上贴上白色胶布，并标注 -A℃。温度计的位置也要正确，温度计位置过高，测得的温度比要求的育雏温度低而影响育雏效果的情况，生产中常有出现。使用保姆伞育雏，温度计挂在距伞边缘15cm处，高度与鸡背相平（大约距地面5cm）。暖房式加温，温度计挂在距地面、网面或笼底面5cm高处。为清楚了解育雏室内各个区域的温度，室内的温度计放置数量宜多不宜少，一般5 ~ 8m² 放置1个。育雏期不仅要保证适宜的育雏温度，还要保证适宜的舍内温度。

2. 适宜湿度

适宜的湿度有利于雏鸡健康和生长发育。育雏舍内过于干燥，雏鸡体内水分随着呼吸而大量散发，则腹腔内的剩余卵黄吸收困难，同时由于干燥饮水过多，易引起拉稀，脚爪发干，羽毛生长缓慢，体质瘦弱；育雏舍内过于潮湿，由于育雏温度较高，且育雏舍内水源多，容易造成高温高湿环境，在此环境中，雏鸡闷热不适，呼吸困难，羽毛蓬乱污秽，易患呼吸道疾病，增加死亡率。一般育雏前期为防止雏鸡脱水，相对湿度较高，为75%～70%，可以在舍内火炉上放置水壶、在舍内喷热水等方法提高湿度；10～20天，相对湿度降到65%左右；20日龄以后，由于雏鸡采食量、饮水量、排泄量增加，育雏舍易潮湿，所以要加强通风，更换潮湿的垫料和清理粪便，以保证舍内相对湿度在55%～40%。

3. 适量的通风

新鲜的空气有利于雏鸡的生长发育和健康。鸡的体温高，呼吸快，代谢旺盛，呼出二氧化碳多。雏鸡日粮营养含量丰富，消化吸收率低，粪便中含有大量的有机物，有机物发酵分解产生的氨气（NH_3）和硫化氢（H_2S）多。加之人工供温燃料不完全燃烧产生的一氧化碳（CO），都会使舍内空气污浊，有害气体含量超标，危害鸡体健康，影响生长发育。加强通风换气可以驱除舍内污浊气体，换进新鲜空气。同时，通风换气还可以减少舍内的水汽、尘埃和微生物，调节舍内温度。

育雏舍既要保温，又要通风换气，保温与通气是一对矛盾，应在保持温度的前提下，进行适量通风换气。通风换气的方法有自然通风和机械通风两种，自然通风的具体做法是：在育雏室设通风窗，气温高时，尽量打开通风窗（或通气孔），气温低时把它关好；机械通风多用于规模较大的养鸡场，可根据育雏舍的面积和所饲养雏鸡数量选购和安装风机。育雏舍内空气以人进入舍内不刺激鼻、眼，不觉胸闷为适宜。通风时要切忌间隙风，以免雏鸡着凉感冒。

4. 适宜的饲养密度

饲养密度过大，雏鸡发育不均匀，易发生疾病，死亡率高，所以保持适宜饲养密度是必要的。育雏期饲养密度要求如表4-2所示。

表4-2　育雏期不同饲养方式的饲养密度（只 /m²）

周龄	地面平养	网上平养	立体笼养 / 笼底面积
1～2	40～35	50～40	60
3～4	35～25	40～30	40
5～6	25～20	25	35
7	20～15	20	30

5. 光照

育雏前3天，采用24h的连续光照制度，光照强度为50勒克斯（相当于每平方米 15 ~ 20 瓦白炽灯），便于雏鸡熟悉环境，尽快学会采食，也有利于保温。4 ~ 7 日龄，每天光照 20h，8 ~ 14 日龄每天光照 16h，以后采用自然光照，光线强度逐渐减弱。

6. 卫生

雏鸡体小质弱，对环境的适应力和抗病力都很差，容易发病，特别是传染病。所以入舍前要加强对育雏舍和育成舍的消毒，加强环境和出入人员、用具设备消毒，经常带鸡消毒，并封闭育雏、育成舍，做好隔离，减少污染和感染。

（三）雏鸡的初饮与开食

雏鸡的初饮与开食是育雏早期饲喂的关键问题，做好这两点，可以提高雏鸡成活率与均匀度。

1. 初饮

1 日龄雏鸡第一次饮水称为初饮。出雏后经长途运输的雏鸡体内水分大量消耗，因此应先饮水后开食，这样可促进肠道蠕动，吸收残留蛋黄，排除胎粪，增进食欲，减少应激和感染。初饮最好用温开水或者凉开水。初饮时可在水中加 8% 白糖（或葡萄糖）、0.1% 维生素 C 和 50mg/L 盐酸恩诺沙星，饮口服补液盐（将食盐 35g、氯化钾 15g、小苏打 25g、多维葡萄糖 20g 溶于 1 000ml 蒸馏水中）效果更佳。在最初的 3 ~ 5 天均可饮用此水，但要现用现配。初饮的水温要与室温相同，给量以 2h 内饮完为度，每次每只 8ml 左右。一次不能太多，要少给勤换，因为雏鸡舍内温度高，水内有糖分与维生素，时间过长容易发酵产酸与失效。在初饮后要保持饮水不断，1 周后可直接饮用自来水。饮水器要充足，一般 100 只雏鸡最少要有 3 个 1 250ml 的饮水器，并且要均匀分布于育雏栏内。饮水器底盘与顶盖每天要刷洗干净，并用消毒液消毒。

2. 开食

雏鸡第一次吃食称为开食。一般出壳后 24 ~ 36h 或初饮 3h 后进行。开食过早会损害消化器官，对以后的生长发育不利。开食过晚会消耗雏鸡体力，使之变得虚弱，影响生长发育和增加死亡率。开食的饲料要求新鲜，颗粒大小适中，易于啄食，营养丰富，易消化，常用的是非常细碎的黄玉米颗粒、小米或雏鸡配合饲料。方法是将准备好的黄玉米颗粒或小米撒在铺于底网上的牛皮纸上或开食盘内，一般 100 只雏鸡给 500g 左右。第一天用玉米颗粒或小米，这样可促进蛋黄吸收，以后用配合饲料，但最好不要喂含有胡麻饼、菜籽饼等成分的配合饲料，以免糊肛与中毒。给雏鸡加料要少喂勤添，每次喂的料应在 20 ~ 30min 吃完，隔 2h 喂一次。第二天在给铺纸上撒料的同时，给挂在网片外的料槽内也盛满饲料，引诱雏鸡吃料槽中的饲料，到第 3 ~ 4 天就可撤掉铺纸，用料槽喂料。

二、育成期土鸡的饲养管理技术

（一）育成期土鸡的培育目标

育成鸡的培育目标是通过育雏、育成期精心的饲养管理，培育出个体质量和群体质量都优良的育成新母鸡。

1. 个体质量

健康鸡群应活蹦乱跳，反应灵敏，食欲旺盛，采食有力，体型良好，羽毛紧凑光洁；鸡冠、脸、肉髯颜色鲜红，眼睛突出，鼻孔洁净，肛门、羽毛清洁，粪便正常；鸡挣扎有力，胸骨平直，肌肉和脂肪配比良好等。

2. 群体质量

群体质量就是整个鸡群质量。

（1）品种优质　雏鸡应来源于持有生产许可证厂家的优质土鸡品种。

（2）体重发育好　体重发育符合标准，鸡群均匀整齐，大小一致。

（3）抗体水平符合要求　鸡群抗体水平的高低反映鸡群对疾病的抵抗力和健康状况，优质育成土鸡群的抗体结果应符合安全指标。

（二）育成期土鸡的生理特点

育成阶段羽毛丰满，已经长出成羽，体温调节能力健全，对外界适应能力强。

消化能力增强，采食多，鸡体容易过肥；钙、磷的吸收能力不断提高，骨骼发育处于旺盛时期，此时肌肉生长最快。适当降低饲粮的蛋白质水平，保持微量元素和维生素的供给，育成后期增加钙的补充。

小母鸡从第11周龄起，卵巢滤泡逐渐积累营养物质，滤泡渐渐增大；小公鸡12周龄后睾丸及附性腺发育加快，精子细胞开始出现。18周龄以后性器官发育更为迅速，由于12周龄以后鸡的性器官发育很快，对光照时间长短的反应非常敏感，应注意控制光照。

（三）育成期生态土鸡的饲养方式

1. 网上平养

在离地面40～60cm高度设置平网用以饲养。网上平养，鸡体与粪便彻底隔离，育成率提高。平网所用材料有钢丝网、木板条和竹板条等。网上平养适合中等规模的土鸡饲养户采用，在舍内设网时要注意留有走道，便于饲喂和管理操作。

2. 地面垫料平养

在舍内地面铺设厚垫料用以饲养。这种方式投资较小，而增加了鸡的运动量，适合小规模的土鸡饲养户采用。缺点是鸡体与粪便接触，容易发生疾病，特别是增加了球虫病的发病率，生产中一定要注意药物预防。垫料平养成败的关键是对垫料的管理。垫料要柔软有弹性、易干燥、吸水性好、廉价轻质。日常要经常翻动垫料和更换潮湿结块的垫料。

3. 放牧饲养

土鸡在放牧的过程中，不仅能吃到大量青绿饲料、昆虫、草籽等营养物质，满足部分营养需要，节约饲料，而且能够加强运动，增强体质。土鸡放牧可选择果园、林地、草场、山坡、农田茬地等一切可以利用的地方。天气晴朗时，可延长放牧时间。放牧场地要经常更换，以减少疫病的传播。

（四）育成期土鸡的饲养管理要点

1. 饲养

育成期土鸡的饲养重点是控制体重，防止过肥而影响产蛋。育成期的饲料营养浓度较育雏期和产蛋期低，应适当加大麸皮、米糠的比例。平养时可供给一定量的青绿饲料，占配合饲料用量的 15% 左右。育成鸡每天要减少喂料次数，平养时，上午一次性将全天的饲料量投放于料桶或饲槽内；每天傍晚入舍前适当补饲精料。育成鸡每天喂料量的多少要根据鸡体重发育情况而定，每周称重 1 次（抽样比例为 10%），计算平均体重，与标准体重比较，确定下周的饲喂量。同时要供给充足、洁净的饮水。

2. 日常管理

（1）脱温　育雏结束，进入育成阶段要脱温。一要根据外界环境温度来确定脱温时间，如冬季育雏时脱温时间可能推迟到 8 ~ 9 周龄，甚至是 10 周龄；二要注意逐渐脱温；三要注意育成鸡的防寒，特别是在寒冷季节，脱温后一定要准备防寒设备，了解天气变化，做好防寒准备，避免突然的寒冷引起育成鸡的死亡。

（2）转群　育成阶段进行多次转群，如育雏舍转入育成舍，再转入种鸡舍，转群过程中尽量减少应激。

（3）饲养管理程序稳定　严格执行饲养管理操作规程，保证人员稳定、饲养程序和管理程序稳定。

（4）卫生管理　每天清理清扫舍内的污物，保持舍内环境卫生；定时清粪；每周鸡舍消毒 2 ~ 3 次，周围环境每周消毒 1 次。

（5）环境控制　育成舍内温度应保持在 15 ~ 25℃，相对湿度为 55% ~ 60%，注意通风换气，排除舍内氨气、硫化氢、二氧化碳等有害气体，保证充足的新鲜空气。

（6）细致观察鸡群　每天都要细致观察鸡群的精神状态、采食情况、粪便形态和其他情况，及时发现问题，采取措施解决。

3. 光照管理

光照通过对生殖激素的控制而影响到土鸡的性腺发育。育成期的生长重点应放在体重的增加和骨骼、内脏的均衡发育，这时如果生殖系统过早发育，会影响到其他组织系统的发育，出现提前开产，产后种蛋较小，全年产蛋量减少。因此，育成期特别是育成中后期（7周龄至开产）的光照原则是，光照时间不可以延长，光照强度不可以增加；育成期光照一般以自然光照为主，适当进行人工补充光照。每年4月至8月期间出壳的雏土鸡，育成中后期正处自然光照逐渐缩短的时期，基本符合光照原则，可以完全利用自然光照。而每年9月至翌年3月产的雏土鸡，育成中后期处于自然光照逐渐延长的情况，这时要结合人工补充光照（每天定时开、关灯）使每天光照保持恒定时间（小时），或者使光照时间逐渐缩短。

4. 体型和均匀度的控制

体型好、发育均匀整齐的鸡群，产蛋量多，种用价值大。定期称测体重和胫骨长度，计算平均体重和平均胫长，根据平均体重调整饲料饲喂量，使育成土鸡体重符合要求。同时要计算均匀度，了解鸡群发育的均匀情况，并进行必要调整，使育成的新母鸡群均匀整齐。均匀度指群体内体重在平均体重±10%范围内的个体所占的比例。为了获得较高的均匀度，生产中要做好以下几方面工作。

（1）保持合理的饲养密度 育成期土鸡要及时调整饲养密度，高的饲养密度是造成个体间大小差异的主要原因。育成期的饲养密度要求见表4-3。

表4-3 育成期的饲养密度

周龄	垫料地面平养（只/m²）	网上平养（只/m²）
7～12	8～10	10～11
13～18	7～8	8～9

（2）保证均匀采食 饲料是土鸡生长发育的基础，只有保证土鸡均匀地采食到饲料，获得必需的营养，才能保证鸡群的均匀整齐。在育成阶段一般都是采用限制饲喂的方法，这就要求有足够的采食位置（每只土鸡占有8～10cm的槽位），而且投料时速度要快。这样才能使全群同时吃到饲料，平养时更应如此。

（3）减少应激 应激影响机体的发育、抵抗力和均匀度。保证环境安静和工作程序稳定，防止断料断水，避免疾病发生等，减少应激因素，避免应激发生。

（4）搞好分群管理 一要注意公母分群。公母土鸡的生长发育规律不同，采食量不同，生活力也不同。如果公母混养，影响母鸡的生长发育，不利于均匀度的控制。公母分群应尽早进行，一般在育雏结束时结合转群分别饲养于不同栏舍。如果在出壳时经翻肛鉴别，公母育雏期就分开饲养，效果更好。二要注意大小、强弱分群。根据大小、强弱等差异，将大群鸡分成相同类型的小群，在饲喂中采取不同的方法，以便全部鸡都能均匀生长。分群要结合称重定期进行，一般是将个体较大的强壮个体从群中挑选出来，置于另外的饲养环境，然后限制其采食，使体重恢复正常。对于体型较小的弱鸡，要养于环境较好的地方，加强营养，赶上正常体重。

5. 补充断喙

在 7 ～ 12 周龄期间对第一次断喙效果不佳的个体进行补充断喙。用断喙器进行操作，要注意断喙长度合适，避免引起出血。

6. 疾病预防

要做好育成鸡舍的卫生和消毒工作，如及时清粪、清洗消毒饲槽（盘）和饮水器、带鸡消毒等。还要注意环境安静，避免惊群。同时要做好疫苗接种和驱虫。育成期防疫的传染病主要有新城疫、鸡痘、传染性支气管炎等（具体时间和方法见鸡病防治部分）。驱虫是驱除体内线虫、绦虫等，驱虫要定期进行，最后在转入产蛋鸡舍前还要驱虫 1 次。驱虫药有左旋咪唑、丙硫咪唑等。

三、产蛋期的饲养管理

（一）土鸡产蛋期的生理特点

鸡虽已开产，但在产蛋初期，身体和羽毛还在生长，为达到体成熟，还需要一定量的营养物质供给，随着产蛋率和产蛋重的增加，产蛋的营养物质需要也逐渐增加。总之，虽然开产标志着性腺已经成熟，但体成熟并未达到，羽毛的生长也未结束。

产蛋期鸡的新陈代谢很旺盛，代谢强度大，母鸡性器官的生长还未完全结束，因此需供给全价的营养物质。产蛋期日粮中的蛋白质代谢能水平比育成鸡高。

鸡的性成熟是新的生活阶段的开始，初产精神亢奋，高度神经质，因此要创造一个安静的环境。

产蛋鸡对日粮中钙的需要量比任何时期都多，因此要求日粮中要有足够的钙，钙、磷比例适宜。

对光照的反应比较敏感。光照时间的长短、强度的大小，直接影响着产蛋率，要求有一个适当的光照制度。

产蛋鸡对外界环境的变化很敏感，如光照、饲料变动、疾病的侵袭、应激因素的影响等都可造成产蛋量下降。

高峰期及产蛋前期抗病力降低，需用保健药。

（二）土鸡产蛋期营养特点

土鸡开产以后体重、羽毛和骨骼还继续生长，随着产蛋率的上升采食量逐步增大，对钙的需要量和蛋白质的需要量增大。由于其产蛋率和蛋重均比现代商品蛋鸡低、个小，因此对日粮中蛋白质的含量不严格，科学配制的饲料同样可以达到最高峰产蛋率85%。土鸡产蛋期需要更多的维生素和矿物质的供给。土鸡饲料中的维生素主要来源依靠添加剂补充。为了保证土鸡蛋优质无公害的优点，可用中草药添加剂预防鸡病。土鸡放牧饲养条件下主要补充维生素 A、维生素 D、维生素 E、维生素 K 等脂溶性维生素和微量元素等。

休产期的土鸡饲料中添加一定量的稻米、糠、草粉等粗饲料，适量补充蛋氨酸，使其安全渡过休产期，第二年正常产蛋。

（三）土鸡产蛋期饲养方式

现代土鸡产蛋期的饲养方式分笼养和半舍饲半放牧饲养两种饲养方式。

1. 笼养

土鸡适于笼养，笼养有生产成本低、饲料利用率高、便于饲养管理和消毒防疫等特点。土鸡一般采用三层全阶梯式笼养，笼养土鸡易惊群。

2. 半舍饲半放牧饲养

这种方式下，土鸡休息、早晚补饲、饮水和产蛋都在舍内，白天到舍外的林地、草地、竹林、果园、草山、草坡或人工种植牧草地采食青草、昆虫。这种饲养方式投资少，生产成本最低，劳动生产率低，产蛋率低。

（四）土鸡产蛋期转群前的准备工作

1. 准备好产蛋鸡舍

清扫，维修产蛋舍、产蛋鸡笼、喂料器具、饮水器具、照明和通风系统等。平养放牧舍应维修地网、产蛋箱、栖架、场地围栏等，清理放牧场地等。笼养舍应清洗、粉刷、喷雾、火焰消毒等，最后密封鸡舍熏蒸消毒。平养放牧舍不采用熏蒸消毒的方法，场地消毒采用喷雾消毒方法，有些放牧地也可采用深翻土地方式更新放牧地。

2. 预防鸡病

首先应接种鸡新城疫、类减蛋症、减蛋综合征、传染性气管炎、法氏囊和鸡痘等疫苗；其次是用左旋咪唑、苯丙硫咪唑驱虫；用 1% 的敌百虫水溶液喷洒鸡舍杀灭体外寄生虫；饲料中添加抗菌药物预防细菌性疾病。

3. 断喙

第 1 次和第 2 次断喙不合理或不彻底的鸡，应补断和修喙。

4. 分群

根据体重发育情况分群，准确记录入舍母鸡数，严格淘汰鉴别的公鸡和无利用价值的母鸡。

5. 转群注意事项

（1）转群时准确填写记录表中的各项指标。

（2）转入舍内应加料加水，鸡转入舍的位置应与转出舍的位置相对应最佳。

（3）种公鸡应提前 2 周转入到平养种鸡舍，使其建立优势地位，有利于提高受精率，减少种公鸡的伤残。

（4）转群时应严格淘汰病、残、弱、小和瞎眼的个体。

（5）鸡群发病时不能转群，转群后的几天应加强管理。

（五）土鸡产蛋期的日常管理

土鸡的日常管理是每天进行的工作，有利于提高其生产性能。土鸡的日常管理基本同育成期。

1. 喂料、喂水

每天喂料 2 次，早 1 次，晚 1 次，中午添料 1 次。饲槽中料的高度不超过料槽高度的 1/3，加料均匀，最后 1 次喂料在关灯前 5h，关灯前 1h 吃完料。保证全天自由饮水。

2. 观察鸡群

每天早晨要巡视鸡群，拣出病、死鸡。观察每只鸡的采食情况，加料时所有的鸡都应争先恐后地采食，加料完 10min 后鸡还应正常采食，如果此时有鸡离开食槽停止采食证明其有病。中午 11 时左右检查料槽中的料存留状况，观察鸡精神状态和鸡冠颜色，如果鸡打瞌睡、闭眼、缩头、伸颈说明鸡有病；如果鸡冠发紫、萎缩变薄或倒向一侧说明有病或停产。观察粪的形状、颜色，正常粪便为圆棒形，质地稍软，上有白色尿酸盐沉着；另一种粪便似巧克力如油状，称"糖鸡屎"，正常粪便颜色为灰色、黑色（饲料中添加土霉素渣时）、黄褐色，上附白色、纯白色、灰白色、绿色、浅黄色均为有病的鸡排出的粪便。检查饲料中有无变质的饲料，检查水槽是否漏水。观察产蛋量、蛋壳颜色和蛋壳质量，有无软壳蛋、无黄蛋、沙壳蛋等不合格蛋。巡视鸡群时应轻、稳、静。观察有无"夹""挂头""上吊""别颈""扎翅"等机械损伤，应及时解救。晚上关灯后 1h 听取鸡群呼吸声音是否正常，发现呼吸道异常应挑出及时治疗。

巡视鸡群的另一重要目的是淘汰停产鸡、低产鸡、病鸡和残鸡等失去经济价值的个体，种鸡群应淘汰不符合选种目标的个体。

3. 鸡群及设备管理

要防止鸡跑到笼外、掉到粪坑、逃窜。经常检查维修鸡笼、供水系统、供电系统、供料系统、消毒系统、围栏和天网等。

4. 拣蛋和种蛋挑选

每天 10 时、11 时 30 分、14 时 30 分和 17 时拣蛋 4 次。拣到蛋箱内的蛋应加盖防尘布防止污染。种蛋应及时放入消毒柜内消毒后装箱。每天应及时拣蛋，降低破损率，拣蛋时要把破蛋、裂纹蛋、软皮蛋捡出单独存放计数；要把选择符合品种特征的合格种蛋装入种蛋消毒柜消毒。严格淘汰畸形蛋、双黄蛋、过大或过小蛋、过长或过圆的蛋、沙壳蛋、脏蛋、破蛋、裂纹蛋和钢皮蛋等不合格蛋。每天收蛋后认真查产蛋数和产蛋重量。

5. 填写生产记录表

认真填写生产记录表中的项目，如存活鸡数、死亡淘汰鸡数、产蛋数、产蛋量、破蛋数、饲料消耗、当天的工作要点、鸡群的防疫情况等。

四、土鸡主要疫病的防治

土鸡抗病力强，一些在良种鸡易于发生的疫病，土鸡却很少发生。影响土鸡健康的主要有 3 种病毒病、3 种细菌病和 3 种寄生虫病。针对土鸡的易发病并结合当地疫情状况，相应做好防治工作，可有效提高土鸡的存活率。

（一）病毒病的防治

1. 鸡新城疫

由新城疫病毒引起，一般表现为呼吸困难，腹泻，粪便呈绿色，精神沉郁及神经症状，头部和面部肿大，产蛋停止等。敏感鸡群死亡率常高达 90% ~ 100%。

预防措施：雏鸡 7 ~ 10 日龄用新城疫 IV 系疫苗饮水或滴鼻首免，对于新城疫高发地区要进行 I 系肌内注射；60 日龄以上进行二免。

2. 传染性法氏囊炎

由传染性法氏囊炎病毒引起，症状为病鸡排白色或浅绿色稀粪，精神委顿，头下垂，眼睑闭合，羽毛蓬松，最后极度衰竭而死。

预防措施：14 ~ 21 日龄用法氏囊弱毒苗饮水，水中加 2% 的脱脂奶粉。

3. 鸡痘

由鸡痘病毒引起，病鸡身体各个部位可见结节，白喉型鸡痘可见口腔、食道气管黏膜溃疡或黄白色病灶。

预防措施：14 ~ 32 日龄用鸡痘疫苗刺种。

4. 推荐免疫程序

见表 4-4。

表 4-4　推荐免疫程序

日龄	疫　　　苗	免疫方法
1 日龄	液氮马立克氏病疫苗	皮下注射
4 日龄	球虫四联苗	悬浮液饮水
7 日龄	新支二联弱毒苗（LaSota+H120）/ 新城疫灭活油苗	点眼、滴鼻 / 颈部皮下注射
14 日龄	法氏囊中等毒力苗（B87）	饮水
21 日龄	新支二联弱毒苗（LaSota+H120）	饮水
27 日龄	法氏囊中等毒力苗（B87）	饮水
32 日龄	禽流感二价灭活油苗（H5+H9） 鸡痘弱毒苗	皮下或肌内注射 翼膜刺种
50 日龄	新支二联弱毒苗（LaSota+H52）	饮水
80 日龄	新城疫弱毒苗（Clone30）	饮水
120 日龄	新城疫弱毒苗（Clone30）	饮水

（二）细菌病的防治

1. 鸡白痢

由沙门氏菌引起，病鸡表现为精神、食欲差，翅下垂，羽毛松乱，喜蹲伏，排黄白或绿色粪便。

防治措施：用环丙沙星或恩诺沙星饮水。

2. 禽霍乱

由多杀性巴氏杆菌引起，最急性型病鸡突然死亡，急性型病鸡羽毛松乱，不吃，呼吸急促，鼻口流出有泡沫的黏液，排黄、灰或绿色稀粪，体温升至 43 ～ 44℃，昏迷，1 ～ 3 天死亡；慢性型表现关节炎、跛行、呼吸困难等。

防治措施：30 日龄后用禽霍乱灭活苗肌内注射。发病后用磺胺药，青、链霉素，红霉素治疗有效。

3. 大肠杆菌病

由埃希氏大肠杆菌引起，小鸡表现为厌食，羽毛松乱，不爱动，最后死亡。成年鸡鸡冠萎缩，颜面发白，有的下痢。局部感染呈局部临床症状，如关节炎、眼炎及伴有呼吸症状。

预防用大肠杆菌油苗 1 月龄肌内注射，治疗用抗生素（如卡那霉素、新霉素、链霉素）、磺胺类和呋喃类药均有效。

（三）寄生虫病的防治

寄生虫病主要包括绦虫病、蛔虫病和球虫病。

鸡感染绦虫和蛔虫后，表现为生长发育迟缓，鸡冠苍白，贫血，羽毛松乱，双翅下垂，肠炎下痢等。鸡每千克体重用丙硫咪唑 5mg 可驱除这两种寄生虫。

半月龄至 3 月龄的雏鸡最易感球虫，常表现为贫血、消瘦、下痢和粪中带血等症状。驱除球虫的药物有地克珠利、氯苯胍、球净、三字球虫粉等。

鸡场的消毒管理对于寄生虫病的防治有很大作用，建议做好以下几个方面工作。

1. 进鸡前鸡舍消毒

每批鸡进入鸡舍前，舍内地面和墙壁应进行彻底清扫、冲洗、晾干，然后将室内各通气孔密封，进行熏蒸消毒，每立方米容积加甲醛 30ml、高锰酸钾 15g，置于瓷器中，室内温度保持 25 ～ 27℃，熏蒸 24h，再打开门窗通气 48h 后即可进鸡。

2. 鸡舍周围消毒

鸡舍门口设有消毒池，消毒池内盛装 1% 的来苏儿溶液。鸡舍周围墙壁、场地四周用 5% 的来苏儿或 0.1% 的新洁尔灭溶液进行一次常规喷雾消毒。

第四节 林地生态养鸡的模式与饲养特点

一、山地大棚土鸡养殖

（一）场地选择

养鸡场宜选择在远离村庄、交通方便、坐北朝南、避风向阳、水资源充裕、便于管理、呈壶口形（山口较小，腹地较大）、坡度应在 25° 以下的山坡为佳。这种地方，既便于鸡疾病防疫，又便于物资和产品运输，使鸡有充分的活动范围和采食源，有利于鸡的生长。

（二）大棚鸡舍建造

大棚鸡舍的建造以因地制宜、经济实惠、方便灵活、就地取材为原则。以毛竹、木条（锯板下脚料）、塑料薄膜、遮阴网、反光纸等为主要建筑材料。山地放养土鸡的饲养户，一般搭建占地 132m^2 的双层鸡舍。鸡舍长 22m，宽 6m，高 2.3 ~ 2.5m；内部结构以毛竹制作成支撑架，锯板下脚料的木条为铺板，构筑成离地高 0.6m 的中层和离中层高 0.6m 的上层，这样一种多架式的、干燥清洁的土鸡栖息地。

（三）雏鸡要求

（1）雏鸡苗必须从有生产许可证的正规生产孵坊购买 挑选行动灵活、叫声洪亮、羽毛光润发亮、无脐钉、不打堆的健康苗鸡。出壳后，接种马立克氏病疫苗，在 24h 内运到鸡舍。雏鸡进入育雏室后必须做好保温工作，每平方米饲养雏鸡 40 ~ 50 只（以后逐渐减少密度），保持室温在 32 ~ 30℃范围，以后每星期下降 2℃，25 ~ 30 天后脱温放山，晚上进大棚饲养。

（2）雏鸡先饮水后进料 在饮水中加入维生素，连饮 3 天，增强土鸡体质，提高抗病率。

（3）雏鸡应喂全价颗粒饲料。

（四）管理

30 ~ 50 日龄的放养土鸡，按生长期进行饲养管理。根据该阶段放养土鸡的广采食、耐粗饲、生长快的特点，可按科学配比多喂各种农副产品，如豆腐渣、糠麦、稻谷、玉米、豆饼、菜籽饼、豆粉等粗精饲料，适当添加生态预混料，保证营养的均衡。饲料比例：谷类 55%～65%，植物豆类 15%～25%，糠麸类 5%～10%，再加其他饲料，不喂动物性饲料。

（五）疾病防治

山地大棚饲养土鸡，虽然疾病发生较少，但也必须实施以综合防治、以防为主的原则。对于病毒性疾病的防控，可按上述免疫程序进行。另外，应根据山地放养土鸡的实际，在 15～60 日龄中交替使用抗球虫药或中药以防治球虫病；在放养前与放养后的第 15～20 天和以后每隔一个月应服用驱虫药，防治土鸡线虫病的发生。

二、林地散养

（一）林地选择

应选择远离畜禽交易场、屠宰场、加工场以及化工厂、垃圾处理场的地方，避免空气、尘埃、水源、病菌、噪声等污染。最好在滩涂及河堤上的林场或果园饲养，树林荫蔽度在 70% 以上，防止夏季阳光直射引起鸡群中暑。

（二）鸡舍建造

鸡舍应建在林地内避风向阳、地势高燥、排水排污条件好、雨季不涝且水源充足、交通便利的地方。可建造塑料大棚鸡舍或改造旧建筑物为鸡舍，鸡舍建筑面积按 8～10 只 /m² 计算。棚舍前的开阔林地用 1.5～2m 高的尼龙网圈起来，作为土鸡的活动场所。棚舍内外放置一定数量的料槽、饮水器。

（三）品种选择

应根据鸡群对围林野养的适应性和市场需求来确定。一是选择耐粗放、行动灵活、觅食力强、抗病力强的土鸡。二是选择对严寒和雨淋有一定适应性的快羽鸡种，或体色、体态经选育提纯过的地方鸡种。

（四）放养密度与规模

放养密度应按宜稀不宜密的原则，一般每亩林地放养 100～200 只。密度过大会因草虫等饲料不足而增加精料饲喂量，影响鸡肉和蛋的口味；密度过小则浪费资源，生态效益低。放养规模一般以每群 1 500～2 000 只为宜，采用全进全出制。

（五）放养时期

根据林地饲料资源和苗鸡日龄综合确定放养时期，一般选择4月初至10月底放牧，这期间林地杂草丛生，虫、蚁等昆虫繁衍旺盛，鸡群可采食到充足的生态饲料。其他月份则采取圈养为主、放牧为辅的饲养方式。雏鸡购回后，第一个月按常规方式进行育雏，待脱温后再进入林地放牧饲养。

（六）划定轮牧区

一般每0.3hm² 林地划为一个牧区，每个牧区用尼龙网隔开，这样既能防止老鼠、黄鼠狼等对鸡群的侵害和带入传染性病菌，有利于管理，又有利于食物链的建立。待一个牧区草虫不足时，再将鸡群转到另一牧区放牧，公母鸡最好分在不同的牧区放养。在养鸡数量少和草虫不足时，可不分区。

（七）放牧管理

（1）放养前做好信号训练，以哨音为信号，在吹哨的同时给予饲料，让鸡采食，经一周的训练，当鸡听到哨音就可立刻回到饲养员身旁，以保证及时收拢鸡群。加强鸡群看护，防止暴雨、兽害等意外事故的发生。春天至晚秋放养时，应选择无风的晴天。放养的头几天，每天放2～4h，以后逐渐延长时间。

（2）为补充放养时期饲料的不足，对放养的土鸡要适时补饲。土鸡在早晚各补饲一次，按"早半饱、晚适量"的原则确定补饲量。为使土鸡在130日龄左右体重既达到上市标准又不会太肥，补饲精料的粗蛋白含量要适宜，参考配方为（%）：玉米58.4，麦麸9.5，豆粕22，骨粉2.5，草糠6，食盐0.3，微量元素添加剂0.1，蛋氨酸0.1，氯化胆碱0.1。在放养期间，要注意每天收听天气预报，密切注意天气变化。遇到天气突变，下雨、下雪或起大风前应及时将鸡群赶回鸡舍，防止鸡受寒发病。夏季的晚上，可在林地悬挂一些白炽灯，以吸引更多的昆虫让鸡群捕食。

（八）疾病防治

土鸡在林地放牧，不易管理，因此，要求饲养员责任心强，每天注意观察鸡群的状况，详细记录鸡群的采食、饮水、精神、粪便、睡态等状况。发现病鸡，应及时隔离和治疗，同时对受威胁的鸡群进行预防性投服药物。在放牧期间，定期在鸡饮用水中投放一定数量的消毒药，以控制饮水中有害菌群的含量，防止疾病传播；土鸡围林野养，虽然远离村庄和鸡场，但同样需要科学免疫。用疫苗后的疫苗瓶不可乱丢，要做深埋或煮沸等无害化处理；搞好林地、鸡舍卫生。鸡舍每周清扫一次，转换轮牧区时，彻底清除上一牧区的鸡粪，并用抗毒威喷洒或石灰乳泼洒消毒。鸡舍每2周带鸡消毒一次。野养土鸡在林地内到处啄虫、啄虫卵，寄生虫病多发，鸡群每隔1～1.5个月用左旋咪唑或丙硫咪唑驱虫一次，以提高鸡群的生长速度、均匀度及肉品的安全性。

（九）利用荒山荒坡围栏养鸡存在的问题

近年来，部分人通过围栏养鸡走上了致富之路，但大部分人在饲养及管理诸多方面存在着问题，致使养殖效益不高，在此，笔者把在实际生产中存在的一些问题及解决方法加以分析，希望对围栏养鸡户有所帮助。

（1）购雏季节不当　许多养鸡户不考虑购雏季节，有的在春天，有的在夏天，这样虽然育雏的舍温易控制，雏鸡成活率高，但放养时间短，不能充分利用虫、草资源，增加了饲料费用，降低了效益。故在购雏时一定要依放养季节确定进雏时间。放养季节的选择要依各地气候条件，因地制宜。

（2）放养密度不合理　某些养殖户思想中存在着这样的误区：鸡放养就会有好效益，故而一味追求放养，每亩林地放养200～300只，甚至更多，这样一是造成青饲料的严重不足，鸡吃不饱，需补给大量精料。二是密度大，不利于鸡群安全度夏，增加了饲料费用和管理难度，造成鸡生长速度减慢、体质瘦弱。故要据放养地的面积来确定合理的放养密度，一般按每亩林地放养成年鸡80～120只。

（3）防疫做得不彻底　许多养鸡户还按传统的散养模式饲养，对防疫及疫苗的正确使用认识还不够，易漏掉许多疾病，或使用疫苗的方法、剂量和时间不正确，造成防疫失败。故在放养鸡时，免疫一定要彻底，重点是新城疫、法氏囊、传染性支气管炎、鸡痘和禽流感。正确掌握疫苗的使用方法和剂量，保管好疫苗。

（4）管理粗放

①不重视育雏：育雏前的准备工作不到位；饮水、开食、饲喂方法不对；温湿度不能达到要求，通风换气，疾病预防不重视等。

②育成期饲养管理差：育成期是一个关键的时期，此期要求鸡有一个适宜的环境，健康的体质，可是多数的农户饲养的鸡大小不匀，轻、重差别大。故此期要以精饲料加青饲料的方式饲喂，补给精料时要本着体轻的多补，体重的少补，弱小鸡单独饲喂，要做到让每只鸡吃饱，让鸡有一个较高的均匀度，供给充足清洁的饮水。

（5）忽视天气预报　土鸡放养易受到恶劣天气的影响，一些饲养户常常不重视天气，一旦遇到大雨或冰雹等恶劣天气，鸡的生长、抗病性能都受到极大的影响，故应天天收看天气预报，在恶劣天气时不放养，进行舍饲，最好在鸡的活动处搭建避雨棚。

（6）忽视球虫病的预防　由于放养鸡的环境接近自然，易受自然环境的影响，当气温升高到30℃、湿度达70%以上时鸡便容易发生球虫病。故到夏天高温高湿季节一定要选择几种球虫药交替使用，每种药用5～7天后停1周左右再用，勤清扫粪便勤消毒，做到预防为主。

（7）忽视消毒　许多养殖户只在育雏时消毒2～3次，发病时消毒，正常情况下不注意清扫粪便，不坚持每日消毒制度，雨季更为鸡群的健康埋下了严重的致病隐患，一旦病毒入侵，就有可能发生疫情。为此，养殖户要对消毒有足够的认识，做到勤清扫鸡舍及周围环境，每周消毒1～2次，对粪便定点堆积发酵，给鸡创造一个安全卫生的环境。

（8）用药混乱　有的养鸡户本着用药总比不用强的想法，长期或定期给健康的鸡群大量投服一些药物，也有的在治疗时加大药量，或多药并用，或者今天用这种药，明天用那种药，既造成药的浪费，也使病原微生物易产生耐药性。

第五章
水禽养殖技术

第一节　鸭的养殖技术

一、鸭的经济类型与品种

（一）鸭的经济类型

我国养鸭业历史悠久，养鸭的数量、品种资源及消费等方面均居世界前列。按照经济用途划分，鸭的品种可分为肉用型、蛋用型和肉蛋兼用型三个类型，见表5-1。

表5-1　鸭经济用途划分

经济用途	品　　种
肉用型	北京鸭、樱桃谷鸭、狄高鸭、丽佳肉鸭、奥白星鸭
蛋用型	金定鸭、绍兴鸭、攸县麻鸭
兼用型	高邮鸭、建昌鸭、临武鸭、巢湖鸭、四川麻鸭

（二）品种介绍

1. 攸县麻鸭

（1）中心产区　分布于攸县的攸水和沙河流域的网岭、鸭塘浦、丫江桥、大同桥、新市、高和、石羊塘等地。

（2）体貌概述　小型蛋用型。体型狭长，羽毛紧密，公鸭喙呈青绿色，胫、蹼橙黄色，爪黑色，头顶部羽毛翠绿色，富有光泽；颈中下部具白环，颈下部和前胸羽毛赤褐色；翼羽灰褐色；尾羽和性羽黑绿色。母鸭全身羽毛黄褐色，胫、蹼橙黄色，爪黑色。鸭群中以麻雀色鸭居多，约占70%，羽色较浅的约30%（图5-1）。

（公）　　　　　　　　　　（母）

图 5-1　攸县麻鸭

（3）生产性能　初生重为 38g；成年体重公鸭为 1 170g，母鸭为 1 230g。屠宰测定：90 日龄公鸭半净膛率为 84.85%，全净膛率为 70.66%；85 日龄母鸭半净膛率为 82.8%，全净膛率为 71.6%。开产日龄 100～110 天，年产蛋 200～250 枚，蛋重为 62g，蛋料比为 1：2.3。蛋壳白色居多，占 90%，壳厚 0.36mm，蛋形指数 1.36。公母配种比例 1：25，种蛋受精率为 94% 左右。

2. 临武鸭

（1）中心产区　分布临武县武源乡、西瑶乡、楚江乡、花塘乡、双溪乡、武水镇、城关镇、南强乡、岚桥镇、广宜乡、同益乡、汾市乡、水东乡、土地乡、金江镇等 15 个乡镇所辖行政区域。

（2）体貌概述　肉蛋兼用型。体型较大，躯干较长，后躯比前躯发达，呈圆筒状。公鸭头颈上部和下部以棕褐色居多，也有呈绿色者，颈中部有白色颈圈，腹部羽毛为棕褐色。也有灰白色和土黄色。性羽 2～3 根。母鸭全身麻黄色或土黄色。喙和脚多呈黄褐色或橘黄色（图 5-2）。

（公）　　　　　　　　　　（母）

图 5-2　临武鸭

（3）生产性能　初生重为 42.67g；成年体重公鸭为 2.5～3kg，母鸭为 2～2.5kg。屠宰测定：半净膛率公鸭为 85%，母鸭为 87%；全净膛率公鸭为 75%，母鸭为 76%。

开产日龄160天,年产蛋180～220枚,平均蛋重为67.4g,壳乳白色居多,蛋形指数1.4。公母配种比例1:(20～25),种蛋受精率约83%。

3. 北京鸭

(1)中心产区 分布在北京、辽宁、上海、天津、广东等地区。

(2)体貌概述 肉用型。体型硕大丰满,体躯呈长方形。全身羽毛丰满,羽色纯白并带有奶油光泽;胫、喙、蹼橙黄色或橘红色(图5-3)。

(公)

(母)

图5-3 北京鸭

(3)生产性能 初生重为58～62g;150日龄体重公鸭为3 490g,母鸭为3 410g。填鸭屠宰测定:公鸭半净膛率为80.6%,母鸭为81%;全净膛率公鸭为73.8%,母鸭为74.1%。开产日龄150～180天,年产蛋180枚,蛋重约90g,蛋形指数1.41,壳厚0.358mm。公母配种比例1:(7～8),种蛋受精率为90%以上。

4. 樱桃谷鸭

是由英国樱桃谷鸭公司育成的快大型肉用鸭品种,生长速度快,饲料转化率高,抗病力强。该鸭体型外貌酷似北京鸭。47日龄体重可达3kg,料重比3:1。该鸭净肉率较其他鸭高26%以上,且瘦肉率高。母鸭3.5～4kg,年产蛋210～220只(图5-4)。

(鸭群)

(公)

图5-4 樱桃谷鸭

5. 奥白星肉鸭

又称奥白星超级肉用种鸭，由法国克里莫公司育成，国内称雄峰肉鸭。具有体型大、生长快、早熟、易肥和屠宰率高等优点。该鸭性喜干燥，能在陆地上进行自然交配，适应旱地圈养或网上饲养。体羽白色（图 5-5）。父母代种鸭性成熟期为 24 周龄，开产体重 3.0kg，42 ～ 44 周产蛋期内产蛋 220 ～ 230 枚，种蛋受精率 92% ～ 95%。商品代 45 ～ 49 日龄体重 3.2 ～ 3.3kg。

图 5-5　奥白星肉鸭

6. 绍兴鸭（绍雌鸭、浙江麻鸭、山种鸭）

（1）中心产区　分布在浙江地区。

（2）体貌概述　蛋用型品种。该鸭体躯狭长，母鸭以麻雀羽为基色，分两种类型：带圈白翼梢，颈中部有白羽圈，公鸭羽色深褐，头、颈墨绿色，主翼羽白色，虹彩蓝灰，喙黄色，胫、蹼橘红色；红毛绿翼梢，公鸭深褐羽色，头颈羽墨绿色，喙、胫、蹼橘红色（图 5-6）。

（公）　　　　　　　　（母）

图 5-6　绍兴鸭

（3）生产性能　初生重 36 ～ 40g；成年体重公鸭为 1 301 ～ 1 422g，母鸭为1 255 ～ 1 271g。屠宰测定：成年公鸭半净膛率为 82.5%，母鸭为 84.8%；成年公鸭全净膛率为 74.5%，母鸭为 74.0%。140 ～ 150 日龄群体产蛋率可达 50%，年产蛋 250

枚，经选育后年产蛋平均近 300 枚，平均蛋重为 68g。蛋形指数 1.4，壳厚 0.354mm，蛋壳白色、青色。公母配种比例 1 ：（20 ~ 30），种蛋受精率为 90% 左右。

7. 金定鸭

（1）中心产区　分布在福建地区。

（2）体貌概述　该鸭种是适应海滩放牧的优良蛋用品种。公鸭喙黄绿色，虹彩褐色，胫、蹼橘红色，头部和颈上部羽毛具翠绿色光泽，前胸红褐色，背部灰褐色，翼羽深褐色，有镜羽。母鸭喙古铜色。胫、蹼橘红色。羽毛纯麻黑色（图 5-7）。

（公）　　　　　　　　　　　　（母）

图 5-7　绍兴鸭

（3）生产性能　初生重公鸭为 47.6g，母鸭为 47.4g；成年公鸭体重为 1 760g，母鸭为 1 730g。屠宰测定：成年母鸭半净膛率为 79%，全净膛率为 72.0%，开产日龄 100 ~ 120 天。年产蛋 260 ~ 300 枚，蛋重为 72.26g。壳青色为主，蛋形指数 1.45。公母配种比例 1 ：25，种蛋受精率为 89% ~ 93%。

8. 荆江麻鸭

（1）中心产区　分布在湖北地区。

（2）体貌概述　蛋用型品种。头清秀，喙石青色，胫、蹼橘黄色。全身羽毛紧密。眼上方有长眉状白羽。公鸭头颈羽毛有翠绿色光泽，前胸、背腰部羽毛红褐色，尾部淡灰色。母鸭头颈羽毛多呈泥黄色。背腰部羽毛以泥黄色为底色的麻雀羽（图 5-8）。

（公）　　　　　　　　　　　　（母）

图 5-8　荆江麻鸭

（3）生产性能　初生重39g；成年体重公鸭为1 340g，母鸭为1 440g。屠宰测定：公鸭半净膛率为79.6%，全净膛率为72%；母鸭半净膛率为79.9%，全净膛率为72.3%。开产日龄100天左右，年产蛋214枚，蛋重为63.6g，壳色以白色居多，蛋形指数1.4，壳厚0.35mm。公母配种比例1 ：（20 ~ 25），种蛋受精率为93% 左右。

9. 莆田黑鸭

（1）中心产区　分布在福建地区。

（2）体貌概述　蛋用鸭。全身羽毛浅黑色，胫、蹼、爪黑色。公鸭有性羽，头颈部羽毛有光泽（图5-9）。

（公）　　　　　　　　　　　（母）

图5-9　莆田黑鸭

（3）生产性能　初生重为40g；成年体重公鸭为1 340g，母鸭为1 630g。70日龄屠宰测定：半净膛率为81.9%，全净膛率为75.3%。开产日龄120天左右，年产蛋270 ~ 290枚，蛋重为70g，蛋壳白色。公母配种比例1 ：（25 ~ 35），种蛋受精率为95%。

10. 大余鸭

（1）中心产区　分布在江西地区。

（2）体貌概述　该鸭以腌制板鸭而闻名，公鸭头颈背部羽毛红褐色，少数头部有墨绿色羽毛，翼有墨绿色镜羽。母鸭全身褐色，翼有墨绿色镜羽（图5-10）。

（公）　　　　　　　　　　　（母）

图5-10　大余鸭

（3）生产性能　初生重为42g；成年体重公鸭为2 147g，母鸭为2 108g。屠宰测定：半净膛率公鸭为84.1%，母鸭为84.5%；全净膛率公鸭为74.9%，母鸭为75.3%。

开产日龄 205 天，年产蛋 121.5 枚，蛋重为 70.1g，壳白色，厚度 0.52mm。公母配种比例 1 ∶ 10，种蛋受精率约 83%。

11. 高邮鸭（又称台鸭、绵鸭）

（1）中心产区　分布在江苏地区。

（2）体貌概述　兼用型品种。公鸭呈长方形，头颈部羽毛深绿色，背、腰、胸褐色芦花羽，腹部白色。喙青绿色，胫、蹼橘红色，爪黑色。母鸭羽毛紧密，全身羽毛淡棕黑色，喙青色，爪黑色（图 5-11）。

（公）　　　　　　　　　（母）

图 5-11　高邮鸭

（3）生产性能　成年体重公鸭为 2 365g，母鸭为 2 625g。屠宰测定：半净膛率为 80% 以上，全净膛率为 70%。开产日龄 108 ~ 140 天，年产蛋 140 ~ 160 枚，蛋重为 75.9g，蛋壳白、青两种，白色居多。蛋形指数 1.43。公母配种比例 1 ∶（25 ~ 30），种蛋受精率为 92% ~ 94%。

12. 巢湖鸭

（1）中心产区　分布在安徽地区。

（2）体貌概述　兼用鸭种。体型中等大小，公鸭头颈上部墨绿色有光泽，前胸和背腰褐色带黑色条斑，腹部白色。母鸭全身羽毛浅褐色带黑色细花纹，翅有蓝绿色镜羽。喙黄绿色，胫、蹼橘红色，爪黑色（图 5-12）。

（公）　　　　　　　　　（母）

图 5-12　巢湖鸭

（3）生产性能　初生重为48.9g；成年体重公鸭为2.42kg，母鸭为2.13kg。屠宰测定：半净膛率为83%，全净膛率为72%以上。105～144天开产，年产蛋160～180枚，平均蛋重为70g左右，蛋形指数1.42，壳色白色居多，青色少。公母配种比例1：（25～30），种蛋受精率为92%左右。

13.四川麻鸭

（1）中心产区　四川省

（2）体貌概述　体格较小。体质坚实紧凑，羽毛紧密，颈长头秀；喙呈橙黄色，喙豆多为黑色；胸部突出，胫蹼橘红色（图5-13）。

（公）　　　　　　　　　（母）

图5-13　四川麻鸭

（3）品种评价及开发利用　数量大，分布广。具有体型轻小，善行走，放牧性能极强，早熟等优点，对稻田野营放牧饲养有良好的适应性。

14.建昌鸭

（1）中心产区　四川凉山彝族自治州境内的安宁河流域的安宁河谷一带。

（2）体貌概述　体型较大，形似平底船，羽毛丰满，尾羽呈三角形向上翘起。头大、颈粗、喙宽；胫、蹼橘黄色，趾黑色；母鸭的喙多为橘黄色，公鸭则多呈草黄色，喙豆均呈黑色；母鸭羽毛主要分为黄麻、褐麻和黑白花三种颜色，以黄麻者居多（图5-14）。

（公）　　　　　　　　　（母）

图5-14　建昌鸭

（3）品种评价及开发利用　该鸭具有体大肉多,生长迅速,易于育肥,肥肝重、大,饲料报酬高,产蛋性能较好等经济性状,属于我国南方麻鸭类型中肉用性能特优的一个鸭种。建昌鸭颈粗短,易于填肥操作,是生产肥肝、制作板鸭的珍贵品种资源。

15. 微山麻鸭

（1）中心产区　分布在山东地区。

（2）体貌概述　小型蛋用麻鸭。体型较小。颈细长,前胸较小,后躯丰满,体躯似船形。羽毛颜色有红麻和青麻两种。母鸭毛色以红麻为多,颈羽及背部羽毛颜色相同,喙豆青色最多,黑灰色次之。公鸭红麻色最多,头颈乌绿色,发蓝色光泽。胫趾以橘红色为多,少数为橘黄色,爪黑色（图5-15）。

（公）　　　　　（母）

图 5-15　微山麻鸭

（3）生产性能　初生重为42.3g;成年体重公鸭为2kg,母鸭为1.9kg。屠宰测定:成年公鸭半净膛率为83.87%,全净膛率为70.97%;母鸭半净膛率为82.29%,全净膛率为69.14%。150～180天开产,年产蛋180～200枚,蛋重平均为80g。蛋壳颜色分青绿色和白色两种,以青绿色为多。蛋形指数1.3～1.41。公母配种比例1∶（25～30）,种蛋受精率可达95%。

16. 广西小麻鸭

（1）中心产区　分布在广西地区。

（2）体貌概述　母鸭多为麻花羽,有黄褐麻花和黑麻花两种。公鸭羽色较深,呈棕红色或黑灰色,有的有白颈圈,头及副翼羽上有绿色的镜羽（图5-16）。

（公）　　　　　（母）

图 5-16　广西小麻鸭

（3）生产性能 成年体重公鸭为 1.41 ~ 1.8kg，母鸭为 1.37 ~ 1.71kg。屠宰测定：成年公鸭半净膛率为 80.42%，母鸭为 77.57%；全净膛率公鸭为 71.9%，母鸭为 69.04%。120 ~ 150 天开产，年产蛋 160 ~ 220 枚，蛋重为 65g，蛋壳以白色居多，蛋形指数 1.5。公母配种比例 1 ：（15 ~ 20），种蛋受精率为 80% ~ 90%。

17. 汉中麻鸭

（1）中心产区 分布在陕西地区。

（2）体貌概述 兼用型鸭种。体型较小，羽毛紧凑。毛色麻褐色居多，头清秀，喙呈橙黄色。喙、胫、蹼多为橘红色，少数为乌色，毛色麻褐色，体躯及背部土黄色并有黑褐色斑点。公鸡性羽 2 ~ 3 根，呈墨绿光泽（图 5-17）。

（公）　　　　　　　　（母）

图 5-17 汉中麻鸭

（3）生产性能 初生重为 38.7g。300 日龄体重公鸭为 1 172g，母鸭为 1 157g。成年体重公鸭为 1.0kg，母鸭为 1.4kg。屠宰测定：半净膛率公鸭为 87.71%，母鸭为 91.31%；全净膛率公鸭为 78.17%，母鸭为 81.76%。160 ~ 180 日龄开产，年产蛋 220 枚，平均蛋重为 68g，蛋壳颜色以白色为主，还有青色，蛋形指数 1.4。公母配种比例 1 ：（8 ~ 10），种蛋受精率约 72%。

二、鸭的生物学特性

（一）早熟

一般麻鸭 16 ~ 17 周龄开始产蛋，北京鸭 20 周龄开始产蛋，樱桃谷肉鸭和狄高鸭 26 周龄开始产蛋。

（二）繁殖力强

蛋用品种一年可产蛋 280 ~ 300 枚，肉用品种一年可产蛋 140 ~ 200 枚，兼用品种一年可产蛋 160 ～ 180 枚。如果以受精率、孵化率各 80%，育雏率为 95% 计算，则一只蛋用品种的母鸭一年可以繁殖 170 ～ 181 只鸭，一只肉用品种的母鸭一年可以繁殖 84 ～ 121 只鸭，一只兼用品种的母鸭一年可以繁殖 99 ～ 108 只鸭。

（三）生长快

北京填鸭 56 日龄体重可达 3kg，樱桃谷肉鸭 49 日龄体重超过 3kg，狄高肉鸭 56 日龄体重达 3.5kg。

三、鸭的生活习性

（一）喜水、合群

鸭喜欢在水中寻食，嬉戏，求偶交配，且合群性强，适于放牧饲养或圈养。

（二）喜欢杂食

鸭的嗅觉、味觉不发达，对饲料的味道要求不高，不论精、粗饲料或青饲料，还是昆虫、蚯蚓、鱼虾等都可作为鸭的饲料。可以充分利用江河、湖泊、水塘等天然牧地养鸭。

（三）耐寒性强

在较好的饲养条件下，即使冬春季节气温较低时，也不影响产蛋和增重；但耐热性较差，夏季开始不久就逐步换羽停产。

（四）生活有规律

鸭的反应灵敏，容易接受训练和调教。一天之中的放牧、觅食、嬉水、休息、交配和产蛋等都可以形成一定的时间规律。这种规律，一经形成就不易改变。放牧时，上午一般以觅食为主，间以嬉水和休息；中午一般以嬉水、休息为主，稍事觅食；下午则以休息为主，间以嬉水和觅食。交配活动则多在早晨和黄昏嬉水时进行。产蛋活动则集中在下半夜进行。产蛋旺季一般在春季，夏季则开始换羽，逐步停产。

（五）无就巢性

鸭经过人类的长期驯化、选育，已丧失了就巢的本能，因此无孵化能力，需要实行人工孵化和育雏。

（六）羽毛再生力强

水禽羽毛再生性强，拔毛后可以再长，利用这一特性可以实行活体拔毛，生产优质羽绒。

（七）敏感性

反应敏感，能较快地接受调教和管理训练，但易惊恐。

（八）沉积脂肪能力强

水禽肝脏沉积脂肪的能力大大超过其他家禽和哺乳动物，脂肪组织合成脂肪只占5% ~ 10%，肝脏合成占90% ~ 95%。这是利用水禽生产肥肝的重要依据。

四、雏鸭的饲养管理技术

（一）雏鸭的特点

从出壳到4周龄，为雏鸭阶段。刚出壳的雏鸭对外界的适应能力较差，消化器官容积小，消化能力较差，但雏鸭相对生长极为迅速，因而要充分满足雏鸭的营养需要，同时还要根据雏鸭的生活习性，人为地创造良好的育雏条件，以让雏鸭尽快适应外界环境，为种鸭的育成或肉用仔鸭的育肥打下坚实的基础。

（二）雏鸭的养育

幼雏鸭的育雏方式可分为舍饲育雏和野营自温育雏两种方式。

我国南方水稻产区麻鸭为群牧饲养，采用野营自温育雏，方法独特。育雏期一般为20天左右，每群雏鸭数多达1 000 ~ 2 000只，少则300 ~ 500只。

由于雏鸭体质较弱，放牧觅食能力也较弱，不能远行，因此，野营自温育雏首先要选择好育雏的营地。育雏营地由水围、陆围和棚子组成，水围包括水面和饲场两部分，供雏鸭白天饮浴、休息和喂料使用。水围要选择在沟渠的弯道处，高出水面50cm左右，围内陆地喂料场以竹编的晒席，水围上应搭棚遮阴。陆围供雏鸭过夜使用，场地应选择在离水围近的高平的地方，附近设棚子供放牧人员寝食、休息、守候雏鸭使用。

雏鸭饲料往往使用半生熟的米饭（或煮熟的碎玉米），有条件的地方最好使用雏鸭颗粒饲料饲喂，喂料时将饲料均匀撒在饲场的晒席上。育雏期第一周喂料5 ~ 6次，第二周 4 ~ 5 次，第三周 3 ~ 4 次，喂料时间最好安排在放牧之前，以便雏鸭在放牧过程中有充沛的体力采食。每日放牧后，视雏鸭采食情况，适当补饲，让雏鸭吃饱过夜。

育雏期采用人工补饲为主、放牧为辅的饲养方式，放牧的次数应根据当日的天气而定，炎热天气一般早晨和下午 4 时左右才出牧。白天收牧时将雏鸭赶回水围休息，夜间赶回陆围过夜。育雏数量较大时，应特别加强过夜的守护，注意防止过热和受凉，野外敌害严重应加强防护。用矮竹围篱分隔雏鸭，每小格关雏 20 ~ 25 只，这样可使雏鸭互相以体热取暖，达到自温育雏的目的，又可防止挤压成堆，雏鸭过夜的管理十分重要，值班人员每隔 2 ~ 3h 应查看一次，并将隔间内的雏鸭拨开，特别是气候变化大的夜晚要加强管理。

群鸭育雏依季节不同，养至 15 ~ 20 日龄，即由人工育雏转入全日放牧的育成阶段。为了使雏鸭适应采食谷粒，需要采取饥饿强制方法（只给水不给料，让雏鸭饥饿 6 ~ 8h）迫使雏鸭采食谷粒，叫做"告谷口"。"告谷口"后转入育成期的放牧饲养。

五、肉用仔鸭生长——育肥期的饲养管理技术

育雏结束后，此时鸭体质健壮，已有较强的放牧觅食能力，南方水稻产区主要利用秋收后稻田中遗谷为饲料，因此，鸭苗放养的时间要与当地水稻的收割期紧密结合，以育雏期结束正好水稻开始收割的安排最为理想。

（一）选择好放牧路线

放牧路线的选择是否恰当，直接影响放牧饲养的成本。选择放牧路线的要点是根据当年一定区域内水稻栽播时间的早迟，先放早收割的稻田，逐步放牧前进。按照选定的放牧路线预计到达某一城镇时，该鸭群正好达到上市，以便及时出售。

（二）保持适当的放牧节奏

鸭群在放牧过程中的每一天均有其生活规律，在春末秋初每一天要出现 3 ~ 4 次采食高潮，同时也出现 3 ~ 4 次休息和戏水过程。清晨开始放牧的头一小时主要是浮游，接着是采食高潮，然后是休息、戏水，9 ~ 11 点又采食，然后休息、戏水，下午 2 ~ 3 时采食，随后休息、戏水，傍晚又出现采食高潮。在秋后至初春气温低，日照时间较短，一般出现早、中、晚三次采食高潮。要根据鸭群这一生活规律，把天然饲料丰富的放牧地留作采食高潮时进行放牧，由于鸭群经过休息，体力充沛，又处于饥饿状态，进入天然饲料比较丰富的田中放牧，对饲料的选择性较低，能在短时间内吃饱，这样充分利用野生的饲料资源，又有利于鸭子的消化吸收，容易上膘。

（三）放牧群的控制

鸭子具有较强的合群性，从育雏开始到放牧训练，建立起听从放牧人员口令和放牧竿指挥的条件反射，可以把数千只鸭控制得井井有条，不致糟踏庄稼和践踏作物。当鸭群需要转移牧地时，先要把鸭群集中，然后用放牧竿从鸭群中选出 10 ~ 20 只作为头鸭带路，走在最前面，叫做"头竿"，余下的鸭群就会跟着上路。只要头竿、二竿控制得好，头鸭就会将鸭群有次序地带到放牧场地。

放牧鸭群要注意疫苗的预防接种，还应注意农药中毒。

六、育成期的饲养管理技术

育成期或中雏阶段是种鸭体格和生殖器官充分发育最重要的时期，饲养管理的好坏直接影响到种鸭生产性能的高低，其目的是培育出体质健壮的高产鸭群，控制好种鸭的体重，做到适时开产。种鸭体重的控制方法因饲养方式不同而不同。

（一）育成鸭的舍饲饲养

幼鸭 4 ~ 10 周龄为中雏鸭阶段，这一阶段饲养的好坏直接影响到种鸭的质量。随着养鸭业的发展，农村土地承包到户，加上农作物栽种密度增大，以及农作物农药使用量的增加，鸭群放牧场地受到一定限制，天然的动植物饲料减少，不少养鸭户将放养转为舍饲饲养。育成鸭的舍饲饲养可参照本节八（二）有关内容。

（二）育成期鸭的群牧饲养

雏鸭饲养至 4 周龄时，即转入全日放牧的育成阶段。长江中、下游地区，雏鸭出壳后，一般要进行公母鸭的性别鉴定，公鸭除留作种用外，多余的公鸭达到上市体重后即作为菜鸭出售，母鸭群留作蛋鸭生产用。四川以生产肉用仔鸭为主，公母混群放牧饲养，在 60 ~ 90 日龄，种鸭户在鸭群中选择一部分母鸭留作种鸭和一定比例的公鸭外，其余作为肉用仔鸭上市出售。

中雏鸭由于采用全放牧方式饲养，南方水稻产区主要利用秋收后稻田中的遗谷为饲料，因此，鸭群的放牧时间要与当地的水稻收割期紧密结合，以育雏期结束正好安排放牧最为理想。如果育雏期结束后，水稻尚未收割，无放牧场地进行放牧，则会增加鸭的饲料消耗。育成期结束后的蛋用母鸭转入丘陵或浅山区冬水田、溪渠放牧，并适当补饲精饲料，使鸭群迅速达到产蛋高峰期。

在沿海地区和湖泊地区可以充分利用海滩涂地和湖泊中的动植物饲料进行育成鸭的放牧饲养。放牧前鸭群要注意预防接种，特别要注意防止农药中毒现象的发生。

（三）育成期的饲养管理

作为种用的中雏鸭，育雏期结束后应进行一次选择，应将体重不够标准的淘汰，转入生产群饲养。8～10周龄时进行第二次选择，凡是羽毛生长迟缓、体型不良、体重不够标准的转入填鸭或肉鸭生产使用。中雏鸭处于换羽期，鸭群食欲不正常，应加强饲养管理。在120～160日龄期间要防止鸭群过早产蛋。

160日龄以后应适当增加粗蛋白质水平，代谢能也要逐渐增加，但粗蛋白质水平的增加不能太快太猛。日粮中粗蛋白质水平可提高到15%～16%，每昼夜喂料3次，至180日龄时开始陆续产蛋，产蛋1个月左右，蛋重即可达到种蛋要求。

七、产蛋期的饲养管理技术

（一）放牧种鸭的饲养管理

合理管理放牧种鸭的目的在于节约饲料和保持较高的产蛋水平。我国南方麻鸭一般每年有两个产蛋高峰期，一是2～6月份，另一个是9～11月份，以春季产蛋高峰期更为突出，在两个产蛋高峰期过后有一二个月产蛋缓慢下降阶段，母鸭在产蛋高峰期产蛋率高达90%，故应根据放牧采食情况进行适当补饲。在秧苗转青前，母鸭在池塘、溪渠、湖泊中放牧，一般难于满足产蛋的营养需要，应特别注意加强补饲。水稻收割后，可减少补饲或不补饲。产蛋鸭胆小易惊，每次放牧路线不应变动太突然，在寒冷天气，应迎风放牧，避免风掀鸭羽，并且要适当控制鸭群放牧行走速度。在盛夏和隆冬，母鸭虽处于寡蛋期，但此时放牧地饲料少，为了保持母鸭适当的体况，应适当补饲谷物等能量饲料。

（二）产蛋期种鸭饲养的管理要点

（1）根据产蛋率调整日粮营养水平　产蛋初期（产蛋率50%以下）日粮蛋白质水平一般控制在15%～16%即可满足产蛋鸭的营养需要，以不超过17%为宜；进入产蛋高峰期（产蛋率70%以上）时，日粮中粗蛋白质水平应增加到19%～20%，如果日粮中必需氨基酸比较平衡，蛋白质水平控制在17%～18%也能保持较高的产蛋水平。母鸭开产3～4周后即可达到产蛋高峰期，在饲养管理较好的情况下，产蛋高峰期可维持12～15周。如何保持和延长母鸭的产蛋高峰期，对于提高全年产蛋量和种蛋质量具有重要的意义。

（2）保持适宜的公母配种比例，是提高种蛋受精率的重要措施　公鸭过多，公鸭相互间发生争配、抢配等现象，造成母鸭的伤残，影响种蛋受精率。放牧种鸭公母配种比例应根据种鸭体重的大小来掌握。轻型品种适宜的公母比例为1:(10~20),中型品种一般为1:(8~12)。

(3)在母鸭开产前1个月左右应增加饲料的喂料量,放牧回家后要喂饱,使母鸭能饱嗉过夜。这样母鸭开产时产蛋整齐,能较快进入产蛋高峰。

(4)种鸭交配次数最多是在清晨和傍晚,已开产的种鸭早晚放牧时要让鸭群在水流平缓的沟渠、溪河、水塘洗浴、嬉水、配种,这样可提高种蛋的受精率。

(5)母鸭开产后,放牧时不要急赶、惊吓,不能走陡坡陡坎,以防母鸭受伤造成母鸭难产。产蛋期种鸭通过前期的调教饲养,形成的放牧、采食、休息等生活规律,要保持相对稳定,不能经常更改。饲料原料的种类和光照作息时间也应保持相对稳定,如突然改变都会引起产蛋量下降。产蛋鸭一般在深夜1~5时大量产蛋。此时夜深人静,没有吵扰,可安静地产蛋。如此时周围环境有响动、人的进出、老鼠及鸟兽窜出窜进,则会引起鸭子骚乱,惊群,影响产蛋。

(6)在栽插秧苗后一段时间内,种鸭不能下田放牧,常采用圈养方式饲养,此时应特别加强补饲,否则会造成鸭群产蛋量的大幅度下降,以后增加喂料量也难于达到高产的水平。

(7)圈舍垫料要保持干燥清洁,以减少种蛋的破损和脏蛋,提高种蛋的合格率。

(三)商品蛋鸭的生产

1. 商品蛋鸭生产的特点

由于消费习惯的影响,我国商品蛋鸭的生产具有明显的地域性,我国蛋鸭的分布主要集中于长江中下游和沿海地区。在水网和湖泊地区多采用带有给饲场和水围的开放式简易鸭舍大群饲养蛋鸭;在沿海地区利用滩涂放牧;在深丘和山区多利用深水田和溪渠小群放牧的饲养方式饲养蛋鸭。

商品蛋鸭采用放牧饲养方式饲养,充分利用天然饲料,节省饲养成本,因此,鸭的放牧对母鸭的产蛋量有很大的影响,与养鸭的经济效益有直接关系。近年来随着农林生产经营体制的改变,放牧场地受到限制,蛋鸭饲养数量不断增多,我国的商品蛋鸭目前多采用圈养方式饲养,可提高劳动效率,饲养规模较大,经济效益较高。

2. 商品蛋鸭的饲养管理

(1)圈养场地的基本要求 圈养需要在靠近水源附近、地势干燥的地方建立鸭舍,要求舍内光线充足,通风良好,方位以朝南或东南方向为宜,这样则冬暖夏凉。饲养密度以舍内面积每平方米5~6只计算。在鸭舍前面应有一片比舍内大约大20%的鸭滩,供鸭吃食和休息,也是鸭群上岸、下水之处,连接水面和运动场,其坡度一般为20~30°,坡度不宜过大,做到既平坦又不积水,以方便鸭群活动。水上运动场应有一定深度而又无污染的活水。

(2)饲养管理要点 蛋鸭富于神经质,在日常的饲养管理中切忌使鸭群受到突然的惊吓和干扰，受惊后鸭群容易发生拥挤、飞扑等不安现象，导致产蛋量的减少或软壳蛋的增加。

蛋鸭的开产时间因品种不同差异较大，饲养管理中要根据不同的品种掌握好其适宜的开产时间，开产时间过早或过迟均会影响产蛋量。商品蛋鸭饲养到 90～100 日龄时，鸭群发育日趋成熟，体重达到 1.3～1.5kg，羽毛长齐，富有光泽，叫声洪亮，举动活泼，如果有这种表现的母鸭占多数时，可使用初产蛋鸭料，逐步增加精饲料的喂料量。

在日粮配合时，要保证饲料品种的多样化和相对稳定，并根据不同的产蛋水平和气候条件，配制不同营养水平的全价饲料，以满足鸭产蛋的营养需要。夏季由于气温高，鸭的采食量减少，为保证蛋鸭产蛋的营养需要，可适当增加饲料中蛋白质含量，降低日粮能量水平。

选择放牧地要靠近水源，以供鸭饮用和戏水。因此，可选择田地、沼泽地、湖泊边和滩涂地。田地放牧要与农作物的耕种、收获相结合。湖泊边、沼泽地放牧可根据野生动植物生长发育情况结合田地放牧。滩涂地放牧要根据潮涨潮落进行放牧。一般潮落后才放牧，鸭可采食潮水冲到沙堆地里的小动物。滩涂地放牧要有淡水源供鸭子饮用、洗浴。滩涂地放牧鸭子采食的多是动物性饲料，蛋白质含量高，要适当结合田地放牧或人工补给植物性饲料。

根据气温的变化，控制好舍内的温度、湿度。在夏季注意通风，防止舍内闷热，冬季注意舍内的保暖，舍内温度以控制在 5℃ 以上为宜。鸭群每日上岸后应在运动场内停留 15～20min，让其梳理羽毛，待羽毛干后放入鸭舍内，以保持舍内垫草的干燥。在日常管理中，还应加强夜间的巡查工作，以防止敌害的侵袭，注意四季的不同管理特点。

3. 影响产蛋的因素

（1）品种因素　不同的蛋鸭品种其产蛋率的高低、产蛋周期的长短、蛋的大小等指标有差异。为了获得高产，首先要选择优良的蛋用鸭品种。

（2）雏鸭的质量　雏鸭要求体质健康、健壮，脐部收缩良好，无伤残，外貌特征符合品种要求。作为商品蛋鸭生产的要全留母鸭，雏鸭出壳后及时进行公母性别鉴别，淘汰公鸭。

（3）营养因素　产蛋鸭的饲料要求营养全面平衡，否则影响产蛋率或发生营养缺乏症。维生素 E 又称生育酚或抗不育症维生素，它是一种体内抗氧化剂，对鸭的消化道及组织中的维生素 A 有保护作用。缺乏时出现渗出性素质病，皮下呈蓝色，蛋鸭产蛋率、受精率下降。维生素 E 在新鲜青绿饲料和青干饲料中较多，籽实的胚芽和植物油中含量丰富。维生素 D 又名抗佝偻病维生素，直接参与饲料中钙、磷的吸收。钙是蛋壳的主要成分，如缺钙母鸭产蛋量减少，出现产软壳蛋。产蛋鸭适宜的钙和磷比例是（3～4）∶1。

（4）环境因素　产蛋鸭最适宜的环境温度是 13～20℃ 之间。这个温度范围内，产蛋鸭对饲料的利用率和母鸭的产蛋率最高。如果气温过高，超过30℃蛋鸭散热慢，热量在体内蓄积，正常的生理机能受到干扰，食欲下降，产蛋减少，甚至会中暑死亡。而气温过低，产蛋鸭要消耗大量的能量抵御寒冷，饲料利用率降低。0℃以下蛋鸭反应迟钝，产蛋显著下降。但受季节气候的影响，环境温度变化较大。一般通过通风、挡风和垫料发酵等措施来控制鸭舍内的温度。光照可促进鸭生殖器官的发育，使青年鸭适时开产，提高产蛋率。产蛋期的光照强度以 5 ~ 8 lx 为宜，光照时间保持在16 ~ 17h。

（5）健康因素　要使蛋鸭发挥出最大的生产潜力，必须要有健康的鸭群。鸭场要建立完善的消毒和防疫措施，严格实行鸭场卫生管理制度。搞好环境卫生，做好主要传染病的防疫工作，减少疾病发生的机会。

八、大型肉鸭的饲养管理技术

大型肉用仔鸭是指配套系生产的杂交商品代肉鸭，采用集约化方式饲养，批量生产。我国在 20 世纪 80 年代先后引入了樱桃谷超级肉鸭、狄高肉鸭父母代。我国已选育出的北京鸭、天府肉鸭配套系，以其生长速度快、饲料转化率高、繁殖力强、成本低等优点，在生产上已得到广泛的应用。

（一）商品肉鸭生产的特点

大型商品肉鸭具有早期生长特别迅速、产肉率高、饲料转化率高、生产周期短和全年性批量生产等特点。

（1）生长迅速，饲料转化率高　在家禽中，大型商品肉鸭的生长速度最快。大型商品肉鸭 8 周龄可达 3.0 ~ 3.5kg，为其初生重的 50 倍以上。上市体重一般在 3kg 或3kg 以上，远比麻鸭类型品种或其杂交鸭为快。

（2）产肉率高，肉质好　大型商品肉鸭的胸腿肌特别发达，据测定 8 周龄时胸腿肌可达 600g 以上，占全净膛率重的 25% 以上，胸肌可达 300g 以上。大型肉鸭以其肌肉肌间脂肪多，肉质细嫩等特点，是作烤鸭和煎炸鸭食品和分割肉生产的上乘材料。

（3）生产周期短，可全年批量生产　大型商品肉鸭由于生长特别迅速，从出壳到上市全程饲养期仅需 42 ~ 56 天，生产周期极短，资金周转快，这对经营者十分有利。近年来，在成都、重庆、云南等地，由于消费水平和消费习惯的变化，出现大型肉鸭小型化生产，肉鸭的上市体重要求在 1.5 ~ 2.0kg，这样大大加快了资金的周转。大型商品肉鸭采用全舍饲饲养，因此打破了生产的季节性，可以全年批量生产。在稻田放牧生产肉用仔鸭季节性很强的情况下，饲养大型商品肉鸭正好可在当年 12 月份到次年 5 月份，这段市场肉鸭供应淡季的时间内提供优质肉鸭上市，可获得显著经济效益。这是近年来大型商品肉鸭在大中城市迅速发展的一个重要原因。

（二）商品肉鸭的饲养管理技术

根据商品肉鸭的生理和生长发育特点，饲养管理一般分为雏鸭期（0～3周龄）和生长育肥期（22日龄至上市）两个阶段。

1. 雏鸭期的饲养管理要点

（1）育雏前的准备

①育雏室的维修：进雏之前，应及时维修破损的门窗、墙壁、通风孔、网板等。采用地面育雏的也应准备好足够的垫料。准备好分群用的挡板、饲槽、水槽或饮水器等育雏用具。

②清洗消毒：育雏室的清洗消毒和环境净化是鸭场综合防治中最重要的卫生消毒措施。育雏之前，先将室内地面、网板及育雏用具清洗干净、晾干。墙壁、天花板或顶棚用10%～20%的石灰乳粉刷，注意表面残留的石灰乳应清除干净。饲槽、水槽或饮水器等冲洗干净后放在消毒液中浸泡半天，然后清洗干净。

③环境净化：在进行育雏室内消毒的同时，对育雏室周围道路和生产区出入口等进行环境消毒净化，切断病源。在生产区出入口设一消毒池，以便于饲养管理人员进出消毒。

④制定育雏计划：育雏计划应根据所饲养鸭的品种、进鸭数量、时间等而确定。首先要根据育雏的数量，安排好育雏室的使用面积，也可根据育雏室的大小来确定育雏的数量。建立育雏记录等制度，包括进雏时间、进雏数量、育雏期的成活率等记录指标。

（2）育雏的必备条件　育雏的好坏直接关系到雏鸭的成活率、健康状况、将来的生产性能和种用价值。因此，必须为雏鸭创造良好的环境条件，以培育出成活率高、生长发育良好的鸭群，发挥出最大的生产潜力。育雏的环境条件主要包括以下几方面。

①温度：在育雏条件中，以育雏温度对雏鸭的影响最大，直接影响到雏鸭体温调节、饮水、采食及饲料的消化吸收。在生产实践中，育雏温度的掌握应根据雏鸭的活动状态来判断。温度过高时，雏鸭远离热源，张口喘气，烦躁不安，分布在室内门窗附近，温度过高容易造成雏鸭体质软弱及抵抗力下降等现象；温度过低时，雏鸭打堆、互相挤压，影响雏鸭的开食、饮水，并且容易造成伤亡；在适宜的育雏温度条件下，雏鸭三五成群，食后静卧而无声，分布均匀。

②湿度：湿度对雏鸭生长发育影响较大，刚出壳的雏鸭体内含水70%左右，同时又处在环境温度较高的条件下，湿度过低，往往引起雏鸭轻度脱水，影响健康和生长。当湿度过高时，霉菌及其他病原微生物大量繁殖，容易引起雏鸭发病。舍内湿度第一周以60%为宜，有利于雏鸭卵黄的吸收，随后由于雏鸭排泄物的增多，应随着

日龄的增长降低湿度。

③密度：饲养密度是指每平方米的面积上所饲养的雏鸭数。密度过大，会造成相互拥挤，体质较弱的雏鸭常吃不到料，饮不到水，致使生长发育受阻，影响增重和群体的整齐度，同时也容易引起疾病的发生。密度过低，房舍利用率不高，增加饲养成本。较理想的饲养密度可参考表5-2。

表5-2 雏鸭的饲养密度（只/m²）

周 龄	地面垫料饲养	网上饲养
1	15～20	25～30
2	10～15	15～25
3	7～10	10～15

④通气：通气的目的在于排出室内污浊的空气，更换新鲜空气，并调节室内温度和湿度。雏鸭生长速度快，新陈代谢旺盛，随呼吸排出大量二氧化碳；雏鸭的消化道短，食物在消化道内停留时间较短，粪便中有20%～30%的尚未被利用的物质，粪便中的氨气和被污染的垫料在室内高温、高湿、微生物的作用下产生大量的有害气体，严重影响雏鸭的健康。如果室内氨气浓度过高，则会造成抵抗力的下降，羽毛凌乱，发育停滞，严重者会引起死亡，育雏室内氨气的浓度一般允许0.001%（10ppm），不超过0.002%（20ppm）；二氧化碳含量要求在0.2%以下。一般以人进入育雏室不感到臭味和无刺眼的感觉，则表明育雏室内氨气的含量在允许范围内。如进入育雏室即感觉到臭味大，有刺眼的感觉，表明舍内氨气的含量超过允许范围，应及时通风换气。

⑤光照：为使雏鸭能尽早熟悉环境、尽快开食和饮水，一般第一周采用24h或23h光照。如果作为种鸭雏鸭，则应从第二周起逐渐减少夜间光照时间，直到14日龄时过渡到自然光照。

（3）育雏设备 育雏设备视饲养方式而定。可由保姆伞、电热管、电热板（远红线板）、红外线灯或烟道供温。

（4）雏鸭的选择和分群饲养 初生雏鸭质量的好坏直接影响到雏鸭的生长发育及上市的整齐度。因此，对商品雏鸭要进行选择，将健雏和弱雏分开饲养，这在商品肉鸭生产中十分重要。健雏的选留标准：同一日龄内大批出壳，大小均匀，体重符合品种要求，绒毛整洁，富有光泽，腹部大小适中，脐部收缩良好，眼大有神，行动灵活，抓在手中挣扎有力，体质健壮。

将腹部膨大、脐部突出、晚出壳的弱雏单独饲养，加上精心的饲养管理，仍可生长良好。

（5）雏鸭日粮 雏鸭阶段体重的相对生长率较高，在二三周龄相对生长率达到高峰。据四川农业大学家禽研究室测定，天府肉鸭商品鸭出壳重54.7g，1周龄体重

187.7g，2 周龄为 571.8g，3 周龄为 1 101.5g。大型肉鸭由于早期生长速度特别快，对日粮营养水平的要求特别高。雏鸭日粮可参照大型肉鸭营养需要标准配制，粗蛋白质含量应达 22% 左右，并要求各种必需氨基酸达到规定的含量，且比例适宜。钙、磷的含量及比例也应达到规定的标准。

（6）尽早饮水和开食　大型肉用仔鸭早期生长特别迅速，应尽早饮水开食，有利于雏鸭的生长发育，锻炼雏鸭的消化道，开食过晚体力消耗过大，失水过多而变得虚弱。一般采用直径为 2 ~ 3mm 的颗粒料开食，第一天可把饲料撒在塑料布上，以便雏鸭学会吃食，做到随吃随撒，第二天后就可改用料盘或料槽喂料。雏鸭进入育雏舍后，就应供给充足的饮水，头三天可在饮水中加入复合维生素（每升水 1g 多维），并且饮水器（槽）可离雏鸭近些，便于雏鸭的饮水，随着雏鸭日龄的增加，饮水器应远离雏鸭。

（7）饲喂方法和次数　饲喂方法有粉料和颗粒料两种形式。粉料先用水拌湿，可增进食欲，但粉料容易被踏紧，开食比较困难，人工还要将粉料弄松，以便雏鸭采食，浪费较大，每次投料不宜太多，否则易引起饲料的变质变味。在有条件的地方，使用颗粒料效果比较好，可减少浪费。实践证明，饲喂颗粒料可促进雏鸭生长，提高饲料转化率。雏鸭自由采食，在食槽或料盘内应保持昼夜均有饲料，做到少喂勤添，随吃随给，保证饲槽内常有料，余料又不过多。

（8）其他管理　1 周龄以后可用水槽供给饮水，每 100 只雏鸭需要 1m 长的水槽。水槽的高度应随鸭子大小来调节，水槽上沿应略高于鸭背或同高，以免雏鸭饮水困难或爬入水槽内打湿绒毛。水槽每天清洗一次，3 ~ 5 天消毒一次。料槽中不应堆置太多的饲料，以防饲料霉变。

2. 生长—育肥期的饲养管理要点

（1）生理特点　商品肉鸭 22 日龄后进入生长—育肥期。此时鸭对外界环境的适应能力比雏鸭期强，死亡率低，食欲旺盛，采食量大，生长快，体大而健壮。由于鸭的采食量增多，饲料中粗蛋白质含量可适当降低，仍可满足鸭体重增长的营养需要，从而达到良好的增重效果。

（2）饲养方式　由于鸭体躯较大，其饲养方式多为地面饲养。因环境的突然变化，常易产生应激反应，因此，在转群之前应停料 3 ~ 4h。随着鸭体躯的增大，应适当降低饲养密度。适宜的饲养密度为 4 周龄 7 ~ 8 只 /m²，5 周龄 6 ~ 7 只 /m²，6 周龄 5 ~ 6 只 /m²。

（3）喂料及喂水　采食量增大，应注意添加饲料，但食槽内余料又不能过多。饮水的管理也特别重要，应随时保持有清洁的饮水，特别是在夏季，白天气温较高，采食量减少，应加强早晚的管理，此时天气凉爽，鸭子采食的积极性很高，不能断水。

（4）垫料的管理　由于采食量增多，其排泄物也增多，应加强舍内和运动场的清洁卫生管理，每日定期打扫，及时清除粪便，保持舍内干燥，防止垫料潮湿。

（5）上市日龄　不同地区或不同加工目的所要求的肉鸭上市体重不一样，因此，上市日龄的选择要根据销售对象来确定。肉鸭一旦达到上市体重应尽快出售。商品肉鸭一般 6 周龄活重达到 2.5kg 以上，7 周龄可达 3kg 以上，饲料转化率以 6 周龄最高，因此，在 42 ~ 45 日龄为其理想的上市日龄。但此时肉鸭胸肌较薄，胸肌的丰满程度明显低于 8 周龄，如果用于分割肉生产，则以 8 周龄上市最为理想。

九、种鸭育雏期的饲养技术

（一）种鸭饲养条件

1. 完善的良种繁育体系

大型肉鸭父母代种鸭由固定的品系配套生产，必须按照肉鸭的良种繁育体系的配套模式生产，不能乱交乱配。即由祖代种鸭场提供父系公鸭、母系母鸭，然后按照一定的公母配种比例组成父母代（公 30 只＋母 110 只）。父母代种鸭只能生产商品代鸭苗，不能继续留种繁殖，否则生产性能会大幅度下降。因此，大型肉鸭的健康发展，首先应建立完善的良种繁育体系，不断向生产上提供优质的父母代种鸭。

2. 适宜的饲养方式

20 世纪 80 年代以来，我国养鸭业蓬勃发展，市场要求优质肉鸭满足广大消费者的需要，而养鸭生产者要求提高经济效益以刺激生产的积极性。因此，传统的放牧养鸭难于适应养鸭业进一步发展的要求。大型肉鸭具有生长速度快、饲料转化率高、生产周期短、适合全年批量生产、繁殖力高等特点。为了使大型肉鸭优良的生产性能得到充分发挥，必须采用舍饲饲养，以生产更多的优质商品鸭苗。

3. 优质的饲料

父母代种鸭的生产率较高，可以一年四季生产，但必须保证有全价平衡的日粮供应。因此，必须按照大型肉鸭的饲养标准，结合当地的饲料资源，配制出质优价廉的全价平衡日粮，使种鸭尽可能地发挥出最大的生产潜力，这是养殖大型肉鸭是否成功的关键条件之一。

4. 适宜的饲养规模

饲养大型肉鸭的经济效益与经营规模密切相关，而饲养规模的大小又主要取决于资金的多少。父母代种鸭所需要的流动资金主要包括鸭苗成本、饲料费、水电费、人工工资及垫料等费用。每组父母代种鸭约需流动资金 1.0 万 ~ 1.2 万元，但不包括房舍及孵化设备的费用。可以根据资金的多少来选择适宜的饲养规模，否则影响种鸭生产性能的正常发挥，造成很大的经济损失。为了便于管理和商品鸭苗的销售，饲养种鸭 1 000 只以上比较适宜。饲养父母代种鸭每只平均纯利为 50 ~ 60 元，饲养种鸭的经济效益不仅体现在每只平均效益上，更重要的则体现在适度的规模效益上，这是饲养大型肉用种鸭获得经济效益高低的关键所在。

5. 所需的鸭舍及设备

由于大型肉鸭采用舍饲饲养，因此，需要可供育雏、育成及产蛋的鸭舍和孵化设备。在育成和产蛋期间可按舍内面积每平方米 3 ~ 3.5 只计算，运动场面积与舍内的比例为（1.3 ~ 1.5）：1，即每组父母代至少需要舍内面积 40m²、运动场 60m²，每栏饲养 120 ~ 200 只为宜。除保证种鸭有清洁卫生的饮水外，还应提供足够的水源以供其洗浴。

（二）育雏期的选择

种鸭育雏期的选择包括种雏鸭和育雏期末的选择。初生雏鸭质量的好坏直接影响到生长发育以及群体的整齐度。只有健雏才能留作种鸭，健雏的选留标准为：大小均匀，体重符合品种要求，绒毛整齐，富有光泽，腹部大小适中，脐部收缩良好，眼大有神，行动灵活，抓在手中挣扎有力。

种鸭场（公司）在提供配套种鸭时，往往超量提供公鸭，以便在育雏期结束时，即在 36 日龄根据种鸭的体重指标、外形特征等进行初选，公鸭应选择体重大、体质健壮的个体；母鸭则选择体重中等大小、生长发育良好的个体留种。淘汰多余的公鸭及有伤残的、体重特别小的母鸭，当作商品肉鸭处理，节约饲料。初选后公母鸭的配种比例为 1 ：（4 ~ 4.5）。

（三）育雏期饲养方案

1. 喂料次数和时间

大型肉鸭生长速度迅速，父母代育雏期的饲喂不能等同于商品代肉鸭，即在 35 天以前适当控制采食量，达到控制种鸭体重的目的，一般通过控制喂料次数和减少光照时间来实现。可参照以下方案执行：0 ~ 7 日龄白天晚上自由采食，24h 或 23h 光照；8 ~ 14 日龄白天自由采食，光照时间由 24h（或 23h）逐渐过渡到自然光照，逐渐减少夜间喂料时间；15 ~ 21 日龄每天喂料 3 次，早、中、晚各一次，每次喂料以 30 ~ 40min 食槽内饲料基本吃尽为准；22 ~ 35 日龄每天喂料 2 次，早晚各一次，喂料量以 30 ~ 40min 食槽基本吃尽为准。

2. 尽早脱温下水

切忌种雏鸭在温室养到 10 多天后才下水。太晚下水必然引起雏鸭出现湿毛现象，即使在温暖的春秋季节也会导致感冒。种雏鸭下水时应选择晴朗天气进行，冬天应在 10 点以后。下水时将雏鸭放入运动场，让其自由戏水，第一次下水时间不宜过长，当部分鸭子戏水一段时间后，可缓慢将鸭子赶上运动场采食，此后鸭子又会陆续戏水，直到大部分鸭子戏水后可将雏鸭关入室内。1.5 ~ 2h 后，再将雏鸭放入运动场让其自由戏水，重复上述过程。这样第一天重复 3 ~ 5 次下水过程，第二天下水基本不会有什么问题。第一次下水时应有专人看管，以防湿毛的鸭子淹死，对于个别全身湿毛的鸭子应及时烘干（夏天可在太阳下晒干）。对于个别背部或腹部湿毛的鸭子不必烘干，鸭子休息卧在一起时羽毛会自然干燥。

3. 公鸭的育雏

公母鸭从小应养在一起，不允许公母鸭分群饲养。运输时公母鸭应分开包装，但在进入育雏室时，公母鸭应按比例混在一起饲养。

4. 日常管理

育雏室应保持清洁卫生，经常检查育雏室内温度，温度过低时，及时将雏鸭哄散，并及时将育雏温度升至适宜范围；温度过高时也应及时降低温度。如果采取地面厚垫料育雏，应保持垫料清洁干净，如果垫料潮湿，可撒上新的干净垫料，饮水器周围应及时清扫。

（四）育成期的饲养管理方案

1. 育成期种鸭的选择

在 22 ~ 24 周龄之间对种鸭进行第二次选择，这次选择的重点是淘汰多余的公鸭，而母鸭主要是淘汰体质特别弱的个体，选留后，公母配种比例为 1∶（5 ~ 6）。

公鸭二次选择的目标是公鸭的体重指标，要求健康状态良好，活泼灵活，体型好，羽毛丰满，双脚强壮有力。保证将质量最好的公鸭留种，淘汰多余的公鸭。

2. 育成期饲养管理水平与产蛋性能的关系

种鸭是肉鸭生产的基础，只有种质优良、体质健壮的种鸭，才能生产出更多的受精率高的合格种蛋，也就才能使每只种母鸭生产出更多的优质商品鸭苗。因此，育成期饲养管理的好坏是决定种鸭能否获得高产、稳产的关键。育成期饲养管理的特点，主要是既要保证种鸭的体格得到充分发育，又要控制种鸭体重的过度增长和性器官的过早发育。只有这样才能培育出体格健壮、体重符合品种标准、适时开产、开产后又能迅速达到产蛋高峰、蛋重符合品种要求的种鸭群。因此，采用限制性饲养以及光照的控制措施，成为饲养大型肉用种鸭的关键之一。

3. 限制饲养程序

大型肉鸭父母代种鸭的饲养管理一般分为三个环节，即育雏期（0 ~ 5 周龄）、育成期（6 ~ 25 周龄）和产蛋期（26 周龄至淘汰）。

（1）限制饲养方法 从 36 日龄至开产的这段时间为种鸭的育成期，育成期是父母代种鸭一生中最重要的时期。这一阶段饲养的特点是对种鸭进行限制性饲养，即有计划地控制饲喂量（量的限制）或限制日粮的蛋白质和能量水平（质的限制）。

目前世界各地普遍采用限制喂料量的办法来控制种鸭的体重，同时随种鸭日龄的增长适当降低饲料的能量和蛋白质水平。

喂料量的限制主要分为每日限量和隔日限量两种方式，其中以每日限量应用较普遍。每日限量即限制每天的喂料量，将每天的喂料量于早上一次性投给；隔日限量即将两天规定的喂料量合并在一天投给，每喂料一天停喂一天，这样一次投下的喂料量多，较弱小的鸭子也能采食到足够的饲料，鸭群生长发育整齐。

（2）喂料量与体重　喂料量的确定以种鸭群的平均体重为基础，然后与标准体重进行比较，确定种鸭的喂料量。

例：平均体重低于标准体重—每只每日喂料160g；平均体重符合标准体重—每只每日喂料150g；平均体重高于标准体重—每只每日喂料140g。

（3）限制饲养期间种鸭的管理要点

①在进行限制饲养时，由于喂料量的减少，鸭常处于饥饿状态，喂料时争抢激烈，假如饲槽的位置不够，有的鸭必定会吃不够或抢不到食，影响鸭群的正常体重和群体的整齐度。所以，对于限制饲养的种鸭，必须保证有足够的采食、饮水的位置，每只鸭应提供15～20cm长度的饲槽位置，水槽为10～15cm长，要求在喂料时，做到几乎每只鸭能同时吃到饲料。如果食槽的长度不够，也可把饲料撒在干燥的地面上进行饲喂。

②掌握种鸭的确切体重，对于正确地制定种鸭的喂料量很有必要。从第6周开始，在每周龄开始的第一天早上空腹随机抽测群体10%的个体求其平均体重，称重时应分公和母。用抽样的平均体重与相应周龄的标准体重比较，如在标准体重的适合范围（标准±2%）内，则该周按标准喂料量饲喂；如超过标准体重2%以上，则该周每天每只喂料量减少5～10g，如低于体重标准2%以下，则该周每只每日增加喂料量5～10g。体重不在适合范围的群体经一周饲养，如果体重仍不在适合范围，则仍按上述办法调整喂料量，直到体重在适合范围内再按标准喂料量饲喂。注意每周龄开始的第一天抽取的体重代表上周龄的体重。限饲期间增加或减少喂料量时，每次只能按100只鸭0.5～1kg的量来增加或减少，只有在极特殊的情况下，才可以超过上述标准。

③每群鸭每日的喂料量只能在早上一次性投给，加好料之后才能放鸭，这样可保证每只鸭都能吃到饲料，如果将每日的喂料量分2次或3次投给，抢食能力强的鸭子几乎每次都比弱的鸭子吃到更多的饲料，影响群体的整齐度。

④限制饲养开始时（36日龄）和限制饲养期间随时应注意整群，将弱鸭、伤残鸭分隔成小群饲养，不限喂料量或少限，直到恢复健壮再放回限饲群内。

⑤把光照控制与体重控制、饲喂量的控制结合起来配套使用，是控制鸭群性成熟和适时开产最有效的办法。

⑥从25周（169日龄）起改为产蛋鸭饲料，并逐步增加喂料量促使鸭群开产，可每周增加日喂料量25g饲料，约用4周的时间过渡到自由采食，不再限量。

4. 日常管理

（1）保持料槽和饮水槽的清洁，不能让料槽内有粪便等脏物，运动场和水槽要经常清洗。

（2）育雏期结束进入育成期时，由于鸭体格的增大，应适当降低饲养密度。可按舍内面积 3 ~ 3.5 只 /m² 计算每栏饲养的种鸭只数。

（3）进入产蛋期以前，即在 22 ~ 24 周期间安置好产蛋箱，以便让鸭群熟悉使用。

（4）观察鸭群是实现科学养鸭、科学管理的基础。随时观察鸭群的健康状况和精神状态，针对存在问题，及时采取有效措施，以保证鸭群的正常生长发育，提高种鸭场的经营管理和技术管理水平。

5. 光照管理

（1）光照的作用　光通过视觉刺激脑垂体前叶分泌促性腺激素，促使母鸭卵巢卵泡发育增大，卵巢分泌雌性激素促使母鸭输卵管的发育；产蛋所需要的营养成分，在血液中贮存量增加；同时使耻骨开张，泄殖腔扩大。延长光照时间，由视觉传导引起公鸭脑垂体前叶的促性腺素分泌，促性腺激素刺激睾丸精细管发育，使睾丸增大，睾丸能产生精液和雄性激素，促使公鸭达到性成熟。此外，紫外线可使家禽体内的 7-脱氢胆固醇转变为维生素 D_3，促使钙、磷的吸收，同时紫外线还能杀菌，有助于预防疾病。

光照管理得好，能控制母鸭适时达到性成熟，延长高峰持续期，提高母鸭产蛋量。如果光照控制不好，母鸭开产较早，产小蛋时间长，并且开产后母鸭易出现脱肛现象，影响经济效益。

（2）光照的使用原则　为克服日照季节性的差异，使昼长更符合家禽繁殖机能的要求和提高产蛋量，现代养禽业普遍使用人工光照。通过合理利用自然光照和人工光照，提高家禽的生产性能。光照的原则如下：

①生长期采用恒定短光照或逐渐缩短光照时间，控制母鸭适时开产。

②临近开产前逐渐延长光照时间刺激适时达到产蛋高峰，而又不因光照时间的突然增加使部分母鸭发生子宫阴道外翻（脱肛）。

③进入产蛋高峰后，力求保持光照时间和强度的稳定。

④进行强制换羽时，则突然缩短光照时间促使更快换羽。

（3）光照强度　指光源射出光线的强度，常用勒克司（lx）表示。1 lx 等于每平方米面积上有一个流明，用照度计测定光照强度。鸭的光照强度为 10 ~ 20 lx，如果用普通的白炽灯照明，则舍内面积上每平方米至少应有 5W 的照度。即：60W 的灯泡可满足 5 ~ 12m² 的要求。

光照强度随着日龄和种类不同其影响有差异，刚出壳的雏鸭因视力差，需较大的光照强度。

（4）适宜的光照制度　开放式鸭舍的光照受自然光照的影响较大，因此，光照方案的制定必须了解自然光照时间的变化规律。

①自然光照的变化：自然光照上半年（夏至前）由短光照逐渐增长，夏至过后光

照时间由长变短。因此，夏至过后留种的雏鸭，生长期处在自然光照时间由长变短的时期，而开产后又处在日照时间由短变长的时期，在此期间尽可能利用自然光照，能较理想地控制种鸭性成熟时间。上半年留种的雏鸭，生长期处在日照时间由短变长的时期，特别是 5 ~ 7 月份自然光照时间超过了育成期种鸭的需求，容易导致种鸭提前开产，在这种情况下，更应加强喂料量的限制，否则导致提前产蛋。

②光照的控制：光照制度是采用一定的光照时间，有计划地严格执行的光照程序。光照程序应根据种鸭的不同阶段分别制定。

A. 育雏期：为了确保种雏鸭均匀一致地生长，0 ~ 7 日龄每天提供 24h 或 23h 光照，有 1h 的黑暗，可防止突然停电引起的惊群现象；8 ~ 14 日龄光照时间由 24h 或 23h 逐渐过渡到利用自然光照；14 日龄到育雏结束均利用自然光照。

B. 育成期：只提供自然光照。22 ~ 27 周龄，种鸭处于临近开产期，用 6 周的时间逐渐增加每日的人工光照时间，到 26 周龄时光照时间（自然光照 + 人工光照）增加到 17h。28 周至产蛋结束，每天采用 17h 的光照时间，开关灯时间要固定，不能随意变更。

6. 产蛋期的饲养管理

（1）营养水平　种鸭开产以后，让其自由采食，日采食量大大增加，饲料的代谢能可控制在 10 878 ~ 11 297kJ/kg，就可满足维持体重和产蛋的需要。但日粮蛋白质水平应分阶段进行控制。产蛋初期（产蛋率 50% 前）日粮蛋白质水平一般为 19.5% 即可满足产蛋的需要。进入产蛋高峰期（产蛋率 50% 以上至淘汰）时，日粮蛋白质水平应增加到 20% ~ 21%，才能保持高产水平。同时应注意日粮中钙、磷的含量以及钙、磷之间的比例。

（2）产蛋曲线　在饲养管理良好的情况下，母鸭在 26 周龄产蛋率达到 5%，28 ~ 30 周龄产蛋率达到 15%，一般在 33 ~ 35 周龄产蛋率达到 90% 或 90% 以上，进入产蛋高峰期，产蛋高峰期可持续 1 ~ 3 个月，一般平均为 1.5 个月，也有个别的达到 4 个月。如何保持和延长母鸭的产蛋高峰期，对提高全年产蛋量和种蛋质量具有重要意义。

（3）饲养管理程序

①喂料：产蛋期种鸭任其自由采食，日采食量达 250 ~ 300g，可分成 2 次（早上和下午各 1 次）饲喂，喂料量掌握的原则是食槽内余料不能过多，否则引起饲料的变味变质，导致采食量的下降，引起产蛋量的下降；喂料量过少，也要导致产蛋率的降低。第一次喂料量以第二次喂料时食槽基本吃尽为准，第二次的喂料量以晚上关灯前食槽基本吃尽为准。

②种蛋的收集：母鸭的产蛋时间集中在后半夜 1 ~ 5 点钟。随着母鸭产蛋日龄的延长，产蛋时间稍稍推迟。种蛋收集越及时越干净，破损率愈低。初产母鸭产蛋时间比较早，可在早上 4：30 分开灯捡第一次蛋，捡完蛋后即将照明灯关闭，以后每半小时捡一次蛋。如果饲养管理正常，几乎在 7 点以前产完蛋；产蛋后期，母鸭的产蛋时

间可能集中在 6 ～ 8 点钟之间大量产蛋。夏季气温高，冬季气温低，及时捡蛋，可避免种蛋受热或受冻，可提高种蛋的品质。收集好的种蛋应及时进行消毒，然后送入蛋库贮存。

③减少窝外蛋：所谓窝外蛋就是产在产蛋箱以外的蛋，也可产在舍内地面和运动场内。由于窝外蛋比较脏，破损率较高，孵化率较差，并且又是疫病的传染源，因此，除个别特别干净的窝外蛋，一般都不将窝外蛋作种蛋。在管理上应对窝外蛋引起足够的重视。其措施有以下几个方面：

A. 开产前尽早在舍内安放好产蛋箱，最迟不得晚于 24 周龄，每 4 ～ 5 只母鸭配备一个产蛋箱。

B. 随时保持产蛋箱内垫料新鲜、干燥、松软。

C. 放好的产蛋箱要固定，不能随意搬动。

D. 初产时，可在产蛋箱内设置一个"引蛋"。

E. 及时把舍内和运动场的窝外蛋捡走。

F. 严格按照作息程序规定的时间开关灯。

产蛋箱的底部不用配地板，这样母鸭在产蛋以后把蛋埋入垫料中。产蛋箱的高度一般为 30cm，深度为 30cm，产蛋箱的间隔为 45cm。

④日常管理：种鸭的运动和洗浴对保持种鸭健康和良好的生产性能甚为重要，水浴池每日应有清洁的水源以供洗浴；尽量保持舍内厚垫料的清洁和干燥，炎热地区要注意鸭舍的通风，密度不能过大，寒冷地区要注意冬季的舍温保持在 0℃ 以上；种鸭的日常饲养管理程序要保持稳定，不宜轻易变动，否则将引起产蛋率的急剧下降。

（4）产蛋期的选择淘汰　母鸭年龄越大，产蛋量和种蛋的合格率越低，受精率和孵化率越低。母鸭以第一个生物学产蛋年的产蛋量最高，第二年比第一年下降 30% 以上，表明种鸭自开产以后利用一年最为经济。

母鸭一般在产蛋 9 ～ 10 个月进入产蛋末期，陆续出现停产换羽。此时出现换羽的种鸭可逐渐淘汰，以节约饲料，提高饲养种鸭的经济效益。种鸭的淘汰方式有全群淘汰和逐渐淘汰两种方式。

①全群淘汰制度：为了便于管理，提高鸭舍的周转利用率，有利于鸭舍的彻底清洗消毒。种鸭大约在 70 周龄即可全群淘汰，具体淘汰时间可根据当地对种蛋的需求情况、鸭苗价格或种蛋价格、饲料价格和种蛋的受精率、孵化率等因素来决定。

②逐渐淘汰制度：母鸭产蛋 9 ～ 10 个月，可根据羽毛脱换情况及生理性状进行选择淘汰。随时淘汰那些主翼羽脱落、羽毛零乱、耻骨间隙在 3 指以下、腿部有伤残、腹膜炎等母鸭，并淘汰多余的公鸭，通过选择淘汰后的群体仍可保持较高的产蛋率，直到全群淘汰完。采用这种淘汰制度，可让高产的母鸭产更多的蛋，节约饲料，降低种蛋生产成本，使鸭群保持持久旺盛的产蛋能力。

第二节 鹅的养殖技术

一、鹅的品种

（一）鹅的类型

我国鹅除伊犁鹅在新疆外，其余主要分布于东部农业发达地区，长江、珠海、淮河中下游和华东、华南沿海地区较发达。按体型大小分为大、中、小型三种，见表5-3。大型鹅品种狮头鹅（广东）是世界大型鹅种之一；中型鹅品种主要有皖西白鹅（安徽、河南）、溆浦鹅（湖南）、雁鹅（安徽）、浙东白鹅（浙江）、四川白鹅（四川）；小型鹅品种主要有太湖鹅（江苏、浙江）、五龙鹅（豁眼鹅，山东莱阳）。其中四川白鹅、豁眼鹅的繁殖力可谓世界之最，被称为"鹅中来航"，年产蛋量可达60～80个，分布于全国各地。

表5-3 鹅体型划分

体 型	品 种
大型鹅（♂>9kg，♀>8kg）	狮头鹅、埃姆登鹅、图卢兹鹅
中型鹅（♂5～7kg，♀4.4～6kg）	皖西白鹅、雁鹅、溆浦鹅、浙东白鹅、四川白鹅、郎德鹅、莱茵鹅、武冈铜鹅
小型鹅（♂<5kg，♀<4.4kg）	太湖鹅、豁眼鹅、乌鬃鹅、籽鹅、鄱县白鹅、长乐鹅、伊犁鹅、阳江鹅、闽北白鹅、道州灰鹅

（二）鹅的品种介绍

1.溆浦鹅

（1）中心产区 分布在湖南地区。

（2）体貌概述 体型高大，体质结实，羽毛着生紧密，体躯稍长，有白、灰两种颜色。以白鹅居多，灰鹅背、尾、颈部为灰褐色。腹部白色。头上有肉瘤，胫、蹼呈橘红色。白鹅喙、肉瘤、胫、蹼橘黄色，灰鹅喙、肉瘤黑色，胫、蹼橘红色（图5-18）。

（3）生产性能 初生重为122g；成年体重，公鹅为5 890g，母鹅为5 330g。屠宰测定：6月龄公鹅半净膛率为88.6%，母鹅为87.3%；全净膛率公鹅为80.7%，母鹅为79.9%。年产蛋30枚左右，平均蛋重为213g，壳白色居多。蛋形指数1.28，壳厚0.62mm。公母配种比例1：（3～5），种蛋受精率约97%。

（公）　　　　　　　（母）

图 5-18　溆浦鹅

2. 武冈铜鹅

（1）中心产区　分布在湖南省武冈市,沿资水两岸的城西、转湾、新东、石羊、朱溪、荆竹、花桥、马坪、邓家铺、秦桥、稠树塘、法新和安心等地,以及邻近的洞口、隆回、邵阳、新宁、城步、绥宁、涟源、株洲、靖县和衡阳等地,湖南省外也有分布。

（2）体貌概述　属中型品种,外貌清秀,体态呈椭圆形。喙长。虹彩黄褐色。颈较细长,稍呈弓形,后躯发达。产蛋期腹下单褶或双褶,垂皮明显。通常鹅群分两大类型:羽毛全白,喙橘黄色,跖、蹼、趾橙黄色,似黄铜,称黄铜型,约占 67%;颈羽、翼羽、尾羽灰褐色,腹下乳白色,喙与眼睑连接处有线状的白环,胫、喙、蹼青灰色,似青铜,趾黑色,称青铜型,约占 33%（图 5-19）。

（3）生产性能　初生重为 945g；成年体重公鹅为 5.24kg,母鹅为 4.41kg；屠宰测定：成年半净膛率公鹅为 86.16%,母鹅为 87.46%；全净膛率公鹅为 79.64%,母鹅为 79.11%。185 天开产,年产蛋 30～45 枚,蛋重为 160g 左右,蛋壳乳白色,蛋形指数 1.38。公母配种比例 1：（4～5）,种蛋受精率约 85%。

（公）　　　（母）　　　　　（公）　　　（母）

图 5-19　武冈铜鹅

3. 酃县白鹅

（1）中心产区　中心产区位于湖南省酃县（炎陵县）沔渡乡和十都乡两乡,以沔水和河漠水流域饲养较多。与酃县毗邻的资兴、桂东、茶陵和江西省的宁岗等地均有分布。莲花县的莲花白鹅与鄱县白鹅系同种异名。

（2）体貌概述　鄱县白鹅体型小而紧凑，体躯近似短圆柱体。头中等大小，有较小的肉瘤，母鹅的肉瘤扁平，不显著。颈长中等，体躯宽深，母鹅后躯较发达。全身羽毛白色。喙、肉瘤和胫、蹼橘红色，皮肤黄色，虹彩蓝灰色，公母鹅均无咽袋（图5-20）。

（公）　　　　　　　　（母）

图5-20　鄱县白鹅

（3）生产性能　生长速度与产肉性能：体重成年公鹅4～5.3kg，母鹅3.8～5.0kg。在放牧条件下，60日龄体重2.2～3.3kg，90日龄3.2～4.1kg。如饲料充足，加喂精饲料，60日龄可达3.0～3.7kg。对未经育肥的6月龄鹅进行屠宰测定，半净膛与全净膛的屠宰率，公鹅分别为82.00%和76.35%，母鹅分别为83.98%和75.69%。放牧加补喂精料饲养的肉鹅，从初生到屠宰生长期共105天，平均体重为3.75kg，每只耗精料3.28kg，平均每千克增重耗精料为0.88kg。

繁殖性能：母鹅开产日龄120～210天。公母鹅配种比例1：（3～4），种蛋受精率平均高达98%，受精蛋的孵化率达97%～98%。种鹅利用2～6年。雏鹅成活率96%。

产蛋性能：母鹅多在10月至次年4月间产蛋，分3～5个产蛋期，每期产8～12枚，于一个窝内，之后开始抱孵。全繁殖季节平均产蛋46枚，第一年产蛋平均重116.6g，第二年为146.6g。蛋壳白色，蛋壳厚度0.59mm，蛋形指数1.49。

4. 道州灰鹅

（1）中心产区　分布在湖南道县，沿潇水河及其主要支流的道县蚣坝、清塘、寿雁、梅花、祥霖铺、白马渡、营江、万家庄、上关、东门、富塘等地。

（2）体貌概述　道州灰鹅"铁嘴、铜脚、灰背、白肚"，外型美观，个体适中，全身羽毛基本是灰色，而腹部及颈腹面绒毛白色，嘴呈黑色，脚（蹠、蹼）橘黄色；颈短，脚短、体短，屁股圆（图5-21）。

（3）生产性能　60～75日龄个体重3.5～4kg。90日龄公鹅体重5kg，母鹅4～4.5kg。母鹅270日龄开产，年产蛋40枚，蛋重181.7g，年产蛋3～4窝，并集中在8月下旬至第二年3月底。成年个体重4.5kg，在粗放饲养条件下，70天左右即可上市。一般母鹅开产日龄为210～240天，种鹅的公、母比例为1：（7～10），母鹅产蛋期为当年9月至翌年2～3月份，经产母鹅的年产蛋量为50～60枚，平均蛋重172.1g，母鹅的就巢性较强，一般产蛋11～15枚即就巢孵化，每个产蛋年就巢3～4次，每窝可抱蛋10～15枚。

（公）

（母）

图5-21　道州灰鹅

5. 四川白鹅

（1）中心产区　广泛分布在四川盆地的平坝和丘陵水稻产区。

（2）体貌概述　白鹅全身羽毛洁白、紧密；喙、胫、蹼橘红色，虹彩蓝灰色。成年公鹅体型稍大，头颈较粗，体躯较长，额部有一个呈半圆形的肉瘤；成年母鹅头清秀，颈细长，肉瘤不明显（图5-22）。平均体重成年公鹅4.36～5.0kg，母鹅4.31～4.9kg。

（3）品种评价及开发利用　四川白鹅是我国白鹅中产蛋量高、蛋重而大的地方优良品种。羽毛洁白，绒羽多，价值高。该鹅生长速度快，60～90日龄即可提供优质的仔鹅上市。

（公）

（母）

图5-22　四川白鹅

6. 钢鹅

（1）中心产区　四川安宁河流域河谷坝区。

（2）体貌概述　钢鹅体型较大，颈呈弓形，体躯向前抬起，喙黑色。公鹅前额肉瘤比较发达，黑色质坚，前胸圆大；母鹅肉瘤扁平，腹部圆大，腹褶不明显。背羽、翼羽、尾羽为棕色或白色镶边的灰黑色羽，状似铠甲，故又称为铁甲鹅。从鹅的头顶部起，沿颈的背面直到颈的基部，有一条由宽逐渐变窄的深褐色鬃状羽带；大腿部羽毛黑灰色，小腿、腹部羽毛灰白色；胫蹼橘黄色，趾黑色（图5-23）。

（3）品种评价及开发利用　经填肥后可取得大量腹脂和鹅肥肝。

（公）　　　　　　　　　　（母）

图 5-23　钢鹅

7. 狮头鹅

（1）中心产区　分布在广东地区。

（2）体貌概述　大型品种，体躯呈方形。头大颈粗，前躯高，头部前额肉瘤发达，向前突出，肉瘤黑色，额下咽袋发达，一直延伸到颈部。喙黑色，胫、蹼橙红色，有黑斑。皮肤米黄色或乳白色。全身背面羽毛、前胸羽毛及翼羽均为棕褐色。腹面的羽毛白色或灰白色（图5-24）。

（公）　　　　　　　　　　（母）

图 5-24　狮头鹅

（3）生产性能　初生重公鹅为134g，母鹅为133g；成年体重公鹅为8.85kg，母鹅为7.86kg。屠宰测定：70～90日龄未经育肥鹅体重5.8kg，半净膛率公鹅为81.9%，母鹅为84.2%；全净膛率公鹅为71.9%，母鹅为72.4%。150～180天开产，第一产蛋年产 24 枚，蛋重为 176.3g，壳乳白色，蛋形指数 1.48。两岁以上年产 28 枚，蛋重为 217.2g，蛋形指数 1.53。公母配种比例 1：（5 ~ 6），种蛋受精率为 69% ~ 79%。成年公鹅体重 8.85kg，母鹅 7.86kg。

狮头鹅平均肝重 600g，最大肥肝可达 1.4kg，肥肝占屠体重量的 13%，肝料比为 1：40。

（3）生产性能　初生重公鹅为 134g，母鹅 133g；成年体重公鹅为 8.85kg，母鹅 7.86kg。屠宰测定：70 ~ 90 日龄未经育肥鹅体重 5.8kg，半净膛率公鹅为 81.9%，母鹅为 84.2%；全净膛率公鹅为 71..9%，母鹅为 72.4%。150 ~ 180 天开产，第一产蛋年产 24 枚，蛋重为 176.3g，壳乳白色，蛋形指数 1.48。两岁以上年产 28 枚，蛋重为 217.2g，蛋形指数 1.53。公母配种比例 1：（5 ~ 6），种蛋受精率为 69% ~ 79%。成年公鹅体重 8.85kg，母鹅 7.86kg。

狮头鹅平均肝重 600g，最大肥肝可达 1.4kg，肥肝占屠体重量的 13%，肝料比为 1：40。

8. 太湖鹅

（1）中心产区　太湖。

（2）体貌概述　全身羽毛洁白，偶尔眼梢、头颈部、腰背部出现少量灰褐色羽毛。喙、胫、蹼橘红色，爪白色。肉瘤淡姜黄色。咽袋不明显，公母差异不大（图 5-25）。

（公）　　　　　　　　　　　　（母）

图 5-25　太湖鹅

（3）生产性能　初生重为 91.2g；成年体重公鹅为 4.5kg 左右，母鹅为 3.5kg。屠宰测定：仔鹅半净膛率为 78.6%，全净膛率为 64%；成年公鹅半净膛率为 85%，母鹅为 79%；全净膛率公鹅为 76%，母鹅为 69%。160 日龄即开产，年产蛋约 60 枚，高产鹅可达 80 ~ 90 枚。蛋重 135.3g，壳色白色，蛋形指数 1.44。公母配种比例 1：（6 ~ 7），种蛋受精率 90% 以上。

9. 皖西白鹅

（1）中心产区　分布在安徽、河南地区。

（2）体貌概述　体型中等，全身羽毛纯白，头顶有橘黄色肉瘤，喙橘黄色，蹼橘红色，爪肉白色（图 5-26）。

（3）生产性能　成年体重公鹅为6.12kg，母鹅为5.56kg；30日龄仔鹅为1.5kg；60日龄为3～3.5kg；90日龄为4.5kg。屠宰测定：公鹅半净膛率为78%，全净膛率为70%；母鹅半净膛率为80%，全净膛率为72%。6月龄开产，年产蛋25枚，平均蛋重为142.2g，壳白色，蛋形指数1.47。一只鹅产绒349g。公母配种比例1：（4～5），种蛋受精率为88%以上。

（公）　　　　　　　　（母）

图5-26　皖西白鹅

10. 豁眼鹅（五龙鹅、疤拉眼鹅、豁鹅）

（1）中心产区　分布在辽宁、吉林、黑龙江、山东地区。

（2）体貌概述　体型轻小紧凑，头中等大小，额前有表面光滑的肉瘤。眼呈三角形。上眼睑有一疤状缺口。额下偶有咽袋。体躯蛋圆形，背平宽，胸满而突出。喙、肉瘤、胫、蹼橘红色，羽毛白色（图5-27）。

（公）　　　　　　　　（母）

图5-27　豁眼鹅

（3）生产性能　初生重公鹅仔鹅70～77.7g，母鹅仔鹅68.4～78.5g，成年体重公鹅仔鹅3.7～4.5kg，母鹅仔鹅3.5～4.3kg。屠宰测定：全净膛率公鹅为70.3%～72.6%，母鹅为69.3%～71.2%。产蛋量半放牧半舍饲年产100枚以上，蛋重为120～130g，壳白色。蛋形指数1.41～1.48，壳厚0.45～0.51mm。公母配种比例1：（6～7），种蛋受精率为85%左右。

11. 雁鹅

（1）中心产区　分布在安徽地区。

（2）体貌概述　体型较大，全身羽毛灰褐色，背羽、翼羽、肩羽为灰底白边的镶边羽，腹部灰白羽。头呈方圆形，有黑色肉瘤。喙黑色，蹼橘黄色（图5-28）。

（公）　　　　　　　（母）

图5-28　雁鹅

（3）生产性能　初生重公鹅为109.3g，母鹅为106.2g；30日龄公鹅为791.5g，母鹅为809.9g；5～6月龄可达5kg以上。屠宰测定：半净膛率公鹅为86.1%，母鹅为83.8%；全净膛率公鹅为72.6%，母鹅为65.3%。7月龄开产，年产蛋25～35枚，蛋重为150g，壳厚0.6mm，蛋壳白色，蛋形指数1.51。公母配种比例1：5，种蛋受精率为85%以上。

12. 乌鬃鹅

（1）中心产区　分布在广东地区。

（2）体貌概述　体质结实，体躯宽短，背平。公鹅肉瘤发达。成年鹅的头部自喙基和眼的下缘，直至最后颈椎有一条由大渐小的鬃状黑色羽毛带。颈部两侧的羽毛为白色。翼羽、肩羽和背羽乌棕色。肉瘤、喙、胫、蹼黑色（图5-29）。

（公）　　　　　　　（母）

图5-29　乌鬃鹅

（3）生产性能　初生重为81.4g；70日龄体重为2.5～2.7kg。成年体重公鹅为3.42kg，母鹅为2.86kg；屠宰测定：半净膛率公鹅为88.8%，母鹅为87.5%；全净膛率公鹅为77.9%，母鹅为78.1%。140天开产，一年产蛋4～5期，年产蛋29.6枚，蛋重为144.5g，蛋形指数1.5，蛋壳浅褐色。公母配种比例1：（8～10），种蛋受精率约88%。

13. 籽鹅

（1）中心产区　分布在黑龙江地区。

（2）体貌概述　体型小，略呈长圆形，颈细长，头上有小肉瘤，多数头顶有缨。喙、胫和蹼为橙黄色。额下垂皮较小。腹部不下垂。白色羽毛（图5-30）。

（公）　　　　　　　　（母）

图 5-30　籽鹅

（3）生产性能　成年体重公鹅为 4.23kg，母鹅为 3.41kg。未经育肥成年鹅屠宰测定：半净膛率公鹅为 80.65%，母鹅为 83.78%；全净膛率公鹅为 74.84%，母鹅为 70.72%。6 月龄开产，年产蛋 100 枚左右，多可达 180 个。蛋重为 131.3g，蛋壳白色。公母配种比例 1：（5～7）。

14. 长乐鹅

（1）中心产区　分布在福建地区。

（2）体貌概述　羽毛灰褐色，纯白色的很少。成年鹅从头到颈部的背面，有一条深褐色的羽带，与背、尾部的褐色羽区相连。皮肤黄色或白色。喙黑色或黄色，肉瘤多黑色，胫、蹼黄色（图5-31）。

（公）　　　　　　　　（母）

图 5-31　长乐鹅

（3）生产性能　初生重为 99.4g；成年体重公鹅为 4.38kg，母鹅为 4.19kg。屠宰测定：半净膛率 70 日龄公鹅为 81.78%，母鹅为 82.25%；全净膛率公鹅为 68.67%，母鹅为 70.23%。年产蛋 30～40 枚，蛋重为 153g，壳白色，蛋形指数 1.4。公母配种比例 1：6，种蛋受精率为 80% 以上。

15. 浙东白鹅

（1）中心产区　分布在浙江地区。

（2）体貌概述　中等体型，结构紧凑，体躯长方形和长尖形两类。全身羽毛白色，额部有肉瘤颈细长，腿粗壮。喙、蹼幼时橘黄色，成年后橘红色，爪白色（图5-32）。

（公）　　　　　（母）

图 5-32　浙东白鹅

（3）生产性能　初生重为105g；成年重公鹅为5.044kg，母鹅为3.986kg。屠宰测定：70日龄半净膛率为81.1%，全净膛率为72.0%。150日龄开产，年产蛋40枚左右，平均蛋重为149.1g，壳白色。公母配种比例1：10，种蛋受精率为90%以上。

16. 吉林农大白鹅配套系

吉林农大白鹅配套系是由吉林农业大学培育的杂交配套新品系，分吉林农大白鹅Ⅰ号、吉林农大白鹅Ⅱ号和吉林农大白鹅Ⅲ号（图5-33）。

（公）　　　　　　　（母）

图 5-33　吉林农大白鹅配套系

吉林农大白鹅Ⅰ号为肉用新品系。体躯长而高大，呈圆柱形。全身羽毛白色，喙、肉瘤、胫、蹼均呈橘黄色。早期生长快，70日龄体重4 500～5 000g。成年公鹅体重6 500～7 500g，母鹅5 500～6 000g。成年公母鹅平均全净膛屠宰率79.9%，适合作肉用仔鹅生产的杂交父本。年产蛋 30 ~ 40 枚，蛋重 180 ~ 200g。

吉林农大白鹅Ⅱ号为高绒新品系。体质细致紧凑。肉瘤特大，圆而光滑，呈橘黄色。全身羽毛洁白，喙橘黄色，胫、蹼橘红色。成年公鹅体重 6 000 ~ 6 500g，母鹅 5 000 ~ 5 500g。成年公母鹅平均全净膛屠宰率 72.8%。羽绒品质好、绒朵大、弹性好，适合作产绒为主的活体拔毛、鹅裘皮生产的杂交父本。年产蛋 20 ~ 30 枚，蛋重 140 ~ 160g。

吉林农大白鹅Ⅲ号为蛋用新品系。体型轻小紧凑，呈长圆形。全身羽毛白色，喙、胫、蹼橘黄色。成年公鹅体重 4 000 ~ 4 500g，母鹅 3 000 ~ 3 500g。年产蛋 100 ~ 120 枚，蛋重 120 ~ 140g。适合作肉用仔鹅、绒用鹅生产的杂交母本。

二、鹅的生活习性

（一）喜水性

鹅是水禽，自然喜爱在水中浮游、觅食和求偶交配，放牧鹅群最好选择在水域宽阔、水质良好的地带放牧，舍饲养鹅特别是养种鹅时，要设置水池或水上运动场，供鹅群洗浴、交配之用。

（二）合群性

天性喜群居生活，鹅群在放牧时前呼后应、互相联络。出牧、归牧有序不乱，这种合群性有利于鹅群的管理。

（三）警觉性

鹅的听觉敏锐，反应迅速，叫声响亮，性情勇敢、好斗。鹅遇到陌生人则高声呼叫，展翅啄人，长期以来农家喜养鹅守夜看门。

（四）耐寒性

鹅的羽绒厚密，具有很强的隔热保温作用。鹅的皮下脂肪较厚，耐寒性强，羽毛上涂擦有尾脂腺分泌的油脂，可以防止被水浸湿。

（五）节律性

鹅具有良好的条件反射能力，每天的生活表现出较明显的节奏性。放牧鹅群出牧—游水—交配—采食—休息……收牧，相对稳定地循环出现。舍饲鹅群对一天的饲养程序一经习惯之后很难改变。所以一经实施的饲养管理日程不要随意改变，特别在种母鹅产蛋期更要注意。

（六）杂食性

家禽属于杂食性动物，但水禽比陆禽（鸡、火鸡、鹌鹑等）的食性更广、更耐粗饲，鹅则更喜食植物性食物。

三、雏鹅的培育技术

从出壳到 28 日龄为雏鹅的育雏期，雏鹅培育是养鹅生产中一个重要的生产环节。此期饲养管理的重点是培育出生长发育快、体质健壮、成活率高的雏鹅，发挥鹅的最大生产潜力，提高养鹅生产的经济效益。

（一）雏鹅的生理特点

1. 生长发育快

育雏期间雏鹅早期相对生长极为迅速。据四川农业大学家禽研究室测定，在放牧饲养条件下，小型鹅种豁眼鹅 2 周龄活重是初生重的 3.8 倍，6 周龄为 20.9 倍，8 周龄为 32.9 倍；中型鹅种四川白鹅 2 周龄体重达到 388.7g，是初生重的 4.4 倍；6 周龄活重 1 761g，为其初生重的 19.7 倍；10 周龄体重为 3 299g，为其初生重的 36.9 倍。朗德鹅 2 周龄体重为初生重的 5 倍，6 周龄为 28.5 倍，8 周龄为 40.8 倍，早期生长速度更为迅速。

2. 体温调节机能较差

雏鹅对环境温度的变化没有调节能力，对外界环境的适应能力和抵抗力也较弱。出壳雏鹅全身覆盖的绒羽稀薄，自身产生的体热较少，随着雏鹅日龄的增加，以及羽毛的生长与脱换，雏鹅的体温调节机能逐渐增强，从而能够较好地适应外界温度的变化。因此，在雏鹅的培育工作中，必须为其提供适宜的环境温度，以保证其正常的生长发育。

3. 消化道容积小，消化吸收能力差

在孵化期间胚胎的物质代谢极为简单，其营养物质是利用蛋中的蛋黄和蛋白质，雏鹅出壳后转变为直接利用饲料中的营养。雏鹅消化道的容积较小，肌胃的收缩能力较差，消化能力较弱，食物通过消化道的时间比雏鸡快得多。雏鹅早期生长速度很快，新陈代谢强烈。因此，在饲养管理上应喂给营养全面、容易消化的全价配合饲料，以满足雏鹅生长发育的营养需要。

（二）育雏前的准备

育雏之前，应先对育雏室内外进行彻底清扫并消毒，育雏室和育雏用具可用新洁尔灭喷雾消毒，墙壁可用 10% ～ 20% 的生石灰喷洒消毒，喷洒后应关闭门窗 1h 以上，然后打开，使空气流通。育雏用具也可用 2% 的氢氧化钠溶液喷洒或洗涤，然后清洗干净。育雏室出入处应设消毒池，进入育雏室人员随时进行消毒，严防带入病菌。进雏前对育雏室进行全面检查，检查育雏室的门窗、墙壁、地板等是否完好，如有破损要及时进行修补；室内要灭鼠，并堵塞鼠洞；准备好育雏用具，如竹筐、塑料布、竹围、料槽（盘）、饮水器等，在育雏前应洗干净，晒干备用。同时也应准备好育雏用的保温设备，包括竹筐、保温伞、红外线灯泡、纸箱、饲料和垫料（稻草、锯木或刨花）等。检查育雏室的保温条件，并在育雏前 1 ～ 2 天试温。

（三）育雏的保温方式

雏鹅的保温方式一般分为给温育雏和自温育雏两种。

1. 给温育雏

给温育雏常见的有保姆伞、红外线灯、煤炉、烟道等给温形式。这种方式虽然消耗一定的能源，但育雏效果好，育雏数量大，劳动效率高。

（1）伞形育雏器　用木板或铁皮制作而成，直径为 1.5m，每个保姆伞下可饲养雏鹅 100 只左右。伞内热源可采用电热丝、电热板或红外线灯等。伞离地面的高度一般为 10cm 左右，雏鹅可自由选择其适合的温度，但随着雏鹅日龄的增长，应调整高度。此种育雏方式耗电多、成本较高，无电或供电不正常的地方不能使用。

（2）红外线灯育雏　直接在地面或网的上方吊红外线灯，利用红外线灯散发的热量进行育雏。红外线灯为 250W，每个灯下可饲养雏鹅 100 只左右，灯离地面的高度一般为 10 ～ 15cm。此法简便，可随着雏鹅的日龄调整红外线灯的高度。

（3）地下烟道或火坑式育雏　坑面与地面平行或稍高，另设烧火间。此法提供的育雏温度稳定，由于雏鹅接触温暖的地面，地面干燥，室内无煤气，结构简单，成本低。由于地面不同部位的温度不同，雏鹅可根据其需要进行自由选择。用火力的大小和时间的长短来控制坑面温度，育雏效果较好。

（4）烟道式育雏　由火炉和烟道组成，火炉设在室外，烟道通过育雏室内，利用烟道散发的热量来提高育雏室内的温度。烟道式育雏保温性能良好、育雏量大、育雏效果好，适合专业饲养场使用。在使用时应随时防止烟道漏烟。

2. 自温育雏

在长江中下游地区多采用此法饲养雏鹅，育雏数量较少。其方法是将雏鹅放在箩筐内，利用自身散发出的热量来保持育雏温度，箩筐内铺以垫草，通常室温在 15℃ 以上时，可将 1 ～ 5 日龄的雏鹅白天放在柔软的垫草上，用 30cm 高的竹围围成直径

1m 左右的小栏,每栏养 20 ~ 30 只。晚上则放在育雏箩筐内。若室温低于 15℃时,除每日定时喂饲外,白天、晚上均放在育雏箩筐内,可在垫草中埋入热水瓶,利用热水瓶散发的热量供温,热水瓶温度下降后,可重新灌入热水。5 日龄以后,根据气温的变化情况,逐渐减少雏鹅在育雏箩筐内的时间;7 ~ 10 天以后,应就近放牧让雏鹅采食青草,逐渐延长放牧时间。在育雏期间注意保持筐内垫草的干燥。

(四)育雏形式

1. 地面育雏

一般将雏鹅饲养在铺有 3 ~ 5cm 厚的垫草上,最好在水泥地面上或者在地势高燥的地方饲养。这种饲养方式适合鹅的生活习性,可增加雏鹅的运动量,减少雏鹅啄羽的发生。但这种饲养需要大量的垫料,并且容易引起舍内潮湿。因此,一定要保持舍内通风良好,3 ~ 5 天过后,应逐渐增加雏鹅在舍外的活动时间,以保持舍内垫草的干燥。

2. 网上育雏

将雏鹅饲养在离地 50 ~ 60cm 高的铁丝网或竹板网上(网眼宽 1.2 ~ 1.25cm)。此种饲养方式优于地面饲养,雏鹅的成活率较高。在同等热源情况下,网上温度可比地面温度高 6 ~ 8℃,而且温度均匀,适宜于雏鹅生长,又可防止雏鹅打堆、踩伤、压死等现象;同时减少了雏鹅与粪便接触的机会,改善了雏鹅的卫生条件,从而提高了成活率。网上饲养的密度可高于地面饲养。

(五)育雏环境条件

1. 温度

育雏温度和雏鹅的体温调节、采食、饮水、活动以及饲料的消化吸收有密切的关系。刚出壳的雏鹅绒毛稀而短,体温调节机能较差,抗寒能力较弱。直到 10 日龄时才逐渐接近成年鹅的体温(41 ~ 42℃)。因此,提供适宜的育雏温度,对于促进雏鹅的生长发育、提高雏鹅的成活率有重要意义。

雏鹅对温度的变化非常敏感,不同的育雏温度其育雏效果不相同。在实际育雏管理中,判断育雏温度是否适宜,主要根据雏鹅的活动状态来判断。育雏温度过低时,雏鹅互相拥挤成团,似草垛状,绒毛直立,躯体蜷缩,发出"叽叽"的尖叫声,雏鹅开食、饮水不好,弱雏增多,严重时造成大量的雏鹅被压伤、踩死;温度过高时,雏鹅表现为张口呼吸,精神不振,食欲减退,频频饮水,并表现远离热源,往往分布于育雏室的门、窗附近,容易引起雏鹅呼吸道疾病或感冒;温度适宜时,雏鹅表现出活泼好动,呼吸平和,睡眠安静,食欲旺盛,均匀分布在育雏室内。对于育雏温度要灵活掌握,不同品种、季节对育雏温度的要求不同。在育雏期间,温度必须平稳下降,切忌忽高忽低急剧变化。

在育雏期间应做到适时脱温，雏鹅的保温期在不同季节有较大的差异。当外界气温较高或天气较好时，雏鹅在 3 ~ 5 日龄可进行第一次放牧和下水，白天可停止加温，在夜间气温低时加温，即开始逐步脱温；在寒冷的冬季和早春季节，气温较低，可适当延长保温期，但也应在 7 ~ 10 日龄开始脱温。

2. 湿度

潮湿对雏鹅的健康和生长发育有很大的影响。当采用自温育雏时，往往存在保温和防湿的矛盾，加盖覆盖物时温度上升、湿度也同时增加，特别是雏鹅的日龄较大时，采食和排泄物增多、湿度往往较大，因此，在使用覆盖物保温的同时，不能密闭，应留有通风孔。在低温高湿情况下，雏鹅体热散发过多而感到寒冷，易引起感冒和下痢、打堆，增加僵鹅、残次鹅和死亡数，这是导致育雏成活率下降的主要原因。高温高湿时雏鹅体热的散发受到抑制，体热的积累造成物质代谢和食欲下降，抵抗力减弱，同时引起病源微生物的大量繁殖，是发病率增加的主要原因。因此，育雏期间，育雏室的门窗不宜长时间关闭，要注意通风换气，防止饮水外溢，应经常打扫卫生，保持舍内干燥。育雏期间湿度的控制一般前期控制在 60% ~ 65%、后期 65% ~ 70% 为宜。

3. 通气与光照

通风与温度、湿度三者之间应互相兼顾，在控制好温度的同时，调整好通风。随着雏鹅日龄的增加，呼出的二氧化碳、排泄的粪便以及垫草中散发的氨气增多，若不及时进行通风换气，将严重影响雏鹅的健康和生长。过量的氨气可引起呼吸器官疾病，降低饲料报酬。舍内氨气的浓度保持在 10mg/L 以下，二氧化碳保持在 0.2% 以下为宜。一般控制在人进入鹅舍时不觉得闷气，没有刺眼、鼻的臭味为宜。

阳光对雏鹅的健康影响较大，阳光能提高鹅的生活力，增进食欲，还能促进某些内分泌的形成，促进性激素和甲状腺素的分泌。禽体的 7- 脱氢胆固醇经紫外线照射变为维生素 D_3 有助于钙、磷的正常代谢，维持骨骼的正常发育。如果天气比较好，雏鹅从 5 ~ 10 日龄起可逐渐增加舍外活动时间，以便直接接触阳光，增强雏鹅的体质。

4. 饲养密度

雏鹅生长发育极为迅速，随着日龄的增长、体格增大，活动的面积也增大。因此，在育雏期间应注意及时调整饲养密度，并按雏鹅体质强弱、个体大小，及时分群饲养，有利于提高群体的整齐度。实践证明，雏鹅的饲养密度与雏鹅运动、室内空气的新鲜与否以及室内温度有密切的关系。密度过大，雏鹅生长发育受阻，甚至出现啄羽等恶癖；密度过小，则降低育雏室的利用率。适宜的饲养密度可参考表 5-4。

表 5-4 适宜的雏鹅饲养密度（只 /m²）

类型	1 周龄	2 周龄	3 周龄	4 周龄
中、小型鹅种	15 ~ 20	10 ~ 15	6 ~ 10	5 ~ 6
大型鹅种	12 ~ 15	8 ~ 10	5 ~ 8	4 ~ 5

（六）雏鹅的饲养管理

1. 雏鹅的选择与分群饲养

为保证有良好的饲养效果，必须对雏鹅进行严格的选择。健雏要求外貌符合品种特征，出壳时间正常，体质健壮，体重大小符合品种要求，群体整齐；脐部收缩良好，绒毛洁净而富有光泽；脐部被绒毛覆盖，腹部柔软；抓在手中挣扎有力，感觉有弹性。弱雏则表现为体重过小；脐部突出，脐带有血痕；腹部较大，卵黄吸收不良，腹部有硬块；绒毛蓬松、无光泽，两眼无神，站立不稳，挣扎无力等。雏鹅的选择时间最好在出壳后 12 ~ 24h，这时雏鹅的绒毛已干燥，能站立活动。

在对雏鹅进行选择后，将弱雏和健雏分群饲养，有利于雏鹅的生长发育整齐，便于管理。在育雏过程中，发现食欲不振、行动迟缓、体质瘦弱的雏鹅，应及时挑出，单独饲喂、精细管理，可提高育雏期的成活率。在购买鹅苗时必须询问清楚，如果种蛋来自未经小鹅瘟疫苗免疫的母鹅群，必须在雏鹅出壳后 24 ~ 48h 内注射小鹅瘟高免血清。

2. 雏鹅的运输

装运前，竹筐和垫草应先进行曝晒和消毒。装运时，防止每筐装得太多，严防拥挤，既要注意保温，同时又要注意通风。雏鹅的运输以在孵出后 8 ~ 12h 到达目的地最好，最迟不得超过 36h。雏鹅运输工具最好是竹筐，竹筐直径为 100 ~ 120cm，每筐装雏鹅 70 ~ 80 只。在冬季和早春时节，运输途中应注意保温，勤检查雏鹅动态，防止雏鹅打堆受热、绒毛发湿，俗称"出汗"。夏季运输过程中防止日晒雨淋，防止雏鹅受热。运输途中不能喂食，如果路途较远，设法让雏鹅饮水，可在水中加入多维（每千克水中加 1g），以免引起雏鹅脱水而影响成活率。

雏鹅运到目的地后，先让其充分饮水再开食。

3. 雏鹅的饲养管理

（1）日粮配合　雏鹅饲料包括精料、青料、矿物质、维生素、添加剂等。刚出壳的雏鹅消化能力较弱，可喂给蛋白质含量高、容易消化的饲料。采用全价配合日粮饲喂雏鹅，有条件的地方最好使用颗粒饲料（直径为 2.5mm）。实践证明，颗粒饲料的适口性好，增重速度快，成活率高，饲喂效果好。随着雏鹅日龄的增加，逐渐减少补饲精料，增加优质青饲料的使用量，并逐渐延长放牧时间。

（2）饮水　又叫潮口，即出壳后的雏鹅第一次饮水。雏鹅出壳时，腹腔内未利用完的卵黄，可维持雏鹅生命 90h 以上，但卵黄的利用需要水分，如果喂水太迟，造成机体失水、出现干爪鹅，将严重影响雏鹅的生长发育。雏鹅饮水最好使用小型饮水器，或使用水盆、水盘，但不宜过大，盘中水深度不超过 1cm，以雏鹅绒毛不湿为原则。

（3）适时开食　雏鹅第一次吃料，叫开食。雏鹅出壳后 12 ~ 24h 内应让其采食。初生雏鹅及时开食，有利于提高雏鹅成活率。可将饲料撒在浅食盘或塑料布上，让其啄食。如用颗粒料开食，应将粒料磨破，以便雏鹅采食。刚开始时，可将少量饲料撒在幼雏的身上，以引起其啄食的欲望；每隔 2 ~ 3h 可人为驱赶雏鹅采食。由于雏鹅消化道容积小，喂料量应做到"少喂勤添"。随着雏鹅日龄的增长，可逐渐增加青绿饲料或青菜叶的喂量，可以单独喂，但应切成细丝状。

（4）饲喂次数和方法　雏鹅 1 周龄内，一般每天喂料 6 ~ 9 次，约每 3h 喂料 1 次；第 2 周时，雏鹅的体力有所增强，一次采食量增大，可减少到每天喂料 5 ~ 6 次，其中夜里喂 2 次。喂料时可以把精料和青料分开，先喂精料后喂青料，可防止雏鹅专挑青料吃而少吃精料，满足雏鹅的营养需要。随着雏鹅放牧能力的增强，可适当减少饲喂次数。

（5）保温与防湿　在育雏期间，经常检查育雏温度的变化。如育雏温度过低、雏鹅打堆时，应及时哄散，并尽快将温度升到适宜的范围；温度过高时也应及时降温。随着雏鹅日龄的增长，应逐渐降低育雏温度。在冬季、早春气温较低时，7 ~ 10 日龄后逐渐降低育雏温度，到 10 ~ 14 日龄达到完全脱温；在夏秋季节则到 7 日龄可完全脱温，其具体脱温时间视天气的变化略有差异。

在保温的同时应注意防止潮湿。雏鹅饮水时往往会弄湿饮水器或水槽周围的垫料，加之粪便的蒸发，常导致室内湿度和氨气等有害气体浓度升高。因此，育雏期间应注意室内的通风换气，保持舍内垫料的干燥、新鲜，空气的流通，地面干燥清洁。

（6）放牧　雏鹅适时放牧有利于增强雏鹅适应外界环境的能力，强健体质。春季育雏，4 ~ 5 日龄起可开始放牧，选择晴朗无风的日子，喂料后放鹅在育雏室附近平坦的嫩草地上活动，让其自由采食青草。开始放牧的时间要短，随着雏鹅日龄的增加，逐渐延长室外活动时间。放牧时赶鹅要慢。放牧要与放水相结合，放牧地要有水源或靠近水源。将雏鹅赶到浅水处让其自由下水、戏水，既可促进体内的新陈代谢，使其长骨骼、肌肉、羽毛，增强体质，又利于使羽毛清洁，提高抗病力，切忌将雏鹅强迫赶入水中。

开始放牧放水的日龄视气候情况及雏鹅的健康状况而定。夏季可提前 1 ~ 2 天，冬季则宜推迟。放牧时间和距离随日龄的增长而增加，以锻炼雏鹅的体质和觅食能力，逐渐过渡到以放牧为主，减少精料的补饲，降低饲养成本。

（7）防御敌害　雏鹅体质较弱，防御敌害的能力较弱。鼠害是雏鹅最危险的敌害。因此对育雏室的墙角、门窗要仔细检查，堵塞鼠洞。在农村还要防御黄鼠狼、猫、犬、蛇等危害，在夜间应加倍警惕，并采取有效的防卫措施。

（8）清洁卫生　每 2 天要清理鹅粪 1 次，饲槽、饮水器每天要清洗消毒 1 次，保持育雏室内清洁和干燥。工作人员进场要严格消毒。做好灭虫、灭蚊，防止猫、犬等动物进入。平常注意观察鹅的吃食、粪便、精神等健康状况。做好小鹅瘟的预防工作，1 日龄的小鹅肌注（胸部）抗小鹅瘟血清 0.5ml。同时，做好雏鹅的消化道和呼吸道疾病预防工作。

四、肉用仔鹅的育肥技术

（一）肉用仔鹅的特点

雏鹅育雏期结束后，5～10或12周龄为中雏鹅。雏鹅经过舍饲育雏和放牧锻炼，消化道容积较雏鹅阶段大，消化能力较强，对外界环境的适应能力及抵抗能力增强。此阶段是骨骼、肌肉、羽毛生长最快的时期。此期饲养管理的特点是以放牧为主、补饲为辅，充分利用放牧条件，加强锻炼，促进机体的新陈代谢，促进肉用仔鹅的快速生长，适时达到上市体重。据四川农业大学家禽研究室测定，在相同补饲日粮水平条件下，肉用仔鹅采用放牧补饲饲养的生长速度和经济效益优于舍饲饲养。

（二）肉用仔鹅的饲养管理

1. 肉用仔鹅的放牧饲养

肉用仔鹅的饲养一般有放牧饲养、放牧与舍饲相结合和舍饲饲养三种方式，我国大多数养鹅户采用放牧饲养。在中雏鹅放牧饲养早期，因日龄较小，正处于体格发育阶段，需要充足的营养物质。因此，放牧时选择的牧地要有充足的青绿饲料，牧草应较嫩、富有营养。并在放牧的同时补饲一些全价的配合日粮，促进鹅体的生长发育，特别是促进骨骼发育。放牧饲养不仅使鹅获得多种多样营养丰富的青绿饲料，充分利用我国丰富的草地资源，而且可满足鹅觅食青草的生活习性和生理需要，可节省大量的精饲料。

放牧时间随日龄增加而延长，直至过渡到全天放牧。一般40日龄左右可每天放牧4～6h，50日龄左右可进行全天放牧。具体放牧时间长短，可根据鹅群状况、气候及青绿饲料等情况而定。一般可在放牧前和放牧后进行精料补饲，注意放牧前喂七八成饱，收牧后喂饱过夜。补饲次数和补饲量应根据日龄、增重速度、牧草质量等情况而定。随着肉鹅日龄的增加，补饲量应逐渐减少。

2. 肉用仔鹅的放牧管理

（1）放牧鹅群的大小　放牧鹅群的大小控制是否恰当，直接影响到鹅群的生长发育和群体整齐度，如果放牧场地较窄，青绿饲料较少，鹅群又过大，必定影响鹅的生长发育，补饲量增加，增加养鹅的成本。因此，一定要根据放牧场地大小、青绿饲料生长情况、草质、水源情况、放牧人员的技术水平及经验和鹅群的体质状况来确定放牧鹅群的大小。对草多、草好的草山、草坡、果园等，采取轮流放牧方式，以100～200只为一群比较适宜。如果农户利用田边地角、沟渠道旁、林间小块草地放牧养鹅，以30～50只为一群比较适合。放牧前可按体质强弱、批次分群，以防在放牧中大欺小、强欺弱，影响个体的生长发育。

（2）放牧场地的选择和合理利用 放牧场地要求选择牧草丰富、草质优良并靠近水源的地方。广大农村的荒山草坡、林间地带、果园、田埂、堤坡、沟渠塘旁及河流湖泊退潮后的滩涂地，均是良好的放牧场地。开始放牧时应选择牧草较嫩、离鹅舍较近的牧地，随鹅日龄的增加，可逐渐远离鹅舍，要合理利用放牧场地，应对牧地实行合理利用。无论是草地、茬地、畦地等均要有计划地轮换放牧，可将选择好的牧地分成若干小区，每隔 15～20 天轮换一次，以便有足够的青绿饲料。这样既能节约精饲料，又能使鹅群得到充分的运动，有利于鹅的快速增重。

如果牧地被农药、化学物质、工业废水、油渍污染，不能进行放牧。鹅的放牧地要提前选择好，凡是鹅群经过的地方都应有良好的青绿饲料和水源。鹅对青绿饲料的消化能力很强，有"边吃边拉"的习惯，应让其吃饱、喝足、休息好。

（3）放牧鹅群的调教 鹅的合群性强、可塑性大、胆小，对周围环境的变化十分敏感。在鹅放牧初期，应根据鹅的行为习性调教鹅的出牧、归牧、下水、休息等行为，放牧人员加以相应的信号指令，使鹅群建立起相应的条件反射，养成良好的生活规律，便于放牧管理。

在鹅群管理中要注意，鹅对信号和条件反射建立的程度有强弱和快慢之分，要使各种用途的信号达到效果，还需要培养和调教"头鹅"。依靠鹅群中头鹅的作用，在放牧过程中只要控制住头鹅，其他鹅就会尾随其后行走、采食等，达到更有效地管理放牧鹅群的目的。

（4）日常管理 放牧鹅采食的积极性主要在早晨和傍晚。鹅群放牧的总原则是早出晚归。放牧初期每天上、下午各放牧 1 次，中午赶回圈舍休息。气温较高时，上午要早出早归，下午则应晚出晚归。随着仔鹅日龄的增长和放牧采食能力的增强，可全天外出放牧，中午不再赶回鹅舍，可在阴凉处就地休息。放牧鹅群常常采食到八成饱时即蹲下休息，此时应及时将鹅群赶至清洁水源处饮水、戏水，然后上岸梳理羽毛1h 左右，鹅群又出现采食积极性，形成采食—放水—休息—采食的生物节律。每天放牧过程中至少应让鹅群放水 3 次，高温天气应增加放水次数和延长放水时间。

每天放牧归来，除检查鹅群数量、体况外，还应根据白天放牧采食情况，进行适当补饲，让鹅群吃饱过夜。

（三）肉用仔鹅的育肥方法

肉用仔鹅在短期内经过育肥，可以迅速增膘长肉、沉积脂肪、增加体重，改善肉的品质。根据饲养管理方式，肉用仔鹅的育肥分为放牧育肥、舍饲育肥和填饲育肥3种。

1. 放牧育肥

放牧育肥是一种传统的育肥方法，应用最广、成本低，适用于放牧条件较好的地方，主要利用收割后茬地残留的麦粒或稻田中散落的谷粒进行育肥。如果谷实类饲料较少，必须加强补饲，否则达不到育肥的目的，但会增加饲养成本。

放牧育肥必须充分掌握当地农作物的收割季节，事先联系好放牧茬地，预先育雏，制定好放牧育肥的计划。一般可在3月下旬或4月上旬开始饲养雏鹅，这样可以在麦类茬地放牧一结束，仔鹅已育肥，即可上市出售。放牧育肥受农作物收割季节的限制，如未能赶上收割季节，可根据仔鹅放牧采食的情况加强补饲，以达到短期育肥的目的。

2. 舍饲育肥

这种育肥方法不如放牧育肥广泛，饲养成本较放牧育肥高，但具有发展的趋势。这种方法生产效率较高，育肥的均匀度比较好，适用于放牧条件较差的地区或季节，最适于集约化批量饲养。仔鹅到60日龄时，从放牧饲养转为舍饲饲养。舍饲育肥有以下两个特点：

（1）舍饲育肥主要依靠配合饲料达到育肥的目的，也可喂给高能量的日粮，适当补充一部分蛋白质饲料。

（2）限制鹅的活动、在光线较暗的房舍内进行，减少外界环境因素对鹅的干扰，让鹅尽量多休息。每平方米可放养4～6只，每天喂料3～4次，使鹅体内脂肪迅速沉积，同时供给充足的饮水，增进食欲，帮助消化，经过15天左右即可宰杀。

3. 人工强制育肥

此法可缩短育肥期，育肥效果好，但比较麻烦。将配合日粮或以玉米为主的混合料加水拌湿，搓捏成1～1.5cm粗、6cm长的条状食团，阴干后填饲。填饲是一种强制性的饲喂方法，分手工填饲和机器填饲两种。手工填饲时，用左手握住鹅头，双膝夹住鹅身，左手的拇指和食指将鹅嘴撑开，右手持食团先在水中浸湿后用食指将其填入鹅的食管内。开始填时，每次填3～4个食团、每天3次，以后逐步增加到每次填4～5个食团、每天4～5次。填饲时要防止将饲料塞入鹅的气管内。机器填饲方法是用填饲机的导管将调制好的食团填入鹅的食管内。填饲的仔鹅应供给充足的饮水，或让其每天洗浴1～2次，有利于增进食欲、光亮羽毛。填饲育肥经过10天左右鹅体脂肪迅速增多，肉嫩味美。

五、育成期的饲养管理技术

雏鹅养至4周龄时，即进入中雏鹅阶段。当仔鹅饲养到70～80日龄，进行后备种鹅的选留，然后养至产蛋前为止的时期，称为种鹅的育成期。

（一）育成期鹅的选择与淘汰

后备种鹅的选择是提高种鹅质量的一个重要生产环节。在选择种鹅时，除考虑种鹅的优良性状、外貌特征、体重、体格发育状况等性能指标外，还应考虑种鹅的生产季节和将来的种用季节。为了培育出健壮、高产的种鹅，保证种鹅的质量，后备种鹅应经过以下3次选择，把体型大、生长发育良好、符合品种特征的鹅留作种用，以育成体质健壮、产蛋量高的种鹅，提高饲养种鹅的经济效益。

（1）第一次选择　在育雏期结束时进行。这次选择的重点是选体重大的公鹅，母鹅则要求具有中等的体重，淘汰那些体重较小的、有伤残的、有杂色羽毛的个体，不能作为后备种鹅的经过育肥饲养作为肉鹅出售。经选择后，公母鹅配种比例大型鹅种为 1：2，中型鹅种为 1：（3～4），小型鹅种为 1：（4～5）。

（2）第二次选择　在 70～80 日龄进行。可根据鹅的生长发育情况、羽毛生长情况以及体型外貌等特征进行选择。淘汰生长速度较慢、体型较小、腿部有伤残的个体。

（3）第三次选择　在 150～180 日龄进行。此时鹅全身羽毛已长齐，应选择具有品种特征，生长发育好，体重符合品种要求，体型结构、健康状况良好的鹅留作种用。公鹅要求体型大、体质健壮，躯体各部分发育匀称，肥瘦和头的大小适中，雄性特征明显，两眼灵活有神，胸部宽而深，腿粗壮有力。母鹅要求体重中等，颈细长而清秀，体型长而圆，臀部宽广而丰满，两腿结实、间距宽。选留后公母鹅的配种比例为：大型鹅种 1：（3～4），中型鹅种 1：（4～5），小型鹅种 1：（6～7）。

（二）育成期种鹅的生理特点

了解种鹅育成期的生理特点，科学制定相应的饲养管理方案，育成体质健壮、高产的种鹅群，具有重要的生产意义。

1. 骨骼发育的主要阶段

在育成期的前期，鹅仍处在生长发育比较快、是鹅骨骼发育的主要阶段。如果补饲日粮的蛋白质较高，会加速鹅的发育，导致体重过大过肥并促其早熟，导致鹅的骨骼尚未得到充分发育，种鹅骨骼发育纤细、体型较小、提早产蛋，往往产几个蛋后又停产换羽。鹅体各部分的生理功能不协调，生殖器官虽发育成熟但不完全，开产以后由于体内营养物质的消耗，出现停产换羽。因此，种鹅育成期应逐渐减少补饲日粮的饲喂量和补饲次数，锻炼其以放牧食草为主的粗放饲养，保持较低的补饲日粮的蛋白质水平，有利于鹅骨骼、羽毛和生殖器官的充分发育；由于减少了补饲日粮的饲喂量，既节约饲料又不致使鹅体过肥、体重太大，保持健壮结实的体格。

2. 合群性强、喜戏水

合群性是鹅的重要生活习性，鹅喜欢群居，给放牧饲养提供了有利条件。公鹅勇敢善斗、机警善鸣和相互呼应，常常防卫性地追逐生人，农户常用来守家。鹅属水禽，每天有近 1/3 的时间喜欢在水中活动。鹅体容易沉积脂肪，尾脂腺很发达，抗寒能力强。

3. 消化道发达，耐粗放饲养

鹅的消化道极其发达，食管膨大部较宽大、富有弹性，一次可采食大量的青粗饲料。鹅的肌胃肌肉厚实，肌胃收缩力比鸡大 1 倍；消化道是躯体长的 11 倍，而且有发达的盲肠，消化饲料中粗纤维的能力达 40%～50%，是理想的节粮性家禽。由于其代谢旺盛，对青粗饲料的消化能力强，因此，在种鹅育成期应利用放牧能力强的特性，以放牧为主，锻炼种鹅的体质，降低饲料成本。

（三）育成鹅的限制饲养要点

1. 控制饲养的目的

在种鹅育成期间饲养管理的重点是对种鹅进行限制性饲养，其目的在于控制体重，防止体重过大过肥，使其具有适合产蛋的体况；做到适时的性成熟时间；训练其耐粗饲的能力，育成有较强体质和良好生产性能的种鹅；延长种鹅的有效利用期，节省饲料、降低成本，达到提高饲养种鹅经济效益的目的。

此阶段一般从120日龄开始至开产前50～60天结束。后备种鹅经第二次换羽后，如供给足够的饲料，经50～60天便可开始产蛋。但此时由于种鹅的生长发育尚不完全，个体间生长发育不整齐，开产时间参差不齐，导致饲养管理十分不方便。加上过早开产的蛋较小，母鹅产小蛋的时间较长，种蛋受精率低，达不到蛋的种用标准，降低经济收入。因此，这一阶段应对种鹅采取控制饲养，适时达到开产日龄，使种鹅比较整齐一致地进入产蛋期。

2. 控制饲养的方法

目前，种鹅的控制饲养方法主要有两种。一种是减少补饲日粮的饲喂量，实行定量饲喂；另一种是控制饲料的质量，降低日粮的营养水平。鹅以放牧为主，故大多数采用后者，但一定要根据放牧条件、季节以及鹅的体质，灵活掌握饲料配比和喂料量，既能维持鹅的正常体质又能降低种鹅的饲养费用。

在控料期应逐步降低饲料的营养水平，每天喂料次数由3次改为2次，尽量延长放牧时间，逐步减少每次给料的喂料量。控制饲养阶段，母鹅的日平均饲料用量一般比生长阶段减少50%～60%。饲料中可添加较多的填充粗料（如米糠、曲酒糟等），目的是锻炼鹅的消化能力，扩大消化系统容量。后备种鹅经控料阶段前期的饲养锻炼，放牧采食青草的能力增强，在草质良好的牧地可不喂或少喂精料。在放牧条件较差的情况下每日喂料2次，喂料时间在中午和晚上9时左右。

3. 喂料量的控制

注意种鹅育成期的喂料量不是一成不变的，应根据种鹅放牧采食或青饲料供给情况进行适当的调整。

从8周龄开始，每周龄开始的第一天早上空腹随机称群体10%的个体求其平均体重，称重时应分公鹅和母鹅。用抽样平均体重与相应体重标准比较，如在体重标准的适宜范围（在标准的±2%范围内均属适合）内，则该周按标准喂料量饲喂；如超过体重标准2%以上，则该周每只每天喂料量减少5～10g；如低于体重标准2%以下则每只每天增加5～10g喂料量。平均体重不在体重标准适合范围的群体经1周饲养，称重如果仍不在适合范围，则按上述办法调整喂料量，直到体重在适合范围再按标准喂料量饲喂。注意每周龄开始第一天称取的体重代表上周龄的体重。例如，43

日龄早晨称取的体重代表 6 周龄的体重。要特别强调称取的母鹅体重应和母鹅的体重标准做比较。

4. 喂料次数

限饲期间每天的喂料量必须一次投喂。每天清晨加好料和饮水后，再放鹅。为保证足够的采食位置，可增加食槽或将饲料倒在运动场水泥地面上饲喂。每只鹅应保证有 20 ~ 25cm 长的槽位，其目的在于保证采食均匀。

5. 饲养方式

种鹅多采用放牧饲养方式，可根据放牧场地青饲料的供给情况、放牧采食等情况，进行适当的补饲，但也应根据种鹅的体重指标进行控制饲养。

6. 日常管理

控制饲养阶段无论给食次数多少，补料时间应在放牧前 2h 左右，以防止鹅因放牧前饱食而不采食青草；或在放牧后 2h 补饲，以免养成收牧后有精料采食，便急于回巢而不大量采食青草的坏习惯。控制饲养阶段的管理要点如下：

（1）注意观察鹅群动态 在控制饲养阶段，随时观察鹅群的精神状态、采食情况等，发现弱鹅、伤残鹅等要及时排出，进行单独的饲喂和护理。弱鹅往往表现行动呆滞、两翅下垂、食草没劲、两脚无力、体重轻，放牧时落在鹅群后面，严重者卧地不起。对于个别弱鹅应停止放牧，进行特别管理，可喂以质量较好且容易消化的饲料，到完全恢复后再放牧。

（2）放牧场地选择 应选择水草丰富的草滩、湖畔、河滩、丘陵以及收割后的稻田、麦地等。放牧前，先调查牧地附近是否喷洒过有毒药物。若喷洒过农药，必须经 1 周以后或下大雨后才能放牧。

（3）注意防暑 育成期种鹅往往处于 5 ~ 8 月份气温高的季节，放牧时应早出晚归，避开中午酷暑，早上天微亮就应出牧，上午 10 时左右将鹅群赶回圈舍，或赶到阴凉的树林下让鹅休息，到下午 3 时左右再继续放牧，待日落后收牧。休息的场地最好有水源，以便于鹅饮水、戏水、洗浴。

（4）搞好鹅舍的清洁卫生 每天清洗食槽、水槽以及更换垫料，保持垫草和舍内干燥。

六、产蛋期的饲养管理技术

饲养种鹅的目的在于提高鹅的产蛋量和种蛋受精率，使每只种母鹅生产出更多更健壮的雏鹅。种鹅的饲养管理一般分为产蛋前期、产蛋期和休产期 3 个阶段。

后备种鹅进入产蛋前期时，体质健壮，生殖器官已得到较好的发育，母鹅体态丰满，羽毛紧扣体躯并富有光泽，性情温驯，食欲旺盛，采食量增大，行动迟缓，常常表现出衔草做窝，说明临近产蛋期。

从第 26 周龄起改为初产蛋鹅饲料，并每周增加日喂料量 25g 饲料，约用 4 周时

间过渡到自由采食，不再限量。

（一）日粮配合

由于种鹅连续产蛋消耗的营养物质特别多，特别是蛋白质、钙、磷等营养物质。如果饲料中营养不全面或某些营养元素缺乏，会造成种鹅产蛋量下降、体况消瘦，最终停产换羽。因此，产蛋期种鹅日粮中蛋白质水平应增加到 18% ~ 19%，才有利于提高母鹅的产蛋量。

产蛋期种鹅一般每天补饲 3 次，早、中、晚各 1 次。补饲的饲料总量控制在150 ~ 200g。

（二）适宜的公母鹅配种比例

为提高种蛋受精率，除考虑种鹅的营养需要外，还必须注意鹅群的健康状况，保持适宜的公母鹅配种比例。由于鹅的品种不同，公鹅的配种能力也不同。种鹅的公母配比以 1∶（3 ~ 5）为适宜，大型鹅配比低一些，小型鹅可高一些。良好的洗浴对于提高种鹅受精率具有重要意义。种鹅配种时间一般在早晨和傍晚较多，而且多在水中进行。每天早晚将种鹅放入有较好水源的戏水池中洗浴、戏水，此时是种鹅配种的高峰期。舍饲饲养的种鹅也应有一定深度和宽度的戏水池。母鹅在水中往往围在公鹅周围游水，并对公鹅频频点头亲和，表现求偶的行为。因此，要及时调整好公母鹅的配种比例，做好配种的各项工作。

（三）光照方案的制定

必须根据鹅群生长发育的不同阶段分别制定。

（1）育雏期　为使雏鹅均匀一致地生长，0 ~ 7 日龄提供 23h 或 24h 的光照时间。8 日龄以后则应从 24h 光照逐渐过渡到只利用自然光照。

（2）育成期　只利用自然光照时间。种鹅临近开产期，用 6 周的时间逐渐增加每天的人工光照时间，使种鹅的光照时间（自然光照 + 人工光照）达到 16 ~ 17h。此后一直维持到产蛋结束。

30 周龄至整个产蛋期都采用每天 17h 的光照时间。例如，天黑开灯，晚上 11 时关灯，早上 6 时开灯。开关灯时间要固定，不要随意变动。

（四）产蛋期种鹅的管理

产蛋期种鹅采用放牧与补饲相结合的饲养方式比较适合。每天大部分母鹅产完蛋后应外出放牧，晚上赶回圈舍过夜。放牧时应选择路近而平坦的草地，路上应慢慢驱赶，上下坡时不可让鹅争先拥挤，以免跌伤。尤其是产蛋期母鹅行动迟缓，在出入鹅舍、下水时，应呼号或用竹竿稍加阻拦，使其有秩序地出入鹅舍或下水。

放牧前要熟悉当地的草地和水源情况，掌握农药的使用情况。一般春季放牧采食各种青草、水草，夏、秋季主要放牧麦茬地、收割后的稻田，冬季放牧湖滩、沟边、河边。不能让鹅在污秽的沟水、塘水、河水内饮水、洗浴和交配。

（五）防止窝外蛋

母鹅的产蛋时间大多数集中在下半夜至上午 10 时左右，个别鹅在下午产蛋。因此，产蛋鹅上午 10 时以前不能外出放牧，在鹅舍内补饲，产蛋结束后再外出放牧。而且上午放牧的场地应尽量靠近鹅舍，以便部分母鹅回窝产蛋。这样可减少母鹅在野外产蛋而造成种蛋丢失和破损。

母鹅有择窝产蛋的习惯，因此，在产蛋鹅舍内应设置产蛋箱或产蛋窝，以便让母鹅在固定的地方产蛋。开产时可有意训练母鹅在产蛋箱（窝）内产蛋。放牧前检查鹅群，如发现个别母鹅鸣叫不安，腹部饱满，尾羽平伸，泄殖腔膨大，行动迟缓，有觅窝的表现，可用手指伸入母鹅泄殖腔内，触摸腹中有没有蛋，如有蛋应将母鹅送到产蛋窝内，而不要随大群放牧。放牧时如果发现有母鹅出现神态不安，有急欲找窝的表现，或向草丛或较为掩蔽的地方走去时，则应将该鹅捉住检查，如果腹中有蛋，则将该鹅送到鹅产蛋箱内产蛋，待产完蛋后就近放牧。

（六）提高种蛋受精率的措施

种蛋受精率的高低直接影响饲养种鹅的经济效益。母鹅的产蛋量本来就低，如果受精率低，经济效益更差。为了提高种蛋受精率，除了加强饲养管理、注意环境卫生、适时配种、配种比例恰当外，还应掌握公鹅本身影响受精率的原因，以采取有效措施。主要注意以下几个方面。

（1）公鹅性机能缺陷 在某些品种的公鹅较为突出，比如生殖器萎缩、阴茎短小，甚至出现阳痿、精液品质差、交配困难。解决的唯一办法是在产蛋前公母鹅组群时，对选留公鹅进行精液品质鉴定，并检查公鹅的阴茎，淘汰有缺陷的公鹅，保证留种公鹅的质量，以提高种蛋的受精率。

（2）一些公鹅具有选择性的配种习性 这样将减少与其他母鹅配种的机会，某些鹅的择偶性比较强，从而影响种蛋的受精率。在这种情况下，公母鹅的组群要尽早，如果发现某只公鹅与某只母鹅或几只母鹅固定配种时，应及时将这只公鹅隔离，经 1个月左右，才能使公鹅忘记与之固定配种的母鹅，而与其他母鹅交配，有利于提高受精率。

（3）公鹅相互啄斗影响配种 在繁殖季节，公鹅有格斗争雄的行为，往往为争先配种而啄斗致伤，严重影响种蛋的受精率。

（4）公鹅换羽时，阴茎缩小，配种困难，影响种蛋的受精率。

（七）种鹅的选择淘汰

鹅繁殖的季节性很强。一般到每年的 4～5 月份开始陆续停产换羽，如果种鹅只利用一个产蛋年，当产蛋接近尾声时，大约在次年的 3 月份就开始出现母鹅停产。这时可首先淘汰那些换羽的公鹅和母鹅，以及腿部等有伤残的个体；其次根据母鹅耻骨间隙，淘汰那些没有产蛋但未换羽，耻骨间隙在 3 指以下的个体；同时淘汰多余的公鹅。当然也可将产蛋末期的种鹅全群淘汰。这种只利用一个产蛋年的制度，种蛋的受精率、孵化率较高，而且可充分利用鹅舍和劳动力，节约饲料，经济效益较高。

七、休产期的饲养管理技术

种鹅的产蛋期一般只有 9～10 个月。母鹅的产蛋期除受品种的影响外，各地区气候不同，产蛋期也不一样，我国南方集中在冬、春两季产蛋。产蛋末期产蛋量明显减少，畸形蛋增多，公鹅的配种能力下降，种蛋受精率降低，大部分母鹅的羽毛干枯，在这种情况下，种鹅进入持续时间较长的休产期。

（一）人工强制换羽

在自然条件下，母鹅从开始脱羽到新羽长齐需较长的时间，换羽有早有迟，其后的产蛋也有先有后。为了缩短换羽的时间，使换羽后母鹅产蛋比较整齐，可采用人工强制换羽。

人工强制换羽是通过改变种鹅的饲养管理条件，促使其换羽。换羽之前，首先清理淘汰产蛋性能低、体型较小、有伤残的母鹅以及多余的公鹅，停止人工光照，停料 3～4 天，只提供少量的青饲料，并保证充足的饮水；第 4 天开始喂给由青料加糠麸糟渣等组成的青粗饲料，第 10 天左右试拔主翼羽和副主翼羽，如果试拔不费劲，羽根干枯，可逐根拔除。否则应隔 3～5 天后再拔一次，最后拔掉主尾羽。拔羽当天鹅群应圈养在运动场内喂料、喂水，不能让鹅群下水，防止细菌感染，引起毛孔发炎。拔羽后一段时间内因其适应性较差，应防止雨淋和烈日曝晒。

（二）休产期的饲养管理

进入休产期的种鹅应以放牧为主，将产蛋期的日粮改为育成期日粮。其目的是消耗母鹅体内的脂肪，提高鹅群耐粗饲的能力，降低饲养成本。

种鹅休产期时间较长，没有经济收入，致使养鹅的经济效益低。在种鹅休产期可进行人工活拔羽绒。休产期一般可拔羽 2 ～ 3 次，可增加可观的经济收入，刺激农民饲养种鹅的积极性，对提高种鹅质量起到促进作用。

第三节　水禽常见疾病的防治

一、鸭常见疾病的防治

（一）鸭瘟

又名鸭病毒性肠炎，是鸭的一种急性接触性传染病。不同年龄、品种和性别的鸭均可感染，自然感染中成年鸭和产蛋母鸭发病和死亡严重，1 月龄以下雏鸭发病较少。本病一年四季都可发生，一般是春夏之际和秋季流行严重，传染途径主要是消化道。

【症状与病变】怕光、流泪，眼睑水肿，体温升高（43 ℃以上），呼吸困难，下痢，两脚行走无力。部分病鸭头颈部肿大，故又称"大头瘟"。剖检可见食管黏膜有小出血点，并有灰黄色假膜覆盖或溃疡；泄殖腔黏膜充血、出血、水肿和坏死；肝脏上有大小不等的坏死点及出血点。

【预防与治疗】

（1）目前对鸭瘟没有特效的治疗药物，主要是做好预防工作。做好平时的消毒卫生工作，定期对鸭舍、运动场、饲养管理用具进行消毒，保持清洁卫生。

（2）定期接种疫苗。采用鸭瘟弱毒活疫苗进行免疫接种。

（3）鸭群发病时，对健康鸭群或疑似感染鸭，应立即采取鸭瘟疫苗 3 ～ 4 倍量进行紧急接种；对病鸭，进行早期治疗（视当时情况而定）。

（4）一旦发生鸭瘟，必须严格隔离、封锁和进行消毒。病鸭进行扑杀和无害化处理。

（二）鸭病毒性肝炎

鸭病毒性肝炎是小鸭的一种高度致死性病毒性疾病，主要发生于 5 周龄以下的小鸭，特别是 1 ～ 3 周龄的雏鸭发病最多，也有的早到 3 日龄发病，死亡率高达 90% 以上。该病一年四季都可发生，一般冬春季较易发生。感染途径主要是消化道和呼吸道。

【症状与病变】该病病程短促，突然发病，2 ～ 3 天后大批死亡。病雏精神委顿，食欲废绝，缩脖，翅下垂，眼半闭，运动共济失调；角弓反张，喙端和爪尖瘀血、呈暗紫色。剖检可见肝肿大、质脆、色泽淡红色或发黄，肝表面有大小不等的出血点或出血斑；胆囊、脾脏肿大。

【预防与治疗】

（1）目前尚无有效的治疗药物。一旦发病，雏鸭群采用高免血清作皮下注射，或用免疫母鸭蛋黄匀浆作皮下注射，每只 1ml。

（2）用鸭病毒性肝炎原毒苗给成年种鸭进行预防接种，种鸭所产的蛋含有母源抗体，蛋经孵化后雏鸭体内抗体可维持 2～3 周。

（3）若不免疫种鸭，雏鸭在 1 日龄内立即接种雏鸭病毒性肝炎弱毒苗。

（4）鸭场要建立严格的管理、防疫和消毒制度。做好出入场人员、育雏室及饲养用具的清洁消毒。育雏室可用 0.2% 过氧乙酸消毒或甲醛熏蒸消毒。

（三）鸭霍乱

又名鸭出血性败血症，是由多杀性巴氏杆菌引起的接触性传染病。各种家禽都易感染，一年四季均可发生和流行，高温、潮湿、多雨的夏秋两季以及气候多变的春季最易发生。传染途径主要是呼吸道、消化道和黏膜或皮肤外伤。

【症状与病变】自然感染的潜伏期由数小时到 2～5 天。根据病程长短可分为最急性、急性和慢性三种。最急性往往几乎看不到明显症状，突然发病死亡。急性病例的病鸭，精神委顿，行走无力，冠和髯发紫，腹泻，排出灰白色或绿色稀粪；呼吸困难，不断摇头，关节炎，两肢酸软，瘫痪，不能行走。慢性病例常表现为慢性关节炎、肺炎、气囊炎等，但临床少见。

剖检可见皮下组织出血，心包囊内充满透明的橙黄色渗出液；心冠状沟脂肪，心内膜及心肌充血和出血；肝脏表面有针尖状白点；肠道充血和出血，尤以小肠前段为重，肠内容物呈污红色。

【预防与治疗】预防本病的最关键措施是做好平时的饲养管理工作，并严格执行卫生消毒制度。在鸭霍乱流行地区，应当考虑免疫接种，可供选用的疫苗有禽霍乱荚膜亚单位疫苗、禽霍乱弱毒疫苗、禽霍乱灭活苗等，选用疫苗时应考虑当地流行的禽多杀性巴氏杆菌血清型。

（四）鸭大肠杆菌病

鸭大肠杆菌病是一种急性败血性传染病，因而又名鸭大肠杆菌败血病，病原是埃希氏大肠杆菌。

【症状与病变】主要发生于 4 周龄内的幼雏，病雏鸭委顿、沉郁、减食或废食，眼流泪失明，结膜潮红，角膜混浊；有的咳嗽和呼吸困难，拉黄绿色水样稀粪，消瘦，出现神经症状后迅速死亡。

剖检，肝呈绿色，胸肌充血；内脏及气囊表面有湿性颗粒状渗出物；输卵管管壁扩张，内有干酪样团块，发病后几乎无产蛋能力；气囊增厚，呼吸道上常有干酪样渗出物；小肠黏膜呈密集性充血，出血；肝、盲肠、十二指肠及系膜发生芽肿。

【预防与治疗】

（1）大肠杆菌病是条件性致病引起的一种疾病。首先应该改善饲养环境的条件，包括加强鸭舍通风，孵化器、种蛋、各种器具严格按消毒制度进行彻底消毒，其次防止水源的污染，另外减少各种应激因素，避免诱发大肠杆菌病的流行与发生。

（2）免疫方面，由于大肠杆菌血清型较为复杂，给菌苗生产带来了困难。目前许多鸭场从本场病鸭或病死鸭中分离大肠杆菌，经分离鉴定制成自场多价灭活菌苗对种鸭或雏鸭进行预防注射，常收到一定的预防效果。

（3）大肠杆菌对多种抗菌素药物都敏感。但由于大肠杆菌耐药性现象普遍存在，在感染早期，最好对分离出的大肠杆菌做药物敏感试验，选用敏感的药物进行治疗，将会收到较好的效果。未做药敏或药敏结果出来前，考虑用下列药物和方法治疗，肌内注射头孢噻呋钠混悬液 3mg/kg，每天 1 次，或链霉素 5 ～ 10mg/kg 拌料，每天 2 次；每天 1 次，或肌内注射磺胺嘧啶钠注射液 0.1g/kg，或增效磺胺嘧啶钠 25 ～ 30mg/kg 拌料，或恩诺沙星 5mg/kg 拌料，每天 2 次等，连用 4 ～ 5 天。

（五）鸭传染性浆膜炎

又名鸭疫巴氏杆菌病、新鸭病或鸭败血病，是由鸭疫巴氏杆菌引起的侵害雏鸭的一种慢性或急性败血性传染病。1 ～ 8 周龄雏鸭易感，但以 2 ～ 3 周龄的最易发病。主要经皮肤或呼吸道感染，以低温阴雨、潮湿寒冷的冬春季节发病和死亡最为严重。死亡率 5% ～ 80% 不等。

【症状】急性病例表现精神沉郁，离群独处，垂翅伏地，缩颈闭目嗜睡，眼、鼻分泌物增多，呼吸困难，排出绿色或黄白色稀粪，死前有神经症状，角弓反张现象。亚急性或慢性病例表现食欲减退、不愿走动、共济失调、犬坐资势等现象。

【预防与治疗】加强饲养管理，注意鸭舍的通风、环境干燥、清洁卫生，经常消毒，采用全进全出的饲养制度。

鸭场一旦发生该病，为了避免盲目用药，最好通过药敏试验筛选药物。该病对大观霉素、氟苯尼考等药物比较敏感。

（六）鸭流感

鸭流感是由 A 型流感病毒感染，引起鸭轻度呼吸道症状的一种疾病，继发细菌感染是鸭只致死的重要因素。单纯鸭流感死亡率很低或无死亡。鸭感染高致病毒株时发病率和死亡率很高，可高达 50% ～ 100%。通过直接接触病禽和健康带毒禽的粪便、口腔分泌物而感染。

【症状与病变】潜伏期一般为 3 ～ 5 天。常突然暴发，流行初期的急性病例可不出现任何症状而突然死亡。一般病程 7 ～ 10 天，症状变化很大。有呼吸道症状；头部常出现水肿、流泪，有时出现腹泻；病鸭体温升高，羽毛蓬松。有的腿掌变紫发绀，鼻分泌物增多，呼吸极度困难，甩头，有神经症状，共济失调，不能走动和站立。

剖检可见主要病变是消化道出血，腺胃、肌胃角质膜下层和十二指肠出血，胸骨内面、腹部脂肪和心脏均有散在性出血点，肝、脾肿大出血，肺、肾常见有灰黄色的小坏死灶。气管黏膜水肿，有浆液性或干酪样渗出物。某些毒株可引起特征性病变如头部肿胀、眼眶周围水肿、瞎眼等。

【预防与治疗】

（1）严把引种关，不从疫区引进种蛋或病鸭。加强饲养管理，坚持做好防疫消毒工作，特别是做好雏鸭的防寒保暖，增强鸭群的肌体抗病力，预防鸭流感病的发生。

（2）可通过注射禽流感油乳剂疫苗进行预防，但目前疫苗保护率还不是很高，且禽流感易发生毒株变异，因此要通过加强卫生防疫来控制。对疫区或威胁区内的健康鸭群或疑似感染群，应使用农业部指定的禽流感灭活苗紧急接种。

（3）一旦发生疫情，要立即上报，在动物防疫监督机构的指导下按法定要求采取封锁、隔离、焚尸、消毒等综合措施扑灭疫情。

（七）鸭球虫病

高温高湿季节容易感染发病，各种日龄的鸭均有易感性，雏鸭发病严重死亡率高。

【症状与病变】症状初期，雏鸭精神不振，采食下降，随着病情加剧，病鸭喜卧嗜睡，粪便稀薄，呈桃红、暗红或深红色血便。耐过急性期的病鸭多于发病4天后逐渐恢复食欲，死亡停止，耐过的病鸭，生长发育受阻，且成为传染源。

剖检可见急性病例呈严重的出血性卡他性炎症，肠壁肿胀，肠黏膜密布针尖状出血或红白相间的小点，有的黏膜上覆盖一层麸样黏液，有淡红或深红色胶冻状血黏液。

【预防与治疗】注意环境卫生，保持鸭舍干燥。完善消毒措施，加强消毒工作。对雏鸭定期投喂抗球虫药，一般在12日龄开始连用3天，20日龄时再连用3天。

二、鹅常见疾病的防治

（一）小鹅瘟

小鹅瘟是由小鹅瘟病毒引起雏鹅的一种急性或亚急性病传染病。传播迅速，死亡率一般为40%～80%，在新疫区常达90%～100%。其传染源是患病雏鹅，主要传播途径是经消化道传染，雏鹅最早发病一般在4～5日龄开始，数日内可波及全群，死亡率一般为70%～95%；10日龄以上雏鹅感染后，病死率一般不超过60%，20日龄的鹅感染后发病较少。

【症状与病变】病潜伏期 3 ~ 6 天，根据病程可分急性型和亚急性型。

（1）急性病例 主要发生 3 ~ 14 日龄内的雏鹅，病鹅表现为精神不振，食欲减少或废绝，饮水增加，行动缓慢，闭眼昏睡。排灰白色或淡黄绿色稀粪，并混有气泡或液体，呼吸困难，鼻腔常有浆液性分泌物流出，常摇头，鼻液四溅，喙端色泽变暗，濒死前出现颈部扭转或抽搐瘫痪等神经症状。病程一般为 1 ~ 2 天。

（2）亚急性病例 出现于流行末期或 14 日龄以上雏鹅。主要表现为精神沉郁，拉稀，减食或不食，消瘦，3 ~ 7 天后死亡，有部分病雏可自愈，但以后生长发育受阻。

剖检病鹅表现为全身性败血症变化。肠道外观肿胀，小肠中、后段整片肠黏膜坏死、脱落，与纤维素性渗出物凝固形成栓子或假膜包裹在肠内容物表面，堵塞肠腔。剖开可见表面为灰白色或灰黄色的栓子塞满整个肠管。这种"腊肠样"栓子为该病特征性病变，据此可做出诊断。

【预防与治疗】

（1）注射疫苗 母鹅开产前 1 个月，每羽注射小鹅瘟疫苗 1 ml，2 周后所产种蛋孵出的雏鹅免疫保护率可达 95% 以上。

刚孵出雏鹅注射抗小鹅瘟 / 鹅副黏病毒二联高免血清 0.3 ~ 0.5 ml，一个星期后再注射一次，这样能防控疫病发生，保护率可达 90% 以上。

（2）免疫血清疗法 目前无特效治疗药物。唯一方法是对病鹅每只注射抗小鹅瘟 / 鹅副黏病毒二联高免血清 1 ~ 2 ml，或注射抗小鹅瘟高免血清 1 ~ 2 ml。为防继发感染，可在注射高免血清的同时注射抗生素。除病重的病例外，对发病初期病鹅群，保护率可达 80% 以上。

（3）加强饲养管理 推广自繁自养，搞好种蛋消毒，严格执行卫生防疫制度，加强饲养管理，发现病鹅及时隔离治疗，防止污染环境。

（二）鹅副黏病毒病

鹅副黏病毒病是由鹅副黏病毒引起的鹅的一种新传染病。各种日龄的鹅均可感染，但以雏鹅易感性最高。感染发病率一般为 10% ~ 80%，死亡率为 10% ~ 15%，病程为 1 ~ 4 天。但 10 日龄左右的雏鹅感染后发病率最高可达 100%，死亡率可达 95%。

【症状与病变】病鹅主要表现为精神极度沉郁，伸颈张口呼吸，食欲下降或废绝，口渴；发病初期拉白色稀粪，脚软无力，往往出现身体摇摆姿势；部分病鹅出现神经症状，表现扭颈、转圈、甩头、整个身体翻转等症状。

剖检可见病鹅肝、脾淤血、肿胀、有大小不等的白色坏死灶；胰腺肿大，有灰白色坏死灶；食道黏膜表面散在灰白色或淡黄色痂块，剥离后可见溃疡或出血；腺胃黏膜出血；肠道黏膜有散在分布的淡黄色或灰白色豌豆大小的痂块，剥离后呈出血面或溃疡面；脑充血，淤血。

【预防与治疗】

（1）注射疫苗　种鹅免疫接种，新种鹅在雏鹅8～11天或稍大龄时进行首次免疫接种；产蛋前2周进行第二次接种。

（2）高免血清治疗　凡感染鹅副黏病毒病的鹅群，可应用高免血清注射紧急治疗。凡发病鹅每羽皮下注射0.8～1ml。也可用本场自行分离的病料制成灭活疫苗进行免疫，可控制疫情。

（3）严格卫生消毒　对养鹅场，用具等均用含氯消毒剂进行消毒，杜绝传染来源。

（三）鹅流行性感冒

鹅流行性感冒简称流感（又称鹅渗出性败血症或传染性气囊炎），是由败血志贺氏杆菌引起的一种渗出性、败血性传染病。该病主要感染1月龄小鹅。多发于冬春季节，发病率和死亡率一般为10%～25%，但有时可达90%以上。

【症状与病变】发病鹅口鼻不断流出清水，有时还流眼泪，呼吸急促，并发出"咕咕"声，并频频摇头，企图把鼻腔内不断流出的分泌物甩掉。病鹅体温升高，食欲减退，头脚发抖，两脚不能站立。死前出现下痢，病程2～4天，死亡率差异很大。

剖检可见病鹅肺表面、气囊和气管黏膜附有纤维素性渗出物。皮下、肌肉出血。鼻腔、气管、支气管内充血并有多量半透明渗出物。肝、脾、肾瘀血肿大，纤维素性心包炎。心内外膜出血。有的脾脏表面有灰白色坏死点。

【预防与治疗】平时加强饲养管理，搞好环境卫生，做好消毒工作，注意防寒保暖，减少气候变化对鹅群的影响。发病的鹅可选用磺胺类、青霉素、链霉素等药物均有效。

（四）鹅巴氏杆菌病

又称鹅霍乱、鹅出血性败血症，是由多杀性巴氏杆菌引起的一种急性败血性传染病（鹅、鸡、鸭共患病）。以春初、秋末多发，中、幼鹅发病呈急性流行性。

【症状与病变】本病潜伏期2～9天，最急性病例，病鹅无明显症状，突然痉挛、抽搐，倒地挣扎，双翅扑地，迅速死亡。急性型病例，病鹅精神委顿、两翅下垂，缩颈闭眼，体温升高到42～43℃，少食或不食，口渴，不愿下水，口鼻流出黏液，张口呼吸，并不断摇头，企图排出喉头黏液，故有"摇头瘟"之称。此外还伴有剧烈的腹泻，排出绿色、黄绿色或清水混有血液的稀粪，病程一般1～2天，幼鹅常呈急性症状。慢性型常见于流行后期，病鹅持续性腹泻，关节肿胀发炎、跛行，病程可能几个星期。

剖检急性型可见腹膜、皮下组织有小点状出血，十二指肠发生严重的急性卡他性肠炎或出血性肠炎；肝肿大，呈古铜色，质脆，表面散布许多灰白色针尖大的坏点；

脾呈大理石样变化，质脆；心包液增多，心内外膜有出血点或出血斑；肺充血，表面有出血。

【预防与治疗】加强科学饲养管理，搞好环境卫生。运动场所干燥、通风、光线充足。严禁在鹅舍附近杀病禽，防止家禽混养，以免相互感染。发病的鹅可选用磺胺类、土霉素、青霉素、恩诺沙星、环丙沙星、强力霉素、庆大霉素等药物均有效。

（五）鹅链球菌病

由链球菌引起。

【症状】病鹅精神沉郁，体温升高，黏膜发绀，闭目嗜睡，腹泻，运动障碍，转圈痉挛死亡。

【预防与治疗】病鹅及时隔离诊治，每千克体重用青霉素 5 万 IU 一次肌内注射，配合使用庆大霉素效果更好。平时严格消毒。

（六）鹅口疮

由白色念球菌引起。

【症状】病鹅生长不良，精神委顿，羽毛乱松。嗉囊黏膜增厚，呈灰白色，有圆形溃疡，常见伪膜性斑块。口腔黏膜呈黄色、干酪样。

【预防与治疗】搞好鹅舍卫生，严格消毒种蛋。口腔黏膜溃汤可涂碘甘油，嗉囊中可以灌入 2% 浓度的硼酸。喂饮 0.05% 硫酸铜溶液。大群鹅可在饲料中添加制霉素，加喂 7 ~ 21 天。

（七）鹅白痢

病原为沙门氏杆菌，在适当的环境下可生存数年，在鹅舍土壤内可存活 14 个月。对热的抵抗力较弱，许多消毒药都对它十分有效。鹅雏蛋内感染者可能在孵化中死亡或成为不能出壳的弱雏，或出壳后死亡在孵化器内，同群的雏鹅在出雏后 2 ~ 3 天开始发病死亡，10 天左右达到高峰，3 周以后迅速下降。

此病的流行通过水平和垂直传染。饲养管理条件差，环境卫生不良均能助长此病的流行。

【症状与病变】其特征性症状为急性下痢，排稀薄白色糊状粪便，肛门周围污染，绒毛黏结，肛门被堵塞，病雏排粪困难，发出叫声，腹部膨胀，两翼下垂，羽毛松乱，嗉囊松软，病程 4 ~ 7 天，死亡率可达 70 ~ 90%。

剖检，鹅的心肌、肝、肺、盲肠、大肠和肌胃的肌肉内有坏死灶或结节，盲肠腔内有白色干酪样物质。常出现腹膜炎变化，卵黄不吸收，卵黄囊皱缩，内容物呈淡黄色，油脂状或干酪样。日龄较大的病雏，可见到肝脏有灰黄色结节或灰色肝变区，心肌上的结节增大而使心脏变形。

【预防与治疗】平时搞好孵化和育种工作，种蛋必须来自健康鹅群，孵化前对孵化设备和种蛋必须彻底消毒。病、健鹅雏隔离饲养。健雏预防，病雏进行药物治疗，死雏焚烧。常用方法有：①大蒜捣碎加水 10 ~ 20 倍，每次 0.5 ~ 1 ml / 只，每天 4 次，连用 3 天。②用乳酸杆菌、链状菌、酵母和酶来预防。

（八）鹅绦虫病

由绦虫寄生鹅小肠所致。15 ~ 90 日龄多发。

【症状】病鹅减食增饮，消化不良，拉绿色或灰白色稀粪。突然倒卧，起立困难，行走摇摆，伸颈张口，麻痹死亡。

【预防与治疗】鹅群每年硫双二氯酚驱虫 2 次，每千克体重用 30 mg，一次内服，粪便集中发酵处理。

（九）鹅球虫病

由鹅球虫引起。多发于雏鹅，每年 5 ~ 8 月为发病高峰期。

【症状】病鹅食欲减退，精神委顿，缩颈甩头。粪便红色黏稠，后期鲜红。

【预防与治疗】注意环境卫生，保持鹅舍干燥。完善消毒措施，加强消毒工作。对雏鹅选用磺胺类、氯苯胍、氨丙林、莫能霉素等药物定期投喂，一般在 10 日龄开始连用 3 天，20 日龄时再连用 3 天。

第六章
特种动物养殖技术

第一节　山鸡养殖技术

山鸡又称野鸡、雉鸡、环颈雉，隶属鸟纲、鸡形目、雉科。山鸡是经长期驯养的特禽新品种，具有体型大、生长快、抗病力强、适应地域广、饲养方式简单、成活出栏率高等特点，饲养山鸡具有较高的经济效益、社会效益和生态效益，是发展高产、优质、高效养禽业的新途径。

一、山鸡的生物学特性与品种

（一）山鸡的外貌特征

山鸡体型略小于家鸡，但尾羽长且逐渐变尖，公母山鸡的外貌区别明显。公山鸡羽毛华丽漂亮，头羽青铜褐色，具浅绿色的金属闪光，两眼睑无白色眉纹或不明显，头顶两边各有一束青铜色毛角，脸部皮肤裸露呈绯红色，颈部有白色颈环在前颈处断开或不完全闭合，胸部羽毛青铜红色带金属闪光，尾羽长而大、呈黄褐色，喙灰白，趾脚铁灰色，有距。母山鸡羽色不鲜艳，一般为麻栗褐色，脸部皮肤产蛋时呈红色，尾羽黄褐色，带黑纹横斑且没公山鸡尾羽长，喙灰褐色，无距，体重比雄山鸡轻（图6-1）。

（二）山鸡的生物学特性

1.适应性和抗病力强

山鸡耐高温，不畏寒，所以从平原到山区、河流到峡谷，海拔300m的丘陵到3 000m的高山均有山鸡栖息生存，夏季32℃以上，冬季-35℃均能适应。山鸡能在雪地上行走、觅食，饮带有冰碴的水，且不怕雨淋。在恶劣环境条件下也能栖居过夜。

图 6-1 山鸡的外貌

2. 集群性强

交配时，以雄山鸡为核心，组成相对稳定的"婚配群"，通常规模不大，一般1只公鸡配2～4只母山鸡。它们的活动有一定的领土范围，一旦外群山鸡袭扰，两群即发生强烈争斗。孵化期母山鸡常在隐蔽处筑巢、产蛋、孵化。雏山鸡出壳后，即由母山鸡带领活动，长大后又重组新群。山鸡群体可大可小，因此，山鸡很适合人工大群饲养。

3. 胆怯而机警

山鸡御敌力弱，一遇敌害迅速逃遁，所以觅食中也不时抬头张望，观察四周动向。一旦敌害逼近即骤然起飞，不久又滑翔落下。人工饲养的山鸡，一旦听到响声或动作稍重，易受惊吓而乱飞乱撞，往往致残致伤。故山鸡养殖场环境必须安静，防止动作粗暴和产生异声，平时严禁参观，以免惊群。

4. 有趋光性

山鸡对缓慢变化的光照反应平稳，但对昏暗中的突然亮光，鸡群会争先恐后向光源飞扑，往往将灯泡撞脱碰破，故舍内灯泡应外加铁丝网罩。

5. 食量小

山鸡嗉囊小、容食量也小，应少喂多餐，保持食槽中有饲料，尤其是雏山鸡吃食时常常吃一点走开，转一小圈又回来再吃。

6. 性情活跃、善于奔走

山鸡高飞能力差，仅能短距离低飞，且不能持久。但脚强健，疾走如飞（图6-2），游走时，常左顾右盼，不时跳跃，很难追捕。

7. 叫声特殊

每当分享美食、受惊、求偶配种及天刚亮时，公山鸡常会发出一个或一系列清脆而尖锐的"柯—哆—罗"或"咯—克—咯"的特殊叫声。在繁殖季节，每次叫后还拍动翅膀，十分迷人。母山鸡很少叫，一般发出"叽—叽—叽"声，但遇惊恐或招呼雏鸡吃食时，也发出类似公山鸡的叫声。

8. 好斗性

同群山鸡尤其是公山鸡，常为群体位次发生争斗，每只个体都要按各自争斗力的强弱来确定其在群体中的位次（图6-2）。最强健的公山鸡称"王子山鸡"。对"王子山鸡"应加以保护，并帮助树立其在群体中的威信，它是使山鸡群安定的重要因素。

图6-2　山鸡的奔走

（三）主要饲养品种

动物学家研究认为，山鸡只有30个亚种，而我国境内就分布有19个亚种，除3个亚种局限在新疆外，其余16个亚种（统称灰腰雉组）分布于我国各地，堪称我国特产。目前，世界各地和我国人工饲养的山鸡，大多是由我国这些亚种驯化或杂交而成。

1. 东北亚种

系由中国农业科学院特产研究所等单位，在20世纪80年代初，用我国环颈雉东北亚种驯化培育而成。雄性头顶淡绿灰褐，有宽阔的白色眉纹，耳后下方的黑色部分有的具一白斑，颈圈宽阔，常在后颈处稍窄。背草黄色，胸浅棕红色，两肋淡草黄色，雌性羽色不及雄性美艳，其羽色是黑、栗及沙褐色三色混杂，较雄性平淡。东北亚种体重较美国七彩山鸡稍轻。成年体重公山鸡1 250 ~ 1 650g，母山鸡850 ~ 1 000g，年产蛋量25 ~ 34枚，高者可达42 ~ 48枚，平均蛋重25 ~ 30g。壳色较杂，有橄榄色、暗褐色、蓝色。肉质优于美国七彩山鸡，特别是氨基酸含量高。

2. 美国七彩山鸡

系由我国的华东亚种与蒙古山鸡杂交选育而成，其羽色基本与我国小鸡相似，羽毛比我国山鸡略浅一些，颈圈白色部分要细一点，经过多年饲养选育，其体重与生产性能都比原种有较大提高。育成公山鸡体重可达1 800 ~ 2 200g，性成熟后降至1 500 ~ 1 800g。育成母山鸡体重1 250g，产蛋前体重1 300 ~ 1 600g。产蛋量80 ~ 100枚，初产蛋重为29.4g，中期为38.1g，后期为32g。在合理的饲养条件下，种蛋受精率可达96%，受精蛋孵化率达90%。

美国七彩山鸡是目前饲养最普遍、分布范围最广的山鸡品种。

3. 华东亚种

外形同东北亚种，体重平均1 135g，因没有经系统选育，生产性能不稳定。

4. 河北亚种

外形与东北亚种类似，但白眉纹宽阔些，白色颈圈也较宽，尤其是前颈处。成年体重公山鸡1 000 ~ 1 300g，母山鸡500 ~ 900g，年产蛋量20 ~ 25枚，平均蛋重26.7g。

5. 白化山鸡

系由美国七彩山鸡发生基因突变后选育而成，公母山鸡的羽毛全部白色，体重和生产性能与七彩山鸡接近。目前国内已有育种场选留建系。

6. 黑化山鸡

也由七彩山鸡发生基因突变后选育而成。成年公山鸡羽毛颜色类似孔雀，母山鸡羽毛黑褐色，生产性能和体重与七彩山鸡无明显差异，目前国内已有育种场选留建系。

二、山鸡的繁育

（一）种山鸡的选择

目前对种山鸡选择尚未有独特的方法，一般参照家鸡的选种方法进行，在外貌上应根据种山鸡的特点来选。种公山鸡应选择身体各部均匀，发育良好，脸绯红，耳羽束发达耸立，胸部宽深，羽毛华丽，姿态雄伟，雄性特征明显，体大健壮者留种；母山鸡要求选身体健康端正、呈椭圆形，羽毛紧贴、有光泽，静止站立尾不着地，两眼明亮有神者。

（二）山鸡的繁殖特点

1. 性成熟迟

山鸡10月龄左右才能达到性成熟，并开始繁殖，公山鸡比母山鸡性成熟要迟1个月左右。达性成熟后即有求偶表现，公山鸡每日清晨发出清脆的叫声，并拍打翅膀诱引母山鸡到来。此时公山鸡羽毛蓬松，尾羽竖立，迅速追赶母山鸡，头上下点动，围着母山鸡做弧形来回转动，从侧面接近母山鸡，母山鸡若同意，则允许公山鸡爬跨至背上，公山鸡用嘴啄住其头顶羽毛进行交配。

2. 产蛋有季节性

在自然界中山鸡繁殖期从每年3月开始，产蛋至6 ~ 7月即达全年的90%以上。在人工饲养条件下，产蛋期可延长至9月，产蛋量亦高。因此要适时留种。母山鸡每天的产蛋时间主要集中在上午11点至下午3点。

3. 开产整齐

种山鸡进入产蛋期，从2%产蛋率上升到50%产蛋率一般只有10～14天，即种山鸡群开产整齐。因此，特别要注意产蛋前期的饲养管理，饲料营养供给，光照程序的控制。同时要采取必要的措施提高种蛋受精率。

（三）山鸡的繁殖技术

1. 适配时期

放对配种应考虑山鸡的繁殖季节、种山鸡的年龄，人工饲养时3～9月份是繁殖期，一般我国南方3月初即可放对，而北方则要延迟1个月。山鸡10月龄左右达性成熟，因此山鸡达10月龄后即可放配，其中公山鸡以2年者效果最好。在正式放对配种前，可试放1～2只公山鸡进入母山鸡群，看其是否乐意受配。实践证明，放对时间应在母山鸡领配前的5～10天为宜。公山鸡进入母山鸡群后，经过争斗，产生了"领王"或"王子山鸡"（图6-3）。此后不应再放入新公山鸡，以维护"王子山鸡"的地位，可减少体力消耗，稳定鸡群，提高受精率。

图6-3 山鸡的繁殖

2. 山鸡的利用年限

在生产场一般利用一个产蛋周期，母山鸡产蛋结束即淘汰，而种母山鸡可留2年，种公山鸡可留3年。

3. 公母配比

山鸡的公母配比一般为1：（6～8），可达最好受精效果，平均受精率可达87%。如果配种群公山鸡比例大，不仅浪费饲料，也会踩坏母山鸡，而且会因公山鸡争斗而影响鸡群安宁和受精率。如果比例太小，可能会漏配，亦影响受精率。

4. 配种方法

（1）大群配种　就是在较大数量母山鸡群内按一定比例放入公山鸡，任其自由交配，是目前生产场大都采用的方法。一般选用60只种母山鸡，配入8～10只种公山鸡。每一个配种群中应投入一只雄性极强的公山鸡作"王子山鸡"。这种方法管理简便，节省人力，受精率、孵化率较高，而且可以显著降低公山鸡的打斗现象和物理性损伤。

（2）小间配种　就是一只公山鸡和 6 ~ 8 只母山鸡于小间内配种，公母鸡均有脚号（肩号），这种方法便于建立系谱，是品种选育和引种观察常采用的方法。

（3）人工授精　能充分利用优良的种公山鸡，对提高和改良品种作用很大。据试验，山鸡的人工授精效果好，受精率可达 85% 以上，目前生产实践上也已开始应用。

5. 提高种蛋受精率的措施

（1）公母山鸡合群时间要适宜，成年合群以 4 月中旬为宜。

（2）公母鸡配偶比例 1 ：4 ~ 1 ：5。

（3）保护王子鸡，减少公山鸡的争斗，提高受精率。

（4）淘汰劣种公山鸡。

（5）防止阳光强烈照射。

6. 孵化技术

种蛋应随产随孵，少量可用家鸡代孵，多时则用孵化器。其人工孵化的条件与要求，包括所需设备、孵蛋前的准备、贮蛋、选蛋、消毒入孵、翻蛋、凉蛋、通风、照蛋等环节与家禽孵化是一致的，只是孵化期及温度、湿度的控制有所差异。孵化期为24 天，其孵化温度低于家鸡，孵化湿度高于家鸡。

（1）孵化的条件　山鸡胚胎发育是在母体外完成的，必须给予一定的环境条件，如温度、湿度、通风、翻蛋和凉蛋等，才能获得理想的孵化效果和优异的雏鸡品质。

①温度：是保证孵化率的首要条件。胚胎发育的适宜温度是 38℃，如温度高达42℃，胚胎经 2 ~ 3h 便会死亡；温度低于 24℃，胚胎经 30h 死亡。孵化第 1 ~ 20 天，温度为 38℃，湿度为 65% ~ 70%；第 21 ~ 24 天，温度可降至 37℃，而湿度应提高到 75%。

②湿度：湿度也是孵化的必要条件。湿度过低，蛋内水分蒸发过多，易发生胚胎与壳膜粘连；湿度过高，影响蛋内水分正常蒸发。因此湿度过高过低都会影响胚胎正常生理活动，对孵化率和山鸡的发育都有不良影响。在孵化中要特别注意防止既高温又高湿。出雏时提高相对湿度能使蛋壳变脆，有利于啄壳出雏。

③通风：孵化室和孵化器空间的空气一定要新鲜，氧的含量充分，二氧化碳浓度越低越好。这样才有利于胚胎的正常发育，减少病理变化（如畸形和胎位不正等）。孵化初期胚胎需要的氧气较少，蛋黄中由葡萄糖分解形成的氧就够了，到了胚胎发育中后期，对氧的需要量明显增高，应提高通风换气量。

温度、湿度、通风三者关系密切，如通风量大、风速过快，会降低孵化温度和湿度；通风不足，又会使温度升高，湿度加大；湿度过低会使温度急剧上升且不均匀。因此，在孵化过程中，对温度、湿度、通风量和风速的调节要综合考虑。

④翻蛋：可防止胚胎粘壳，使蛋受热均匀，且有利于胚胎运动，增强胚胎活力。特别是孵化头 2 周，每天要定时多次翻蛋，出雏前 2 天要停止翻蛋。坚持每 2h 翻蛋 1 次，能提高受精蛋的孵化率。手工翻蛋，最少每 4h 也要进行 1 次。

⑤凉蛋：凉蛋的时间应视季节、室温、胚胎日龄而定，总的原则是蛋面温度不低

于凉蛋期胚胎发育的温度要求。

（2）孵化的操作技术

①孵化前的准备工作：孵化前应制订出孵化计划，使孵化工作有条不紊地进行；孵化前1～2周内对孵化室、孵化机进行清洗消毒、检修和试温工作。

②上蛋：一切准备就绪后，即可上蛋开始孵化。种蛋应在孵化前12h左右装入蛋盘中，蛋的钝端向上放置；将蛋盘移入孵化室内进行预温；开机孵化的时间最好安排在下午4时以后；一般每隔5～7天上蛋一次。

③孵化机的管理：主要注意温度变化，观察调节仪器的灵敏度，遇有温度变化时应及时调整。孵化机的温度要每隔半小时观察1次，每隔2h记录1次，特别是在停机后及温度调节后，更应注意观察。湿度的调节，孵化机内应放置干湿球温度计，用以指示机内相对湿度。通风装置管理，一般入孵后第1天可不进行通风，但从第2天开始就要随着胎龄的增加逐渐开大风门，增加通风量。夏天气温高、湿度大，应增大通风量。

处理好孵化过程中温度、湿度和通风三者的关系，应遵循以下原则："绿灯常亮时，加大风量；红灯常亮，稍闭风门；红绿灯交替，正常工作"。

④照蛋：是透过光源观察胚胎发育情况和蛋内品质。头照在孵化第7～8天，及时检出无精蛋和死精蛋，二照在孵化的第19天进行，及时去除死胚蛋。

⑤移盘：在孵化进行第2次照蛋后，即可将胚蛋移入出雏箱的出雏盘准备出雏。移盘的动作要轻、稳、快。移盘前出雏机内温度要升至36.7～37.2℃，移盘后停止翻蛋。出雏机内应保持黑暗和安静。

⑥出雏：发育正常的山鸡胚胎，孵化满23天就开始出雏。在出雏期间，视出壳情况，捡出绒毛已干的雏山鸡和空蛋壳。出雏结束前，对自身出壳有困难的，如尿囊血管已经枯萎，尿囊颜色呈黄紫色，可人工辅助出壳，即破开蛋壳，将雏鸡头颈拉出，但不能强行剥离。刚出雏的雏山鸡放在雏山鸡箱或摊床上，温度保持在27℃左右。

⑦停电处理：一旦停电时要用火炉或火墙加温，使室内温度保持在37.2℃左右，打开全部机门，每隔半小时或1h翻蛋1次。地面上喷洒热水，调节湿度。停电时不可立即关闭机上的通风孔，以免机内上部的蛋过热烧死胚胎。

⑧孵化记录：为了使孵化工作顺利进行，正确统计孵化成绩，及时掌握情况，应认真填写各种孵化记录表格。

三、山鸡的饲养管理

（一）山鸡的营养需要与饲料配方

1. 山鸡的营养需要

近年来，山鸡经人工驯养已逐步向集约化饲养方向发展，通过人们对山鸡实际营养需要的研究，并结合山鸡在野生状态下形成的生物学特性，制订了山鸡的建议性饲养标准，但由于各地区和各单位饲养阶段划分不统一，因此所介绍的饲养标准仅供参考（表6-1和表6-2）。

表6-1　美国 NRC 野雉鸡的饲养标准

营养成分	育雏期	生长期	种用期
代谢能（MJ/kg）	11.7	11.29	11.7
蛋白质（%）	30.0	16.0	18.0
甘氨酸 + 丝氨酸（%）	1.8	1.0	—
赖氨酸（%）	1.5	0.8	—
蛋氨酸 + 胱氨酸（%）	1.1	0.6	0.6
亚油酸（%）	1.0	1.0	1.0
钙（%）	1.0	0.7	2.5
有效磷（%）	0.55	0.45	0.40
钠（%）	0.15	0.15	0.15
氯（%）	0.11	0.11	0.11
碘（mg）	0.30	0.30	0.30
核黄素（mg）	3.5	3.0	—
泛酸（mg）	10.0	10.0	—
烟酸（mg）	60.0	40.0	—
胆碱（mg）	1 500.0	1 000.0	—

表6-2　澳大利亚制定的日产雉鸡营养标准

营养成分	0 ~ 4 周龄	5 ~ 9 周	10 ~ 16 周龄	种雉
粗蛋白（%）	28	24	18	18
粗脂肪（%）	2.5	3	3	3
粗纤维（%）	3	3	3	3
代谢能（MJ/kg）	11.62	11.95	12.50	11.41
钙（%）	1.1	1	0.87	3
磷（%）	0.65	0.65	0.61	0.64
钠（%）	0.2	0.2	0.2	0.2
蛋氨酸（%）	0.55	0.47	0.36	0.36
赖氨酸（%）	1.77	1.31	0.93	1.04
半胱氨酸（%）	0.46	0.36	0.28	0.30

2. 山鸡饲料配方举例

山鸡是以植物性饲料为主的杂食性特禽。特别爱吃粒料，对饲料种类选择性不强，一般饲料均喜欢吃，刚出壳两周内的山鸡需要补充动物性蛋白质，这是在野生环境中形成的特性，应加以注意（表6-3）。

表6-3　山鸡的饲料配方（%、周）

饲料种类	幼雏（0～4）	中雏（5～9）	大雏（10～16）	产蛋期	非产蛋成鸡
玉米	30	38	60	40	62.5
全麦粉	10	10		10	
麦麸	2.6	4.6	8.5	3.5	15
高粱	3	3			
豆饼（机榨）	25	21	15		
豆饼（浸提）			18		15
大豆粉	10	8		10	
鱼粉（进口）	12	10	8	12	5
酵母	5	3	3	5	
骨粉	1	1		2	
贝壳粉	1	1	2	2	2
食盐	0.4	0.4	0.5	0.5	0.5
多种维生素（g/100kg）	20	20	20	20	20
微量元素（g/100kg）	100	100	100	200	200
代谢能（MJ/kg）	12.21	12.25	12.16	11.75	11.95
粗蛋白（%）	28.0	25.2	20.8	24.7	17.9

（二）育雏技术

1. 雏山鸡的生理特点

（1）怕热与怕冷　刚一出壳的小雏山鸡，绒毛稀，体温比成年鸡低，保温防寒和调节体温的能力较弱。当所处的环境温度较低时，体热散发加快，雏山鸡感到发冷，导致体温下降，生理功能发生障碍；相反，当环境温度过高时，因山鸡无汗腺，不能通过排汗的方式散热，雏山鸡会感到不适。所以，育雏时一定要掌握适宜的温度标准，不能偏低或偏高。

（2）雏山鸡的生长速度很快　这一阶段是雏山鸡生长最快的时期。因此，在配合饲料时要力求营养全面，以满足其快速生长的需要。

（3）雏山鸡的消化能力差　雏山鸡胃肠的容积小，消化功能还不健全，但其生长速度又很快。因此，雏山鸡的饲料在力求营养丰富、全价的基础上，要容易消化吸收。

（4）雏山鸡的胆子小　外界稍有变动都会引起雏山鸡的应激反应。育雏舍内的各种音响、各种新奇的颜色，或有生人进入都会引起鸡群骚乱不安，影响生长，甚至突然受惊而相互挤压致死。因此，育雏舍内务必保持安静，不要轻易更换育雏人员。

（5）雏山鸡的抵抗力差　雏山鸡比较"娇嫩"，很容易受到各种微生物的侵袭，感染疾病。因此，一定要搞好育雏舍内的环境卫生。

2. 育雏方式

（1）平面育雏

①地面育雏：根据房舍条件不同，舍内地面可以是水泥地面、砖地面、泥土地面或炕面。育雏时，地面上需要铺撒垫料，垫料可就地取材，但要求卫生、干燥。常用的垫料有稻草、麦秸、刨木花、锯末等，秸秆类要铡成5cm左右长。垫料可以经常更换，也可以到雏山鸡转群后一次清除，后者即厚垫料育雏。地面育雏的舍内要设置料槽或料桶、水槽或专用饮水器、加热供温设备等。

②网上育雏：一般网面距地面高度50～60cm，网眼可取1.25cm×1.25cm。网上育雏由于粪便由网眼漏下，雏鸡不与粪便直接接触，减少了疾病的发生，有利于防病。

③平面育雏常用的加热方式：有煤炉加热育雏、烟道式加热育雏、红外线灯加热育雏及保温伞、热水管育雏几种。

（2）立体育雏　将雏山鸡饲养在分层的育雏笼内。育雏笼一般分3～5层，采用层叠式。育雏笼可用毛竹、木条或铁丝等制作，笼子的底网大多采用铁丝网或塑料网（图6-4）。

图6-4　立体育雏

3. 饲养管理

刚出壳的雏山鸡，既怕冷，又怕热，加上消化器官发育不够健全，对外界环境的变化非常敏感，需要细心培育与管理。

（1）调控好温度　雏山鸡1～3日龄为34～35℃；4～5日龄为33～34℃；6～8

日龄为 32 ～ 33℃；9 ～ 10 日龄为 31 ～ 32℃；11 ～ 14 日龄为 28 ～ 31℃；15 ～ 20 日龄为 28℃；21 ～ 25 日龄为 25℃；25 日龄以后为常温；一般不低于 18℃，白天可停止给温，而夜晚要继续加温，使育雏效果更佳。

（2）控制湿度　相对湿度应控制在 60% ～ 70% 之间。育雏初期，由于室温高使湿度偏低，可采取向地面洒水或在舍内放置水盆等方法来增加湿度。育雏中后期，由于雏山鸡呼吸量和排粪量的增加及室温的逐渐降低，湿度常超过 70%，可通过打开门窗通风和及时清扫粪便等方法来降低湿度。

（3）精心饲喂，保证营养　雏山鸡出壳 12h 后，有啄食行为的，就实施先饮水后开食的喂养方法。饮水中加入抗生素和 3% ～ 5% 的葡萄糖，或用 0.01% 的高锰酸钾水溶液饮用。喂水后 1 ～ 2h 开食。

根据雏山鸡食量小，日粮蛋白质水平高的特点，第一天开食即可喂玉米粉拌鸡蛋（100 只雏山鸡每天加 3 ～ 4 只蛋），2 日龄即可喂含粗蛋白 25% 以上的全价饲料。饲喂时，注意少喂勤添，开始时，每隔 2 ～ 3h 可（引诱）喂一次，以后增加间隔时间，4 ～ 28 日龄每天喂 5 ～ 6 次。4 周龄后，每天喂 3 ～ 4 次即可，日喂量因品种、年龄、季节而异。一般 0 ～ 20 周龄共需精料 6.4 ～ 6.5kg，给料情况可参照表 6-4。

表 6-4　山鸡饲料需要量（g、g/ 只）

周龄	体重	每日料量	每周料量	累计料量	周龄	体重	每日料量	每周料量	累计料量
1	34.4	5	35	35	11	722	56	392	2 156
2	55.7	9	63	98	12	798	63	441	2 597
3	87.9	13	91	189	13	874	68	476	3 073
4	134.7	17	119	308	14	925	70	490	3 563
5	185	21	147	355	15	977	73	511	4 074
6	260	25	175	630	16	1 025	72	504	4 578
7	346	31	217	847	17	1 069	71	497	5 075
8	445	37	259	1 106	18	1 111	71	497	5 572
9	541	44	308	1 414	19	1 152	70	490	6 062
10	636	50	350	1 764	20	1 191	70	490	6 552

山鸡以植物性食物为主。现介绍几种饲料配方：

1 ～ 30 日龄：熟鸡蛋 50%，玉米粉 25%，小麦粉 8%，豆粉 8%，鱼粉 5.5%，矿物质添加剂 3%，维生素添加剂 5g（以饲料总量 50kg 计）。

31 ～ 60 日龄：熟鱼 50%，玉米粉 25.5%，小麦粉 10%，豆粉 10%，盐 0.5%，矿物质添加剂 4%，维生素添加剂 5g（以饲料总量 50kg 计）。

1 ～ 20 日龄：熟鸡蛋 65%，玉米粉 8%，熟黄豆粉 16.5%，麸皮 3%，骨粉 1%，食盐 0.5%，禽用生长素 3.5%，禽用多种维生素 0.5%，酵母 2%。

21 ～ 40 日龄:熟鸡蛋 30%，熟鱼 20%，玉米粉 18.5%，熟黄豆粉 15%，麸皮 9%，骨粉 2%，食盐 0.5%，禽用生长素 3.5%，禽用多种维生素 0.5%，酵母 1%。

41 ～ 60 日龄：熟鱼 50%，玉米粉 19.5%，熟黄豆粉 15%，麸皮 8%，骨粉 2%，食盐 0.5%，酵母 2%，禽用生长素 2.5%，禽用多种维生素 0.5%。

无论哪种饲料配方，都必须加入适量小沙砾。

（4）加强管理，促进生长　由于雏山鸡胆小而机警，特别容易受外界环境的影响，稍有动静就会产生惊群，乱撞、乱碰、四处奔逃，甚至会损伤自己的头或弄断颈椎。因此，操作动作要轻，尽量保持环境安静，减少惊扰，并预防兽害。为减少雏山鸡的应激反应，可在雏山鸡出壳后混入同批少量家鸡，有利于消除惊恐，同时，尽量减少捕捉。饲养人员去接近时，要事先给声响信号，而且服装颜色要固定。

随着日龄的增加，应及时调整饲养密度。如果是网上平养或箱式育雏，1 ～ 10 日龄，1m² 可养 60 只左右；10 ～ 20 日龄，1m² 可养 40 只左右；20 ～ 30 日龄，1m² 可养 30 只左右；30 ～ 40 日龄，1m² 可养 20 只左右；40 ～ 60 日龄，1m² 可养 10 只左右。

山鸡非常好斗，到 2 周龄时，雏山鸡群中就会有啄癖发生，一旦发生很难停止，如果放任不管，由于山鸡的喙特别锋利，很快便会使雏山鸡受伤甚至死亡。方法之一是在 10 ～ 14 日龄，对雏山鸡进行断喙。用断喙器或烧红的剪刀断去 1/2 上喙和 1/3 下喙，形成上短下长的喙状（图6-5）。断喙时要防止切去舌尖，断喙前要喂一些维生素 K，断喙后一定要加满饲料，便于采食；另一方法是给雏山鸡鼻孔上装金属环，称鼻环。一般用钳子将鼻环从上喙一侧的鼻孔穿到另一侧鼻孔,注意不要钳入组织里，要选择大小适合于山鸡年龄的鼻环。雏山鸡在 1 月龄时就可开始戴鼻环，一直戴到 4 月龄出售。若留种，要再更换为成年种山鸡鼻环。鼻环不会妨碍山鸡的采食等正常活动，而防止啄癖的效果较好。

图6-5　断喙

（三）青年山鸡的饲养管理

青年山鸡是指 9 周龄至性成熟前的小山鸡。这一阶段的山鸡是生长发育最快的时期，日增重 10 ～ 15g，到 13 周龄时，公山鸡体重可达成年山鸡体重的 73%，母山鸡可达75%；到17～18周龄时，其体重可接近成年山鸡。所以，为了保证青年山鸡正常的生长发育，培育合格的后备种山鸡，除做好日常饲养管理外，还应该注意以下几点：

（1）结合选种，及时转群　山鸡养至6～8周龄时，对留作种用的山鸡进行第一次选择，将体型外貌等有缺陷的山鸡淘汰后，及时转入青年山鸡舍饲养。

（2）加强运动，防止过肥　青年期山鸡，特别在8～18周龄时最容易过肥，为保证其繁殖期获得较高产蛋率和受精率，在饲养管理方面必须采取措施，如减少日粮中蛋白质水平和能量标准、增加纤维和青绿饲料喂量；减少饲喂次数或饲喂量，同时利用青年山鸡性情活跃、经常奔走跳动、爱活动的特点，一般采用半敞开式或棚架式鸡舍，舍外设运动场，以增加运动量，控制体重，使青年山鸡得到充分发育，强健体质，采用这种鸡舍应在运动场上架设网罩，以防止山鸡飞逃（图6-6）。

图6-6　山鸡的饲养场地

（3）定期断喙，防止啄癖　山鸡野性较强，喜欢啄食异物，青年期喙生长迅速，如果缺乏某种营养或环境不理想，啄癖现象更加严重，为了防止啄癖加重，应在8～9周龄时进行第二次断喙，断去新长出部分，以后每隔4周左右进行一次修喙。

（四）成年种山鸡的饲养管理

山鸡10月龄左右达性成熟，性成熟后的山鸡为成年山鸡，成年山鸡又可分为繁殖期和非繁殖期，成年种山鸡饲养管理的主要目的是获得高产优质的种蛋，要达到这一目的，除搞好日常管理外，着重应注意以下几点：

（1）注意营养质量，增加动物性蛋白质喂量　进入繁殖期的山鸡，要求营养丰富，尤其是动物性蛋白质饲料要求充分，才能满足交配、产蛋的需要。

（2）搭棚避光，防暑降温　山鸡虽然适应性强，但在6月中旬至7月末，正是天气炎热季节，如果又是阳光直接照射，则会影响种山鸡的性活动，减少交配的次数，使蛋的受精率下降，为此应搭棚或种树或采用其他各种避光挡阳的措施，降低舍内外的光照强度，并结合通风、洒水等办法达到防暑降温目的。

（3）公山鸡实行轮换制，母山鸡实行淘汰制　一般到繁殖后期，有部分公山鸡只是争斗而不交配或无繁殖力，则必须及时进行公山鸡轮换，对新换上的公山鸡要加强看护，如争斗严重时，应将弱者抓出，减少死亡。对长期拒配、体弱或产蛋少的母山鸡应中途淘汰，冬季是选择母山鸡的适宜时期，低产母山鸡换羽早，一般在11月下旬或12月上旬就已换齐了主翼羽和尾羽，高产母山鸡换羽迟，此时刚开始换羽，应择优淘劣，高产母山鸡可再留一年，以减少饲料浪费，提高生产效益。

（4）勤收蛋，减少破损　山鸡没有固定的产蛋地点，为了防止蛋的破损，应在山鸡舍内外地面普遍垫上5～10cm厚的细沙。同时山鸡驯化较迟，公母山鸡都有啄蛋的坏习惯，破蛋率常达40%左右，因此，收蛋要勤，一般每隔1～2h收蛋一次，发现破蛋，应及时将蛋壳和内容物清理干净，不留痕迹，防止山鸡尝到蛋的滋味，造成啄蛋癖。

（5）设置屏障，提高受精率　在成年山鸡舍运动场，设置屏障遮住"王子山鸡"视线，使被斗败的公山鸡可频繁地与母山鸡交配，这是提高群体受精率的一个措施，简易的方法是将大张石棉瓦横着立放在运动场内即可，一般每100m² 竖3～4张。

四、山鸡养殖中常见的问题及对策

（一）发展山鸡养殖应注意问题

1. 掌握山鸡养殖的关键技术

（1）通风降温　在炎热的夏季尽量给山鸡创造一个良好的环境。有条件的可把鸡舍搬迁到树木茂密的地方，如不能搬迁，一定要搭遮阳篷，防止太阳光直射在山鸡身上。夏季一般采用室外养殖或室内外相结合的方法，既有运动场，又有遮风避雨的地方，不论昼夜必须保持空气流通新鲜。

（2）饮水清洁　夏季气温高，水易污染，每天要换水两次。换水时要用0.1%的高锰酸钾溶液刷洗水槽，必须保证有充足清洁的饮水，任何时间槽内都不能断水。若气温超过35℃时，可在饮水中加入3%的白糖，有利于降温和防暑。

（3）搞好防疫　保持鸡舍清洁卫生，是减少疾病的根本措施。除按时清扫圈舍外，每周可用百毒杀或灭菌灵（1：1 000）喷雾消毒两次。喷雾时应把食槽、水槽拿出后进行。饲料中可加0.04%的土霉素，每周喂两次。饮水中加青霉素每只1万IU，每周喂一次，以起到预防疾病的作用。

（4）光照和饲喂　夏季天气炎热，山鸡的采食高峰期一般在早上和晚上。因此，在天亮前2h开灯，并供水供食，晚上也要开灯2～3h。在开灯时间里，饮水、饲料必须充足，光线不宜太强，每平方米3～4W的灯泡即可。一般日喂3～4次。每次喂料间隔时间应拉长，饲料的营养成分应全面，代谢能2 700～2 750kcal*，粗蛋白

---

* cal，为热量单位，1cal=4.18J。——编者注。

23% 以上，必需氨基酸齐全，并注意微量元素的添加和青饲料的搭配。

2. 注意购种有关情况

引种前要全面、多方位了解供种货源，掌握选种有关的基本知识，要坚持到有种苗经营资格单位购买的原则、坚持比质比价比服务的原则、坚持就近购买的原则，购买质量好的种苗。

3. 准备好场舍

在禽类养殖中，山鸡项目在场舍投资方面算比较大的。从科学节省的角度，种鸡应采取平养、商品鸡最好采取网笼。

平养种鸡场舍应选择在有利于排水干燥、背风向阳、无污染源、交通方便又不近村庄、厂矿，较为清静并有卫生水源和电源的地方。每间鸡舍以 32m² 为宜，规模养殖，每栋鸡舍长 36m、宽 8m、高 2m 以上，鸡舍前设有活动场地，每间舍场之间用尼龙网或铁丝网分隔，上有防飞网。笼养商品鸡场舍可因地制宜，因陋就简，利用旧厂房、库房改造。

4. 搞好防疫

引进山鸡苗要注意防疫，需按日龄接种传染性支气管炎、新城疫、法氏囊、马立克病毒疫苗等。

5. 注意养殖风险

特种山鸡养殖周期短、繁殖快，对环境要求不高，消费层次高，市场需求饱和度快，所谓"物以多为贱"，当达到市场饱和后，数量和价格都会受到影响，其次是自然风险，如禽类各种病害。解决此类风险的办法是：

（1）抢占市场　以高效益低成本抢占市场占有率。

（2）打品牌　让产品品牌化。

（3）抓质量　让产品口感更好，更有营养价值，让消费者认可。

（4）挖技术　深挖先进饲养管理技术、无公害生产技术、疫病防治技术和安全检测技术。

养殖山鸡利润虽然可观，但投资有风险，入市需谨慎。没有百分百的盈利，成功无法复制。

（二）雏山鸡水肿的原因及防治

1. 雏山鸡发生水肿的原因

主要有：①空气不流通，二氧化碳含量高；②鸡舍不卫生，含较多的氨气；③药物中毒；④细菌侵袭，导致雏山鸡发病。

2. 雏山鸡发生水肿病的防治方法

（1）在鸡舍充分保暖的情况下，要加强通风换气，保证鸡舍内有足够的新鲜空气，满足其机体的供氧需要。

（2）要经常清扫鸡舍，勤换垫料，保持其清洁卫生，防止鸡粪发酵产生氨气。在鸡舍内要保持一定的湿度，一般相对湿度在60%～65%最为适宜，以防止粉尘飘浮和一些污浊气体刺激呼吸道而引起呼吸系统疾病，并由此引发水肿病。

（3）为避免因饲喂颗粒料和添加一些油脂使鸡生长速度过快、耗氧太多而发生水肿病，可将颗粒料改为粉料，并降低饲料中脂肪的添加量。

（4）在饲喂雏鸡时，要避免痢特灵、食盐、煤焦油类消毒剂、莫能菌素等药物的中毒和肺脏疾病的发生。

（5）饲养雏鸡时，要防止大肠杆菌、沙门氏菌病的发生，因它们能引起心脏、肝脏及腹膜的病变，导致水肿病的发生。所以，在饲料中要添加广谱抗菌药。

（6）在发生水肿病时，在饲料中要添加一些亚硒酸钠、维生素E、维生素C、复合维生素B，或用抗应激多维进行防治，也可以添加一些中草药制剂，如腹水消、肾肿腹水消或强消腹水灵。腹水严重者，可以采取腹腔穿刺放水，但要注意一次放液量不宜太多，否则，易引起腹内压急剧下降而导致虚脱。

（三）山鸡养殖中常见疾病及防治

1. 白痢病

雏山鸡1月龄前最易发生此病。

【症状】病雏衰弱怕冷，相互拥挤堆于热源周围，怕光、闭眼垂翅、精神不振，饲料减少、饮水量增加，垫料很潮湿，排便次数增多。粪便特征是拉带有灰白色黏液的泡沫样稀便，并糊满肛门周围羽毛。解剖直肠，内壁有血丝及石灰样块，部分有腐烂现象。

【治疗】按雏鸡体重（kg）计算用药，痢特灵每次每千克体重7.5mg、氯霉素每次每千克体重50mg，同时加入适量的复合维生素B、维生素C，均匀混合于2h内食完的饲料中，一天2次，连喂5天，停3天，再喂3天。注意：痢特灵、氯霉素均难溶于水，加入水中会沉淀，雏鸡摄入后易导致痢特灵中毒。

【预防】最有效的方法是种蛋必须来自于净化后的种禽场，而且对当天收集的种蛋及入孵前和出雏前要进行消毒，这就要求购种者必须到管理严格、技术力量过硬的规模化种禽生产厂家去购买，才能确保养殖效益。同时打扫雏鸡舍，保持清洁，垫料干爽，及时分群，减少密度也很重要。在育雏期间，水中添加0.1%的土霉素，也有一定的效果。

2. 球虫病

20～60日龄小山鸡在密度大、卫生条件差、通风不良的情况下较易得此病。

【症状】病鸡精神不振，怕冷集群，但不扎堆，羽毛松散，翅膀下垂，嗉囊膨大软如球，饮水、饲料均减少，粪便特征是拉果酱样或带血丝的粪便，有恶臭。

【治疗】每只雏鸡每次用3 000U青霉素放入水中（注意：饮水须在2h内饮用完，以防青霉素水解，减低疗效），每天2次，氯丙呱每千克饲料加3片，每天2次，连用 7 天，一般第 2 天即可见效。

【预防】雏山鸡从 2 ~ 3 周龄开始，每天每千克体重用球痢灵 5 ~ 10mg，分 2 次配料，连用 5 天为一个疗程。

以上 2 种疾病发生期间要加强护理，发现弱、病雏及时隔离，加强保温，另加 8% 葡萄糖于水中，促进体质恢复，提高成活率，实践证明效果显著。

3. 啄食癖

啄食癖是指鸡之间互相啄叨或群鸡集中啄叨一只鸡，大、中、小鸡都会发生，若技术跟不上，几乎每批都可发生，如不及时解决，损耗会较大，严重影响养殖效益。常见恶癖有啄肛癖、啄趾癖、啄毛癖、食蛋癖等。常见原因：光照过强，饲养密度过大，采食槽位不足，垫料潮湿，通风不良，日粮中缺乏蛋白质、矿物质、维生素、粗纤维或氨基酸不平衡都可产生啄癖。在育雏期的雏鸡最易发生啄癖，成年母鸡在交配后或在窝外产蛋肛门外翻时，被其他鸡啄破出血，易被群鸡啄造成伤亡。

（1）啄趾癖 一般发生在育雏最初几天，雏鸡足趾皮薄，血管明显，最易引起互相啄趾，严重时可导致 10% ~ 20% 死亡率。

（2）食毛癖 常发生在高产母鸡群，母鸡互相啄食羽毛或自食羽毛。啄尾羽出血后，易引起啄尾症。

（3）食蛋癖 是在母鸡刚产下蛋，鸡群争相啄食或啄食自己生的蛋，其原因多是鸡饲料中缺乏钙和蛋白质，产软壳蛋或薄壳蛋，弄破后易形成食蛋恶癖。

【防治】①减少密度。②增加青饲料。特别是雏鸡在 2 日龄后，每 2 ~ 3h 投放一次细嫩的青菜，让其采食；成年鸡用稻草或青草作为垫料让其啄食，这也是补充维生素和矿物质的有效手段。③增加 6% ~ 8% 蛋白质或 2% 羽毛粉。④雏鸡可减少光照强度。⑤饲料中加入 2% 芒硝（Na_2SO_4）。⑥做好断喙工作。以上措施综合运用，非常有效。一旦发现啄癖，应及时捉出被啄鸡，涂上紫药水，另外隔离饲养，投喂几天的抗生素，即可痊愈。

4. 蛔虫病

山鸡蛔虫病是由鸡蛔虫寄生于山鸡的小肠内引起的一种常见的寄生虫病，常影响雏山鸡的生长发育，甚至引起大批死亡，造成严重损失。本病主要通过感染性虫卵的饲料和饮水而感染，雏山鸡易感，成年山鸡多为带虫者。

【症状】雏山鸡生长发育不良，精神萎靡，常呆立不动，翅膀下垂，羽毛松乱，鸡冠苍白，黏膜贫血，食欲减退，下痢和便秘交替出现，有时稀粪中混有带血黏液，逐渐衰弱死亡。成年鸡多为带虫者，严重者表现为下痢、产蛋量下降和贫血等。

【预防措施】

（1）幼龄鸡应与大鸡分群饲养，不使用公共运动场，成年鸡多为带虫者，是传染来源。

（2）鸡粪应集中起来进行生物热处理，鸡舍内垫草应勤换，运动场应勤换新土，饲槽、饮水器应每隔 1 ~ 2 周消毒 1 次。

（3）在蛔虫病流行的鸡场，每年应进行2～3次定期驱虫，雏鸡第一次在孵化后2个月内进行，第二次在冬季进行；成年鸡第一次在10～11月进行，第二次在春季产蛋季节前1个月进行。对患病鸡随时进行治疗性驱虫。

第二节　肉鸽养殖技术

肉鸽俗称地鸽或菜鸽，为家鸽的一种，属鸟纲、鸽形目、鸠鸽科、鸽属。鸽肉肉质细嫩、肉味鲜美、营养丰富，是著名的滋补品，对产妇、术后患者、久病贫血者具有大补、养血等功效，特别适合老年人和体弱多病者作为天然滋补食品。鸽子食量小，饲料资源丰富，抗病力强，性情温顺，容易饲养，因此，养鸽是一项投资少，见效快的好项目。

一、肉鸽的生物学特性与品种

（一）形态特征

肉鸽的外貌大致可分为头、颈、胸、翼、腹、腰、尾和脚等九大部分。头部不大，呈圆形，头前有上、下喙，鼻孔位于上喙的基部，鸽的鼻孔有柔软膨胀的皮肤，叫蜡膜或鼻瘤，眼睛位于头的两侧，视觉灵敏。颈部较长，能自由转动。躯干呈纺锤形，脚上有四趾，第一趾向后，其余三趾向前，趾端均有爪，胸宽且肌肉丰满，颈粗背宽，腿部粗壮，不善飞翔，鸽的羽色各种各样、五花八门，有纯白、纯黑、纯灰、纯红、绿色、灰二线，还有黑白相间的"宝石花""雨点"等。

（二）生活习性

1.一夫一妻制

鸽子5～6月龄达性成熟后，6月龄时开始配对繁殖。鸽子通常是单配（一公一母），且感情专一，配对后长期保持配偶关系，故鸽有失妻鸟之称。为防止同性配对，散养种鸽必须公、母各半。

2.性喜粒料，素食为主

鸽子无胆囊，以植物性饲料为主。喜食粒料，如玉米、稻谷、麦类、豌豆、绿豆、油菜子等。鸽子没有吃熟食的习惯，但可应用全价颗粒饲料。鸽保留嗜盐的习性，故人工饲养肉鸽在保健砂中应加入3%～5%的食盐。

3.鸽喜干燥，爱好清洁

鸽子喜欢清洁、干燥的环境和适宜的温度，鸽舍建造应干燥向阳，通风良好，夏季防暑，冬季防寒。

4. 鸽喜群居，记忆力和警觉性强

鸽子的合群性明显地表现在信鸽中，它们总是成群结队地飞翔。鸽子记忆力很强，表现在对配偶、方位、巢箱、颜色、呼叫信号的识别和记忆上。鸽子的警惕性高，奇怪的声音、刺眼的闪光、异常的颜色，均会引起骚动和飞扑。在人工饲养的条件下，应防止猫、鼠、蛇等的侵扰。

5. 亲鸽共同筑巢、孵蛋与育雏

与其他禽类不同，鸽子配对交配后，公、母鸽一起找材料营巢，产下 2 枚蛋后，公、母鸽轮流孵化。幼鸽孵出后，由公、母鸽共同用嘴对嘴的方式哺育雏鸡。亲鸽双方不仅能自繁，还可以哺育仔鸽，共同承担养育后代的责任。

（三）肉鸽的品种

肉鸽的主要特点是早期生长快，肉质细嫩，体型大，胸阔而圆，肌肉丰满，颈粗背宽，性情温顺，飞翔能力差。目前世界上肉用鸽的品种繁多，现简单介绍将我国目前生产中饲养较多的几个品种。

1. 石岐鸽

原产于广东省中山市石岐镇一带，是我国最好的肉鸽品种。其体长、翼长和尾长，形如芭蕉蕾。平头光胫，鼻长细眼，胸圆，羽色为灰二线和细雨点。成年公鸽体重 750g 左右，母鸽 650g 左右，4 周龄乳鸽为 500 ~ 600g，石岐鸽年产乳鸽 7 ~ 8 对。该鸽适应性强，耐粗易养，性情温顺，肤色好，骨软肉嫩，肉带有类似丁香花的味道，但其蛋壳较薄，孵化时易被踩破，管理上须加注意。

2. 王鸽

王鸽是世界著名的肉用鸽品种之一，于 1890 年在美国新泽西州育成，多以白色和银色为主。

王鸽体型短胖，胸圆如球，背部宽阔，尾短而翘，平头、光脚、羽毛紧密，体态美观，有观赏价值。白羽王鸽：成年种鸽活重 700 ~ 850g，年产仔鸽 6 ~ 8 对；22 ~ 25日龄乳鸽体重达 500 ~ 750g。白羽王鸽对气候条件要求不严，我国南、北方均可适应，种鸽一年四季繁殖，既可散养也可笼养。银羽王鸽：成年种鸽体重一般 800 ~ 1 000g，乳鸽体重也较重，是目前理想的肉鸽品种。

3. 蒙丹鸽

原产于法国和意大利，因其体型大、不善飞翔、喜地上行走，故又名地鸽。体型与白羽王鸽相似，呈方形，胸深而宽，龙骨较短，成年公鸽体重 750 ~ 850g，母鸽700 ~ 800g，1 月龄乳鸽体重可达 750g，年产乳鸽 7 ~ 8 只，毛色有纯黑、纯白、灰二线等。

4. 鸾鸽

原产于意大利，经美国引进改良，为世界上体型最大的肉鸽品种。成年公鸽体重1 400g，成年母鸽体重达1 250g。年产仔鸽7～8对，高者达10对。28日龄乳鸽活体重达700～900g。该鸽性情温顺，不善飞翔，抗病力强，适宜笼养，易管理。但繁殖力较差，雏鸽生长慢，因体大笨拙常压坏和踏碎种蛋而影响孵化率。

5. 贺姆鸽

肉用贺姆鸽是美国从竞翔鸽中选择肉用性能好的个体经培育而成的专门品种。其特点是平头，羽毛紧密，体躯结实，无脚毛，羽色有白、灰、黑、棕及花斑等色，成年公鸽体重680～765g，母鸽600～700g，1月龄乳鸽体重可达600g左右，肉用贺姆鸽体型小，但乳鸽肥美多肉，并带有玫瑰花香味。年产仔鸽7～8对，耗料较少，是培育新品种或改良鸽种的好亲本。

6. 卡奴鸽

原产于法国的北部和比利时南部，是肉用和观赏的两用鸽。卡奴鸽外观雄壮，颈粗胸阔，体型紧凑结实，姿势挺立，翼短，羽毛紧贴而不下垂，羽色有纯红、纯白、纯黄三种，成年公鸽体重700～800g，母鸽600～700g，4周龄乳鸽体重达500g左右，繁殖力极强，1年产乳鸽8～10对，高产的达12对以上，它的育雏性能好，有的一窝可哺育3只乳鸽，换羽期也不停止生育。该鸽性情温顺，体质强健，较易饲养，屠宰后胴体外观好，体躯和胸脯浑圆，皮肤洁白，极受市场欢迎。

7. 千克鸽

千克鸽是我国云南昆明地区育成的，又称昆明千克鸽。此鸽体型较小，成年体重500～700g，但具有生长发育快、耐粗饲、易育肥、饲料报酬高等优点。

二、肉鸽的繁育

（一）种鸽的选择

优良种鸽应是品种特征明显、体型大、性情温顺、繁殖力强、就巢性好、乳鸽成活率高、生长速度快、遗传性稳定的个体。选择种鸽时，不仅看外貌和体重是否达到品种标准，还应查家谱、查年龄、看后代，做出科学的结论。

选择种鸽可分以下几个阶段进行：

1. 乳（童）鸽的选择

选择系谱清晰、亲鸽生产性能好、健康无病的后代，乳鸽阶段发育正常，10日龄平均体重达到400～500g，23～28日龄体重要达到600～750g。毛色纯正，体态优美，符合品种特征。

2. 青年鸽的选择

生长发育正常，4月龄体重接近或超过母体体重，健康无病，性情温顺、抗病力强，符合标准。

3. 产鸽的选择

成年公鸽体重在 750g 以上，成年母鸽在 650g 以上。优良的种鸽眼睛明亮有光，羽毛紧密而有光泽，躯体、脚、翅膀均无畸形，胸部龙骨直而无弯曲，脚粗壮，胸宽体圆，健康有精神。一般年产乳鸽 8 对以上，20～25 日龄的乳鸽体重应达 500～600g，性情温顺，抗病力强。年龄在 5 岁以下。

（二）繁殖技术

1. 配对

5～7 日龄的肉鸽已进入性成熟阶段，并表现各种求偶行为，开始时雄鸽昂首挺胸、尾羽如扇形下垂，向雌鸽频频点头，舞步围雌鸽转，不断发出"咕咕"叫声，在雄鸽的追求下，雌鸽中意后，缓慢地靠近公鸽，彼此梳理对方头颈部羽毛，相互亲吻，称为鸽吻。

配对是鸽子繁殖特点之一，在生产实践中，鸽的配对方法有自然配对和人工配对，自然配对又分为大群自然配对和小群自然配对。自然配对适用于商品鸽场，一般来说，小群配对比大群配对时间短，因为小群空间小，接触机会多，完成配对的时间可大大缩短。人工配对适用于育种场，方法是人为选择一对公母鸽，放在同一配种笼内。开始时在笼中间用铁丝网板隔开，公母鸽通过网相望，建立感情，彼此不产生斗架时，便可抽出隔网板，让其配对。

配对时应注意几点：①配对鸽群的公母比例要基本相等；②配对种群必须达到性成熟日龄，而且体重大小悬殊不能太大。

2. 产蛋孵化

配对后公鸽外出寻找草茎、细树枝等材料供母鸽筑巢，以后在产蛋和孵化过程中会继续加固巢，生产实践中应事先准备好巢窝，散养时还需准备一点软草料。产蛋前公母鸽不分离，母鸽在前面走，公鸽在后面追，这是母鸽快下蛋的一种征兆，俗称追蛋。配对 7～8 天便可产蛋。正常情况下，每窝连产 2 枚蛋，中间相隔大约 48h。2 枚蛋产下后便开始孵化，公母鸽轮流孵化，通常情况下，白天多由公鸽孵化，夜间多由母鸽孵化，当然这种时间上的分工也不是一成不变的。当一方偶尔离巢时，另一方就会主动接替。鸽的孵化期为 18 天。

3. 育雏

自乳鸽出生至能独立生活这一阶段，为肉鸽的育雏期。乳鸽出生后，亲鸽随之产生鸽乳，共同照料乳鸽，轮流饲喂。在这期间，亲鸽又开始交配，在乳鸽长到 2～3 周龄后，又开始产下一窝蛋，进入下一个繁殖周期。

（三）种蛋的人工孵化

为了加速肉鸽生产，增加繁殖窝数，可将被亲鸽遗弃的种蛋及不善孵化的种鸽所产的蛋收集起来进行人工孵化，一般采用小型孵化器孵化，基本操作与鸡蛋孵化大致相同。孵化温度：1～7天为38.7℃，8～15天为38.3℃，15天以后为38℃。相对湿度：前期为55%～65%，后期为70%～80%。每天翻蛋6次，孵化第16天停止翻蛋。肉鸽的人工孵化和自然孵化都需通过照蛋检查胚胎生长发育情况，一般孵化到第4～5天进行一照，至第10天进行二照，剔除无精蛋及死胚蛋，并观察胚胎发育情况，以便保持良好的孵化成绩。在第17～18天时，若发现有因胚弱而破壳困难者，可人工助产。

（四）鸽的雌雄鉴别

鸽的雌雄鉴别是肉鸽生产、繁育工作中不可缺少的一环，配种时如果性别比例不当，不但鸽舍不得安宁，而且影响产蛋率，不同年龄的肉鸽雌雄鉴别方法不同。

笼内捉鸽时，先把鸽子赶到笼内一角，用拇指搭住鸽背，其他四指握住鸽腹轻轻将鸽子按住，然后用食指和中指夹住鸽子的双脚，头部向前往外拿。鸽舍群内抓鸽时，先决定抓哪一只，然后把鸽子赶到舍内一角，张开双掌，从上往下，将鸽子轻轻压住。注意不要让它扑打翼羽，以防掉羽。

雌雄鉴别时，让鸽子的头对着人胸部，当用右手抓住鸽子后，用左手的食指与中指夹住其双脚，把鸽子腹部放在手掌上，用大拇指、无名指与小指由下向上握住翅膀，用右手托住鸽胸进行观察。

1. 鸽蛋的胚胎鉴别

用照蛋器观察孵化4～5天的受精卵。若胚胎两侧的血管是对称蜘蛛网状时，多为雄鸽；若胚胎两侧的血管是不对称的网状，一边长且多，一边短且稀少时，多为雌鸽。此种方法鉴别的准确率可达80%左右。

2. 乳鸽的雌雄鉴别

①外形比较鉴别：同窝的一对乳鸽中，雄鸽生长发育快，身体粗大，喙长而宽，鼻瘤大，颈粗短，脚粗壮，背观近似方形，平时反应灵敏，活泼好动，争先采食，而雌鸽则相反；②肛门鉴别：在5日龄前通过观察肛门的形状而辨别雌雄。雄鸽的肛门下缘较短，从侧面看上缘覆盖着下缘，从后方看肛孔两侧端稍微向上弯；而雌鸽相反，从侧面看肛门下缘包着上缘，从后方看肛孔两侧稍微向下（图6-7）。

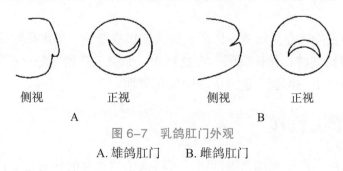

侧视　　　　　正视　　　　　侧视　　　　　正视

A　　　　　　　　　　　　B

图6-7　乳鸽肛门外观

A.雄鸽肛门　　B.雌鸽肛门

3. 童鸽的雌、雄鉴别

1～2月龄童鸽的性别最难鉴别，通常只能通过外形及肛门等部位来鉴别。4～6月龄的鸽子鉴别比较容易。童鸽的雌、雄鉴别如表6-5所示。

表6-5 童鸽的雌、雄鉴别对照

对照项目	雄 鸽	雌 鸽
外表特征	体大，头大，头颈粗，鼻瘤大而扁平，喙阔厚而粗短，脚粗大	头较圆小，鼻瘤窄小，喙长而窄，体稍小而脚细短，颈细而软
生长发育情况	生长快，身体强壮，争先抢食	生长慢，身体稍小，多数不争食
捕食时动态	活泼好动，性格凶猛，捕捉时用喙或翅拍打，反应灵敏	性格温和，胆小，反应慢，捕捉时慢缩逃避
鸣叫	捕捉时发出粗而响的"咕咕"声	发出低沉的"呜呜"声
眼睛	双目凝视，炯炯有神，瞬膜迅速闪动	双眼神色温和，瞬膜闪动较缓慢
肛门（3～4月龄）	肛门闭合时向外凸出，张开时呈六角形	肛门闭合时向内凹入，张开时呈花形
羽毛	有光泽，主翼羽尾较尖	光泽度较差，主翼羽尾端较钝

4. 成年鸽的雌雄鉴别

成鸽的雌、雄鉴别如表6-6所示。需要注意的是，上述童鸽的雌雄鉴别法都适用于成鸽，且在成鸽表现得更加突出。

表6-6 成鸽的雌、雄鉴别法

对照项目	雄 鸽	雌 鸽
体格	粗壮而大，脚粗有力	体较小而细，脚细短
头部	头圆额宽，头颈粗硬，不易扭动，上下喙较粗短而阔厚	头狭长，头顶稍尖，头颈细而短软，颈部易扭动，上下喙较细长而窄
羽毛	颈毛颜色较深，羽毛粗，有金属光泽，求偶时颈羽竖立，尾羽呈扇状	颈羽色浅，细软而无光泽，用手按泄殖腔时尾羽会向上翘，毛紧凑
鼻瘤	粗、宽大近似杏仁状，无白色肉腺	小而收得紧，闭合时向内凹入，张开则呈花形
肛门内侧	上方呈山形，闭合时外凸张开，呈六角形	上方呈花形，闭合时向内凹入，张开则呈花形
胸骨	长而较宽，离耻骨较宽	短而直，离耻骨较窄
腹部	窄小	宽大
耻骨间距	耻骨间距约1指宽	耻骨间距约2指宽
主翼尖端	呈圆形	呈尖状

对照项目	雄　鸽	雌　鸽
叫声	长而洪亮、连续，发出双音"咕咕"声	短而弱，发出单音沉"呜"声
亲吻动作	一般张开上下喙	一般微张或不张开上下喙，而将喙深入公鸽口内
求偶表现	公鸽边"咕咕"叫边追逐母鸽，颈羽张开呈伞状，尾羽如扇状，颈部气囊臌气，有舞蹈行为	母鸽温顺地半蹲着挨近公鸽相吻，点头求爱，亲吻后母鸽蹲下接受公鸽交配，母鸽背羽较脏
神态	活泼好斗，眼睛有神，追逐异性，捕捉时以喙进攻，挣扎力强	温驯好静，眼神温和，挣扎力弱
孵蛋时间	多在白天孵蛋，一般从上午 9：00 至下午 16：00	多在晚上孵蛋，一般从下午 16：00 至第 2 天上午 9：00

（五）鸽的年龄鉴别

鸽的寿命较长，最多可活 20 岁，最理想的繁殖年龄为 1～5 岁，2～3 岁繁殖力最强，5 岁以后繁殖力、生活力日趋衰退，后代品质也不佳。生产中可通过外貌特征判断鸽子的年龄。

1. 嘴甲

青年鸽嘴甲细长而软，喙末端较尖，两边嘴角薄而窄。成年鸽喙粗短，喙末端硬而光滑，年龄越大，喙端越钝越光滑，两边嘴角结有硬痂。结痂是哺喂雏鸽引起的，结痂越大，说明哺喂雏鸽越多，年龄越大。2 岁以上的，嘴角硬痂呈黄色，5 岁以上的，痂硬而粗糙呈锯齿状。

2. 鼻瘤

乳鸽鼻瘤红润；青年鸽鼻瘤柔软有光泽，呈浅红色；成年鸽 2 岁以上的呈浅粉红色；4～5 岁的则鼻瘤紧凑、粗糙，呈粉色，无光泽；10 岁以上的则显得干枯，像散布一层粉末在上面。

3. 眼圈

乳鸽眼圈呈白色，大都有黄绒羽，身上羽毛尚未长全；青年鸽眼圈为黄色；老龄鸽眼圈为红色。

4. 脚趾

脚越细，颜色越鲜，则鸽的年龄越小，反之年龄越大。青年鸽脚的鳞纹不明显，颜色鲜红，鳞片软而平，趾甲软而尖。2 岁以上的鸽，脚上的鳞纹明显，颜色暗红，鳞片硬而粗糙，趾甲硬而弯。5 岁以上的鸽，脚上的鳞纹清楚明显，颜色紫红，鳞片突出，且硬而粗糙，并有白色鳞片附着。

5. 翼羽

主翼羽可用来识别童鸽的月龄。鸽的主翼羽共 10 根,在两月龄时开始更换第 1 根,以后每 2 周左右更换 1 根,换到最后 1 根时约 6 月龄。副翼羽可用来识别成鸽的年龄。鸽的副翼羽共 12 根, 每年从里向外顺序更换 1 根, 更换后的羽毛颜色显得稍深且干净整齐。

三、肉鸽的饲养管理

（一）肉鸽的营养需要及饲料配方

1. 肉鸽的营养需要

肉鸽与其他禽类一样,需要从外界吸取蛋白质、碳水化合物、脂肪、维生素、微量元素及水等营养物质来维持自身生命、生长发育、繁殖后代等需要。我国目前对肉鸽尚无一个完整的营养标准,根据饲养实践,提出一个参考数据,见表 6-7 和表 6-8。

表 6-7 肉鸽的营养需要

营养需要时期	粗蛋白质（％）	代谢能（MJ/kg）	钙（％）	磷（％）	粗纤维（％）	脂肪（％）
幼鸽（生长鸽）	14 ~ 16	11.723 ~ 12.142	1 ~ 1.5	0.65	3 ~ 4	3 ~ 5
繁育期种鸽	16 ~ 18	11.723 ~ 12.142	1.5 ~ 2	0.65	4 ~ 4	3
非繁育期种鸽	12 ~ 14	11.723	1	0.60	4 ~ 5	

表 6-8 肉鸽的维生素和氨基酸需要量

维生素	需要量	氨基酸	需要量
A（IU）	2 000	蛋氨酸（g）	0.09
维生素 D$_3$（IU）	45	赖氨酸（g）	0.18
维生素 B$_1$（mg）	0.1	缬氨酸（g）	0.06
维生素 B$_2$（mg）	1.2	色氨酸（g）	0.02
维生素 B$_6$（mg）	0.2	亮氨酸（g）	0.09
维生素 C（mg）	0.7	异亮氨酸（g）	0.055
维生素 E（mg）	1.0	苯丙氨酸（g）	0.09
尼克酸胺	1.2	泛酸（mg）	0.36

注：表中数据是 500g 体重的成年肉鸽每天需要量。

2. 肉鸽的常用饲料及饲料配方

肉鸽喜吃颗粒饲料，常用的饲料有两类：一类是谷粒类和豆粒类按一定比例配制的配合料。豆粒类常用的有豌豆、蚕豆、绿豆、黑豆等，属蛋白质饲料，其中蚕豆粒大，应破碎后饲喂，还有火麻仁、油菜籽、芝麻、花生米等能增强羽毛光泽的豆粒类，在换羽期间不能缺少。谷粒类常用的有玉米、稻谷、糙米、高粱、大麦、小麦等，属能量饲料。此类配合料可直接喂给，不需粉碎加工。根据营养需要，不同生长阶段，大致饲料比例如表6-9所示。肉鸽对矿物质的需要量比其他畜禽多得多，采用此种饲料时有必要专门加喂矿物质合剂即保健砂，保健砂不仅可补充矿物质、维生素的需要，还具有刺激和增强肌胃收缩，参与机械碾碎饲料，有助于消化吸收、解毒、促进生长发育与繁殖等功能。保健砂的配方很多，各个鸽场均有自己的配方，而且相互保密，其成分有红土、木炭、壳粉、食盐、河沙、骨粉、黄泥、旧石灰等，比例差异很大，列举几种配方，见表6-10。这一类是传统的饲养方式。另一类是新开发研制的全价配合颗粒料，经实践证明，饲养效果好，乳鸽28日龄平均体重达548.8g。肉用鸽颗粒饲料配方为玉米40%、大麦15%、小麦5%、麸皮8%、蚕豆18%、麸质粉3%、菜籽饼1.5%、火麻仁2%、禽用矿物质添加剂2%、贝壳粉2%、草粉3%、食盐0.5%，每100kg饲料加多种维生素15g、土霉素50g。全价颗粒料克服了鸽子挑食、厌食而导致营养不平衡的现象，还可免去配制和添加保健砂的麻烦。

表6-9 肉鸽的谷类和豆类饲料比例（%）

饲料比例生长期	谷 类	豆类籽实
非育雏期种鸽	85 ~ 90	10 ~ 15
育雏期种鸽	70 ~ 75	25 ~ 30
幼鸽	75 ~ 80	20 ~ 25

表6-10 保健砂配方（%）

原料	配方1	配方2	配方3	配方4	配方5	配方6	配方7
红泥土	20	30		35	20	35	1
河沙	32	25	60		20	25	35
贝壳粉	30	15	31	40	30	15	40
石灰石				5			5
旧石膏		5	1				
旧石灰	2	5			5	5	
砖末	2						

原料	配方1	配方2	配方3	配方4	配方5	配方6	配方7
木炭末	3.5	5	1.5	10	2	5	10
骨粉		10	1.4	5	10	5	5
蛋壳粉		5				5	
食盐	4		3.3	5	5	5	4
生长素	2						
明矾			0.5				
龙丹草	0.7		0.5		0.2		
二氧化铁	0.2		0.3		0.6		
维生素	0.2						
甘草末	0.8		0.5		0.2		
合计	97.4	100	100	100	100	100	100
配方来源	广西都安县科委鸽场	广东省某鸽场	香港九龙某鸽场	台湾某鸽场	广东佛山某鸽场	江西某鸽场	美国某鸽场

（二）肉用鸽舍与笼具设备

1. 肉用鸽舍类型

鸽舍是鸽子栖息、生活和繁殖后代的场所，根据肉鸽生活习性，建筑鸽舍应选择干燥、通风良好、无工业废气污染、无噪音干扰、面北朝南、阳光充足、交通方便的地方，鸽舍建筑面积大小要根据饲养数量和地形而定，为方便管理，最好一人管理一幢或两人管理一幢，数量为 200 ～ 500 对为宜。

目前鸽舍的式样尚无统一的标准和规格，可以因地制宜，因陋就简，便于饲养管理，根据肉鸽的健康生活等要求建造，我国目前常见的有如下几种形式：

（1）内外笼双列式鸽舍　这种鸽舍采用钟楼式屋顶。两边檐各宽60cm，高280cm，舍内宽3m，正中是2.2m宽的工作通道。舍内靠墙处各设一宽40cm、深5cm的内水沟。内水沟上方叠放四层繁殖鸽内笼。最底层内笼笼底离水沟底45cm，最顶层内笼上方的墙上开空气对流窗。舍外靠墙处各设一宽60cm、深5cm的外水沟。外水沟的上方与内笼相对应处叠放四层繁殖鸽外笼。内笼和外笼之间的墙上开一小门，供鸽子出入内外笼（图6-8）。此鸽舍的优点是充分利用光照，设备完善，饲养量大，容易管理，但投资大，造价高，适宜饲养生产商品乳鸽的种鸽舍。

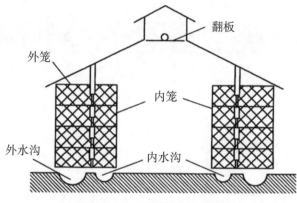

图6-8　内外笼双列式鸽舍

（2）开放式群养鸽舍　有单列式也有双列式。单列式过道靠后墙,南面设运动场,大小为鸽舍面积的15～20倍,运动场四周用水泥柱架网,顶上边用铁丝网覆盖,以防鸽子飞出或其他动物窜入,在运动场的两边横跨栖架,供鸽栖息。开放式群养鸽舍适宜饲养种鸽,一般将鸽舍分成若干小间,每间10～15m²,可养育成鸽120～150只,或养生产鸽40～50对,在湿度大的地区,还可在室内或运动场内架起铁丝网或竹木条进行网上饲养以提供鸽群干燥环境,减少疾病。

（3）敞棚式笼养鸽舍　这种鸽舍结构简易,敞棚四周不用围墙,只用几根砖柱或木柱,其顶盖用石棉瓦、塑料板、白铁皮等均可。鸽笼分几排摆设在敞棚内,但冬季四周要用塑料膜围上,以利保暖。这种鸽舍造价低,阳光充足,空气流通,地面干燥,管理方便,适宜温暖地区使用。

2. 鸽笼

（1）群养式鸽笼　也称柜式鸽笼,或称群养式巢箱,一般安置在开放式群养鸽舍内。此笼可用竹、木、砖等材料制成,规格多样,要根据房子的面积来考虑其大小长短,一般有3～5层。这里介绍一种四层柜式鸽笼,此笼可分16个小格,每小格高35cm、深40cm、宽35cm、脚高20～30cm,养种鸽时可在两相邻小格之间开一个小门组合成一个小单元用来饲养一对种鸽。

（2）内外双笼式鸽笼（阴阳笼）　用于双列式或单列式笼养鸽舍,由内外两只铁丝网笼组成,中间靠鸽舍的砖墙隔开,墙上开一高20cm、宽15cm的小洞以沟通内外两笼,外笼40cm×60cm×60cm,供鸽子饮水、淋浴和运动用。正面开一15cm×15cm小门以便捕捉鸽子。最顶层外笼的上方设一根水管,水管底部开若干小孔,以供水给鸽子淋浴;内笼40cm×40cm×60cm,即深度比外笼浅20cm,供鸽子产蛋育雏和采食饲料。正面开一20cm×20cm的小门以便捕捉鸽子。小门和内笼正面均用6mm粗的铁条竖向安装,间距4cm,便于鸽子采食和饮水;其余地方绷上金属网。在内笼小门的右边离笼底17cm左右,用6mm粗的铁条做一个20cm×20cm的巢盆架子,以便亲鸽在上一窝乳鸽尚未断奶离巢而又产第二窝蛋时,就在这架上的巢盆安心孵蛋,可避免乳鸽的干扰。

（3）单笼　用来饲养需隔离的伤、病、弱鸽，可用竹、木和金属网制成，规格为50cm×60cm×50cm。

（4）种鸽专门配对笼　其面积比一般笼子要小，规格为70cm×35cm×35cm，两笼中间是一个活动可抽移的栅栏。

3. 用具与设备

（1）巢盆　专供鸽子产蛋、孵化和育雏用，可用木、塑料、石膏、陶瓷等制成，要求干燥，便于清洗，巢盆一般直径20～23cm，深7～8cm，一般每对种鸽配置上下两具巢盆。

（2）食槽　应以能使鸽子容易啄食、不会糟蹋饲料为原则，可用竹木、铁皮、塑料等材料制成，食槽一般制作成长条形，上宽5～7cm，边高6～8cm，也可采用专用饲料槽箱。

（3）饮水器　采用铁皮、瓷、塑料等材料制成。饮水器的构造应使鸽饮水方便，又必须保持饮水的清洁卫生。

（4）栖架　可用竹竿、木条制成架子、梯子等供鸽子栖息。

（5）捕鸽罩　用于捕捉鸽子，一般用尼龙绳编织而成，一端开圆形口系在铁丝制的圆圈上，另一端不开口。

（6）水浴盆　用于鸽子洗浴，多为塑料盆或陶瓷盆，形状可方可圆，以盆径55cm、盆高15cm为宜。

（7）保健砂箱（杯）　可用木或水泥制成，群养使用箱式，笼养使用杯式。

（三）肉鸽的饲养管理

要搞好肉鸽生产，获得较高的生产水平，除了应给优质的饲料和日粮以满足其营养需要外，还要采取科学的饲养管理技术，制定和遵守饲养管理规程。

1. 肉鸽养育阶段的划分

目前对肉鸽养育阶段的划分尚无一个统一的说法。根据肉鸽生长发育的特点可划分为如表6-11所示的几个阶段。

表6-11　肉鸽养育阶段划分

阶 段 名 称	月 龄
乳鸽	0～1
童鸽	1～2
青年鸽（后备鸽）	3～6
种鸽（生产鸽）	6月龄以上

2. 肉鸽的日常饲养管理

（1）细致观察肉鸽的动态表情 鸽子表情有疑惑、恐惧、悲哀、患病、口渴、饥饿、想洗澡、吃饱、愉快、发情等。观察鸽子的表情能了解鸽子真正的欲望和要求，从而完善饲养管理工作，满足其生理需要，尽量发挥其生产潜力。

（2）提供适宜的环境 实践证明，环境不仅影响鸽子的健康，还能直接影响其生产性能的发挥，应经常注意环境条件的变化，及时采取相应措施，以尽可能地满足鸽子所需的温度、湿度、光照、通风、换气、饲养密度等条件，尽量为鸽子提供一个清洁卫生、安静舒适的环境。

（3）喂料要定时、定量 一般群养肉鸽多采用自由采食，保证整天不断料不断水。笼养肉鸽采用定时、定量饲喂，每天上下午各一次，育雏亲鸽在中午加喂一次，这样既可防止鸽子挑食的坏习惯，又可培养亲鸽定时喂乳鸽的习惯，肉鸽每天采食量一般是自身体重的1/10左右，冬季和哺乳期略有增加。

（4）及时添加保健砂 保健砂是采用传统的饲养方法时不可缺少的添加剂，肉鸽每天采食的比例约为饲料量的5%～10%，保健砂要保持湿润，但也不能糊口，为确保其有效成分，应放置阴凉处，且5～7天需全部更换一次。

（5）适当洗浴 通过洗浴可洗净羽毛，减少体外寄生虫的感染，还可强健体质，增加活力，洗浴次数根据季节和气候而定，夏季每周3～7次，冬季每周1次，每次洗浴20～30min即可，笼养肉鸽采用淋浴，每次10min为宜，抱窝和哺育10日龄以内乳鸽的亲鸽不宜洗浴。

（6）定期消毒，防病治病 搞好环境卫生是预防疾病的重要措施，尤其开放式群养，室内外天天清扫，水、食槽每天清洗消毒，污染的巢盆、垫料应及时洗换，鸽笼也需定期消毒。

（7）做好生产记录 生产记录反映了鸽群每天的动态，用以指导生产，改善经营管理，因此必须做好各项生产记录。

3. 乳鸽的饲养管理

从出壳到1月龄左右，"断奶"离巢这一阶段内的小鸽称乳鸽，又称幼鸽或雏鸽，刚出壳的雏鸽躯体软弱，身上只披着初生的羽毛，眼睛不能睁开，不能行走和自行采食，只能靠亲鸽从嗉囊中吐出半消化乳状食糜来维持生长。此时期的乳鸽生长强度大，生长速度快，饲料转化率高。据上海肉鸽饲养者测定，王鸽和杂交鸽的生长情况如表6-12所示。

表6-12 王鸽和杂交鸽的生长情况（g）

品种	初生	1周龄	2周龄	3周龄	4周龄
王鸽	19	147	378	440	609
杂交王鸽	19	152	363	462	545

乳鸽的饲料转化率为 2 : 1，每天的采食量是上午最多，下午次之，中午最少。根据乳鸽生长发育特点，在饲养管理方面应注意以下几点。

（1）及时进行"三调"

①调教亲鸽哺喂乳鸽：有个别亲鸽（尤其是初产种鸽）在乳鸽出壳后 4 ~ 5h 仍然不给乳鸽喂乳，要给予调教，即把乳鸽的嘴小心地插入亲鸽的口腔中，经多次重复后亲鸽一般就会哺育。

②调换乳鸽的位置：在自然孵育条件下，先出壳的那只乳鸽通常长得快。另外，有个别亲鸽每次都先喂同一只乳鸽，先受喂的那一只同样长得快，所以，在同一窝的两只乳鸽，大小差异很大。遇到上述情况，应在 6 ~ 7 日龄乳鸽会站立之前，把它们在巢盆中的位置互相调换，这样有利于均匀发育。

③调并乳鸽：并雏是提高种鸽繁殖力的有效措施之一。若一窝只孵出一只乳鸽或乳鸽中途死亡一只时可调并成一窝，使不带仔的亲鸽提早进入下一个繁殖周期。这样做还可避免发生因仅剩下一只乳鸽往往被亲鸽喂得过饱而引起嗉嚢积食等不消化现象。

（2）注意饲料调换　1 周龄后的乳鸽开始由亲鸽喂给乳状食糜变为喂给经浸润的谷豆籽实，这时，由于乳鸽对新食物尚未适应，可能会出现积食和消化不良，甚至出现咽炎、嗉囊炎、肠炎或死亡，这几天是乳鸽的一个关键时期，因此最好给亲鸽饲喂经浸泡晾干的小颗粒谷豆饲料，为预防起见，在第 2 周龄时可每天给乳鸽喂半片酵母一类的健胃药。

（3）及时离亲　留种的乳鸽 28 日龄离巢单养，不留种的商品乳鸽在 21 日龄前后离亲，再进行人工育肥出售，不及时离亲会影响亲鸽产蛋和孵化。

（4）乳鸽的人工哺育　国内外养鸽工作者都在研究和探讨乳鸽的人工哺育。由于自然鸽乳中尚有一些重要营养因子尚未被人们了解，因此 1 ~ 7 日龄乳鸽的人工哺育尚未彻底解决，现在能人工育活 1 ~ 7 日龄的乳鸽，但成活的乳鸽体质差，抗病力弱。

乳鸽的人工哺育应在专门的育雏室内进行，育雏室应设有加热保温和通风换气设备，要能防鼠、防蛇、防蚊蝇侵入，室内置有育雏架，架上放育雏盆，育雏盆内放 2 ~ 3cm 厚的糠或细沙或短麦秸作垫料，垫料应清洁干燥，每只育雏盆内可放两只乳鸽。入雏前，育雏室和育雏用具必须事先充分清洗、消毒。育雏的温度 1 日龄为 38℃，以后每天降低 0.5℃，降到 25℃就维持到乳鸽出育雏室为止。育雏室内相对湿度控制在 62% ~ 68%。人工哺育雏鸽成功与否关键在日粮配方，尤其是人工鸽乳的配方，目前还没有公认的好配方，现介绍一个生产实践中应用过的配方供参考：1 ~ 2 日龄时，将脱脂奶粉加新鲜熟蛋黄加水调成糊状，3 ~ 5 日龄时，脱脂奶粉加米粥调成稀糊状；6 ~ 7 日龄时，脱脂奶粉 20% ~ 25% 加肉用仔鸡饲料 75% ~ 80%，矿物质、维生素及抗菌药等添加剂适量，加 6 倍温水调成乳浆状；8 ~ 9 日龄时，脱脂奶粉占 3% ~ 5%，肉用仔鸡饲料占 95% ~ 97%，添加剂适量，加 7 倍温水调匀灌喂。灌喂方法：1 ~ 7 日龄时用 20ml 注射器套小软胶管灌喂。7 日龄以后用脚踏式灌喂器灌喂，14 日龄以上的乳鸽用肉用仔鸡的饲料灌喂。

（5）肉用乳鸽的育肥　肉用乳鸽一般在4周龄左右即要上市销售，但为了提高乳鸽的肉质与体重，适当减少含水量，一般在乳鸽出售前1周左右进行人工填肥，经过人工育肥的乳鸽，烹调后皮脆、骨软，肉质嫩滑且有野味的芳香。

①填肥对象：选用15～20日龄，身体健康，羽毛整齐、光滑，皮肤白嫩，体重在350g左右，无伤残的乳鸽作填肥对象。

②填肥环境：填肥时周围环境宁静，舍内空气流通清爽、干燥，光线弱，并能防止兽害侵入，用铁丝网制成10～12m²的育肥笼，每笼不超过50只，尽量减少鸽子的活动场地，使其多睡眠。

③填肥饲料：常用玉米、糙米、小麦和豆类作填肥饲料，适当添加食盐、禽用复合维生素、矿物质和健胃药，一般能量饲料占75%～80%，豆类占20%～25%，也可用全价配合料。

（6）填肥方法　把饲料粉碎成小颗粒，再浸泡软化晾干，配合粉料按水料比1∶1调成湿拌料，每只乳鸽一次填喂量50～80g，每日填2～3次，填喂后让乳鸽休息睡眠。

常用填肥方法有人工填喂和机械填喂两种。小型鸽场可采用人工填喂，人工填喂又可分为口腔吹喂和手工填喂。口腔吹喂是把浸泡好的配合料和水含在口中，然后用手把鸽嘴掰开，将口内的饲料和水轻快地一次性一齐吹进乳鸽的嗉囊里。口中每含一次水料，吹喂一只乳鸽，国外常用这种方法。手工填喂就是用手将软化料慢慢塞入乳鸽嗉囊，再用玻璃注射器把水注入。但须严防注入气管而造成死亡。中大型鸽场采用机械填喂，使用填鸭机改制的脚踏式灌喂器，结构简单，容易操作，每踩动一次，填喂一只乳鸽，每小时可填300～500只乳鸽。

4. 童鸽的饲养管理

童鸽是指1～2月龄刚离亲独立生活的留种用幼鸽，饲养管理应注意以下几点：

（1）搞好初选工作　根据留种要求在离开亲鸽后，进行一次初选，凡符合品种特征，生长发育良好，身体健康，体重达到标准的乳鸽应装上脚圈，并登记好原始资料，然后转入童鸽舍饲养。

（2）提供良好的饲养环境　离亲后的童鸽由哺育转为自立生活，生活环境变化较大，此时童鸽适应能力和抗病能力差，食欲和消化能力差，易患病。实践证明，这个阶段鸽子死亡率高，因此除加强管理外，一般应放到专门饲养笼（又称育种床）中饲养，这种育种床有保温设施，每笼可养50只左右，10～15天后转入离地网上饲养。

（3）精心饲喂鸽群　童鸽消化能力差，颗粒大的饲料应先压碎成小颗粒，浸泡软化后饲喂，此时在饮水中适当加入食盐和加喂健胃药，以帮助消化和增加食欲。刚转群的头几天，饲喂时应细心观察，发现不会采食者要给予调教和人工饲喂。

（4）注意换羽期管理　童鸽自50日龄开始换羽，换羽期童鸽对环境变化较敏感，容易受凉和发生应激，也易受沙门氏菌、球虫等感染，并常患感冒和咳嗽，若环境条件差，还易患毛滴虫病和念珠病等。实践证明，在整个饲养期内，50～80日龄的鸽子发病率和死亡率是最高的，所以这个时期除精心管理外，还要在饮水中选择有效的药物交替使用，做好鸽群的疾病防治工作。这是保证童鸽正常发育和提高成活率的关键所在，同时在换羽期应适当增加能量饲料，火麻仁用量增为5%～6%，以促进羽毛更新。

5. 青年鸽的饲养管理

通常把从3月龄到性成熟的鸽子称青年鸽，或称育成鸽、后备鸽，这是培育种鸽的关键时期，青年鸽培育的好坏直接影响种鸽的生产性能，青年鸽的饲养管理应按其生长发育的特点来进行，主要注意以下几点：

（1）青年鸽仍处于迅速生长发育阶段，且日趋稳定，器官发育显著，第二性征逐渐明显，爱飞好斗，新陈代谢相对加强，这个时期应限制饲养，防止身体过肥，否则常会出现早产、无精蛋多、畸形蛋多等不良现象。公母也应分开饲养，防止早熟、早配、早产，影响生长发育。

（2）青年鸽活泼好动，是鸽子一生中生命力最旺盛的阶段，应采用开放式群养，力求让它们多运动，多晒太阳，以增强体质。

（3）养至5～6月龄的青年鸽生长发育已趋成熟，主翼羽已脱换七八根，应调整日粮，增加豆类蛋白质饲料至25%～30%，使鸽子成熟比较一致，开产时间比较整齐。

（4）驱虫和选优去劣 由于青年鸽多是群养，接触地面和粪便机会多，感染体内外寄生虫也是不可避免的，这时可结合驱虫进行选优配对上笼工作，这样能减少对鸽子的应激。

6. 种鸽的饲养管理

由青年鸽转入配对后的鸽子称种鸽，配成对进入产蛋和孵育仔鸽的种鸽称为亲鸽，种鸽在不同的生产阶段有不同的生理特征和饲养目的，因此其饲养管理技术也有所不同。

（1）配对期的饲养管理

①人工辅助配对：笼养种鸽，鉴别公母后人为将大小、年龄适宜的一公一母配成一对放于笼内，一般上笼后几个小时就能和平相处，2～3天后相处就很融洽。尽管如此，饲养员要密切观察注意初配头几天的种鸽，发现不愿相配或配错对的应及时调整，群养种鸽一般自然配对或人工配对，改良和培育新品种时应采用人工配对，以方便登记系谱。

②认巢训练：要让产蛋鸽按人们的要求在指定地点产蛋，有一个训练熟悉过程，笼养时可将一个假蛋放入供产蛋的巢窝内，当它愿意在盆内产蛋时，才将假蛋拿出来，群养鸽舍的种鸽配成对后很快就会找到合适的巢房固定下来，对于找不到巢房的配对鸽可关在空余的巢房内，吃食饮水都在巢房内进行，2～3天熟悉巢房后再打开巢门自由出入。

③重新配对：人工配对时双方合不来或丧失原来配偶或育种需要时必须重新配对，重新配对一般放于专用配对笼内配对，让它们隔网相对，数天后若有亲热动作时可将隔网取出，这样重配成功。对丧偶或拆偶的产鸽，重新配对需要时间较长，要耐心等待。对于拆偶鸽，应将原公母鸽远远隔开，使对方的声音都听不到，待彼此忘却后再按上述方法重配。

（2）孵化期的饲养管理　配对的鸽子，熟悉自己的笼子和巢房后，就开始产蛋，这段时期的饲养管理，应做好以下工作：

①准备好巢盆和垫料：种鸽一经配对就应在巢箱或笼内放入已铺上巢草的巢盆，对群养的种鸽，还应在鸽舍内安放装有巢草的巢草架，以便亲鸽衔草筑窝。

②布置安静的孵化环境：这对初产鸽更为重要，应采取措施挡住视线，减少干扰，专心孵蛋，群养青年鸽贪玩而不愿孵化，可把它们关在巢房内，不让外出活动，使它们专心孵蛋。

③细致观察，详细记录：要定期检查胚胎生长发育情况，及时剔出无精蛋和死胚蛋，必要时进行并蛋，孵化至 17 ～ 18 天时对出壳困难的应进行人工助产，并每天详细记下各笼产蛋、出壳日期，进行登记编号。

（3）哺育期的饲养管理　这一节内容在乳鸽饲养管理中已作详细的叙述，这里不重复。

（4）换羽期的饲养管理　每年的夏末秋初，鸽子要换羽一次，时间长达 1 ～ 2 个月，换羽期除高产鸽外，其他普遍停产，换羽期在管理上应重点注意以下两方面工作。

①强制换羽：为了缩短休产期和保证换羽后的正常生产，鸽子换羽时采用人工强制换羽，具体做法是：降低饲料质量，把蛋白饲料比例降到 10% ～ 12%，同时减少喂量和次数，甚至停料 1 ～ 2 天，只给饮水，促使鸽群在比较统一的时间内迅速换羽，待鸽群基本换羽，要逐渐恢复原来的饲养水平并有所提高，日粮中宜加些火麻仁、向日葵仁、油菜籽、芝麻等有助于羽毛生长和恢复的饲料，促使早日产蛋。

②抓紧时间整顿鸽群：换羽期是重新调整和整顿鸽群配对的最佳时期，在这段时间内，还可以结合进行选种、驱虫、防疫接种，以及舍内外和笼上笼下的大消毒工作。

四、肉鸽常见疾病的防治

（一）鸽衣原体病

鸽衣原体病是由衣原体引起的传染病，在我国被称为鸟疫，每年 4 ～ 9 月份最易感染。2 ～ 3 周龄幼鸽感染本病危险性最大，死亡率可达 20% ～ 30%，成年鸽是隐性感染。

【流行病学】本病病原体随粪便、泪液和咽喉的黏液及鸽乳排出体外，鸽子通过摄食被污染的饲料和饮水、接吻以及母鸽喂仔等途径感染，也可通过吸入空气中的病原体感染。

【症状】病鸽食欲不振，羽毛松乱，消瘦，单侧性眼结膜炎，眼睑增厚，流泪畏光，初期流出水样物，然后变成黏液性分泌物，严重者分泌物呈脓性。感染衣原体后 4 ~ 5 天，鸽子体况下降，严重的腹泻、消瘦，迅迷死亡。

【防治】严防病鸽或带菌鸽进入鸽场；加强隔离，禁止参观和接触其他动物，不与其他鸟类混养，将不同日龄鸽隔离饲养；认真处理病鸽粪便、垫草以及脱落的羽毛，严格消毒鸽舍场地和用具，严防病菌的传播。

【治疗】常用金霉素、土霉素等药物拌料饲喂，在每千克饲料中添加金霉素 0.4 ~ 0.8g，或按每只 50 ~ 100mg 计算混料，连服 5 天，后停 2 天，再用药 5 天。完成第 2 个疗程后应进行鸽舍的全面消毒。并发支原体感染时，可在饮水中加入泰乐菌素饮服，按 0.8g/L 比例给药，连饮 2 ~ 3 天。

（二）鸽新城疫

鸽新城疫是一种急性、烈性传染病，也是一种高度接触性传染病。

【症状】感染本病毒的鸽，出现严重腹泻，拉黄绿色稀粪，精神不佳，羽毛松乱，呼吸困难，食欲减少，饮欲剧增，眼结膜炎或眼球炎，鼻有分泌物。有些可见单侧性翅膀或腿麻痹，伴有阵发性痉挛、震颤，头颈扭曲，颈部僵直，头向后仰等症状。

【防治】接种疫苗是一种行之有效的预防措施，用鸽I型副黏病毒灭活疫苗肌内接种。每只鸽注射 0.5ml。老鸽每年重复接种 1 次。

（三）鸽念珠菌病

念珠菌病又称鹅口疮，是鸽子常见的真菌性传染病。幼鸽和成鸽都易感染，以 2 周龄后的乳鸽至 2 月龄内鸽易生本病。

【症状与病变】患鸽初期在口腔、咽喉部充血、潮红，分泌物增多，呈黏稠状。病变逐步形成小白色点，并扩大至上颚、食道和嗉囊，造成口烂，唾液胶黏，呼出气恶臭。病鸽呼吸困难，咳嗽，少食或废食，拉稀，逐渐体弱消瘦，以至死亡。

剖检，食道和嗉囊皱褶变粗、糜烂，或被覆黄白色干酪样伪膜。剥离伪膜时，可见黏膜糜烂或溃疡。

【预防】主要是搞好饲料、环境、栏舍的防霉工作，尤其是在梅雨季节，避免进料过多或饲料受潮。一旦发现本病，应及时投服特效治疗药物和进行全场规模的消毒工作，必要时应封锁场舍，待完全控制疫情后才解封。病死鸽、污染物、排泄物均应小心集中，统一做无害化处理。

【治疗】①有口腔病变的鸽，可除去伪膜，涂紫药水。②每只一次喂制霉菌素

20mg，每天 2 次，连用 7 天或用克霉素片口服，每千克体重 30mg，每天 2 次，连用 7 天。③用 1 : 200 的硫酸铜溶液饮用 3 天。④补充维生素 A 辅助治疗。

（四）鸽子蛔虫病

【症状】患鸽症状和鸽龄大小和寄生虫寄生数量的多少有关。一般情况下，幼鸽的症状重于成年鸽。如寄生的虫体不多时，一般无明显症状；寄生的蛔虫较多时，鸽的生长速度、生产性能和食欲等会明显下降，甚至出现麻痹症状；时间较长时，患鸽体重减轻，明显消瘦。

【防治】要避免鸽与粪便接触，每天清除粪便，搞好笼舍内外的清洁卫生，保持饲料、饮水的洁净、无污染。要定期驱虫，童鸽每 3 个月全群驱虫 1 次，成年鸽每年驱虫 1 次。对病鸽用盐酸左旋咪唑，每只每天 25mg，晚上喂服。轻者用 1 次，重者用 2 次。在驱虫后应于次日早上检查驱虫效果，清除粪便，消毒场地。驱虫后增加饲料营养，多喂含维生素 A 的多维素或鱼肝油，尽快医治肠道创伤。

五、产品采收和初加工

上市的肉用仔鸽，一般净膛后冷冻出售，冻鸽贮存时间长，还可将淡季的鸽子贮存到旺季销售，以增加盈利，从活鸽到成品上市步骤包括屠宰、清洗、拔毛、去内脏、冷却、真空包装。每一步骤都应十分注意操作，以便生产出质量统一的合格肉鸽。下面仅介绍前三个环节。

（一）屠宰

将 18 ~ 28 日龄的体重符合要求的肉用仔鸽在屠宰前的早晨收集起来，装入高 15 ~ 18cm 的金属装运笼中转移到屠宰间，为了做到屠宰仔鸽效率最高和损耗最少，可采用屠宰架屠宰。现在国内尚无现成的仔鸽屠宰架出售，可用铁皮锥形罐头逐个钉在支架上制成，锥形罐头长 18cm，上口直径 13cm，下口直径 7cm，钉时大口向上，相邻两个相隔 5 ~ 7.5cm，屠宰刀最好刀刃宽 0.63 ~ 0.64cm，刀刃长 5.7cm，刀总长 18cm。屠宰时用左手将仔鸽头拉下，使嘴张开，用力迅速刺割，通过上腭一直刺到脑子，然后将力稍许扭转或旋转一下，立即抽出刀，血顺刀口流出，几秒后死亡。

（二）清洗

仔鸽放血后在屠宰架上留 2 ~ 5min，待僵硬后取下，在水龙头下洗净身上的脏物，再将一根连接水龙头的管径 0.6 ~ 0.65cm、长 15 ~ 20cm 的小管子插进鸽嘴及其咽喉中，冲洗净嗉囊中的食物。

（三）拔毛

采用干拔法拔净全身羽毛。

第三节　豪猪养殖技术

一、概述

豪猪又名箭猪，是啮齿目动物中的一类，也是一种经济价值很高的野生动物。该物种已被列入国家林业局 2000 年 8 月 1 日发布的《国家保护的有益的或者有重要经济、科学研究价值的陆生野生动物名录》。豪猪是国家三级保护动物，已濒临灭绝状态。豪猪具有食用、药用、观赏、工艺等多方面经济价值。国家允许科学人工驯养及开发推广（必须具有国家重点保护野生动物驯养繁殖许可证、经营许可证），这对保护原始野生豪猪生态资源有着重大的现实意义，也是保护生态环境的有力措施。人工养殖豪猪这一新兴养殖产业的开发，有着特殊的经济价值和独特的市场前景，中央电视台曾多次通过节目进行推广报道，大力提倡豪猪养殖，促进产业经济的快速发展。

（一）豪猪的经济价值

豪猪是一种经济价值很高的珍稀动物。由于肉质细腻，味道鲜美，深受人们的喜爱，被誉为山珍。豪猪还具有很高的药用价值，肉、脑、脂肪油、心、肝、胆、胃、箭刺均可入药。具有降压、定痛、活血、化瘀、祛风、通络等功效，主治胃、痔瘘、恶疮、心血管硬化、白血病、风湿等病症。豪猪的箭刺除药用外，还是制作浮标和装饰品的高级原料。

（二）豪猪的认识

1. 豪猪的体态特征

豪猪的体型较粗壮，看上去有些笨头笨脑。体长可达 343mm，体重 10 ~ 20kg。全身呈黑色或黑褐色，头部和颈部有细长、直生而向后弯曲的鬃毛；全身长满粗而直的硬刺，由体毛特化而成，容易脱落。体背的棘刺特别长，最长可达 35cm。这些棘刺呈纺锤形，中间是空的，两端为白色，中间为棕黑色，刺上有许多细长纹。体侧色渐淡，棘刺渐变短。腹部棘刺呈灰白色，棘刺细、短且柔软。全身的棘刺都以 3 ~ 5 枚一排生长在体表厚厚的"肉鳞"弧形面上，以 5 枚一排的居多，刺下的皮肤上生有稀疏的白毛。尾极短，隐藏在棘刺的下面，尾端的数十个棘刺演化成为管状，顶端膨大，形状好像一组"小铃铛"，俗称"尾翎"（图6-9），走路的时候，这些"小铃铛"相互撞击，发出响亮而清脆的"卡嗒、卡嗒"的声音，在数十米以外就能听见，常常使凶猛的食肉兽类也不敢靠近。

图6-9 豪猪的体态

整个头部的外形既与老鼠相似，又与兔子相像。耳朵很小，呈半圆形，听觉不灵敏；鼻垫位于吻端，鼻孔大而潮湿，嗅觉灵敏；眼小，视觉不很灵敏，但瞳孔能随光照强弱而变化。四肢矮短，前足和后足上都具有5趾，脚底下较为平滑。趾端有爪，爪长而坚硬，善于打洞。

2. 豪猪的生活习性

豪猪生活在林木茂盛的丘陵山区，常以天然石洞居住（图6-10），也自行打洞，夜行性，活动路线较固定。在靠近农田的山坡草丛或密林中数量较多。豪猪行动缓慢，反应较迟钝。在冬季有群居的习性，在宁静的夜晚，可听到豪猪走路时背上粗刺相碰发出的"沙沙"声。

图6-10 豪猪生活

豪猪在与猛兽搏斗时，能迅速地将身上的锋利棘刺直竖起来，一根根利刺如同颤动的钢筋，互相碰撞，发出"唰唰"的响声，同时嘴里也发出"噗噗"的叫声。箭猪在怒吼了，它要以自己特有的御敌绝招，把凶恶的敌害吓倒、吓跑。如果敌害在这种刀枪林立怒不可遏的情形下，仍不听警告继续向豪猪进攻，那么豪猪就会调转屁股，倒退着长刺向敌人冲去。豪猪在雄狮猛虎面前，还是一个坚强不屈的对手。它最厉害的一手，就是善于用尾巴猛击敌人的头部，使尾巴上短而粗的刺密布敌人面部。针毛上长着带钩的刺，敌害如果被刺中，针毛就会留在肌肉里，疼痛难忍。狼、狐狸和大山猫等碰上豪猪，都不敢轻易去惹它。

豪猪身上原来也只有鬃毛，后来有的个体偶尔长出几根硬而长的角质化棘刺，在大自然的长期生活中遇到强敌时，棘刺发挥了御敌的主要作用。这种特征在后代繁殖中逐渐遗传下来，久而久之，棘刺便长满了全身。豪猪身上的棘刺，是由鬃毛逐渐转化的结果。

二、豪猪的饲养管理

（一）日粮配制技术

豪猪的消化器官构造和消化酶的特点适合于消化吸收植物性饲料，所以在配制日料时，必须以植物性饲料为主，适当搭配一定比例的动物性饲料。

（1）青饲料　包括块根类饲料和果蔬类饲料。块根类饲料除掉污迹和泥土，削去根和腐烂部分，洗净切碎直接饲喂。

（2）配方饲料　是由禾本科籽实类饲料、糠麸类饲料、饼粕类饲料、动物性饲料、矿物质饲料、添加剂饲料和预混料等按一定的比例配制而成的。各阶段豪猪饲料配方：

①幼豪猪饲料配方：玉米粉 66%，麦麸 12%，豆粕 16%，鱼粉 4%，预混料 2%（或仔猪饲料 4%）。

②育成豪猪饲料配方：玉米粉 65%，麦麸 20%，豆粕 10%，鱼粉 3%，预混料 2%（或育成猪饲料 4%）。

③妊娠母豪猪饲料配方：玉米粉 64%，麦麸 18%，豆粕 12%，鱼粉 4%，预混料 2%（或妊娠母猪饲料 4%）。

④哺乳期豪猪饲料配方：玉米粉 66%，麦麸 12%，豆粕 16%，鱼粉 4%，预混料 2%。

⑤种公豪猪饲料配方：玉米粉 63%，麦麸 16%，豆粕 15%，鱼粉 4%，预混料 2%。

可以把配方中的玉米粉换成玉米（需要泡软），豆粕换成黄豆（也需要泡软）。豪猪乃野生动物，在人工饲养过程中应尽量多给豪猪提供一些野生豪猪喜欢吃的草根树木，以避免种豪猪过肥。

（二）豪猪的繁殖

豪猪的理论寿命为 12 ~ 15 年，可繁殖的年限为 2 ~ 8 年。人工养殖最佳繁殖年龄段为 2 ~ 6 岁。雌豪猪宜在 10 ~ 12 月龄、雄豪猪宜在 14 ~ 16 月龄进行配种。繁殖高峰期雌豪猪为 3 ~ 5 岁龄，雄豪猪为 3 ~ 7 岁龄。对超过繁殖年限的老龄和体弱病残的种豪猪应及时淘汰。雌雄的配种没有固定的繁殖期，但每年的春季和秋季是繁殖高峰期。在人工饲养条件下，豪猪每年能生 2 胎，每胎产 1 ~ 2 仔，少数能产 2 仔以上。豪猪怀孕期约为 110 天。在自然条件下，豪猪约 1 年达到性成熟，在人工饲养条件下，10 月龄时便有一部分达到性成熟。

目前人工养殖豪猪的繁殖主要以自然交配为主。将豪猪按公母 1 ∶ 2 或 1 ∶ 3 的比例混养在同一个养殖圈舍内。而它的品质包括皮毛、体型、体重、抗病力、繁殖力等重要遗传性状，又分为同质和异质选配两种方法。

（1）同质选配　选择主要性状优点相同的公母豪猪交配，目的在于使其后代巩固并发展这些优良品质。

（2）异种选配　是选择主要遗传性状优点不同的公母豪猪交配，目的在于使其后代能获得兼有双亲不同的优良性状，以一方的优点纠正或补充另一方的缺点或不足，或者结合双亲的优点培养出新的品种或品系。

（三）豪猪的日常管理

（1）饲养舍和饲养池在每天上午 9 ∶ 00 以前清扫一次，料槽在每次投料前应清扫干净，水槽每 3 天刷洗一次。

（2）观察和记录豪猪群的采食及活动情况，一旦发现异常情况应及时处理。

（3）加强防寒措施，防止寒风侵袭，保持饲养舍内温度在 0℃以上。

（4）在炎热的夏秋季节，要做好防暑降温工作，保持饲养舍内温度不超过 35℃。

（5）经常保持饲养舍和饲养池内干燥，尤其是在梅雨季更要做好除湿防潮工作。

（6）保持饲养舍内的安静，尤其是在繁殖高峰期，应杜绝外来人员和其他动物进入饲养舍内。

（7）及时淘汰和更新不合格或者已经达到繁殖年限的种公豪猪和种母豪猪。

在生产管理过程中，及时吸收和应用国内外先进的豪猪养殖技术和生产经验，提高豪猪的出生率和成活率，加强哺乳仔豪猪、母豪猪的护理和饲喂，避免仔豪猪死亡，从而降低培育幼豪猪的成本。

三、养殖场的建造

（一）场址的选择

豪猪养殖场应建在地势平坦略具坡形（3° ~ 5°）、地基坚实、无污染的地区，地下水位应在 2m 以下。场舍要避风向阳，朝南或东南，建场区应无疫情史（图 6-11）。

建场区环境必须安静,应离居住区 0.5km 以上,离公路 1km 以上,距铁路、机场、矿山、工厂等 3km 以上。建场区应水源充足,水质要符合《中华人民共和国生活饮用水卫生标准》(GB 5749—2006)的要求,电力供应要有充分的保证。交通运输方便。

图 6-11　豪猪养殖场所

(二)圈舍建造

圈舍建造的要点:房舍应宽敞、通风、透气、采光性好并便于清扫。房舍一般为长方形建筑,砖瓦结构,宽度一般为 8 ~ 13m,高度一般为 3 ~ 4m,长度视地形和养殖规模而定。房舍墙面离地 2m 高处应设多个通气窗。房舍内水源、电源的设置以方便、安全为原则。

饲养池用红砖或者水泥砖砌成,内壁四周用水泥砂浆抹面,地面为水泥结构,应保持 3° ~ 5° 的倾斜,有利于排水。地面应建排水沟。在近排水沟的一侧留有一个出水孔,出水口直径约 5cm。饲养池内安装坚固耐用的饮水设施,安装位置适当,高度合理,便于维修。

(三)豪猪饲养池的面积

每只处于哺乳期的母豪猪占有饲养池的面积不低于 $1.2m^2$,每只成年豪猪占用的饲养面积不少于 $0.4m^2$。每只育成豪猪占用的饲养面积不低于 $0.3m^2$,每只幼豪猪占用的饲养面积不低于 $0.2m^2$。

(1)大池　大池为一长方形的水泥池,其规格为:长 2m、宽 1.2m、高 0.8m。大池主要用于种豪猪的饲养。

(2)小池　小池的规格为长 1.2m、宽 1m、高 0.8m。小池主要用于饲养育成阶段的豪猪。

(3)驯化池　由内室和运动场两部分组成,在室内和运动场之间有一个直径为

30cm 的小洞供豪猪自由出入。内室规格为：长 1m、宽 0.6m、高 0.8m，在内室的上方用纸板或者木板或石棉瓦加盖，以模仿豪猪洞穴的黑暗环境。

（4）运动场　运动场规格为长 1m、宽 0.6m、高 0.8m 运动场主要用于豪猪投食喂食，上方不加盖。

四、豪猪疾病防治

豪猪生命力强，几乎不发生疾病。但是应做好安全防范措施：饲养员应配备工作服，上班应着工作服；饲养员下班更衣后，工作服用紫外线灯消毒，每次照射时间为10 ~ 20min；饲养员应是健康者，每年体检一次，有疫情的豪猪养殖场，每年体检两次，发现患病者应立即调离。另外，应避免豪猪的出逃，并随时防止人为偷窃及投毒，以免造成不必要的损失。

（一）便秘

【病因】便秘是由于食料的搭配不当导致脂肪含量严重不足，也有另一种情况是食料质量变质，不容易消化，这样也容易使豪猪的肠道运动障碍，从而引起肠管发生阻塞。本病多发生于刚引进的豪猪中，饲养环境改变，活动量减少，新陈代谢机能下降，很容易产生便秘。

【症状】豪猪病初食欲尚可，但神态不安，口干舌燥，舌有黄苔，口色发红，口臭，随之食欲减退或废绝，腹胀。病初排粪少量且干硬，随之不断呈现排粪姿势，但不见粪便排出。当直肠黏膜破损时，排出的少量干硬粪球表面附有鲜红的血液。

【防治】往豪猪直肠内滴入数滴植物油，或石蜡油和温皂水。灌服硫酸钠或硫酸镁，或石蜡油、植物油等。饮用 5% 的人工盐水。严重时，可内服果导片。用 9% 葡萄糖盐水灌肠，使粪便软化再助以腹下按摩加压，粪便即可排出。此外，也可用肥皂液灌肠，或喂服人工盐 2.5mg，疗效也较好。可根据病情轻重施行外科手术。精心饲养，加强管理，给予充分饮水，做适量运动，喂易消化的优质食物。

（二）肠炎

肠炎又称黏液性下痢，是幼豪猪常见的急性肠道传染病。本病传染快，幼豪猪（尤其是哺乳期的仔豪猪）死亡率高，成为幼豪猪生长中的一大病害，必须认真对待。肠炎多由豪猪栖息环境不卫生或吃了腐败变质的食物所引起。哺乳期的仔豪猪患肠炎，多因母豪猪营养不良，引起繁殖性能下降，从而引起仔豪猪抗病能力下降。豪猪患肠炎后，多见神态呆滞，外观消瘦，不爱活动，排白色、黄色、黑色等多种颜色的稀粪便，进食少或不进食，发病严重时导致病豪猪死亡。

【病因】由于肠道内的细菌大量滋生，致使豪猪产生消化不良引起的肠道性疾病。一般认为主要是由于饲养管理不当，投喂了腐败变质的食物，致使肠胃抗病力急剧下降，幼豪猪肠道中的大肠杆菌及各种肠道细菌产生各种毒素，毒害了豪猪的神经系统，扰乱了肠道的正常活动，改变了肠道中菌群的平衡而发生本病。再通过粪便污染了水沟、水池中的水，污染了饲养池或用具等扩大传播，因而短期内可在全饲养场发生本病。

【症状】主要的病状为腹泻下痢。由于细菌产生的大量毒素刺激肠壁因而使肠的蠕动加快，致使豪猪产生腹泻。接着，随着肠壁受毒害的程度加大、加深，肠膜脱落，肠壁中毛细血管受损，肠壁肌肉溃烂，因而导致下痢，拉出恶臭、带血液、带坏死组织的粪便。一般经过 3 ~ 5 天病豪猪虚脱而死。死后剖检，可见豪猪体极度消瘦，皮包骨，棘刺无光泽、松动。胃内充满残食，肠内充满坏死组织、腐败食糜，充满血液和血块，胃肠壁溃烂。

【治疗】

（1）肌内注射庆大霉素 经化验后得知是由大肠杆菌引发的肠炎，可首选庆大霉素予以肌内注射，按 10 万 IU/kg 的剂量，一般 3 ~ 5 天可治愈。由大肠杆菌导致的豪猪肠炎，经治愈后不易再复发。

（2）注射硫酸链霉素 按 8 万 IU/kg 的剂量给予肌内注射，每天 1 次，连用 3 天。

第四节　香猪养殖技术

一、概述

香猪，为偶蹄目、猪科、猪属，以体小、早熟、肉味鲜，闻名全国。香猪又名"迷你猪"，其中，以贵州黔东南地区的从江香猪和剑白香猪及广西的环江香猪和巴马香猪最为有名，此外还有海南的五指山猪、云南的版纳微型猪和青藏高原的藏香猪等矮小品种。

（一）生物学特性

（1）香猪的抗逆性及适应性强 经得起长途运输及较强的气候变化。少病，对气候有较强的适应性。

（2）香猪小而灵活，胆小怕惊，容易逃跑 因此要求猪栏较高，饲养时环境安静，由于好活动，运动场应大些。

（3）香猪耐粗饲，食量少，饲养成本低 在原产地，小香猪以放养为主，常吃野草、香稻谷等育绿饲料，使乳猪肉具有特殊的香味，每头后备母猪（24月龄）平均每头每日消耗精饲料0.2kg、育饲料1kg。怀孕和哺乳母猪平均每头每日消耗精饲料0.4kg、青饲料2kg，耗料少，饲养成本低。

（4）香猪性成熟早，耐近交，遗传性稳定　公猪2月龄重8kg，就出现爬跨性行为，3月龄实行配种。母猪3月龄发情，4月龄即可配种，平均每胎产仔7～10头。公母比例以1：（8～10）为好。

（5）适时出栏　小香猪早熟易肥，皮薄骨细，肉嫩多汁，乳猪宰食香味浓郁，是烤乳猪的首选原料，成年猪体重仅为15～38kg。具有较高的开发价值。一般饲养57周龄的乳猪出栏。

（二）外貌特征与生长发育

（1）外貌特征　香猪体躯矮小，被毛基本上以全黑为主，头稍狭长似老鼠头，额平直而无旋毛，嘴短小而圆，耳小薄，两耳向两侧平伸或稍下垂，眼圈无毛，背部平直，母猪和肥猪多下凹，臀部丰满，四肢短而细，腹大而圆，胸围和体长大致相等，乳头数为56对，行动敏捷，与其他猪种有明显的外貌区别。

（1）生长发育　香猪出生重0.3～0.5kg，60天断奶平均每头重5kg左右。据测定6头6～12个月龄公猪，其体重仅11.74±2.17kg，体长70.5cm，体高37.8cm。2岁以上的60头母猪，最大体重为36.31kg，体长83.8cm，胸围74.8±7.1cm，体高5.65±6.6cm。香猪育肥67个月龄时，平均日增重早期270g左右，后期150g左右。因此，香猪具有早期生长迅速和边长边肥的特点，育肥猪在25kg时屠宰最为合适。屠宰率为65.7%，瘦肉率达52.3%左右。

二、香猪的养殖前景及存在问题

（一）香猪的养殖前景

首先，香猪肉是绿色产品，受消费者青睐（图6-12）。近年来肉类兽药残留、瘦肉精等问题成为了食品安全的一大难题，人们对肉类的绿色食品更加关注，而香猪肉高蛋白低能量，营养全面，富含人体必需氨基酸和微量元素，很符合现代人的生活理念，因此很受消费者青睐。其次，香猪是宠物市场的新秀。最后，香猪皮肤、胎盘、血液可医用。没有经过杂交的香猪，基因和品种稳定，抗病性好，为医用打下了基础。利用香猪的胎盘、皮肤研制能抗衰老的胎盘素、医用棉、面膜等。据了解未来还有可能利用香猪血制造人用血，甚至进行器官移植，等到这些技术成熟后，香猪的价值将得到数十倍的提升。

图6-12 烤香猪

（二）香猪养殖存在的问题

20世纪80年代以来，香猪的保种、开发和利用受到各级政府的高度重视，各级财政对香猪核心保种场、基地建设、良种推广等项目不断给予资金，香猪产业取得了长足发展，如保种工作取得实质性进展、产品加工初具规模、品牌逐渐形成、先进的养殖技术不断被应用，但香猪养殖中也存在一些问题。

三、香猪的品种

（一）从江香猪

从江香猪是我国珍贵的微型地方猪种，仅产于贵州省从江县月亮山区。1980年被列入中国八大地方猪种之一，1982年编入《中国猪种》第二集，1993年被国家农业部列为国家二级保护畜种，1999年荣获"中国国际农业博览会名特优产品"称号，2000年农业部130号公告将其列入《国家级畜禽品种资源保护名录》，2004年获国家质监总局原产地注册。1995年在北京首届"百家中国特产之乡"命名暨宣传活动大会上，从江县被命名为"中国香猪之乡"！

香猪体躯短而矮小，被毛全黑，个别有唇白和肢端白。颈部短而细，头较大，面平直，额面皱纹纵行浅而少，耳较小薄呈荷叶状，略向前伸，稍下垂或两侧平伸。眼周围有一粉红色眼圈。背腰宽而微凹，腹较大下垂，母猪乳头多为5对，少数为6对。后躯丰满，四肢短细，前肢姿势端正，后肢多卧系（图6-13）。

性成熟早，公猪早于母猪，90日龄时生殖器官大小与成年公猪接近。60日龄前出现爬跨行为；65～75日龄、体重3～6kg开始射精；170日龄体重8.5～9kg用于配种。母猪80～120日龄、体重8.5kg左右开始发情，发情周期约为19天，持续4～5天；经产母猪窝产活仔数8～10头居多，最多达14头。从江香猪早熟易肥，哺乳期贮脂力较强，体小，肉质细嫩，味香，汤清甜，是制作高档肉食制品的理想资源。从江香猪适应性好，抗病力强，饲养管理粗放，易于饲养。日粮营养水平不宜过高，能量保持在 2.8 ~ 3.2kcal/kg，粗蛋白质为 8% ~ 14%，且青绿饲料应占 60% ~ 80%。种猪保持中等体况即可获得较好的繁殖水平。在疾病防治方面，按照常规程序搞好免疫和驱虫，保持环境卫生良好，几乎没有其他疾病发生。

图 6-13　从江香猪

（二）剑白香猪

剑白香猪是著名的微型猪，主要产于贵州省黔东南州剑河县的丛林山寨中，主食为野生植物，以其猪肉特有的香味、嫩度、纯天然、无污染而引起科学家们的高度关注。经专家鉴定，剑白香猪富含人体必需的氨基酸和微量元素。公司产品选用剑白香猪肉为原料，利用传统的贵州民间工艺与现代科学技术相结合加工精制而成，肉质细腻、色鲜味美、营养丰富，是当代高档营养食品。

剑白香猪，在剑河称之为"两头乌"，因为这种品种的猪，头部和尾部是黑色，中间为白色。耳长宽几乎相等，并向两侧平伸，耳尖下垂，颈短，背微凹，四肢短小，后肢欠丰满。腹大下垂不拖地，乳头排列整齐，多为 6 对，额平有旋毛，后肢多踏系，这种猪体型矮小，基因纯，无污染，抗病力强，耐粗饲，当地群众称为"萝卜猪"（图 6-14），在剑河县太拥、南哨、磻溪、岑松、柳川、革东等乡镇都有饲养。

图 6-14　剑白香猪

剑白香猪生长缓慢，但繁殖性能强、稳定。母猪窝产仔平均 6.8 头，繁殖年限一般为 7 ~ 8 年，长的可达 10 年。

（三）巴马香猪

巴马香猪来源于土猪，源产于广西巴马瑶族自治县，被誉为猪类的"名门贵族"。广西巴马特产丰富，有巴马火麻、巴马白泥、巴马地磁、巴马香米等，其中最为有名的就是巴马香猪。巴马香猪是一个具有悠久的饲养历史和稳定的遗传基因、且品质优良而珍贵稀有的地方小型猪品种。1995 年 3 月，巴马被国家特产经济专业委员会命名为"中国香猪之乡"之后，巴马香猪便作为地方特产载入了史册。

巴马香猪，外貌清秀，个体矮、小、短、圆，性成熟早。外貌颜色特征主要表现为两头黑、中间白，部分个体背腰部稍带黑斑，额头有白线或倒三角形白斑，俗称"两头乌""芭蕉猪"（图 6-15）。小猪被毛稀疏、细，有光泽，皮肤红润细腻；成年猪被毛较长，尤其是公猪，被毛和嘴粗长似野猪。巴马香猪极耐粗饲，适应性和抗病能力强；性成熟为 99 ~ 127 日龄（公猪最早 16 日龄便分泌性腺素并能产生精子，一般为 26 ~ 50 日龄），母猪性成熟体重 14 ~ 21kg；成年体重 35 ~ 45kg。8 ~ 10kg 仔猪屠宰率为 61%，后腿比 28.47%，胴体瘦肉率 59.36%，眼肌面积 5.74cm^2。经产母猪年产两胎，平均每胎 11.5 头，断奶育成率 95% 以上。

图 6-15 巴马香猪

（四）环江香猪

环江香猪属中国珍稀猪种，2003 年 10 月 27 日通过国家原产地地理标志注册论证。产于桂西北部九万大山区域环江毛南族自治县境内的明伦、东兴、龙岩等乡镇高寒山区，地处崇山峻岭、青山绿水之中，无工业污染，无其他猪种杂入，农寨自然放养，该猪主食山藤野菜、薯杂豆类，从而保持正宗香猪的原汁原味。

环江香猪除了生活于独特的生态环境和享用独有的饲料外，还由于"世代相袭"的闭锁繁殖手段，杜绝外血统的导入，从而造就了"黑珍珠""肥冬瓜"的特异体貌（图

6-16）：一是矮小，一般 2 月龄体高 19cm，体长 40cm；二是体黑，从头到脚一身黑，就连坚硬的蹄子和细细的毛尖，也都油黑光亮；三是皮薄，乳猪为 0.05cm，成年猪为 0.16cm；四是骨细，仅占体重的 7.9%；五是轻型，双月断奶重 4 ~ 8kg，成年体重 60kg 左右；六是耐劳，调运乘车两天两夜，经受千里饥渴，很少死亡。香猪以上的特有种质，遗传基因都已十分稳定，没有变异。

图 6-16　环江香猪

四、香猪的饲养管理技术

（一）香猪饲料配方举例

香猪属杂食性动物，觅食范围比较广泛。常用饲料有能量饲料、蛋白质饲料、青绿多汁饲料、青贮饲料、粗饲料、矿物质饲料和饲料添加剂等。

香猪每天吃进体内的饲料，经消化吸收后把营养转化为能量，一部分用于维持生命代谢，一部分用于弥补运动消耗，余下的能量才用于增重长肉。对香猪来讲，不同时期和不同用途的香猪，用于增重长肉的能量多少是不一样的。种香猪如果能量过剩，就会长的过胖和过肥，这对于种香猪的繁殖极其不利。商品用香猪如果能量不足，香猪就会生长缓慢，成本相对增多，经济效益下降。因此，不同时期和不同用途的香猪，其饲料配方是不相同的。

1. 妊娠期母香猪的饲料配方

母香猪在妊娠期，除母香猪本身需要营养消耗外，母香猪体内胎儿也需要营养的消耗，因此，要充分地考虑进去。推荐营养标准为：消化能 2 700kcal/kg、蛋白质 155%、钙 1%、磷 0.53%。

配方举例：玉米 27%、麸皮 27%、米糠 15%、豆粕 12%、花生粕 2%、肉骨粉 2%、苜蓿草粉 13%、贝壳粉 1.6%、食盐 0.4%。

2. 后备和空怀母香猪的饲料配方

母香猪在后备和空怀期，主要是为配种做准备，因此，营养不能过剩。如果此时营养过剩，就会造成母香猪不发情或发情交配受胎率下降。推荐营养标准为：消化能2 680kcal/kg、蛋白质15%、钙0.9%、磷0.52%。

配方举例：玉米26%、麸皮26%、米糠15%、苜蓿草粉17%、豆粕12%、肉骨粉2%、贝壳粉1.6%、食盐0.4%。

3. 仔香猪的饲料配方

仔香猪是指香猪出生后20日龄到60日龄这段时期。仔香猪生长前期肠道发育还不健全，因此，要多喂易消化吸收的食物。仔香猪生长后期生长快，因此，要注意能量及其他营养物质的供应。推荐营养标准为：消化能2 800 kcal/kg、蛋白质16.5%、钙0.74%、磷0.35%。

配方举例：玉米28%、麸皮27%、米糠15%、豆粕12%、花生粕3%、苜蓿草粉12%、肉骨粉1%、骨粉0.8%、食盐0.2%。

4. 种公香猪的饲料配方

种公香猪是专门用来和母香猪交配的公香猪。尤其在种公香猪的交配季节，体能消耗比较大，如果营养跟不上，也同样会影响到母香猪的交配受胎率。推荐营养标准为：消化能2 800kcal/kg、蛋白质16%、钙0.6%、磷0.45%。

配方举例：玉米27%、麸皮27%、米糠15%、豆粕12%、花生粕2%、肉骨粉1%、苜蓿草粉13%、骨粉0.8%、食盐0.2%。

5. 哺乳期母香猪的饲料配方

在哺乳期，不但母香猪本身需要营养物质的消耗，还要哺乳幼仔，因此，体能消耗比较大，这就需要使母香猪得到充分的补给，否则对母体和幼仔的生长和发育都不利。推荐营养标准为：消化能2 820kcal/kg、蛋白质16%、钙0.7%、磷0.4%。

配方举例：玉米28%、麸皮28%、米糠15%、豆粕12%、花生粕3%、肉骨粉1%、苜蓿草粉11%、骨粉0.8%、食盐0.2%。

饲料的配方不是固定不变的，在实际操作中，要根据自己所具备的条件，适当选用当地的饲料，进行科学配合。同时应注意观察饲养效果，及时调整配方。

（二）饲料的加工和调制

饲料的加工和调制是为了减少香猪的咀嚼困难，提高消化率，促进食欲，也为了除去饲料中的有害成分，以及便于贮存等目的，香猪的饲料在给料前应进行加工和调制。

1. 青绿饲料

要趁新鲜时喂给，以保证高的营养物质被及时吸收。新鲜青饲料如果不能喂给，或喂不完而有剩余，应将其薄薄摊开，不要堆积起来，以免发热变黄，或腐烂变质而失去食用的价值。被雨水淋湿的青饲料，要沥干水后再喂，如青饲料染有泥土、杂质等，应洗净、抖干后再喂。

2. 籽实饲料

如玉米、小麦等，须碾碎或捣碎后再喂。黑豆、黄豆等豆类在饲喂前应用温水浸泡 3～4h 或煮熟后再喂，使其增加香味并易于消化，同时还可以破坏有毒物质，提高营养价值。

3. 油粕类饲料

须加工粉碎后与糠、麸皮等饲料混合饲喂。豆渣应将水分榨干，再与糠、玉米面、麸皮等饲料混合喂给。块根类饲料，如甘薯、土豆、红萝卜等应洗净后切成细丝或片、块饲喂。

4. 食盐

应碾成粉状或溶于水后再调入饲料中喂给，或直接把食盐溶于水后作为饮水。

投喂颗粒饲料，要注意饲料是否发霉变质。饲喂干饲料时，要注意香猪的饮水。

（三）香猪的繁育技术

1. 公香猪的生殖生理

性成熟公香猪的性成熟比较早，70～80 日龄就会出现爬跨行为。180 日龄时，一次射精量可达 25～35ml，每毫升含精子 3 亿～4 亿个。当公香猪达到性成熟后，虽然已经能够交配繁殖，但不宜过早配种，过早配种不但有碍自身的个体发育，影响到以后的繁殖能力，而且还会影响到胎儿的生长和发育。确定适宜配种年龄，主要从体重和睾丸的发育及性反应作为简易的适配年龄的衡量标准。一般公香猪定在 5 月龄以后较为适宜。

2. 母香猪的生殖生理

初情期是指正常的青年母香猪达到第一次发情排卵时的月龄。在接近初情期时，卵泡生长加剧，卵泡内膜细胞合成并分泌较多的雌激素。母香猪初情期时已初步具备了繁殖能力，但由于此时身体发育还未成熟，如果过早配种，不但加重母香猪的负担，而且还会窝产仔少，初生重小，影响母香猪今后的繁殖。母香猪的发情周期一般在 18～21 天。

3. 发情鉴定

母香猪发情鉴定的目的是为了预测母香猪排卵的时间，并根据排卵时间而准确确定输精或者交配的时间。发情的鉴定一般用外部观察法，如发现母香猪呆立不动，可对该母香猪的阴门进行检查，并根据"压背反射"的情况确定其是否真正发情。

4. 配种方法

配种方法有人工授精和自然交配（本交）两种。自然交配又分为自由配种和人工辅助配种。生产中多采用人工辅助配种。

5. 香猪的妊娠诊断

母香猪的妊娠诊断是繁殖管理的一项重要内容，早期诊断对于缩短产仔间隔有着重要意义。具体妊娠诊断的方法包括如下几种：

（1）观察法　观察母香猪配种后有无重新发情，有重新发情的母香猪可认为未妊娠；而没有重新发情的就认为已经妊娠。但在实际中，由于某种原因如激素分泌紊乱、子宫疾病等，有可能引起不返情，但并没有妊娠，因此，观察法不够准确。

（2）直肠检查法　一般在妊娠30天后，用手通过直肠触膜子宫，妊娠后有明显的波动，但适用于较大个体的香猪，局限性较大。

（3）激素测定法　可在配种后的19～23天采集血样，测定血浆中孕酮或胎膜中硫酸雌酮的浓度，浓度较大时可以判断母香猪已妊娠，此方法准确性较高，但费用高，并且比较烦琐。

（4）超声波测定法　通过超声波对母香猪的腹部进行扫描，观察到胚胞液或心动的变化，还可确定胎儿的数目。

（5）阴道剖解法　在母香猪配种后的20～30天从阴道上皮取一小块样品进行检查。妊娠母香猪的上皮细胞层明显减少，且致密，一般仅有2～3层细胞；而未妊娠的母香猪的阴道上皮细胞不仅排列疏松，而且为多层。

6. 香猪的分娩

（1）出生前的准备　母香猪的妊娠期一般为112～116天，平均为114天，不同的品种可能有一些差异。分娩是对胎儿妊娠的终止。当胎儿的许多器官系统功能成熟后，特别是妊娠的最后一段时间，胎儿肾上腺生长较快，当胎盘也能分泌一定孕酮时，使母体孕酮的分泌降低，从而使子宫肌肉的敏感性和兴奋能力提高，同时骨盆的阔韧带及子宫颈口需要松弛，从而引起分娩。

（2）分娩　分娩前母香猪子宫发生较大的变化，主要分为3个阶段：一是开口期，以子宫收缩为主，压迫充满液体的胎膜，同时也机械刺激子宫颈内口，引起子宫颈口开张。二是胎儿排出期，胎膜破裂，腹壁肌肉收缩明显，即通过努责逐一排出胎儿。三是胎衣排出期，没有包裹胎儿的胎膜排出。

（3）新生仔香猪的死亡　出生前或出生不久的仔香猪经常发生一些死亡，从而使窝产活仔数减少，一般要占胎儿总死亡数的20%左右。可以通过加强管理降低死亡的数量。如加强对妊娠母香猪的管理，增强母香猪的体质，保证体内胎儿正常健康地生长和发育等；外界环境如产房温度尽量恒定，干燥、清洁，禁止一些不良因素对母香猪的惊忧等措施。

五、不同类型香猪的饲养管理

（一）种公猪的饲养管理

对种公香猪的饲养管理，能够保持其生长和原有体况即可，不能营养过剩，过肥会影响种公香猪的性欲。对种公香猪的生活环境应做到清洁、干燥、空气新鲜。另外，还要做好以下几方面工作：

1. 建立管理制度

对种公香猪的饲喂、采精或配种、运动、刷拭等各项作业都应在固定的时间进行，利用条件反射养成规律性的生活制度，便于管理。

2. 加强饲喂管理

对种公香猪的饲喂要做到定质、定量、定时、定位"四定"，每顿不要喂得太饱，以免造成垂腹，影响配种。公、母香猪应采用不同类型的饲料，以增加生殖细胞间的差异。对公香猪应采用生理酸性日粮，提高精液品质，从而提高受精力、繁殖力和仔猪的生活力。而对母香猪则应采用生理碱性日粮，促进多排卵。同时饲料要注意多样性、适口性等，每天饮水要充足。

3. 最好单独喂养

单独喂养可以为种公香猪提供较安静的环境，减少外界的干扰，防止打架，以保证食欲正常，杜绝爬跨和自淫的恶习。实际人工授精的公香猪，每次采精都要检查精液品质，如采用本交，每月也要检查 1 ~ 2 次。

4. 搞好运动强体

通过充分的运动，可以促进食欲，帮助消化，增强体质，提高性欲。一般要求上、下午各运动 1 次，每次运动不少于 1h。夏季可在早晨和傍晚进行运动，冬季可在中午运动。

（二）香母猪的饲养管理

妊娠母香猪饲养管理的主要任务就是保证胎儿能在母体内得到充分的生长发育，防止吸收胎儿、流产和死胎的发生，使母香猪生产出数量多、初生体重大、体质健壮和均匀整齐的仔香猪。

1. 早期妊娠诊断

如果母香猪配种后的 15 ~ 20 天之内没有再出现发情，并且有食欲渐增、增重明显、毛顺发亮、行动稳重、性情温驯、贪睡、尾巴自然下垂、阴户缩成一条线、驱赶时夹着尾巴走路等现象，就可初步判断为已怀孕。

2. 妊娠母香猪的饲养

在母香猪妊娠期要保证日粮供应，营养合理，以确保胎儿良好的生长发育，减少胚胎死亡率；还要保证母香猪产后有良好的体况和泌乳功能。

3. 妊娠母香猪的管理

对妊娠期的母香猪可分小群饲养或单栏饲养。小群饲养一般将 3 ~ 5 头母香猪放在一圈饲养。这时要注意，在同一圈内饲养的香猪在体重大小、性情强弱和配种期均应相近。到妊娠后期，每圈饲养 2 ~ 3 头为宜。小群饲养的优点是妊娠母香猪可以自由运动，食欲旺盛，缺点是如果分群不当，胆小的母香猪吃食少，影响胎儿的正常生长和发育。有条件的最好采用单栏饲养，优点是采食量可以人工控制，缺点是占地大、劳动强度大，给管理增加了难度。

此外，妊娠期的母香猪还要保持舍内的清洁卫生，注意防寒防暑，有良好的通风换气条件。禁止饲喂发霉变质和有毒的饲料，供应充足的饮水。同时还应态度温和，不要打骂惊吓。每天都要观察母香猪的采食、饮水、粪便情况和精神状态，发现异常问题要及时诊断，做到有病早治，无病早防。

（三）新生仔猪的饲养管理

1. 防止新生仔香猪窒息

对新出生的香猪，应尽量清除其口腔及呼吸道的黏液、羊水等；发生窒息时应耐心地做人工呼吸。

2. 新生仔香猪的脐带处理

一般新生仔香猪的脐带断端在24h后即干燥，1周左右脱落。要及时观察脐带的变化，勿使仔香猪间互相舔吮，防止感染发炎。如脐血管闭锁不全，有血液滴出，或脐尿管闭锁不全，有尿液流出时，应进行结扎。

3. 新生仔香猪1周内的护理

由于仔香猪被毛稀少，皮下脂肪少，保温能力差，加之大脑皮层发育不全，体温调节机能较低，所以要特别注意保温，一般最适宜的温度为28～32℃。

4. 加强对仔香猪的保护

仔香猪活动能力不强，易被母香猪压死、踩伤；接触不到母香猪的仔香猪易受冻挨饿而死，所以护理人员要加强看护，如发现被母香猪压住的仔香猪，要及时取出。哺乳时小香猪头部左右摆动，试探着前进，靠触觉寻找乳头。体质弱的小香猪，行动不灵，往往不能及时找到乳头或易被挤下来，因此，应给予人工辅助，让它也能吃到乳汁。

5. 做好仔香猪的疾病治疗和防治

仔香猪因先天的异常、感染、分娩期的损害和管理上的因素，会出现脱水、体温过低、腹泻、溶血综合征、脐感染、败血症、毒乳综合征、产后皮炎、眼炎等疾病。因此，应积极采取预防措施，搞好环境卫生及仔香猪的个体卫生等。对于发病者，则应针对其特征及时进行抢救。

（四）仔香猪的饲养管理

仔香猪断奶后即为幼香猪，一般是指出生后55～65天以后的香猪。仔香猪断奶后1～3周内，由于生活条件突然改变而往往精神不安、食欲不振、增重减缓，甚至体重减轻或得病，尤其在哺乳期内开食较晚，吃补料少的仔香猪断奶后的不良反应就会更加明显。度过这一适应阶段后，生长又会加快。因此，抓好断奶后的饲养管理就显得尤为重要。

1. 饲料过渡

在香猪的哺乳期，随着仔香猪个体增加，母香猪的泌乳量相对不足，此时就应该对仔香猪补充一些饲料，以稀薄易消化的饲料为主。一般在断奶的半个月内应保持饲料不变。如是外地引进的仔香猪，有条件的最好带来部分原喂饲料，以利过渡。

2. 饲养制度的过渡

稳定的生活制度和适宜的饲料调制是提高幼香猪食欲、增加其采食量、促进幼香猪生长发育的保证。断奶后 15 天内应保持原哺乳期补饲次数和时间不变，同时要保证清洁饮水的供应。要经常从幼香猪的粪便和体况的变化来判断幼香猪对饲养是否适宜。

3. 环境过渡

为减轻幼香猪断奶后失去母香猪的不安，开始可采用不调离原圈，不分群的办法，而只将母香猪调走。待断奶后 15 天，采食正常，排出的粪便正常后，再调圈分群。分群的原则，一般根据幼香猪性别、个体大小、采食快慢进行分群。

由于幼香猪刚刚离开母体，原来的生活规律被打乱，换了一个新的环境，这时对它要特别爱抚，要训练它们在固定的地方睡觉及大小便。同时幼香猪抵抗能力差，对它们的管理也要特别小心。幼香猪应有充足的运动和日光浴，舍圈内应保持干燥、清洁，冬季要温暖，要勤换垫草；夏季要防暑，做好降温，可向地面增加水量。

（五）生长期香猪的饲养管理

生长期香猪要求饲料营养价值高、适口性好、易消化吸收。日常饲喂应做到"四定"，建立稳定的生活制度。要保证食物新鲜，不要喂腐烂变质的饲料。食具用后要清洗干净，4 ~ 5 天消毒 1 次，可放在烈日下曝晒，或用煮沸水消毒，也可用药物消毒等。及时观察香猪的采食情况，如食欲如何、采食状态、有无剩食等，出现问题，及时查明原因，采取相应措施。

生长期还要注意增加青饲料和青贮饲料，因为生长香猪的消化机能大增，在日粮中加喂 30% ~ 40% 的青饲料或青贮饲料，不仅可以降低饲料的费用，还可增加香猪的食欲，提高饲料的转化率。同时还要及时检查香猪在生产过程中所使用的各种方法和措施的实际效果。香猪养殖生产者可选择较多的生产方法，避免生产过程中的盲目性。

六、香猪的疾病防治技术

（一）猪瘟

猪瘟是由猪瘟病毒引起的一种流行范围广、传播速度快，死亡率高的传染病。本病大多由消化道感染，也可通过呼吸道感染。一年四季可发生，以春节后流行较多，不分品种和年龄均可感染。

【症状】猪瘟潜伏期一般为 5～7 天，最急性病例无明显症状，突发死亡。急性病例，病初期体温升高，食欲减退，四肢无力，先便秘后腹泻。结膜发炎，重者分泌物将眼睑粘着。鼻端、耳根、腹部、四肢、尾根有出血点，腹股沟淋巴结肿大，用手可触摸到。慢性病例，病程长，病猪消瘦，被毛干枯，体温时高时低，食欲时好时坏，时而便秘，时而腹泻，症状减轻或康复后，都会发生生长发育不良。有的猪出现神经症状。

【病理变化】急性猪瘟以出血变化为特征，皮肤有明显的出血点；肾点状出血；淋巴结充血、淋巴结肿大周边出血；脾边缘凸起，形状不一的出血性梗塞；肠扣状肿。慢性猪瘟在盲肠、结肠、回盲瓣处黏膜出现特有的"扣状肿"溃疡。

【防治】目前还没有有效的药物治疗。发病初期可对患病猪注射抗猪瘟血清。

本病主要采取以预防接种为主的综合性防治措施。出生后 20 日龄进行常规量接种，注射猪瘟冻干卡价苗。并在 60 日龄进行强化免疫。

（二）口蹄疫

口蹄疫是由口蹄疫病毒引起，临床上以口腔黏膜、蹄部及乳房等处的皮肤发生水泡和溃烂的传染病。

【流行病学】口蹄疫传播很快，短时间内能波及整个猪群，发病率高，但死亡率不高，多发生于冬、春季节，主要以消化道、呼吸道和接触传播。

【症状】患病初期体温升高，蹄冠、蹄踵、副蹄和蹄趾间出现水疱，破溃后形成烂斑，无继发感染，约 1 周可转愈。而对哺乳期的仔香猪因发生急性胃肠炎和心肌炎而死亡。

【防控】主要做好几方面工作：一是做好经常性的清洁卫生和消毒工作。二是一旦发生疫情，立即封锁疫区，病香猪隔离治疗，未发病的猪接种口蹄疫灭活苗。

（三）猪肺疫

猪肺疫又称锁喉风，是由多杀性巴氏杆菌引起的一种以出血性败血症为特征的急性或慢性传染病。该病以消化道和呼吸道传播。多发于夏、秋季节，中、小猪容易感染，一般呈散发或地方性流行。

【症状】患病猪体温在 41℃以上，不吃食，被毛粗乱，呼吸困难，张嘴喘气，呈犬坐姿势。皮肤出现暗红色斑块，手指按压时不能完全褪色。急性病例多为败血症及胸膜肺炎，表现为体温升高，呼吸困难，黏膜呈现紫蓝色，皮肤小点出血，多因窒息而死亡。慢性病例多为呼吸性肺炎，表现为呼吸困难，连续咳嗽，流鼻液。严重者表现为皮肤湿疹，关节肿胀，衰竭而死亡。

【病理变化】急性猪肺疫病例，皮肤、皮下、浆膜、黏膜有出血；全身淋巴结出血，切开呈红色，肺部充血，肿大，肝切面有大理石花纹变化。慢性病猪肺有坏死灶或化脓灶，胸腔纤维素沉着，胸膜常与肺黏连。

【防治】一是加强管理保持猪舍干燥、清洁，栏舍用1%石灰乳或5%漂白粉等定期消毒。二是做好接种疫苗工作，可用猪肺疫氢氧化铝灭活苗或猪瘟、猪丹毒、猪肺疫三联苗，免疫接种。三是患病后要及时治疗，可用抗生素，如青霉素、链霉素、卡那霉素、土霉素等，静脉注射或肌内注射。

（四）仔香猪副伤寒

仔猪副伤寒病是由猪霍乱沙门氏杆菌和猪伤寒沙门氏杆菌引起、以大肠的坏死性炎症为特征的一种传染病。该病是通过粪便散布传染，以侵害仔香猪为主。

【症状】急性病例表现为败血型症状，多发生于断奶前后的仔猪，有的突然发病迅速死亡，有的病程稍长，出现呼吸困难、下痢等。慢性病例症状不明显，一般为先便秘后下痢，粪便由淡黄色到黄褐色，后期粪便中混有血液和假膜，最后极度消瘦、衰竭死亡。

【病理变化】急性病例表现为脾脏明显肿大，呈暗蓝紫色。肠系膜淋巴结肿大，切面似大理石状。胃肠黏膜呈卡他比炎症。慢性病例表现为盲肠、结肠以及回肠后段的坏死性肠炎。

【防治】一是加强管理，防止病毒的侵入。二是定期注射或口服仔猪副伤寒疫苗。三是药物治疗，可选用四环素类、喹诺酮类、磺胺类药物口服或注射。四是对病死猪要无害化处理。

（五）仔猪黄白痢

仔猪黄白痢是由致病性大肠杆菌引起的哺乳仔猪传染病，黄痢多发生7日龄内的猪，白痢多发生在20日龄以内的仔猪。本病一年四季均可发生。

【症状】①仔猪黄痢：发病初期患病猪主要排黄色稀粪，产更患病猪肛门松弛，排粪失禁，口渴，精神不振，不吃奶，很快消瘦，脱水，眼球下陷、肛门、阴门呈红色。②仔猪白痢：病猪初期拉稀粪，粪便呈乳白色、灰白色、淡黄绿色，常混有黏液而呈糊状。其中含有气泡，黏稠而腥臭。严重时，粪便顺肛门流下。

【防治】本病无特殊预防药物。主要预防措施是改善环境卫生。对猪舍进行定期消毒。对仔猪实行早期补料和补铁；病猪一般可用抗生素、磺胺类药物，常与健胃和收敛药物合用，效果较好。

（六）消化不良

消化系统器官功能受到扰乱或障碍，胃肠消化、吸收功能减退，食欲减少或无食欲，统称为消化不良。主要是因为突然变换饲料，或喂给变质的饲料引起的，长期运输等也可引起消化不良。

【症状】患病猪不爱吃食，生长迟缓，喜饮水，表现腹痛、胀肚、呕吐、粪便干燥，有时拉稀，粪内混有未消化的饲料，体温正常。

【防治】一般采用健胃止泻的方法治疗本病。常使用乳酶生、胃蛋白酶各 2 ~ 5g 混合，一次内服。患病猪拉稀时内服土霉素片 5 ~ 15g，每天 1 次;鞣酸蛋白 5 ~ 10g，每天 2 次。

第五节　竹鼠养殖技术

一、竹鼠的经济价值

我们国家的竹鼠养殖是从 20 世纪 90 年代初人工驯养竹鼠成功后开始的，到现阶段已成为开发价值高、市场需求大、投资风险小、经济效益高的一项新型养殖业，推动竹鼠养殖快速发展的主要原因如下：

（一）竹鼠的可食用性

竹鼠食性洁净，肉质细腻精瘦，味极鲜美，为野味上品，是一种营养价值高、低脂肪、低胆固醇的肉类食品。据测定，它含粗蛋白质 57.78%、粗脂肪 2.54%、粗灰分 17.36%、粗纤维 0.84%、胆固醇 0.05%，还富含磷、铁、钙、维生素 E 及氨基酸，其中赖氨酸、亮氨酸、蛋氨酸的含量比鸡、鸭、鹅、猪、牛、羊、鱼、虾、蟹有过之而无不及。

（二）竹鼠的可入药性

现代医学证明，竹鼠肉能够促进人体白细胞和毛发生长，增强肝功能和防止血管硬化，并在对抗衰老、延缓青春期方面有良好效果，是天然美容和强身佳品。中医学认为，竹鼠的胆、肝、心、脑、睾丸、肾均可入药。胆可明目，提神健脑，可治眼疾和耳聋症。肾可治疗疮、脚气病。肝、心、脑可治心慌、惊悸、失眠等症。睾丸炒干后加冰片少许，冲开水吞服可治高烧不退、呕吐和风症。骨头浸酒，可治风湿、类风湿病。

我国医药界历来把竹鼠毛作为药用的一种好原料。因竹鼠的毛主要成分是硬质蛋白，经过水解后，可制成水解蛋白、胱氨酸和半胱氨酸等重要药品。民间通常用于治疗小儿疳积病、痘麻病。竹鼠的内脏等下脚料可提取甘麻酸、胸腺肽、脑磷脂等生化药物。竹鼠尾中的线状白筋，可用于外科手术缝合线。

（三）制裘的原料

竹鼠皮毛细软，光泽油润，底绒厚，皮板厚薄适中，易于鞣制，毛基为灰色，易于染色，是制裘衣的上等原料。

二、生物学特性与品种

（一）外形特征

体重 1.5 ~ 2.0kg，体长 30 ~ 50cm，体形呈圆桶形；头圆眼小，耳隐于皮内；尾与四肢均短，爪扁平，似指甲状，为五趾爪；上、下门齿特别粗长尖利，随着年龄增长，牙齿变长变黄。成年竹鼠全身被毛灰色或灰黄色，尾尖且短小，灰黑色，吻部毛色淡。

（二）生活习性

竹鼠为草食动物，野生竹鼠多生活于冬芒山坡、竹林内，穴居，其牙长得快而锋利，适宜吃老的根茎和植物枝叶。竹鼠耐粗饲，对植物饲料消化力强，能消化粗纤维和木质素。人工驯养后吃谷物饲料、果蔬饲料、草根及竹类饲料、庄稼秸秆等。

竹鼠昼伏夜出，白天少吃多睡，比较安静，夜间活动较频繁，采食旺盛。喜欢阴暗凉爽、清洁、干燥环境。生活温度为 –8 ~ 35℃，最适温度为 8 ~ 28℃，若置于太阳下直晒时，就奔跑不息，显得不安。当人向它吹气时，立即露出锋利粗大的门齿，同时发出"呼呼"的鸣声示威。

（三）繁殖生理

在人工饲养条件下，4 ~ 5 月龄，体重 1kg 以上开始性成熟，7 ~ 8 月龄后进行繁殖，每只母鼠每年可产 3 ~ 4 窝，每窝产仔 2 ~ 8 只。幼鼠饲养 3 个月体重达 0.75kg，5 ~ 6 月龄可达 1 ~ 1.5kg，最大的 2 ~ 3kg。

母鼠怀孕期为 60 天，临产前 6 ~ 7 天，母鼠乳头露出，活动减少，行动迟缓。不时发出"咕咕"声，分娩时，仔鼠连同胎衣一并产出。母鼠边产边把胎衣吃掉，吃到最后咬断脐带，并舔净仔鼠身上的羊水。此时可听到仔鼠"叽叽"的叫声。分娩时间 2 ~ 4h，最快也要 1 ~ 2h 分娩完毕。母鼠产仔 12h 后，开始给仔鼠哺乳。

初生仔鼠体重仅 10g 左右，全身无毛，3 天后才睁开眼。

（四）品种

全世界共有 3 属 6 种：非洲竹鼠属 2 种，为东非的特有种；竹鼠属 3 种，小竹鼠属 1 种，为亚洲特有。我国现有的竹鼠种有中华竹鼠、大竹鼠、银星竹鼠、小竹鼠。中华竹鼠主要分布在我国的中部和南部地区，缅甸北部和越南等也有分布。银星竹鼠主要在我国的东南地区和印度、马来半岛等地。大竹鼠主要在我国的云南西双版纳地区和马来半岛、苏门答腊等地区，分布区狭窄，数量不多，是稀有种。小竹鼠主要在我国的云南西部和尼泊尔、孟加拉北部、泰国、老挝、柬埔寨、越南等地，分布区狭窄，数量少，属于稀有种。

1. 中华竹鼠

中华竹鼠，别名"普通竹鼠"，也称"冬芒狸""竹根鼠""冬茅老鼠"。属哺乳纲、啮齿目、竹鼠科，是我国珍贵的野生动物。外形似鼠，头部钝圆，吻部粗圆，身体粗肥，四肢粗壮而具坚爪（图 6-17）。体长 28 ~ 34cm，体重 1.5 ~ 2.5kg。体色以棕灰色为主。

图 6-17　中华竹鼠

2. 银星竹鼠

银星竹鼠又叫花白竹鼠、粗毛竹鼠，其体形粗壮，呈圆筒形，体重 1 ~ 2kg，最大个体可达 2.6kg；体长 30 ~ 35cm，尾较长，超过体长的 1/3；四肢很短，爪稍扁，似指甲状，为五趾爪，能爬树；体毛粗糙，背毛为灰黑（褐）色，有许多白色针毛并带闪光。腹部毛灰白稀少（图 6-18）。

图 6-18　银星竹鼠

三、繁育技术

（一）选种

优良种鼠应发育良好，身体健壮，无病痛，被毛光亮，体重 1.5～2kg。母鼠中等肥瘦，乳头大而均匀，产仔率高，母性强，采食力强，体重 1.2kg 以上。公鼠睾丸明显，腰背平直，健壮，性欲旺盛，耐粗饲，不打斗，交配动作快，精液品质优良。

（二）繁殖技术

1. 发情鉴定

发情早期的母鼠外阴部被毛逐渐分开，阴部肿胀，光滑圆润，呈粉红色，用手提尾巴，阴部外翻；发情中期母鼠阴部有粉红色或潮红色黏液分泌；发情晚期的表现与早期相似。多数母鼠发情中期交配受胎率高。母鼠发情时在笼舍四周爬来爬去，并发出"咕咕"叫声，有时母鼠还主动接近公鼠，竹鼠交配多在夜间。

2. 配种

将选好的种鼠放入繁殖场配种，由于竹鼠具有刺激排卵的特点，所以繁殖必须复配 2～3 天才能提高受孕率。配种时间夏、秋两季一般在上午 8：00～10：00 和傍晚 18：00～21：00，冬、春两季一般在上午 6：00～9：00 和下午 14：00～16:00 最为适宜，每日 1～2 次。配种时环境安静，注意观察。公、母配种比例为 1：（2～3），以 1：1 较好。

3. 繁殖特性

（1）配对繁殖　购买时如母鼠不足，可安排公母配对，配对一定要不同窝（指出生时）的公母鼠配合，这样的 1 公 1 母配对，便于做详细繁殖记录，有利于保持纯种，选育良种多采用这种方法。

（2）配组繁殖　由 1 公 2 母或 1 公 3 母配成一组，但多数的做法是配成 2 公 4 母或 2 公 6 母或 3 公 12 母，这种配法，母鼠是可以同窝的，公鼠一定不能用同窝生的，在选配时还要注意公母鼠之间的亲和力，公母合养一周，仍出现打斗或多次发情不配种的，说明该组合公母亲和力差，不宜配对配组，应重新组配。

（3）一夫一妻　竹鼠的记忆力较强，基本上是一夫一妻制，一旦配对或配组繁殖后，便很难拆散重新配组，所以不论是配对还是配组，必须从小合群时就做出妥善安排。

（4）防止近亲繁殖　凡三代以内有直系亲缘关系的公母鼠都不宜配对繁殖。因此，同窝的公母鼠不能直接配对或配组，必须与另一窝交叉搭配才能避免近亲繁殖。在较大的养殖场，不同窝的仔鼠断奶时单独养一个月后，就放到大的饲养池合群饲养，合群后配组才出售，所以凡引种养殖户应注意这一问题。

四、竹鼠养殖场地选择及建造

（一）竹鼠养殖场地的选择

根据野生竹鼠在远离村庄的僻静山坡竹林里营地下洞穴生活的特点，竹鼠场地选择的总要求是：安静、阴凉、干燥，夏天易于降温避暑，冬天能够避风保暖。城镇饲养场地以远离主要交通干线（600m以外）和僻静的地方为宜。农村饲养场地也要建在远离公路的僻静处，以在山坡、果园、水库边或岩洞里建造窝室最为理想。若在庭院里利用猪舍、牛舍等改建，要求阴暗、干燥、僻静和冬暖夏凉，还要有防止犬、猫侵袭的设施。

（二）窝室的构建

小规模养殖可建造在自家庭院围墙下或空地，也可利用空置的旧房、废弃的仓库修建竹鼠窝。竹鼠窝室要求光线较暗、地面坚固、内墙光滑。按照用途可建造不同类型的饲养池（图6-19）。

图6-19　竹鼠窝室

（1）大水泥池　面积在2m2以上，大池水长×宽×高为（210～220）cm×（120～130）cm×（65～70）cm，饲养场由砖砌成，内壁四周用水泥抹平。池内可放一些空心水泥管，供竹鼠藏身，大水泥池适合成年鼠的合群使用。

（2）中池　面积在0.6m2左右，长×宽×高为（120～130）cm×（55～60）cm×（65～70）cm，幼鼠、成年鼠合群饲养，也可作为成鼠配对场地。

（3）小池　60cm×50cm×50cm。成鼠配对、幼鼠群体饲养。

（4）繁殖池　养殖竹鼠必须具备产仔繁殖池（图6-20）。由两个小池组成，即内、外池，内池作窝室，外池作投料间和运动场。内、外池底部开一直径约12cm的连通洞，供竹鼠出入。内室的长和宽规格要严控制在30cm×30cm，面积小了不利于竹鼠交配；面积大了竹鼠不会自动清除窝内的粪便和食物残渣。外室规格：长宽高分别为60cm×45cm×60cm。池底、池面都要用水泥粉刷平滑，防止竹鼠打洞外逃。特别应注意池角的平滑，以防竹鼠利用池壁夹角的反作用力外逃。

图6-20　竹鼠繁殖池

五、竹鼠的饲养管理

（一）竹鼠的饲料

1. 粗饲料

粗饲料占竹鼠日粮的60%～70%。竹鼠属于食植性动物，对粗纤维消化率极高。适合喂养竹鼠的青饲料有芭芒秆、象草秆、皇竹草秆、茅草根、竹杆、竹根、西瓜皮、玉米秆、玉米苞、玉米芯、甘蔗头、甘蔗茎、甘蔗尾、胡萝卜、鸭脚木、芒果枝、榕树枝、水杨柳等。

2. 精饲料

占日粮的30%～40%。适宜喂养竹鼠的精饲料有马蹄（荸荠）、红薯、马铃薯、凉薯、玉米、谷粒、花生、绿豆、黄豆、大米饭等。

3. 配合饲料

玉米粉80%、麦麸8%、花生麸7%、鱼粉3%、骨粉2%，另按饲料总量的0.5%加入食盐和畜用生长素（如比得好）。将上述原料混合拌均，用冷开水调湿（湿度以手能捏成团、松手即散开为宜）投喂，现配现喂较好；当然用饲料颗粒机做成饲料颗粒也是比较方便的，但存放周期不要太长。

4. 药物饲料

对竹鼠投药比较困难。竹鼠自然采食的野生粗饲料中有些本身就是中草药，具有防病和治疗作用。

（二）种鼠的饲养管理

1. 种公鼠饲养管理

种公鼠要求发育良好，体重 1.3kg 以上。背平直，健壮，睾丸明显，性欲旺盛，耐粗饲，不打斗。交配动作快，精液品质优良。

种公鼠精液的数量和质量与营养有关，但又不能喂的过肥。青粗饲料为竹叶、竹杆、竹笋、玉米秆、芦苇秆、甘蔗、胡萝卜等。配合日粮为：玉米粉 55%、麸皮 20%、花生麸 15%、骨粉 3%、鱼粉 7%。

种鼠配种每日 1 ~ 2 次，春秋两季气温适宜，公鼠性欲旺盛，精液品质好。每次发情 1 ~ 3 天，晚上配种。

2. 种母鼠饲养管理

种母鼠要求产仔率高，母性强，采食力强，体重 1.2kg 以上。因幼鼠生长发育，成年母鼠还需养育幼仔（图 6-21），故幼鼠和成年母鼠日粮配方如下。

图 6-21　母竹鼠的哺育

（1）玉米 55%、麸皮 20%、花生麸 15%、骨粉 3%、鱼粉 7%。另按总量加 0.5% 的食盐和生长素。

（2）竹粉 20%、面粉 35%、玉米粉 10%、豆饼粉 13%、麦麸 17%、鱼粉 2%、骨粉 2%、食盐 0.2%、食糖 0.8%。另外，在每千克饲料补叶酸 1mg、烟酸 20mg、氧化锌 75mg、蛋氨酸 400mg、碘化钾 0.5mg、硫酸锰 60mg、维生素 A 1 500 IU、维生素 D 1 500 IU、维生素 B$_1$ 220mg、维生素 B$_2$ 6mg、维生素 E 30mg。将上述饲料混合，加水揉成馒头状或颗粒状，然后晒干或烘干，饲喂竹鼠。

母鼠怀孕期为 60 天，此期投喂饲料需干净、新鲜、多元化并保持相对稳定。母鼠怀孕后应单独饲养，经常保持舍内清洁，有干燥细软的垫草。分娩时间 2 ~ 4h，最快也要 1 ~ 2h 分娩完毕。临产前 6 ~ 7 天，母鼠乳头露出，活动减少，行动迟缓。临产前，不时发出"咕咕"声，分娩时，仔鼠连同胎衣和胎盘一并产出。母鼠边产边把胎衣和胎盘吃掉，吃到最后咬断脐带，并舔净仔鼠身上的羊水。此时可听到仔鼠"叽叽"的叫声。母鼠产仔 12h 后，开始给仔鼠哺乳。

（三）仔竹鼠的饲养管理

1. 仔竹鼠的生理特点

竹鼠属晚成熟性的哺乳动物，胎儿未发育成熟就产下来了。刚出生的仔竹鼠全身光滑、无毛，呈半透明的粉红色，两眼紧闭，身体软弱，四肢无力只能爬行，体重平均在38g左右；3日龄起才开始长体毛，体表由粉红色变为淡灰色；10日龄时体毛密布，体表呈深灰色，并开始长出门齿；15日龄体毛长齐；20日龄时体重在100g左右，开始寻吃软的易消化的精料；28日龄睁眼，长出2枚臼齿，能跟母竹鼠出外采食，体重已达150g左右；40日龄左右才能断奶，此时体重在180～200g。仔竹鼠的生长发育特点表现为各器官发育不全，机能调节差，适应环境能力弱。但生长发育迅速，营养需求旺盛，怕冷、怕饿、怕湿、爱乱爬，若护理不当极易引起仔竹鼠死亡。

竹鼠生长比较迅速，仔鼠在出生后，以母乳哺育生长，幼鼠也生20天后，就可爬行，能食少量的幼根和嫩茎。45天的哺乳期过后，幼鼠体重可达0.25kg，能独立觅食或可与母鼠隔离饲养。人工饲养2个月左右，体重可达1kg，就可出售。

2. 新生仔鼠培育

（1）自然哺乳　刚生下的仔鼠，母鼠会护理得很好，定时给仔鼠喂奶。冬季产仔后，母鼠会把仔鼠抱在怀中或撕碎稻草等柔软之物覆盖在仔鼠身上保暖。

（2）人工哺乳　如产仔多母鼠奶不足，可配合人工哺乳，将奶粉与适量葡萄糖加入50～60℃的热水中拌匀，装入注射器内，取下针头，套上自行车气门芯，慢慢滴注入仔鼠口中，每次操作时要戴上手术用塑料手套以免仔鼠沾上人的汗味而被母鼠咬吃，没有塑料手套，则在人工喂完奶后，往仔鼠身上涂点母鼠粪便，然后悄悄放回母鼠身边。喂量应依日龄逐日增加，第2～3天，喂量占体重的15%，每日喂8次；第3～7天，喂量占体重的20%，每日喂6～7次；第7～15天，喂量占体重的25%，每日喂5次；第15～24天，喂量占体重的30%，每日喂4次。每次喂乳之前，用温热半湿毛巾细擦其肛门周围，刺激它排粪尿。

（3）补饲　从仔鼠25～30天开始补饲。断奶前逐渐喂些精料和多样化鲜嫩青料。这样断奶后幼鼠会自理、自生。第25天开始，仔竹鼠开眼，自己寻食，应将人工乳改为糊状饲料，不再用喂乳器，而是训练它舔食盘中的糊状饲料。饲料配方为：牛乳40%、淮山粉45%、豆奶15%，煮成糊状。仔竹鼠由从乳管吮乳到从盘中舔食糊状饲料要经过一个星期训练。开始可将糊状饲料填入仔竹鼠口腔，每次喂食前先少量填喂，然后改用小匙，填喂到仔竹鼠口中，与此同时，将糊状饲料涂在食盘四周，让仔竹鼠从食盘舔食。

3. 造成仔竹鼠死亡的因素

（1）母竹鼠吃仔、弃仔、咬仔　吃仔、弃仔现象主要发生在产后48h内，咬仔现象则随时都会发生。其原因：

①母竹鼠分娩时体力消耗大、流血多，产后饥饿、口渴而靠吃仔来弥补。

②产仔后母竹鼠受到惊吓。

③一些母竹鼠有吃仔恶癖，一经形成习惯在产仔后将仔吃掉。

④母鼠奶水不足致仔竹鼠饥饿而死，另外仔竹鼠由于吃不饱，吱吱乱叫、乱拱，母鼠烦躁不安也会咬仔。

（2）母竹鼠母性差　仔竹鼠生性好动，虽然眼未睁，但会乱爬，有时爬到外室、有时钻到垫料下，若不将之找出或放入内室，容易被压死、冻死。

（3）外来动物侵扰　仔竹鼠出生后，经常发出吱吱的叫声，易招致猫、黄鼠狼等其他捕鼠动物的袭击，即使在未断奶前母竹鼠也保护不了，有时在受到这些动物的骚扰时，母竹鼠会先将仔咬死。

（4）管理的因素　由于管理措施不到位或管理方法不当，容易导致仔竹鼠的死亡。

（5）疾病　仔竹鼠各器官发育不全，机能调节差，适应环境能力弱，在受到寒冷、潮湿等不良刺激时，会发生感冒（若不及时治疗会继发肺炎）及消化道疾病（如大肠杆菌病、巴氏杆菌病等），这些疾病会对仔竹鼠造成致命的伤害。

4. 降低死亡率的措施

（1）选择母性强、护仔性好、奶头多的母竹鼠留种。

（2）定期检查，随时掌握待产母鼠的产仔时间，及时将待产母竹鼠隔离入产仔池，避免流产或将仔产在种用池。若发现母竹鼠将仔产在群养池，应用该池的干净垫料将仔包裹后及时将母、仔转移到产仔池，并立即补充多汁饲料，保持安静。

（3）提供全价合理的饲料，并适时加喂催奶料，保证母竹鼠有足够的奶水。不喂发霉、变质的饲料，也不能将饲喂产仔母竹鼠的饲料直接投到内室。

（4）及时打扫卫生，清扫粪便，保持圈舍的干净、无异味。母鼠对异味敏感，若有异味或有其他竹鼠的气味，母竹鼠会弃仔、咬仔。因此要固定饲养人员。对母竹鼠拖入内室中的粗料要经常清理，舍弃不新鲜的，只留下少量备用即可，否则棍棒太多会引起仔竹鼠受挤压而死。

（5）给产仔池的内室加盖纸板等物，保持黑暗，外室顶部加盖铁丝网防止敌害的进入。

（6）产仔时不能掀盖观望，更不能用手去捉仔，以免母竹鼠弃仔、咬仔。

（7）在哺乳期，母竹鼠会将内室中潮湿的垫料推到外室，因此内室不必经常打扫，但要保证有足够、干净、干燥的垫料。添加垫料时，应将母竹鼠及仔轻置于一边，将垫料铺好后再将仔竹鼠放回窝中，不能将垫料直接覆盖在仔竹鼠上。

（8）冬天要做好防寒、防潮、防贼风工作，保证垫料的干燥、干净、柔软，垫料可稍厚；夏天要做好防暑、降温、通风换气工作，在天气特别炎热时不能将内室盖严。在气候变化或梅雨季节，要做好防湿、防病工作。

（9）适时断奶，仔竹鼠40日龄左右即可断奶，若过小可推迟断奶，母竹鼠哺乳数在4只以上时可提前到38日龄断奶。

（10）做好种鼠疾病的预防工作，保证母竹鼠的健康。

（四）幼竹鼠的饲养管理

幼竹鼠指断乳后3个月龄内的竹鼠。

1. 饲养

需投喂新鲜、易消化、富含营养成分的饲料。如胡萝卜、甘薯、竹笋、瓜皮等多汁饲料，以及玉米、麦麸、干馒头等精料。同时在日粮中添加鱼粉、骨粉、食盐、维生素、生长素，以提高饲料消化率，并促进幼鼠的生长发育。食物种类必须保持相对稳定，若有变更，应有过渡期。幼鼠日采食14～17g，每天投喂2次，上午少喂，下午多喂。根据幼鼠的体重、体质强弱分池饲养，每笼4～5只。体弱的应单独饲养，促进幼鼠体质恢复。

2. 管理

选择最佳时间断奶。一般40～50日龄后断奶分窝，分窝分2～3批，每隔3～5天分1批。500g以下的合群饲养，注意清洁卫生，每天清除残余的旧饲料，不能投喂发霉变质的饲料。场地保持干燥、凉爽。3～5天大扫除一次，尽量不要惊动太多。

（五）成年竹鼠的饲养管理

成年竹鼠指750g以上种鼠或商品鼠（图6-22），其抗病力强，生长发育快，体重1.2～1.5kg。

图6-22　成年竹鼠

1. 饲养

种公鼠精液的数量和质量与营养有关，但又不能喂得过肥。青粗饲料为竹叶、竹竿、竹笋、玉米秆、芦苇秆、甘蔗、胡萝卜等。配合日粮为：玉米粉55%、麸皮20%、麦麸15%、骨粉3%、鱼粉7%。

定时定量投喂，早晚各1次，每只日投喂青粗料150～200g，精料15～20g。基础日粮常年无需变更，若变更应有一个过渡期。成年鼠牙齿长得快，需要在笼内放置一根竹杆或硬木条供其磨牙。不定期补充含钙、磷等矿物质和微量元素的饲料和保健药物。

2. 管理

季节变换时要防止贼风侵袭窝室。每天检查竹鼠的粪便表面是否光滑，是否呈颗粒状，好像是药用胶囊。注意其毛色是否光亮，活动是否活泼，如果有意外应及时处理。

六、竹鼠常见疾病的防治

（一）肠炎

鼠胃肠炎也是竹鼠常见病之一，竹鼠胃肠炎主要是由于饲料不洁和发霉变质而引起。

【症状】病鼠精神沉郁。减食或不吃，肛门周围沾有稀粪，晚间在窝内呻吟，日渐消瘦，最终脱水死亡。

【治疗方法】停食1～2餐后，将土霉素片1片（0.5g）研磨拌精料喂服，每天2次。或肌内注射土霉素注射液每次0.4～0.5ml，每天1次，连续用药3天。严重时可在大腿肌肉内侧注射氟甲砜霉素，每次0.5～0.6ml，每天1次，连续注射2天可痊愈。

注意：此病到中后期后比较难治疗，故大家在喂养的过程中注意经常性地细致观察，前期可使用一两天的烧木柴的锅底灰掺精料喂食。

（二）外伤

是饲养竹鼠最常见、发生最多的一种疾病。常常由于互相抢吃、受惊吓、争窝室而互相咬伤，或运输时被铁笼钩伤，捉拿方法不当而造成人为误伤。

【治疗方法】发现外伤要及时涂擦紫药水、锅底灰、万花油等。创口较大、较深、出血较多时，要撒敷云南白药以止血消炎。创口不能用纱布包扎，也不能涂药膏或胶布，否则竹鼠会将包扎物撕扯掉。

（三）感冒

是由于气候突然变化，竹鼠被风吹雨淋受寒而引起。

【症状】病鼠呼吸加快,畏寒,流清鼻涕,减食或不吃,体温下降,严重时体温上升,如不及时治疗,容易并发肺炎。

【治疗方法】肌内注射复方氨基比林,每次 0.3 ~ 0.5ml,每天 2 次,病重者肌内注射 10 万 ~ 15 万 U 青霉素,每天 3 次。并发肺炎时,须用青霉素、链霉素交叉注射。

第六节　肉兔养殖技术

家兔为草食性、节粮型动物,在生物学分类上属于哺乳纲、兔形目、兔科、穴兔属、穴兔种、家兔变种。家兔为人类提供优质兔肉、天然兔皮;活兔是医学科研最好的实验动物,兔胆、兔肝、兔血、兔脑为宝贵的制药原料;家兔还可成为人类宠物,为人类带去欢乐。

一、生物学特性和品种

(一) 生活习性

1. 夜行性

野生穴兔体格弱小,御敌能力差,在野生条件下,被迫白天穴居于洞中,夜间外出活动与觅食,久而久之,形成了昼伏夜行的习性。至今家兔仍保留这一习性,白天表现安静,静卧休息,黄昏至清晨表现相当活跃。据测定,在自由采食的情况下,家兔在晚上的采食量和饮水量占全日量的 50% 左右。根据这一习性,饲养管理中应注意进行夜间补饲,白天各项饲养管理操作要轻,不打扰其休息,对临产期的妊娠母兔,要加强夜间检查和护理。

2. 嗜眠性

嗜眠性指家兔在某种条件下,易进入困睡状态,在此状态的家兔除听觉外,其他刺激不易引起兴奋,如视觉消失、痛觉迟钝或消失。在进行人工催眠的情况下可以对家兔完成一些小型手术和管理操作,如刺耳号、去势、投药、注射、创伤处理、强制哺乳、长毛兔剪毛等,不必使用麻醉剂,免除因麻醉药物而引起的副作用,既经济又安全。人工催眠的具体方法是:将兔腹部朝上,背部向下仰卧保定在 V 形架上,然后顺毛方向抚摸其胸、腹部,同时用食指和拇指按摩头部的太阳穴,家兔很快就进入睡眠状态。只要将进入困睡状态的家兔恢复正常站立姿势,兔即完全苏醒。

3. 啮齿行为

家兔大门齿是恒齿,出生时就有,且终生生长,为了保持适当齿长便于采食,家兔养成了经常啃咬物品的习惯。在制作兔笼时，要注意边框用材，木质材料容易被啃咬损坏。日常饲养管理中，可在兔笼中放一些树枝或木块等，以满足家兔啮齿行为需要。在生产中要经常检查兔的第一对门齿是否正常，以便及时发现问题并采取措施。

4. 喜干燥、怕湿热

家兔抗病力弱，在潮湿污秽的环境中易染疾病。家兔被毛浓密，比较耐寒，除鼻镜和腹股沟部处有极少的汗腺外，全身无汗腺，故散热能力差，气温高时，家兔心跳加快，急促呼吸散热。所以，在日常管理中，要保持兔舍的干燥、清洁和卫生，在夏季要做好兔舍的防暑降温工作。

5. 嗅觉、味觉发达

家兔的嗅觉相当发达，靠嗅觉识别仔兔和食物。因此，在生产中饲喂家兔要注意避免堆草堆料。在进行仔兔寄养时，要让仔兔带上继母的气味后方可放入母兔。家兔味觉也相当发达，喜食具有甜味、苦味和辣味的食物。

6. 跖行性

家兔后肢长，前肢短，后肢飞节以下形成脚垫，静止时呈蹲坐姿势，运动时重心在后肢，整个脚垫全着地，呈跳跃式运动，这种运动方式称为跖行性。由于家兔有跖行性习性，生产中要特别注意笼底间隙的大小，间隙大小不当容易造成家兔后肢的损伤，造成不必要的损失。

7. 合群性较差

家兔性格孤独，群居性较差，特别是成年公兔之间争斗相当激烈。由于家兔行动敏捷，咬斗后果严重，因此在管理上不可轻易重组兔群。生产中种兔要单笼饲养，成年公兔在运动场中运动时要单独运动，母兔可小群运动，性成熟前的幼兔很少咬斗，可以小群饲养。

8. 穴居性

家兔有打洞定居的习性，在修建兔舍时要充分考虑到这一习性，如果考虑不周，家兔直接接触土质地面，容易打洞逃走或深藏不出，将不利于管理。

9. 听觉灵敏、胆小怕惊

家兔听觉灵敏，在健康情况下，常常竖起耳朵来听声响。家兔对声响和异物非常敏感，一有声响就变得十分紧张。为此，修建兔舍要远离闹市、交通要道、机场、工厂，在日常管理中动作要轻，不要大声喧哗，避免陌生人参观，严防犬、猫等动物进入兔舍。

（二）生理特点

1. 食性与消化特点

（1）食性　家兔是草食动物，其肠道长度相当于体长的 10 倍以上。家兔有近于体长、在其肠道中最为粗大的盲肠，盲肠中有大量的微生物，对家兔消化纤维素起着重要作用。在家兔的小肠末端，入盲肠前，有一个中空壁厚的囊状器官——圆小囊，具有吸收、机械压榨和分泌碱性物质的作用，分泌的碱性物质对调控家兔盲肠酸碱环境起着重要作用。

家兔喜欢吃植物性饲料而不喜欢吃动物性饲料，考虑营养需要并兼顾适口性，配合饲料中动物性饲料所占的比例不能太大，一般应小于10%，且脂肪含量应在5% ~ 10% 范围内。在饲草中，家兔喜欢吃豆科、十字花科、菊科等多叶性植物，不喜欢吃禾本科、直叶脉的植物（如稻草）。家兔喜欢吃植株的幼嫩部分。

家兔喜欢吃颗粒料而不喜欢吃粉料。颗粒饲料由于受到高温和高压的综合作用，使淀粉糊化变形、蛋白质组织化、酶活性增强，有利于兔肠胃的吸收。因此，家兔对颗粒饲料中的干物质、粗蛋白质、粗脂肪的消化率都比粉料高。

家兔具食软粪的特性。家兔的食粪特性发生在出生后18 ~ 22天从开始采食饲料起，就有食粪行为，这种习性终身保持。家兔排出两种粪便：一种是常见的硬粪；另一种是软团状粪，软粪排粪时间通常在夜间，这种软粪排至肛门即被家兔自己吃掉。

家兔的食粪行为具有重要的生理意义：家兔通过吞食软粪可得到大量全价的菌体蛋白质和B族维生素，对改善饲料品质具有重要意义。另外，家兔食粪可延长饲料通过消化道的时间。家兔食粪相当于饲料的多次消化，提高了饲料的消化率。据测定，家兔食粪与不食粪时，营养物质的总消化率分别是64.6% 和59.5%。家兔的食粪还有助于维持消化道正常微生物群系；在饲喂不足的情况下，食粪还可以减少饥饿感。

（2）消化特点　家兔对粗纤维的消化率较高，对纤维素的消化能力与马和豚鼠相近。适量的粗纤维对家兔的消化过程是必不可少的，可保持消化物的稠度，有助于食物与消化液混合，形成硬粪，对维持家兔正常的消化机能、减少肠道疾病具有重要的意义。在家兔的饲料中，纤维素的含量在11% ~ 13% 比较适宜，不宜超过15%。

家兔对青粗饲料中的蛋白质有较高的消化率。以苜蓿为例，猪对其中蛋白质消化率不足50%，而兔接近75%，又如全株玉米颗粒料，对其中蛋白质的消化率，马为53%，而兔为80.2%。

家兔肠壁薄，幼兔消化道发生炎症时，肠壁渗透性增强，消化道内的有害物质容易被吸收，这是幼兔腹泻时容易自身中毒死亡的重要原因。因此，夏季应有效预防家兔消化道疾病的发生。

2. 体温调节特点

家兔是恒温动物，正常体温是38.5 ~ 39.5℃，但热调节机能较差，随环境温度变化体温有差别，夏季比冬季的体温高0.5 ~ 1℃。家兔主要靠呼吸散热，保持体温平衡是有一定限度的，所以高温对家兔十分有害。家兔生长繁殖的适宜温度是15 ~ 20℃，临界温度为5℃、30℃。仔兔初生时，调节体温的能力最弱，产箱内的温度应保持在30 ~ 32℃，随日龄增长，对体温的调节能力逐步增强，到10日龄仔兔初步具有调节体温的能力，30日龄时被毛已长齐，调节机能进一步加强。

3. 生长特点

仔兔出生时全身裸露无毛，闭眼封耳。出生后 3 ~ 4 日龄开始长毛，6 ~ 8 日龄耳朵内长出小孔与外界相通，10 ~ 12 日龄睁眼，17 ~ 18 日龄开始吃料，30 日龄时全身被毛基本形成。仔兔出生时体重一般为 50 ~ 70g，但生后体重迅速增长，正常情况下 1 周龄体重增加 1 倍，4 周龄时增加 10 倍，8 周龄时可达成年兔体重的 40%。生长快的中型肉用品种兔，8 周龄时体重可达 2kg。

仔兔断奶前的生长速度除受品种因素的影响外，主要取决于母兔的泌乳力和同窝仔兔的数量。泌乳力越高，同窝仔兔越少，生长越快。家兔在 2 ~ 3 月龄时为生长高峰阶段，有研究表明，肉用兔 1 月龄平均日增重为 24g，2 月龄为 33.1g，3 月龄为 34.8g，4 月龄为 22.2g，5 月龄为 18.6g。

4. 被毛生长与脱换

（1）季节性换毛　随着季节的变化，兔体感受到日照的变更，引起内分泌的变化，逐渐进行换毛，这是自然进化的结果。春天 3 ~ 4 月，日照逐渐延长，意味着夏季将要到来，家兔会逐渐脱掉冬毛，换上较稀疏的夏毛，便于散热。9 ~ 11 月，日照明显缩短，气温下降，意味着冬季的到来，家兔又脱掉夏毛，换上浓密的冬毛，便于保温。

（2）年龄性换毛　年龄换毛主要受遗传因素的影响。仔兔出生以后随着年龄的增长要进行两次换毛：第一次在 30 ~ 90 日龄，脱掉乳毛，准备进入性成熟；第二次在 150 日龄左右（120 ~ 180 日龄），准备进入体成熟。兔成年以后进行有规律的季节性换毛。

（3）病理性换毛　病理性换毛主要是由于患病、营养不良、新陈代谢紊乱、皮肤代谢失调等引起全身或局部性的脱毛，在全年任何时候都会出现，不受季节和年龄的影响。

（三）家兔品种

全世界大约有 60 多个家兔品种和 200 多个家兔品系。目前我国所饲养的家兔品种有 20 多个，少量由我国自己培育，多数是引入品种。

接经济用途可将家兔分为肉用型品种、皮用型品种、毛用型品种、皮肉兼用型品种、实验用品种等。

按体重大小可将家兔分为大型品种（成年体重在 4.5kg 以上）、中型品种（成年体重在 3.5 ~ 5kg）、小型品种（成年体重在 3.5kg 以下）。

1. 肉用型品种

（1）新西兰白兔　新西兰白兔原产于美国，是用弗朗德巨兔、美国白兔和安卡拉长毛兔杂交育成，是当代世界著名的中型肉用品种。全身被毛纯白色，眼睛呈粉红色，头宽圆而粗短，耳朵较短小直立，后躯滚圆，腰肋肌肉丰满，四肢较短，健壮有力，全身结构匀称，发育良好，具有肉用品种的典型特征（图 6-23）。

图6-23 新西兰白兔

早期生长发育快，在良好的饲养管理条件下，8周龄体重可达1.8kg，10周龄体重可达2.3kg，成年体重4.5～5.4kg。产肉力高，肉质鲜嫩，繁殖力较强，耐粗饲，饲料利用率高，适应性和抗病力较强。

（2）加利福尼亚兔　加利福尼亚兔育成于美国，用喜马拉雅兔、标准型青紫蓝兔和白色新西兰母兔杂交选育而成，是著名的中型肉用兔品种。加利福尼亚兔毛色似喜马拉雅兔，全身被毛以白色为基础，鼻端、两耳、四肢下部及尾背被毛为黑色，故又称八点黑兔。被毛丰厚平齐、光亮，毛绒厚密、柔软。眼睛呈红色，耳直立略短小，体长中等，肩部和后躯发育良好，胸围较大，肌肉丰满，体型短粗紧凑（图6-24）。

图6-24 加利福尼亚兔

在良好的饲养管理条件下，成年公兔体重3.6～4.5kg，母兔3.9～4.8kg。生活力和适应性较强，肌肉丰满，早熟易肥，肉质肥嫩，屠宰率高，净肉率优于丹麦白兔、日本大耳白兔和比利时兔，生长速度略低于新西兰白兔。在生产中利用其作父本与新西兰白兔杂交生产商品肉兔效果较好。

（3）比利时兔　该兔是用比利时贝韦伦一带的野生穴兔改良而成的大型肉用兔品种。被毛为深褐或浅褐色，体躯下部毛色呈黄白色，与野兔毛色相近。耳朵宽大直立，稍倾向两侧。头型粗大，颊部突出，脑门宽圆，鼻梁隆起。骨骼较细，四肢较长，体躯离地面较高，故有家兔中竞走马之美喻，称其为马兔（图6-25）。

图 6-25　比利时兔

　　仔幼兔阶段生长快，6 周龄体重 1.2 ~ 1.3kg，3 月龄体重 2.8 ~ 3.2kg，成年公兔体重 5.0 ~ 6.0kg，成年母兔体重 6.0 ~ 6.5kg，最高的可达 7 ~ 9kg。肌肉丰满，体质健壮，适应性强，繁殖力较高，仔兔生长发育均匀。在生产中常用比利时兔与中国白兔、日本大耳白兔、公羊兔等杂交生产商品肉兔，可获得较好的杂交优势。

　　（4）公羊兔　原产于北非，也称垂耳兔，是一种大型肉用品种，有法系、德系、英系和荷系，我国引入的主要是法系和英系。公羊兔因其两耳长宽而下垂、头型似公羊而得名。两耳较大，耳尖的直线距离最大可达 60 ~ 70cm，宽 20cm。被毛颜色以黄褐色者最多，也有黑色、白色和棕色的。公羊兔颈短、背腰宽、胸围大、臀圆、骨骼粗壮，体质比较疏松肥大，动作迟缓。

　　公羊兔体型大，早期生长快，40 日龄断奶重可达 1.5kg，成年体重 6 ~ 8kg。公羊兔耐粗饲，抗病能力较强，易于饲养，性情温顺，不爱活动；繁殖性能较低，主要表现在受胎率低，哺育仔兔性能差，产仔数少。公羊兔和比利时兔杂交生产商品肉兔效果较好。

　　（5）花巨兔　花巨兔原产于德国，体型粗短，骨骼粗重。1910 年引入美国后，又培育出与原花巨兔有明显区别的黑色和蓝色两种。体躯较长、弓形、腹部较高，引入我国的主要是黑白花色。

　　花巨兔毛色为白底黑花，黑耳朵、黑嘴环、黑眼圈、背中线呈黑色。该兔成年体重 5 ~ 5.4kg，仔兔出生体重 65g，40 天可达 1.1 ~ 1.25kg，90 天体重 2.5 ~ 2.7kg。具有生长发育快、抗病力强等优点，但产仔数不稳定，哺乳能力不够好，母性不强。

2. 兼用品种

　　（1）中国本地兔　中国本地兔是我国劳动人民长期培育和饲养的一个古老的地方品种，我国各地均有饲养，但以四川等省区饲养较多。中国本地兔以白色者居多，兼有土黄、麻黑、黑色和灰色。中国本地兔主要供肉用，故又称中国菜兔。被毛短而密，毛长 2.5cm 左右，粗毛较多，皮板厚而结实。全身结构紧凑而匀称，头清秀，嘴较尖，耳短小而直立，被毛洁白而紧密，眼睛粉红色。

　　仔兔出生重 40 ~ 45g，30 日龄断奶体重 300 ~ 400g，3 月龄体重 1.2 ~ 1.3kg，

成年体重 1.5 ~ 2.5kg。繁殖力强，产仔数高，对频密繁殖忍耐力强。母兔有乳头 5 ~ 6 对，性情温顺，哺乳性能强，仔兔成活率高。耐粗饲，抗寒、抗暑、抗病力强，适应性强。该兔体型小，生长速度慢，屠宰率低，皮张面积小。

（2）喜马拉雅兔　喜马拉雅兔原产于喜马拉雅山南北两麓。除我国饲养外，前苏联地区、美国、日本等均有饲养。喜马拉雅兔是小型皮肉兼用型品种。该兔体重 1.2 ~ 2kg，眼睛呈淡红色，被毛毛长 3.8cm 左右，底毛为白色，身体的末端处（尾、足、耳、鼻）为黑色，俗称"五黑兔"；仔兔全身被毛为白色，1 月龄后，鼻、尾等处逐渐长出浅黑色毛。黑色被毛颜色的深浅受环境温度的影响，冬季颜色较深，夏季颜色较浅。黑色是由一个隐性基因决定的，其表现型还受温度影响，兔身体末端处的温度较躯干部位低，凡是体温低于 33℃的身体部位则呈现黑色。用冰袋降低喜马拉雅兔的背部温度，则背部出现黑色；如恢复常温，则黑色褪去，这是由于毛色基因编码的酶只在 33℃以下才具有活性。

喜马拉雅兔性成熟较早，繁殖力强，适应性好，抗病力强，耐粗饲。体型紧凑，体质健壮，是良好的育种材料。

（3）日本大耳白兔　日本大耳白兔原产于日本，是 19 世纪末 20 世纪初以中国白兔为基础选育而成的中型皮肉兼用型品种。该兔全身被毛白色，浓密而柔软，眼睛红色；体型匀称，头较长且额较宽，耳朵大、直立，耳根细，耳端尖，形似柳叶，母兔颈下有肉髯（图 6-26）。

成年体重可达 4.0 ~ 6.0kg，每胎产仔 7 ~ 8 只。具有耐粗饲、抗寒性强、成熟早、繁殖力强、母性好、泌乳力强等特点。

图 6-26　日本大耳白兔

（4）青紫蓝兔　青紫蓝兔又名山羊青兔（图 6-27），原产于法国，利用野灰嘎伦兔、喜马拉雅兔和蓝色贝韦伦兔采用双杂交法育成的皮肉兼用品种，以后又与其他大型家兔杂交，形成了标准型、大型和巨型青紫蓝兔。该兔因其毛色很像产于南美洲的珍贵毛皮兽青紫蓝绒鼠而得名，其性情温顺，耐粗饲，体型健壮，抗病力强，生长发育快，产肉力强，内质鲜嫩，繁殖力强，仔兔成活率较高。

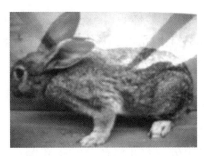

图 6-27 青紫蓝兔

青紫蓝兔被毛整体为蓝灰色，耳尖和尾面为黑色，眼圈、尾底、腹下和额后三角区的毛色较淡，呈灰白色。单根毛纤维可分为 5 段不同的颜色，从毛纤维基部至毛稍依次为深灰色、乳白色、珠灰色、白色、黑色。毛被中间通常夹有全黑或全白色的毛。被毛颜色由于控制毛被特征的基因不同而有深有浅，一般小型兔被毛颜色较深，美国型（大型）和巨型兔被毛颜色较淡。

①标准青紫蓝兔：体型较小，体质结实紧凑，耳中长直立，面部较圆，母兔颌下无肉髯。成年公兔体重 2.5 ~ 3.5kg，母兔 2.3 ~ 3.6kg。

②美国青紫蓝兔：由标准型青紫蓝兔与美国白兔杂交选育而成，体型中等，腰臀丰满，体质结实，耳大，单耳立。繁殖性能较好，生长发育快。成年公兔体重 4.1 ~ 5.0kg，母兔 4.5 ~ 5.4kg。

③巨型青紫蓝兔：用大型青紫蓝兔与弗朗德巨兔杂交而成，体型大，肌肉丰满，耳朵较长而直立，母兔颌下有肉髯，属偏于肉用型的巨型兔种。成年母兔体重5.9 ~ 7.3kg，公兔 5.4 ~ 6.8kg。

（5）塞北兔 塞北兔是我国近年培育的大型肉皮兼用新品种，用法系公羊兔和比利时兔采用二元轮回杂交的方式并经严格选育而成。该品种有 3 个品系：A 系被毛黄褐色，尾边缘针毛上部为黑色，尾腹面、四肢内侧和腹部的毛为浅黄白色；B 系被毛纯白色；C 系被毛草黄色或橘黄色。塞北兔体形呈长方形，头大小适中，眼眶突出，眼大而微向内陷，下颌宽大，嘴方正。两耳宽大，一耳直立，一耳下垂，又称斜耳兔，这是该品种兔的重要特征。体质结实，颈部短粗，颈下有内髯，肩宽胸深，背腰平直，后躯肌肉丰满，四肢健壮。

仔兔初生重 60 ~ 70g，30 日龄断奶重可达 650 ~ 1 000g，90 日龄体重 2.5kg，成年体重平均 5.0 ~ 6.5kg。塞北兔具有体型大、生长发育快、饲料报酬高、性情温顺、耐粗饲、抗病力和适应性强、繁殖力强等优点。

（6）哈尔滨白兔 哈尔滨白兔也称哈白兔，是中国农业科学院哈尔滨兽医研究所利用比利时兔、德国花巨兔、日本大耳白兔和当地白兔通过复杂杂交，经过 10 年时间培育而成，系大型皮肉兼用型品种。被毛纯白，毛纤维较粗长。体型大，头大小适中，两耳宽大而直立，眼大有神呈粉红色，体质结实，结构匀称，肌肉丰满，四肢健壮，适应性强，耐寒、耐粗饲，抗病性能强。

仔兔初生重 60 ~ 70g，90 日龄体重 2.5kg，成年公兔体重 5.5 ~ 6.0kg，成年母兔 6.0 ~ 6.5kg。哈尔滨白兔皮毛质量好，遗传性能稳定，繁殖力强，早期生长发育快，屠宰率高。

3. 野兔

我国有野兔 9 种，全是兔属，其中草兔分布于欧、亚、非三洲，中国除华南和青藏高原外广泛分布；云南兔分布于云贵高原；海南兔分布于海南岛；华南兔分布于我国长江以南和台湾地区；东北兔与东北黑兔分布于我国小兴安岭及长白山地区；高原兔分布于青藏、四川、新疆；雪兔分布于新疆、内蒙古和黑龙江北部；塔里木兔分布于新疆塔里木盆地。

野兔（兔属）与家兔（穴兔属）在遗传特性、繁殖、骨骼等很多方面有显著区别，其头骨后鼻孔较大；染色体数兔属野兔为 24 对，穴兔属 22 对；繁殖方面兔属每年仅繁殖 1 ~ 3 胎，妊娠期 40 ~ 50 天；仔兔出生睁眼、具有丰满的被毛，短时间即会奔跑；兔属野兔不打洞，穴兔类有打洞习性。

二、繁殖技术

（一）选种与选配

1. 选种时间

（1）初选　初选在仔兔断奶时进行，重点根据系谱资料，采用窝选法，选择优良公母兔的后代。

（2）复选　对于肉用兔，复选在 3 月龄进行，根据个体重和断奶至 3 月龄的增重速度进行选择。毛兔 50 ~ 55 日龄第一次剪毛，到 5 月龄时，进行第二次剪毛，可结合产毛性能，根据第二次剪毛时体重和剪毛量进行选择。

（3）精选　第三次选择在 7 ~ 8 月龄进行，此时兔的生长发育成熟，中型品种已参加繁殖，主要看其交配能力、受孕率、产仔率及仔兔成活率。对于毛用兔，此时还可用其第三次剪毛量乘以 4，作为兔年产毛量，予以评定。第四次选择是在 1 周岁后，对各种用途的种兔，根据第二胎繁殖情况进行繁殖性能鉴定。第五次选择在种兔后代已有生产记录情况下进行，对后代的各方面性能进行评定，进一步鉴定各种兔家系的优劣性。

2. 优良种兔应具备的基本条件

（1）生产性能好　饲养家兔的主要目的，就是要获得数量多、质量好的家兔产品，所以种兔本身就应该具有良好的生产性能。

（2）适应能力　优良种兔应该对周围环境有较强的适应能力，并对饲料营养有较高的利用、转化能力，这是高生产性能的基础。

（3）繁殖力强　要使兔群质量普遍提高，优良种兔必须能大量繁殖后代，以不断更新低产种兔群，并为生产群提供更多的兔苗来源。

（4）遗传性稳定 种兔本身生产性能好是远远不够的，还要能使本身的高产性能稳定地遗传给后代，这也是家兔高产的根本保证。

3.选种方法

根据家兔的品种特征、生长发育、生产性能和健康状况选择优良的个体留作种用。家兔的选种方法有个体选择、家系选择、后裔鉴定、综合鉴定等方法。其中个体选择的外貌鉴定法是家兔选种最为简单实用的重要手段之一。不同用途、不同品种的家兔，有着不同的外形特点，对外形各部位要求也不一样。

（1）眼睛 健康的家兔，眼睛明亮圆睁，无泪水和眼垢。眼球颜色要符合品种特征，白色安卡拉兔、中国白兔、日本大耳白兔等白化兔的眼球应为粉红色；深色兔眼球则为相应的深色，通常与毛被颜色相近。

（2）耳 耳朵的大小、形状、厚薄和是否竖立，是家兔品种的重要特征之一，日本大耳兔、新西兰白兔都是白兔，但前者耳大而直立，形似柳叶，新西兰白兔耳长中等、直立、稍厚，公羊兔两耳长大而下垂。

（3）体躯 健康和发育正常的家兔，胸部宽深背部宽平；臀部是肉兔产肉部位，应当丰满、宽圆。腹部要求容量大，有弹性而不松弛。脊椎骨如算盘珠似的节节凸出，是营养不良、体质较差的表现。

（4）四肢 四肢要求强壮有力，肌肉发达，姿势端正。遇有"划水"姿势、后肢瘫痪、跛行等情况不能留种。

（5）被毛 被毛颜色和长短应具有品种特征，无论何种用途的品种，都要求被毛浓密、柔软、有弹性和富有光泽、颜色纯正，尤其獭兔更应如此。白色长毛兔被毛还要求洁白、光亮、松软，被毛密度对产毛量影响很大，要特别注意选择。

（6）体重与体尺 体重与体尺是衡量家兔生长发育情况的重要依据。选种时应选择同品种同龄兔中体重和体尺较大的留种。

（7）乳房与外生殖器 乳头数多少与产仔数有一定的关系，种兔乳头数一般要求4对以上。公兔睾丸匀称，阴囊明显，无隐睾或单睾。生殖器无炎症，无传染病。

4.选配

选配是选种工作的继续，应有目的、有计划地选择合适的公兔与母兔进行交配，以巩固优良性状或获得期望的新的遗传组合，提高后代群体生产水平。选配有等级选配、年龄选配、亲缘选配、品质选配等方法。

（1）品质选配 品质选配是根据公、母兔间品质的异同来进行选配，分为同质选配和异质选配两种。同质选配是选择性状相同，性能一致的优良公、母兔进行交配，以期优良的性状能稳定地遗传给后代，在后代能够得到保持和巩固，不断提高后代群体的品质。异质选配是选择性状不同的优良公、母兔交配，或选择性状相同但性能表现优良程度不同的公、母兔交配，故异质选配获得的效果是综合双亲优点，培养出具有双亲各自不同优点的后代，或以一方优良的性状来改良另一方性能较差的相同性状。

因此，同质选配通常是在育种工作已经完成，为了能在生产中保持品种的优良性状的情况下采用；而异质选配通常是在育种初期，为了综合双亲优点，培育出新的品种时采用，或利用引进的优良品种进行本地品种改良时采用。

（2）亲缘选配　亲缘选配是考虑公、母兔双方有无亲缘关系进行交配，除特殊育种需要外，生产中要避免近交，以免造成品种退化。

通常认为交配双方到共同祖先的世代数在5代以内的属于近交，近交虽然容易造成品种退化，但其遗传的基本效应是能使基因纯合，把优良性状固定下来，减少后代分离，提高性状真实遗传的概率，使后代群体整齐一致，因此在育种初期通常被采用。

（3）年龄选配与等级选配　年龄选配是指在进行选配时考虑交配双方的年龄，一般尽量避免老年兔与老年兔、老年兔与青年兔、青年兔与青年兔的交配，以壮年兔与壮年兔间进行选配效果最好，也可采取老年兔与壮年兔、青年兔与壮年兔进行选配。进行大群自由配种时考虑公、母兔等级的选配方法为等级选配，由于一只公兔的后代要远远多于母兔，因此要求进行等级选配时公兔等级要高于母兔，但由于家兔很少采用大群自由配种，此种方法在家兔生产中很少被采用。

（4）杂交　肉用兔养殖中采用杂交提高生产水平。不同的品系、不同的品种间进行简单的杂交也会产生优势，为了使优势更明显，对亲本的选择应该是父本生长速度快、饲料报酬高、肉质好、屠宰率高的，而母本要选择繁殖能力强、哺乳能力强、适应性强、抗病性强的。对于公兔的选择应严格一些，最好通过后裔测定，母兔群由于数量较多，可以适当放宽条件。生产中种兔使用2～3年，每年基本要淘汰40%～50%，因此建立了基础群以后，仍然要继续选种，选择亲本是一件长期的工作。

（二）家兔的性别鉴定

1.初生仔兔

主要根据外阴部孔洞的形状、大小及距离肛门远近来区别。凡是孔洞呈扁形，大小与肛门相似，距离肛门较近者为母兔；反之，如孔洞呈圆形，略小于肛门，相距肛门较远者为公兔。

2.断奶幼兔

可直接检查外生殖器。方法是：将幼兔腹部向上，用拇指与食指压外阴部孔洞开口两侧皮肤进行观察，母兔呈V形，顶端前联合圆，后联合尖，下边裂缝延至肛门，且没有凸起。公兔则呈O形，并可见翻出圆筒状凸起。

3.青、成年兔

此时公母兔均已性成熟，公兔睾丸已坠落到腹股沟下，阴囊已形成，按压外阴孔，可露阴茎。母兔外阴呈尖叶状，下缘与肛门接近。这个时期比较容易鉴别。

（三）性成熟与初配年龄

家兔性成熟因性别、品种、营养水平的不同稍有差异，母兔的性成熟较公兔早，小型品种较大型品种早，营养条件好的较营养水平差的早，一般为 4 ~ 5 月龄。

母兔在达到性成熟以后，虽每隔一定时间出现发情征候，但并不伴随着排卵，只有在公兔交配、相互爬跨或注射外源激素以后才发生排卵，这种现象称之为刺激性排卵或诱导排卵。家兔在诱导排卵上还表现出其特殊性，即使处于未发情状态，一旦接受诱导刺激，仍然可排卵并受胎。利用家兔这一特性，可对家兔采用人工辅助强制配种。有研究表明，母兔在交配等类似刺激后 10 ~ 12h 即可排卵。母兔的卵子是目前已知哺乳动物中较大的卵子，直径约为 160μm。同时，它也是发育最快、在卵裂阶段最容易在体外培养的哺乳动物的卵子，因此，家兔是很好的实验材料，被广泛用于生物学、遗传学、家畜繁殖学等学科的研究。

家兔性成熟后，其他组织器官尚未发育完全，身体并未完全成熟，不宜立即进行配种。过早初配，不但影响家兔本身的生长发育，而且配种后受胎率低，产仔数少，仔兔出生重小，母兔泌乳量低，连续几个世代过早配种还会造成品种退化；但过晚配种会缩短种兔利用年限，影响公、母兔终身繁殖力，因此，要确定家兔的初配年龄，做到适时配种。家兔的初配年龄主要根据年龄、性别、体重和兔场性质来确定。一般家兔的体重达到成年体重的 70%，小型品种 1 ~ 5 月龄、中型品种 5 ~ 6 月龄、大型品种 7 ~ 8 月龄以上才能配种使用。

不同品种兔性成熟和初配月龄见表 6-13。

表 6-13 不同品种兔性成熟和初配月龄

品种	性成熟月龄	初配月龄	品种	性成熟月龄	初配月龄
新西兰兔	4 ~ 6	5.5 ~ 6.5	加利福尼亚兔	4 ~ 5	6 ~ 7
德系长毛兔	5 ~ 8	6 ~ 10	日本大耳白兔	4 ~ 5	7 ~ 8
比利时兔	4 ~ 6	7 ~ 8	哈尔滨白兔	5 ~ 6	7 ~ 8
青紫蓝兔	4 ~ 6	7 ~ 8	塞北兔	5 ~ 6	7 ~ 8

（四）性周期与繁殖季节

母兔发情周期变化较大，一般为 8 ~ 15 天，母兔的发情持续期为 3 ~ 4 天，发情母兔有行为上和生理上的可视变化。

公兔一年四季均可配种，母兔均可发情，但由于气温不同，季节对家兔繁殖的影响是明显的，尤其是室外饲养的家兔。

春季气候温和，是家兔配种繁殖的最好季节。仔兔断奶后，青绿饲料较为丰富，幼兔生长快，生产效果好。

盛夏季节气候炎热,温度高,湿度大,家兔食欲减退,性机能不强,配种受胎率低,产仔数少。当外界温度高于30℃时,公兔性欲降低,射精量少,高于35℃时,配种效果很差,有夏季不孕现象,不宜进行繁殖活动。

秋季气候温和,饲料丰富,公、母兔体质得到恢复,性活动能力增强,尤其是晚秋,母兔发情旺盛,配种受胎率高,产仔数多,是母兔配种繁殖的又一个好季节。

冬季气温降低,特别是严寒季节,保温条件不好时,仔兔成活率低。

(五)发情鉴定

发情母兔表现为活跃不安,跑跳刨地,啃咬笼门,后肢顿足,频频排尿,食欲减退。常在食盘或其他用具上摩擦下颌,有的衔草做窝,散养兔有挖洞表现。主动爬跨公兔,甚至爬跨自己的仔兔或其他母兔。当公兔追逐爬跨时,抬升后躯以迎合公兔。

外阴部可视黏膜的生理变化可作为发情鉴定的主要依据。母兔在休情期,外阴部黏膜苍白、干涩,发情初期呈粉红色,发情盛期表现为潮红或大红、水肿湿润,发情后期黏膜为紫红色、皱缩。典型经验是:粉红早,黑紫迟,大红正当时。

(六)配种技术

1. 配种前的准备

配种前要查阅配种计划,准备配种记录;毛用兔在配种前要剪去外阴附近的长毛,以便于配种过程顺利完成,同时防止交配时将脏物带入母兔生殖道,引起炎症。

2. 配种方法

家兔的配种方法有自然交配、人工授精两种方法。自然交配又可分为自由交配和人工辅助交配。

(1)自由交配 自由交配指公、母兔按一定比例混养在一起,母兔发情时,与公兔自由交配。这种方法虽具有配种及时、能防止漏配等优点,但易造成早配和近亲繁殖,不利于兔群质量提高。所以,一般兔场不宜采用。

(2)人工辅助配种 采用人工辅助配种,平时将公、母兔分开饲养,当母兔发情时,根据配种计划,将其放入指定的公兔笼内,交配后将母兔捉回原笼。这种方法可避免自由交配的缺点,但要注意发情观察,给以及时交配。

对于不接受交配或未发情的母兔可采取人工辅助措施辅助公兔交配。操作者用左手抓住母兔两耳和后颈皮,将其头部朝向操作者胸部,右手伸到母兔后腹下,将后躯托起,调整高度和角度,迎合公兔的爬跨和交配。

家兔的交配时间很短,仅几秒钟,公兔很快射精,随即从母兔身上滑倒,并发出"咕咕"的叫声,爬起后频频顿足。交配完毕后,应立即在母兔的后臀拍击,使母兔身躯紧张，这样精液不易外流，随即将母兔捉回原笼。

采用复配或双重交配，可提高受胎率和产仔数。为确保配种成功，配种后 5 天左右可进行复配。如母兔拒绝交配，边逃边发出"咕咕"的叫声，可基本判定为妊娠。如母兔接受交配，则表明未孕，应将复配日期记入配种卡。

3. 注意事项

为了提高配种质量，家兔的人工控制配种应注意如下几方面问题：第一，要注意公、母兔比例，一只健壮的成年公兔，在繁殖季节控制在与 8 ~ 10 只母兔配种；第二，控制配种频率，一只体质强壮、性欲强的种公兔，在 1 天内控制配种 1 ~ 2 次；第三，在公兔笼中交配，若将公兔放在母兔笼中，公兔会因环境的改变而易影响性欲活动，甚至不爬跨母兔。

（七）妊娠

1. 妊娠

中型体重母兔的妊娠期平均为 31 ~ 32 天（28 ~ 35 天），妊娠期的长短与品种、年龄、营养、胚胎数量等因素有关。大型兔比小型兔的妊娠期长，老年兔比青年兔的妊娠期长，经产兔比初产兔妊娠期长，胎儿数量少比数量多的妊娠期长，营养好比营养差的妊娠期长。交配后 72 ~ 75h 胚胎进入子宫，在两侧子宫角均可着床，7 ~ 7.5 天胎膜与母体子宫黏膜相连，形成胎盘。

母兔妊娠后，新陈代谢旺盛，食欲增加，消化能力提高，营养状况得到改善，毛色变得光亮，膘度增加，后期腹围增大，行动变得稳重、谨慎、活动减少等。

2. 妊娠诊断

母兔妊娠后，发情周期停止，拒绝公兔爬跨交配。但仅仅依据这些是不可靠的。在生产中，检查母兔是否妊娠的方法常用的有以下三种：

（1）复配法　也叫试情法。在配种后的 3 ~ 5 天内复配，拒绝交配者可能妊娠。但在生产中有时会出现假孕现象。

（2）称重法　由于胎儿发育较快，使母兔在短时间内体重增加明显，用称重法来判断是否妊娠。称重时间在母兔配种后的 7 ~ 14 天内进行 2 ~ 3 次，体重明显增加者初步判断为妊娠。称重是在早晨喂食前空腹时进行。

（3）摸胎方法　母兔配种后半月（一般 10 ~ 12 天即可摸胎），如能确定是否怀孕，在生产上有十分重要的意义。

摸胎时间一般在母兔配种后 10 ~ 12 天进行，13 ~ 15 天时摸胎最清晰可辨。摸胎方法是先将母兔放在桌面或地面上，一手固定兔的双耳与颈部皮肤，另一手将拇指与其余四指分开呈八字形，手掌向上，伸向母兔两后肢中间，由后向前轻轻触摸母兔的腹部，再由前向后触摸一次。摸上去感觉柔软如棉，说明没有怀孕。如发现母兔腹部有花生米大小、有弹性的颗粒在两指间滑动，说明已经怀孕。摸胎操作时要注意：

第一，宜在母兔空腹时进行，母兔的头要朝向检查者；第二，检查时尽量使母兔放松，不要过分紧张；第三，检查时固定母兔两耳与颈部的那只手要抓紧，不让母兔来回摆动；第四，初产兔怀孕后胚胎较小、位置靠后，经产兔胚胎位置靠下。大型兔的胚胎比中、小型兔的大，大中型肉兔腹肌厚、脂肪多，应轻轻按摩几下，待放松后再检查；第五，检查时手指轻重要掌握好，切忌用力硬捏，以防流产；第六，注意胚胎与粪球的区别，一般粪球多为扁圆形，没有弹性，表面粗糙，分布面大，并与直肠宿粪相接；而胚胎位置较为固定，表面光滑，富有弹性。如果一时难以判断，可在配种后第 15 天再摸，胚胎已长到鸡蛋黄大，很容易和粪球区别开来。

（八）分娩与护理

1. 分娩预兆

母兔产仔前 3 ~ 5 天乳房开始肿胀，肷部凹陷，尾根和坐骨间韧带松弛，外阴部肿胀、充血，阴道黏膜潮红湿润，行动不安，食欲减退；产仔前 1 ~ 2 天开始衔草做窝，分娩前 10 ~ 12h 用嘴将胸部和乳房周围的毛拉下；产仔前 2 ~ 4h 频繁出入产箱。

拉毛是一种母性行为，一是可刺激乳腺泌乳，二是便于仔兔捕捉乳头，三是为仔兔准备良好的御寒物。凡是拉毛早、拉毛多、做巢大的母兔，泌乳量大，母性好。对于不拉毛的母兔，饲养管理人员可代为铺草、拉毛，以唤起母兔营巢做窝的本能。

2. 分娩过程和助产

产仔多在夜间或清晨进行。母兔在分娩时，表现精神不安，四爪刨地，顿足，弓背努责，最后呈犬卧姿势，胎儿进入产道后，胎衣破裂，羊水流出，仔兔连同胎衣一起产出。每隔 2 ~ 3min 产仔 1 只，产完一窝仔兔需 20 ~ 30min。母兔边产仔边将仔兔脐带咬断，吃掉胎衣，舔干仔兔身上的血迹和黏液。产仔结束后，母兔给仔兔哺乳 1 次，再拉一些毛盖在仔兔身上，而后跳出产箱喝水。此时要事先准备好清洁的温水加少许食糖让母兔喝足，以防因口渴找不到水喝而吃掉仔兔，母性强的会回产仔箱内哺乳仔兔。

母兔在分娩时，应保持环境安静，避免打扰和惊动。母兔一般都会顺利分娩，不需助产。个别母兔出现异常妊娠时，采取相应措施。

3. 产后护理

母兔产完仔后，会自动跳出产箱，找水喝，或休息。这时应及时取出产箱，清点仔兔，取出死仔兔，称重记数，并清除箱内污物换上干净垫草，放回母兔拉下的兔毛及仔兔。有条件的可将产箱放在能防鼠和保温的产仔室里，让母兔好好休息。另外对母兔要饲喂适口性好，容易消化的饲草，勤观察母兔的吃食、精神及排粪、尿是否正常。检查仔兔有无吃不上乳汁的情况，如因母兔乳头不够，可进行寄养或人工哺乳，母兔如患有乳房炎，则要及时治疗。

三、肉兔的饲养管理

（一）肉兔的营养需要与饲料

1. 肉兔的营养需要

目前，我国养兔生产中多采用"青饲料＋精料补充料"的方式，为适应这种饲喂方法，可参照表 6-14 中的"精料补充料建议养分浓度"，设计营养浓度较高的精料补充料配方，然后再补充一定量的青粗饲料，合并饲喂。

表 6-14　精料补充料建议养分浓度（每千克风干饲料含量）

营养指标	生长兔		妊娠兔	哺乳兔	成年产毛兔	生长育肥兔
	3 ~ 12 周龄	12 周龄后				
消化能（MJ）	12.96	12.54	11.29	12.54	11.70	12.96
粗蛋白质（%）	19	18	17	20	18	18 ~ 19
粗纤维（%）	6 ~ 8	6 ~ 8	8 ~ 10	6 ~ 8	7 ~ 9	6 ~ 8
粗脂肪（%）	3 ~ 5	3 ~ 5	3 ~ 5	3 ~ 5	3 ~ 5	3 ~ 5
钙（%）	1.0 ~ 1.2	0.8 ~ 0.9	0.5 ~ 0.7	1.0 ~ 1.2	0.6 ~ 0.8	1.1
磷（%）	0.6 ~ 0.8	0.5 ~ 0.7	0.4 ~ 0.6	0.9 ~ 1.0	0.5 ~ 0.7	0.8
赖氨酸（%）	1.1	1.0	0.95	1.1	0.8	1.1
胱氨酸＋蛋氨酸(%)	0.8	0.8	0.75	0.8	0.8	0.7
精氨酸（%）	1.0	1.0	1.0	1.0	1.0	1.0
食盐（%）	0.5 ~ 0.6	0.5 ~ 0.6	0.5 ~ 0.6	0.5 ~ 0.6	0.5 ~ 0.6	0.5 ~ 0.6

为达到建议营养供给量的要求，精料补充料中应添加适量微量元素和维生素预混料。精料补充料日喂量应根据体重和生产情况而定，为 50 ~ 150g。此外，每天还应喂给一定量的青绿多汁饲料或与其相当的干草。青绿多汁饲料日喂量为：12 周龄前 0.1 ~ 0.25kg，哺乳母兔 1.0 ~ 1.5kg，其他兔 0.5 ~ 1.0kg。

2. 肉兔常用饲料

（1）青绿饲料　要铡短成 1 ~ 2cm 长的小段或粉成 1cm 左右的粉粒后饲喂。

①天然或栽培牧草：分为禾本科、豆科及杂类草。禾本科有碱草、燕麦草、雀麦草、猫尾草、鹅观草等；豆科牧草有苜蓿、三叶草、紫云英、野豌豆、草木樨等。豆科牧草粗蛋白含量比禾本科高，总营养价值比禾本科高，最适宜饲喂幼兔和种兔。杂类草有人工栽培的苦荬菜和聚合草、农村田边地角、草山草坡的野草（如蒲公英、车前草、马齿苋、野苋菜、胡枝子、艾蒿等），其营养价值变化大，介于豆科和禾本科牧草之间，

也是饲养兔的好饲料。

②杂蔬菜类饲料：包括各类菜叶、根茎、瓜果，如甘蓝、白菜、菠菜、萝卜、油菜、牛皮菜、甘薯藤、胡萝卜缨等。其水分多，营养浓度低，单独饲喂，易引起兔消化道疾病，且注意不要用堆沤变质的菜叶喂兔。

③水生饲料：指"三水一萍"，即水浮莲、水葫芦、水花生和红浮萍，其产量高，喂时应洗净、晾干表面水分后饲喂。

④幼嫩树叶：兔最喜欢采食的树叶有槐树叶、桑树叶、榆树叶、茶树叶、椿树叶等。一般树叶中含单宁，有苦涩味，会降低兔的采食量。由春季到秋季，树叶的水分、粗蛋白质含量逐渐减少，粗纤维和单宁逐渐增加。

（2）青贮饲料　青贮饲料借助于乳酸或防腐剂（如甲醛、亚硫酸等）、甲酸和其他有机酸等抑制青绿饲料中微生物的活动，达到基本上保存原料营养价值的目的，就成为青贮料。青贮料在解决家畜生产中青绿饲料的全年平衡供应方面具有重要作用。兔一般不太喜欢采食青贮料，但是在冬季缺乏青绿饲料的地方，新鲜而具有酸香味的青贮料，只要搭配的量合适（每只兔每天 150 ～ 200g），生产效果仍然很好，并不影响肠道微生物消化。

（3）多汁饲料　包括块根块茎饲料，如红薯、胡萝卜、白萝卜、土豆等；瓜类饲料如南瓜、冬瓜、丝瓜、西瓜皮等。其水分多，粗纤维少，糖分和淀粉高，维生素 A 多，兔爱吃，但蛋白质和矿物质少。

（4）干粗饲料　包括各种干草、干野杂草、作物秸秆和秕壳等，如干的麦秸、豆秸、玉米秆、花生秧、绿豆角皮及各种秧蔓等。其体积大，粗纤维高，营养价值低，应根据兔的不同生育阶段合理搭配。

（5）精饲料　可分为谷实类、麸皮类、植物性蛋白质和动物性蛋白质四个类别。

①谷实类精料：常用的玉米和大麦，也用少量小麦和高粱。谷实类精料是兔主要的能量饲料，一般占日粮的 30% 以上。

②麸皮类饲料：主要是小麦麸皮和精细米糠，一般占家兔日粮的 15% ～ 25%。

③植物性蛋白质饲料：主要是黄豆和豆粕、花生粕，豆饼和花生饼是家兔常用的植物性蛋白质饲料，含粗蛋白质 46% 左右，一般占日粮的 15% ～ 20%。

④动物性蛋白质饲料：有鱼粉、肉骨粉、血粉和蚕蛹粉等，但家兔不喜欢吃，一般在日粮中不超过 4%。

3. 各类兔精料补充料配方

见表 6-15。

（二）肉兔的环境要求与场舍建造

现代养兔生产，已把改善环境作为提高兔生产力与养兔经济效益的重要手段之一，人工控制兔舍环境，模拟和创造肉兔最佳环境条件，就可以实现兔业常年均衡生产，提高养兔经济效益。

表 6-15 各类兔精料补充料参考配方

饲料	生长兔			妊娠兔	哺乳兔	生长育肥兔
	3～8周龄	9～12周龄	12周龄后			
玉米（%）	47.25	44.5	47.5	31	40	44.5
麸皮（%）	21.9	20	6.5	19	6	20
豆饼（%）	26.9	27	30.5	25	30.5	27
大豆(%)（热处理）	—	—	—	—	6.5	—
草粉（%）	—	5	12.4	23	12.5	5
骨粉（%）	0.9	0.8	0.75	0.6	3	0.8
石粉（%）	1.9	1.7	1.25	0.37	0.37	1.7
食盐（%）	0.57	0.5	0.6	0.6	0.63	0.5
赖氨酸（%）	0.28	0.25	0.19	0.15	0.19	0.25
蛋氨酸（%）	0.3	0.25	0.31	0.28	0.31	0.25

1. 温度的要求及其控制

（1）肉兔对温度的要求　初生仔兔的适宜温度为 30～32℃，主要靠窝温保持，舍温不能低于 10℃，也不能高于 25℃；1～4 周龄仔兔为 20～30℃；幼兔、青年兔及成年兔为 15～25℃；最佳温度为 18℃，临界温度为 5～30℃。值得指出的是，兔舍内的实际温度在上述范围内有所升降比持续稳定好，因为适度范围的变温有利于刺激各系统机能活动加强，增进健康和提高生产力。

（2）控制措施

①修建兔舍前，应根据当地气候特点，选择开放、半开放或全封闭的室内笼养兔舍，同时注意兔舍用的保温隔热材料的选择，如石棉瓦的保温隔热性能差，在寒冷或热带地区不能使用。

②潮湿是百害之源，兔舍应建在通风良好和干燥的地方，切忌建在背风、窝风和低洼之处，平时兔舍要保持干燥。

③冬季注意防寒保温，寒冷地区可采取塑料大棚覆盖或生火炉（注意要安装排烟筒），也可适当提高舍（笼）内饲养密度，冬季应将月龄小、体质弱的兔子安置在上笼，初生仔兔放于兔舍中央。

④夏季注意防暑降温，舍旁植树或种攀缘植物（丝瓜等），舍内地面绿化，舍内可安装电风扇或排风设备。让兔多饮冷水。日粮中添加维生素 C 200mg/kg，可减少热应激。降低饲养密度，高温季节可在兔舍地面适当洒水，但不宜对兔体喷雾降温。

2. 湿度的要求及其控制

（1）肉兔对湿度的要求　舍内适宜的相对湿度为 60%～65%，一般不应低于50% 或高于 70%。

（2）控制措施　注意选择地势高燥处建场，兔舍墙基和地面最好设置防潮层。经常疏通排水管道，增加粪尿清除次数，冬季注意保温和供暖，适时通风换气。

3. 兔笼设计的基本要求

（1）兔笼设计的基本要求　设计兔笼所用材料，应本着因地制宜、就地取材的原则，力求造价低廉，经久耐用，既符合家兔的生理要求，又有利于操作管理和清洗消毒。

（2）兔笼的规格　要根据兔子品种、体型、大小不同而异。原则上，笼宽是兔子体长的 2 倍，笼深是体长的 1.3 ~ 1.5 倍，笼高是体长的 1.2 倍。养兔实践证明，兔笼的标准尺寸，以宽 70cm、深 60cm、高 45cm（前高 50cm，后高 40cm）为好，一般中型兔都适用。大型品种兔以宽 80cm、深 70cm、高 50cm 为宜。小型品种兔以宽 60cm、深 50cm、高 35cm 为宜。兔笼结构以三层最实用，四层太高，管理操作不便，一般要求多层兔笼的总高度以不超过 2m 为宜。

（3）兔笼的构造　一般由笼壁、笼顶、笼底板、承粪板及笼门等组成，现将各部分的建造要求，分述如下：

①笼壁：要结实、平滑，且不钩兔毛。选用材料，活动笼可用钢、木架钉竹条或安装铅丝网；固定笼可用砖泥结构。如要钉钉子，应从里向外钉。竹间距离以 1cm 为宜。

②笼顶：要求能防热、防寒，又不能被兔子啃咬坏。活动笼可用木板、竹板等制成，固定笼可用水泥板、砖瓦或三合土等材料做成。多层笼中间几层的笼顶又兼作承粪板，应结实不漏水，前顶高，后顶低，形成斜坡，以利排水或使粪尿流入粪尿沟。

③笼底板：要求做成活动式的，能取下来清洗和消毒，并要不伤害兔脚，兔粪能漏下去。选用材料以毛竹片为好，竹片宽为 2 ~ 2.5cm，各个竹片间隔为 1cm。活动笼也可用金属片制成，金属网眼为 1 ~ 1.5cm。

④承粪板：安放在笼底板的下面，承接兔的粪尿，又兼作下层笼顶。因此，要求承粪板平整光滑，不积粪尿，不透水。安装时由兔笼前方向后方倾斜，前后都应凸出，以防上层粪尿漏到下层，前面凸出 6 ~ 8cm，后面凸出 12 ~ 18cm，自上而下逐层加大凸出尺寸。也可采取承粪板四周用檐口伸出的办法解决污染问题。承粪板与笼底板之间应有一定间距，前方距 12 ~ 14cm，后方距 20 ~ 25cm，以便清扫、冲洗。最低一层兔笼不设承粪板，笼底与地面相距 30cm，以便清扫和通风排湿。

⑤笼门：一般多采用前开门，也有上开门。笼门高度与笼高齐平，宽度一般为 30cm 左右，门安装在右侧，向右方开门，便于操作。

4. 兔笼的形式

兔笼的形式根据养兔场地规模大小不同及家庭自身条件，一般可分为活动式和固定式两种。

（1）单层活动式兔笼　一般用木头和圆竹筒做支架，四周用小竹条或木条钉装而成，间距应不大于3cm，笼门可以在上方和四周任一方，笼底用竹片制作。

（2）双联单层式兔笼　用木料或圆竹做框架，笼门在上方或前方，两笼之间合用一V形草架。

（3）重叠式兔笼　分双层或三层，每个笼可养4～6只兔，一般用圆钢管和三角铁焊制框架，下层和中层前高后低，草架设在前方，其他和单层结构相同。

（4）固定式兔笼　分双层或三层，单列或面对面、背靠背排列，笼壁隔墙一般用砖砌成，或水泥预制板组装。一般三层笼总高175cm，笼门在前方安装，背面用竹片或焊网制作，笼底用竹片制成，托粪板用水泥板、木板或平面石棉瓦制作，下导线后面设有排尿沟，这种形式的兔笼可以建在室内或室外，通风透光好，占地面积小，管理方便。

5. 其他养兔设备

（1）草架　一般用木条、竹片或钢丝制作成V形的大草架和小草架。大草架放在圈中使用，一般高50cm，上口宽40cm，竹片间隙4cm，长100～120cm。小草架挂于笼门一侧。

（2）食槽　一般由陶制、木制、竹制、铁皮或塑料制等，要求能防止啃咬，坚固耐用，兔扒不翻，便于刷洗消毒，且造价低廉。

（3）饮水设备　可用陶制小口大底水钵，既可喂料也可饮水，也可用灭菌瓶或酒瓶制成饮水器，大型兔场一般用自动饮水器。

（4）产仔箱　又叫巢箱，一般用厚1.5cm、质地较硬的木板制作，有条件的可用硬质塑料专门预制。产箱的规格一般是长40cm、宽30cm、高25～28cm。上口钉一片6～10cm宽的木条，便于放倒和提拿；前方离底12cm挖一月牙口，便于母兔出入。也可酌情制作长40cm、宽30cm、高12cm的平口箱。

（5）推粪板　用铁板圆钢焊制及木板木棒制作均可，主要用于清除托粪板上的粪便。

（三）饲养管理的一般原则

（1）青饲料为主，精饲料为辅。

（2）多种饲料，合理搭配。

（3）注意饲料质量，进行合理调制　不喂霉烂变质或被污染的饲料。青绿多汁料要清洗干净，晾干后喂；块根块茎应洗净切碎，最好切成丝与精料拌合喂；干草最好加工成草粉喂；粉状精料也应加水拌湿或制成颗粒料喂。

（4）变换饲料，逐渐过渡　在夏季一般以青饲料为主，冬春季以干草加块根块茎料为主，变换饲料时，新换的饲料量要逐渐增加。

（5）掌握饲料喂量标准，定时定量　每天饲喂的次数和时间，一般是幼兔的饲喂次数多于青年兔，青年兔多于成年兔。肉兔的定量标准见表6-16与表6-17。

表 6-16　肉兔干草日喂量与体重比例

体重（g）	日喂量（g）	占体重比例（%）	体重（g）	日喂量（g）	占体重比例（%）
500	155	31	2 500	325	13
1 000	220	22	3 000	360	12
1 500	255	17	3 500	385	11
2 000	300	15	4 000	400	10

表 6-17　生长兔颗粒饲料喂量

兔龄（周）	体重（g）	日增重（g）	日喂量（g）
4	600	20	45
5	800	30	70
6	1 100	40	100
7	1 420	45	135
8	1 782	50	135
9	2 025	40	140
10	2 300	35	140
11	2 500	30	140
平均		36	112

（6）加喂夜草，注意饮水。

（7）分群饲养，适当运动　种兔和商品兔要分开饲养，加大种公兔的运动量。

（8）建立健全规章制度，强化内部管理　包括防疫制度、饲喂制度、生产计划、管理巡视、学习制度等方面的内容。特别是管理巡视制度，要每天早晚坚持对兔舍兔笼进行巡视，及时发现问题，做到无病早防、有病早治。

（四）不同生理阶段家兔的饲养管理

1. 仔兔的饲养管理

从出生到断奶的小兔称仔兔。这一时期可分为两个阶段：闭眼期（初生 12 天内）和开眼期。饲养管理主要包括以下几个方面：

（1）防寒暑，防鼠害　产箱内温度达到 20 ～ 25℃，产箱用木板做较好，底部垫一层保温材料如泡沫塑料，箱内垫些柔软的稻草或碎刨花等，上面用垫草和兔毛盖好，冷天多盖，热天少盖或不盖。

（2）早吃奶，吃足奶　产后 6h 之内应检查是否吃到初乳，凡吃足初乳的仔兔，腹部圆鼓，胃部呈乳白色（透过腹部可看到胃内乳汁），安睡不动。凡吃奶不足者，则腹瘪胃空，到处乱爬，吱吱乱叫。此时要检查原因，设法解决。其办法如下：

①寄养：选择产仔时间先后不超过 3 天的"保姆"兔，寄养前要用"保姆"兔的奶涂一些在被寄养的仔兔身上，或在"保姆"兔鼻端涂点清凉油、大蒜汁等。

②分批哺乳：产仔多时可分成两批哺乳，清早给体小的仔兔喂奶，傍晚给体大的仔兔喂奶，但要加强母兔营养，并及早给仔兔补料。

③人工喂奶：将牛奶等加温至 37℃左右，倒入眼药瓶中，接上自行车气门嘴上用的一段细胶管即可喂奶。最好在鲜牛奶中加入 1 个新鲜卵黄。

④弃仔：在不得已的情况下，最好将那些瘦小体弱的仔兔扔弃，以保证少量体质好的仔兔健壮发育。

（3）做好开食补料工作　补料可从 16 ~ 18 天开始，开始时可用少量的嫩青草、野菜诱食，23 天左右可逐渐混入少量粉料，注意少量多餐，每天喂 5 ~ 6 次。

（4）搞好卫生，预防疾病　仔兔在哺乳期常发大肠杆菌病和黄尿病。大肠杆菌病是因为母兔乳头上沾上了致病性大肠杆菌，所以搞好卫生是预防该病的重要措施；仔兔黄尿病是由于仔兔吸吮患乳房炎的母兔的乳汁引起的，死亡率很高，预防该病主要应搞好母兔乳房炎的防治。

（5）提倡母仔分开养　每天定时给仔兔喂奶 1 ~ 2 次（喂 1 次时以早晨为好）。在 12 日龄内，移仔留母，把仔兔养在室温 10 ~ 15℃的安全室内；12 日龄以后，移母留仔，每天定时将母兔放回仔兔舍内哺乳。母兔给仔兔第一次哺乳多在产后 1h 内完成，以后每天哺乳 1 ~ 2 次，多数母兔 1 天只喂 1 次奶，时间多在清晨；如哺乳 2 次，则 1 次在清晨，1 次在傍晚。每次哺乳时间为 2 ~ 5min。

（6）适时断奶　饲养管理水平高时可在 28 日龄左右断奶，我国目前农村一般在 40 日龄左右断奶。若仔兔发育均匀可一次断奶；若发育不均匀，可分批断奶，先断大的，后断小的。

2. 幼兔的饲养管理

从断奶到 3 月龄的小兔称幼兔。实践证明，幼兔阶段是死亡率最高、较难养好的时期，死亡的幼兔大部分是死于消化道疾病及球虫病等，此阶段的重点是加强饲养管理，做好防病工作。

（1）断奶前后饲料、环境、管理三不变。

（2）分群饲养　按年龄和大小，笼养的每笼 4 ~ 5 只，群养的每群 10 只左右为宜，并设立运动场让兔活动，增强体质。

（3）玉米等高能量精料要限喂　减少高能饲料的喂量，增加苜蓿等高纤维饲料的喂量，能有效地防止幼兔的肠炎。美国养兔研究中心推荐的低肠炎饲料配方如下：小麦粉 20%、豆饼粉 21%、苜蓿粉 54%、废糖蜜（制糖业加工副产品）3%、动物脂肪 1.25%、磷酸钙 0.25%、食盐 0.5%。

（4）保证饲料品质。

（5）对刚断奶的幼兔可在日粮中拌入适量牛、羊奶。

（6）喂时要定时限量，少量多餐 可根据采食情况及兔粪便的软硬、消化的好坏来合理调整喂量。

（7）注意防止寒流等气候突变。

（8）做好卫生防疫工作 首先做好卫生；其次要根据季节特点做好疾病的预防，如春秋季预防口腔炎、肺炎及感冒，夏季尤其是雨季重点预防球虫病，可在饲料中添加氯苯胍、磺胺、痢特灵等防球虫病的药物。饲料中经常加入洋葱、大蒜等药用植物，对于防病促生长都有好处。按时打疫苗更不可忽视，除了注射兔瘟疫苗外，还要根据实际情况注射巴氏杆菌、魏氏梭菌及波氏杆菌等疫苗，确保兔群安全。

总之，幼兔是养兔中最难养的阶段，除思想上要高度重视外，并切实采取有效措施，把好断奶关、饲料关、环境关及防疫关，确保幼兔健康发育。

3. 青年兔的饲养管理

从 3 月龄到初配这一时期的兔称为青年兔，或叫育成兔。

（1）饲养 日粮以青粗料为主，精饲料为辅。对留种的后备兔，要适当限制能量饲料，防止过肥，且饲料体积不宜过大，以免撑大肚腹，失去种用价值。

（2）管理 重点是适时分群上笼，公母要分开，4 月龄以上的公兔，留种的要单笼饲养，且加强运动；不留种的公兔，要及时去势育肥。

4. 种兔的饲养管理

（1）种公兔的饲养管理 好种公兔的标准是：一要体格健壮，不肥不瘦；二要性欲旺盛，配种能力强；三要精液品质好，与配母兔受胎率高。因此，在饲养管理时应注意以下几点：

①注意营养的全面性和均衡性：实践证明，种公兔配种期如能加喂适量的豆饼、豆渣、苜蓿、毛苕子等富含蛋白质的饲料，以及加喂胡萝卜、大麦芽、青草等富含维生素的饲料，精液品质就可以提高。配种旺季每天如能加喂 1/4 ～ 1/2 个鸡蛋或 5g 左右鱼粉或牛羊奶等，对改良精液品质大有好处。

②饲料体积要小：以防引起腹大下垂，配种困难。

③玉米等高能饲料喂量不宜过多：要定期称重，配种季节每月称重一次，非配种季节每一季度称重一次，根据体重来调整饲料配方。

④管理要细致：满 3 月龄后的公母兔或公兔之间要分开饲养，种公兔笼舍要适当大一点，让其多运动，多晒太阳。

⑤使用要合理：公母兔比例，人工辅助交配以 1：10 左右为宜；如采用人工授精，可以提高到 1：（100 ～ 150）。青年公兔每天交配 1 次，成年公兔每天可交配 2 次，应安排在上、下午各 1 次。配种 2 天休息 1 天，并要做到"四不配"：即公兔食欲不振、身体有病不配，换毛期间不配，饲喂前后不配，天热没有降温设备不配。

（2）种母兔的饲养管理

①空怀母兔的饲养管理：空怀母兔是指性成熟后或仔兔断奶后，到再次配种受胎

之前这段时间的母兔，也叫休产期母兔，时间一般是 10 ～ 15 天。养好空怀母兔的关键是"看膘喂料"，即根据母兔的膘情调整营养水平，过瘦的加料，过肥的减料，甚至不喂精料，只喂青料。对长期不发情的母兔，可和公兔一起放入运动场让公兔追逐或把公母兔关在同一笼内，以刺激发情，也可用孕马血清促性腺激素（PMSG）催情，一次肌内注射 100 IU（1ml）或肌内注射苯甲酸求偶二醇，每只兔注射 1ml，一般 2 ～ 3 天后即可发情。

②怀孕母兔的饲养管理：怀孕母兔是指配种受胎后到分娩产仔这段时间的母兔。怀孕期为 30 ～ 31 天，前 18 天可按空怀母兔的方式饲养，后 12 天左右的饲养水平要比空怀期高 1 ～ 1.5 倍。孕兔喂量一般控制在每天 140 ～ 180g，如以青粗料为主补加精料时，精料应控制在 100 ～ 120g 为宜。在管理上做好保胎工作，防止流产。母兔流产多发生在怀孕后第 13 天和第 23 天，流产的原因有机械性（如惊吓、挤压、捕捉等）、营养性（如喂给发霉变质的饲料或营养不全、喂量不足等）及疾病（如巴氏杆菌病等）。要采取相应措施，做好预防工作。流产一旦发生，治疗效果往往不好，流产出来的胎儿和胎盘常被母兔吃掉。

③哺乳母兔的饲养管理：哺乳母兔是指分娩后至仔兔断奶这一时期的母兔。哺乳母兔营养消耗大，日粮喂量一般是空怀母兔的 4 倍。给哺乳母兔加料必须逐步进行，分娩后 1 ～ 2 天，可以不喂或少喂精料，以喂青绿多汁饲料为主；3 天后逐渐增加精料，到 20 天左右时稳定。具体喂多少，要根据母兔的消化泌乳情况与仔兔粪便的软硬加以合理调整，注意产后 1 ～ 2 周内决不能加料太猛，否则可能发生母仔兔因肠毒血症而死去。

母兔正常产仔一般是边产仔边喂奶，最迟在产后 1 ～ 2h 内进行喂奶。如果产仔后 5 ～ 6h 还不喂奶，就要分析原因，采取相应措施。首先要检查母兔乳房是否有硬块，乳头是否有破伤及红肿，如因乳房炎而不喂奶，就要按乳房炎进行治疗；其次，可能是因为母兔母性不好，有奶不喂，这多见于初产母兔，就要强迫喂奶，方法是将母兔用手按住，让仔兔找到奶头吃奶，每天训练 1 ～ 2 次，经 3 ～ 5 天，母兔就会自动喂奶；最后，如母兔确实无奶时，一方面对仔兔采取寄养或人工喂奶，另一方面对母兔进行催奶，办法有：喂催奶片，每天 2 次，每次 1 片，连喂 3 ～ 5 天；多喂青绿多汁饲料，尤其是喂鲜蒲公英、车前草等药草更有效；可适当喂些牛羊奶、豆浆、豆腐渣及蚯蚓等含蛋白质丰富的饲料。鲜蚯蚓要用开水泡至发白后，切碎拌红糖喂给，每天 2 次，每次 1 ～ 2 条，干蚯蚓可研成粉拌入饲料中喂给。

5. 商品肉兔的饲养管理

（1）肉兔育肥的理论依据

①利用肉兔的生长规律，适时育肥出栏，缩短育肥期，提高出栏率和饲料报酬。2 ～ 3 月龄是肉兔生长最快的时期，平均日增重 30g 以上，所以饲养肉兔要抓好两个关键时期：一是提高仔兔的断奶重，在仔兔哺乳阶段就要养好；二是做好仔兔断奶后的饲料转换，使仔兔不因断奶而影响生长。如 40 日龄断奶重为 1kg，断奶后平均日

增重 30g，到 90 日龄即可达到 2.5kg 的屠宰体重。

②围绕影响肉兔育肥的因素，扬长避短，发挥优势，尽最大可能使肉兔快长速肥。影响肉兔育肥的主要因素有：

A. 品种和杂交：一般杂种一代和专门化配套系培育的商品兔的育肥效果好，但品种好坏是相对的，离不开饲养和技术水平，凡是生长快的品种，必须要有较高的营养水平和技术措施，否则还不如选择适应当地条件的老品种为好。

B. 饲料营养：保证较高的营养水平是快速育肥的关键。为提高育肥效果，可选用一些添加剂，如调味剂、生长促进剂及复合添加剂（如兔宝 1 号等）。

C. 环境条件：要求环境安静、弱光，适宜温度为 15 ~ 25℃，相对湿度 60% ~ 70% 为宜，光照强度为每平方米面积 4W 左右，如果自然通风，排气孔的面积为地面的 2% ~ 3%，进气孔的面积为地面的 3% ~ 5%。

（2）选择适宜的育肥方法　选用优良品种或利用杂种优势，在育肥过程中，添加适量精料，保证营养，采用高密度笼养，每平方米笼底面积养 14 ~ 18 只，温度保持在 15 ~ 25℃，相对湿度 60% ~ 65%，采取全黑暗或弱光育肥，全进全出，育肥兔 80 ~ 90 日龄时，体重在 2kg 以上即可出栏。

四、肉兔的主要疾病防治

（一）兔瘟

由兔出血症病毒引起的以呼吸系统出血及实质器官水肿、淤血和出血为特征的一种急性、高度接触性传染病。

【症状】临床特点为发病急、病程短、体温高。最急性病例，突然倒地、抽搐、尖叫而死；急性病例，体温升高达 40℃ 以上，精神沉郁，少食或不食，气喘，最后抽搐、鸣叫而死，病程几小时至两天。慢性病例，病程较长，有的可耐过而康复，但仍然排毒。近年发现慢性兔瘟，症状不典型，表现精神沉郁，不吃不喝，前脚向两侧伸展，头触地，最后衰竭而死，病程 5 ~ 6 天。

【防治】各种抗生素和磺胺类药物均无治疗作用。病初和在潜伏期，可用高免血清注射，剂量为每千克体重 2ml，有较好的治疗效果。

预防接种是防止本病的最佳途径。小兔断乳后皮下注射兔瘟灭活苗 1ml，免疫期 4 ~ 6 个月，成年兔 1 年注射 2 ~ 3 次，每次 1 ~ 2ml。发生兔瘟时，应立即封锁兔场、隔离病兔、消毒用具，对健康兔紧急注射疫苗 2 ~ 3ml。

（二）兔巴氏杆菌病（出血性败血病）

巴氏杆菌病是由多杀性巴氏杆菌引起的一种以败血症和出血性炎症为特征的疾病。

【流行病学】本病一年四季均可发生,但春秋两季较为多见,呈散发或地方性流行,主要经消化道或呼吸道感染。多发生于青年兔和成年兔,哺乳仔兔很少发病。

【症状】症状因病菌的毒力、感染途径与病程不同而异,常分为以下几类型。

败血型:多呈急性经过,常在 1 ~ 3 天死亡。精神沉郁,不食,体温 40℃以上,呼吸急促,流浆液性或脓性鼻液。死前体温下降,全身颤抖,四肢抽搐。有的无明显症状而突然死亡。

鼻炎型:比较多见,病程可达数月或更长。主要症状为流出浆液性、黏液性或黏脓性鼻液。病兔常打喷嚏和咳嗽,用前爪抓擦鼻部,使鼻孔周围的被毛潮湿、黏结甚至脱落,上唇和鼻孔周围皮肤发炎、红肿。黏脓性鼻液在鼻孔周围结痂和堵塞鼻孔,使呼吸困难并发出鼾声。

肺炎型:常呈急性经过。虽有肺炎病变发生,但临诊上难以发现肺炎症状,有的很快死亡,有的仅食欲不振、体温较高、精神沉郁。肺病变的性质为纤维素性化脓性胸膜肺炎。

【防治】一是兔群应自繁自养,禁止随便引进种兔;必须引进时,应先检疫后,隔离观察 1 个月,健康者方可进场。二是加强饲养管理与卫生防疫工作,严禁畜、禽和野生动物进场。三是有本病的兔场可用兔巴氏杆菌苗或禽巴氏杆菌苗做预防注射。免疫期为 4 ~ 6 个月,每年注射 2 次,可达到控制本病流行。四是一旦发现本病,立即采取隔离、治疗、淘汰和消毒措施。五是治疗可用以下药物:链霉素每千克体重5 万 ~ 10 万 IU、青霉素每千克体重 2 万 ~ 5 万 IU,混合一次肌内注射,每天 2 次,连用 3 天;磺胺二甲基嘧啶(SM2)内服量每千克体重 0.1g,每天 1 次。此外,红霉素肌内注射,每千克体重 10 万 ~ 15 万 IU,效果也显著。

(三)兔魏氏梭菌病

兔魏氏梭菌病由 A 型魏氏梭菌引起的一种致死性肠毒血症。本病以消化道为主要传染途径,各种年龄和品种的兔均可感染。

【症状】突然发作,急剧腹泻,很快死亡。病程较长的病兔,食欲减退或不食,粪便不成型、腥臭、胶冻样、黑褐色,最后呈昏迷状态,逐渐死亡。

【防治】平时加强饲养管理,不喂霉变饲料,定时注射家兔 A 型魏氏梭菌苗。一旦发现病兔,立即隔离,全群投药,并紧急预防注射。常用药有金霉素、红霉素、卡那霉素等,对于患兔,应采取抗菌消炎、补液解毒和帮助消化同时进行。

(四)球虫病

夏季高温高湿,特别适合球虫卵囊发育,导致幼兔的球虫病发病率大幅提高。通过对规模兔场兔粪球虫卵囊的检测情况来看,夏季肉兔球虫卵囊感染率高达 100%,发病率达 68%。球虫病的感染途径主要是种兔排出带球虫卵囊的粪便污染环境,幼兔通过接触食入球虫卵囊的饲料以及饮水等方式引起发病。

【症状】球虫病发病初期表现为精神差，减食。而后发展为不食、磨牙，眼结膜苍白、被毛无光泽、蓬乱。排尿频繁，腹泻与便秘交替发生，有时稀粪夹一些血便。眼鼻有分泌物，腹部皮肤呈青紫色，病兔卧伏不动。严重时可出现黏膜黄紫。末期幼兔出现神经症状，颈背及两后肢肌肉强直痉挛，头向后仰，后肢伸直划动发出尖叫声而死亡。慢性则生长停滞，体重下降，日渐瘦弱衰竭死亡。

【防治】一是要加强清洁卫生。每天及时清除笼底板和承粪板上的兔粪，并且在储粪池或沼气池发酵。二是要定期消毒。对兔舍、兔笼、食槽、笼底板以及产仔箱等要定期消毒。三是在饲料中加入氯苯胍、地克珠利等抗球虫药物，一般50kg饲料加入氯苯胍15g，连续下雨天气可增加10g（仅用3天）。也可用兔虫克星长效注射液肌内注射，每只0.2ml。

（五）疥癣病

【症状】局部脱毛，有液体渗出，形成干痂，皮肤增厚，龟裂。耳癣结痂严重时堵塞整个耳道，患兔不断摇头甩耳，采食、休息受到影响，逐渐消瘦死亡。

【预防】不从有病兔场引种。新引进的兔只一律药物预防，即配置1%~2%的敌百虫水溶液，每只耳朵滴注3~5滴，四肢下部浸入药液半分钟，每年2~3次。

【治疗】2%的敌百虫溶液滴在患处，每隔7天一次，直到痊愈。杀虫脒配成0.15%的水溶液喷洒患部。也可注伊维菌素，效果良好。

（六）腹泻

引发兔腹泻的因素很多，既包括大肠杆菌、魏氏梭菌等病原微生物引发的腹泻，也有气温突变、应激等因素引发的腹泻。各个日龄段的兔均可发病，但主要以断奶前后的仔兔最多。

【症状】不同因素引起的腹泻症状不同。

大肠杆菌病表现为精神沉郁、被毛粗乱、废食，有的粪便变软、不成形，有的粪便被胶冻状物质包裹，脱水、消瘦，病程一般1~3天。

应激等因素引起的腹泻，兔精神状态较好，主要表现采食量下降，粪便不成形、略稀软，全身症状较轻。

【防治】预防兔腹泻需要从多个方面着手，一是要保证饲料的质量，杜绝饲料霉变，保证配方合理，特别是粗纤维含量要适宜。二是要保证饮水清洁卫生，对池塘水、井水以及山泉水等水源一定要采取过滤、消毒等措施。三是尽量减少应激，例如避免突然噪声，不要突然更换饲料等。四是要保证兔场清洁卫生，定期消毒防疫。兔发生腹泻后，要根据临床症状及时采取相应的措施，对于大肠杆菌病，可减少喂量，治疗用药可选用庆大霉素、丁胺卡那等抗生素，也可用益生素拌料或饮水进行预防和治疗。对无临床症状的兔要紧急注射兔产气荚膜疫苗，剂量应加倍。一般性的腹泻可用乳酶生等促进消化，必要时也可用庆大霉素等抗生素治疗。

第七节　养蛇技术

蛇在动物学分类上属脊索动物门、脊椎动物亚门、爬行纲、蛇目。目前，全世界现存蛇类约有 3 200 种，分别隶属于 13 科。我国的蛇类约 218 种，其中毒蛇有 66 种（及亚种），分布于高山、平原、森林、草地、湖泊及近海区域中。

许多蛇类具有较高的药用价值。明代李时珍《本草纲目》中记载了蛇类药物 17 种，现代中医药学的发展更丰富了蛇类药物的内容。目前，除蛇的身体入药外，蛇毒、蛇蜕、蛇皮、蛇胆、蛇油、蛇血等均可入药。

蛇的观赏价值很高，根据观赏角度不同，蛇类可用于生态观赏、艺术观赏和工艺观赏等。近年来食用蛇肉比较普遍，研究表明，蛇肉不仅质地细滑、味美，而且有较高的营养价值。蛇皮制成腰带、钱包等是国际市场上受人欢迎的名贵商品。蛇类在地震预测研究、仿生学研究方面均具有较大的经济价值。

蛇在维持自然界的生态平衡中的地位和作用不容忽视。蛇类通过大量捕食鼠类、鸟类而有益于农牧业生产，同时许多蛇类又是猛禽和食肉兽的食物之一，因此蛇类对维持陆地生态系统的稳定方面具有不可忽视的作用。

一、蛇的生物学特性与品种

（一）蛇的外部形态

蛇身体细长，圆筒形，全身覆盖鳞片，四肢退化。全身分为头部、躯干部和尾部。头后至肛门前属躯干部，肛门以后属尾部。头部扁平，躯干较长，尾部细长或侧扁或呈短柱状。头部有鼻孔一对，位于吻端两侧，有呼吸作用。眼一对，无上下眼睑和瞬膜。无耳孔和鼓膜，但有发达的内耳及听骨，对地表震动声极为敏感。舌已经没有味觉功能，但靠频繁的收缩能把空气中的各种化学分子黏附在舌面上，送进位于口腔顶部的锄鼻器，从而产生嗅觉。此外，尖吻蝮和蝮蛇还有颊窝（又称热感受器），它能对环境温度的微弱变化产生灵敏反应，这对夜间捕食有重要作用。

蛇牙有毒牙和无毒牙之分。无毒牙呈锯齿状，稍向内侧弯曲。毒牙呈锥状，有管牙和沟牙两种。管牙稍长，一对，能活动，内有管道流通毒液；沟牙较短小，2～4枚，不能活动，不易看清，在牙的前面有流通毒液的纵沟。沟牙类毒蛇根据其沟牙生长在上颌的前后位置不同，分为前沟牙类毒蛇和后沟牙类毒蛇。毒牙的上端与毒腺相连，下端与外界相通。毒腺由唾液腺演变而成，位于头部两侧，口角上方，其形状大小因蛇种类而异。

蛇有毒蛇和无毒蛇之分，两者最主要的区别在于毒蛇有毒腺和毒牙，无毒蛇则无此特征。此外，还有下列特点可供识别毒蛇和无毒蛇（表6-18）。

表6-18 毒蛇和无毒蛇的区别

特征	毒 蛇	无 毒 蛇
体型	较粗短	较细长
头形	较大，多呈三角形	较小，多呈椭圆形
毒牙	有	无
眼间鳞	两眼之间有大型和小型鳞片	两眼之间只有大型鳞片
颊窝	蝮蛇和尖吻蝮有	无
瞳孔	直立或椭圆	圆形
尾巴	短，自泄殖腔后突变细长	长，自泄殖腔后逐渐细长
肛鳞	多为一片	多为两片
生殖方式	多卵胎生	多卵生
动态	栖息时多盘团，爬行时较蹒跚，一般较凶猛	栖息时不盘团，爬行时较敏捷，多数不凶猛

（二）蛇的生活习性

1. 栖息环境

蛇的栖息环境，因种类的不同而各不相同。蛇的栖息环境由海拔高度、植被状况、水域条件、食物对象等多种因素决定。各种蛇的栖息环境及它们长期适应一定环境而获得的形态特征都是相对稳定的。

（1）穴居生活 穴居生活的蛇，一般是一些比较原始的低等的中小型蛇类。穴居生活的蛇白天居于洞穴中，仅在晚上或阴暗天气时才到地面活动觅食，如盲蛇。它们在泥土中以昆虫和蚯蚓为食。

（2）地面生活 地面生活的蛇，也栖居在洞穴里。但它们在地面上行动迅速，觅食活动不仅仅限于晚上，白天也到地面上活动，如蝮蛇、烙铁头、紫沙蛇、白唇竹叶青、金环蛇等，它们一般分布较广，平原、山区、丘陵地带及沙漠中都有分布。蛇类中大多数蛇都营地面生活。

（3）树栖生活 树栖生活的蛇，大部分时间都栖居于乔木或灌木上，如竹叶青、金花蛇、翠青蛇等。

（4）水栖生活　水栖生活的蛇类，依其生活水域不同，又有淡水生活蛇类和海水生活蛇类之分。大部分时间在稻田、池塘、溪流等淡水水域生活觅食的蛇类，称为淡水生活蛇类，如中国水蛇、铅色水蛇等。终生生活在海水中的蛇，称为海水生活蛇类，如海蛇科的青环海蛇。

2. 蛇的活动规律

蛇是变温动物，其活动规律与它们的体温有关。一般来说，蛇类活动的适宜温度范围是 13 ~ 30℃，气温过高或过低时，蛇就不大活动。这种对温度条件的适应，形成了蛇的季节性活动的规律。此外，由于取食及温度等因素的影响，不同蛇种在每天的活动中又分别表现出不同的昼夜活动规律。

（1）季节性活动　一般来说，我国大部分地区，从夏初到冬初是蛇的活动时期。其中春末或夏初，蛇出蛰后的一段时间并不摄食，到处寻偶交配。7月、8月和9月三个月是蛇最为活跃的时期，此时，蛇四处活动，频繁觅食或繁殖。当秋末冬初，气温降低到10℃以下时，蛇类便逐渐转入高燥地方的洞穴、树洞、草堆或岩石缝隙中，准备进入冬眠。据测定，当外界温度下降到 6 ~ 8℃时，蛇就停止活动，气温降到 2 ~ 3℃时，蛇就处于麻痹状态，如果蛇体温度下降至 -6 ~ -4℃时就会死亡。在冬眠期间，蛇处于昏迷状态，代谢水平非常低，主要靠蓄积的营养来供给自身有限的消耗，维持生命活动。在自然条件下，蛇冬眠期间死亡率高达34% ~ 50%，人工越冬则不然。

生活在热带、亚热带的蛇，在高温干燥的季节则进入夏眠，尤其在干燥的沙漠中的蛇。夏眠与冬眠一样，也是蛇类的一种对环境适应的遗传特性。

（2）昼夜性活动　蛇昼夜活动的规律与觅食和环境温度等条件直接相关。一般可以分为三类：第一类是白天活动的蛇，主要在白天活动觅食，如眼镜蛇、眼镜王蛇等，此类蛇称为昼行性蛇类，其特点是视网膜的视细胞以大单视锥细胞和双视锥细胞为主，适应白天视物；第二类是夜晚活动的蛇，主要在夜间外出活动觅食，如银环蛇、金环蛇等，称为夜行性蛇类，其视网膜的视细胞以视杆细胞为主，适应夜间活动；第三类是晨昏活动的蛇，这类蛇多在早晨和傍晚时外出活动觅食，如尖吻蝮、竹叶青、蝮蛇等，称为晨昏性蛇类，其视网膜的视细胞两者兼有。决定蛇昼夜活动规律的因素是相当复杂的，气温、光照的强弱、饵料、湿度等都可以对其规律产生明显的影响。例如，昼行性的眼镜蛇，虽能耐受40℃的高温，但在盛夏季节也常于傍晚出来活动。天气闷热的雷阵雨前后或阴雨连绵后骤晴，以及湿度较大的天气，蛇外出活动频繁。

3. 蛇的食性和摄食方式

（1）蛇的食性　蛇类喜欢吃的食物种类范围，称为蛇的食性。一般来说，蛇主要以活的动物为食。蛇类食物的范围很广，包括低等的无脊椎动物（如蚯蚓、昆虫）和各类脊椎动物（如鱼、蛙、蛇、鼠、鸟类及小型兽类等）。但每种蛇的食性又不完全相同，有的专食一种或几种食物，如翠青蛇吃蚯蚓、眼镜王蛇专吃蛇或蜥蜴，称为狭食性蛇;有的则嗜食多种类型的食物，如白花锦蛇和黑眉锦蛇食蛙、蜥蜴、鼠、昆虫等，称为广食性蛇。

（2）蛇的摄食方法　蛇主要借助于视觉和嗅觉捕食。通常情况下，视力强的陆栖和树栖蛇类，在觅食中视觉比嗅觉起了更重要的作用；而视觉不发达的穴居和半水栖蛇类，却是嗅觉起了更主要的作用。

蛇一般以被动捕食方式来猎取食物。当蛇看到或嗅到猎物时，往往是隐藏在猎物附近，待猎物进入其可猎取的范围之内时，才突然袭击而捕之。但尖吻蝮在可捕食的动物稀少时，往往会采用跟踪追击法捕食猎物。

无毒蛇在捕捉猎物时先将其咬住，如果部位得当，一般便直接吞食。如果猎物体型较大，或捕食时所咬的部位不当，无毒蛇往往用自己的身体紧紧地缠绕在猎物上，使其窒息后再慢慢吞食。毒蛇咬住猎物后立即注入毒液，然后衔住或扔下，待猎物中毒死亡后再咬住将其慢慢地吞食。吞食时，一般先从头部吞入，也有从尾部或身体中部吞入的。

（3）摄食频率　蛇的摄食频率与消化的速度、食物需求量有着直接的关系。在自然条件下，蛇的忍饥耐饿能力很强，常常可以几个月，甚至一年以上不食。但是，在人工饲养条件下，依据饲养目的的差异，可每1～3周投喂一次。

4. 蛇的运动与感觉

（1）蛇的运动　蛇类没有四肢，是靠其特化的一些器官相互配合，以直线、伸缩、侧向、跳跃等方式运动。

①直线运动：躯体较大的蟒蛇、蝮蛇、水律蛇等，常常采取直线运动。这类蛇的特点是腹鳞与鳞下的组织之间较疏松，当肋骨与腹鳞间的肌肉有节奏地收缩时，使宽大的腹鳞能依次竖立起来，支持于地面或物体上，于是蛇体就不停顿地呈一直线向前运动。一般来说，体躯粗大的蟒蛇及蝰科蛇呈直线运动。

②伸缩运动：腹鳞与其下方组织之间较紧密的银环蛇、蝮蛇等躯体较小的蛇类，若遇到地面较光滑或在狭窄空间内，则以伸缩的方式运动，即先将躯体的前半部抬起尽力前伸，接触到某一物体作为支持后，躯体的后半部随之收缩上去；然后又重新抬起前部，取得支持后，躯体后半部再缩上去，交替伸缩，不断前进。

③侧向运动：在疏松沙地上前进的蛇呈侧向运动。蛇体在侧向运动的每一瞬间，仅有两部分与地面接触，因而在其前行的地面上留下一条条长度与蛇相等、彼此平行的 J 形痕迹。

④跳跃运动：水栖生活的蛇在陆地上前行时呈跳跃运动。水栖蛇类的身体结构不适宜在陆地上爬行，在陆地上爬行一般行动缓慢，如果受到严重的危险时，常将身体连续快速弯曲，形成了类似于弹跳的动作，可大大加快前行的速度。

蛇类运动的速度一般并不很快，据测定，发现在平地上，毒蛇的最大速度是 1.8～3.2 km/h；无毒蛇最大速度是 4.8～7.2km/h。此外，蛇运动的速度与地表结构有关，如在草丛中和粗糙的地面比在光滑的地面快；下坡的地方比上坡的地方快。

（2）蛇的感觉　蛇的感觉是指蛇的视觉、听觉、嗅觉和热感觉等。

①视觉：蛇类的眼没有能活动的上下眼睑，蛇的眼球被一层由上下眼睑在眼球前方愈合而成的、透明的皮膜覆盖，在蛇蜕皮的时候，透明膜表面的角质层同时蜕去。盲蛇科蛇的眼隐藏在鳞片之下，只能感觉到光亮或黑暗。蛇眼的晶状体呈球形，不能改变曲率，也没有视凹结构，视觉不敏锐，只对较近距离的、运动着的物体较为敏锐。

②听觉：蛇类中耳腔、耳咽管、鼓膜均已退化，仅有听骨和内耳，因此，蛇不能接受通过空气传来的任何声音，但能敏锐地听到地面震动传来的声波，从而产生听觉。据测定，蛇类能接受的声波的频率是很低的，一般在 100 ~ 700Hz（人的听觉范围是15 ~ 20 000Hz）。

③嗅觉：蛇类的嗅觉器官是由鼻腔、舌和犁鼻器三部分组成，而主要的是依赖犁鼻器和舌产生嗅觉。犁鼻器是鼻腔前面的一对盲囊，开口于口腔顶壁，内壁布满嗅黏膜，通过嗅神经与脑相连，是一种化学感受器。蛇的舌头有细而分叉的舌尖，舌尖经常从吻鳞的缺口伸出，搜集空气中的各种化学物质。当舌尖缩回口腔后，进入犁鼻器的两个囊内，从而使蛇产生嗅觉。

④红外线感受器：蝮亚科蛇类的鼻孔和眼之间各有一个陷窝，位置相对于颊部，故称为颊窝。颊窝对于波长为 0.01 ~ 0.015mm 的红外线最为敏感，这种波长的红外线相当于一般恒温动物身体向外界发射的红外线。蝮亚科蛇类具有极其敏锐的、能感知人与动物身体发出的、极其微量的红外线的功能。

5. 蛇的生长、蜕皮与寿命

（1）蛇的生长　蛇类一生都在间断性的、分阶段的生长。不同生长期、不同性别、不同个体的蛇生长速度不同。一般来说，幼蛇生长速度较快，老年蛇生长速度稍慢。幼蛇经 2 ~ 3 年就可以达到性成熟。食物、温度、光照、水分等是影响蛇类生长的主要因素。

（2）蜕皮　蛇类的全身被覆由表皮细胞角质化形成的鳞片，鳞片与鳞片之间以薄的角质层相连。角质层不具生命，因此，当蛇的身体长到一定时期，皮肤就阻止了蛇体的继续生长，此时开始蜕皮，蛇体便随之长大一次。据观察，幼蛇出生后 7 或 8 天开始蜕皮，13 天左右第二次蜕皮。蛇依种类和大小的不同，每年蜕皮5 ~ 10 次。

（3）蛇的寿命　蛇类的寿命在野外较难观察，大多根据饲养条件下的记载而得知。大部分蛇可以存活 10 ~ 25 年，一般较大型种类的寿命长于较小型的种类。据报道，有蟒蛇在人工饲养条件下存活了 100 多年，蝮蛇能存活 12 ~ 15 年。蛇在野生状态下，由于栖息环境、食物不稳定，加之天敌的存在和疾病的危害等，寿命要比人工饲养的短。

（三）我国主要经济蛇

1. 我国常见的毒蛇

（1）眼镜蛇　眼镜蛇又名膨颈蛇、吹风蛇、五毒蛇、蝙蝠蛇、琵琶蛇、犁头蛇、饭铲头、扁头蛇等。分布于我国安徽、浙江、江西、贵州、云南、福建、台湾、湖南、广东、海南等地。

眼镜蛇体长一般在 97 ～ 200cm，体重 1kg 左右。属于中大型毒蛇，体色为黄褐色至深灰黑色，头部为椭圆形，当其兴奋或发怒时，头会昂起且颈部扩张呈扁平状，状似饭匙。又因其颈部扩张时，背部会呈现一对美丽的黑白斑，看似眼镜状花纹，故名眼镜蛇。

眼镜蛇生活在海拔 30 ～ 1 250m 的平原、丘陵、山地的灌木丛或竹林中，也常在溪沟、鱼塘边、坟堆、稻田、公路、住宅附近活动，是典型的昼行性活动的蛇类。天气闷热时，多在黄昏出洞活动。

眼镜蛇喜食鼠类、鸟类和鸟蛋、蜥蜴、蛇类、蛙类和鱼等。在人工饲养条件下饲喂小白鼠，平均每条蛇 1 周吃鼠 2 或 3 只。

眼镜蛇有剧毒，性较凶猛，但一般不主动袭击人。当其受到惊扰而激怒时，体前部 1/4 ～ 1/3 能竖起，略向后仰，颈部膨扁，头平直向前，随竖起的身体前部摆动，并发出"呼呼"声，攻击人或畜。

眼镜蛇为卵生，每次产卵 8 ～ 18 枚，一般 5 ～ 6 月进行交配，6 ～ 8 月产卵，经 47 ～ 57 天孵出小蛇。初出壳的仔蛇体长 21cm 左右。

（2）眼镜王蛇　眼镜王蛇又名山万蛇、过山风、大吹风蛇、英雄蛇、麻骨乌、蛇王、大眼镜蛇、大扁颈蛇等（图 6-28）。分布于我国浙江、江西、湖南、福建、广东、海南、广西、四川、贵州、云南和西藏等地。

图 6-28　眼镜王蛇

眼镜王蛇有沟牙，头部呈椭圆形，颈部能膨大，但无眼镜状斑纹，其与眼镜蛇的明显区别是头部顶鳞后面有一对大枕鳞。眼镜王蛇体色乌黑色或黑褐色，具有 40 ～ 54 条较窄而色淡的横带，喉部为土黄色，腹部灰褐色，有黑色线状斑纹。眼镜王蛇是剧毒蛇类，体长 120 ～ 400cm，体重 2 ～ 8kg。

眼镜王蛇生活在平原至高山树林中，常在山区溪流附近出现，林区村落附近也时有发现。眼镜王蛇昼夜均活动。

眼镜王蛇喜食蛇类，尤其是灰鼠蛇，也吃蜥蜴、鸟蛋和鼠类。若食物匮乏时，有相互吞食的现象。

眼镜王蛇是我国性情最凶猛的一种毒蛇。当它受惊发怒时，颈部膨扁，能将身体前部的1/3竖立起来，突然攻击人或畜。毒性为混合毒。一条成年蛇一次排毒量为300mg以上，对人或畜危害较大。

眼镜王蛇为卵生，一般在6月产卵，经常将卵产在枯腐的树叶里。每次产卵数为21～40枚，多者可达50多枚。母蛇有护卵的习性，盘伏在上层的落叶堆上，有时雄蛇也参与护卵。护卵期是眼镜王蛇最凶猛的时期，如受到侵扰，它将主动攻击。初出壳仔蛇长46～64cm。

（3）金环蛇　金环蛇又名金脚带、铁包金、黄金甲、黄节蛇、金蛇、玄南鞭、国公棍等（图6-29），是分布在我国南方湿热地带的一种剧毒蛇。分布于我国云南、福建、广东、海南和广西等地。

金环蛇体表具有黑色和黄色相间的环纹，黑色横带较黄色横带宽，腹面颜色略淡。金环蛇体长100～180cm，体重一般在750g左右。

图6-29　金环蛇

金环蛇生活在湿热地带的平原或山地丘陵的丛林中，常在水边和田间活动，有时在岩穴中或住宅附近也可见。一般多在黄昏出洞，是较为典型的夜行性蛇。

金环蛇嗜食蛇类，有时也食蜥蜴、蛙类、鱼类、鼠类和蛇卵。在人工饲养条件下，当食饵不足时，常有互相吞食的现象。

金环蛇有剧毒，为神经性毒。每条蛇咬物一次的毒液为90mg左右，可以致人死亡。但一般来说，成蛇性情温和，动作较迟缓，不主动袭击人。受到惊扰时，蛇体做不规则盘曲状，将头隐埋在体下；或将身体做扁平扩展，急剧摆动体后段和尾部，挣脱而逃。但其幼蛇性凶猛，活跃。

金环蛇为卵生，一般4月出洞，6～7月产卵，产卵8～12枚，靠自然温度孵化，50天左右幼蛇出壳。雌蛇具有护卵行为。

（4）银环蛇　银环蛇又名白带蛇、白节蛇、吹箫蛇、寸白蛇、洞箫蛇、金钱白花蛇、雨伞蛇、竹节蛇等（图6-30）。分布于我国四川、云南、贵州、湖北、福建、台湾、广东、广西和海南等地。

图6-30 银环蛇

银环蛇体表具有黑白相间的环纹，体背面黑色、腹面白色，头部较小且圆。银环蛇体长一般在100~140cm，体重350g左右。

银环蛇生活在平原、山区、丘陵地带多水之处，常栖息在稀疏树木或山坡草丛、坟堆、石头堆下、路边、树下、溪涧、河滨渔场旁、倒塌较多的土房子下、菜地及农家住宅附近。典型的夜行性蛇类，尤其是闷热天气、雷雨前活动更为频繁，偶尔可见白天出洞活动。

银环蛇嗜食蛇类与鱼类、蛙类、蜥蜴、蛇卵、鼠类等。在人工饲养条件下，银环蛇最喜食红点锦蛇类的小蛇。

银环蛇性情怯弱、胆小，很少主动袭击人。但与金环蛇相比较敏感，人稍接近，也会采取袭击动作，并易张口咬人。银环蛇属于沟牙类神经毒的毒蛇，排毒量一般4~5mg，但毒性极强。人被咬伤后，只有类似于蚂蚁叮咬的麻木感或微痒感觉，伤口不红、不肿、不痛，常被误认为是无毒蛇咬伤。一般在被咬1~4h后，即引起全身中毒反应，一旦发现症状，后果严重，常因呼吸麻痹而致死。

银环蛇为卵生，每年4~11月为活动季节，5~8月产卵，每次产8~16枚卵，孵化期在40天左右。出壳后的仔蛇体长25cm左右。仔蛇出壳后，经7~10天即开始蜕皮。在人工饲养条件下，常见成蛇8~9月交配。

（5）蝮蛇 蝮蛇又名草上飞、七寸子、土公蛇、烂肚蛇等。分布于我国的蝮蛇有两个亚种，即短尾亚种和乌苏里亚种。短尾亚种分布于我国辽宁、河北、陕西、甘肃、四川、贵州、湖北、安徽、江苏、浙江、江西、福建、台湾等地；乌苏里亚种仅分布在我国辽宁、黑龙江、吉林和内蒙古。

蝮蛇体长54~80cm，头呈三角形，头顶有大型对称的鳞片，有颊窝。体色主要有棕色和棕红色，多随环境干燥或湿润而有浅淡或深暗的变化，有的背中线上有一条红棕色背线。

蝮蛇多生活在平原、丘陵及山区，栖息在石堆、荒草丛、水沟、坟丘、灌木丛及田野中，喜捕食小鸟。多栖息在向阳斜坡的洞穴之中，深者可达 1m 左右。蝮蛇有剧毒，性情凶猛，但平时行动迟缓，从不主动袭击人畜。小蛇活跃，喜咬人。

蝮蛇为卵胎生，一般 4 ~ 5 月结束冬眠，6 ~ 8 月产仔，每胎 4 ~ 14 条。刚出生的仔蛇就具毒牙，且很灵活，性喜咬人。

（6）尖吻蝮　尖吻蝮又名五步蛇、蕲蛇、百花蛇、棋盘蛇、祁蛇、翘鼻蛇、犁头蛇、聋婆蛇等（图 6-31），分布于我国四川、贵州、湖北、安徽、浙江、江西、湖南、福建、台湾、广东、广西等地。

图 6-31　尖吻蝮

尖吻蝮体长 120 ~ 200cm，体重可达 1.5kg 左右。尖吻蝮头大，呈三角形，吻尖细向上翘起，背部有灰白色的方形块斑，两侧有"∧"形暗色的大斑纹。头背棕黑色，头侧土黄色，体色与环境较为和谐。

尖吻蝮生活在山区树林及溪涧岩石或落叶下、杂草地、沟边、路边、村子住宅附近、柴草堆或住宅内或厕所附近。尖吻蝮昼夜均出来活动，但夜间活动更为频繁，阴天也比较活跃，在大热天有太阳时，常隐藏在阴暗的地方，很少活动。

尖吻蝮嗜食蛙类、鼠类、蜥蜴和鸟类，也食蛇类。人工饲养时主要饲喂小白鼠和蟾蜍。

尖吻蝮常盘蜷不动，头位于体中昂起，吻尖向上，颤动其尾。当人畜迫近时，往往会突然袭击。

尖吻蝮为卵生，一般在 6 ~ 8 月产卵，每次产 15 ~ 16 枚，多时可达 26 枚。雌蛇产卵后经常盘绕在卵旁，有护卵习性。孵化期 20 ~ 30 天。幼蛇出壳后长约 20cm，行动灵活，即能咬人。

2.我国常见的无毒蛇

（1）蟒蛇　蟒蛇又名蚺蛇、琴蛇、南蛇、金花大蟒等。本属在全球已知有 7 种，产于我国的蟒蛇仅 1 种，分布于云南、福建、广东、广西、贵州和海南等地。

蟒蛇是我国最大的蛇，一般体长 5 ~ 6m，体重在 10kg 以上。蟒蛇躯体粗大，斑纹美丽，体背和两侧有 2 条或 3 条金黄色或褐色纵纹和由 30 ~ 40 条金黄色横纹。肛孔两侧有 1 对退化的爬状后肢，长约 1cm，雄性较雌性发达，雄蟒在交配时还用它握持雌蟒。

蟒蛇属于树栖性或水栖性蛇类，生活在热带雨林和亚热带潮湿的森林中，为广食性蛇类，主要以鸟类、鼠类、小野兽及爬行动物和两栖动物为食，其牙齿尖锐，猎食动作迅速准确，有时也进入村庄农舍捕食家禽和家畜，有时雄蟒也伤害人。该蛇卵生。每年 4 月出蛰，6~7 月开始产卵，每次产卵 8~30 枚，多者可达 40~100 枚。卵大，每枚一般 70~100g，壳软而韧。有护卵性，孵化期在 60 天左右。

（2）赤链蛇　赤链蛇又名火赤链、红四十八节、红长虫、红斑蛇、红花子、燥地火链、红百节蛇、血三更、链子蛇。我国除宁夏、甘肃、青海、新疆、西藏外，其他各省（自治区）均有分布，属广布性蛇类。

赤链蛇头部鳞片黑色，具明显的红色边缘，背部具黑色和红色相间的横带。体长可达 1~1.8m，体重达 0.4~1.4kg。赤链蛇一般生活于田野、丘陵地带，常出现于住宅周围，能攀爬上树，多在傍晚和夜间活动。当其受到惊扰时，常盘曲成团。当无路可退时，也能昂首做攻击状。冬眠时常与蝮蛇、黑眉锦蛇、乌梢蛇等杂居。食性较广，鱼类、蛙类、蟾蜍、蜥蜴、蛇类、雏鸡、幼鸟、鼠类均可食用。在人工饲养状态下较易驯养，常以多种饵料为食。该蛇卵生，每年的 7~8 月产卵，每次产卵 3~16 枚，孵化期 30~45 天。初出壳仔蛇长 23~24cm，颜色、形状和行动与成蛇完全相同。

（3）王锦蛇　王锦蛇又名棱锦蛇、松花蛇、王字头、菜花蛇、麻蛇、棱鳞锦蛇、锦蛇、王蛇、油菜花、黄蟒蛇、臭黄颌等。分布于我国河南、陕西、甘肃、四川、云南、贵州、湖北、安徽、江苏、浙江、江西、湖南、福建、台湾、广东和广西等省（自治区）。

王锦蛇头部及体背鳞片的四周黑色，中央黄色，头部前端具呈"王"字形的黑色花纹；体前半部具 30 条左右较明显的黄色斜斑纹，至体后半部消失，仅在鳞片中央具油菜花瓣状的黄斑，腹面黄色。一般来说，王锦蛇的幼蛇色斑与成体差别很大。幼体头部无"王"字形斑纹，往往使人误以为是其他蛇种。王锦蛇体形较大，体长一般为 1.0~1.9m，体重 1~1.5kg。

王锦蛇生活在山地、平原及丘陵地区，活动于河边、水塘旁、玉米地或干河沟内，偶尔可在树上发现它们的踪迹。王锦蛇行动迅速，性较凶猛。

王锦蛇为广食性蛇。嗜食蛙类、鸟类与鸟蛋、蜥蜴、鼠类和蛇类。食物匮乏时，王锦蛇甚至吃食自己的幼蛇，因此，在养殖中尤其要加以注意。

王锦蛇卵生，每年 7 月左右产卵，每次产卵 8~14 枚。卵较大，靠自然温度孵化，孵化期为 30 天左右。据观察，王锦蛇产卵后盘伏在卵上，似有护卵行为。王锦蛇肛腺能发出一种奇臭味，故有臭黄颌之称。

（4）百花锦蛇　百花锦蛇又名白花蛇、百花蛇、菊花蛇或花蛇，是两广地区的大型无毒蛇。分布于我国的广西和广东。

百花锦蛇体色美丽，头背赭红色，唇部灰色，体背部灰绿色，具三行略呈三角形的深色大斑块，两侧的斑块较小。因其部分鳞片边缘是黄白色或白色，使整体略呈白花状，故有白花蛇或花蛇之称。百花锦蛇体长一般为 1.6 ~ 1.9m。

百花锦蛇生活在海拔 50 ~ 300m 的石山脚下、岩石缝穴之中，有时在水沟或小河边的乱石草丛中也可见，甚至也可以在居室内发现它们的踪迹。此种蛇昼夜均较活跃，但以晚间 20：00 ~ 22：00 最为活跃。百花锦蛇嗜食鼠类，也食昆虫、蜥蜴、鸟类和蛙类。百花锦蛇为卵生，每年 7 月中下旬产卵，每次产卵 6 ~ 14 枚。

（5）黑眉锦蛇　黑眉锦蛇又名菜花蛇、枸皮蛇、黄颔蛇、秤星蛇等。我国绝大部分地区均有分布。

黑眉锦蛇体背呈棕灰色或土灰色，具横行的黑色梯状纹，前段较明显，到体后逐渐不明显；体后具四条黑色长纹延至尾端；腹部为灰白色，尾部及体侧为黄色。眼后具一明显眉状黑纹延至颈部，故而得名。黑眉锦蛇体长 128cm 左右，体重 1 ~ 1.5kg。

黑眉锦蛇生活在高山、平原、丘陵、草地、田园及村舍附近，也常在稻田、玉米地、河边及草丛中活动，也能在居室内、屋檐及屋顶见到。黑眉锦蛇是无毒蛇，但性较凶暴。当受到惊扰时，即能竖起头颈，使身体呈 S 状，做攻击之势。

黑眉锦蛇嗜食鼠类、鸟类和蛙类，也吃食昆虫。人工饲养条件下，一般喂以老鼠，每周投喂一次，每次投喂 4 或 5 只。

黑眉锦蛇卵生，每年 5 月左右交配，6 ~ 7 月产卵，每次产卵 6 ~ 12 枚，孵化期为 30 天左右，但卵的孵化期受温度影响很大，最长者可达 72 天。

（6）乌梢蛇　乌梢蛇又名乌蛇、乌风蛇。分布于我国的河北、四川、贵州、湖北、安徽、江苏、浙江、台湾、广东和广西等省（自治区）。

乌梢蛇体背青灰褐色，各鳞片的边缘黑褐色。背中央的两行鳞片黄色或黄褐色，外侧的两行鳞片黑色，纵贯至尾。身体背方后半部黑色，腹面白色。乌梢蛇体长 1.5 ~ 2.5m，体重 0.5 ~ 1.5kg。乌梢蛇生活在平原、山区和丘陵的田野间，常常在路边、农田附近或近水旁的草丛中活动。乌梢蛇是无毒蛇，性较温和，行动敏捷，一般不主动袭击人。乌梢蛇嗜食蛙类，也食鱼类和蜥蜴。乌梢蛇卵生，每年 7 ~ 8 月产卵，每次产卵 6 ~ 14 枚，自然温度孵化，孵化期为 30 天左右。幼蛇出壳后，性情凶猛，爱咬人。

二、蛇的繁殖技术

（一）蛇的生殖类型

蛇是雌雄异体动物，一般生长发育到 2 ~ 3 年以后的个体达到性成熟。在外部形态上，两性差异不大。一般雄蛇头部较大，尾部较长，肛门前后粗细变化不明显。雌蛇头部相对较小，尾部较粗，肛门之后突然变细。用手紧捏蛇的肛门孔后端，雌蛇肛门孔显得平凹，而雄蛇的肛门孔中会露出一对交接器——两个"半阴茎"。

蛇的种类不同，繁殖行为和生殖类型也不同。大多数蛇类是产卵繁殖，称为卵生；也有一部分是产仔繁殖，称卵胎生。

（二）蛇的发情与交配

1. 蛇的交配季节

蛇类在春季或秋季发情交配，为季节性发情动物。其发情交配期因蛇的种类而异，大多数蛇类在出蛰后不久交配，而在夏天产卵或产仔（表6-19）。

表6-19　几种蛇的交配、产卵时间（月）

蛇种	交配时间	产卵（仔）时间	蛇种	交配时间	产卵（仔）时间
眼镜蛇	5 ~ 6	6 ~ 8	黑眉锦蛇	5 ~ 6	7
银环蛇	5 ~ 6	6 ~ 8	乌梢蛇	5 ~ 6	7 ~ 9
金环蛇	4 ~ 5	5	王锦蛇	5 ~ 6	7
蝮蛇	5 ~ 6	6 ~ 8	赤链蛇	5 ~ 6	7 ~ 8

蛇类在春季交配，夏季产卵或产仔，这样幼蛇才能有较长时间摄取食物，便于生长，使体内积存充足的能量，以度过第一个寒冬。显然，这是蛇类在繁殖上对环境的一种适应。

2. 发情表现

到了交配季节，雌蛇常会从皮肤和尾基部腺体发出一种特有的气味，雄蛇便靠敏锐的嗅觉找到同类的雌蛇。不同种的蛇所分泌的气味是有差异的。有些蛇在交配前有求偶表现，如眼镜蛇在交配前把头抬离地面很高，进行一连串的舞蹈动作，这种舞蹈动作可持续 1h 以上，以此来刺激异性，达到性兴奋。

3. 交配

交配时，雄蛇只从泄殖孔伸出一侧交接器（半阴茎）伸入雌蛇泄殖腔内，并用尾部缠绕雌蛇，如缠绳状，射精时尾部抖动不停，雌蛇则伏地不动。射精后雄蛇尾部下垂，使交接处分开，两蛇仍有一段时间静伏不动，以后雌雄再分开，雄蛇先爬走，雌蛇恢复活动较晚。

在繁殖季节，一条雄蛇可与几条雌蛇交配，而雌蛇只交配 1 次，且交配后，精子在雌蛇泄殖腔中能维持 3 年的受精能力，因此，人工饲养条件下，雄、雌比例以 1 :（8 ~ 10）为宜。

（三）蛇的产卵（仔）与孵化

1. 产卵（仔）

（1）产卵　蛇一般在 6 月下旬至 9 月下旬产卵，每年 1 窝。蛇卵为椭圆形，大多数蛇卵为白色或灰白色。卵壳厚，质地坚硬，富有弹性，不易破碎。刚产的卵，表面有黏液，常常几个卵粘在一处。蛇卵的大小差别很大，小的如花生米大小，如盲蛇卵；大的比鹅蛋还大，如蟒蛇卵。产卵时间的长短与蛇的体质强弱和有无环境干扰有关。正在产卵的蛇如受到惊扰均会延长产程或停止产卵，停产后蛇体内剩余的卵，两周后会慢慢被吸收。

（2）产仔　卵胎生的蛇，大多生活在高山、树上、水中或寒冷地区，它们的受精卵在母体内生长发育，产仔前几天，雌蛇多不吃不喝，选择阴凉安静处，身体伸展呈假死状，腹部蠕动，尾部翘起，泄殖腔孔张大，流出少量稀薄黏液，有时带血色。当包在透明膜（退化的卵壳）中的仔蛇产出约一半时，膜内仔蛇清晰可见，到大部分产出时，膜即破裂，仔蛇突然弹伸而出，头部扬起，慢慢摇动，做向外挣扎状。同时，雌蛇腹部继续收缩，仔蛇很快产出。也有的在完全产出后胎膜才破裂。仔蛇钻出膜外便能自由活动，5min后即可向远处爬行，脐带脱落。

（3）产卵（仔）数　蛇产卵（仔）数个体之间差异较大，少的如蝮蛇只有2~6枚，多的如蜂蛇，每次能产30~63条幼蛇。产卵（仔）数因品种、年龄、体型大小和健康状态不同而有差别。一般同一种蛇体型大而健康的个体，产卵或产仔数要多于体小、老弱的个体。

2. 孵化

大多数蛇产卵后就弃卵而去，让卵在自然环境中自生自灭，也有一些蛇有护卵现象，如眼镜王蛇能利用落叶做成窝穴，产卵后再盖上落叶，雌蛇伏在上面不动，雄蛇则在附近活动；蟒蛇、银环蛇、蕲蛇产卵后，也有护卵习性，终日盘伏在卵上不动。蟒蛇伏在卵堆上，可使卵的温度增高4~9℃，显然，这有利于卵的孵化。

（1）孵化期　蛇的种类不同，卵的孵化期相差很悬殊，短则几天，长的可达几个月之久。同一种蛇，孵化期的长短与温度、湿度密切相关。在适温范围内，温度越高，孵化期越短。一般孵化温度以20~25℃为宜，孵化湿度为50%~90%，孵化时间为40~50天。如果孵化温度低于20℃，相对湿度高于90%，孵化的时间就要延长，并有部分孵不出来；如果孵化温度高于27℃，相对湿度低于40%时，蛇卵因失水变得干瘪而又坚硬。

（2）人工孵化　蛇卵人工孵化的方法有缸孵法、箱孵法、坑孵法和机器孵化法。选择缸孵时，将干净无破洞的大水缸洗刷干净，消毒、晾干，放在阴凉、干燥而通风的房间内，缸内装入半缸厚的沙土。沙土的湿度以用手握成团，松开手后沙土就散开为宜。沙土上摆放三层蛇卵（横放），缸内放一支干湿温度计，随时读取并调整孵化温、湿度，以确保高孵化率。缸上盖竹筛或铁丝网，以防鼠类吃蛋或小蛇孵出后逃逸，用适量新鲜干燥的稻草（麦秸或羊草）浸水1h，湿透后拧干水放在卵面上，经3~5天再将草湿透拧干放上，以此法调节湿度，每隔10天将卵翻动1次。整个孵化期，室温控制在20~25℃，相对湿度以50%~90%为宜，经25~30天孵化，便可从卵壳外看到胚胎发育情况。若卵胚中的网状脉管逐渐变粗，逐步扩散，说明胚胎发育良好，能孵出小蛇。若胚胎没有脉管或脉管呈斑点状且不扩散，说明胚胎已经夭折，需及时剔除。

（3）仔蛇出壳　仔蛇出壳时，是利用卵齿划破卵壳，划出 2 ~ 4 条长 1cm 的破口，头部先伸出壳外，身躯慢慢爬出，经 20 ~ 23h 完成出壳。刚出壳的仔蛇外形与成蛇一样，活动轻盈敏捷，但往往不能主动摄食和饮水，必须人工辅助喂以饵料。

三、蛇的饲养管理

由于蛇的种类不同，其生活习性各有差异，所需求的饲养管理技术也随之各不相同。同时，由于养殖目的不同、最终产品不同，饲养管理的环节也就有所不同。依据蛇的种类、性别、年龄和个体大小不同进行不同的饲养管理非常必要。

（一）蛇场的建设

蛇场建设要根据养殖规模和蛇的种类综合考虑，可因地制宜，因陋就简。场址要选在土质致密、地势高燥、背风向阳的山坡或平地，地面要有一定的坡度，以利于排水。蛇场要坐北朝南，远离交通要道和居民区，附近要有水源或有流水通过。蛇场建筑要坚固耐用，安全实用，既能防天敌，又能防蛇逃跑。要尽可能依据蛇的生活习性，模拟蛇的生活环境，使蛇类在园中活动、觅食、繁殖、栖息和冬眠等，如同在自然界中一样，为其生长发育和繁衍创造良好的环境条件。此外，还要根据人工养蛇的要求，修建人行道路、取毒室、蛇产品加工室、饲料动物室、办公室、饲养员休息室，以及配备观测园内小气候变化的有关设备。

1. 蛇场的建造要点

为防止所养的蛇逃逸，周围应砌 2.0 ~ 2.5m 高的墙，墙基应挖入地下 0.8 ~ 1.5m 深处，用水泥灌注，防止鼠类打洞，蛇从鼠洞外逃。蛇场内壁的四角应做圆弧形，并用水泥的原色将表面处理得光滑无裂痕。蛇场可不设门而用梯子进出，当需有门时应设计为双层门，外层向外开，内层向里开，以确保安全。

蛇场内每一栋蛇舍都应该分隔成一个个小单元，不同大小、不同品种的蛇养在不同的单元中。每一小单元内应北高南低，北面砌蛇窝，最南面开一条浅水池，池深 30 ~ 40cm 即可，水源从场外引入，尽可能使水能流动不息。进水口和出水口要加铁丝网，网孔以 1.0cm × 1.0cm 以内的规格为宜。场内中央栽种矮生灌木，注意分布均匀。地面种植草皮，选择株壮、耐踏、耐旱的草种为好，并适当放一些石块和断砖供蛇蜕皮。

2. 蛇窝（蛇房）

蛇窝应设在地势高干燥平坦的地方，以防雨水灌入，可建成坟堆式或地洞式，四壁用砖或瓦、缸做成，外面堆以泥土。蛇窝内宽约 50cm、高 50cm、长 2m，顶上加活动盖，以便观察和收蛇。底面应有部分深入地下，窝内铺上沙土、稻草，注意防水、通气、保温，每个窝至少有 2 个洞口与蛇园地面相通，每个蛇窝可容纳中等大小的蛇 10 ~ 20 条。例如，一个 $30m^2$ 的蛇园，建 5 个蛇窝，可饲养尖吻蝮 30 条或蝮蛇 100 条。

蛇场也可建造蛇房，蛇房宜坐北朝南，建在地势较高处，其长度视饲养量而定，可建成地上式、半地下式或地下式，其形状可为圆拱形、方窖形和长沟形等。例如，建一个 5m×4m×1.2m 的蛇房，四周墙壁厚 20cm，用砖砌成，上盖 10cm 厚的水泥板，水泥板上覆盖 1m 厚的泥土，除蛇房门外，其他三面墙外也要堆集 0.5m 厚的泥土，使外表呈墓状，房内中央留一条通道，通道出入口一端设门，用以挡风遮雨和保温散湿。通道两侧用砖分隔成许多 20cm×20cm×15cm 的小格。小格间前后左右相通，通道两侧还各有一条相连通的水沟，水沟两头分别通向水池和饲料池。晚上，蛇可自由地顺着水沟到水池饮水、洗澡或到饲料池捕食。蛇房还要有孔道与蛇园相通，供蛇自由出入。房内也可用木板或石板叠架成有空隙的栖息架，蛇可在空隙中栖息。

另外，也可用蛇箱、蛇缸等小型饲养设施养蛇，其占地面积小，室内外均可建造，简单易做，容易普及，但由于与野外自然环境相差太远，蛇类不易适应，所以只适于暂养，或者利用它们产卵、越冬及饲养幼蛇。

越冬室由走廊、观察室、冬眠间、蛇洞组成，每个部分由门或窗隔离开。室顶有 20cm 厚珍珠岩粉的保温层，再覆盖 1.6m 的土层。走廊与观察室呈直角，设有三道门，以防止冷空气侵入，起到调节和缓冲室内温度的作用。观察室内有照明灯和通风孔，室两侧排列多个 $1m^3$ 的冬眠间，每间有 70cm×50cm 的金属网门隔离开，以便观察和取蛇。冬眠间墙上留有通风孔，外侧底部有 12cm×12cm 的蛇洞通往土丘外。洞口有铁丝网活动门，防止野鼠进入吃蛇。蛇洞长约 2.5m，弯曲呈 S 形，可防止冷空气直接进入。外洞口有活动挡板，可调节室内温度。

（二）幼蛇的饲养管理

蛇自卵中出壳或自母体产出至第一次冬眠出蛰前为幼蛇期。一般来说，1 ~ 3 日龄的幼蛇是以吸收卵黄囊的卵黄为营养，不需投喂食饵，但需要供给清洁的饮水。幼蛇自 4 日龄起开始主动进食，4 日龄称为开食期。

1. 开食

4 日龄的幼蛇活动能力不强，主动进食能力较差，因此需要采取人工诱导开食。人工诱导开食的方法是：在幼蛇活动区投放动物幼体饵料，其数量是幼蛇数量的 2 ~ 3 倍，其目的是制造幼蛇易于捕捉到食饵的环境，诱其主动捕食。此时确保每条幼蛇都能捕食到饵料动物是开食时期最重要的。

开食时，投喂蛇类喜食的动物幼体饵料，要求饵料体小、有一定的活动能力。例如，为银环蛇提供小泥鳅、小鳝鱼等，为尖吻蝮或日本蝮提供小蛙、幼鼠或 3 日龄内的雏鸡等。

开食时，必须随时注意观察是否所有的幼蛇均已主动进食。对于体弱不能主动进食的幼蛇要分隔开来。同时，可利用洗耳球等工具给幼蛇强制灌喂一些鸡蛋或牛奶等流体饲料。强制灌喂时，除了需要注意不要被幼蛇咬伤外，还要注意灌喂所用的工具既要有良好的刚性，且又不能伤及幼蛇。

2. 幼蛇管理

幼蛇的饲养管理方法与饲养目的直接相关。一般来说，幼蛇管理主要包括饲养密度、温度、湿度、投饵与蜕皮期管理等。

（1）饲养密度　刚出生或刚出壳的幼蛇个体较小，活动能力差，因而其密度可略大一些。例如，作为药材而饲养的银环蛇，其 17 日龄前的幼蛇便是成品，因而在饲养密度上可以略高一些，为 100 条 /m² 左右，但若作为种蛇，则为 40 ～ 60 条 /m²。由于蛇的种类不同，幼蛇大小各不相同，饲养者要依据所养蛇的种类、幼蛇个体的状况来调整密度。调整密度的原则是：蛇体的总面积约占养殖场地面积的 1/3，以使蛇有活动和捕食的场所。以银环蛇为例，可以采取在饲养初期 100 条 /m² 的高密度，而在 10 ～ 17 日龄时每平方米捡出 40 ～ 60 条作为商品蛇，余下的继续饲养，这样可以省掉转群环节。

（2）温度　同种蛇的温度适应范围基本上相差不多，但幼蛇对温度的适应范围略宽一些。在幼蛇产出或出壳时，若环境温度低于 20℃时，应采取保暖和升温措施；而环境温度若高于 35℃或连续数日高于 32℃时，应采取遮阴或降温措施。一般来说，养殖蛇类的最适温度为 23 ～ 28℃。

（3）湿度　蛇类对于湿度的要求依种类、生长发育时期、环境温度状况等的不同而不同。一般来说，环境相对湿度保持在 30% ～ 50% 对于蛇类来说较为适宜。当蛇进入蜕皮阶段，对环境相对湿度的需求要高一些，为 50% ～ 70%。湿度过低、气候干燥不利于蛇的蜕皮，而蛇类往往由于蜕不下皮而造成死亡。但无论何种状况，湿度都不宜过大，一般不能超过 75%。

（4）投饵　幼蛇开食后，在 3 天内不需投饵，而在第 4 天至第 7 天时开始开食后的第一次投饵。7 ～ 20 日龄的幼蛇，饵料采用饵料动物的幼体，每隔 3 ～ 5 天投饵 1 次。每次投入的幼鼠或雏鸡等较大型动物的数量为幼蛇数量的 1.5 倍。21 日龄以后，投饵周期与数量不变，但饵料个体可以逐渐加大。对于喜食鳝鱼、泥鳅之类的蛇来说，投饵数量一般为幼蛇数量的 4 ～ 7 倍。自开食起，每次投饵量均以幼蛇在一天内吃完为准。

对于半散养等形式饲养的幼蛇来说，也需要采用集中在运动场或某个固定场所定时投饵。尤其是投喂鼠类，更应注意投喂地点，并及时清除未食的活鼠和死鼠，以防止鼠类蔓延至周围环境中造成鼠害。

（5）蜕皮　蛇自产出或出壳后 7 ～ 10 天即开始蜕皮。蛇类蜕皮与湿度关系密切。若环境过分干燥，蜕皮就较困难。此时可见有的蛇自行游入水中湿润皮肤，再行蜕皮。因此，蜕皮期环境相对湿度宜保持在 50% ～ 70%。

（三）育成蛇的饲养管理

育成蛇又称为中蛇，是指度过第一次冬眠出蛰后至第二次冬眠未出蛰之间的蛇。这个阶段大约 1 年。育成蛇的饲养管理可以相对粗放，重点在于使蛇体健壮，为蛇的育肥或繁殖打下坚实的基础。

1. 管理方式

育成蛇的管理方式一般采用较为粗放的半散养与散养之间的方式，也可以采用在蛇箱内饲养。首要的是为育成蛇提供较为宽松的活动场所，以使蛇在此阶段获得健壮的体魄。

2. 饲养密度

育成蛇饲养密度依饲养方式不同略有差异，一般情况下是 10 ~ 15 条 /m²。集约化养殖状况下为 15 ~ 25 条 /m²。

3. 转群

对于半散养养蛇房内蛇池饲养的蛇类来说，将池内的育成蛇留够密度，余下的捡入另一个空的池内，即完成了转群工作。需要注意的是，转群时，注意尽量保持不拆散原来的蛇群。

4. 投饵

育成蛇的投饵周期与幼蛇相比，可以适当延长些。一般每 5 ~ 7 天投喂一次。投饵量每次控制在 30 ~ 70g，并且随着蛇体的逐渐长大，逐渐加大投饵量。如果蛇的运动场是设置在蛇场的天然环境中，要注意鼠类饵料。投饵后 2 天内未食的活饵或被咬死的动物，要求全部捡出，使蛇在投饵后的第 3 天至下一次投饵之间充分地消化食物和运动。这样既易于控制投饵时间和投饵量，也可确保蛇类对食饵的捕食兴趣。

育成蛇的饵料必须注意质量，做好搭配。无论是广食性蛇，还是狭食性蛇，均不宜采用次次都以某一种动物作为饵料，要适当改变饵料的种类，这样可以使蛇获得比较全面的营养。

5. 其他管理

育成蛇在温度、湿度及蜕皮期的管理与幼蛇管理相差无几，管理方法上基本相同。

（四）成蛇的饲养管理

经过第二次冬眠出蛰后的蛇称为成蛇。成蛇期开始后，蛇类开始逐渐成熟，逐步进入繁衍后代的时期。由于蛇的种类、饲养目的不同，此期管理又分为主动进食、强制进食和种蛇管理等。

1. 主动进食育肥

（1）密度 进入成蛇期的蛇，蛇体较大，体型与体重在迅速增长。因此，此期蛇的密度应适当小一些，为 7 ~ 10 条 /m²，组合箱高密度养殖为 10 ~ 15 条 /m²，个别体形较大者，可以缩减到 2 ~ 5 条 /m²。

（2）投饵　此期主要以育肥为目的，以便使蛇尽早形成产品。因此投饵频率加大，一般每 3 天投饵一次，每次投饵量为蛇体重的 1/5。投饵在一天内使蛇主动捕食，第二天清除未被捕食的活饵和被咬死的食饵。经过 1.5 ~ 3 个月的育肥，成蛇便可以作为食用和药用产品。

2. 强制进食管理

强制进食所采取的方法常为填饲。所谓填饲是指利用专用填饲器将饲料填入蛇的食道内，是一种人为强制育肥的方式。这种蛇类非主动进食方式，可以促使蛇体尽快达到成品所要求的规格。

（1）填饲饲养密度　采用填饲方法，蛇体活动量小，密度可以适当加大一些。一般半散养于蛇房内蛇池中，为 10 ~ 15 条 /m²。集约化组合箱饲养，密度可以加大到 20 条 /m² 左右。

（2）填饲方法　蛇自第二次冬眠出蛰后的第一、二次投饵采用蛇类主动进食的方式。在第二次投饵后的第 4 天开始采用填饲的方式进行饲喂，或在成品蛇出场前，或初加工前 2 ~ 4 周开始填饲。

成蛇转入填饲的时间往往很短，此时期蛇的食管较窄，一次容纳不了很多饲料，必须采用稀料逐渐将食道撑大。一般来说，撑大食道的时间往往需要 5 ~ 7 天。方法是：在开始填饲时，混合饲料中另外加 5% ~ 10% 的水，混合并搅拌成糊状；然后隔日填饲一次，每次填湿料 100g 左右。填饲 2 或 3 次后，混合饲料开始不额外加水，每次填饲饲料量湿重为 100 ~ 150g，每日一次。连续填饲 15 ~ 20 天即可上市或进行初加工。请注意，填饲时间不宜过长。此外，填饲阶段必须注意给蛇充足的饮水供应，并保持箱池的清洁卫生。

填饲只适宜于无毒蛇的育肥，不适于毒蛇与种蛇的饲喂。

（3）填饲配料　填饲用的饲料，一般可以采用多种动物的下脚料和易于采到的动物，如鸡头、兔头、鸡鸭、鱼类的内脏、昆虫与蚯蚓等。其次，还可以适当配上 5% ~ 10% 的植物性饲料。将所有配料用绞肉机绞碎，并将植物性粉料均匀搅拌进配料之中。这样可以充分利用各种原本蛇类并不一定嗜食的动物，也可以根据蛇类营养的需求充分利用蛇类不能主动进食的静止饲料。有一点必须注意：绞碎动物下脚料时，下脚料中的骨骼一定要充分绞碎，尤其不要有尖锐的碎骨存在，以防止划破蛇的食道。目前，填饲育肥尚处于试验阶段，尚未见到成熟的经验。因此，若对此种育肥方法感兴趣，可以选择部分药用或食用无毒蛇进行填饲试验，逐步摸索出一套切实可行的蛇类快速育肥的方法来。

3. 种蛇管理

种蛇一般宜在蛇房中进行饲养，但进入交配期时，宜放入种蛇箱中进行饲养，这样便于观察与管理。一般来说，一个种蛇箱内放入 10 条种雌蛇和 2 条种雄蛇。随着交配期完成，只需将种雄蛇取出即可。

种成蛇只能采取主动进食方式进行饲养，不能进行填饲。

种成蛇进入第二年或第三年的时候，逐渐成熟，开始进入交配繁殖期。在进入交配期前 2 ~ 3 周，应将种雄蛇按比例放入饲养种雌蛇的种蛇箱内，随时观察种蛇交配情况。待种蛇箱内的种雌蛇全部交配完毕，及时取出种雄蛇，防止种雄蛇吞食种雌蛇。

种雌蛇在交配后 2 个月左右开始产卵，而卵胎生蛇类则在交配后 3 ~ 4 个月开始产仔。为了提高蛇卵的孵化率，要随时将卵收集起来，及时进行人工孵化。

种雌蛇在交配后，雄蛇精子在雌蛇输卵管内可以存活 3 ~ 5 年之久。存留在输卵管内的精子与卵的受精作用可以随着时间的推移，在雌蛇排卵后依次产生。因此，往往雌蛇在一次交配之后，可以连续 3 年不再进行交配，仍能产生受精卵。但是，也有人观察到，有些种类的蛇，如尖吻蝮，连续 2 年均产卵者比较少见。

（五）蛇的越冬管理

在我国北方，蛇类进入冬眠期要略早一些，约在 10 月中下旬；而在南方，则在 11 月，甚至 12 月蛇才进入冬眠。

每年秋末冬初时节，当气温逐渐下降时，蛇类便逐渐转入不甚活跃的状态。当气温降至 10℃ 左右时，蛇类便进入了冬眠。对于某些产于北方的蛇，耐寒能力较强，进入冬眠时的气温比 10℃ 还要低。

无论何种养殖方式，越冬室的蛇窝均应设置在高燥的地方。蛇冬眠的时候，蛇窝内的温度宜保持在 5 ~ 10℃，上下偏差不宜超过 1℃。温度过高，增加了蛇体的消耗，对蛇类冬眠不利；温度过低，往往会使蛇冻死。

冬眠期间，蛇窝内的湿度也是十分重要的，一般保持在 50% 以下。但是，也不宜过干。

在蛇的冬眠期内，除了监测温度、湿度外，还要定期检查蛇洞或蛇窝内蛇类敌害的状况，注意消灭蛇洞或蛇窝内的老鼠、蝎子等。同时注意，要尽量不去干扰蛇的冬眠。

春天来临的时候，气温逐渐上升，当气温上升到 10℃ 以上时，蛇类便逐渐苏醒过来，逐步开始活动，这便是蛇类的出蛰。北方的蛇出蛰晚些，约在 4 月上中旬，南方的蛇出蛰较早些，在 3 月初至 4 月初。

栖息在人工控温的蛇房中越冬的蛇类，在初春一旦开始活动后，室温就不能再下降。若此时再降温，蛇类就可能再次进入冬眠，使蛇类消耗大量营养，对蛇的健康不利。如一旦发现蛇类开始活动，就要采取措施，逐步升温，使蛇出蛰。

为了获得更大的经济效益，人们往往打破蛇类冬眠，使蛇尽快地生长。但要注意，打破冬眠需采取逐步打破的办法。例如，今年采用晚 10 天降温，使蛇晚 10 天进入冬眠；来年采用早 10 天升温，使蛇早 10 天出蛰。这样逐年缩短蛇的冬眠时间，以达到打破蛇的冬眠，延长蛇的生长时间的目的。切不可一下子就打破蛇的冬眠，使蛇的正常生长规律陷于混乱，这样对蛇的正常生长不利。

四、蛇主要疾病的防治

（一）蛇病一般性预防

（1）对个别病蛇要做到早发现、早隔离、早治疗。定期驱虫是蛇园的重要工作，必须在每年的初夏和深秋各进行一次。

（2）蛇园要定期消毒，而且对进入蛇园的人也要严格消毒，把好最起码的防疫关。

（3）从野外零星捕捉或购买的野蛇，要经过检疫并间隔一段时间，经过观察证明健康无病时才能放入蛇园。

（4）注意投饲食物的总体营养水平，引起直接影响蛇类的体质健康和抗病能力，饲养管理不当也是导致蛇园发病率高的重要原因之一。

（5）在蛇园内要严格执行卫生防疫制度，长期保证饲养环境和卫生。

（6）要建立每日检查制度，发现有进食不正常、不愿活动、粪便异常等现象的蛇，要及时隔离观察，尽快给予治疗，慎防传染给其他健康的蛇。

（二）蛇常见疾病的防治

1. 口腔炎

蛇口腔炎是由吞食投喂的饲料损伤口腔或饲料缺乏引起的外伤感染，以口腔肿胀、溃烂为特征。

【症状】病蛇颊部和两颌肿胀，牙根红肿，一般头部昂起，口常张开，口腔可见溃烂和有脓性分泌物，吞咽困难，常因吃不下食物而饿死。

【预防】搞好环境卫生，注意蛇窝垫土清洁，冬眠初醒的蛇，每天进行3h的日光浴。此病感染性强，应隔离治疗，严重者应杀掉。

【治疗】先用生理盐水或雷佛奴尔液冲洗患病蛇口腔，清除溃烂的脓样分泌物，然后用龙胆紫液或用冰硼散撒在患处，每天1～2次，直到口腔无脓性分泌物流出为止。

2. 急性肺炎

急性肺炎是蛇类的一种常见的呼吸道传染疾病。此病早期由感冒引起，传染性强，死亡率高，3天内可引发大批蛇死亡。此病是越冬时期的主要疾病，冬眠期窝内湿度过高，温度变化幅度大且空气混浊，或是盛暑时窝内过于闷热，清洁卫生差，此病发病率高。

【症状】病蛇常逗留在窝外，呼吸困难，不饮不食，不愿活动。如不及时治疗，会衰竭而死亡，尤其是幼蛇。

【防治】保持蛇窝通风阴凉、清洁，避免温度过高过低。一旦发现病蛇，应及时隔离和加强护理，避寒保暖，并对蛇窝彻底消毒，同时要注意对蛇补充营养，也可人工填喂新鲜食物。

早期治疗可以用鱼腥草、蒲公英、金银花、黄芩煎水灌服。严重者可用四环素或土霉素 1g，每天 3 次。亦可用青霉素钠盐 40 万 IU 做肌内注射，每天 3 ～ 4 次。

3. 霉斑病

霉斑病是由真菌引起的一种蛇类皮肤病。主要病因是蛇窝过于潮湿，不清洁。尤其在梅雨季节、地势低洼、排水不畅时，会使真菌大量繁殖，增加蛇感染的机会。

【症状】此病多发于梅雨季节，病蛇腹部鳞片上出现点状或块状的黑色霉斑，若不及时治疗会产生局部溃烂而死亡。

【防治】可采用改进蛇窝潮湿的状态，清扫蛇房、蛇窝，经常通风换气，梅雨季节在蛇窝里放置干木炭或生石灰吸湿；蛇身霉斑部位可用 1% ～ 2% 的碘酊涂抹患处，每天 2 ～ 3 次，6 ～ 8 天可愈。

4. 枯尾病

一般是由脾胃功能障碍，未及时治疗而并发的病症。

【症状】常表现为体瘦、厌食、尾部皱瘪，进而干枯。

【防治】中药可用春砂仁、木香、党参、白术、茯苓、甘草煎水灌服。西药可灌服 5% 的葡萄糖、复合维生素 B 液，或肌肉注射维生素 B12，每次 1ml，每天 1 次；或使用蛇枯尾，每千克体重用本品 0.5 ～ 1g，将本品用少量温水溶解喷涂在蛇的食物上、液体灌服或者拌料填喂，每日 2 次，连用 2 ～ 3 天，重症加倍。

5. 肠胃炎

肠胃炎一般是由于蛇园环境或者饮食不卫生引起。

【症状】病蛇常逗留窝外，体瘦无神，排稀便或者绿色粪便。

【防治】平时要注意蛇园环境和饲料卫生，定期对场内消毒。治疗时，先及时隔离，把蛇放于阴凉处，定时喂水并暂停进食。药物选用土霉素治疗，每次剂量为 0.5g，每天 3 ～ 4 次；或用链霉素 0.5 ～ 1g，肌内注射，每天 2 次。

6. 肠道寄生虫病

大多数寄生虫病是从饵料动物身体内传染而致，即食入寄生虫卵囊引起。

【症状】进食正常，生长缓慢，日渐消瘦，有的出现腹泻，蛇粪便中可见虫体。

【防治】搞好饵料动物的卫生，可先对来源不明的饵料动物进行驱虫，再投喂。可用兽用敌百虫按每千克体重 1g，投喂饵料动物或直接灌喂。

五、毒蛇咬伤的急救

（一）蛇毒

蛇毒为无色或淡黄色的黏稠、透明液体，是多种毒蛋白、酶和多肽的混合物。蛇毒进入人和动物体内后，能随淋巴及血液扩散，引起中毒症状。前沟牙蛇类对人的危害较大，分别含有眼镜蛇神经毒、α-神经毒和海蛇神经毒等神经毒，可引起乙酰胆碱失去作用，造成机体的神经肌节头之间的冲动传导受阻，短时间导致中枢神经系统麻痹而死。管牙类的蛇毒中含有血循毒，可引起伤口剧痛、水肿，渐至皮下出现紫斑，最后导致心脏衰竭死亡。通常蛇伤的严重程度与各种蛇毒的毒性，以及毒蛇咬人时的排毒量有关。例如，眼镜王蛇排毒量多，毒性强，被咬伤后中毒严重；竹叶青排毒量少，毒性也小，被咬伤后中毒也相对较轻。了解这些对有效地预防毒蛇咬伤和处理蛇伤，具有重要的意义。

（二）蛇伤的紧急处理

一般来说，毒蛇的行动大多比较缓慢，很少主动攻击咬人，只有当人们无意踩到、接触蛇体或捕蛇不当时才会发生咬伤事故。因此，蛇咬伤的部位通常都在下肢的脚踝以下，其次是上肢或头、胸部。蛇类活动的最适气温是 18 ～ 30℃，所以在我国长江以南地区，7 ～ 9 月是蛇伤发病率最高的季节，尤其在夏季闷热欲雨或雨后乍晴的天气，由于蛇洞内气压低而湿度大，毒蛇经常出洞活动，咬人致伤。

如果被毒蛇咬伤，在条件许可下应立即将蛇击毙，同时将蛇带往就医，这对根据毒蛇的种类来采取对症治疗是极为重要的。假如确为毒蛇所咬，就会在伤处留有 2 个大而深的牙痕，伤口灼热疼痛，在几分钟内显著红肿，并迅速扩散肿胀范围，同时还会发生头晕、眼花、抽搐、昏睡等症状。

毒蛇咬伤的紧急处理原则是尽快排除毒液，延缓蛇毒的扩散，以减轻中毒症状。一般应立即在伤口上方 2 ～ 10cm 处用布带扎紧，阻断淋巴和静脉血的回流，并隔15 ～ 20min 放松布带 1 ～ 2min，以免血液循环受阻，造成局部组织坏死，如注射抗蛇毒血清后，可解除结扎。结扎后，应用清水、盐水或 0.5% 浓度的高锰酸钾溶液反复冲洗伤口。此外，还可使用扩创排毒（被尖吻蝮或蝰蛇咬伤不宜采用此法）、拔火罐或口吸法等排除蛇毒，或采用灼烧、注射蛋白酶等方法破坏蛇毒。紧急处理应在被毒蛇咬伤后 20min 内处理完毕。紧急处理后，要及时就近求医治疗。

目前，我国在蛇毒分析和蛇伤防治方面的研究均已取得重大成就，除运用单价或多价抗蛇毒血清和 α-糜蛋白酶等特效药物治疗蛇伤外，还可采用多种草药及研制成的各种蛇药，这些都极大地提高了毒蛇咬伤的治愈率。

六、蛇产品的综合加工利用

蛇有危害人类的一面，但更重要的是蛇对人类的贡献。它能捕食老鼠，为人类提供药材资源及成为餐桌上的佳肴，也是皮革、乐器、化工的原料，还是气象、军事、科研的实验动物。特别是蛇毒的开发利用，在生物工程、医学领域有着广阔的应用前景。

（一）蛇肉

蛇肉是蛇去尽内脏、皮和头，剩下的躯体部分，主要由肌肉、骨骼组成。蛇肉经日晒、炭烘，烘干后为蛇干。有些蛇种为便于鉴别真伪可保留其头部，如直形的蝮蛇干、盘形的乌梢蛇干。蛇肉的利用可分为食用和药用。

1. 蛇肉的食用

蛇肉作为菜肴，在我国至少有两千多年的历史。近年来，蛇类保健食品、方便食品相继问世。市场上还可以见到蛇肉松、蛇肉片、袋装方便蛇羹，在浙江宁波市场上有用蛇肉做的易拉罐蛇肉饮料，所有这些都使食用更为方便。

2. 蛇肉的药用

以蛇为药在我国已有悠久的历史，记载最详细的要属明代李时珍的《本草纲目》。该书叙述了17种蛇的形态和药用功效，文中记述最多的是蛇肉的药用。

药用蛇肉的基本加工方法大体有这样几种：直接用新鲜蛇肉制成药物，如蛇粉胶囊、蛇肉针剂、蛇药酒；用蛇肉加工为半成品，如各种蛇干。医药部门往往将这些蛇干烘焙，以中药形式对外销售。

3. 蛇酒

用蛇酒治病历史悠久。现代药理学证明蛇酒不但具有抗炎镇痛、镇静的作用，还可以增强人体的免疫力，对类风湿性关节炎有明显疗效，而且蛇酒具有很强的疏风通络之功效，是名副其实的"百药之长"。浸泡蛇酒却很讲究，制作蛇酒的酒剂应为50°以上的纯粮白酒，可以是蒸馏酒或配制酒。

浸泡蛇酒最常用的是鲜蛇浸泡，对鲜蛇的处理有三种方法。

（1）活蛇浸泡　将蛇清洗后一周左右不喂食，浸酒前从蛇的胃部开始用拇指勒住，自上而下捋至肛门，将肠内食物排尽冲洗干净后浸泡。

（2）熟蛇肉浸泡　浸酒前先将新鲜蛇肉蒸熟、晾干，再用酒浸泡。浸泡后的酒除去了蛇腥味，并产生一种特殊的香气，口味纯正，色泽较清。

（3）制成蛇干浸酒　蛇身晒干、清洗后浸酒。

浸制蛇酒时，蛇质量与白酒用量的比例为1∶（5～10），蛇酒要封口存放3～6个月，并定期搅拌或摇动，同时注意其容器、场地人员必须符合卫生要求。

在制备蛇酒的过程中，可加一定量的矫味剂、着色剂，缓和药性，提高蛇酒质量，以方便患者服用。目前使用的甜味剂主要有红糖、白糖、冰糖、甜叶菊糖、蜂蜜。着色剂有竹黄、鸡血藤等。

（二）蛇胆

蛇胆具有行气祛痰、益肝明目、疏风祛湿、清热散寒之功效。蛇胆可以制成蛇胆干、蛇胆酒、蛇胆丸或加工成蛇胆川贝散等，广泛应用于临床。

1. 蛇胆的采取

将蛇从笼中取出后，以两脚分别踩住蛇头和蛇尾。在蛇腹从吻端到肛门之间的中点开始由上至下轻轻滑动触摸，若摸到一个花生米大小的、滚动的椭圆形物体，硬度似人的鼻尖，便是蛇胆，用剪刀剪开一个 2 ~ 3cm 的小口，用两手指挤出蛇胆。取蛇胆时，应连同分离出的胆管一起剪下，剪至胆管的最长处，并用细线将胆管系好，以防胆汁外溢。

2. 蛇胆的加工方法

（1）酒泡鲜蛇胆　杀蛇后取出的蛇胆，装入 50° 以上的纯粮白酒，一瓶 500ml 的白酒中一般放 2 ~ 5 枚蛇胆即可。三蛇胆酒应放种类各异的 3 枚蛇胆，五蛇胆酒则放 5 枚不同种类的蛇胆，3 个月后方可饮服。

（2）蛇胆干　用细线扎住蛇胆的胆囊晾干即可。

（3）蛇胆粉　将鲜胆汁放入真空干燥器中进行干燥，即可得到绿黄色的结晶粉末，将粉末装瓶或装袋备用。

（三）蛇毒的采集与加工

1. 采毒时间

收集蛇毒的季节在我国南方和北方大致相同，只是南方采毒时间较长。一般在北方为 6 ~ 9 月，南方可延长到 10 月，采毒高峰期为 7 ~ 8 月，每间隔 20 ~ 30 天采毒一次。

2. 采毒方法

采集蛇毒一般用"咬皿法"，即用 1 只 60ml 的烧杯，或用瓷碟作为接毒器皿，使毒蛇咬住器皿边缘，毒牙位于器皿内缘部。这时，用手指在毒腺部位轻轻挤压，即可采出毒液。此项工作要由两人协同操作：一人将蛇从笼中取出，用右手握住蛇的颈部，使蛇张口咬住器皿内缘；另一人手持接毒器皿，并用另一手的手指挤毒。采完毒后，放蛇时应先放蛇身，后放蛇头。

蛇毒分神经毒、血循毒和混合毒等类型。不同的蛇毒的成分、生理活性和药理作用及主治疾病有所不同，所以，采集的不同种类毒蛇的蛇毒不能混合。

3. 蛇毒加工与保存

新鲜的蛇毒在常温条件下极易变质，在普通冰箱内也只能保存 10 ~ 15 天。保存蛇毒的常用方法为"真空干燥法"。其操作步骤为：先将采集的新鲜蛇毒用离心机离心去掉杂质；然后放入冰箱内冰冻；冻后的蛇毒再移入真空干燥器内，在干燥器的底部放入一些硅胶或氯化钙作为干燥剂，上面覆盖几层纱布，将盛蛇毒的器皿放在纱布上，接着用真空泵抽气。在抽气过程中如发现大量气泡在蛇毒表面出现，需暂停片刻再抽，直到抽干时，再静置一昼夜。通过真空干燥的蛇毒变成大小不等的结晶块或颗粒，即为粗制蛇毒。刮下这些干制品按重量分装在专用的小瓶中，用蜡熔封，外包黑纸，注明毒蛇种类、重量、制备日期等，然后放置在冰箱或阴凉处保存。干制的蛇毒吸水性强，不耐热，在潮湿、高温和光照等影响下易降低毒性，贮藏时应注意。

（四）蛇皮

蛇皮是活蛇剖杀后剥离下来的皮，沿腹中线剖开的称剖肚蛇皮，沿背中线剖开的称剖背蛇皮。蛇皮主要用于制革，由生皮鞣制成革，制成包、袋、带、衣、鞋等，也可制作胡琴类的乐器，其次是食用和药用。蛇皮加工过程是鞣制之前对蛇皮称重，用大量水彻底洗净污物，然后浸水、浸灰、去肉、脱灰、浸酸、鞣制、加脂、固定、涂底等。

第八节　养 蜂 技 术

蜜蜂属节肢动物门、昆虫纲、膜翅目、蜜蜂科、蜜蜂属，是一种群居生活的社会性昆虫。我国是世界第一养蜂大国，蜂群数量和蜂产品均名列世界第一位。养蜂是一项投资少、见效快、效益高的产业。

一、生物学特性与品种

（一）生物学特性

1. 社会性

蜜蜂是一种社会性昆虫，蜂群是其赖以生存的基本单位，任何个体都离不开群体而单独生活。蜂群由一只蜂王、少数雄蜂和成千上万只工蜂组成，它们具有不同形态、分工与职能，同时相互依赖。

（1）蜂王　蜂群中由受精卵发育而成的唯一生殖器官发育完全的雌性蜂，又称母蜂。在蜂群中个体最大，翅短小，腹部特长，口器退化，生殖器发达，足上无贮花粉的构造，腹下无蜡板和蜡腺。意蜂蜂王体长23mm左右，体重250mg左右，是工蜂的2倍多。中蜂蜂王体长20mm左右，体重200mg左右。其职能是产卵和控制蜂群的部分活动和分蜂性。蜂王的卵巢高度发育，其产卵能力对蜂群的强弱及遗传性具有决定作用，1只优良的蜂王在产卵盛期，每天可产卵1 500～2 000粒。

（2）雄蜂　由未受精卵发育的单倍体，较工蜂稍大，头呈球状，口器退化，复眼很大，尾端圆形，无毒腺和螫针，足上无采贮花粉的构造，腹下无蜡板和蜡腺。意蜂体重220mg，体长15～17mm。中蜂体重150mg，体长12～15mm。其职能是与新蜂王交配。雄蜂品质的优劣，直接影响新蜂群的后代遗传性状和品质优劣。

（3）工蜂　是蜂群中个体最多、体型最小的一类蜂，雌性器官发育不全的个体，一般不能产卵。体暗褐色，头、胸、背面密生灰黄色刚毛；头略呈三角形，有1对复眼、3个单眼、1对呈藤状弯曲的触角，口器发达，适于咀嚼和吮吸；3对足的股节、胫节、跗节均有采集花粉的构造；腹部呈圆锥状，意蜂1～4节有呈黑色球带，末端尖锐，有毒腺和螫针；腹下有4对蜡板，内有蜡腺。竟蜂成蜂平均体重100mg，体长12～14mm。中蜂成蜂体重80mg，体长10～13mm。其职能是采集花蜜和花粉、酿制蜂蜜、哺育幼蜂和雄蜂、饲喂蜂王、修造巢房、守卫蜂巢、调解蜂群内的温度和湿度。由于蜂群的采集力决定于工蜂的品种和数量，因此，只有培育强壮的工蜂方可生产出品质优良的蜂蜜和其他蜂产品。

2. 寄生性

蜂王不具有抚育后代、建造蜂房等功能，其生存完全依赖于工蜂。蜂王产的卵有两种，受精卵演变为工蜂或蜂王，未受精卵演变为雄蜂。蜂王交配时，一次接受其终生所需要的精子，将其储存在腹腔内，排卵时释放精子并与卵子受精。雄蜂的唯一职责是与蜂王交配，交配时蜂王从巢中飞出，全群中的雄蜂随后追逐，此举称为婚飞。蜂王的婚飞择偶是通过飞行比赛进行的，只有获胜的一个才能成为配偶。交配后雄蜂的生殖器脱落在蜂王的生殖器中，此时这只雄蜂也就完成了它一生的使命而死亡。那些没能与蜂王交配的雄蜂回巢后，只知吃喝，不会采蜜，成了蜂群中多余的"懒汉"。但是，这些雄蜂在蜂巢中会不断扇动翅膀，无意中也维持了蜂巢中的温度。但是日子久了，众工蜂就会将它们驱逐出境。

3. 周期性

在自然环境下，蜂王的寿命可长达数年，少数蜂王生活4～6年仍具有产卵能力，生产证明，2～18月龄的蜂王产卵能力最强。人工饲养的蜂群，蜂王一般只使用1年。工蜂的寿命很短暂，生产繁殖期的工蜂，羽化出房后只能活40天左右，最长不超过60天；越冬期的工蜂，活动量小，能活120～180天，甚至更长。雄蜂寿命长达3～4个月，因多数中途夭折，平均寿命仅20多天。繁殖期的雄蜂寿命一般在54天左右，长的可活100多天，个别处女王越冬的蜂群，雄蜂可伴处女王越冬。

蜂群在每年都会发生相似的周期性变化，根据这种变化，可将蜂群在一年中的生活分为5个时期。

（1）恢复期　蜂群越冬后，随着气温的上升，蜂巢中心的温度也上升到32℃以上，此时蜂王开始产卵，工蜂开始哺育蜂子。产卵初期，蜂王每昼夜只产100～200粒卵，随着工蜂将蜂巢中心增温面积扩大，产卵量逐渐增加，蜂群稳定增长，在蜂群中新工蜂增加的同时，越冬后工蜂逐渐死亡，经30～40天，蜂群的工蜂几乎全部更新。更新后的蜂群质量及哺育蜂子的能力都有大幅度的提高，为蜂群的迅速扩大提供了条件。此期要加强蜂箱内、外保温，及时补饲，以提高蜂王的产卵能力和工蜂的哺育能力。

（2）增殖期和分蜂期　蜂群增殖期是指蜂群的增长和繁殖时期，一般从蜂群进入稳定增长开始，到大流蜜期到来之前。随着蜂群的迅速增长和壮大，蜂群内剩余劳动力的积累，蜂群中开始建造雄蜂房，培育雄蜂，建造台基培育蜂王，进入分群期，该阶段一般发生于春末、夏初。此时应注意解除包装，加脾扩巢，用人工分蜂代替自然分蜂，实现群体的增加。

（3）生产期　生产期又称为采蜜期，主要包括蜂蜜、花粉和王浆的生产。从早春到晚秋整个生产期，只要外界有蜜粉源植物开花，工蜂就会去采集花蜜和花粉，一般只能满足蜂群自身的消耗。当外界的主要蜜粉源植物大量开花流蜜时，蜂群每天能采到几千克到数十千克花蜜。此时蜂群从哺育幼虫转入到采集花蜜和酿蜜、贮备饲料阶段，工作量的增长，易致工蜂衰老死亡。采蜜后期，随着蜂群内工蜂死亡率的增长，蜂群会迅速削减。但因蜂群里尚有大量的子脾，主要采蜜期过后，蜂群的群势又能得以恢复。

（4）更新期　当最后一个主要采蜜期结束以后，工蜂逐渐死亡，新出房的秋工蜂，因为参加或很少参加蜂群里的哺育工作，其寿命更长，王浆腺一直保持发育状态，越冬后，仍有哺育能力。此时蜂王停止产卵，蜂群准备进入越冬期。此时，应注意调整群势，治螨防盗，准备越冬饲料。

（5）越冬期　当气温降到 10℃ 以下时，蜂群进入越冬期。蜜蜂生活在蜂巢里，在贮存有蜂蜜的巢脾上逐渐紧缩形成越冬蜂团，蜂王位于越冬蜂团的中央。蜜蜂以蜂蜜为饲料，依靠蜂群产生的热量来维持温度。只要越冬蜂群内具有优质的饲料、适宜的保温盒、安静的越冬条件，越冬工蜂的寿命就会延长，第 2 年蜂群发展也快。因此，应适时越冬，分期包装或移入室内。

4. 群间关系

自然状态下，蜂群之间有明显的群界，工蜂具有排斥它群工蜂和蜂王的特性，巢内互不来往，巢外和平共处，但雄蜂可任意出入别的蜂群。蜂群的大小主要取决于工蜂的数量、蜂种、蜂王的品质以及季节、外界气温和蜜粉源植物等。一只优良的意大利蜂王，在强盛季节可维持蜂群工蜂数量高达 6 万只以上。而在恢复繁殖时，较差蜂群的工蜂数量可少至数千只。中华蜜蜂的蜂群在强盛季节、较好的蜂王也只能维持 3 万 ~ 4 万只蜂的群势。

5. 食性特征

蜜蜂以植物的花粉和花蜜为食。食性可分为 3 类：

（1）多食性　即在不同科的植物上或从一定颜色的花上（不限植物种类）采食花粉和花蜜，如意蜂和中蜂。

（2）寡食性　即自近缘科、属的植物花上采食，如苜蓿准蜂。

（3）单食性　即仅自某一种植物或近缘种上采食，如矢车菊花地蜂。蜜蜂各种类采访的花朵与口器的长短有密切关系：例如隧蜂科、地蜂科、分舌蜂科等口器较短的种类采访蔷薇科、十字花科、伞形科、毛茛科开放的花朵；而切叶蜂科、条蜂科和蜜蜂科的种类由于口器较长，则采访豆科、唇形科等具深花管的花朵。

6.食用、药用价值

蜂蜜、蜂王浆、蜂蜡、蜂毒、花粉、蜂胶等多种产品不仅为人类提供食品及营养保健品，又为食品和医药工业提供重要原料，蜜蜂采蜜传授花粉可大幅度提高果树和农作物的产量。用蜜蜂子、胡蜂子，黄蜂子（并炒过）各取一分，白花蛇、乌蛇（并酒浸，去皮骨，炙干）、全蝎（去尾，炒）、白僵蚕（炒）各一两，地龙（去土，炒）半两，蝎虎（全用，炒）、赤足蜈蚣（全用，炒）各十五枚，丹砂一两，雄黄（醋熬）一分，龙脑半钱，主治大麻风（须眉脱落，皮肉已烂成疮），具有良好效果。

（二）品种

1758 年林奈氏（Linnaeus C）首次记载蜜蜂第一个属（*Apis*）和第一个种（*Apis mellifera* L.）。至 1980 年，由于当时采集标本的范围、对蜜蜂生物学的研究限制和有些蜜蜂新种类的证据不足等原因，所以当时世界公认的蜜蜂种类只有 4 种，即大蜜蜂、小蜜蜂、东方蜜蜂和西方蜜蜂。1985 年，中国的学者对采自云南的 6 种蜜蜂进行形态学、生物学、生态学、昆虫地理学、细胞遗传学和分子生物化学等多学科对比研究后认定，黑大蜜蜂和黑小蜜蜂是独立的蜂种，并确定了它们的分类地位。1988 年国外的学者又确立了沙巴蜂。至此，世界上确立了蜜蜂为 7 种。当时比较公认的，蜜蜂属的 7 个明确的现生种（现生种:指地史上出现的种,已发现化石,至今一直生存的种）依定名先后为：西方蜜蜂、小蜜蜂、大蜜蜂、东方蜜蜂、黑小蜜蜂、黑大蜜蜂、沙巴蜂。1998 年,德国的尼古拉夫妇（Koeniger and Koeniger）和马来西亚的丁格（Tingek）报道了他们发现的一个蜜蜂新种——绿努蜂。同年，G.W.Otis 和 S. Hadisoesilo 经过多年的形态学和生物学对比研究，确立了原 Smith 定名的分布于印度尼西亚苏拉威西岛和菲律宾的苏拉威西蜂为一个独立蜂种。因此，截至目前，世界上现生存的蜜蜂种类已达 9 种，即黑小蜜蜂、小蜜蜂、黑大蜜蜂、大蜜蜂、沙巴蜂、绿努蜂、苏拉威西蜂、东方蜜蜂、西方蜜蜂。

我国大部分地区以意大利蜂（西方蜜蜂）为主，占 2/3；中蜂（中华蜜蜂）集中分布区则在西南部及长江以南省区，以云南、贵州、四川、广西、福建、广东、湖北、安徽、湖南、江西等省区数量最多，占 1/3；还有很少部分黑蜂。

二、繁育技术

蜜蜂属于完全变态昆虫，个体发育需经历卵、幼虫、蛹和成蜂四个时期。每个发育时期皆要求有适合个体发育的巢房、充足的营养、适宜的温度（34～35℃）、湿度（75%～90%）、充足的空气及工蜂的哺育等。若温度超过 36℃，蜜蜂的发育将会提早，造成发育不良或中途死亡;低于 34℃时，则可引起发育迟缓，且幼虫易受冻而死。正常情况下，同型蜜蜂由卵到成蜂的发育时间基本一致（表 6-20）。

表 6-20　中华蜂和意大利蜂各发育阶段（天）

型别	蜂种	卵期	未封盖幼虫期	封盖期	整个发育历期
蜂王	中华蜜蜂	3	5	8	16
	意大利蜂	3	5	8	16
工蜂	中华蜜蜂	3	6	11	20
	意大利蜂	3	6	12	21
雄峰	中华蜜蜂	3	7	13	23
	意大利蜂	3	7	14	24

1. 卵

蜂王可产两种卵：一种为受精卵，可发育为蜂王或工蜂；另一种为未受精卵，发育为雄蜂。卵形似香蕉，呈乳白色，略透明，头部稍粗，腹末稍细，表面附有黏液。产入巢房内的卵以细的一端黏在巢底中央，第 1 天直立，第 2 天稍倾斜，第 3 天侧伏于房底，蜂分泌一些王浆在卵的周围，使卵壳湿润软化，幼虫则破壳而出。有时个别卵不能发育为成蜂，在卵期干枯死亡。

2. 幼虫

蜜蜂的幼虫呈白色，体表有横纹的分节，头、胸、腹三者不易区分，缺少行动附肢。孵化后 3 天内的小幼虫均由工蜂饲喂王浆，3 天之后工蜂和雄蜂幼虫改食蜂蜜和花粉的混合物，而蜂王幼虫则一直食用王浆。幼虫约在产卵后的第 11 天末，蜕皮 5 次，即化蛹。幼虫期发生的疾病主要有细菌幼虫病、真菌幼虫病、病毒引起的囊状幼虫病及由寄生螨和毒物引起的幼虫死亡。

3. 蛹

蜜蜂的蛹是裸蛹，属不完全蛹，附肢与蛹体分离。幼虫蛹化后，不食，不动，旧器官解体，新器官形成。蛹初呈白色，渐变成淡黄色至黄褐色，表皮也逐渐变得坚硬，外形上逐渐显现出头、胸和腹三部分，触角、复眼、口器、翅和足等附肢显露出来。后期分泌一种蜕皮液，蜕下蛹壳，羽化为成蜂。蜜蜂蛹期发生的疾病主要有病毒引起的蜜蜂蛹病、细菌引起的美洲幼虫腐臭病及蜂螨危害造成蜂蛹死亡。

4. 成蜂

幼蜂羽化后，咬破房盖而出。初羽化的蜜蜂外骨骼较软，翅皱曲，躯体绒毛十分柔嫩，体色较淡，以花粉和蜂蜜为食，继续完成内部器官的进一步发育。发育成熟的工蜂和雄蜂以蜂蜜为主食，蜂王则终身食用蜂王浆。成年蜂发生的疾病主要有细菌病、病毒病、原生动物病、螺原体病、寄生虫病，以及非传染性疾病和敌害。

三、饲养管理技术

（一）蜂场建设

1. 场地选择

养蜂场址的优劣直接影响到蜂群的群势、产量及蜂产品的品质。场址有固定场址和转地饲养的临时场地。无论固定场地或转地场地，均需要现场勘察和周密调查之后确定。理想的放蜂场地应具备丰富的蜜源，有水源、电源，交通便利，小气候适宜等方面的条件。

（1）蜜粉源丰富　在蜂群繁殖和生产季节，养蜂场要选择在周围 2km 范围内有两种以上大面积的主要蜜源植物，并有多种花期交错开放的辅助蜜粉源植物。蜂场离蜜粉源植物越近越好，蜜粉源植物面积越大对蜂场的收获越有利。选择时，既要注重蜜粉源长势，还要了解蜜粉源地的土质、雨量、风向及泌蜜规律、泌蜜量，了解施用农药情况。同时，要及时与农业部门、植保人员及蜜粉源作物的主人取得联系，需要施杀虫农药的蜜源植物，蜂场要设在离蜜源植物 50 ～ 100m 以外的地方，以防或避免蜜蜂农药中毒。蜂场与蜂场之间至少相隔 2km，以保证蜂群有充足的蜜源，也可减少蜜蜂疾病的传播。

（2）水源良好　蜜蜂的繁殖、生产和饲养人员的生活均离不开水。养蜂场地应有充足的、卫生条件达标的水源。理想的水源是常年流水的且未受到污染的小溪或小河。避开污染的水源及水库、湖泊、大河等开阔的水域，以免蜜蜂落水溺死。

（3）气候与环境　蜂场要选在地势高燥、平坦、宽敞，背风向阳，便于排水，且春暖、夏凉、冬安静的地方。

山区林场放蜂，海拔高，气温往往偏低，不宜在山顶设场。放蜂场地可选在山脚或半山腰南坡地，背面有挡风屏障，前面地势开阔，阳光充足的地方。狭谷地带易产生强大气流，低洼沼泽地容易积水，故应避开溪边谷地做放蜂场地。同时注意防除胡蜂等敌害。

开阔的田野场地放蜂，应当有背风的屏障；炎热的夏、秋季，应当避开干燥的泥土、裸露的岩石和沙丘，选择草坪和绿荫的地方为宜。

家庭养蜂，适宜选房前的一端及墙角处，注意避免人行通道，严防有毒、有害等危害物和污染源。

所有的养蜂场不得建在铁路、工矿企业、畜禽养殖场和垃圾场附近，以免蜂群受震动、干扰、中毒和蜂产品被污染；不要在农药厂、药库或糖厂、糖库附近建场放蜂，以免引起不必要的伤亡。对于固定蜂场，需在预选的地方试养 2 ～ 3 年，确认符合条件以后，再进行基本建设。

（4）交通方便　选择距离公路干线不远并能通车的地方建场，利于蜂群的运输和蜂产品的鲜运，利于获得信息和新技术的引进，以及逐步实行规模化、产业化养殖。

2. 蜂场建设

建设养蜂场必须经当地规划部门及卫生监督机关的批准。养蜂场既不污染周围环境，又不被周围环境污染。规模化养殖的大型蜂场，必须按规划建场。场地周围应设置围墙、栅栏或篱笆，以防畜禽和野生动物进入。养蜂场总体设计要符合科学管理、方便生产和清洁卫生的原则；严格执行生活区和生产区相隔离的原则；划出建筑用地、道路和蜂群放置地方，各区布局合理，以防污染。生产区内应设置工作室、实验室、采蜜车间、加工车间，蜂具、巢脾、蜂产品贮藏间、蜂群越冬室等，重要生产部门必须配备必要的卫生设施。

（二）蜂群排列

蜂群排列基本原则是：蜂箱架高 10 ~ 20cm，夏季和多雨季节应再高一点。蜂箱前低后高，左右平衡，以便清理箱底和防止雨水侵入。巢门朝南或略偏东南方向，便于蜜蜂出勤。巢门前不得有障碍物，且要避开路灯和诱虫灯，并涂以黄、红、蓝、白等颜色，以便蜜蜂识别。蜂群一旦排列，不得随意移动位置。

蜂群的排列没有固定模式，一般应根据场地大小、地形地貌、饲养方式、群势情况，结合生产目的和检查等方面而定。

1. 单箱排列

蜂箱与蜂箱之间距离为 1 ~ 2m，行间距为 2 ~ 4m，前后排交错排列。适合于场地大、蜂群少的蜂场。

2. 单箱并列

蜂箱与蜂箱之间距离不得小于 0.4m，以不影响揭开箱盖为宜。适于场地小、蜂群大的蜂场。

3. 双箱并列

两箱蜂为一组紧靠在一起，每组间距为 2m。这种排列方式无论场地大小、蜂群多少均可适用。

4. 方形排列

将蜂箱围成一圈排列成方形，巢门向内。适于蜂群转地时，在场地狭小、蜂场密集的车站、码头临时建立的蜂场。

5. 其他类型

此外，还有圆形、U 形、矩形和三箱排列等方式。三箱排列是以三群为一组，呈"品字"形排列，适于临时转地的蜂场，越冬和春繁低温季节，以便蜂群保温取暖。

（三）蜂群检查

蜂群检查是为了了解蜂群的内部情况，以便采用相应的管理措施。蜂群检查包括全面检查、局部检查和箱外观察三种。

1. 全面检查

全面检查是打开箱盖，将箱内巢脾逐个提出检查，以了解箱内的全面情况。主要检查蜂王的健康状况、产卵面积大小、幼虫哺育情况、蜜蜂和子脾增减幅度、巢脾是否拥挤、饲料是否短缺、有无病害，分蜂季节是否出现自然王台等。全面检查通常在蜂群出室、分蜂季节、长途转地前后、组织采蜜群、培养越冬蜂和越冬定群时进行。一般每半月检查一次，分蜂季节每 5 ~ 7 天检查 1 次。

检查蜂群最好在气温 14℃以上的无风无雨天进行，提脾检查时要轻、快、稳，以减少对蜜蜂的干扰。检查时要站在蜂群的一侧或后方，不要堵挡巢门。打开蜂箱盖，启开副箱盖，撬动隔板和巢框，垂直向上提出巢脾。提脾检查必须在蜂箱上方进行，以防蜂王掉落。如发现蜜蜂有震怒情绪，可用喷烟器轻喷，蜜蜂受熏后，相对老实一些。以朗氏箱内放 8 个脾以上的蜂群为例，可从里壁第 2 框查起，查后放于偶板或箱外，再依 1、3、4、5……依次检查，查到最后一框时应先放回最先检查的原第 2 箱后再检查，其他需要调整脾位的应在检查中随时进行。

2. 局部检查

局部检查是在不需要或不允许进行全面检查的情况下，从蜂群中抽出有代表性的少数巢脾查看，大体推测蜂群的整体情况。

检查蜂群是否需要加脾或抽脾应抽检第 2 巢脾。春季蜂群处于上升时期，应脾多于蜂，若第 2 脾蜂数达六七成，蜂王无房产卵时要加脾。秋季蜂群处于下降时期，第 2 脾蜂数少于五成，且无卵虫，可抽脾；若仅有少量封盖子，可提到隔板外，等封盖子出房后抽出。

检查蜂王健康和产卵情况应抽检蜂巢中央 1 ~ 2 个巢脾，若没发现蜂王，但有卵虫，表明蜂王在；若无蜂王无卵虫，蜂群惊慌，说明失王；若脾上有空房，出现一房数卵，说明工蜂产卵；若脾上无空房，出现一房数卵，说明蜂王产卵力旺盛，无房可产，需加巢脾。

3. 箱外观察

受低温、盗蜂等因素的影响，不便开箱检查蜂群时，通过箱外蜜蜂的活动情况可以大致了解蜂群的内部情况。

在阴冷或不利于活动的季节，个别工蜂仍忙乱地出巢活动，或在箱底及周围无力爬动，并有弃出的幼虫，用手提蜂箱后头，感到较轻，说明蜂群饲料短缺或耗尽。

繁殖季节，工蜂积极出勤，秩序井然地采回大量花粉，表明蜂群进入繁殖旺盛；如其他蜂群巢门口都进出繁忙，独有个别蜂群无蜂进出，且巢门口有一些工蜂在惊慌地爬动，此蜂群很可能失王。工蜂空腹出巢，腹大回巢，说明蜜粉源进入大流蜜期。

蜂群巢门口附近发现有发育不全的残翅幼蜂爬行，表示蜂群可能已有螨害。若发现门口有白色或黑色的小半个黄豆粒大小的异样小石子状物，说明蜂群患了白垩病。如在巢门口发现许多巢脾碎渣和肢体残缺的死蜂，说明箱内有鼠害。如在天气温暖的中午，发现巢门前有稀薄恶臭的蜜蜂粪便，说明蜂群患了下痢病。

巢门口突然出现许多死蜂，并且死蜂腹部小，翅上翘，吻伸长，有些后足上还带着花粉团，蜂群守卫蜂凶暴，易激怒，说明蜂群发生了农药中毒。

外界蜜粉源稀少，蜂箱周围有蜂绕飞寻机侵入，巢门前有工蜂撕咬，出巢的工蜂腹部饱满，说明已发生盗蜂。

天气晴朗，15：00左右，很多蜜蜂在巢门前有秩序地上下翻飞，头若礼拜，飞翔高度较低，热闹非凡，这是幼蜂试飞现象。

（四）蜂群饲喂

因自然环境、气候及其他因素影响蜜蜂从外界获得足够的蜜、粉、水源，而巢内蜜粉贮备不足的情况下，需要给蜂群饲喂营养物质。常饲喂糖、蜜、花粉、水、盐等。

喂糖或蜜又分奖励饲喂和补充饲喂。奖励饲喂是在蜂群繁殖期，蜂群储蜜尚足的情况下，为了刺激蜂王多产卵和工蜂积极育虫而采取的给蜂群饲喂稀糖水或稀蜜水的饲喂方式。一般糖或蜜与水的比例为1：1.2，每天或隔天饲喂一次，强群每次0.5kg左右，较弱群喂量适当减少，奖励饲喂可每日少量，延续多日。补充饲喂是在蜂群贮蜜不足时，短时期内给蜂群补充大量饲料的饲喂方式，补充饲喂最好补给蜜脾，无蜜脾时，可补喂4：1.5的浓糖（蜜）水。每次强群饲喂2kg左右，3～5天补喂足。将蜜汁盛入饲喂器或饲喂盒内，傍晚放入巢内隔板外侧供蜜蜂自由采食。

花粉是蜜蜂幼虫的主要饲料，若粉源不足，幼虫发育不良，蜜蜂寿命缩短，严重时出现"拖子"现象，影响蜂群发展。喂花粉是在外界粉源不足或早春无粉时，常采用的给蜂群补喂花粉或花粉代用品的方法。饲喂花粉时，将天然花粉碾成细粉，可直接加入蜜汁代喂，也可拌入25%的清水或蜜水，盛入托盘或小盒内，放在蜂场明显处，任蜜蜂自由采取，直喂到有自然蜜粉源为止。

水是生命之源，一个正常的蜂群每天采水在250g左右。喂水是在蜂群采水不便时，为减少蜜蜂工作负担，人工设置喂水器或其他设施，提高蜜蜂采水效率的方法。喂水分箱内喂水和箱外喂水两种。常用喂水方法有瓶式饲喂器、自动饲喂器、框式饲喂器、用水瓶加棉条放在巢门喂水等。繁殖期喂水时，可在水中加入0.05%的食盐，这样有利于蜜蜂泌浆育虫。饲喂时，必须在饲喂器里放上浮板、草秆、海绵，以防蜜蜂采食时淹死。

（五）蜂群合并

合并是将两群或多群蜜蜂合成1个蜂群。早春合并可加速繁殖；晚秋合并则利于越冬；流蜜期合并利于采蜜；断蜜期合并则利于防止盗蜂。无论何季节，当蜂群失去蜂王，王台难以成熟补充和无力单独繁殖时；蜂群群势较弱，难以发展壮大时，必须进行蜂群合并。

合并前必须设法消除或削弱不同蜂群的群味。合并通常在傍晚大部分蜜蜂已经回巢时进行。对于丧失蜂王的时间过长、老蜂多、子脾少的蜂群，可以将其分成几部分，合并到几个蜂群。

合并前1天，杀死被并蜂群的蜂王，毁除王台；合并前1h对合并群和被并群喷洒食用酒精、香料、烟等，以改变和统一蜂群的蜂味。合并无蜂王、老蜂多的蜂群时，应先补子后合并，可在前1天换进虫和卵脾；合并工蜂产卵群时，可将蜂箱搬走，把蜂抖在蜂场上，让蜜蜂任意飞入他群。合并有直接合并和间接合并两种。

1. 直接合并

直接合并就是把不同蜜蜂群直接并放在一起，仅保留一只健壮蜂王。一种方法是先将合并群的蜜蜂巢脾放在箱内一侧，再将被合并群的蜜蜂放在另一侧，两群蜜蜂巢脾之间相隔一框的距离或用隔板隔开，1～2天后将两群的巢脾靠拢，即可合并成功。另一种方法是先将合并群的部分巢脾提起，抖下蜜蜂，巢脾放回原位，然后将被合并群的蜜蜂抖入箱内，放好巢脾，使两群蜜蜂在混乱之中达到混合群味的目的，操作简单，一次可获成功。直接合并适合于流蜜期、早春晚秋气温较低以及长途运输后初到场地的蜂群。

2. 间接合并

间接合并就是把不同群的蜜蜂间接放在一起，使蜜蜂逐渐接触，待群味混合后再并为一群。一种方法是取下合并群的箱盖、副盖和覆布，将合并群移至箱内一侧，边脾用穿有许多小孔或撕有许多裂缝的清洁纸隔开，再将被合并群的蜂脾提入，紧靠纸的另一侧排列，1～2天后蜜蜂将纸咬穿，达到互通群味的目的，取出纸屑，整理蜂巢，即可合并成功；另一种方法是在合并群与被并群之间加铁纱隔板（单箱）或铁纱副盖（继箱）隔开，1～3天后两群群味混合，取出铁纱隔板或副盖，调整峰巢，蜂群合并成功。间接合并适合于非大流蜜期蜂群。

（六）巢脾修造与保存

蜜蜂在空巢内修造巢脾，不仅消耗大量体力和蜂蜜，而且修造的巢脾常大小不一，并夹杂有较多的雄蜂房。因此，人工养蜂通常将人工巢础镶在标准巢框里，让蜜蜂筑造成巢房大小一致、质量优良的巢脾。市场上出售的巢础有普通巢础、深房巢础、雄蜂巢础和中蜂巢础等，以蜂蜡质量好、熔点高、巢房整齐、房壁深的深房巢础最好。

1. 镶装巢础

在巢础框的两边条上左右对称各钻4个孔，横穿4条24～26号细铅丝，拉紧、固定。把巢础从巢框的中间插入，使巢础的上部和下部各有2条铅丝，将巢础的上边插入上框梁的沟槽内，用蜡汁牢固地粘在巢内，然后平放于巢础板，用埋线器把巢础上面的铅丝分别压入巢础内。巢础一定要平整、牢固、无断裂现象，巢础的边缘与下梁保持5～10mm距离，与边条保持2～3mm。

2. 后修造巢脾

修脾是对老巢脾的再利用，用割蜜刀将老巢脾的巢房部分或全部割除，清理干净喷洒少许蜜水加入蜂群，由蜜蜂二次造脾。造脾是用新巢础、巢框筑造新巢脾。筑造巢脾适宜于繁殖旺盛、无分群热的中等群势，如在人工分蜂或发生自然分蜂时，在新分群内加入巢础框，能造成极规则的工蜂房巢脾，从春末到秋初外界有蜜源时都可以造脾。为了充分发挥强群造脾快的优点，可先把巢础框加到中小群，经过 1 ~ 2 天全部巢房已经加高 2 ~ 3mm 时，提出置于强群内完成造脾。

3. 保存巢脾

闲置的巢脾容易发霉、积尘，被巢虫破坏，招引盗蜂或被老鼠咬毁，因此要妥善管理。在蜜蜂活动季节，将闲置的巢脾加在强群箱内，让蜜蜂保管。在越冬前，将多余的巢脾从蜂群撤出，刮除巢框上的蜂胶和蜂蜡，剔除 3 年以上的老巢脾和雄蜂房多的巢脾。为了防霉防虫，在巢脾贮藏前可用硫黄、二硫化碳、甲醛熏蒸消毒，也可用紫外线消毒；然后将蜜脾、花粉脾和空脾分别放置在继箱内，贮藏于严密、干燥、清洁、无鼠害和药物污染的清洁仓库。

（七）逃蜂收捕

养殖蜜蜂，有时因管理不善、蜜源缺乏、敌害干扰、天气闷热、蜂种不良、中青年蜂大量积累与情绪发生变化等原因，导致蜜蜂逃离原蜂群。蜜蜂飞逃有两种情况，一种是部分蜜蜂自行离巢分居，出现自然分蜂，另一种是整群飞逃。

自然分蜂或飞逃多发生于久阴初晴或晴暖天气的 10：00 ~ 16：00。开始时，少量蜂出巢探路，继而大批蜜蜂涌出蜂箱，在蜂场上空盘旋飞翔，待蜂王被蔟拥着飞出巢后便形成一股强劲的蜂流，绕蜂场上空飞行片刻，便集结在蜂场附近的树枝或建筑物上，形成一个松散的蜂团，不久再改迁所选中的场所。中蜂较意蜂飞逃现象严重，且有远飞的特点，应引起重视。通常从以下几个方面控制蜜蜂分逃。

1. 关闭巢门

蜂场蜂群发生自然分蜂或飞逃，在蜂王尚未出巢前必须迅速关闭巢门。

2. 降低巢温

用洒水等方法降低蜂巢温度，使蜂群趋于安静，然后再做相应处理。

3. 收捕逃蜂

发生自然分群和飞逃的蜂群通常要进行两次迁飞，第 1 次迁飞多在蜂场附件的树枝上结团，1 ~ 2h 后进行第 2 次迁飞。因此，收捕逃蜂时必须在第 1 次迁飞结团后进行，可视其结团物及位置采用下列方法。

（1）剪断树枝法　分群蜂在较矮小的树枝、篱笆、能活动或可以折取的物体上结团时，可在其下放置空蜂箱，内放 1 ~ 2 张蜜脾、1 ~ 2 张空脾或子脾，1 ~ 2 张巢础框，然后将树枝剪断或篱笆竿折断，放入蜂箱，盖好覆布和箱盖。

（2）震落法　飞出蜂结团在树枝、篱笆上而又无法用第一种方法采取时，可在蜂团下放置蜂箱（同前），猛力摇动树干，将蜂团抖落于蜂箱内。

（3）巢脾引诱法　蜜蜂结团在墙角、高树干或不易活动的物体上，可将灌有少量蜜汁的巢脾悬挂在树干顶或木棒上，将蜜脾轻轻地伸向蜂团附近，引诱蜜蜂上脾。待蜂王上脾后，用蜂王诱入器罩住蜂王，其他蜜蜂即可自行回巢。

（4）收捕后管理　根据蜂场需要及原群情况，应及时处理收捕回巢的蜜蜂，或组成新分蜂群或对原群处理后并入原群。

（八）蜂群迁移

蜜蜂经过认巢试飞后，对本群的位设、巢门方向有了牢固的印象，如果将蜂群迁移到其飞翔范围内的任何一个地方，在一段时间内不少蜜蜂仍要飞回原来的位置。因此，在近距离迁移蜂群时，要采取适当的措施。

1. 逐渐迁移法

逐渐迁移法是每天上、下午各移动 1 次，每次向前或向后移位 50 ～ 80cm，向左或向右移位 20 ～ 30cm。此法适合蜂群少、迁移距离短（20 ～ 30m）的蜂群。

2. 直接迁移法

直接迁移法是指直接将蜂群迁移至离原址 3 ～ 4km 范围内的目的地。用直接迁移法，到达新址后不能立即开启巢门，先幽闭一日，在巢门周围放草把等标记物。

傍晚再打开巢门，这样蜂群就容易接受新址。同时在原址放只空箱收集飞回的散蜂，几天后将收到的散蜂搬至 5km 以外的地方养殖 20 天，再移向新址。

3. 越冬期迁移法

越冬期迁移法是在蜂群结成稳定的越冬蜂团后将蜂群移出 2 ～ 3km。蜜蜂经过漫长的越冬期，对原位置印象模糊，第 2 年早春出巢活动时则不会再飞回原址。

（九）蜂群的阶段管理

蜂群的阶段管理，就是根据一年四季不同的气候情况、蜜源和蜂群状况，按照蜜蜂的生物学特性和增殖规律，采取科学的管理措施，使蜂群保持强大的群势和充足的饲料，以适应蜂群高产的需要。

1. 春季管理

春季是蜜蜂复苏乃至蜂群发展壮大的繁殖季节，蜂群处于恢复期和增殖期，蜂王产卵力旺盛，群势由弱到强，发展很快。此期的管理中心是提高蜂王产卵力，在大流蜜前组织好生产群。

（1）适时放王产卵　根据工蜂的发育日龄21天，出房后外勤采集活动12 ～ 17天及蜂王产满 8 ～ 10 个巢框的卵需 20 ～ 25 天；结合本地大流蜜时间，计算出当地开始春繁，从王笼中放出蜂王的时间，双王同箱饲养且群势较强的蜂场，放王的时间可适当推迟。放王要选择晴好天气，且放王后要连续 3 天奖励饲喂，每天晚上饲喂 1∶1 的糖浆 300ml，待蜜蜂兴奋散团，钻进巢房内的蜜蜂出房后，进行抖蜂换脾。箱内有 3 框左右蜜蜂的蜂群紧脾后仅留 1 框，4～5 框蜂的群留两框边角上有蜜的空脾放在箱内作为繁殖区，用立式隔王板将蜂王控制在繁殖区，隔板外放置 1 张蜜粉脾，如是双王的，繁殖区则设在中隔板两边，迫使蜜蜂在脾上密集，换脾后蜂王在密集的巢脾上得到充分的饲喂，第 2 天即开始产卵。到第 3 天，子脾面积达七成以上时将箱内的蜜粉脾提入繁殖区，隔板外再加上 1 张蜜粉脾，双王群则一边加 1 张，这样做既可满足蜜蜂幼虫的发育对蜜粉的需要，又起到加脾扩巢的作用。在加第 2、3 张脾时须慎重，要做到一看天气，天气要正常，晴天多；二看花，外界有少量蜜粉采进；三看蜂数，加第一张脾后，每脾应有工蜂 3 000 只以上，蜂多于脾，加 2 张脾后每脾应有 2 500 只以上工蜂；四看蜂王，蜂王产卵要整齐，子圈、粉圈、蜜圈分明；五看子，加第 3 张脾时要待已加入的第 2 张脾上的子脾面达 7 成以上，原留在箱内的第 1 张脾上的子脾全部或大部分封盖，幼虫发育正常；六看饲料，角蜜是否已装满，花粉是否有贮存，如果条件不具备，可暂缓加脾，如果近期有低温寒潮，而巢内有新蜂出房，可加蜜粉脾，当天气转暖，气温回升，蜜粉采入增多，幼蜂大量出房，哺育蜂快速增加时，加脾的速度可以加快，群势发展到 5～6 框蜂后，过 2～5 天即可加 1 张脾。

（2）促蜂排泄　蜜蜂在越冬期间，一般不飞出排泄，粪便聚集在大肠内，蜂群放王后，为了给蜂王产卵、幼虫生长创造条件，工蜂大量吃蜜，增强活动，从而使腹中的积粪进一步增多。实践表明，当天气晴好无风，阳处气温 15℃以上，阴处气温达到 4～6℃时，可将蜂群移出越冬室排泄。若阴处气温 8℃时才出室排泄，为时已晚，会导致越冬蜜蜂因不能及时排泄而死亡。比较合适的时间是当地最早蜜粉源始花前 20 天为宜。若早春繁蜂遇到连续阴雨，工蜂不能出巢时应采取措施催蜂出巢。

（3）全面检查　蜂群经过出巢排泄之后，进行首次全面检查，清除巢内死蜂，掌握蜂群情况，做出促进春繁的合理方案，促使蜂群更好地进行早春繁殖。全面检查要在晴暖无风天的中午进行，对每群的蜂数定框，抽出多余巢脾，做到蜂多于脾，对丧失繁殖能力的蜂群及时合并或将弱群组成双王群；同时应检查蜂群是否发生病害，尤其是寄生螨，以利早春健康繁殖。根据各群蜂数的多少，留足或加入蜜脾、花粉脾，保证蜂群饲料充足。在早繁阶段，尽可能少开箱检查，必须检查时要目的明确，行动敏捷，以防脾受凉而损伤。

（4）蜂巢保温　蜜蜂有调节巢内温度的本能，巢温过低，蜜蜂一方面结成球状，另一方面通过吃蜜和加强群体的活动产生热量来维持巢温，但在早春外界气温较低的情况下，要保持巢内适宜的繁殖温度，单靠蜜蜂自身保温，不仅限制蜂王产卵圈的扩大，还会使蜜蜂大量吃蜜产热，加速新陈代谢过程，严重影响工蜂本身的寿命，而且不利于蜂儿发育和幼蜂正常出房。最好的保温方法是巢内保温和巢外保温有机结合。

巢内保温，除缩小蜂路、缩紧巢脾、加强巢门管理外，还要将蜂群放在箱中间，两边隔板用钉子固定，空隙处用干净柔软的棉花、羊毛、稻草、麦草等保温物塞实，框梁上部加盖棉盖垫，大盖要盖严，堵塞缝隙，将巢门缩小到不影响蜜蜂进出，使蜂巢始终保持 34 ~ 35℃的温度。巢外保温，可将箱底用草垫起，蜂箱后、左和右方用干草塞实，箱盖上加盖两层草帘和一层塑料布以防雨、防潮。蜂箱前面用草帘遮盖，蜜蜂活动时将草帘掀起，阴雨寒冷天及夜间放下草帘保温，但必须保证巢门畅通。随着蜂群的发展和外界气温渐热，后期需撤除保温物。

（5）早春饲喂　早春蜂群出室后，气温较低，气候干燥，蜜粉源十分缺乏，应进行奖励喂饲，激励蜂王多产卵和提高工蜂的育虫积极性，加速蜂群繁殖，使蜂群尽快度过恢复期。

①喂糖：蜂群包装保温时，留在箱内的粉蜜脾，每脾应保持贮蜜在 0.5kg 以上，不够此数的要及时补足。天气好，糖浆的糖水比例为 1∶1，阴雨天气，糖水比例为（1.5 ~ 2）∶1；喂糖浆的数量每次在 250 ~ 500ml，要根据子脾的数量及天气的变化而调整。子脾多，需要量大，多喂；天气好，外界有粉蜜进时，少喂或不喂。通常在隔板外放置饲料盒、碗，内放小木棍做踏板，或用巢门饲喂器饲喂。饲喂要在晚上进行，以免蜜蜂吃蜜后兴奋，飞出巢外；不要开箱饲喂，以免巢内气温散失；蜜汁不要滴在地上、箱上，以防盗蜂发生。

②补喂花粉：花粉是蜜蜂生长发育所需蛋白质、维生素和矿物质等营养物质的主要来源，春繁期蜂群补喂花粉是保证幼蜂健康发育的关键措施。喂粉的途径有，一是将采收的花粉团加 25% 的水密封 2 ~ 4h，用手搓散放入容器内，置巢内饲喂，或置于框梁上面供蜜蜂自食；二是将花粉用蜜水或蜂蜜浸湿发开后，拌入空巢房内，装满半脾后，用蜂刷将花粉捣实即成粉脾，结合加脾喂饲；三是用蜜将花粉浸湿后，揉成花粉饼，放在箱内框架上，任蜂采食。

③喂水：蜜蜂采水主要是用来饲喂幼虫，稀释浓度过高的蜂蜜和使蜂巢内保持一定的湿度。早春由于天气冷，人工喂水，可减少蜜蜂远出采水所造成的损失。春季喂水可采用巢门喂水，一般可用瓶子灌满水，瓶子倒立在蜂箱前搭板上，瓶口用布条堵塞，长布条从巢门通入箱内，蜜蜂可随时在浸湿的布条上吸水，条件许可下最好采用瓶式喂水器。喂水时可加入 1% 的食盐，以补充蜜蜂繁殖对矿物质的需求。

（6）治疗蜂螨　春季应趁巢内无子脾时，彻底杀灭越冬过来的蜂螨，以免后患。用药时要严格控制剂量，不得使用对蜜蜂有害或污染蜂产品的药物。对于秋季治螨不彻底的蜂群，可割除封盖子治螨，此法较彻底可靠。治螨可用杀螨 1、2 号喷洒；可用硫黄烟熏，每箱用 25g 硫黄熏 3 ~ 5min，然后通风 10 ~ 20min；也可用萘每隔 3 ~ 4 天熏一次，连续熏 3 ~ 4 次，每次将 4 ~ 6g 萘撒于纸上放入箱底部，熏治一夜。

（7）组织生产群　放王产卵 40 天后，外界气温逐渐升高，油菜花全面开放，新蜂也源源不断地出房，进入新老蜜蜂的交替时期，此时单王群已达 6 框以上，双王群已达 10 框，待外界流蜜正常，箱内充满蜜蜂时，可把继箱加上。单王群可将巢箱内封盖子脾、大龄幼虫脾各 1 张提入继箱，另从副群调入 2 张封盖子脾进继箱，两边各加 1 张粉蜜脾，巢箱内加入 1 张空脾供蜂王产卵。双王群则将 4 框封盖子脾提到继箱，两外侧各加 1 框粉蜜脾，巢箱内保留 6 框巢脾，在巢箱和继箱之间加上隔王板，把蜂王控制在巢箱内产卵，在继箱开始蜂王浆的生产，待油菜大流蜜时，同时生产蜂蜜。在大流蜜前 15 天，单王群尚未达到 6 框的，则应把蜂场分为主群和副群，也称生产群和繁殖群，主群进行生产，副群进行繁殖。具体办法是副群中的封盖子脾调入主群，使主群的巢箱保持 5 框以上，继箱保持 5 ～ 6 框，及时投入生产。

2. 夏季管理

夏季正值各种植物生长季节，蜜源旺盛，蜜质甜润。此时华北及以北地区是蜂群生产旺季，刺槐、枣树、荆条、椴树等主要蜜粉源相继开花，摇蜜、取浆、集粉、收蜡均可进行，抓好此期蜜蜂的管理，关系到全年的蜂产品产量。但南方大部分地区夏季气温高，日照长，蜜粉源较少，敌害活动猖狂，蜂群强壮，饲料消耗大，繁殖与生产矛盾突出，如饲养管理不善即会造成群势削弱，影响秋季生产。因此，在南方地区必须做好越夏管理，重点是保持强盛群势，积极开展蜂王浆等蜂产品生产，为秋季蜜粉源采收打好基础。

（1）更换蜂王，培养适龄采集蜂　度夏后的隔年老蜂王产卵力衰退明显，故要用春季培育的健壮多产的新蜂王更换老蜂王，为蜂群越夏培育适龄蜂。培养适龄采集蜂的时间依各地主要蜜源而定。通常培育采集蜂应在大流蜜期前 50 ～ 55 天开始，直至大流蜜结束前 36 天为宜。

（2）加继强群，组织生产　夏季，刺槐、柿树、枣树、荆条等花期紧接相连，陆续盛开，蜂群往往因劳累过度，群势会有所下降，此时保持强群是夺取丰收的基础，要保证每群不少于 15 框足蜂。在缺乏蜜源的地方，单王群的群势调整到 5 框蜂左右，群势过强，饲料消耗大；群势过弱，不利于调节巢温和防御敌害，影响蜂群的生产。

（3）留足饲料，适时取蜜　除每群巢内保留 2 框蜜脾、1 框粉脾外，另外为每群贮备 2 ～ 3 框蜜脾和 1 ～ 2 框粉脾，以便随时补充饲料。蜜蜂夏季的工作时间为上午 8：30 ～ 12：00，下午 16：00 至天黑。取蜜时间应掌握在早上 8：30 之前，此时取的蜜水分少，浓度高；一般情况不在下午和采蜜时间内取蜜，一是刚采来的蜜水分大，二是影响蜜蜂工作。可根据脾子发白，有 1/3 房眼封盖来确定存蜜的多少。

（4）遮阳喂水，防虫防敌　近年来气温偏高，雨少，越夏蜂场应首选遮阳好、水源充足的树林边缘。干旱无雨的天气，可在箱盖上放置些树枝叶，每天中午往上泼些水降温，并在附近设置饮水器皿。为避免敌害入侵，巢门一般仅 1cm 高，宽度每框足蜂约为 1.5cm，如发现巢门工蜂扇风激烈，应酌量放宽，但切忌打开纱窗，要使巢内常处于黑暗环境，确保幼虫、蛹的正常发育。经常清理蜂箱底，避免巢虫滋生；随时杀灭大胡蜂、蜂螨等敌害。

3. 秋季管理

入秋后，天气逐渐转凉，蜂群的生产转入渐衰阶段，当气温下降到10℃以下，蜂群开始结团，并不停地采食、运动，靠群体的新陈代谢维持一定的温度，以便安全越冬。此阶段的主要任务是准备充足的优质饲料，保存实力，培育数量多、质量好的越冬蜂，防治蜂病，为蜂群安全越冬创造适宜的条件。

（1）秋季生产管理 初秋，葵花、荞麦等相继开花泌蜜，应集中力量搞好生产，秋季蜜粉源流蜜涌、昼夜温差大、蜜蜂劳动强度较大，应缩紧巢脾，保持蜂脾相称。巢门的管理要根据群势灵活掌握，上午10：00开启大巢门，以利蜜蜂采集；傍晚缩小，以利蜜蜂保温酿蜜。巢内繁殖区与生产区分别管理，繁殖区以繁殖为主，虫、卵、子脾集中，如有蜂蜜压子现象，要及时摇取，保证蜂王有充足的空巢房产卵。生产区基本是空巢脾，专供蜜蜂采集或摇取蜂蜜。秋季蜜粉源前期采用以副群补主群的方法，保持主群的生产优势，并可抓紧时机培育部分新蜂王，以备换王和来春提早分蜂用。

（2）培育越冬适龄蜂 越冬适龄蜂是指那些在秋季羽化出房后未参加哺育工作和巢外采集而又经过试飞、排泄飞行的青年蜂。这类蜜蜂的舌腺、上颚腺、唾液腺等腺体保持着初期发育状态，经过越冬以后仍有生产幼虫饲料及哺育幼虫的能力，是来年春季蜂群恢复生产的基础。幼蜂越多，越有利于蜂群的越冬及来年春季的发展。培育越冬适龄蜂的时间，应从秋季主要蜜粉源后期开始。在巢内首先扩大产卵圈，被蜜蜂酿蜜压缩蜂王产卵圈的，要及时将蜜取出，扩大蜂王产卵面积。蜜源不足时，实行奖励饲养。为防引起盗蜂，要在晚上饲喂，每隔2～3天饲喂一次，促进蜂王产卵积极性。对蜂群密集的，待蜜期将要结束时，抽出箱中多余巢脾。群势下降的蜂群，带继箱的要撤除，要保持蜂、脾相称。进入晚秋，日夜温差增大，要注意适当保温，蜂箱副盖上要加保温垫，晚上缩小巢门，白天再扩大，增加巢温，使蜜蜂正常发展。

（3）储备越冬饲料 越冬饲料是蜂群越冬时期赖以生存的物质基础，其优劣可影响到蜂群的越冬成败。饲料的储备最好在夏季选留不易结晶的成熟蜂蜜，在冬季定群时加入蜂群。也可在秋季繁殖越冬后，饲喂优质无污染的蜂蜜。一般蜂群从秋季蜜源断绝到来年春季有早期蜜源流蜜时，要消耗蜂蜜20～30kg，花粉2～3框，这些饲料需要在流蜜期储备。

对饲料储存不足的蜂群，在晚秋要进行补助饲喂。严禁饲喂甘露蜜、带病菌及劣质蜂蜜，此类蜜消化少，剩下渣子多，粪便在肠内容纳不下，易形成大肚病，下痢严重，轻者部分病死，重者全群死亡。饲喂蜂蜜可加1%水，加湿溶解后，晚上饲喂，以防盗蜂。饲喂时放在箱内，量要大，使每个外勤和饲喂蜂都能吃到，但时间不要太长，力争3～4天喂足，以备安全越冬。

（4）适时断子 晚秋临冬时期培育出的幼蜂，因天冷而不能出箱飞行排泄，是无饲养价值的蜜蜂，为了减少不必要的饲料消耗，要适时限制蜂王断子。对晚秋临冬蜂王所产的卵应用糖浆浇灌处理，对副盖上的保温垫应撤除，将蜂路扩大到

15 ～ 20mm；也可把蜂群移放到阴冷处，降低巢温，促使蜂王停止产卵；也可用蜂王笼将蜂王圈起挂在蜂团中间，限制蜂王产卵。这样不仅节省了饲料，保持了适龄越冬蜂的寿命，也给来年春繁打下基础。

（5）保温与散温　秋季昼夜温差大，秋风凉爽，培育适龄蜂期间应注意巢内、外保温。主要措施是糊严蜂箱缝隙，箱外加盖草帘，箱内以双层覆布换下副盖，缩小蜂路，以加强蜂群的自身御寒能力。

（6）防治蜂螨　根据蜂螨的生长规律，进入秋季，随着气温的下降，蜂王产卵力下降，蜂子的数量减少，而蜂螨在蜂体上的寄生率却相应增强。因此，要彻底治螨。一般分两次进行，第一次应在培养适龄蜂以前；第二次在蜂群进入越冬、自然断子初期。用药前要喂蜂，以增强其对药物的抵抗力。

4. 冬季管理

为了安全度过寒冷的冬季，处于休眠状态，生命力降低的蜜蜂在巢脾上形成蜂团，消耗蜂巢内贮存的饲料，产生热量，使蜂团内部温度升高到 14 ～ 30℃。为了保持蜂团稳定，防止前期伤热，后期受冻，减少死亡，生产中要千方百计加强管理，把越冬蜂损耗降到最低限度，为次年丰产奠定基础。在我国，除东北、西北少数地区实行室内越冬外，大部分地区实行室外越冬。

（1）室外越冬管理　做好蜂群的保温包装。

①箱外包装：东北地区在 10 月底至 11 月上旬，华北地区在 11 月中旬进行越冬包装。地面铺砖成平台，上铺 10 ～ 20cm 厚的干草。把蜂箱按 5 ～ 7 群为一排，集中并列置于平台的干草上，各箱上及两外侧用编制的草帘包裹。华北地区，在蜂箱前壁可斜搭草帘遮阴，防止晴暖天气蜜蜂飞出。东北严寒地区，蜂箱前壁也用草帘包裹，但需留出巢门。为了防避雨雪，可在草帘外面盖上一层塑料薄膜，用砖石压住。一排的蜂群不宜超过 10 群。蜂群的外包装，最好随着气温的下降逐步完成，先将蜂群安排集中，几天后在箱间塞草，最后包上草帘。如果场地不背风，可用砖砌成三面围墙，放入蜂箱，在箱底、箱间及两侧塞上干草，上面盖草帘及塑料薄膜。

②箱内保温：长江中下游地区冬季气温较高，蜂群越冬时间短，可只做蜂箱内保温，不需箱外的外包装。白天最高气温降到 10℃ 左右时，调整越冬蜂巢，缩小巢门；蜂箱如有纱窗，可用草纸堵住，盖上盖板，蜂箱上加覆布及草纸，或在副盖上盖小草帘，再盖上大盖。气温降到 0℃ 时，在蜂巢两侧的空隙填满保温物。越冬的蜜蜂处于 −2℃ 以下气温中，活动量会加大。主要是加大食量，不停地摆腹，靠活动产生热能，抵御严寒。这样既消耗大量饲料，又使工蜂老化，缩短寿命。防寒的方法是小群蜂应在白天多晒太阳，夜晚尽量把巢门关小，填补箱缝和孔洞。

越冬包装 1 个月以后，每半个月左右掏除 1 次箱底的死蜂。如果发现碎蜂尸及许多蜡屑，表明有小鼠钻入了蜂箱，要利用毒饵、器械及时捕杀。经常巡视蜂场，防止畜禽干扰，及时清扫雨雪，特别要注意防火。东北严寒地区，几十厘米厚的积雪有利于蜂箱保温，但需注意蜂箱巢门不要被冰雪堵住，以防闷死蜂群。

（2）室内越冬管理

①北方蜂群的室内越冬：东北、西北严寒地区的蜂场大多采取蜂群室内越冬。越冬室分地上式、半地下式和地下室3种。在地下水位较高的地方，适合采用地上式越冬室；在地下水位不太高又比较寒冷的地方，适合修建半地下式越冬室；在地下水位低、气候寒冷的地方，适合采用保温能力强的地下式越冬室。蜂群入室前，将越冬室清扫干净，进行消毒和灭鼠。入室当天应将越冬室门窗及进出气孔全部打开，使室内外温度不致相差太大，在室内设置陈列架。蜂群应适时入室，入室后要分期进行观察。越冬前期每月掏一次死蜂，中期半个月一次，后期10天一次。越冬室的相对湿度以75%～80%为宜。在长期无雪雨的干燥冬季，要防蜜蜂口渴干燥，在蜂场内适当喷水、增加湿度，防止蜜蜂燥渴。

②南方蜂群的室内越冬：近年来，在长江中下游地区的一些蜂场也采取蜂群室内越冬的方式，既可节省饲料，又可保持蜜蜂精力。蜂群越冬室要专用，不得存放农药、化肥或其他物质，无异味。南方宜采用地上式越冬室，门窗严密，保持室内黑暗，通风良好。入室时间分早、晚两种，早入室在10月下旬至11月中旬，晚入室在11月下旬至12月上旬。

（十）蜂产品生产

1. 蜂蜜

蜂蜜的生产状况取决于蜜源和气候，生产水平取决于蜂群的强弱。

（1）采蜜前的准备工作 采蜜前应根据本地的条件，主要蜜源开始流蜜的时间和各个蜜源花期衔接的情况，有计划地饲养强群，培育适龄采集蜂，修造足够的巢脾，调整好蜂巢。

（2）组织采蜜蜂群 在大流蜜到来之际，如果蜂群本身很强壮，已加继箱，花期不超过1个月，只需调整蜂巢，把子脾调入巢箱，限制繁殖，继箱为空脾，贮蜜即可。若花期超过1个月以上，采蜜的同时，要定期给巢箱调入空脾，兼顾繁殖后期采集蜂。若大流蜜到来之际，大部分蜂群尚很弱，不能加继箱，花期且不长，应将相邻的2～3群搭配成组，非采蜜群搬走，采蜜群留在这几群蜂的中间，加上继箱，继箱中加入空脾，这几群蜂的采集蜂都会集中到这一群，成为一个理想的采蜜群。还可采用主副群的组织方法，即在大流蜜期前20天左右，抽掉副群的老子脾给主群，使主群在流蜜期强群取蜜。同时，抽主群的卵虫脾给副群，减轻主群的哺育工作，充分利用副群的哺育力，实现取蜜、繁殖双丰收。

（3）采收蜂蜜用具 摇蜜机、蜂扫、割蜜刀、喷烟器、滤蜜器、蜜桶、空继箱、脸盆等。工作人员要戴好面网，扎紧袖口、裤脚，以防止蜂螫。

（4）蜂蜜采收 摇蜜开始前，先清扫场地、消毒工具，再从巢箱开始，抽出贮满蜜的蜜脾，抖落脾上的蜜蜂，个别未抖落的蜜蜂用蜂扫扫净，放于周转继箱套中，然后再抽取继箱的蜜脾脱蜂。脱蜂后将蜜脾送到取蜜工作室，封盖的蜜脾，要用割蜜刀割去蜜盖，割蜜盖时，要放在事先准备好的脸盆上，以盛接外流的蜂蜜，蜜盖不要割太深，以免伤脾。割去蜜盖的蜜脾便可放入摇蜜机内，匀速转动摇蜜机，将蜜从脾中分离出来。摇完一面后，翻转巢脾，摇另一面。同一群蜂的蜜脾摇完后，用割蜜刀将巢脾上加高的巢房、赘脾、赘蜡及雄蜂蛹割掉，然后将这些巢脾返还原群。巢脾摆放，要根据本花期及下个花期的时间，决定蜂群的管理，如蜂群需要大量繁蜂，则继箱中要多放置新旧适宜的空脾，供蜂王产卵；若本花期仍需集中力量取蜜，则巢箱中尽量放置花粉脾和子脾，继箱中则尽量放置空脾。摇蜜机的机底贮满蜜后，可将其倒入放有过滤器的蜜桶中，若摇蜜机有出蜜口自动流出，待盛接的小蜜桶接满后，过滤掉蜡渣和死蜂，倒入大的贮蜜桶。采收蜂蜜，最好在洁净的室内进行，这样比较卫生，花期末，还可有效防止盗蜂。

2. 花粉

花粉是蜜蜂采集被子植物雄蕊花药或裸子植物小包子囊内花粉细胞，形成的团粒状物。

（1）生产条件　选择粉源植物开花面积大，粉源质量好。蜂群健康无病，群势在8框蜂以上，并有大量适龄采集蜂的蜂群。在生产花粉15天前进入蜜粉源场地前后。

（2）生产工具　根据工蜂的多少及不同季节的温度和湿度、蜜源以及蜂种间个体大小的差异选用不同孔径的脱粉器。10框以下的蜂群选用2排的脱粉器，10框以上的蜂群选用3排的脱粉器。意蜂一般选用孔径4.8mm的脱粉器，干旱年景使用4.6mm、4.7mm的，早春与晚秋温度低、湿度大时用4.8mm、4.9mm的脱粉器。

（3）花粉生产　蜂箱垫成前低后高，取下巢门挡，清理、冲洗巢门及其周围的箱壁（板），然后把钢木脱粉器紧靠蜂箱前壁巢门放置，堵住除脱粉孔以外的所有空隙，并与箱底垂直；在脱粉器下安置簸箕形的塑料集粉盒，脱下的花粉团自动滚落盒内，积累到一定量时，及时倒出。

3. 蜂王浆

蜂王浆是工蜂的舌腺（王浆腺）和上颚腺等腺体的混合分泌物，是3日龄以内的工蜂、雄蜂幼虫和蜂王的终生食物。又称蜂皇浆、王浆、蜂乳、王乳等。

（1）生产条件　蜂群应健康无病，各龄子脾齐全，蜂群群势在7框以上；温度15℃以上，无连续寒潮；蜜粉源丰富且有连续性，特别是花粉充足，处于辅助蜜源时期或主要蜜粉源时期，15天内不会出现蜜粉源短缺现象。要求生产期间禁用一切蜂药。

（2）生产工具　采浆框、台基条、移虫针、刮取王浆的器械、利刀、镊子和贮浆瓶等。

（3）王浆生产　用隔王板将蜂隔成繁殖区和生产区，生产区内放1～2张蜜粉脾，1～2张幼虫脾；其余为新封盖子脾，采浆框插在幼虫脾与蜜粉脾或大幼虫脾之间，繁殖区放卵虫脾、空脾、即将或开始出房的蛹脾、蜜粉脾，使生产群蜂脾相称或蜂略多于脾。

将无污染全塑台基条用无锈细铁丝捆绑或粘到采浆框上。然后在每个台基内点少许蜂蜜，置于蜂群内让工蜂清扫24h以上，当台基上出现白色或黄色新蜡时，即可移虫。移虫用承托盘承托幼虫脾，用移虫针把12～24h的幼虫从巢房中移出，放在台基底的中央，每个台基放1只幼虫。移虫要快速、准确，虫龄均衡，无针伤，同时注意虫脾的保温和使用时间，每张虫脾在群外不超过1h，用完的虫脾及时送回原群。在移虫后3～4h可将浆框提出，给未接受的台基重新补移和其他台基内日龄一致的幼虫。

取浆在移虫后68～72h进行，盛期可提前几小时。将采浆框从蜂群中提出时，先把浆框两侧巢脾稍加活动，向外推移，保证提框时不挤蜜蜂，不碰王台。附在浆框上的工蜂用蜂刷轻轻扫去，不可用力抖动，防止抖掉王浆或使虫体陷入浆内，减少王浆产量。取出浆框后，用利刀割去台基口加高部分的蜂蜡，要割得平、齐，露出原台基的形状，然后用镊子夹出台基内的幼虫。最后用取浆笔或刮浆铲沿着台基内壁轻轻刷刮，将王浆取出，刮入浆瓶内。1次刮不净的可重复刮取，接着再刮下一个。整框王浆取完后，用刀割去未接受台基内及周围的蜂蜡，用取浆笔从接受台基里蘸少许残浆抹入未接受台基内，然后移虫，重新放入生产群内。王浆采收后，应及时冷冻贮存。产品应按生产日期、花种、产地分别存放。产品不得与有异味、有毒、有腐蚀性和可能产生污染的物品同库存放。

4. 蜂蜡和蜂胶

（1）蜂蜡　蜂蜡又称为黄蜡、蜜蜡，是由蜂群内12～18日龄的工蜂腹部蜡腺分泌出来的一种脂类物质。蜜蜂用来筑巢，给巢房封盖。

蜂蜡生产一般在5月1日前后，巢内蜂数逐渐增多，外界蜜、粉源丰富，蜂群有强烈的扩巢需求，蜂群由恢复期过渡到增殖期以后即可开始生产蜂蜡。

巢脾更新法　增殖期开始后，根据蜂群扩巢的需求，适时加巢础框，促其造新脾，既促进蜂群繁殖，又增加了蜂蜡的产量。多造一张新脾就等于生产60～70g蜂蜡。因此说，修新脾淘汰老脾化蜡是增产蜂蜡的主要途径。

下采蜡框法　将采蜡框下到蜂群内边脾里侧，流蜜期每群下2～3个，正常繁殖期每群下1～2个。采蜡框上造满自然脾时即提出，用利刀割下蜡原料，再重新下框。日常检查蜂群时，随时收集巢内的赘脾、蜡屑、雄蜂房盖及不用的王台壳，雄蜂房连片割下保存。

将所收集的赘脾、蜜盖、雄蜂房等放入熔蜡锅内，加适当清水进行煎熬。待蜡全部熔化后，用60目铁纱过滤，滤液倒入盛冷水的盆内，冷却凝固后可获得蜂蜡。

（2）蜂胶生产　蜂胶又名蜂巢蜡胶，蜂胶是蜜蜂从植物的芽苞、树皮或茎干伤口上采集来的黏性分泌物——树脂，与部分蜂蜡、花粉等的混合物。蜜蜂用它来填补蜂箱裂缝，加固巢脾，缩水巢门，磨光巢房，杀菌消毒，以及包埋较大入侵物的尸体等。蜂胶呈褐色或灰褐色，有的带青绿色，其颜色、品质与蜜蜂所采集的植物种类有关。

蜂胶采集的方法有直接收刮、盖布取胶、网栅取胶、巢框集胶器取胶等。生产中多采用在覆布下加一片与覆布几乎相等的无色尼龙纱，使覆布离开框梁，形成空间。尼龙纱细而密布方孔，是蜂胶较为理想的附着物。蜜蜂本能地加固巢脾，填充空隙，大量采集蜂胶。待尼龙纱两面都粘满蜂胶后，便可采收。采收时，从箱前或箱后用左手提尼龙纱，右手拿起刮刀，刀与框梁成锐角，边刮边揭，要使框梁上的蜂胶尽量带到尼龙纱上，直到揭掉。然后把覆布翻铺到箱盖上，用起刮刀轻轻刮取。尼龙纱要两角对叠，平平压一遍，让其相互黏结，再一面一面将尼龙纱揭开，蜂胶便可取下。尼龙纱上剩余蜂胶，可用胶团在上面来回滚几遍，胶屑便全都粘在胶团上。最后仍将尼龙纱和覆布按原样放回箱中，继续采胶。

5. 蜂毒

蜂毒是工蜂毒腺和副腺分泌出的具有芳香气味的透明分泌物，防卫蜂螫刺敌体时从螫针排出。

蜂毒生产应选择春末、夏季外界气温在20℃以上，有较丰富蜜粉源时，自卫性能强的强壮蜂群。18日龄后的工蜂毒囊里的存毒量较多，每只工蜂存毒约0.3mg。

直接刺激取毒法是将工蜂激怒，让其螫刺滤纸或纱布，使毒液留在滤纸或纱布上，然后用少许蒸馏水洗涤留有毒液的滤纸或纱布，文火蒸发掉毒液中的水分，得到的粉状物即为粗蜂毒。

电取蜂毒法是在低压电流刺激下，壮年工蜂将毒囊中的毒液排在玻璃板承接物上，毒液迅速干燥，用不锈钢刀等工具把凝结的晶体刮下集中，便是蜂毒粗品。电取蜂毒是目前最理想的取毒方法，所取蜂毒纯净、质量好，且对蜜蜂伤害轻。电取蜂毒所用的电取毒器种类较多，但都是由电源、产生脉冲间歇电流的电路、电网、取毒托盘、平板玻璃等几部分构成。电取蜂毒每群排毒蜜蜂为1 500 ~ 2 000只，每次7 ~ 10min，每群每次可收干蜂毒约达0.1g，定地饲养的蜂群隔1周可再次取毒；转地饲养的蜂群，在取毒后休息3 ~ 4天转地才安全。注意不要在大流蜜期取毒，此时电击蜜蜂会引起吐蜜，使蜂毒污染，降低蜂毒质量。

取毒时，取毒人员要穿洁净的工作服、带面网，禁止吸烟以防污染蜂毒；同时避免其他人员及家畜进入蜂场以免惊扰蜂群和免遭蜂螫。

四、蜜蜂常见疾病的防治

常见的蜜蜂疾病有囊状幼虫病、麻痹病、美洲幼虫腐臭病、欧洲幼虫腐臭病、孢子虫病、螨病、白恶病。

（一）囊状幼虫病

又名囊雏病，是一种由病毒引起的幼虫传染病。春末夏初多发，主要传染源为被污染的饲料。

【症状】染病幼虫大多在封盖后死亡，死虫头上翘，呈龙船形，囊状，无味，无黏性，易从巢房中移出。

【防治】选育抗病蜂种，加强饲养管理；密集蜂群，加强保护、保温；断子清巢，减少传染源。备足饲料提高蜂群抗病力。

【药物治疗】可用 1% ～ 3% 碘酊溶液再加少量白糖，配成稀糖液喷脾，最好在傍晚使用；按每箱蜂用多种维生素片 1 片，调入糖浆内喂蜂。

（二）麻痹病

又称黑蜂病或瘫痪病，病原体为慢性麻痹病毒和急性麻痹病毒。一般春秋季在成年蜂中所发生的多为麻痹病，主要通过蜜蜂的饲料交换传播。

【症状】春季发生的多为腹部膨大型，病蜂行动迟缓，身体颤抖，失去飞行能力；秋季出现的多为黑蜂型，身体瘦小，头尾发黑，颤抖。

【防治】预防本病，主要是替换蜂王，加强保温，防止蜂群受潮，给病蜂群饲喂；添加奶粉、黄豆粉等蛋白质饲料，提高其抗病力。

【药物治疗】可用 20 万 IU 的金霉素对入 1kg 糖浆，每框蜂喂 50 ～ 100g，隔 3 ～ 4 天喂 1 次，3 ～ 4 次为一疗程；也可用 1kg 糖浆对板蓝根冲剂 20g、土霉素 2 片，隔天喂 1 次，连用 4 次。

（三）美洲幼虫腐臭病

又称烂子病，是由幼虫芽胞杆菌引起的一种封盖幼虫传染病，被污染的饲料和巢脾是传染源。

【症状】被感染的蜜蜂幼虫平均在孵化后 12.5 天表现出症状。首先体色明显变化，从正常的珍珠色自变黄、淡褐色、褐色直至黑褐色。同时，虫体不断失水干瘪，最后成紧贴于巢房壁的、黑褐色的、难以清除的鳞片状物。病虫的死亡几乎都发生于封盖期，病虫死亡后，在其腐烂过程中，能使蜡盖变色（颜色变深），湿润，下陷、穿孔，在封盖下陷时期，用火柴杆插入封盖房，拉出时，能拉出褐色的、黏稠的、具腥臭味的长丝。

【防治】加强检疫，杜绝病源，不购病蜂，禁用来路不明的饲料。

【药物治疗】发现本病，每群蜂用土霉素粉 5 万 ～ 10 万 IU，混于 0.5kg 白糖中，加食用油揉成团连喂 4 ～ 5 天后改为隔天饲喂，直至不见烂子为止。也可以用每千克糖浆加土霉素 5 万 ～ 10 万 IU，每框蜂喂 25 ～ 50ml，隔 2 天 1 次，连续 4 次为一个疗程。

（四）欧洲幼虫腐臭病

主要是未封盖幼虫的传染病。由蜂房链球菌、蜂房芽孢杆菌、蜜蜂链球菌和蜂房杆菌等多种细菌混合感染所致，春秋两季易发。

【症状】染病幼虫在 3 ~ 4 日龄时死亡，死虫呈螺旋形皱缩，塌陷于房底，灰白色至黄色，最后变成黑色，有酸臭味，无黏性，易移出。

【防治】加强饲养管理，紧缩巢脾，饲料要充足。早春对病蜂群适当补饲蛋白质饲料，以提高蜂群的清巢力和抗病力。

【药物治疗】用每千克糖浆加入 10 万 ~ 20 万 IU 链霉素或土霉素，按每框蜂 50 ~ 100g 进行饲喂，每 4 ~ 5 天给药 1 次，连用 3 ~ 4 次为一疗程。

（五）孢子虫病

又称蜜蜂微粒子病，是由蜜蜂微孢子虫引起的蜜蜂成虫慢性传染病。早春、晚秋和越冬期间多发。

【症状】病蜂逐渐衰弱，头尾发黑，并伴有腹泻。失去飞翔力的病蜂常爬行，不久即死亡。

【防治】备足优质越冬饲料和创造良好的越冬环境。对病群蜂箱、巢脾和蜂具彻底消毒，更换病群蜂王。

【药物治疗】1kg 糖浆加入灭滴灵 0.5g，每群每次喂 0.3 ~ 0.5kg，每隔 3 ~ 4 天喂 1 次，连续喂 4 ~ 5 次为一疗程。

（六）螨病

由大、小蜂螨体外寄生所致。

【症状】表现为巢门前有许多翅足残缺的幼蜂爬行，工蜂从箱内拖出死蛹，致蜂群采集力下降，寿命缩短，蜂群急剧下降。

【防治】常用药剂有杀螨 1 号、2 号、3 号，速杀螨等。在巢内没有封盖时治螨是最佳时期。如能在蜂群断子后越冬前治疗 2 ~ 3 次，冬末春初蜂群开始繁殖前再治 2 ~ 3 次，就能有效地控制蜂螨。

（七）白垩病

由感染蜂球囊菌引起，使大幼虫和封盖幼虫死亡，死虫表面生出白色霉菌丝。

【症状】患病幼虫肿胀并长出白色绒毛，然后又皱缩、变成疏松的石灰状变硬，呈白色木乃伊状，雄蜂幼虫更易发病，大部分为封盖后的幼虫显示症状。

【防治】只要平时注意饲养管理，保证群内饲料充足。当蜂多于脾时，注意蜂具和蜂箱卫生，保证箱内干燥，清洁蜂场。选育抗病品种；发生白垩病后，积极换脾和奖励喂蜂，利用大黄苏打片、真菌灵或过滤好的石灰水进行治疗，能够很好地防治白垩病。

第九节　野猪养殖技术

野猪别名山猪、豕。哺乳纲、偶蹄目、猪科、猪属。野猪分布范围极广，世界各地除澳大利亚、南美洲和南极洲外均有分布。野猪体躯健壮，四肢粗短，头较长，耳小并直立，吻部突出似圆锥体，其顶端为裸露的软骨垫（拱鼻）；每脚有4趾，具硬蹄，仅中间2趾着地；尾细短；犬齿发达，雄性上犬齿外露，并向上翻转，呈獠牙状；野猪耳披有刚硬而稀疏的针毛，背脊鬃毛较长而硬；整个体色棕褐或灰黑色，因地区而略有差异。皮肤灰色，且被粗糙的暗褐色或者黑色鬃毛所覆盖，在激动时竖立在脖子上形成一绺鬃毛，这些鬃毛可能发展成17cm长。雄性比雌性大。猪崽带有条状花纹，毛粗而稀，鬃毛几乎从颈部直至臀部，耳尖而小，嘴尖而长，头和腹部较小，脚高而细，蹄黑色。背直不凹，尾比家猪短，雄性野猪具有尖锐发达的牙齿。纯种野猪和特种野猪主要表现在耳、嘴、背、脚、腹的尺寸大小上。

野猪白天通常不出来走动。一般早晨和黄昏时分活动觅食，是否夜行性尚不清楚，中午时分进入密林中躲避阳光，大多集群活动，4～10头一群是较为常见的，野猪喜欢在泥水中洗浴。雄兽还要花好多时间在树桩、岩石和坚硬的河岸上，摩擦它的身体两侧，这样就把皮肤磨成了坚硬的保护层，可以避免在发情期的搏斗中受到重伤。野猪身上的鬃毛具有像毛衣那样的保暖性。到了夏天，它们就把一部分鬃毛脱掉以降温。活动范围一般8～12km^2，大多数时间在熟知的地段活动。

野猪肉质鲜嫩香醇、野味浓郁、瘦肉率高、脂肪含量低（仅为家猪的50%），营养丰富，含有17种氨基酸和多种微量元数，亚油酸含量比家猪高2.5倍。亚油酸是科学界公认的人体唯一最重要和必需的脂肪酸，它对人体的生长发育有着极为重要的意义，尤其对于冠心病和脑血管疾病的防治有着独特的疗效。食用野猪皮可消除高度疲劳和小孩发育不良等症状，特别对人体代谢紊乱、生殖机能障碍等疾病疗效显著。经最新研究表明，野猪肉里含有抗癌物质锌和硒等，是一种理想的滋补保健肉类。

一、野猪的生物学特性

（一）适应性强

既适应圈养，也适应放养。特别对放养的适应性比圈养更好。气候环境，但相比之下，其耐热性比耐寒性更好。

（二）抗病力较强

特种野猪的生命力和抗病力优于一般家猪。在放养条件下，除外伤外，很少发病，而圈养后，受外界环境的影响，疫病防治工作则要加强。

（三）合群性好

特种野猪喜群居和群体觅食等活动，在管理上宜群养，不宜单养，除公猪和产仔母猪外，均需在合理密度下群养。

（四）防御性强

特种野猪的防御反射性比家猪强烈，但反应的强烈程度远不及野生野猪，是野猪中最温顺的一个新品种，适合于农户饲养、工厂化饲养和放养，但是与家猪仍有区别，如表现胆小、机敏、易受惊，越障能力比家猪强，极少数的个体对陌生人有攻击性，产仔后，母猪护仔性比家猪强烈。因此在栏舍的建筑上，格栏的高度应在 1.2 ~ 1.4m；饲养管理上，要减少应激，与猪群建立感情。

（五）生活有序性

特种野猪生活的有序性，比家猪更为突出，条件反射较为稳定，因此对特种野猪饲养管理要注意定时定量、定槽定位、定质，确保猪群健康。

（六）杂食性

野猪为杂食性动物，以植物性食物为主，喜食植物的地下根茎，如葛根、蕨根、山芋和冬笋等，也食嫩枝、嫩叶、种子、果实、昆虫和动物尸体，野猪还喜食玉米、花生和水稻等植物。特种野猪食性广，对青粗饲料的利用能力比家猪强，在食粮结构中，青饲料必不可少，可以利用各种农副产品，饲料来源非常广泛。

二、野猪的繁育技术

（一）野猪繁殖特性

一般发情交配多在秋末冬初（10 ~ 12 月）；人工饲养条件下的野猪一年四季均可发情。雌野猪的发情周期为 16 ~ 18 天，发情持续期 1 ~ 2 天，每年的 2 ~ 5 月产仔，每年 1 ~ 2 胎，每胎产仔 4 ~ 12 头，最多产仔 15 头。怀孕期为 114 ~ 117 天（表 6-21）。野猪的寿命为 20 ~ 25 年，但野猪在自然界中很少能活到 15 ~ 16 岁。

表 6-21　野猪繁殖的有关指标

猪种	野猪	F1	家猪	特种野猪
性成熟年龄	16 ~ 18 月龄	8 ~ 10 月龄	4 ~ 5 月龄	4 ~ 6 月龄
发情季节	秋末冬初（10 ~ 12 月）		一年四季	
发情周期	21 天	21 天	21 天	18 ~ 23 天
发情持续期	1 ~ 2 天	1 ~ 2 天	1 ~ 2 天	1 ~ 4（4 ~ 7）天
怀孕期	114 ~ 117 （120 ~ 140）天	112 ~ 114 （115.6 天）	112 ~ 116 （114）天	115.8 天
产仔时间	2 ~ 5 月		一年四季	
每年产胎数	1 ~ 2 胎		2 胎	2 胎
每胎产仔数	4 ~ 12（15）头	4 ~ 6 头	5 ~ 10（25）头	6 ~ 13（14）头

（二）配种技术

1. 纯野猪的配种

在人工饲养条件下，年产 2 ~ 2.5 胎，每胎 6 ~ 16 头；配种时间为出生后 6 ~ 7 月龄；由于公野猪野性较强，故无法采用爬垮台、假阴道或徒手采精法采精进行人工授精，只能用本交（自然交配）法。当母猪允许公猪爬跨后，即可配种，一般在发情并允许公猪爬跨后的 12 ~ 24h 内配种均有效。第一次配上后，间隔 6 ~ 8h 再重复配一次，可以提高受胎率。

2. 野猪与家猪杂交配种

目前，野猪养殖多采用野猪与家猪杂交模式（表 6-22）。采用杂交模式的公野猪与家猪第一次配种前需要经过一段亲合过程，亲合成功后才能用于配种。亲合过程分为三个阶段。

表 6-22　野猪、家猪杂交组合模式及杂交后代

杂交后代	组合模式	杂交后代简称
纯种繁育	野猪（♂）× 野猪（♀）	
二元杂交	野猪（♂）× 家猪（♀）	家野 F1
二元轮回	家猪（♂）× 野猪 F1（♀）	家野 F2
杂　交	野猪（♂）× 家野 F2（♀）	家野 F3
回　交	野猪（♂）× 野家 F1（♀）	家野 F2

（1）第一阶段（熟悉过程）　将母家猪养在公野猪隔壁笼舍中，最初一段时间野猪敌视家猪，表现为鬃毛竖立，嘴张开，且发出吼声，同时不停地在笼中走动。

野猪的敌视行为是由于野猪在野外过着群居生活，而当将其单独饲养时，其对同类产生陌生、恐惧以致进攻行为，但随时间推移野猪发现家猪对自己没有威胁，就渐渐地表现出接触的行为。该阶段经历 5 ~ 6 天。

（2）第二阶段（亲昵和调情）　当公野猪不对母家猪表现敌意后，将母猪放入公猪笼内，此时公猪站在一旁观望，相互保持一段距离。若母猪进入公猪内舍时，公猪立即鬃毛竖立，急奔内舍将母猪咬出，若母猪不进入公猪内舍，公猪就不会发起进攻。因此在把母猪放入公猪圈舍前，应关上公猪内、外舍之间的门。在外舍公、母猪间逐渐开始相互闻对方的嘴，有时公猪闻母猪的外阴，表现的比较亲昵。

（3）第三阶段（交配）　将母猪放入公猪圈舍内，当母猪有发情表现时，公猪则急于爬跨母猪，此时若母猪发情未到高峰期，则不配合，即爬跨不成功，达不成交配；而此时若母猪发情已达高峰期，则双方互闻对方脸部、阴部，母猪驻立不动，公猪这时嘴嚼出唾液泡沫，阴囊上提，阴茎冲动，接着爬跨，腹部肌肉突然收缩，阴茎插入阴道，插入后反复抽动，分段射精。交配时间约 10min，第二天上午复配一次。

3. 配种前后的注意事项

配种前，应将母猪圈舍内的物件搬走，防止撞伤公猪腿脚或意外事故发生。同时，用 3% 高锰酸钾水将野母猪外阴部擦洗干净（防止其他母猪感染细小病毒），然后放进种公猪进行配种（配种过程约经 30min），配种后不让公母猪马上饮水或滚浴，1h 后再让其饮水。如确认母猪已配上，要对其全身擦双甲脒溶液水 2 ~ 3 次，以杀死体表寄生虫，以防母猪到处擦痒而导致妊娠流产。

（三）妊娠

母野猪交配受孕后，其妊娠期为 120 天。公野猪与家母猪杂交所产的野杂种母猪，其妊娠其为 112 ~ 114 天。妊娠初期家母猪没有什么变化，中期则食欲增加，猪体越来越胖，腹围慢慢增粗，行动谨慎。分娩前后的表现完全和家猪一样。

（四）分娩与接产技术

1. 分娩

各地野猪的产仔季节及胎产仔数有一定差异。长白山野猪（东北亚种）在清明前后的春季产仔，每窝 4 ~ 6 头，每年一胎；华南亚种野猪春夏季产仔，每胎为 4 ~ 10 头；生活在广西的野猪每年产 2 胎。总的来看，野猪主要集中在植物茂盛、食物丰富的春夏季节产仔，热带地区可延续到秋季，每胎多为 4 ~ 6 头，每年一胎。人工饲养下的野猪一年四季均可产仔，平均每胎产（6.44±1.71）头（华南亚种），F1 代野家母猪每胎产仔数同家猪，第一胎平均 4 ~ 6 头。

2. 产前准备

在特种野猪产前 20 天左右即对母野猪肌内注射大肠杆菌疫苗或临产前 3 天肌内注射长效抗生素，临产前 3 天还要彻底清扫和冲洗圈舍，并用来苏儿或高锰酸钾溶液消毒。待水泥地面干后铺上垫草，安好电灯，饮水槽加足清水，备好产仔箱（或冬春季节备好保暖箱），并准备碘酊、脱脂棉球、扎线和消毒过的剪刀等物品，并有专人值班看护，以防止母野猪突然产下仔猪而发生意外。派专人值班看护，以防母野猪突然产仔而发生意外。

3. 接产过程

当母猪出现开始衔草、排尿频繁、排粪地点不规则、阴户红肿、呼吸频率加快，以及呼唤时母野猪不再站立等特征，说明即将产仔。多数母野猪在垫草上侧卧努责后将仔猪顺利产下。家猪产仔时是头部先出，而特种野猪则是后腿和臀部先出而产下。特种野猪一旦产完仔猪即站起，并开始泌奶。如一窝产得过多而母猪奶头不够，可以半数分批喂奶或给临近产仔的母野猪喂养，我们几乎没有发现一只母野猪产后缺奶的。

母野猪每产下一只仔猪，接产人员即捡起并用 3% 高锰酸钾溶液浸过的毛巾擦拭仔猪全身血污和嘴内的黏物，将脐带扎线后（在留 4～5cm 处）剪下，在剪口处涂上碘酊，并剪掉口腔两侧上下各两个犬牙，再将仔猪放进特制的仔猪箱内。20 日龄后即对仔猪颈部一次性肌内注射一头份猪瘟疫苗，如本地有猪瘟病流行，应进行超前免疫，即产后即肌内注射一头份猪瘟疫苗，60 日龄时再肌内注射猪用"三连苗"。仔猪一生下后即应给仔猪喂食初奶，先出生的仔猪先喂奶，后出生的仔猪后喂奶，这样既有利于仔猪增强自身的抵抗力，也可促进母猪加快产仔的速度。

当母野猪产完仔猪全部排出胎衣后（如胎衣长时难以排除，可肌内注射缩宫素三支，30min 后即可排出），应将原垫草和血污清除干净，地面消毒并换上切短过的干净稻草，并用 3% 高锰酸钾水擦拭母猪奶头和两侧，同时对母猪颈部肌内注射 320 万～400 万 IU 青霉素，连注 2 天，每天 2 次，以防母猪高烧和子宫发炎。再将仔猪轻轻放入母猪圈舍内让其喂奶，最好是第一次人工看护喂奶后再放入仔猪箱内，每隔 4h 喂奶一次，连续 4 天，以防仔猪被母猪压死。此后应加强观察仔猪和母猪的排便颜色和精神状况，做到早发现早治疗，以提高仔猪的成活率。

三、野猪的常用饲料

野猪食量较少，一般一天喂两次即可，喜生食，食性杂，各种杂草、菜叶、植物根茎、作物秸秆等都可作为野猪的饲料。饲养经验表明，野猪特别喜食青绿饲料，如黑麦草、野草、红薯藤等，可占日粮中的 50% 以上，配合少量精饲料即可养出健壮的野猪。下面介绍野猪的几种常用饲料。

（一）青绿多汁饲料

青绿多汁饲料包括青饲料、块茎、块根及瓜果类饲料及青贮饲料，这是野猪最主要的饲料来源。

（1）青饲料 常用的有苜蓿、紫芹根、苋菜、甘薯藤叶、青刈玉米、青刈大麦等，青饲料的粗蛋白质含量高、消化率高，所需氨基酸全面、维生素含量丰富、品质优良、利用率高。

（2）块根、块茎及瓜果类饲料 包括甘薯、马铃薯、南瓜、胡萝卜等，此类饲料脆嫩多汁，能刺激食欲，有机物质消化率高，对改善日粮的营养成分、提高消化率具有重要作用，但不宜单喂，必须与粗料、精料搭配使用，再补充蛋白质饲料，才能达到满意的饲养效果。

（3）青贮饲料 即把青绿饲料贮存起来，供冬、春（青饲料淡季）喂用，常用作青贮饲料的有甘薯藤叶、白菜帮、萝卜缨、甘蓝帮、青草等。

（二）粗饲料

粗饲料包括干草类、农副产品类（农作物的荚、蔓、藤、壳、秸、秧等）、树叶类、糟渣类。它们来源广，种类多，产量大，是野猪冬、春季节的主要饲料。粗饲料的粗纤维含量高，维生素 D 含量丰富，含钙多但含磷少，喂养时应注意与其他饲料搭配好。

（三）精饲料

（1）能量饲料 包括玉米、高粱、大麦、稻谷、甘薯等谷类籽实及果糠、麸皮等谷类籽实加工副产品，这些饲料含能量高，粗蛋白质含量较低，仅为 70%～11%，由于营养结构不平衡，不宜单独作为野猪的饲料，必须搭配蛋白质饲料及营养物添加剂才能使日粮营养全面、平衡。

（2）蛋白质饲料 包括植物性蛋白质饲料、动物性蛋白质饲料和其他蛋白质饲料。植物性蛋白质饲料主要包括豆饼、花生饼、棉籽饼等榨油工业的副产品，它们的蛋白质含量高，占 17%～45%。

动物性蛋白质饲料中，鱼粉是最广泛采用的动物性饲料，蛋白质含量为 40%～60%，在供给蛋氨酸和赖氨酸方面特别有用，营养价值高；骨肉粉、血粉、蚕蛹等也是良好的动物性蛋白质饲料，可以根据需要及条件，掺入作为配合饲料的成分。其他蛋白质饲料主要指鸡粪、酵母、细菌等。

专家在日粮中加入 30% 发酵后的鸡粪（50kg 鸡粪加硫酸铁 1kg，适量的 EM 菌剂，加水 25kg 调匀放置发酵 1～2 天），其营养价值与麸皮、米糠相似，所含粗蛋白质为 25.5%～31.8%，饲养效果极佳，且可节约大量的精饲料（占饲料的 20%～30%）。

（四）饲料添加剂

目前用作饲料添加剂的有维生素、氨基酸、矿物质与微量元素等营养物质添加剂、抗生素、酶制剂、促生剂、镇静剂等生长促进剂及中草药添加剂等。在野猪饲养时根据日粮中各种饲料的营养成分和各时期野猪对营养的需要，加入少量或微量的上述营养物质，使日粮营养全面、全价，可显著提高饲料利用率、转化率，减少饲料在贮存期的营养物质损失以改进野猪的质量；且抗生素、中草药添加剂等有刺激生长、增强免疫力与预防某些疾病的作用。如由专家经多年研究，以雷丸、白术、桂枝、山楂、黄芪、贯众、黄芩、厚朴等20味名贵中药制成的中药添加剂，经饲养表明具有健脾补肾、消食健胃、清热解毒之功效，对增强体质、促进生长、防治感冒、拉痢、寄生虫疾病、大肠杆菌等有显著效果。

（五）参考饲料配方

（1）玉米粉35%、麸皮18%、花生麸粉8%、豆饼8%、鱼粉6%、粗糠15%、贝壳粉2%、动物生长因子（动物生长促进剂）1%、赖氨酸0.16%、多种维生素6g、食盐0.5%、叶粉或草粉4%。

（2）玉米粉22%、米糠22%、麸皮30%、青饲料20%、骨肉粉0.5%、碘盐0.5%、豆渣5%、氨基酸（每头每天）15 ~ 40g、菜籽饼3%、叶粉或草粉4%。

四、猪场的建造

（一）猪场场址的选择

猪场周围环境的好坏，将直接影响经济效益。因此，猪场的地理位置应认真选择，野猪场的建场应可遵循以下原则：

1. 猪场应建在地势高燥、向阳、通风良好的地方

潮湿的环境容易助长病原微生物和寄生虫生存，猪群易生病。山坳凹处，猪场污浊空气会在场内滞留，造成空气污染。地势高燥有利于排除场内雨水，有利于保持圈舍干燥与环境卫生；向阳可以充分利用太阳能取暖，减少能源消耗，降低饲养成本。

2. 交通便利，注意防疫

猪场生产的产品需要运出，饲料等物质需要运入，对外联系密切，猪场的防疫要求很严，又要防止猪对周围环境污染。因此，猪场需选在交通便利又比较僻静，最好离主要道路400m以上、距离居民点500m以上的地方。如果有围墙、河流、林带等屏障，距离可适当缩短些。禁止在旅游区、畜禽疫病区和污染严重地区建场。

3. 充足的水源

充足而质量好的水源对于任何猪场都是必不可少的。据统计，有 100 头猪的猪场年饮水和洗刷用水量约需 5 亿 L，猪的日饮水量：成年猪为 10 ~ 20L、哺乳母猪为 30 ~ 45L、青年猪为 8 ~ 10L。

因此，即使是小规模的猪场，每日也需大量的水，尤其是气候炎热时，必须增加供水和提供适当的水洼池。

4. 水质也很重要

为保证供给猪场优质的水，选择猪场时，应首先对水进行化验，分析水中的盐及无机物含量，并要考虑是否被微生物污染。

5. 保障电力供应

为预防停电，应配备相应的发电机。

6. 考虑坡度及服务供应措施

按照猪舍坡度规划排水设备和计算下水道的容量。新建猪场还要考虑扩建问题。

（二）猪舍建造

据专家养殖证明，特种野猪根据其习性一般采用圈养，每只圈养面积为 8m²，猪舍与一般家猪舍的结构基本相同，但特种野猪好动，野性强，猪舍的围栏要比家猪舍高（1.5 ~ 1.6m 高），门要用钢条铁门。野猪经驯养后对环境的适应较强，能很快适应圈养。猪舍的建造是根据野猪不同生长时期的生理特点与其对环境的不同要求确定的（重点：墙高度 2m、铁门牢固；地窗离地 20cm，地窗大小 25cm×30cm；暗沟直径 15cm；仔猪保温室需装红外灯；运动场增加沙池，内置沙、红土、煤渣；补料槽）。

1. 里窝室设计

里窝室是供野猪睡觉、产崽、饮食的场所，空间长约 3.5m，宽约 3.3m，棚沿高度约 2.5m，棚面盖油毛毡后再加盖稻草（或麦秆）12cm。如加盖木瓦，棚沿则还要升高，以使圈舍夏季不热。在寒冷的北方饲养"野猪"，为就地取材减少投入，可建一个暖圈（形似蒙古包），供冬季仔猪防寒用。修建方法是：先用 1m 左右的树干 16 ~ 20 根，围着直径 1m 的圆圈插入地面，作为柱桩，再用稻草束或麦秆束围着树桩像编筐似地编织严密，顶部编成馒头形，再用黏土糊在稻草束上。在暖圈南面，留一个能让仔猪自由出入的 30cm 宽、34cm 高的洞门。尺寸与暖窝洞门一样大小，使仔猪睡觉。暖圈三边砌 1m 高的水泥砖作为护墙，以防母猪拱倒暖窝。这样，即使是严寒的冬季，仔猪生长得也很快。

里窝室与外窝室地面都要用水泥砂浆抹成明显的里高外低状（地面坡度一般为 2° ~ 3°），以便夏季用清水冲洗和排尿，但地面不能抹得太光滑，以防"野猪"配种时滑倒受伤。

母猪饲槽　长宽为 60cm×40cm，高 8cm，用水泥砂浆砌成。饲槽朝外窝室一侧要抹成45°斜边，以便清理余食。

仔猪诱食槽　用标准砖砌成高36cm、长143cm（分成6格，每格空间16cm），在槽后再砌一堵高70cm的半截墙，并用水泥砂浆抹平。这样在仔猪8～10天对其诱食时，乳猪料不会被母猪吃掉。

2. 外窝室设计

外窝室实际上是供野猪饮水、运动和晒太阳的运动场。外窝室长4m、宽3.3m，三边用水泥砖砌成1.6m高的围墙，并留80cm宽的门洞，安装上直径为10mm的钢栅门。同时，要求在利于排水的一隅砌上一饮水池，用水泥砂浆抹牢。饮水池长1m、宽0.4m、深0.22m，水池不能建得过窄，否则夏季"野猪"趴在水池里纳凉会造成妊娠母猪死胎。

3. 添建通道

野猪公猪较家猪行动敏捷，为了便于配种，必须在距外窝室1.2～1.5m处建一道1m高的矮围墙，使之形成一条通道。配种时种公猪可顺利通过通道进入任何已发情母猪的圈舍完成配种任务，而后通过围墙通道返回原窝室饲养。

五、野猪饲养管理技术

（一）野公猪饲养管理

管理好公猪，提高其利用率对猪场至关重要。公猪的质量决定了一个猪场的生产水平，俗话说："母猪好，好一窝，公猪好，好一坡。"一语道出了种公猪对整个养殖场后代产品质量的关键作用。要达到多产、快长、高效，必须牢牢抓住种公猪的管理。优秀的特种野公猪必须具有强健的肢蹄，精力充沛，反应敏捷，胸宽体阔，骨架大，全身各部位匀称健壮，雄性特征明显，性欲旺盛，精液质量良好及性情温顺。种公猪管理的主要目标是提高种公猪的配种能力，使种公猪体质结实，体况不肥不瘦，精力充沛，保持旺盛的性欲，精液品质良好，提高配种受胎率。

因此，管理公猪的工作主要在于使公猪有适量的运动及合理的营养，以增加四肢的强度；饲养人员应经常与公猪接近，不要打吓它们，以训练其性情。定期检测精液以保证其质量，在公猪第一次配种之前及每天正常交配工作结束后，饲养人员要到猪栏去几分钟，以使其适应饲养人员的照看和猪栏内其他公猪的气味。

1. 种公猪的饲养

（1）种公猪需要较多的粗蛋白质　蛋白质比例为18%～20%，其中动物蛋白5%～8%，植物蛋白10%～12%（配种时每天要增加1～2个鸡蛋）。如日粮中的蛋白质不足，会造成公猪的精液少而稀，精子发育不完全与活力差，受胎率下降，甚至丧失配种能力。因此动物性饲料，如鱼粉、骨粉、小虾、蚕蛹等应常年供应，这些对提高种公猪精液的数量和质量有显著的效果。专家利用淘汰的珍禽野味喂种公猪及怀孕母猪，效果极好，母猪每胎产仔 12 头以上，而且仔野猪个个油光滑亮，非常健壮。

（2）种公猪对维生素需求较多　特别是维生素 E、维生素 B_1、维生素 B_2，如不足则会影响种公猪的体质和精液品质。野猪因大量采食含有丰富维生素的青绿多汁饲料，一般情况下维生素不会缺乏，在北方冬季青绿多汁饲料不足或公猪交配后，可补充维生素添加剂。

（3）适量补充砂物质　矿物质缺少时也会影响种公猪的健康和精液品质，尤其是钙、锰、锌和硒。平时饲养时可多喂各种含钙较多的青绿多汁饲料与干草粉，含磷较多的糠麸和补充适量的骨粉、石粉或贝壳粉等。

（4）季节性配种的公猪的营养　在配种前 45 天时要逐步提高营养水平，采用常年配种的野猪应常年均衡供应种野猪所需的营养物质。种公猪精饲料用量应比其他类别的猪多些，青粗饲料少些，以免形成草腹影响配种，日粮的体积以占体重的 2.5% ~ 3% 为宜。

（5）种公猪的日粮标准要稳定　野猪没有配种时根据其个体大小每日可饲喂 1.5kg 左右，用于交配公的日粮为 2kg 左右。冬季每日供应量 3.0kg，每头每日加喂 1 枚鸡蛋，夏季每头每日喂青饲料 2.5 kg。配种期成年公猪每千克饲料中应含消化能 3 200 ~ 3 300kcal，粗蛋白 15% ~ 16%、赖氨酸 0.7%、钙 0.8%、磷 0.6%、钙磷比为 1.5 ∶ 1、食盐 0.5% 并适当添加一些复合维生素和矿物质添加剂，特别是维生素 A、维生素 E 和维生素 D 的供给。有些专业户误认为营养价值越高越好，这样做不但会对公猪精液质量不利，而且增加不必要的饲料成本。

2. 种公猪管理要求

（1）对公猪态度要和蔼，严禁恫吓；在配种射精过程中，不得给予任何刺激。

（2）每天清扫圈舍 1 ~ 2 次，猪体刷拭一次，保持圈舍和猪体的清洁卫生；冬季铺垫褥草，夏季要做好防暑降温。

（3）目标　全群母猪情期受胎率要求 85% 以上，每头母猪年产仔 2 ~ 2.5 窝，每窝平均总产仔 10 头以上，认真做好各种记录。

（4）每季度统计一次每头公猪的使用情况　交配母猪数、生产性能（及配种母猪产仔情况）。

（5）种公猪定期称重，了解其体重变化，以便随时调整日粮中的营养结构。总之，公猪必须保持不胖不瘦，腰板挺直，肚不下垂，行动灵活，性欲旺盛。

（6）对三次发情仍未受孕的母猪，要及时提出淘汰请求，上交生产负责人处理。

（7）运动是增强公猪体质，保证其旺盛的性欲，提高精子活力必不可少的措施。野公猪小的时候，就要给予适当的运动，每天坚持让它进行 1 ~ 2h 的运动，距离 1 500 ~ 2 000m。两天不参加配种的公猪，要场内运动 800 ~ 1 000m，可以通过试情来完成。运动和配种均要在食后 30min 进行。

（8）每月对公猪检查两次精液，认真填写检查记录。精液活力达 0.8 以上才能使用。对不经常使用的公猪再次使用前也要进行精液检查。

3. 野公猪的训练

根据专家野公猪的管理经验表明，用来帮助训练公猪的，最好是小母猪，而不是用老母猪，因为使用性情温顺的小母猪，是不会有交配风险的。

由于第一次交配往往都不会受孕，因此，不必指望第一次交配就达到产仔的目的。可以用小母猪与老公猪交配两次之后再与小公猪交配一次，这样可以确保质量，同时也可以使小公猪受到训练。

4. 种公猪的使用

（1）公猪应当在自己的猪栏里或自己熟悉的猪栏内进行配种（如果使用专门的交配猪栏，那么在这个猪栏被其他公猪用过之后，公猪应当在进行配种之前的三四天到这个猪栏待 15min）。对交配猪栏必须进行检查，防止地面过于光滑，另外如有任何障碍，也必须清除掉。

（2）生产出仔猪的品种比例由销售人员会同技术人员讨论制定，依据生产仔猪的品种比例制定出配种计划原则；配种亲缘计划由育种人员制定，配种员根据计划选择公猪进行配种。

（3）后备公猪年龄 7 ～ 8 月以上，体重 60 ～ 70kg 时即可参加配种；配种前要有半月的试情训练，检查两次精液，精液活力在 0.8 以上，密度中以上，才能投入使用，每天可配种 1 头次，连续配种 2 ～ 3 天后休息一天。青年公猪每周配种次数最多不可超过 5 次。

（4）成年公猪每天配种 1 ～ 2 头，每天配种或采精 2 次的时间应该安排在早、晚各一次，并尽可能使中间休息的时间长一些。

（5）认真填写好母猪试情、配种、妊娠记录表和公猪考勤表，为母猪妊娠提供数据，每天要对母猪配种记录做整理，填好母猪配种记录。

5. 配种的基本步骤（可用于训练小公猪）

（1）把母猪赶到要进行交配的猪栏（如果与公猪的栏是公开的，则要先把公猪赶进去，然后再把母猪放进去）。

（2）拿着一块木板站在猪栏里，随时准备阻止公母猪间干扰，但不可催赶公猪，而要温和地引导公猪到母猪的后部，让其自己进行配种。

（3）轻声地对公猪说话，以使其对人的在场逐步适应。

（4）拉住母猪的尾巴，设法让公猪进行交配。

（5）当公猪爬上去时，要仔细检查其生殖器是否从阴茎鞘中伸出，是否有异常。切不可用手去摸生殖器。

（6）只有在要插入肛门或公猪、母猪激动及疲劳时，才能用戴有一次性手套的手去帮助公猪的插入。

（7）交配完毕之后，要让公猪在监督之下进行几分钟的"求偶"，但不要让其再爬上去。

（8）把公猪赶回到自己的猪栏里。分开公猪和母猪之后，要仔细对公猪进行检查，看一看公猪是否受到损伤。

（9）应当在交配登记本和公猪卡片上，对交配情况进行记录。

（二）野母猪的饲养管理

1. 后备母野猪的选择

选择的野猪场繁育场每年都要淘汰 30% ~ 40% 的母猪，以使生产得以延续，保证后代产品的质量。选留或选购后备野猪的优劣对以后的生产水平关系密切。接触野公猪的小母野猪数量应比选留所需的数量多出 10% ~ 20%，以防出现不育母野猪。选择母猪时可参考以下几个条件：

（1）至少有 6 对充分发育、分布均匀的乳头，乳头不开孔或内翻的小母猪不应保留。

（2）体格健全、匀称，包括背线平直、肢蹄健壮整齐。行走轻松自如的野猪通常都具有这些特征。臀部削尖或站立艰难的小母猪充当种猪的寿命一般较短。

（3）外生殖器官发育良好。

（4）首次发情期应在 180 日龄前出现。

（5）情绪不安或性情暴躁的小母猪不应当保留。

2. 饲养管理

对于后备母野猪主要是保证其以后有优良的繁殖能力，专业户饲养条件下可放在较大的圈舍内，不超过 10 头，这样有充分的活动空间，以保证肢蹄的正常发育，要供给全价日粮，5 ~ 6 月龄时，每天 2 ~ 2.5kg 饲喂 2 ~ 3 次，要有新鲜的饮水、无漏粪地板的猪舍要每天清洗粪尿。一般在 7 ~ 8 月龄时体重达到 60 ~ 70kg 时便可配种。为保证其适时发情，可把公猪圈在其邻舍或每天把公猪放入母猪舍 10 ~ 15min。

后备猪体况过肥或过瘦（母猪七成膘、公猪八成膘），都会影响发情，有的养殖户担心后备猪过肥而配种前限饲，其结果造成不能发情配种。

根据养殖表明，为防止母猪产仔少及影响自身发育，一般让过头两个情期，到第三次发情时再配种。

制作母猪卡片，内容包括母猪号、第几胎、与配公猪、配种时间、预产期、分娩期、产仔数（几个公、几个母）。

饲喂时间：7：00 精料、8：30 ~ 9：00 青料、14：00 ~ 14：30 精料、16：00 ~ 16：30 青料。

3. 发情表现及配种时机的选择

母猪发情周期 21 天，发情持续期 66h，配种适宜时间是在发情开始后 19 ~ 30h。当母猪有下列变化时便可配种：

（1）行为变化　食欲下降，烦躁不安，爱爬跨。

（2）外阴变化　当阴道黏膜发暗红，并有少量白色黏液（用手指摸时感觉更明显），阴户肿胀看上去有微皱时。

（3）压背反应　用两手用力压母猪的背部，猪不走动，有的饲养员骑到猪背上，猪也不离开。

（4）接受公猪爬跨　如果后备猪及断乳母猪以圈饲养，为了避免错过情期，也可把公猪每天放入母猪舍中，让公猪试情，有发情母猪时便可自行交配。交配后3天内饲料采食量每天不应超过2.5kg，以免产生体热过多造成受精卵死亡。

没有两头野猪是完全一样的，但发现其发情的主要模式总是相同的。在公野猪在场的情况下，母野猪对骑背试验表现静立之前，其阴门变红，可能肿胀2天。配种的有效期是在静立发情开始后大约24h，一般在12～36h。第一次配种应在开始静立发情检出之后12～16h完成，过12～14h再进行第二次配种。

4. 断奶母猪的再配种

如果母猪在哺乳期（哺乳期28～30天）管理得当，无疾病，膘情适中则断奶后一般7～10天便可发情并配种。

在断奶前后3～4天，逐步减喂精料以促其干乳，断奶后4～7天增加喂料。

如果断奶母猪发情延迟，在8～12天发情，最好等下一情期再配种。专家饲养表明，断奶母猪6～12天发情配种并怀孕，该母猪的产仔数将会较少。

母猪配种后如果经两个情期观察未见发情表现，则可定为怀孕母猪。

5. 妊娠母猪的管理

此阶段管理的重点是防止流产、增加产仔数和仔猪出生重量，并为分娩、泌乳做好准备。饲养管理要点：一是减少野猪间的争斗，保持圈舍清洁，地面要平整防滑；二是猪舍温度保持在20℃左右；三是体重每增加10kg，能量增加5%，蛋白水平控制在15%～16%，粗纤维水平控制在6%;四是根据母野猪体况饲喂,防止过瘦及过肥；五是发现病猪及时治疗和消毒，禁止使用容易引起流产的药物（如地塞米松）。

怀孕母猪的饲喂量自怀孕第一天起至分娩应逐步增加，母野猪产仔当天先不急于喂料，可先给加盐温水或者麸皮稀粥料，帮助母野猪恢复疲劳，在产仔24h后，可喂一些稀料，之后再逐步增加精料喂量，一般产后5～7天才增加到哺乳母野猪的喂料标准。

（三）野仔猪的饲养管理

1. 哺乳仔猪的饲养管理

哺乳野猪养育应根据哺乳仔猪的生理特点和哺乳母猪生理特性，来制定哺乳仔猪的饲养管理方式。

（1）管理

①为了增强仔猪适应能力，促进排胎便，有利于仔猪消化，提高成活率，使仔猪尽快吃足初乳。

②称重，打耳号：仔猪出生擦干黏液后立即称重和打耳号，是饲养管理方法的一个步骤。

③剪掉獠牙：仔猪出生后就将门牙和犬牙（獠牙）共 8 枚，剪断磨平，防止母猪压死和踩死仔猪；防止母猪乳房炎的发生；防止仔猪之间争抢乳头而造成仔猪面部受伤。

④固定乳头：为使全窝仔猪生长发育均匀健壮，提高成活率，应在仔猪生后 2 ～ 3 天内，将出生时体重小的仔猪放在哺乳母猪乳房的前部，体重大的仔猪放在母猪后部，以充分利用所有的乳头为原则进行人工辅助固定乳头。其优点是提高整齐度、仔猪成活率和猪的生产能力。

⑤断尾：为了防止仔猪育肥过程中咬尾现象的发生，故实行断尾。注意：断尾、打耳号、断脐带时应及时用碘酒消毒，避免破伤风杆菌、链球菌等病原体侵入。

⑥防寒保温：根据哺乳仔猪调节体温的能力差、怕冷的生理特点，应注意防寒保温。

⑦防止压踩：在生产上多采取设母猪限位架、保持种猪舍环境安静、饲养员应对母猪和仔猪加强饲养管理等方法来减少哺乳仔猪死亡。

⑧寄养：在生产上对那些产仔头数过多或过少、产后无奶或少奶的仔猪，以及母猪产后病死的仔猪，采用寄养措施，寄养时应注意，被寄养仔猪一定要吃初乳，被寄养的仔猪与养母猪有相同的气味；同时还应考虑寄养母猪的产期、体况等。

⑨制定科学饲养防疫程序。

（2）饲养

依哺乳母猪的泌乳规律和哺乳仔猪的生理特点，实行下列饲养方式：

①补铁补硒：一般对出生仔猪 3 日龄补铁：肌内注射生血素或右旋糖酐铁等 100 ～ 150kg，10 天后再注射一次。对缺硒地区，仔猪生后 3 日龄补硒：肌内注射 0.1% 亚硒酸钠溶液 0.5ml，断奶后再注一次。

②仔猪补水：由于母猪分泌乳汁过浓引起仔猪口喝，分泌乳汁过稀引起仔猪饥饿，都易引起仔猪喝脏水而造成下痢，所以一般生后 3 天开始补给清洁的饮水。

③仔猪补料：仔猪补饲的饲料应选择优质膨化仔猪料和颗粒乳猪料。一般仔猪 3 ～ 5 日龄开始补饲，给 10 天左右使仔猪适应，这样仔猪正常采食，其好处：一是补饲可以增加断乳时体重，提高生产效率；二是提高补饲（应补饲 600g 以上）有利于预防断乳后腹泻和水肿病等疫病的发生；三是仔猪饲料、饮水中添加抗生素，根据仔猪生理特点，并结合当地自己的实际情况，应有针对性地在饲料、饮水中定期添加抗生素；四是仔猪补饲有机酸，给仔猪补饲有机酸，可提高消化道的酸度，激活某些消化酶，提高饲料消化率，并有抑制有害微生物繁衍作用，降低仔猪消化道疾病发生。

2. 断奶仔猪的饲养管理

断乳仔猪也叫保育仔猪，它对环境的适应虽然比新生仔猪明显增强，但较成年猪仍有很大差距。因此这个时期，主要是控制猪舍环境及猪群内的环境，减少应激，控制疾病。

野猪场采取仔猪出生后28～35天断乳，但广大农村多采用仔猪出生后42～56天断奶。断乳方法分一次性断乳、分批断乳和逐步断乳三种方法。一次断奶法适用于分泌乳量少、无患乳房炎危险的母猪，仔猪到断奶日龄，将母猪隔离，仔猪留原圈饲养。分批断奶法是预定断奶日期前一周，先将育肥仔猪隔离，作种用和发育落后仔猪继续哺乳，到断奶日期断奶。逐渐断奶法是断奶前4～6天控制母猪哺乳次数，逐渐减少次数，到预定断奶期断奶。

（1）饲养管理

①分群：仔猪断奶后1～2周内由于生活条件骤变，往往表现不安，增重缓慢，甚至体重减轻，尤其是哺乳期内补饲较晚，吃补饲料少（低于200g）的更加明显。为了养好断乳仔猪，过好断乳关，就要做到饲料、饲养制度及生活环境的"两维持、三过度"，即维持在原圈饲养管理和饲喂已习惯的饲料，并做好饲料、饲养制度和环境的过度。断奶仔猪转群时，一般采取原窝培育法。如果原窝仔猪过多或过少时，需要重新分群。

②调教管理：新进的仔猪吃食、卧位、饮水、排泄区尚未形成固定位置，所以要加强调教训练，使其形成理想的睡卧和排泄区。训练方法是：要根据野猪的生活习性进行，野猪一般喜欢在高处、木板上、垫草上卧睡，热天喜睡风凉处，冷天喜睡于温暖处。野猪排泄粪便有一定规律，一般多在洞口、门口、低处、湿处、圈角排泄粪便。调教成败的关键是要抓得早，野猪群进入新圈马上开始调教，重点抓两项工作：一是要防止强夺弱食（对霸槽猪勤赶）；二是使猪采食、卧睡、排便位置固定，保持圈栏干燥卫生。

具体方法是：猪入圈前事先要把猪栏打扫干净，将猪卧睡处铺上垫料（垫草、木板），饲槽投入饲料，水槽上水，并在指定排便处堆少量粪便，泼点水，然后把猪赶入圈内。经过3～5天调教，野猪就会养成采食、卧睡、排便定位的习惯。

（2）饲养管理措施

①刚断奶时仍需用乳猪料喂一周左右，但不可让它们吃得过饱，以防下痢。然后用乳猪料与仔猪料混合饲喂，逐渐减少乳猪料比例，10～14天可全部换用仔猪料，之后自由采食。

②断乳仔猪对温度的要求仍很高，因为在断奶舍应有保温箱，在箱的底部可铺上一干燥洁净的木板。

③如果一次断乳猪数量有限，可原窝原育。如断奶窝数较多，则应根据仔猪体重大小放在一起，料槽要符合要求，并保持充足的饮水。

④一窝仔猪体重均匀度整齐可一次断奶，如有个别仔猪个体瘦小，可把它（们）放在个体大小相似的未断奶仔猪中生长一段时间后再断奶。

⑤预防咬尾、耳等不良习惯。在饲喂全价饲料，温湿度合适的情况下，仍可能有互咬现象，这也是仔猪的一种天性。在圈舍吊上橡胶环、铁链及塑料瓶等让它们玩耍，可分散注意力，减少互咬现象。

⑥断乳仔猪舍由于密度较大，仔猪又喜好活动，因此在地面饲养的仔猪由于灰尘多要特别注意舍内空气质量。处理好通风与保温的关系，预防呼吸道疾病的发生，采用向空气中喷少量植物油的办法，对改善空气质量有一定效果。

⑦猪舍使用前后要彻底清扫和消毒，待干燥后再用。

（四）育肥猪的饲养管理

猪的育肥是野猪生产中的最后一个环节，其主要目的是在尽可能的饲养时间内，耗费最少的饲料和劳动力，获得数量多、质量好的猪肉，即达到高产、优质、高效的饲养目的。但影响猪育肥的因素很多，如仔猪的品种、猪舍环境条件、猪舍卫生防疫和符合野猪发育生长规律所需配合饲料。因此，野猪育肥的主要任务就是充分发挥人的主观能动性，根据野猪的生长发育规律和其所需饲养条件合理地控制利用这些因素，采用科学饲养方法，在获得较高日增重和饲料转化率的同时，重点提高胴体瘦肉率和养猪业的经济效益。

1. 掌握野猪的优良生长特殊性，是仔猪育肥的前提

掌握野猪的生长发育规律是合理配制饲料的依据，是提高养猪生产经济效益的必需条件。

（1）野猪的机体组织生长发育的规律　育肥猪在体重小时，以骨骼生长最快，肌肉生长次之，脂肪沉积最缓慢，在体重 50kg 时，野猪的肌肉生长逐渐上升，直到体重接近 90kg 时，肌肉和骨骼生长缓慢，或逐渐停止。

（2）适时出栏　适时出栏是获得最佳经济效益的最主要条件，这是由野猪机体组织的生长发育规律所决定的。例如，猪机体组织每沉积 1g 蛋白质与 1g 脂肪需要能量虽然相同，但生产 1g 瘦肉与 1g 肥肉则相差很大。因为瘦肉含水约为 75%，含蛋白质约为 25%，而肥肉则含水 10%，含脂肪 90%，因此生产 1g 肥肉比生产 1g 瘦肉多耗用不少饲料，因此适时出栏是提高效益的必要手段。野猪最佳出栏活重为 85 ~ 95kg。

2. 科学饲养管理

（1）保证最优的环境条件　现代肉猪生产是高密度舍饲饲养，猪舍内的小气候应是主要环境条件。

①肉猪生产适宜的温度和湿度：11 ~ 45kg 活重的野猪最适宜温度是 21℃，而 45 ~ 100kg 的猪需 18℃；135 ~ 160kg 猪需 16℃，而最适宜的相对湿度为 50% ~ 65%。

②光照：开放舍自然光照和无窗舍人工光照 40 ~ 50lx 下的生长肉猪，表现出最高的生长速度。

③合理的密度：标准为每 10 头猪一栏，水泥地面饲养时，35 ~ 50kg 活猪每头占床面积为 0.7 ~ 0.8m²，而 75 ~ 100kg 活重猪每头占床面积为 1.1m²。

（2）进行合理的分群

①全进全出制：原窝（原群）保持不变；外购时由于猪来源不同，应把来源、体

重、体质、性格和吃食等方面较近似的猪合并在一起饲养。合并原则："留弱不留强，拆多不拆少""夜并昼不并"等方法，但要有专人看管。

②调教：仔猪在新编群或调入新圈时，要及时调教，使其养成在固定位置排便、睡觉、采食和饮水的习惯。这样可减轻劳动强度，并保持圈舍卫生。

（3）在管理方面注意事项　为了冬季保暖，许多养猪户使用塑料薄膜把所有透风的地方全部封住，该方法对提高舍内温度有一定作用，但随着温度提高，猪舍内粪尿的挥发不能排出，结果造成氨气、硫化氢等有毒气体超量，呼吸道黏膜长期受刺激遭到损害，病原菌乘机而入造成咳嗽、流鼻涕、肺炎等。因此在中午气温高时要注意通风，并对粪尿及时清扫，铺上少量干沙防止灰尘过多刺激呼吸道。其次夏季为了降温，有的向猪身上浇凉水，由于猪受到刺激容易造成感冒，从而继发其他疾病，一般向地面上洒水便可，野猪感觉热就会躺卧在有水的地方。感觉冷时就会几头猪挤躺在一起；热时就会一头一头地分散开，呼吸加快。在取暖、降温时要注意观察。

六、疾病预防

野猪的抗病力较强，一般不易患病，但由于和家猪接触较近，常会感染家猪感染的传染病。如猪瘟、猪丹毒、猪肺疫、猪气喘病、水肿病、口蹄疫、猪链球菌病、猪乙脑、细小病毒、仔猪副伤寒、大肠杆菌病、伪狂犬病、蓝耳病、猪传染性萎缩性鼻炎等。应根据猪群的免疫状态和传染病的流行季节，结合当地的具体疫情而制订预防接种计划。制定免疫程序应根据当地的疫情、疾病的种类和性质、猪的抗体和母源抗体的高低、猪只日龄和用途，以及疫苗的性质等情况而制定（表6-23）。

表 6-23　野猪群保健免疫日程表

群　别	阶　段	注射疫苗其他事项
后备野公猪	5月龄至配种前半个月	注射猪细小病毒病、乙脑、猪瘟、猪丹毒等疫苗
	5 ~ 7月龄	猪肺疫疫苗（一般与春秋防同时进行）
野公猪		猪瘟、猪丹毒、猪肺疫等每半年一次（一般与春秋防同时进行）
后备母野猪及成年母野猪	6月龄	用左咪唑或伊维菌素驱体内外寄生虫
	7月龄	配种前一个月注射猪乙脑、猪细小病毒疫苗
	产前45天、产前15天	注大肠疫苗、红痢疫苗及传染性胃肠炎疫苗
	产前一周	进入产房，消毒液消毒
	临产母猪	用高锰酸钾或其他消毒剂清洗乳及后躯
	断奶前	用驱虫药驱杀体内外寄生虫

群 别	阶 段	注射疫苗其他事项
野猪仔	生后	乳前免疫，投服防下痢的口服液
	1~3 日龄	补铁，投服防下痢的口服液
	7 周龄	去势，未超免猪只补充注射猪瘟疫苗
	9 周龄	注射猪瘟、猪丹毒、猪肺疫苗
育成育肥	9 周龄至售	驱虫一次，视情况驱体外寄生虫。发现病猪及时治疗
引进猪		无论猪是否注射过猪瘟、猪丹毒、猪肺疫，经过半个月观察后，如无病，一律注射上述三种疫苗，同时做好驱虫工作

在幼龄时常患各种疾病，如 3 月龄前的仔猪，对温度变化和营养缺乏抵抗力较差，因此很容易患各种肺炎、消化器官炎症、肠道和肺的寄生虫病等，所以经常有少量的个体活不到下一个春季。

对于成年野猪，最危险的疾病是猪瘟，但在家养时，可注射家猪用猪瘟疫苗预防本病；此外还有对人危害也较严重的狂犬病（很少发生）和旋毛虫病。

第十节　栽桑养蚕技术

栽桑养蚕的主要目的是收获蚕茧和制作丝绸。桑树为桑科桑属落叶乔木或灌木，高可达 15m，雌雄异株，4 月开花，5 月果熟。桑叶是家蚕的饲料。家蚕即桑蚕，属无脊椎动物，节肢动物门蚕蛾科蚕蛾属桑蚕种，是一种具有很高经济价值的鳞翅目泌丝昆虫，蚕茧用于缫丝、织绸，蚕蛹、蛾和蚕粪是化工、医药等优质原料。

一、品种介绍

（一）桑树品种

当前养蚕常用桑树品种有湖桑 32 号、湘 7 920、早生 1 号、湘桑 6 号、育 71~1、嘉陵 20 号、农桑 14 号、强桑、湘杂桑 1 号、沙 2× 伦教 109 等。湖南自主选育的有"湘 7 920、湘桑 6 号、湘杂桑 1 号"等 7 个桑品种。

1. 湘 7 920

属早生早熟品种，产叶量高。树形直立紧凑，枝条粗长，发条数多，无侧枝；皮黄褐色，节间直，节距 3cm，叶序 2/5，皮孔圆形或椭圆形，7 个 /cm²；冬芽长三角形、灰褐色，副芽少；叶卵圆形、翠绿色，叶尖短尾状，叶缘钝锯齿，叶基截形，叶长 22cm，叶幅 18cm，叶厚，叶面光滑、光泽强，叶片稍向下垂。开雌花，桑葚紫黑色。湖南栽培发芽期 2 月下旬至 3 月上旬，开叶期 3 月中旬至下旬，发芽率 80% 以上，生长芽率 30% 以上，叶片成熟期 5 月上旬。在长江流域及云贵高原推广应用达 11.33 多万 hm，占全国桑园总面积的 15%。

2. 湘桑 6 号

属早生早熟品种。树形稍开展，枝条直立粗长，木质较疏松，上部有少量分枝；皮褐色，节间直，节距 5.0cm，叶序 2/5，皮孔粗大突出，椭圆形或线形；冬芽长三角形、褐色、贴生，副芽少；叶长心脏形、墨绿色，叶缘锐锯齿，叶基截形，叶尖长尾状，叶片大，叶长 30.4cm，叶幅 24.8cm，叶片厚，叶面微粗糙、光泽度较弱，上斜着生，叶背密被柔毛，叶柄粗短；开雄花。湖南栽培发芽期 2 月下旬至 3 月上旬，开叶期 3 月中旬，发芽率 80%，生长芽率 30%，叶片成熟期 4 月底至 5 月上旬，叶片硬化期 10 月上中旬。适应长江流域栽植。

（二）家蚕品种

我国通过鉴定（审定）的家蚕品种有几百对，适宜长江流域和南方蚕区丝茧育的品种有芙蓉 × 湘晖、9 芙 ×7 湘、洞庭 × 碧波、湖滨 × 明光、菁松 × 皓月、春蕾 × 镇珠、秋丰 × 白玉、871×872 等。湖南自主选育的有"芙蓉 × 湘晖、洞庭 × 碧波、锦绣 × 潇湘"等 10 对品种。

1. 芙蓉 × 湘晖

我国第一个获得国家发明奖的蚕品种。是含有多化性血统的二化性夏秋蚕品种，孵化齐，蚁蚕体色黑褐色，克蚁头数正交 2 200 ～ 2 250 头左右，反交 2 300 ～ 2 400 头左右。正交蚁蚕有趋密性，反交蚁蚕有逸散性。小蚕有密集性，生长发育齐快，各龄眠起齐一。蚕体结实，体青白，素斑，大蚕期食桑旺而量大，应充分饱食。老熟齐快，趋密性、背光性强，如蔟室光线明暗不匀和上蔟过密，易结双宫茧。茧形长椭圆、匀整，茧色白，皱缩中等。茧层率 21% ～ 23%，单茧丝长 1 000m 以上，茧丝的解舒、纤度、净度等较优良。

2. 洞庭 × 碧波

国内首创斑纹全限性四元杂交夏秋用蚕品种，年发种量位居全国第三，长江流域主推品种。该品种是含有多化性血统的二化性夏秋蚕双限性斑纹四元杂交种，孵化齐一，蚁蚕体色黑褐色，克蚁头数正交 2 200 ～ 2 250 头左右，反交 2 450 ～ 2 550 头左右。正交蚁蚕较文静，反交蚁蚕逸散性较强。小蚕有密集性，生长发育齐快，各龄眠起齐一。蚕体结实粗壮，花蚕为雌，白蚕为雄，盛食期食桑旺，食量较多，应充分饱食。雄蚕营茧较快，雌蚕营茧较慢，大多结中上层茧，熟蚕趋密性、背光性强。茧形长椭圆、匀整，茧色白，皱缩中等。茧层率 22% ～ 23%，单茧丝长 1 100m 以上，净度 93 ～ 95 分，鲜毛茧出丝率 16% ~ 17%。

3. 锦绣 × 潇湘

我国第一对既具有斑纹全限性、蚕期根据斑纹区分雌雄，又有深色花翅基因、蛾期区分雌雄的家蚕品种。该品种系四元杂交斑纹全限性夏秋用家蚕品种，具有体质强健、好饲养、产茧量高、茧丝质优良、蚕种易繁等特点，适合在长江流域的夏秋季和推行"秋种春养"的区域春季饲养。克卵数 1 600 ~ 1 700 粒，克蚁头数 2 200 ~ 2 300 头，蚕种孵化齐一，蚁蚕体色呈黑褐色。蚕儿各龄食桑较快，行动较为活泼，发育整齐，体质健壮，壮蚕食桑快、量大、粗壮结实，花蚕为雌，白蚕为雄。老熟齐一，营茧快，多结中上层茧，茧粒大，茧形长椭圆、大小匀正，茧色洁白，缩皱中等，但双宫茧稍多。春季茧层率为 23.5% ~ 24.5%，一茧丝长 1 200 ~ 1 300m，解舒丝长 900 ~ 1 050m，每盒产茧 38.7kg；秋季茧层率为 23% ~ 24% 左右，一茧丝长 1 050 ~ 1 200m，解舒丝长 800 ~ 950m，纤度偏粗，净度优，单盒产茧 35.5kg。

二、桑树栽培

（一）栽植方法

1. 栽植时期

在落叶后至第二年春季发芽前、桑树休眠期进行栽植，这时体内贮藏养分较多，蒸腾量较少，栽后容易成活。春节后栽植最好在桑树发芽前，越早越好；如头年秋末掘起，必须假植好，以免造成苗木干萎，影响成活率。

2. 栽植方法

栽桑时按挖好的植沟、植穴，逐一栽植。一般根多的一面朝北，但外洲河滩地栽桑根多的一面朝上游。要掌握"苗正、根伸、踩紧"的栽植要领。先在植沟、植穴的底肥上放一层细土，以免肥料烧伤苗根。然后将桑苗端正放沟、穴中间，理伸根系，再填细土。当细土埋没苗根时，将苗干稍许向上提摇动几下，使细土充分填满根系空隙，再边填土边踩紧，使土壤紧密与根结合。壅土深度以桑苗根茎部埋入土中 2 ~ 3cm 为宜，黏土稍浅，沙土稍深。一般采用沟栽、浅栽为好，旱化田和地下水位较高的地方栽植桑树务必浅栽、防止涝害。

3. 栽植密度与行向

栽植密度根据桑园地势、土壤、桑树品种和要求的树型等不同因地制宜确定。农家桑园一般采取宽行窄株的栽植形式。湖桑品种无干密植桑亩栽 2 000 株左右，平原区或低干桑亩栽 800 ~ 1 500 株，丘陵山区或中干桑亩栽 600 ~ 800 株，多边地栽桑一步一株。杂交桑品种密度适当增大。不同密度的栽植株行距配置见表 6-24。

表 6-24　不同密度栽桑株行距配置

亩栽株数	行距（m）	株距（m）	树型或栽植区域
600	2	0.5	中干（丘陵山区）
	1.7	1.7	
800	1.7	0.5	低干（平原区）
	1.3	0.6	
1000	1.7	0.4	
	1.3	0.5	
1200	1.7	0.3	
	1.3	0.4	
1500	1.3	0.3	
	1.0	0.4	
2000	1.0	0.3	无干

栽植行向依自然地形而定，为有利于通风透光，植沟一般以东西向为好。堤岸、沟港应与堤岸、沟巷走向平行栽桑。外洲河滩地栽桑植沟应顺水流方向，以减轻洪水对桑树的冲刷。

（二）栽植后管理

桑苗栽植后要加强管理，以提高成活率和促进苗木生长为目的。

（1）灌溉排水　桑树栽植后，整平土地，开畦理渠，及时浇灌定根水，使土壤与苗根紧密结合。注意桑园排水，做到桑园不渍水、雨后无明水。

（2）剪干　桑苗栽植后应及时剪去一部分树干，发芽前按照主干高度适时定干，以免干枯影响定干高度。

（3）疏芽　春季发芽后桑芽长到 15～20cm 时，选留位置适当的 2～3 根壮芽作为第一支干，多余桑芽全部疏去，以集中养分供留芽生长，为培养第一支干打好基础。

（4）补植　桑树发芽开叶后，发现死株要及时补植。补植与疏芽同时进行为好。

（三）桑园省力化栽培管理技术

1. 树形养成
桑树栽植后，需经人工剪伐逐年养成树型，才能使树型整齐、树势健壮，生长旺盛、花果少，减轻病虫为害，减少养分消耗，便于管理和采叶，提高桑叶产量、质量和利用率。

（1）低干桑养成法 桑苗栽植后，在发芽前离地面20～25cm处剪去苗干，当新芽长到10～15cm高时选留上部生长健壮、着生位置匀称的新芽2～3个当年养成壮枝。晚秋可采少量桑叶养蚕。

第二年桑树发芽前离地面50cm处剪断养成第一支干，各支干离地高度同一水平，保持树型整齐。发芽后每支选留2～3个壮芽，每株养成5～6根壮条。中秋可采中、下部叶养蚕。

第三年春季采叶养蚕后离地面70cm处夏伐养成第二支干，发芽后每支干选留2～3个芽生长，每株养成8～12根枝条。以后每年在同一部位剪伐，即养成拳式低干树型。

（2）中干桑养成法 中干桑树型养成的方法与低干桑基本相同，只是主干和支干比低干高，留拳较多。栽植当年离地面30～40cm处剪断养成主干，新芽长出选留上部2～3片芽当年养成壮枝，晚秋采叶养蚕；第二年桑树发芽前离地面70～80cm处春伐，长出新芽后每支选留2～3个壮芽养成第一支干，中秋可采叶养蚕；第三年春蚕结束后离地面100～110cm处夏伐，长出新支后每支干留2～3个壮芽养成第二支干；第四年养春夏蚕后离地面130～140cm处夏伐养成第三支干。以后每年在此部位夏伐养成桑拳，即成中干拳式树型。

2. 肥、水和草害管理

（1）桑园施肥 桑园合理施肥时期与方法，本着"经济施肥"原则，根据桑树生长发育、土壤性质、肥料种类、养蚕用途、当地气候等条件来确定，确保养分的需要及提高桑叶产量、质量。

①桑树对肥料的要求。桑树生长发育过程中对氮、磷、钾肥的需要量较多，施肥主要是合理补充氮、磷、钾三要素。一般每采100kg叶片，按比例需补充纯氮2kg、磷0.75kg、钾1.13kg。不同部位采叶按各部位所含氮、磷、钾的比例相应补充（表6-25）。

表6-25 桑树各被采摘部位营养成分含量比例

蚕期	部位	氮（%）	磷（%）	钾（%）
春	枝	0.41	0.08	0.26
	梢	0.49	0.14	0.47
	叶	1.30	0.24	0.55
夏、秋	叶	1.22	0.21	0.63

②施肥时期。桑园施肥分春、夏、秋、冬四个时期。春肥在桑树发芽至用叶前1个月施，以速效性氮肥为主，通常用腐熟的人畜粪尿和氮素化肥。夏肥在春蚕结束后至早秋蚕饲养前，分别在6月上中旬夏伐后以及夏蚕结束后7月初分两次施入，除追施速效肥外配施蚕沙等迟效性有机肥。秋肥以速效性氮肥为宜，于早秋蚕结束后至8月下旬前结合抗旱施肥，宜早不宜迟。冬肥在桑树落叶后将堆肥、厩肥、蚕沙以及其他土杂肥等迟效性肥料，结合桑园冬耕翻埋土中，改良土壤、提高肥力。

③施肥量。桑园肥料应以有机肥为主。丝茧育桑园氮、磷、钾三要素的比例为7∶3∶4，有机氮肥应占全年施氮量的70%左右。单纯多施无机氮肥易引起土壤板结，降低土壤肥力，多种肥料混合施用效果好。防止肥效降低，氨态氮化肥、人粪尿不能与草木灰混合施用，速效磷肥不能与碱性肥料混合施用。

④施肥方法。主要有沟施、穴施、环施、撒施和根外喷施。前四种土壤施肥方法是将肥料施入土壤中，开沟作穴的位置与深度根据肥料性质和桑树密度而定，稀植桑园施用速效性肥料采用穴施或围蔸环施；密植桑园施用中、迟效性肥料进行沟施或撒施履土。开沟作穴位置以树冠覆盖面的中间为宜，离树蔸30～50cm，施后盖土。

根外喷施选用可溶性的无机肥料和有机质浸出液及部分植物生长激素，配制成一定浓度，在桑树生长期将溶液喷洒在桑叶背面、表面及嫩枝上，叶片和新枝直接吸收养分和利用。

（2）抗旱与排水

①抗旱：夏秋期每千克新鲜桑叶一天需蒸腾8.46kg水分，以每亩桑500kg桑叶计每天蒸腾水分4 230kg，70%～80%的土壤含水量方能满足基本需要，含水量低于70%时必须灌溉。高温季节避免中午灌水。

②排水：在雨量集中的季节以及地势低洼、地下水位较高或土质黏重排水不良的桑园，由于土壤缺乏空气，使桑根呼吸困难、吸水作用受到抑制，致使桑根腐烂发黑，须疏通沟渠排水，并保持地下水位在1m以下。做到流水畅通、雨后不积水。

（3）桑园除草　桑园除草着重抓住"春除发芽草、夏除黄莓草、秋除开花草"三个环节，在杂草结子前清除干净。除草以人工和机械为主，化学除草剂为辅。桑园化学除草剂有两类，一类是二甲四氯、茅草枯、草甘膦、克芜踪等茎叶处理剂；另一类是敌草隆、灭草隆等土壤处理剂。

3. 桑叶收获与修剪

（1）桑叶收获方法　桑叶收获方法有三种：一是摘片叶，采叶时留部分叶柄，不损伤腋芽和皮层，用于收获稚蚕和夏、秋蚕期的桑叶。二是采芽叶，芽叶是生长芽（新梢）和止芯芽（三眼叶）的总称，包括叶片和青梗，春伐或夏伐留芽、春壮蚕期桑叶采收。三是剪条叶，连枝带叶剪伐后摘叶或用条叶（梗、叶、条）喂蚕，夏伐桑树或春壮蚕期桑叶收获等均属此法。

（2）桑叶的收获量 桑园单位面积的收获量是计划饲养量的依据，既不能养蚕过多，又不能浪费桑叶。桑叶因收获方法不同有片叶、芽叶、条叶之分并以它们来表示收获量。条叶中枝条占 40% ～ 45%、芽叶占 55% ～ 60%；芽叶量中青梗占 20% ～ 25%、片叶占 75 ～ 80%；100 kg 条叶大约有片叶 45kg。计算单位面积桑叶产量和蚕的用桑量时以片叶量为主。

（3）桑树的修剪

①春伐：为促进桑树生长，在冬季落叶后到春季发芽前进行伐条，拳式养成桑树从枝条基部或残留很少部分剪伐，无拳式养成桑树留条基 6 ～ 20cm 剪伐。

②夏伐：在春壮蚕期结合桑叶收获或收获后伐去枝条，6 月上旬前完成。夏伐 7 天左右重新萌芽生长，秋季桑叶产量高、质量好，但对桑树生理影响大，应加强水肥管理。

③整枝与剪梢：整枝是修除桑树上的乱拳、枯桩、病虫害枝及细弱下垂枝，使树型整齐，树势强健，并清除潜伏越冬的病虫害。剪梢是剪去枝条尖端 1/4 ～ 1/3，使养分集中，防止冻害、减轻病虫害，提高发芽率，增加产叶量；实生桑和春季发芽率低的桑品种应重剪梢，可剪去枝条梢端 1/2。

④疏芽与摘芯：夏伐后 15 天左右休眠芽和潜伏芽萌发时疏芽，使新梢分布均匀、养分集中、生长苗壮。疏芽时不要撕破树皮，成林桑每亩留 7 000 ～ 10 000 条。摘芯是在春蚕期摘去枝条新梢嫩芯，抑制新梢生长，减少养分消耗，促使叶片增大增厚、成熟一致，提高叶量、叶质和桑叶的利用率。摘芯一般在用叶前 12 ～ 15 天的晴天进行，以摘去新梢鹊口嫩头为度，需要提早用叶的桑树可摘去开放的一叶。

三、家蚕饲养

普蚕（即丝茧育）是以饲养一代杂交蚕种获取缫丝或绢纺原料茧为目的。不同蚕品种及饲养技术决定其丝质及品位。饲养技术主要包括催青、小蚕饲养、大蚕饲养、上蔟和采茧。

（一）家蚕的生活史

家蚕是完全变态的昆虫，一生要经过卵、幼虫、蛹、成虫四个发育时期，才能完成一个世代。蚕以卵越冬，孵化出来的小蚕像蚂蚁俗称蚁蚕，蚁蚕发育到一定程度必须休眠（称眠）一次且蜕去旧皮（称蜕皮）才能继续生长，每蜕皮一次增加一龄，一般是四眠五龄。养蚕从收蚁到上蔟结茧，一般春蚕经过 26 ~ 28 天、夏蚕经过 22 ~ 23 天、秋蚕经过 25 ~ 27 天。

（二）养蚕前准备

1. 养蚕布局

（1）饲养时期　长江流域一般在 4 ~ 10 月养蚕，一年养 4 批蚕（即二春二秋蚕）。一般春蚕在 4 月底、二春蚕在 5 月中旬收蚁，一秋蚕在 8 月中旬、二秋蚕在 9 月上旬收蚁。二春蚕是在春蚕期间桑树不摘芯、推迟夏伐并加强肥培管理，使新梢继续生长饲养的一批蚕。饲养二春蚕的好处：一是亩桑养蚕 0.8 张，饲养量占春蚕的 70% 以上，提高了单位面积的饲养量和产茧量，增加了亩桑发种量；二是大田农作物未到农药使用高峰期，保证了蚕作的安全；三是蚕茧产量和质量好于秋蚕，产量比秋蚕高 10% 以上；四是由于推迟了夏伐时间，提高了秋蚕桑叶的质量，并减轻了桑象虫、桑天牛等病虫危害，大大降低秋蚕发病率。

（2）饲养品种　春蚕一般用"春蕾 × 镇珠、秋丰 × 白玉、湖滨 × 明光"等多丝量品种。夏秋蚕则选用"洞庭 × 碧波、芙蓉 × 湘晖、9 芙 ×7 湘、锦绣 × 潇湘"等耐高温多湿、体质强健的夏秋蚕品种。

（3）种叶平衡　养蚕必须根据气候和桑树品种、剪伐型式、肥培、桑树生长情况，结合历年安排，考虑饲养品种、劳力、蚕室、蚕具等，尽量做到饲养量与桑叶产量平衡；同时考虑批次之间适当间隔，便于做好消毒防病工作。一般普通育（每盒种 3 万粒良卵计）春蚕需芽叶 750 ~ 800kg、夏秋蚕需片叶 500 ~ 550kg。

2. 劳动力安排

养蚕所需劳动力因饲养水平、方式、季节等不同而有差别。采用小蚕共育、大蚕普通育形式，熟练的饲养员每人可负担养蚕量为：1 ~ 2 龄蚕期 5 ~ 6 张，3 龄蚕期 3 ~ 4 张，4 龄蚕期 2.5 ~ 3 张，5 龄蚕期 1.5 ~ 2 张，其中 5 龄蚕期不包括采叶。每人每天可采片叶 100 ~ 150 kg、采芽叶 200 ~ 250kg。大蚕采用省力化饲养方式可适当增加饲养量。

3. 蚕室、蚕具及消耗物品的准备

蚕室、蚕具及主要消耗物品所需的数量，应按所饲养蚕种数量来计算，在养蚕前全部准备好。小蚕室能保温、保湿，大蚕室能通风换气、有对流窗。蚕室要远离厨房、猪牛羊圈、厕所等。蚕具主要有蚕架蚕箔、给桑架、蚕筷、切桑刀板、桑篓、薄膜、大小蚕网、蚕蔟等（表 6–26）。

表 6-26　饲养一张（盒）桑蚕所需主要设备及消耗物品

名称	单位	数量	备注
蚕 箔	个	30 ~ 35	长 1m、宽 0.8m
小蚕网	只	20	
大蚕网	只	40 ~ 50	
塑料薄膜	kg	1.5	聚乙烯薄膜
蚕 架	付	2 ~ 3	
蚕 蔟	片	180 ~ 200	纸板方格蔟
漂白粉	kg	1.5 ~ 2	
次氯酸钠	kg	15	
毒消散	kg	0.5 ~ 1.0	
小蚕防病 1 号	kg	0.5 ~ 1.0	
优氯净防僵粉	kg	5	
石灰	kg	20	新鲜块状

（三）普蚕饲养技术

1. 催青和补催青

催青是应用人工方法，将已活化的蚕卵保护在适宜的环境里使胚子顺利发育，直到蚕卵转青、蚁蚕孵化的过程。春季蚕种催青需 10 ~ 11 天，夏秋蚕期需 8 ~ 9 天。蚕种领回后应立即放到已消毒好的蚕室进行催青保护，在第 1 ~ 4 天室内保持 22℃、干湿差 3 ~ 4℃，第 5 天起至孵化期保持温度 25 ~ 26℃、干湿差 2 ~ 3℃。从催青开始到点青期用自然光线，在 20% ~ 30% 的蚕卵点青后进行黑暗保护。

补催青是养蚕户将点青蚕种领回后，放入 25 ~ 26℃、干湿差 2 ~ 3℃的环境中黑暗保护，待大多数蚕卵转为深灰色直至孵化的过程。领用补催青蚕种要注意两点：一是要黑暗保护，不要用塑料薄膜和手提包装种；二是防日晒、防高温闷热，尽量缩短蚕种在途中时间。

2. 小蚕饲养技术

1 ~ 3 龄为小蚕期。俗话说"养好小蚕一半收"，因此饲养好小蚕是养蚕过程中获得高产优质蚕茧的关键。要养好小蚕必须落实好以下几个关键技术措施。

（1）实行小蚕共育　小蚕共育是由具有充足的蚕室蚕具、桑园面积且技术过硬的单位或养蚕专业户统一饲养小蚕，3 龄或 4 龄起蚕分发给蚕户饲养大蚕的一种形式。

小蚕共育是养好小蚕的有效措施，不但省工、省叶、省成本，还有利于消毒防病及落实技术措施，且能实现平衡增产，是稳产高产的先进技术，应大力推广。它有出售小蚕及联户共育等几种形式。小蚕共育要选择比较肥沃的半旱水田或坡地桑园，施肥以生物有机肥为主，1亩成林桑园可饲育10～12张小蚕。小蚕共育室要求能保温保湿，有南北对流窗。共育10张小蚕需蚕室10～15㎡，蚕簸或木制蚕筐80只及相应的蚕架、蚕网等工具。

（2）采用好的饲育型式　根据小蚕喜高温多湿环境、对病毒抵抗力极弱的生理特点，小蚕饲养普遍采用塑料薄膜防干育。防干育能使饲育环境保温保湿、保持桑叶新鲜，使蚕儿吃饱吃好、体质强健，且能节约用桑、节省劳力。塑料薄膜防干育，1～2龄用上盖下垫四周包折的全防干育，3龄用上盖下不垫的半防干育，眠中都不盖。

（3）重视收蚁管理　蚕儿孵化后喂叶叫收蚁。刚孵化的蚁蚕体小、抗性差，收蚁过程中要操作轻便，防止损伤蚕体和丢失健蚕。收蚁前应备齐饲育用具、引蚁用皮纸、校正干湿计等。春蚕6：00感光，8：00～9：00收蚁；夏秋蚕5：00感光，7：00～8：00收蚁。感光时灯泡与蚕种距离要在1.5m以上。收蚁方法散卵用"网收法"及"纸引法"。纸引操作方法：在感光后的蚕种卵面上盖一张棉纸，然后把切成细条状的桑叶撒在上面，20min后待蚁蚕全部爬到棉纸上去掉棉纸上的桑叶，把棉纸提至另一个垫有防干纸的蚕箔内喂叶并整理好蚕座即可。网收操作方法：在感光后的蚕种卵面上铺两张小蚕网，把切成细条状的桑叶撒在网上，20min后待蚁蚕爬上桑叶后将上面一张网提至另一个垫有防干纸的蚕箔内，喂叶并整理好蚕座即可。收蚁时要注意几点：一是收蚁后第二次给桑前用防僵粉或防病1号进行蚕体消毒；二是每张蚕种只能收两批，未出的蚕种必须烧毁；三是收蚁只能在上午进行，不得在中午或下午收蚁。

（4）精选小蚕用叶　小蚕生长发育快，体重增长迅速，因此小蚕需选择水分较多、蛋白质丰富和碳水化合物适量的优质桑叶，以满足其迅速生长发育的需要。应根据各个龄期采摘适熟叶，做到老嫩、厚薄、颜色一致，不采雨水叶、虫口叶和过老过嫩叶，做到早晚采叶和计划采叶。采回的桑叶要合理贮藏，保持叶质新鲜。

小蚕各龄用叶标准：

收蚁当天：黄中带绿生长芽第3叶；

1龄：嫩绿色，生长芽第3～4叶；

2龄：浓绿色，生长芽第6～6叶；

3龄：成熟的绿叶，片叶或三眼叶。

（5）控制好温湿度标准　蚕的饲育适温在20～28℃之间，该温度范围内蚕能正常发育。小蚕喜高温多湿，小蚕期饲育温度高时，发育经过快，食下量、消化量以及体重的增加量多，以后全茧量和茧层量也大。必须确保小蚕1～2龄期温度控制在26～28℃，干湿差1～1.5℃；3龄期温度25～26℃，干湿差1.5～2℃。应防止重加温、轻补湿，重白天、轻夜晚，重晴天、轻雨天，重春蚕、轻秋蚕的现象，使小蚕在良好的环境内生长发育。

（6）及时扩座除沙　小蚕生长迅速、移动范围小，对桑叶感知距离短，蚕体面积增长快，必须及时扩座匀座。要求给一次桑、扩一次座、匀一次蚕。除沙是一项非常重要的工作，可以防止蚕座蒸热发酵、减少蚕座上病原的存在和传染。一般要求 1 龄蚕眠除一次；2 龄起除、眠除各一次；3 龄起除、中除、眠除各一次；采用在蚕座上加网，给 1 ~ 2 回桑后，提网除沙，操作简便而不伤蚕体。扩座、除沙时一定要仔细，防止损伤蚕体和丢失健蚕。

（7）搞好眠起处理　眠起处理是养蚕过程中比较重要的技术环节，每个龄期蚕儿发育到一定程度，需要入眠蜕皮，这一时期蚕不食不动，对不良环境抵抗力较弱，如果处理不当会影响蚕儿健康，所以眠起管理必须认真细致。处理要点有：

①适时加眠网：为了使眠中蚕座清洁干燥，在蚕就眠前要加网除沙，加眠网要掌握适时。一般根据蚕的发育、体形休色、食桑行动的变化来决定。1 龄在盛食后期蚕体开始发亮紧张，有部分蚕身上沾有蚕沙，体躯缩短，体色呈炒米色时加眠网；2 龄有半数蚕儿身体紧张发亮，食桑行动呆滞时加眠网；3 龄在大部分蚕体壁紧张，并有个别将眠蚕时可加眠网。在适温下各龄蚕加眠网时间如下：1 龄蚕在收蚁后 2 足天，蚕体呈炒米色；2 龄蚕约在饷食后 30 ~ 36h；3 龄蚕约在饷食后 2 足天。

②饱食就眠：眠除后在蚕儿就眠前要充分饱食，用桑必须新鲜良好，切桑要细，给桑间隔时间稍微缩短，务使饱食就眠。

③及时提青分批：在绝大部分蚕就眠后即可止桑，为促使眠中蚕座干燥，在蚕座上可撒焦糠石灰粉，既有消毒作用又可防止早起蚕啃食残桑。同时加网进行提青分批，淘汰弱小蚕、迟眠蚕。提出的青蚕应另外饲养并集中放在蚕架高处，使其饱食就眠。

④加强眠中保护：眠中保护是指从止桑到饷食这段时间的环境保护。眠中经过时间，1 ~ 2 龄为 20 ~ 22h，3 龄约 24h。为减少眠蚕体力消耗，眠中温度要比食桑时降低 0.5 ~ 1℃；干湿差在眠中前期 2 ~ 3℃，保持眠中环境干燥；后期 1.5 ~ 2℃，防止过分干燥，适当补湿利于蚕儿蜕皮。眠中光线要稍暗而均匀，避免日光直照和强风直吹蚕座。

⑤适时饷食：蚕儿眠起后第一次给桑称为饷食。饷食过迟，起蚕到处乱爬，消耗体力、影响体质；饷食过早，起蚕口器嫩，造成食欲不旺，易引起发育不齐。一般在大部分蚕头部呈淡褐色，头部左右摆动、呈求食状态时为饷食适期。注意宁迟勿早。饷食前先撒粉剂蚕药进行蚕体蚕座消毒，再加网给桑，第二次给桑前进行起除。

⑥控制日眠：蚕儿在上午催眠、14：00 ~ 17：00 就眠的称为日眠，而在 22：00以后入眠的称为夜眠。日眠蚕发育整齐、易于饲养，而夜眠蚕一般发育不整齐、不易饲养。因此，在饲养中要设法控制蚕儿白天入眠，控制日眠的方法有：一是控制收

蚁时间，收蚁要在 8：00 ～ 10：00 时进行；二是控制饷食时间，2 ～ 3 龄蚕控制在 15：00 ～ 17：00 饷食，当龄蚕容易日眠；三是控制饲育温度，在蚕儿适宜生长发育温度范围内，根据蚕的发育快慢，适当降低或提高饲育温度控制蚕的生长速度，从而达到控制日眠的目的。

3. 大蚕饲养技术

4 ～ 5 龄蚕称为大蚕。大蚕饲养是指从共育室领回蚕儿饲养至结茧的过程。大蚕期是需要桑叶、劳力、蚕室、蚕具最多的时期，所以养好大蚕是夺取蚕茧优质高产的关键。大蚕饲养型式及技术要点：

（1）大蚕饲育型式　因蚕具设备不同，目前大蚕饲养可分蚕匾育、蚕台育、地蚕育及屋外大棚育 4 种型式。

①蚕匾育：用梯形架或竹、木搭成 6 ～ 8 层的蚕架，可多层插放方匾、圆匾，优点是房屋利用率高、通气好，缺点是投资较大、用工多。

②蚕台育：用竹、木搭建 3 ～ 4 层固定的蚕台，每层间隔 60 cm 左右；也有用绳子吊住蚕台，上下能移动的活动蚕台。蚕台上铺上竹帘，在帘上给芽叶或片叶养蚕，也可进行条桑育。这种方法的优点是蚕室利用率高、喂叶快、成本低、节省劳力，缺点是不利于消毒防病。

③地蚕育：地蚕育一般选择地势高燥、通风良好、没有放过化肥、农药等物的房屋，打扫干净并经消毒后，地面撒一层新鲜石灰粉、再铺一层稻草，将 4 龄或 5 龄饷食后的蚕移放到地面上饲养。地面育一般用芽叶或条桑饲养。该型式适用于种桑 3 亩以上者。这种方法的优点是省力省时、蚕座通气好；缺点是占用房屋较多，加上 5 龄期不除蚕沙、蚕座湿度大。养蚕的关键是加强通风换气、多用吸湿材料，熟蚕前 1 天改喂片叶，便于上蔟。

④屋外大棚育：在蚕桑生产新区大规模饲养，为解决蚕室蚕具不足的问题，将 5 龄蚕移到屋外简易大棚饲养，可用地面也可用蚕台饲养。采取相应的措施，也能获得很好的收成。优点是投资蚕室的费用少，养蚕工效高、蚕病少、茧质好，适合规模化养蚕；缺点是受自然条件的影响较大，易受蚂蚁、老鼠、蝇蛆等为害。

（2）大蚕饲养应把握的技术要点

①加强大蚕省力化养蚕技术的应用。大蚕期正是农业生产最忙期，劳动力非常紧张，此时又是养蚕用工最多的时候，大蚕饲养应尽量采用条桑育或斜面育等省力化养蚕技术。

②合理调节温湿度。大蚕与小蚕相反，比较适应于较低的温度。大蚕期高温饲养则发育经过时间短，但食下量、消化量、全茧量和茧层量等下降，所以饲育温度不能太高。4 龄蚕的适温为 24 ～ 25℃，干湿差 2 ～ 3℃，5 龄蚕的适温 23 ～ 24℃、干湿差 3 ～ 4℃。

③保持适度稀放。合理的密度是蚕儿健康发育的前提。盛食期每张蚕种最大面积 4 龄期达 14m²，5 龄期达 30 ～ 35m²。蚕头过稀易造成踏叶，浪费桑叶；蚕头过密，

易引起蚕儿发育不齐，发生蚕爬蚕引起创伤、增加感染蚕病的机会。所以要及时做好扩座、除沙、眠起处理等工作。蚕匾育4龄进行起、眠除各一次，中除两次；5龄起除后每天中除一次。蚕台育也应适当除沙。地蚕育5龄下地的一般不除沙，但蚕座上应撒石灰或焦糠等干燥材料，以利蚕座卫生。大蚕眠性慢，当发现有少量眠蚕时可加眠网，注重提青分批和适时饲食，促使大蚕发育整齐。

④坚持良桑饱食。大蚕食桑量大、丝腺增长迅速，大蚕期用桑量占全龄用桑的95%以上，要求桑叶成熟度高，无嫩叶、老叶、虫口叶等。要做好几项工作：一是及时摘芯、充实叶质。为促进桑叶成熟一致，使叶片增大、增厚，提高单位面积桑叶产量，可在5龄蚕大量用叶前12天左右摘去桑树枝条新梢嫩芽。二是做好桑叶采摘、运输和储藏工作。大蚕采叶一般在上午10：00左右和傍晚为宜，中午不采；采下后要松装快运，送到储桑室后盖上薄膜，经常检查、翻动，防止桑叶发热、变质、凋萎，贮叶时间不要超过12h，贮桑场所坚持每天用0.5%的漂白粉液消毒一次；三是给桑做到看蚕勤喂，每昼夜给桑3～4次，同一龄期中根据蚕儿不同食桑期，适量给桑，确保蚕儿饱食。

⑤加强通风换气。大蚕对高温多湿抵抗力弱，大蚕期特别要注意通风排湿，严禁用口袋蚕房养大蚕，防止连续接触高温闷热天气。"大蚕靠风养"就是要求蚕室开门开窗，形成空气对流。使用免除沙技术时因蚕室或大棚内空气更易混浊，更应加强通风换气，避免蚕儿食欲差，导致体质下降、发病率增加，影响蚕茧产量和质量。

⑥狠抓大蚕防病防毒工作。大蚕期做好防病防毒工作是提高结茧率和蚕茧上茧率的重要措施。一是坚持每天早晚进行蚕体蚕座消毒；二是蚕具、蚕室地面和周围环境要定期消毒；三是及时淘汰病弱蚕、迟眠蚕，病死蚕必须丢入消毒缸内，严禁用病死蚕喂鸡、鸭等；四是蚕粪要倒入蚕沙坑内，新鲜蚕粪严禁施入桑园；五是及时防治桑园害虫，防止农药中毒。

（四）秋蚕饲养特点及稳产关键措施

秋蚕饲养一般在8月中旬至10月上旬，由于秋季气候多变、桑园病虫害多，容易发生蚕病，产量不稳定。根据秋蚕饲养特点采取针对性技术措施，是提高秋茧产量和质量的关键。

1. 秋蚕饲养特点

（1）气候特点 长江流域8月中旬至10月上旬天气变化较大，晴天温度较高（出现35℃以上）易形成高温闷热天气，阴雨连绵常常造成低温多湿的天气，出现干旱又会形成酷热干燥天气。

（2）叶质特点 秋季叶质的好坏受气候条件影响很大。如遇阴雨连绵、日照不足，则桑叶含水率较高，营养物质的含量相应减少。如遇久旱不雨、土壤缺水，则桑叶含水量少，叶片硬化、叶质差，桑树生长停止，出现封顶现象。湖南一般一秋蚕叶质较好，二秋蚕叶质较差。

（3）病虫害特点　秋蚕蚕茧产量和质量不如春茧，其主要原因是蚕病的危害及农药中毒。秋季随着养蚕次数的增加，病原物积累多，加上高温多湿的环境条件，病原物繁殖快、致病力强，如蚕室蚕具消毒不彻底，饲养管理粗放，容易感染蚕病。再加秋蚕期常处在高温多湿的环境中，桑叶叶质又较差，蚕体虚弱、抗病力降低。因此，秋蚕比春蚕更容易发病，而造成蚕茧产量低、茧质差。其次秋季桑树害虫如桑螟、野蚕、桑尺蠖、桑毛虫等为害较严重。这些害虫还能发生与蚕儿同样的疾病，蚕食下被害虫尸体或虫粪污染的桑叶，就可能遭受感染而发病。另外秋蚕期农作物使用农药比较普遍，蚕儿农药中毒致死或不结茧的情况屡有发生。

2. 秋蚕饲养的关键措施

秋蚕饲养技术和春蚕饲养技术基本相同。特别要注意几个关键措施。

（1）合理布局，选用良种　一是根据气象规律合理确定收蚁时间，争取大蚕期避开高温天气；二是选用强健性好、耐高温多湿、抗病力强的蚕品种。

（2）防病消毒要彻底　彻底消毒、控制蚕病危害是养好秋蚕的关键。养蚕前、养蚕中、养蚕后的消毒，标准要严、不留死角。养蚕过程中经常观察蚕的生长发育情况，发现病蚕及时淘汰，防止疾病传染、蔓延。秋蚕期，蚕蝇蛆、老鼠的为害也比春蚕期严重，要及时采取防治措施。

（3）加强桑园肥培管理　一是桑树夏伐后要及时施肥，保证桑树养分供给；二是夏秋季桑园害虫多发，应及时做好治虫工作，并注意采叶与治虫的时间协调，保证蚕作安全。

（4）搞好饲养管理　秋蚕饲养应把握几点：

①提早感光、收蚁，早上4点感光、8点前收蚁结束，以免蚁蚕受饥饿而造成体质虚弱；

②稀放饱食，小蚕提前扩座、大蚕力求做到三稀（即蚕架稀、蚕匾稀、蚕头稀）；

③秋蚕喂叶最好多次薄饲，高温干燥天气宜白天少给、夜晚多给。

（5）合理采摘桑叶

①注意采留比例。秋蚕四龄起由枝条下部从下而上采叶，采叶量不超过枝条叶量一半；秋蚕采叶上部至少留5～6叶，以利桑树积累养分，为次年春叶早发芽、多发芽打基础。

②注意摘叶留柄，不损伤叶芽。

③注意小蚕精选适熟叶，大蚕早采露水叶，夜里用叶傍晚采，中午尽量不采叶。

④采下的桑叶要少装、快运，防止桑叶枯萎、发热、发酵。

（6）调节温湿环境　秋蚕饲养过程中会遇到各种不良气候，要经常注意气候变化及时采取补救措施。秋季小蚕期的温度基本能达到其生理要求，注意高温干燥天气的补湿和保湿工作；大蚕期应注意蚕房的通风换气，防止高温闷热。蚕室周围可采取搭凉棚、盖遮阳网、挂湿布等降温措施；如遇阴雨天气低温多湿，蚕座应多撒焦糠、新鲜石灰等干燥材料，降低蚕座湿度。

（五）推广省力化养蚕技术

1. 推广省力化养蚕技术的好处

栽桑养蚕属劳动密集型产业，劳动力投入要占到养蚕成本的 40% 以上。由于近年农村经济多元化发展以及劳动力向城市转移，蚕业生产受到很大影响。推广省力化简易养蚕技术，可以有效解决劳动力、蚕室蚕具不足的矛盾，省工、省力、省开支，达到提高产量、降低成本、增加效益的目的。推广应用省力化技术，每人可养蚕 3 张以上，形成适合规模生产。

2. 省力化养蚕方法

省力化养蚕应根据各地的实际情况，因地制宜地采用合理的养蚕方式，不能生搬硬套。

（1）小蚕叠式木盒育　用厚 2cm、宽 4cm 木板条制成长为 110cm、宽 90cm、高 4cm 的木框，底部用编织布或窗纱绷紧钉牢，四角用木块钉成 5cm 高的三角脚，每张种需备木盒 3 个。蚕盒离四周墙壁 40cm 以上，离地面 40cm，每排可放 15 ~ 18 层，排放时要留一空档，作为操作时调木盒用。

（2）大蚕室内地面育　没有放过农药、化肥等有毒物资，地势高、干燥、通风良好的房屋，将地面全面消毒后撒鲜石灰即可养蚕。一种是厢条状平面育，每厢宽 1.5m，中间留 0.5m 的操作道；另一种是条桑斜面育，五龄期不采片叶，直接剪伐条桑，利用条桑搭成斜面养蚕。地面育养蚕工效提高 3 倍以上，而且节省了蚕匾和蚕架的投入成本。

（3）大棚养蚕　大棚养蚕是为适应蚕桑家庭经营规模扩大、蚕桑专业户专业村发展而开发的一项养蚕新技术，一般 3 ~ 5 亩桑园搭建一个 100 ㎡ 大棚。养蚕大棚按结构分主要有简易蚕室、大棚和活动蚕室等 3 种。大棚搭建选择地势平坦、干燥、通风，远离稻田、菜地、果园，距桑园近、管理方便的场所，因采叶方便可采用地蚕育、蚕台育、条桑育等省力化养蚕技术。不养蚕时可养鸡或栽培食用菌等，做到一棚多用。

（4）熟蚕自动上蔟　熟蚕自动上蔟，方法简便、省工省力。其关键是蚕儿要老熟整齐，必须抓好两点：一是大眠提青分批，将各批蚕分开饲养；二是蚕儿见熟 5% 左右时并蚕添食蜕皮激素（1 支蜕皮激素加水 2kg），使蚕儿老熟一致。在添食蜕皮激素后第 2 天上午大批蚕儿成熟，搁挂蔟片间距 10 ~ 13cm 的双联蔟片，让熟蚕自行爬上蔟具做茧（方格蔟刚好接触蚕座为宜，距离大不利蚕爬蔟）。这方法省去捉熟蚕功夫，清场较方便。

（六）上蔟和采茧

上蔟和采茧是养蚕最后阶段的工作，是丰产丰收的重要环节，处理好坏直接关系到蚕茧的质量，必须做好这一工作。

1. 上蔟管理

（1）蔟室蔟具准备　上蔟室要便于加温和换气排湿，且光线明暗均匀。蔟具要足量准备，目前生产上使用最多的是纸板方格蔟和塑料折蔟，每张蚕种需塑料折蔟60个左右，纸板方格蔟180～200片（每片156孔）。使用方格蔟的优点：蔟中通风良好、茧色白、减少次下茧、上茧率高、解舒好，茧层厚薄均匀、横营茧多，且采茧方便、能多次使用，消毒、保管收藏容易。

（2）上蔟技术

①适时上蔟：5龄蚕饷食后经过6～8天，食欲减退、颜色由青白转为腊黄色、排软粪、胸部透明、体躯缩短、头部左右摆动，此时为上蔟时期。掌握适时上蔟，上蔟过早游蚕多、损失蚕丝，且容易出现薄皮、双宫茧等，影响茧质。必要时过熟蚕和适熟蚕分开上蔟。

②上蔟密度：熟蚕上蔟要掌握适当密度，上蔟过密营茧位置少，湿度增大，双宫、黄斑等次、下茧增多；上蔟过稀所需蔟室和蔟具都相应增加，造成浪费。熟蚕上蔟密度一般掌握折蔟每个400头、方格蔟每个蔟片130头左右。

③上蔟方法：纸板方格蔟上蔟方法：事先用竹片把方格蔟两片连在一起，竹片长出7～10cm（2～3寸）便于悬挂。其方法是先把方格蔟横放在蚕体上，待熟蚕自动爬上蔟后，把蚕和方格蔟一起提起，挂到预先准备好的铁丝或竹杆上。为了使蚕尽快入孔结茧，上蔟后可先挂到室外阴凉处，待蚕入孔后再挂回室内。未熟蚕集中继续喂叶。

④上蔟后管理：上蔟后要切实加强蔟中管理：一是清场。24h内把未入孔和掉在地面的蚕捡起另外上蔟，上完蔟后马上清除蚕粪，地面撒石灰等吸湿材料，上蔟当天要翻蔟2～3次，使蚕结茧均匀，晚上禁止开长灯。二是加强通风排湿。由于上蔟后老蚕排出的尿、粪便多，造成蔟室内湿度增大，要着重抓好上蔟后前三天的通风排湿，保持蔟室清洁、干燥；上蔟后蔟室标准温度应在24℃左右，如低于22℃会影响结茧速度和进孔率，需加火升温。

2. 蚕茧采摘

（1）采茧方法　春蚕上蔟后6～7天、夏秋蚕上蔟后5～6天，即可采茧。采茧时应先检出蔟中死蚕、烂茧，并随时除去附在蚕茧上的杂物、蚕粪等，集中起来烧毁。采茧过程中，上茧、次茧、下茧要分开摊放，千万不能混装，否则会造成上茧污染、降低茧质，影响茧价。

（2）蚕茧分类　蚕茧是丝纺工业的原料，按其工艺要求将蚕茧分成上茧、次茧和下脚茧三大类。上茧是指茧形均匀、茧色洁白、能缫制一般等级生丝的蚕茧；次茧是指茧分离的多层茧、一端厚一端薄的薄头茧、两端厚中间薄的薄腰茧、僵蚕茧、轻柴茧、轻黄斑茧等，次茧虽然能缫丝，但影响缫折、产量和生丝品质。下脚茧是指双宫茧、烂茧、死笼茧、柴印茧、穿头茧、重黄斑茧、绵茧、薄皮茧、畸形茧等，这类茧不能缫丝、一般可作为绢纺的原料。

四、消毒防病

无病才能保证蚕茧丰收，消毒不彻底及消毒药品使用不当，造成蚕病暴发严重影响产量，有的甚至颗粒无收。因此，在养蚕前后必须进行彻底消毒，蚕期中必须严格执行防病卫生制度，确保无病、高产。

（一）养蚕前蚕室蚕具消毒

（1）消毒时间　一般要求在养蚕前一星期前进行。

（2）消毒方法　消毒前先把蚕室蚕具及周围环境认真打扫干净、用水清洗。墙壁用石灰浆刷白。蚕具放在太阳下暴晒数小时，搬进蚕室后用药物消毒两次以上，第一次用含有效氯 1%～2% 的漂白粉澄清液或次氯酸钠液进行消毒，消毒液要随配随用，以免降低药效。兑漂白粉液时先将漂白粉放入桶内，加部分水充分溶解成浆后加够定量的水搅拌澄清，密封 0.5～1h，取上面澄清液消毒。漂白粉液及次氯酸钠液使用量为每平方米 0.25kg。消毒前先将蚕室内的铁器、电器用薄膜包好，避免受药物腐蚀。喷药要均匀，喷后密闭门窗半天。第二次是用毒消散按每立方米用药 4g 熏烟消毒，消毒前门窗用纸糊封、密闭蚕室，蚕具置于蚕架上放在蚕室内一起消毒，不必另加药量；消毒时先在室内加温，将所需药粉摊在锅底放在已烧红的火盆上，药粉开始发烟立即关上门窗走人，密闭 24h 后打开门窗，待药味散尽即可养蚕。蚕网（棉线网）、蚕筷可用沸水煮半个小时消毒，鹅毛放在面上利用蒸气消毒。

（二）蚕期消毒防病

1. 严格执行防病卫生制度

（1）养蚕人员做到"三洗、二换、一消毒"。进蚕室前、喂叶前和除沙选蚕后洗手，进蚕室、贮桑室换鞋，蚕室、贮桑室每天用含有效氯 0.3% 的漂白粉液或次氯酸钠液消毒一次。在蚕室门口放新鲜石灰粉做鞋底消毒，进出蚕室要在石灰粉上走过，防止带菌入室。

（2）未经消毒的用具不能带进蚕室。

（3）蚕沙及时运往远离蚕室的地方挖坑堆放，切勿四周乱倒。

（4）大、小蚕用具严格分开，不能混用。

（5）养蚕中发现病蚕，应及时严格淘汰。

2. 蚕体蚕座消毒

收蚁后给桑前进行蚁蚕消毒，各龄蚕饲食前进行消毒；2 ~ 3 龄蚕进行龄中消毒，4 ~ 5 龄蚕每天或隔天消毒一次，若已发生蚕病可连续多次用药。消毒粉剂用箩筛或纱布袋均匀地撒到蚕体蚕座上，呈薄霜状 15min 后给桑。目前长江流域农村蚕体蚕座消毒用药主要有：

（1）新鲜石灰粉，可防治病毒病。

（2）防病一号（分大防和小防，主要成分是甲醛），对各种蚕病都有作用。

（3）优氯净防僵粉（主要成分是二氯异氰尿酸钠），对各种真菌病都有作用。

（4）蚕用消毒净（或毒消散兑石灰），对家蚕病毒病、细菌病都有很好的防治作用。

3. 规范蚕体药物添食

为防止蝇蛆病的发生，从第 4 龄起添食 500 倍或体喷 300 倍灭蚕蝇药液，并配齐纱门纱窗。灭蚕蝇添食方法：一支 2ml 灭蚕蝇药剂加水 1kg，搅拌后喷 10kg 桑叶，边喷边拌使药液分布均匀，晾干后喂蚕，做到现配现用；体喷法：一支 2ml 药剂加水 0.6kg，待蚕座内桑叶吃光后给桑前，将药液均匀喷洒在蚕体上，注意在用药 6h 内不能使用石灰粉和防僵粉进行蚕体蚕座消毒；灭蚕蝇使用次数：4 龄盛食期用 1 次，5 龄第 2、4、6 天各用 1 次。

为防止蚕病的发生，在 4、5 龄饲食时可以添食蚕病清，但蚕病清与灭蚕蝇要错开隔天使用。蚕病清配制方法：一支 2ml 药剂加水 0.5kg，拌 5kg 桑叶；若发生蚕病则配制浓度要高一点，即 1 支 2ml 蚕病清加 0.25kg 水喷 2.5kg 桑叶，连续用药 3 次，以后每天 1 次，直至控制为止。

4. 严防农药及有害物质中毒

农药及有害物质中毒是大蚕期常见病害，一旦发生往往损失惨重。防止中毒发生的关键是预防，要切实注意以下几点：

（1）做到桑园集中连片，养蚕期间不要在蚕室及桑园附近农田喷洒农药。

（2）打农药后应换衣洗手，才可采叶喂蚕或进行其他养蚕操作。

（3）桑园治虫应使用专用药具，桑叶添食禁用打过农药的用具。

（4）桑叶要坚持试喂，确认无毒后才可大批采叶养蚕。

（5）养蚕期间，蚕室内不可点蚊香或使用灭蚊、灭虫剂。

发现中毒不要轻易倒蚕，应迅速打开门窗或把蚕端到通风处，撒石灰或焦糠等隔沙材料，及时加网除沙，给新鲜桑叶，可缓解中毒症状、减少损失。同时尽快查明毒源，避免再中毒。

5. 做好桑园防虫工作

夏秋季节农田和桑园虫害多而且发生量大，与蚕交叉感染概率比较高，这段期间要对桑园虫害进行实时监测、准确把握虫情，选择高效桑园专用农药及时防治，确保治虫效果，才能有效控制交叉感染、减少蚕病发生。

（三）养蚕后消毒（回山消毒）

蚕茧采完后应立即对蚕房、蚕具、周围环境按养蚕前消毒方法进行一次消毒，纸片方格蔟用明火烧去废丝后，用毒消散或硫黄熏烟消毒晒干后收好。死角消毒彻底，以防止病原扩散，影响下次养蚕。

第七章
活水养鱼技术

第一节　池塘养鱼技术

池塘养鱼是淡水渔业的主要组成部分。由于池塘水体较小，人力易于控制，因此便于采取综合的技术措施进行精养高产，从而大大提高单位面积的鱼产量。池塘按其生产过程可分为鱼苗、鱼种培育，成鱼饲养两个阶段。池塘养鱼要获得高产必须要有质优量足的鱼种。

一、鱼苗鱼种的培育

鱼苗鱼种培育是鱼类养殖的第一阶段。从鱼卵孵化后饲养到 3.3cm 左右（相当于夏花），称鱼苗培育；以夏花饲养至冬片、春片称鱼种培育。这两阶段使用的鱼池分别称为鱼苗池和鱼种池。

（一）鱼池条件

池塘是鱼类的生活场所，鱼类要有一个适宜的环境条件，才有利于它的生长、发育。对生产者来说才能获得较高的经济效益。我们选择的鱼池主要是从满足鱼苗鱼种的生物学特性以及人工饲养管理和捕捞方便等几个方面考虑。

1. 水源洁便，排灌自流

水是鱼类赖以生存的首要条件。水源要求无毒、无污染、无冷浸水、锈水，水源充足，排灌方便，不怕旱涝。池塘养鱼的水源条件，应该考虑以下几个方面的因素。

（1）水质要符合国家渔业用水标准。

（2）水量要能满足渔业生产的需要，尤其是在主要生产季节，即 4 ~ 11 月要有充足的水量进入池塘，用于池塘注水、换水。其换水量一般要求 1 次能换水 10% ~ 20%，每月换水 1 ~ 2 次。

（3）水源可以使用地下水或地表水。

2. 面积、深度适宜

池塘面积一般以 3 ~ 20 亩为宜，以 5 ~ 10 亩为最佳。开阔的平原地区，以 10 ~ 15 亩更好。饲养成鱼的池塘，面积应该宽大为好。其主要原因是：

（1）"宽水养大鱼，一寸水深一寸鱼"。鱼池面积大，为养殖鱼类提供了有效的生活空间，活动范围大，有利于生长。

（2）水面大可以经常受到风的吹动，增加水中溶解氧；同时，借助风力，表层和底层的水能够进行对流，促使有机物的分解，给鱼类提供良好的生存和生长条件。

（3）鱼种池水深 0.8 ~ 1.5m，商品鱼池水深 1.8 ~ 2.5m，池埂比水面高 0.3 ~ 0.5m 为宜。

（4）池塘面积的适当扩大，可以减少鱼病发生，并能适当增加放养量。

3. 池形规划、整齐，池底平坦，周围无障碍物

池塘以长方形为好，东西长、南北宽。池底应平整，便于拉网操作，池底淤泥控制在 25cm 以内，池塘保水性好，不漏水。池塘底部根据需要可以修建集鱼（排污）坑或沟以利于集鱼和排污，鱼池底部一般要求 0.2% 以上的比降。比降进一步加大有利于排水、排污；在投饲台的区域作为池塘的最低处设排水管，有利于收集残余的饲料、鱼体排除的粪便和集鱼，每天定期排水、排污。

总之，要进行精养、密养，在新建鱼池前就按上述要求加以勘查、设计。但对自然类型的池塘，则不必强调标准，可因地制宜。

（二）放养前的准备

1. 清塘消毒

池塘底泥富含有机物，是很多鱼类致病菌和寄生虫的温床。同时，在池塘养殖水体中，还存在着包括细菌、藻类、青泥苔、螺蚌、水生昆虫、蛙类、野杂鱼和水生植物等，对池塘进行彻底消毒是必不可少的。药物消毒是除野和消灭病原的重要措施之一，现在生产上常用的有生石灰、漂白粉、漂白精、二氧化氯等。最常用的是生石灰和漂白粉。

（1）冰冻曝晒法　入冬后，将池水排干出鱼，铲除污泥、杀草，让其在阳光下曝晒、冰冻，减少有害物及利用空中紫外线杀菌。

（2）药物清塘消毒法

①生石灰消毒：生石灰消毒分为干法消毒和带水消毒。

干法消毒是在修整鱼塘后，池底只留 6 ~ 10cm 深的水，在池底各处挖几个小坑，准备投放生石灰现塘溶化，小坑的多少，以能泼洒遍及全池为限。小坑挖好后，将生石灰放入水溶化，不等其冷却即向四周泼洒，遍及池塘堤岸脚，全池都要泼到，生石灰用量为每亩 75kg。

带水清塘的生石灰用量为每亩水深 1m 的养殖水体中用 150kg。带水清塘时，先将生石灰用水溶化，兑水后全池泼洒；或将生石灰盛于箩筐中，悬于船后，沉入水中，划动小船在池中来回缓行，使石灰溶浆后散入水中。生石灰清塘一次性用完，效果较好。

②漂白粉消毒：漂白粉要求含有效氯 30%，干池消毒，每亩用量 7.5 ~ 10kg，带水消毒 1m 水深每亩用量 13kg，溶水全池泼洒，5 天左右药性消失。漂白粉极易挥发和受潮分解，要注意密封保存，且具有很大的腐蚀性，在使用时要用木桶溶解，不要接触皮肤和衣物。

③茶粕消毒：茶粕含有皂角素，为一种溶血性毒素。采用茶粕消毒，平均水深 1m，每亩用量 40 ~ 50kg。将茶粕打碎成小块，放入缸或木桶浸泡一昼夜，也可用开水封密浸泡 30min，用时加水全池泼洒。茶粕消毒能杀死野杂鱼、敌害及部分水生昆虫，但对细菌没有杀灭作用。

2. 培肥池水

鱼苗下塘前，应培肥池水，待鱼苗下池时，有充足的适口饵料，这是提高鱼苗成活率的主要措施。池塘在消毒后的 2 ~ 3 天，灌水 50 ~ 66cm，肥料主要有绿肥和粪肥。绿肥用量一般每亩 300kg，粪肥用量为 100 ~ 200kg。

3. 放试水鱼

鱼苗下池前 2 ~ 3 天，放养试水鱼。试水鱼一般放养 13cm 以上鳙鱼种，每亩 40 尾。一则可以检查清塘消毒药物毒性是否消失（如有死鱼说明毒性未消失，应推迟放养鱼苗）。二则检查池水肥度是否适宜（清早检查如试水鱼长时间浮头，说明水质太肥，注意加注新水；短时间浮头，日出后即消失，肥度适宜；不浮头，水质不肥，应增施肥料）。三则可以可吃掉大型浮游动物，减少肥料消耗。鱼苗下池前，把试水鱼全部捞出。

（三）放养

1. 鱼苗单养

各种家鱼在鱼苗阶段都以浮游动物为食，食性相同，为防止争食及便于生产操作，一般进行单养。放养密度，一般每亩初放 10 万 ~ 15 万尾，可视饲养管理方法，池塘条件而定，长至 1.5 ~ 2cm 后，分池拔稀。

注意放苗时温差不超过 2℃，超过 5℃时死鱼；用氧气袋运回的鱼苗须先倒入池盆内，加少量新水中和休息 10 ~ 15min，用蛋黄开食后下池。

2. 鱼种混养

自夏花开始鱼种食性已经分化，同一池中也出现分层生活，因此进行混养能提高单位面积产量。一般以草鱼为主的池塘，搭配 15% ~ 20% 鲢、鳙鱼种；以鲢为主的池塘可搭配 10% ~ 15% 的草鱼和 5% 的鳙。放养密度每亩 1 万尾左右，以后分稀到 5 000 ~ 6 000 尾，养至年底可长至 16cm 以上。

3. 鱼种质量及规格

放养鱼种要求品种纯正、规格整齐、体质健壮、无病无伤。主养鱼类的规格整齐是指其个体重量差异在"10%"以内，搭养鱼类的个体大小一般不大于主养鱼类的个体。

鉴别鱼苗质量的一些方法：

（1）看体色　好鱼苗群体色素相同，体色鲜艳有光泽；差鱼苗往往体色略暗。

（2）看群体组成　好鱼苗规格整齐，身体健壮，光滑而不拖泥，游动活泼；差鱼苗规格参差不齐，个体偏瘦，有些身上还沾有污泥。

（3）看活动能力　如果将手或棒插入苗碗或苗盘中间，使鱼苗受惊，好鱼苗迅速四处奔游，差鱼苗则反应迟钝。

（4）看逆水游动　用手或木棒搅动装鱼苗的容器，使水产生漩涡，好鱼苗能沿边缘逆水游动，差鱼苗则卷入漩涡，无力逆游。若将鱼苗舀在白瓷盆中，吹动水面，好鱼苗能逆风而游，差鱼苗则不能。

（5）看离水挣扎　好鱼苗离水后会强烈挣扎，弹跳有力，头尾弯曲成圈状，差鱼苗则无力挣扎，或仅仅头尾颤动。

（四）日常管理

鱼苗鱼种池必须精细管理，勤巡塘，经常观察鱼苗活动情况，注意调节水质、水位等，一般每隔 3 ~ 5 天要注新水 1 次，同时要做好投饵和追肥，每天每亩投放精饲料 1.5 ~ 2kg，每隔 3 ~ 5 天适量追肥 1 次，有机肥或无机肥，有机肥作消毒处理，防止病害发生。

为了实现高产高效，现阶段还应大力推广配合饲料养鱼种，草鱼种用破碎料，鲢鱼种用专用粉状料。因鱼种基础代谢弱，所以饵料系数更低，效益更高。

二、成鱼饲养

成鱼饲养是将鱼种养成食用鱼的生产过程，是养鱼生产的最后阶段。成鱼养殖要求饲养生长快、养殖周期短、产量高、质量好，才能取得好的经济效益。为了达到上述的目的，我国总结出了"八字精养法"综合技术措施。

"水"——水要肥、活、爽。

"种"——放养鱼种数量足、规格大、体质健壮，品种齐全、品质优。

"饵"——饲料充足，营养成分完全。

"密"——合理密放。

"混"——不同种类，不同规格鱼种搭配混养。

"轮"——轮捕轮放，使池中始终保持较"合理的密度"。

"防"——防治好鱼病。

"管"——实行科学管理，做到施肥"三看"、投饵"四定"。

（一）鱼种投放

成鱼池投放鱼种前的清整消毒，可按鱼种池的要求进行。

1. 鱼种来源

主要应由自己培育或就近购买，最好是自育自养，以避免长途运输造成鱼种受伤，带回病菌以致发病死亡。所以，规模渔场要求有自己的鱼种基地。如东江水库的鳜鱼养殖，在最高峰时达到几百口网箱，后因引种带回病毒，导致几百口网箱鳜鱼全部毁灭，现在东江水库库区基本上看不到鳜鱼。

2. 放养品种

目前传统的放养品种有：四大家鱼、银鲴、鲤、鳊等，今后要逐步扩大名特优品种放养比例，如黄颡鱼、鳜、鲟、罗非鱼、湘云鲫、翘嘴红鲌等，突出自己特色，提高养殖效益。

3. 鱼种规格

放养大规格，放养草鱼、鲢、鳙、鱼种规格最好在 16cm 以上。鱼种规格小，成活率低，摄食量小，影响产量。对不实行轮捕轮放的鱼塘，鱼种规格要求一致，以利生长；对实行轮捕轮放的鱼塘，放养鱼种要求有大有小，俗称放"楼梯鱼"，这样才能充分发挥轮捕轮放的增产潜力。

4. 体质要求

放养鱼种要求优质健壮，中标鱼最好，鳞片鳍条完整无损，体表无寄生虫，无病害。带病鱼种便宜也不能要。

5. 放养时间

提早放养是高产的措施之一，且冬季放种比春季放种价格低。冬季鱼出塘后，即进行池塘清整消毒，一般在春节前后选晴天放养。因这时期温度低，鱼的活动力弱，鳞片紧，在捕捞和放养过程中不易受伤，同时早放养、早开食、有利生长。

6. 混养与合理密放

在鱼池中实行各品种混养与合理密养是充分利用水体，合理利用饲料，发挥生产潜力，提高鱼产量的重要措施。混养是以各种鱼类食性和生活习惯为依据的。根据鱼类的生活习性，可分为上层鱼（鲢、鳙）、中上层鱼（草鱼）和底层鱼（鲤、鲫）等三类。从食性上看，可分为肥水鱼（鲢食浮游植物、鳙食浮游动物），草食鱼（草鱼、鳊喜清水）和杂食鱼（鲤、鲫、罗非鱼），肉食鱼（鳜、黄颡鱼、大口鲶等）。利用它们相互有利的一面，避免矛盾的一面，从而充分发挥水体和饵料潜力。而合理的放养密度，则建立在多品种混养的基础上。

一般肥水塘，应以鲢为主，每亩放养鲢 120～150 尾、鳙 25～30 尾，草鱼

100～120尾,鲤12～20尾。瘦水塘,主养草鱼,每亩放养草鱼150尾,搭配鲢100尾,鳙50尾,鲤20尾。

精养塘及投喂配合饲料鱼塘应加大主养鱼的比例。总之,放养密度应根据池塘条件,肥、饵料来源,饲养管理水平,鱼种规格来调整设计。

（二）饲养管理

"三分养,七分管",饲料管理是成鱼稳产高产的根本保证。

1. 多途径解决养鱼饲料

（1）广种青饲料　充分利用旱土、屋边、塘边、池埂的一切空坪隙地,种植青饲料,扩大青饲料来源。

（2）多养禽畜　利用鸡粪养猪,猪、鸭粪养鱼,塘泥肥田、种菜、种草,水中有鱼、水上有鸭,栏中有猪、鸡,建立生态渔业模式。

（3）推广配合饲料养鱼　最大限度地发挥水体效益。

2. 实行轮捕轮放

轮捕轮放优点主要是在整个饲养期间始终保持池塘鱼类较合理的密度,有利于鱼体的成长和充分发挥池塘生产潜力。

轮捕轮放形式分为以下两种:

（1）一次放足,分批起捕,捕大留小。将不同种类,不同规格的鱼种,一次放足,一部分鱼达到上市规格后即分批起捕。

（2）分批放养,分批起捕,捕大留小,即将一部分达到上市规格的鱼起捕后,立即补放一部分鱼种。采用这种方法需有专门的鱼种池配套,也可在本池中套养夏花苗作隔年鱼种。

3. 加强日常管理

（1）做到"三看""四定"投饵。

一看水:水色主要是由水中浮游生物的颜色反映出来。池水要保持"肥""活""爽"。"肥"就是池中有机物多,水中浮游生物数量多,营养盐类丰富。"活"就是水色经常在变化,表明鱼池物质循环快;"爽"就是池水透明度较大、溶氧量高。池水呈草绿色带黄色（浮游动物多）,褐绿色带黄色（浮游植物多）表明池水较肥;呈暗绿色、灰蓝色或蓝绿色表明水瘦;呈棕褐色、棕红色表明池水变恶。瘦水多投,肥水少投,恶水不投及时注水、改水。

二看鱼:即看鱼的浮头及吃食情况,决定施肥。黎明时浮头,日出后即下沉,人到池边鱼下沉,为轻度浮头,若过早浮头,人到池边鱼不下沉,或用石子投入水中鱼下沉后很快上浮,为重度浮头。若浮头严重,说明水质过肥,应停止追肥。

三看天:根据季节、天气施肥。入夏勤施,盛暑稳施、秋凉重施,晴天多施,阴雨天少施,雷雨前不施。

定位：投饲应在固定位置，设草架或饵饲台，便于观察鱼吃食，清除残渣，为鱼病防治创造条件。

定时：正常天气，一般 9：00 ~ 10：00，15：00 ~ 16：00 投饵。但遇天气闷热、雷阵雨应推迟或停止投饵。

定量：投喂饲料应做到适量、均匀，防止过多过少，忽多忽少。

定质：饵料必须新鲜，不投腐败变质发霉的饵料，青草要鲜嫩洗净，粪肥要充分发酵。

（2）勤巡塘，多观察。

（3）勤注水，促生长。在高温和鱼吸食旺季，有条件的每 10 天左右加水 1 次，以增加溶氧，改善水质。

（4）勤除杂去污，防病害。

第二节 网 箱 养 鱼

网箱养殖，就是依靠箱内、外水体交换，保持箱内水质清新、溶氧量高、天然饵料丰富等优越的自然条件下，从事育种和商品鱼生产。它具有水活、密放、精养、高产的特点。这种集约化的养殖方式，哪怕是在水温较低、鱼类生长环境较差的丘陵山区，也能在较短的时间内取得较高的产量，因而发展网箱养鱼，有利于开发山区溪河、水库资源，发展渔业生产。

网箱养鱼有许多优点：一是不与粮食争地，节省了挖鱼池的劳力。通过发挥水域生态优势，不需要增氧机械就能实现稳产高产。二是网箱养鱼的设备简单、移动方便，操作容易。节省劳力，便于管理。三是捕鱼方便，放养鱼种的回捕率高。还可以随时起捕，鱼货质量好。四是网箱养鱼可以改变罗非鱼的生活环境，能够有效地控制繁殖，提高上市规格。五是网箱养鱼可以投喂人工配合饵料，使放养品种优质化、单一化。也可以不投饵（对鲢、鳙）或少投饵，利用天然饵料生物，省肥、省饵。

一、网箱制作

（一）网箱材料

网箱一般由框架、浮子、沉子和网衣组成。网衣材料，目前有聚乙烯、聚丙烯和聚氯乙烯合股线缝合而成的和塑料双向牵引网缝合的。过去虽有使用尼龙线织作网衣，但成本较高，而且又容易附着有害生物，不易洗刷。金属网衣，我国目前使用的还不多，主要是材料来源困难、笨重、操作不便，用塑料挤出网制成网箱，透水性能虽好，但易断裂。因此，以聚乙烯网衣较好。网线规格：通常鱼种箱为：2m×1m、2m×2m、3m×1m 三种；成鱼箱为 3m×2m、3m×8m、3m×4m 3 种。网箱的附件，固定系统有:木桩、锚（或石块）。漂浮系统有用楠竹、木材或塑料管作的框架。浮子的种类很多，凡具有浮力的器具都可采用，其中以泡沫塑料浮子或浮桶浮力大，负载力强，抗腐蚀，经久耐用。为了节约成本，也可以用密封口的坛子作浮桶（表 7-1、表 7-2）。

沉子通常用铅制成，也可使用表面光滑的瓷沉子。有时不用沉子，仅用毛竹支撑箱底或用砖头压住箱底四角，也可代替沉子。

表 7-1 网箱框架材料的比较

项　目	框　架　材　料		
	毛竹	木材	塑料管
使用年限	2～3年	3～5年	6～8年
浮力	适中	较差	较高
缺点	易干裂	易吸水下沉	造价稍高
成本	适中	便宜	较贵

表 7-2　浮子的材料及其比重 *、浮率和浮力

项　目	浮　子　材　料			
	泡沫塑料	软木	杉木	竹
比重	0.18	0.20	0.32	0.51
浮率	4.56	4.00	2.13	0.961
浮力（g/m^2）	0.82	0.80	0.68	0.49

（二）网箱的形状和规格

网箱形状的确定，主要应以便于操作管理、增加水体交换量来考虑。目前，各地使用的网箱形状，有长方形、正方形、八边形、八角形和腰鼓形等，但多数为长方形和正方形。因在同等容积的情况下，长方形比正方形表面积大。例如一个长、宽、高均为 3m 的正方形网箱和一个长 6.75m、宽 2m、高 2m 的长方形网箱，其容积都是 27m^3，但表面积不同，正方形为 54m^2，长方形为 62m^2。因而，长方形比正方形具有较大的水体交流面积，有利于滤食性鱼类的生长。所以，养鲢、鳙多采用长方形网箱。

网箱规格的大小，一般按照预期养成的鱼类规格和水域状况来确定。网箱过大，

---

* 比重为非法定计量单位。因为生产中常用，所以本书暂时使用。

不够灵活机动，管理不便，容易被风浪损坏，特别是水的接触交流面比例不大，也失去了网箱养鱼的意义；相反，网箱过小，则网箱材料和附件增多，投资较大。对于人工投饵的网箱，尤其容易增加饵料流失。实践表明，育种网箱面积以不超过30m²，设置在大型湖泊、水库和江河的网箱不超过100m²为宜。

网箱网目的大小，应根据养殖对象来定。在生产中，鱼种网箱的网目通常选择1～1.1cm（鱼种进箱规格体长为4cm）。成鱼网箱多为2.5～3cm。根据各地经验，当具有一定规模的网箱生产时，使用多级网目的网箱进行多级放养，可以加快箱内鱼的成长速度，虽然花工较多，但鱼种规格大，个体整齐。

二、网箱养鱼的类别

在淡水网箱养鱼生产中，一般采用封闭浮动式和敞口浮动式网箱。因为这两种形式的特点是：把箱体悬挂在浮力装置或框架上，使箱体离底面，能保持箱内水质清新。鱼群在箱内占有的水体，体积不变，能够随水位变化而升降，可随风浪和水流而漂动、转动，也能够灵活机动地迁移网箱设置的位置。其缺点是不能抗御较大的风浪。所以，浮动式网箱多设置于湖汊、港湾和回水湾等水位比较平稳的地方。

（一）按网箱设置位置区分

1. 封闭浮动式网箱

以当前已经推广使用的一批封闭浮动式网箱为例：箱体规格是7m×4m×2m，长方形，六面体，在箱体上部的一角（即盖网与墙的缝合处）留一活口，长为80～100cm，作为鱼种进出口和供抽样检查用，平时封闭。箱体上盖四边，用3×6聚乙烯绳作帮纲，并以此纲绳把箱体固定在框架上。框架根据箱体的长、宽，用直径为10～12cm的杉木或楠竹扎成，四角用10～12号铁丝扎紧。若用杉木，也可用螺丝固定。框架大小形状应与箱体相适应。在扎制框架之前，将楠竹或杉木用桐油连续刷2～3次，使框架下水后能保持浮力，同时延长使用年限。框架的浮力，一般是以能浮起网箱为度。若在使用过程中发现浮力不足，在框架的四角可加挂浮子或浮桶（图7-1）。

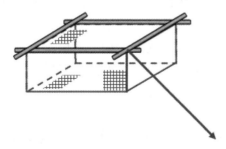

图7-1 封闭浮动式网箱

为使网箱下水之后能立体张开,网箱底纲可系上沉子,同时,用毛竹串通箱体四周,保持网箱下水后不变形。在箱的四角也可以系上较大的沉子或半截红砖,一般28m²的网箱,沉子重5kg左右。

网箱定位:一般每个网箱可用1根长20m的较粗的乙纶网绳,一端系于网箱框架的短边,另一端系于铁锚(或石头、水泥预制件)上。这样网箱可以在1～1.5亩的水面范围内随风浪水流自由浮动,这种网箱适于饲养滤食性鱼类。

2. 敞口浮动式网箱

网箱结构、框架组成和固定方法,与封闭浮动式网箱基本相同(图7-2)。不同之处是:

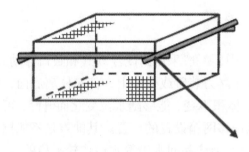

图7-2　敞口浮动式网箱

①墙网高而无盖:为延长网箱的使用年限,将墙网制成两节,水下部分称箱体;水上部分称罩网,罩网被太阳曝晒易于老化。

②箱架每隔1m左右竖1根木棍(或毛竹),在架的四角和四边中间(以7m×4m×2m的长方形网为例),各用1根长3.5m、直径2cm的钢管,穿过框架上端1.4m、下端入水2.1m。网箱的下层和墙网的上边、四角及各边中间,用绳索紧扎在钢管和毛竹上,使箱体成型,这种网箱适于饲养吃食鱼类。

3. 固定式网箱

这种网箱一般设置在水位比较稳定、水流较急、交通频繁、水面狭窄的水域,也适用于哑河、主干渠和大型鱼塘。它是将网箱借助水泥桩(或木桩)固定在一定位置,使一部分箱体浮出水面,固定于一定水层。当水位变动时,箱体的深度也随之变化。这种网箱同样也便于操作、容易管理,而且抗风浪能力强。固定式网箱,结构简单,一般不需要盖网。网箱面积60～100m²,在网箱底纲的四个角上各装1个滑轮或粗铁环,用绳索控制底网升降。网箱设置时,以3～5个箱列为1排,网箱间距在1.5m以上。在水泥桩上搭有支架,铺上木板作为人行道(图7-3)。网箱露出水面的部分墙网高1.5m,以防止逃鱼。这种网箱多用于人工投饵养殖粗鳞鱼和名贵鱼类。

4. 沉下式网箱

就是把六面体封闭式网箱整个沉没在水体之中。这种方式是在水体深度允许的条件下,借助锚、链或竹、木桩,把网箱沉入水面下选定水层。使箱内鱼群固定栖息一定水层之中。通常设置沉箱,要求网箱入水 0.5 ~ 1m 处,上不出水、下不贴底(图 7–4)。在遇有暴风雪、急流和风浪较大时,收效尤为明显。用这种方式的网箱作为鱼类或苗种越冬之用,具有独特的实用价值。其缺点是不便检查、洗箱。

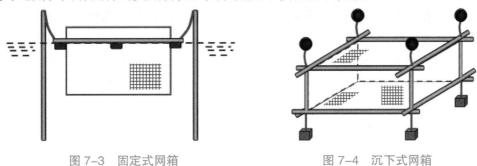

图 7–3　固定式网箱　　　　　　　　图 7–4　沉下式网箱

（二）按饵料来源、品种和养殖目的区分

1. 不投饵、半投饵和投饵网箱

依照饵料来源区分为不投饵、半投饵和投饵 3 种。依靠天然饵料生物养殖的如鲢、鳙等滤食性鱼类,常不投饵。半投饵的如养殖罗非鱼,仅靠天然饵料,产量不高;若加投人工饵料,可以大大提高产量。全投饵,如养殖鲤、草鱼、鳜、鲇、鲈、鳊、鲂等,不进行人工投饵,这些养殖鱼类就无法生存。

2. 网箱单养与混养

（1）单养　在网箱中单养某一个品种,这种方法日常管理和投饵都很方便。缺点是未能充分利用水体天然的饵料生物,发挥水体的渔产潜力。但有些食性有矛盾的鱼或肉食性鱼类进行单养是必要的。

（2）混养　以某一种鱼类作为主要养殖对象,适宜搭养 1 ~ 2 种其他鱼类。这种方法在我国目前还较普遍,如鲢、鳙混养,草鱼、鳊混养,鲤与罗非鱼混养,鲢或鳙箱搭养罗非鱼等。

3. 培育鱼种网箱与商品鱼生产网箱

（1）养鱼种　利用网箱培育鱼种有两个目的:其一是投放水库、湖泊中,以增加大中型水域鱼类资源;其二是为商品鱼继续养殖提供鱼种。

（2）养商品鱼　开发养殖水体或部分大水面,首先实现精养高产,为城乡人民提供优质动物蛋白,为社会创造财富,增加人民收入。

三、设箱水域的选择

网箱设置场所的选择,从某种意义上讲,是决定网箱养鱼成败的一个关键问题。事实上,并不是所有的水域都能进行网箱养鱼。网箱养鱼所需要的环境条件,必须是适合鱼类生活要求的水域环境。特别是水中的溶解氧要比较高，其饱氧度最低要求保持在 70% 以上。在适合网箱养鱼的水域里，选择设箱埠头，需注意以下几个方面：

（1）网箱区的水深不宜过深或过浅，一般 3 ~ 7m 较好。选择没有水草的水域。因为水草丛生，既影响水体流动，抑制波浪形式，阻碍氧气扩散，可以造成水体氧份分布不均或缺氧，容易出现鱼类死亡事故，而且水生植物稠密，杂草丛生之处，往往是敌害生物的栖息场所，容易造成凶猛鱼类及其他敌害的侵袭，严重危害网箱生产。

（2）水流畅通，水质新鲜，避风向阳。水流和风浪能促进网箱内外水体交换，使箱内饵料生物和溶氧能得到不断补充，又便于消除残饵粪便，改善水域环境，这是网箱养鱼能在高密度下获得高产的理论依据。但是网箱水体交换量与鱼类对水流、波浪有一定的适应范围。网箱内水体交换量以 $0.137m^3/s$ 为好，根据鱼类对流速的耐受力和各地养鱼的经验，网箱设置水域的流速以选在 0.05 ~ 0.2m/s 范围内和风力不超过 5 级的回水湾为好。对向阳、避风、波浪不大、水温较高、底质平坦、有机物沉积较少的库湾、湖汊、江河回水湾，应该优先选择作为设置场所。

（3）根据养殖鲢、鳙的经验，水中浮游生物的多少和种类的优劣，是获得养鱼效果的物质基础。据分析，每升水中的浮游植物量为 200 万个、浮游动物为 2 000 个时，养殖鲢、鳙都能达到较好的效果，网箱养殖其他滤食性鱼类亦然。为此，养鲢、鳙网箱设箱埠头，首先应选择在径流面积大、四周落叶植物多、水域消落区大的地方。这是因为这些地点集雨面积大，肥料来源广，水质肥沃，天然饵料丰富。据各地分析，水库中、上游的库湾、湖汊，有生活污水注入的注水口以及河渠的汇集处，都是设置网箱较为理想的场所。

（4）设箱场所应当完全摒除有毒工业废水汇集区。

四、网箱设置布局

合理的网箱布局，应以增大滤水面和有利于操作管理为原则。通常，网箱间距应保持在 10 ~ 15m 以上。否则，一字形排列，网箱间距过小，往往会造成迎水流方向的第一个或第二个（流速较大时）网箱的鱼类生长好，依次向后产量也依次降低。布局网箱需按不同放养品种和饵料来源加以区别，即对养殖鲤、草鱼等吃食性鱼类，完全依靠机械自动投饵的网箱和设置在主干渠、回水河湾，经常处于微流水下的人工投饵网箱，可以适当集中，也可以以两个网箱串联为一组，箱距接近，保持组距不少于 15m。凡设置在湖泊、水库和大塘中养殖滤食性鱼类的网箱，在排列上都宜按品字形（图 7-5）、梅花形（图 7-6）或八字形排列，使网箱之间距离保持 15 ~ 30m，以保证每只网箱都能有充分的水交换量和大量的天然饵料补充。

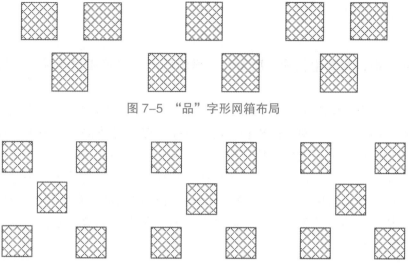

图 7-5 "品"字形网箱布局

图 7-6 梅花形网箱布局

五、网箱养鱼养殖对象的选择及主要养殖鱼类的生物学

网箱养鱼是在特定的生态条件下进行的,对养殖对象的选择,主要应从网箱养殖的生态条件和特点出发,综合考虑以下几个因素。

(一)养殖鱼类的适应性

即能否适应高密度的网箱环境和当地水温、盐度、酸碱度(pH)等生态因子的要求。

(二)食性

养殖植物性、动物性或杂食性的鱼类,要根据养殖的目的和环境条件来决定,重要的是通过努力能保证充足的饵料来源。

(三)苗种来源

苗种来源容易取得,有群众性培育鱼种的条件和基础,运输方便,苗种来源有可靠的保证。

(四)抗病力

养殖对象抗病能力较强,疾病少或有切实有效的免疫防病措施,确保能提高成活率。

（五）高效益

经济效益高，要求生长快、质量好、增肉率高，养殖成本较低、产品符合市场供求。

我国目前网箱养殖的主要鱼类以鲤、草鱼、鳙、鲢、鲂和尼罗罗非鱼为主，也有少数养殖鳗、鲇、鲈、虹鳟、白鲳和鳜的。其中，鲢、鳙为滤食性鱼类，在富营养水域不需投饵，依靠水中的天然饵料生物为食，生长快，商品率高，是属于成本低、效益高的经济鱼类；鲤、草鱼销路好，价值高，成鱼主要以植物性饲料为主，饵料来源广泛，是重点养殖的对象；罗非鱼性贪食，养殖在肥源充足、有生活污水来源的水域，效果也好。从市场消费的观点考虑，发展名、特、优水产品势在必行。网箱养殖鱼类的品种必将逐步扩大。

六、网箱养殖技术

（一）网箱培育鱼种

利用网箱培育鱼种，可以采取人工投饵培育法，也可以采取不投饵，依靠水中天然饵料灯光诱聚浮游生物的办法。具体选用什么方法，应按照鱼类品种的需求和水域营养性状来确定。对富营养型大、中型湖泊、水库，适于利用天然饵料培育鲢、鳙鱼种；对一般营养型水体，可以选用库汊或采用人工投饵培育草鱼、鲤、鳊等鱼种。

1. 依靠水体中天然饵料生物培育鳙、鲢的方法

（1）网箱配套　根据鱼种阶段发育的特点，采用相应网目的网箱，最大限度地满足和不断改善供氧、供饵条件。在鱼类旺食季节把鱼种由小到大，分批下箱，然后再根据鱼种增长情况，及时地升级转箱、接连生产，借以扩大水体交换能力，并对原箱彻底清洗后重新利用，提高周转率。实践证明，育种网箱的网目大小，以3个级差养殖效果较好。网目可以织成1.2cm、2cm、3cm 3个等级。如果使用1个网目规格的网箱，由夏花下箱养成大规格鱼种，一养到底，不利于发挥生态优势，提高网箱育种的规格。

（2）选择设箱位置　设箱的大、中湖泊、水库，往往生态环境复杂，在同一水域的不同区域，水体中饵料生物的种类组成和数量分布有很大差异。选择设箱位置，要尽可能选择背风向阳，风浪较小，微流水或有生活污水来源，饵料生物丰富的湖汊或库湾内，饵料生物的多寡是决定养殖成败的一个关键性因素。有条件的，也可以对培育滤食性鱼类的网箱，使用多功能释放器施用化肥，以培养饵料生物。

此外，网箱设置地区要求没有障碍物和工业有毒废水的污染。

（3）注意设箱方法　选定网箱设置地点以后，在苗种进箱前1～2天把网箱装配好。这时，一定要严格检查网衣是否有破损、漏织、滑节，网衣拉力强度，各部分配件是否齐全、牢固。网箱下水后，要使箱体充分展开，形状正常。还应测量网箱底部与水底是否保持一定距离，以防相距过近，影响箱内外水体交换。

（4）苗种下箱立足于"早"　鱼苗发花密度控制在每亩5万尾以内。力争饲养20天，使个体达到3cm；1个月达到5cm以上。早转箱，对达到一定规格的网箱鱼种，选晴天及时升级转到大网目网箱饲养，促进生长。应该强调指出的是，网箱培育鱼种成活率的高低，主要取决于苗种体质和运输状况。常见到鱼种下箱后5～7天内大量死亡，根本原因是由于鱼种体质差和运输过程中受伤严重。

为了避免发生不必要的损失，提高网箱育种成活率和降低成本，必须注意以下几个方面：在鱼种运输前，务需拉网密集锻炼1～3次。近距离运输，也要坚持先囤养、后起运，使下箱鱼种适应运输环境。对下箱鱼种必须坚持入箱前筛选，要求规格整齐一致。要在运输前1天停食，实行空腹运输，做到稀装快运，载运密度不宜过高。下箱前视鱼种游水情况或直接投放，或先暂养后入箱。下箱后2～3天内注意观察，发现死伤鱼种及时捞掉，再补充放足数量。

（5）苗种下箱密度，品种搭配合理　鱼种进箱密度取决于水体性状和给饵水平，在富营养型水域养殖鳙、鲢鱼种，每平方米网箱可放养200～300尾；在一般营养型水域，放养密度应酌减。放养的品种搭配，以鲢为主的，可以搭10%鳙；以鳙为主的，可以搭10%鲢。无论培育何种鱼种，网箱中都要搭配少量罗非鱼，以减少网箱周丛生物，防止网目被堵塞。

（6）日常管理　每天坚持早晚巡箱仔细观察鱼的活动情况，注意害鱼侵袭，掌握水位升降变化，防止网箱搁浅。从夏花下箱开始之日起，最初，要连续3天每天用水泼箱冲洗，保持网衣清洁，促进箱闪外水体交换。要视生长情况，定期或不定期地补充豆浆或草浆。此外，做好抗风防逃工作。要着重指出的是，江河培育鱼种的网箱，一定要设在流速常年比较稳定、流速小于0.1m/s的位置。在汛期密切注意水位落差，及时调整缚箱缆绳，以防发生逃鱼事故。

（7）适时出箱，及时沉箱　通常网箱培育鱼种在6月初放鱼，10月初收获，饲养期120天左右。当水温下降至20℃以下时，水中的浮游生物也急剧下降，如不及时处理，就会影响鱼种体质和降低成活率。其处理方法是：一是就地放库、放湖；二是转进精养鱼塘；三是在肥水水体选择水深、底平、避风处将鱼种沉箱越冬。翌年开春后，再提出水面继续培育或直接转入成鱼网箱养殖商品鱼。

2. 人工投饵网箱培育鱼种

人工投饵主要是培育草鱼、鲤、鲂和罗非鱼等鱼种，其生产技术基本同上。另外，尚需掌握以下几点：

（1）下箱鱼种，规格整齐一致，体质健壮、无病、无伤。同时做到操作精心，过筛、过秤小心，计量细心，把好鱼种下箱关。

（2）考虑到草鱼种不同生长阶段食性转化特点和鲤在夏花鱼种阶段消业器官尚未发育完全，对人工饵料消化吸收率很低。因此，需要严格控制入箱规格，要求下箱鱼种规格尽可能在 6cm 以上。

（3）苗种下箱之前须经过"囤箱"，并对草鱼种进行出血病组织浆灭活疫苗注射免疫。无论草鱼或鲤鱼种，都应用 2% 的食盐水浸泡鱼体消毒 5min。

（4）切实掌握饵料性状和配方，按照鱼种发育阶段的摄食特点，实行粉状、碎屑、面团以及配合饵料相结合，增加适口性。鉴于鱼种阶段代谢率高，生长速度快，对鱼饵蛋白质的含量需求较高，一般草鱼种的粗蛋白含量不应少于 25%；鲤鱼种饵料的粗蛋白含量必须达到 36% ~ 38%，每天给食量要比给成鱼体重的百分数多 1 ~ 3 倍。同时坚持日投饵少吃多餐，每天分 4 ~ 6 次投喂。除因大风、暴雨等特殊天气外，应天天投饵，避免造成时饥、时饱，影响生长。

（二）网箱养殖商品鱼

1. 选择设箱水域

使用网箱要充分考虑发挥生态优势。为取得高产量和高效益，在条件许可时，优先发展的应该是不投饵、不施肥的网箱和利用温流水、渠道、河溪微流水的投饵网箱。不投饵、不施肥网箱，其养鱼成败在一定程度上取决于水体生产力。为此，在设箱之前，需要对水质理化性状和初级生产力进行调查。在这个基础上，再根据水体中供饵能力合理安排，才能避免盲目性。根据浮游生物量可分为以下营养型水域：

（1）贫营养型　浮游植物数量不足 30 万个 /L，浮游动物数量不足 1 000 个 /L，浮游动物湿重不足 1.5g/L。在此情况下，鱼种放养量为 38 尾 / 亩，测定鱼的生产力不足 10kg/ 亩。

（2）一般营养型　浮游植物数量为 30 ~ 100 万个 /L，浮游动物数量 1 000 ~ 2 000 个 /L，浮游动物湿重 1.5 ~ 30mg/L。在鱼种放养量 40 ~ 105 尾 / 亩的情况下，测定鱼的生产力为 10 ~ 30kg/ 亩。

（3）富营养型水域　浮游植物为 100 万个 /L 以上，浮游动物为 2 000 个 /L 以上，浮游动物湿重为 3mg/L 以上。放养鱼种 110 尾 / 亩以上，测定鱼的生产力为 30kg/ 亩以上（注：以上水深以 7.5m 计算；浮游生物量按平均量计算；鱼种规格按 13cm 计算）。可见培育滤食性鱼类网箱的生产差异，基本上取决于饵料生物的差别。

适宜的设箱地点，通常是靠近居民区、溪流汇合口、季节性淹没区、向阳避风、阳光充足、水深 6 ~ 7m、溶氧量高、饵料生物多的地方。

工矿企业的冷却水和温泉水，是保持鱼类最适水温的有利条件。在这种水域设箱，能使网箱养鱼不受季节和气候变化的影响，增加网箱生产时间和提高单产水平。河溪、渠道微流水是养殖吞食性鱼类最有利的条件，但设箱地点要控制水的流速不大于 0.1 ~ 0.2m/s。

2. 适当密放混养

品种搭配合理，放养规格大，鱼种来自网箱或经过圈养。为了正确利用鱼类栖息层次和食饵之间的互利关系，最大限度地挖掘生产潜力，网箱养鱼也要实行合理搭配密养。在富营养型水域，视浮游生物的主要类别，网箱放养鱼种以鳙或鲢为主，其放养量占总数的 70%～80%。同时套养草鱼、鲤、鲂、鲴 5%～10% 和罗非鱼 10% 左右。在养殖草鱼或鲤的网箱，搭配 10% 左右的罗非鱼和鲴，既有利充分利用箱内残饵，增加产量，还可以起到清箱的作用，保持网箱的透水性能。

放养密度：对不投饵成鱼网箱，一般为 40～60 尾 /m²，鱼种个体重量为 60g 左右。鳙、鲢比例分别是 80% 和 20%。人工投饵养殖鲤（草鱼），放养密度为网箱 80～120 尾 /m²，鱼种规格尾重 100～120g，鲤（草鱼）占 85%，鳙占 10%，鳊占 5%（如放养规格增大到个体重 150～300g，则可放养鲤或草鱼，为 75～85 尾 /m²）。利用天然饵料结合人工饵料养殖罗非鱼，放养密度是每立方米网箱 500～800 尾，苗种体重要求尾重 1.5g 以上。

鱼种规格越大，增重量相对越高，成活率也越高。但入箱规格过大，往往死亡率高，特别是鲢，性喜跳跃，在未经密集锻炼的情况下，入箱后生活环境变化，成活率很低。为此，要求对入箱的鱼种，都要经过囤箱暂养。

3. 加强饲养管理

网箱单产能力的提高，除了取决于鱼类本身的生物学特性和满足生态条件之外，营养条件是鱼类生长的主要因素。在投饵管理方面要做好以下几件事：

（1）鱼种入箱有个适应过程，一般进箱 1～2 天很不安宁，喜欢围绕箱壁回游、跳、跃。因此，应采用撩水、诱饵等措施。

（2）投饵初期需要驯食。每天 2 次，逐渐增加到每天 3～4 次。投喂量占体重 1%～2%，1 周后转入正常投喂。投饵要先撩水，造成音响然后投饵，使鱼在短期内形成条件反射，逐渐养成响水开食的习惯。

（3）为防止饵料随水流失和风浪冲击给鱼类摄食造成的不利影响，网箱投饵应设饵料台（桶），由竹篾或尼龙布做成。小型台（桶）直径 60cm、边高 20cm，置于网箱中央，投饵于其中。并视喂养对象的栖息习性，确定养殖使用的饵料台沉入的深度。鲤喜吃下沉饵料，饵料台入水可稍深些；草鱼、鲂等鱼经常在水表面摄食，饵料台入水宜浅些。

（4）养殖吃食鱼，饵料的粗蛋白含量一般应为 20%～30% 的配合饲料，其饵料系数为 2.5～4.5。

（5）投饵坚持"四定"。日投饵 4～6 次，要改变日投饵 2 次的传统习惯。

（6）投饵量按不同季节、水温有所差别。在适温范围内，不同鱼类的日投量应保持与体重相应比例是：草鱼为 3%～7%；罗非鱼为 6%～12%；鲤为 4%～5%。

（7）为了减轻投饵劳动强度。节省劳力、增加投喂次数和延长投饵时间，在有条件的地区，可以改善网箱框架结构，增设投饵机平台，实行定时、定量自动投饵。采用人工投饵方法可以节约资金，便于在千家万户推广。在投饵技术熟练的情况下，效果也好。人工手撒精料的方法是：在每次投饵时，称准用量，然后分多次投入网箱，便于鱼类抢食，待前一把饵料抢食差不多，再撒饵料。一般在 10～15min 内喂完。

七、加强网箱养鱼管理

（一）制订放养计划

网箱养鱼的科学管理是一门涉及面很广的科学。在网箱生产以手工操作为主，机械化程度很低的情况下，如何因地制宜，应用现有技术成果，朝着更高经济效益和更大生产规模方向努力，制订网箱放养计划是科学养殖的重要内容。

网箱养鱼计划的制订，一般可以参照以下几项原则：

（1）水域许可范围内，根据资金制订产鱼计划。

（2）在此基础上确定加工网箱的只数、形状、结构和大小。

（3）在保证完成产鱼计划的目标下、确定放养的对象、数量、规格和鱼种来源。

（4）根据养殖品种、饲养时间、季节水温、饵料性质，预定日投饵量。

（5）参照各种鱼用饵料系数，预定饵料总需要量及多途径解决的办法。

（6）预计产鱼价值、扣除鱼种费、饵料及饵料加工费、各项运输费、人力和动力费、生产工具折旧费等，再核算养鱼效益。

（二）做好安全检查

经常检查网箱是非常重要和不可缺少的工作。检查工作可以分为定期检查和临时检查两种。定期检查，一般每周至少检查 1 次；临时检查，通常是在特定的情况下进行，如异常天气、大风浪、暴风雨前后的安全检查。

定期检查最好在风平浪静或投饵后进行。主要是检查网箱的网身部分，特别是接近水面的网身是否被框架附属物划破或被其他漂浮物损坏；其次是检查底网，底网撑架部分。装配不好或网衣缝合处绳索被磨损，遇冲击容易切断漏鱼；最后检查盖网部分是否有破洞，以免造成逃鱼等事故。

自然水域的水位不断变化，水库在灌溉期和洪水期水位的变化幅度更大，应该经常调整网箱缚绳的长度。对于柔软漂浮式网箱，应及时调整网箱锚、链，以保持网箱形状。遇有暴雨、山洪水位猛涨时，及时调整锚泊位置，并防止由于漂浮物影响造成的滑锚，以防止网箱随水流失或被淹没。遇有旱情，水位大幅度下降，应经常紧缩锚绳，以保持网箱的适宜深度，同时勘测网箱区的水深变化，以防搁浅。急风或大暴雨之前和江河汛期中，都应特别注意网箱各部件结构的牢固。做到细致检查，及时检修，还要注意观察鱼群的活动有否异常，及时采取对应措施。此外，对江河网箱和溪流型水库网箱拦阻凶猛鱼类的拦网，经常注意检查、缚紧，防止流失、沉没。

（三）及时清洗网箱附着物

网箱入水后，网目容易被水绵，双星藻和砖板藻等丝状藻着生而堵塞，严重影响水体的更新种供饵能力，特别是在高温季节，这些藻类更将大量繁殖，也直接缩短网箱使用寿命和潜伏大量病菌，对箱内鱼类的生长和生存危害极大。我国网箱渔业通过实践创造出不少洗箱的好办法。其中有柳条，竹条抽打法；吊箱液压冲洗法；沉箱防治法和转箱清洗法等。在养鱼网箱中可以搭养一些杂食性鱼类，刮食网箱上的附着物，既能增加网箱养鱼产量和养殖鱼类品种，又可减少洗箱次数，延长网箱使用年限。

鲤、鳊、罗非鱼和鲴，是用来在网箱中清除附着物的主要鱼类，特别鲴属鱼类清除的效果尤为显著。网箱养殖鲤、鳊和罗非鱼，由于它们的食性特点，一般不会发生网目堵塞现象。

（四）防止网箱生物敌害

1. 水老鼠防治方法

水老鼠是一种近水栖的老鼠，虽具有一定潜水能力，但不能长时期在水中生活，它的游水只能靠后肢划行，不能远距离游泳。靠肺呼吸，一般昼伏夜出，觅食病鱼、死鱼。根据这些特点采取以下对策：

（1）可将网箱远离岸边，如离岸100m以上，鼠害就可减少。

（2）黑光灯有驱鼠作用，水老鼠受恐吓，一般不敢靠近网箱。在网箱框架上设置黑光灯既可诱蛾诱虫，又能防止鼠害。

（3)水老鼠进入网箱,常从网箱水位线处咬破网衣而入,并咬洞钻出。往往进洞大、出洞小，发现一箱两洞、大小不等时，用红色尼龙绳沿网衣水位线处串越网目，形成红色水位线，即可减轻水老鼠危害。

（4）发现网箱内死鱼及时捞出。

2. 防止水獭的方法

水獭日伏夜出，行动敏捷，趾间有蹼膜，善于游泳和潜水，属食肉目，对鱼类危害较大。一般不易捕捉，防治的方法有：

（1）饵诱法：以氰化钾颗粒置于鲜鱼腹内放在獭出没处，当水獭吃鱼时将其毒死。

（2）烟熏和洞穴灌水法：水獭居住于水体附近，出洞觅食经常留下明显脚印，通过仔细观察、跟踪，可以找到洞穴，在洞口燃烧柴火，将其烧死或熏出洞口打死，还可以用灌水法清除。

（3）水獭的嗅觉、听觉都很灵敏：在设箱区栽植芙蓉树或使用小型模拟物，有驱逐水獭的作用。

3. 防止凶猛鱼类和甲鱼（鳖）为害

在网箱区特别是进水口处，设置流制网或三层挂网保护网箱，可以减少鳜和甲鱼对网箱的危害。

（五）注意低溶氧对鱼类的影响

水中的溶氧量仅为空气中溶氧量的21%，而且多变，垂直变化大、昼夜变化大、季节变化大、鱼生活在养殖水体中往往受到溶氧不足的威胁，尤其在精养鱼塘套养网箱养殖罗非鱼，由于集约化生产，放养密度大，对氧的需要远比稀养多，加上肥水鱼塘有机物分解耗氧量大，往往对鱼类造成很大影响。

在渔业生产上，渔民很注意防止缺氧造成的泛塘，但低溶氧对鱼造成的影响容易被忽视。鱼类生活在低溶氧量的水中，既不会因溶氧不足而窒息；也不能完全正常地摄食和生长。同时，由于溶氧不足，鱼类活动受到限制，摄食减少，饵料系数增大，抗逆力下降，疾病增多，这往往是网箱养殖产量不高的一个原因。据初步观察，在透明度为 15 ～ 25cm 的较肥的池塘中，每年 5 ～ 10 月是塘水处于低溶氧状况的时期，通常鱼类的摄食和生长受到某种程度的限制，这对实现鱼塘稳产高产不利，也直接影响着网箱养殖的结果。

为了实现箱内外高产，应努力做好以下几点：①对池塘放鱼要做到合理搭配、轮捕轮放，充分利用水中天然饵料，控制水质适宜的肥度。套养网箱要适应水体负载力，设箱面积以不超过鱼塘面积的 8% 为宜。②对水质肥沃或套养网箱的高产鱼塘，要配备增氧机，在晴天中午要开机搅水增氧，使整个鱼塘溶氧混合均匀，消除水底部分氧债。经过下午的光合作用，确保次日凌晨设箱鱼塘有较高的溶氧量。③人工投施饵肥要掌握量少次多，事先要经过充分发酵而后泼洒。池底淤泥过厚部分要组织清除。同时经常加入新水，以确保水质清新，促进网箱内外成鱼高产。

八、网箱鲜鱼起捕和并箱越冬

网箱捕捞比池塘、水库等方便得多，不需要大型网具，仅用手操网即可。在捕捞前要停食 1 ～ 2 天（滤食性鱼类不受此限）。浮式网箱起捕时用 3 艘小船作业，先把网箱底框四角的绳索解开，然后 3 船并列逐渐收起网衣，把鱼驱集于网箱一角，用"捞海"把鱼捞出。

并箱是育种网箱越冬前处理的一个环节，并箱时通常选在水温 8 ～ 10℃。这时鱼类摄食量不大，活动减弱，代谢水平降低，而且这时鳞紧肉实，可以减轻对鱼种捕捞转箱可能造成的伤害，有利实行鱼种沉箱越冬。在鱼种并箱工作中要求对不同规格鱼种进行分拣、囤养，进行鱼体消毒免疫后，按每平方米网箱放鱼密度不超过 4kg 为宜。

九、网箱养鱼的鱼病防治

（一）网箱养鱼怎样预防鱼病

网箱养鱼由于放养密度高、重量大、容积小，鱼类容易生病。而且一旦发病、感染很快，严重时，将会造成鱼类在短时间内大批死亡。我国的网箱养鱼的鱼病目前已发现十余种，如水霉病、白皮病、赤皮病、细菌性肠炎、中华鳋和锚头鳋以及草鱼出血病等。所以，网箱养鱼的鱼病预防是网箱渔业发展的一个重要环节，不容忽视。

根据各地经验，预防网箱养鱼的鱼病发生，要做好以下工作：

（1）在鱼种拉网、运输或放养过程中，操作细心，尽量避免鱼体损伤。第一次使用新网箱，应该在鱼种进箱前 4 ～ 5 天下水，使藻类附着，让网衣变得光滑，防止鱼类在网箱内碰撞受伤。

（2）鱼种进箱时，须采用药物消毒。常用消毒药物为 3% ～ 4% 的食盐水，浸洗 5min 左右，对水霉和车轮虫病有显著的效果；用 8mg/L 的硫酸铜和 10mg/L 的漂白粉混合液，浸洗鱼种 20 ～ 30min，可以消灭寄生虫和细菌；用 20mg/L 的高锰酸钾溶液，浸洗鱼种 15 ～ 30min，可以预防车轮虫、指环虫、斜管虫、锚头鳋等；用含有 1% 的小苏打和 1% 的食盐水，浸洗鱼种 15 ～ 20min，可增强鱼体对疾病的抵抗力。

草鱼或青鱼进箱之前，还必须进行出血病组织浆灭活疫苗注射免疫，注射剂量为每尾鱼种 0.3 ～ 0.5ml。

（3）保持水质清洁。防止和及时清除设置网箱区的漂浮物和污染物，除掉网箱上的附着物、草渣和残余的腐败饵料。保证网箱内水流畅通，使鱼类有一个好的生活环境。

（4）合理投饵施肥，确保天然饵料丰富。一般水质过肥或过瘦，或者鱼类处于饥饿状态下常易生病。使用商品饵料必须新鲜，无毒无霉变。坚持"三看""三定"的投饵方法（"三看"即看季节、看天气、看鱼类摄食情况；"三定"即定时、定质、定量），坚持少量多餐。

（5）在鱼病流行季节，定期用硫酸铜、漂白粉挂篓、挂袋。或用石灰水、漂白粉溶水以及敌百虫等全箱泼洒。经常用地锦草、大蒜、大黄、水辣蓼、苦楝树皮、乌桕枝叶等切碎或煎汁投喂。

（6）发现病鱼或死鱼要随时捞掉，不要乱扔，防止疾病传播感染。

以上防病措施应确定专人管理，坚持进行，形成制度。每天做好记录，定期考核，杜绝鱼病的发生。

（二）鱼种消毒应注意的事项

在鱼种投放或并塘以前，一般要进行消毒处理，以杀灭鱼类体表和鳃上的细菌和寄生虫，这对预防鱼病的发生有很好的作用。使用药物进行鱼种消毒，应注意以下几个问题。

（1）注意用药量　使用的药物，应按消毒浓度准确计算，绝不可随意增减，以免发生事故和影响效果。

（2）注意药物质量　漂白粉要用干燥粉末状的，受潮起块的不能用。硫酸铜要草绿色的，铁诱色的已变质失效。

（3）注意消毒的水温和时间　鱼种消毒水温以 10 ～ 15℃为宜。药物消毒时间一般在 20 ～ 30min，但应据鱼体健康状况和水温高低灵活掌握。如见到鱼行动缓慢或见到腹部翻倒向上，应立即放鱼入塘。放时要精心操作，慢慢放回塘中，让其游散，不宜直接倾倒。

（4）两种或两种以上的药物混合时，要分别在容器中溶解，待完全溶解后再一起倒入盛消毒水的木桶或船舱中，调匀后再放入鱼种。

（5）使用高锰酸钾浸洗，不可在阳光直射下进行，以免降低药效。

（6）注意选择盛装药液的容器。硫酸铜不宜盛装在铁质容器中浸洗。

第三节 稻田养鱼

稻田养鱼即在稻田里进行鱼类养殖的一种稻鱼兼作生产方式，是我国的一种传统农耕文化。最早出现在汉朝，至今已有 2 000 多年的历史。2005 年 5 月 16 日，联合国世界粮农组织将我国"稻鱼共生，合为一体"的稻田养鱼技术列为 5 项世界重要农业遗产系统之一。今天的稻田养鱼，通过在稻田里修建一定形式的稻田养鱼工程，建立一个稻鱼共生、相互依赖、相互促进的生态种养系统，一般在保证农田稻谷生产力的前提下，每亩能增加鲜鱼产量 50kg 以上。同时，还保持了农田持续耕种所必需的肥力。

一、养鱼稻田的选择

（一）土质好

一方面保水力强，无污染，不漏水，无浸水（浸水的沙壤土田埂加高后，可用尼龙薄膜覆盖护坡），能保持稻田水质条件相对稳定；另一方面要求稻田土壤肥沃，呈弱碱性，有机质丰富，稻田底栖生物群落丰富，能为鱼类提供丰富多种的饵料生物原种。

（二）水源好

水源水质良好无污染，水量充足，有独立的排灌渠道，排灌方便，旱不干、涝不淹，能确保稻田水质可以及时、到位的控制。

（三）光照条件好

光照充足，同时又有一定的遮阳条件。稻谷生长要有良好的光照条件进行光合作用，鱼类生长也要良好的光照，因此，养鱼的稻田一定要有良好的光照。但在我国南方地区，夏季十分炎热，稻田水又浅，午后烈日下的稻田水温常常可达 40 ~ 50℃。而 35℃以上即可严重影响鱼类的正常生长，因此，鱼凼上方一定的遮阳条件是必要的。

二、稻田养鱼工程建设

为了防逃、护鱼、便于饲养管理和捕鱼起水，养鱼稻田要按要求修建和制备一些必要的设施。

（一）田埂的修整

田埂要加高、加固，一般田埂高达40cm以上、宽30～40cm，捶打结实，不塌不漏，必要时采用条石或三合土护坡。冬闲水田的田埂可加高、加宽达1m以上，保证坚固牢实，形成禾时种稻、鱼时成塘的田塘优势；在加宽的田埂上可种植黄豆等，既可增收农作物，又可防鱼跳跃。

（二）开挖鱼凼、鱼沟

为了满足水稻浅灌、晒田、施药治虫、施化肥等生产需要，或遇干旱缺水时，使鱼有比较安全的躲避场所，必须开挖鱼凼和鱼沟。开挖鱼凼、鱼沟，是稻田养鱼的重要工程建设。

（1）鱼沟　鱼从鱼凼进入大田的通道。早稻田鱼沟一般是在秧苗移栽后7天左右，即秧苗返青时开挖；晚稻田可在插秧前挖好。鱼沟宽40cm、深30cm，可开成1～2条纵沟，亦可开成"十""井"字形或周边沟等不同形式。鱼沟与鱼凼连接。

（2）鱼凼　为关键性设施，最好用条石或红砖修，用三合土护坡。鱼凼面积占稻田总面积的8%～10%，每亩1个，由田面向下挖深1.5～2.0m，由田面向上筑埂30cm，鱼凼面积50～60m^2。田块小的，可几块田共建一凼。鱼凼位置以田中或北端头为宜。鱼凼四周挖有缺口（宽30～40cm）与鱼沟相通，并设闸门可随时切断通道。鱼凼设于田中宜于鱼类出入活动，设于北端头宜于植树遮阴。鱼凼或宽沟离田埂应保持80cm以上距离，以免影响田埂的牢固性。

（三）开好进、排水口

稻田养鱼要选好进、排水口。进、排水口的地点应选择在稻田两对角的田埂上，这样进、排水时，可使整个稻田的水顺利流转。进、排水口要设置拦鱼栅，避免跑鱼。拦鱼栅可用竹片、柳条、纱网、尼龙网、铁丝网等制作，安装时使其呈弧形，凸面向田内，并插入田埂1.0m以上，左右两侧嵌入田埂口子的两边，栏栅务必扎实牢固。若在进水口内侧附近加上一道竹帘或树枝篱笆，可有效地防止鱼顶流跃逃与拦截渣杂塞拦而引起阻水或倒栏。

（四）搭设鱼棚

夏热、冬寒，稻田水温变化很大，虽有鱼凼、鱼沟，对鱼的正常生活仍有一定影响。因此，要在鱼凼上用稻草搭棚，让鱼夏避暑、冬防寒，以利鱼的正常生长。

三、稻田养鱼的基本模式

稻田养鱼的模式根据稻田养鱼工程模式，可分为稻田鱼凼式、垄稻沟鱼式和鱼沟、宽沟式；根据养鱼生产季节，可分为单季稻田养鱼、双季稻田养鱼、冬闲稻田养鱼。

（一）稻田鱼凼式

此种养殖方式的特点是，在稻田内按田面积的一定比例开挖一个"鱼凼"。鱼凼的开挖面积一般为田面积的8% ~ 10%，深2 ~ 2.5m。鱼凼一般设置在田中央或背阴处。鱼凼最好挖成二级坡降式，即在上部1m处按坡比1∶0.5开挖；而下部按坡比1∶1开挖。两部分中间留一宽30cm的平台（图7-7）。

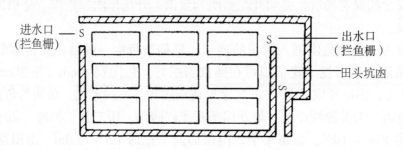

图7-7　稻田鱼凼式示意图

这种稻田养鱼方式有两种养鱼模式：

（1）培育鱼苗鱼种　这种模式不开挖鱼沟，可用于鱼苗发花及苗种培育。根据稻田浮游生物条件和养殖技术条件，每亩可投放水花3万 ~ 5万尾，至寸子时疏稀鱼种密度至1.0万 ~ 1.5万尾。要想获得大规格春片鱼种，还要在今后的养殖中视鱼种生长情况分1 ~ 2次，疏稀鱼种密度。

（2）养殖小个体成鱼或大规格鱼种　这种模式要开挖鱼沟，鱼沟的宽度40cm，呈1 ~ 2条纵行沟或"十"字形沟即可。一般设计鱼产量为每亩50 ~ 70kg。若已养的是草鱼春片鱼种，则可同时套养培育夏花，每亩1万 ~ 2万尾。

（二）垄稻沟鱼式

此种养殖方式是在稻田的四周开挖1条主沟（图7-8），沟宽50 ~ 100cm、深

70 ~ 80cm。垄上种稻，一般每垄种 6 行左右水稻，垄之间搭垄沟，沟宽小于主沟。若稻田面积较大，可在稻田中央挖 1 条主沟。总开沟面积占田面积的 10% ~ 15%，用于商品鱼养殖，设计养鱼产量为每亩 100 ~ 150kg，稻谷产量将会减少 0% ~ 5%。

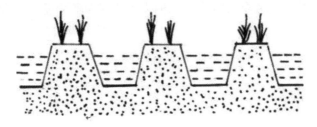

图 7-8　垄稻沟鱼式示意图

（三）鱼沟、宽沟式

也称沟池式。此种方式是小池和鱼沟同时建设（图 7-9）。总开挖面积占田面积的 8% ~ 10%，小池设在稻田进水口一端，开挖面积占田面积的 5% ~ 8%，呈长方形，深 1.5 ~ 2.0m，上设遮阳棚。池与田交界处筑一高 20cm、宽 30cm 的小埂。田内可根据稻田面积大小开设环沟及中央沟，沟宽 40cm、深 30cm。中央沟呈"十"或"井"字形。沟池相通，根据需要养殖对象可以是成鱼也可以是大规格鱼种，鱼的设计单产每亩 60 ~ 75kg。若已养对象无肉食性（含杂食性鲫、鲤），或暂时圈养在鱼凼内，可套养培育 1.5 万 ~ 2.0 万尾夏花。至鱼苗长至安全规格（相对于鲫、鲤 1.7cm 以上即为安全规格），即可与成鱼混养。

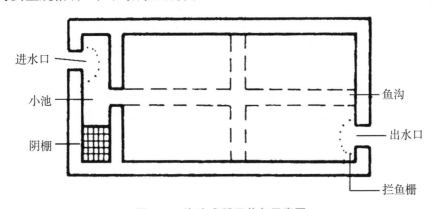

图 7-9　沟池式稻田养鱼示意图

四、鱼种放养

鱼种放养前稻田一定要清田消毒，以清除鱼类的敌害生物（如昆虫、蛇类、老鼠等）和病原体（主要是细菌、寄生虫类）。清田消毒药物主要有生石灰、茶枯、漂白粉等。

生石灰有改善 pH 的作用，尤其适用于酸性土壤。秋、冬季的无水稻田，每亩用生石灰 70kg 左右，加水搅拌后，立即均匀泼洒；若稻田带水消毒，则亩用生石灰 100kg 左右。用茶枯清田消毒，水深 10cm 时，每亩用 5 ~ 10kg。用漂白粉清田消毒，水深 10cm 时，每亩用 4 ~ 5 kg。用时先将漂白粉放入木桶内加水稀释搅拌后，立即均匀泼洒。

鱼种放养秉着宜早不宜晚、宜大不宜小、宜密不宜稀和合理混养的原则。为提高产量与效益，要严把苗种质量关，要求放养品种合理，搭配得当，规格适中，体格健壮。

（一）放养时间

放养时间宜早不宜晚。鱼种放养时间越早，养鱼季节就越长，因此，应尽量争取早放养。尤其是当年孵化的鱼种，待秧苗返青后即可放入。放养隔年鱼种则不宜太早，先于鱼凼中培育，约在栽秧后 20 天放养为宜。放养过早会吃秧，过迟对鱼、稻生长不利。晚稻田养鱼，只要把田结束就可投放鱼种。

（二）放养品种

稻田养鱼从水体来看，特点不同于池塘、湖泊等水体。稻田水浅受气温影响大，盛夏时水温有时可达 40 ~ 50℃。在饵料方面，稻田中杂草、昆虫和底栖动物较多，浮游生物较少，所以，稻田中适宜养殖耐浅水、耐高温、性情温和、不易外逃而又是杂食或草食性鱼类，一般应以草鱼、鲤、银鲫为主，同时搭配部分鲢、鳙和罗非鱼。胡子鲇食性杂，又特别耐低氧，也是适合沟凼养殖的鱼类品种。如利用稻田养小个体成鱼，则以单一品种为宜，可套养少量其他苗种。草鱼处在食物链的底层，能量转化率最高，在食物充足条件下生长迅速，是不可多得的能量节约型优良养殖品种。20cm 的草鱼春片只要饵足水活，当年即可达 2.5kg 以上；放养鲤，一般都放养当年鱼种，3.3cm 以上即可放养，2 个月后即可长到 50g，3 个月后可长到 100g，杂交鲤可长到 150g。如放养 50g 左右的隔年鱼种，3 个月可长到 250g 以上。

总之，在选择稻田养鱼种类时，应根据需要，因地制宜地选择。

（三）合理搭配及密度

1. 养殖成鱼

（1）主养鲤　每亩放养 8 ~ 10cm 的鲤鱼种 300 ~ 400 尾，12 ~ 15cm 的草鱼种 30 尾，鲢 10 尾，鳙 10 尾，野鲮 50 尾。

（2）主养草鱼　每亩放养 12 ~ 15cm 的草鱼种 100 ~ 150 尾，搭配鲤 50 尾，鲢 20 尾，鳙 10 尾，野鲮 20 尾。

（3）主养鲇　每亩放养 8 ~ 10cm 的鲇 1 000 尾，搭配罗非鱼 100 尾。晚稻收割时，基本上都能达到上市规格。

2. 培育草鱼种

每亩放养 3 ~ 5cm 的草鱼种 1 500 ~ 1 800 尾；少量搭配鲤、鲫 30 ~ 50 尾，饲养 160 ~ 180 天，成活率可达 70%，可收获 10 ~ 14cm 的草鱼种 1 000 ~ 1 300 尾，作为池塘放养的鱼种。苗种放养密度大，则培育的鱼种规格小；反之，放养密度小，则培育的鱼种规格就大。

（四）鱼种投放前消毒

鱼种放养前要用药物消毒，杀灭鱼体的病菌和寄生虫。常用的消毒药物有硫酸铜、漂白粉、高锰酸钾、晶体敌百虫和食盐等。鱼种消毒常用药物表 7-3。

表 7-3　鱼种消毒常用药物

项目药名	浓度（mg/L）	水温（℃）	浸洗时间（min）	可预防治疗的鱼病
硫酸铜	8	10 ~ 15 15 ~ 20	20 ~ 30 15 ~ 20	车轮虫、斜管虫、指环虫等鱼病
漂白粉	10	10 ~ 15 15 ~ 20	20 ~ 30 15 ~ 20	细菌性皮肤病及烂鳃病等
硫酸铜漂白粉合剂（分别溶化后再混合）	8 10	10 ~ 15 15 ~ 20	20 ~ 30 15 ~ 20	细菌性烂鳃病、赤皮病和车轮虫、指环虫等鱼病
高锰酸钾	20 20	20 ~ 25 10 ~ 20	10 ~ 15 1 ~ 2h	三代虫、指环虫、车轮虫、斜管虫等鱼病、锚头鳋病
敌百虫面碱合剂（1：0.6）	0.25	10 ~ 15	1h	三代虫、指环虫、中华鳋、鱼虱
食盐	3% ~ 5%		2 ~ 5min	细菌性烂鳃病、水霉病

鱼种消毒方法多样。可以在运输容器中先消毒后过数，方法是在运输车到达池边后，在运输容器中加入浸浴药物，按要求时间浸浴，浸浴后卸鱼。也可在鱼种过数后，另设容器中浸浴。如果运输时间很短，在 30min 内，可在过数和运输过程中浸浴。春放鱼种也可就袋消毒，即将盛鱼种的尼龙袋子置于池边，解开袋口，袋外、袋内与水面持平。将配好药液倒在袋内摇匀，并观察鱼种活动，按消毒时间完成后，投入鱼凼中。

消毒时间要灵活掌握，若鱼活动正常，消毒时间可长些；若鱼严重浮头时，应尽快把鱼捞出放入清水中。

（五）注意事项

（1）放鱼时，要特别注意水温差，即运鱼器具内的水温与稻田的水温相差不能大于3℃。因此，在运输鱼苗或鱼种的器具中，先加入一些稻田清水，必要时反复加几次水，使其水温基本一致时，再把鱼缓慢倒入鱼溜或鱼沟中，让鱼自由地游到稻田各处。这一操作须慎重，以免因水温相差大而使本来健壮的鱼苗种放入稻田后发生大量死亡。在鱼沟、鱼溜旁可适当种些慈菇、芋头或搭棚种瓜，以利夏季遮阳。

（2）如用化肥做底肥的稻田，应在化肥毒性消失后再放鱼种。放鱼种前先用少数鱼苗试水，如不发生死亡就可放养。

（3）在养成鱼的稻田套养发花鱼苗时，同样要将鱼种先围于鱼凼内，待鱼苗长到不会被成鱼误食时，再撤去围栏。

（4）考虑水稻分蘖生长，可将鱼种先围于鱼凼内，待有效分蘖结束，再撤去围栏。

五、日常管理

管理工作是稻田养鱼成败的关键，为了取得较好的养殖效果，必须抓好以下几项工作：

（一）防逃除害，坚持巡田

稻田田埂和进、排水口的拦鱼设施要严密坚固，经常巡查，严防堤埂破损和漏洞。时常清理和加固进、排水口的拦鱼设施，发现破漏要及时修补。经常保持鱼沟畅通，尤其在晒田、打药前要疏通鱼沟、鱼溜。暴雨或洪水来临前，要再次检查进、排水口拦鱼设备及田埂，防止下暴雨或行洪时田水漫埂、冲垮拦鱼设备，造成大量逃鱼。鱼放养后，要绝对禁止鸭子下田。

（二）适时调节水深

养鱼稻田水深最好保持7～16cm。养鱼苗或当年鱼种水深保持10cm左右，到禾苗分蘖拔节以后，水深应加到13～16cm；养2龄鱼的水则应保持15～20cm。若利用稻田发花，在养殖初期，鱼体很小，保持稻田水位4～6cm即可。随着水稻生长，鱼体长大，适当增加水位，一般控制稻田水位10cm以上。

稻田因保水不及池塘，需定期加水，高温季节需每周换水1次，并注意调高水位。平时经常巡田，清理鱼沟、鱼溜内杂物。

（三）科学投饵

饵料是鱼类生长的保证。稻田养鱼前期，以萍、草、虫等天然饲料及农家下脚料为主；中后期以商品饲料为主，主要有麦麸、豆饼、菜饼、小麦、米糠和配合饲料，可促进生长，提高产量。

投饵要严格按照"四定""三看"原则（四定：定时、定位、定质、定量；三看：看水色、看天气、看鱼的活动变化）。根据实际情况灵活掌握，一般坚持定点在鱼凼内食台上投饵，生长旺季日投2次，8：00～9：00、16：00～17：00各1次，投喂量以1～2h内吃完为度。精饲料投放量为鱼种体重的3%～5%，青饲料投放量为鱼体重的30%～40%。

（四）及时追肥

为确保稻谷和鱼类生长，应根据稻、鱼的生长情况及时追肥。

追肥要少量多次。有机肥应充分发酵后全稻田泼洒，不要泼在沟、凼处，每亩每次100～150kg。无机肥更要注意少量多次，每亩每次施硫酸铵10～15kg或尿素5kg为宜，一般用量不超过每次每亩15kg。同时，化肥施用方法要适当，先排浅田水，使鱼集中到鱼沟、鱼溜中再施肥，使化肥迅速沉于水底层，待为田泥和稻禾所吸收，再加水至正常深度。

（五）防暑降温

（1）调节水温　稻田中水温在盛夏期常达40℃以上，已超过鲤致死温度，如不采取措施，轻则影响鱼的生长，重则引起大批死亡。因此，当水温达到32～35℃以上时，应及时换水降温（此时田鱼极易逃逸）或适当加深田水。先堵好平水缺口，边灌边排，待水温下降后再加高排水缺口，将水位升高到10～20cm。

此外，在鱼溜上方要用稻草搭棚遮阴，或在鱼溜内放养些浮萍等水生植物。

（2）清除水华　高温天气，长期蓄水的养鱼稻田水面常会漂浮一层翠绿色的膜状物，即"水华"。遇此，可用罾、鱼撮子或小抄网内垫一层薄布，小心滤去。还可每立方米水体用0.7g硫酸铜配制成水溶液进行泼洒，即可消除。但硫酸铜的毒性随温度变化很大，最好在专业人员指导下进行，以免造成鱼类中毒死亡。

（3）防止缺氧　经常往稻田中加注新水，可增加水体溶氧量，防止鱼类"浮头"。若"浮头"已发生，则应增加新水的注入量。

（4）避免干死　稻田排水或晒田时，应先清理好鱼沟，使之保持一定的蓄水深度，然后逐渐排水，让鱼自由游进鱼沟中。切忌排水过急，而造成鱼搁浅干死。

六、捕捞收获

捕鱼前先把鱼凼、鱼沟疏通，使水流畅通，捕鱼时于夜间排水，等天亮时排干，使鱼自动进入鱼沟、鱼凼，使用小网在排水口处就能收鱼。收鱼的季节一般天气较热，可在早晚进行。挖有鱼凼的稻田，则于夜间可把水位降至鱼沟以下，鱼会自动进入鱼凼。若还有鱼留在鱼沟中，则灌水后再重复排水1次即可，然后以片网捕捞。

若捕捞在水稻收割前进行，为了便于把鱼捕捞干净，又不影响水稻生长，可进行排水捕捞。在排水前先要疏通鱼沟，然后慢慢放水，让鱼自动进入鱼沟随着水流排出而捕获。如1次捕不干净，可重复灌水，再捕捞1次。

第四节　水库养鱼

一、水库的人工放养

水库的人工放养，基本上与湖泊的人工放养方法相同。但由于天然饵料相对较单一，主要是浮游生物，水生高等植物和底栖动物特别是贝类很少。因而，放养的鲢、鳙比例一般高于湖泊，有的水库占总放养量的90%以上；而青鱼和草鱼很少放养。放养具体指标见表7-4、表7-5。

从表7-4、表7-5可见，水库大水面放养鱼种的规格和密度，应根据实际情况灵活掌握。在新建水库的蓄水初期，水大鱼稀，饵料很丰富，放养鱼类的饵料竞争者和凶猛鱼类稀少，此时可以进行小规格、高密度放养，甚至放养夏花鱼种也有很好效果。

表7-4　水库养鱼放养鱼种规格（cm）

水库类型		鲢	鳙	草鱼	鲤
小型 （<1 000亩）	富	10～11	10～11	8～9	2～3
	一般	13～14	13～14	10～11	2～3
	贫	16～17	16～17	13～14	4
中型 （1 000～1万亩）	富	10～12	10～12	10～11	3～4
	一般	14～15	14～15	11～12	3～4
	贫	16～17	16～17	14～15	4～5
大型 （>1万亩）	富	13～14	13～14	12～13	3～4
	一般	15～16	15～16	12～14	3～4
	贫	8	18	16	4～5

表 7-5　我国不同类型水库的放养与产量的参考标准

水库类型		搭配比例（%）			放养密度（尾/亩）	鱼产量（kg/亩）
小型 （<1 000 亩）	富	45	40	15		
	一般	35	30	35	500～200	200～50
	贫	30	20	30		
中型 （1 000～1 万亩）	富	45	40	15		
	一般	50	30	20	200～100	50～30
	贫	40	20	40		
大型 （1 万～10 万亩）	富	50	35	15		
	一般	55	25	20	100～50	30～15
	贫	40	20	40		
特大型 （10 万亩以上）	富	55	30	15		
	一般	55	25	20	50～30	15～10
	贫	40	20	40		

二、库湾养鱼

所谓库湾养鱼，就是选择条件较好的库湾，在其与大库的连接处设置拦网或修筑堤坝，将库湾水面与大库分隔开，在其内培育鱼种或养殖商品鱼的方式。用堤坝隔成的库湾叫土拦库湾，用拦网隔成的叫网拦库湾。

（一）土拦库湾

土拦库湾实际上是一个小水库，清野除害较方便，可以实施投饵、施肥等措施获得较高产量。

（1）地点选择　土拦库湾要求肚大口小，底部平坦，坝基处不漏水，枯水季节能排干清库，湾内能维持 2～10m 水位，无污染，水质肥沃，光照充足，集雨面积适中，洪水不大。面积以 200 亩以内为宜，最好不超过 1 000 亩。

（2）筑坝　土坝有均质土坝和黏土心墙土坝两种。均质土坝是用含沙 5～7 成、含黏土 3～5 成的土筑成；黏土心墙土坝是用透水性较大的土料做坝身，中间用黏土做心墙。坝高应略高于水库正常水位，洪水太大水位超过坝顶时，可在坝顶装矮网防逃。坝面应有足够宽度，坝高 6～11m 时，坝面宽应有 3～4m，土坝坝坡的倾斜度应视筑坝土料和坝高而定。沙土坝宜缓坡，黏土坝可稍陡，高坝坡应缓。一般坝高

10m 以内者，内坡取 1 :（1.5 ~ 2），外坡取 1 : 1.5，近坝底处应为 1 : 2 或 1 : 3 的坡比。坡面可用块石或碎石护坡。为了控制水位，需安装涵管和起闭设备，还应建造溢洪道。

（3）清基除害　库底的建筑物、树桩、大石头、土堆等应予清除铲平，以利捕捞。库湾内的野杂鱼和凶猛鱼类也要清除，可采用放干、药物清塘、捕捞、电击、爆炸等多种方法。

（4）鱼种培育　土拦库湾的养鱼条件较好，在充分利用天然饵料的同时，还可大量施肥、投饵，水环境也容易控制，因而土拦库湾一般是用于培育鲢、鳙鱼种（搭配少量其他鱼种）。以鲢为主，可搭配 10% ~ 20% 鳙；以鳙为主，则不放鲢。一般有三种方式：

①培育夏花：从鱼苗培育成 3 ~ 5cm 的夏花，要求库湾的水较浅，面积在 30 亩以内。放养密度为 8 万 ~ 12 万尾 / 亩。放养前施足基肥，肥水下塘，培育过程中采用饵料与肥料相结合的办法进行养殖（表 7-6）。

表 7-6　五强溪水库滩头库湾（82 亩）夏花培养

年度	鱼苗放养（万尾）	育成夏花（万尾）	出塘率（%）	肥料（kg/万尾）	饲料（黄豆）（kg/万尾）
2013	1 000	400	40	62.5	7.8 ~ 8.0
2014	650	300	47	82.3	4.15
2015	1 000	250	25	20	10

②培育冬片鱼种：即从 3 ~ 5cm 夏花培育到体长 13cm 以上的冬片鱼种，也采用施足基肥、肥水放鱼、追肥和饵料配合使用的办法。一般每亩可放 4 000 尾，经 3 个月可长到 13cm 鱼种 2 500 尾左右，条件好的放养密度可更高。

③培育 2 龄鱼种：即将体长 10 ~ 13cm 的鱼种培育成体长 20cm 以上的大规格鱼种。可进行一定程度的混养，放养密度一般为 1 500 ~ 2 000 尾 / 亩，一般使用面积较大的库湾。

（二）鱼种放养

以鲢、鳙为主，适量搭配鲤、鲴类、鲫、鲮等鱼。这些搭配鱼类可以充分利用底栖生物和腐屑等饵料资源，而且有助于底泥中营养物质的再循环，对改善水体的营养状况和提高产量都有作用。一般鲢、鳙占总放养量的 85% ~ 90%，其他鱼占 10% ~ 15%。主施化肥时，鲢、鳙之间应以鲢为主，在施肥水平较高的小型水库两者之比例可达 8 : 2 至 9 : 1；在施肥水平较低的中型水库或搭配施很多有机肥的水库，应提高鳙的比例，而且当搭配使用较多有机肥时，还应适当加大搭养鱼类的比例。

鱼种（鲢、鳙）的规格除放足 13.3cm 以上的鱼种外，尾重 50 ~ 100g 鱼种应占较大比例，有的占总放养量的一半左右。配养鱼类的规格，可根据具体情况而定。凶猛鱼类很少或危害小、溢洪机会少的小型水库（特别有小二型水库），可套养3.5 ~ 6.5cm 的小规格鱼种。一般在 6 ~ 7 月，投放当年 3.5 ~ 6.5cm 的鱼种 150 ~ 300尾/亩，到年底可达 13cm 以上，甚至 50 ~ 100g，可作翌年大规格鱼种的来源。

鱼种放养量的确定，中型水库可按计划产量除以 5 ~ 6（群体增重位数）进行放养，小型水库按计划产量除以 6 ~ 8 计算放养量。如计划产量 30 ~ 90kg/亩，鱼种放养量应为 5 ~ 15kg/亩。有些精养的小型水库或库湾，鱼种放养量可达 100kg/亩。确定鱼种的放养数量时，还应考虑水库本底鱼的数量，以免放养量过大。

（三）网拦库湾

网拦库湾养鱼与土拦库湾养鱼有一定的相似之处。不同的是，面积一般较大，大的可达数千亩；网基处较低，要求枯水期也能保持 2m 左右的水深；网拦现多用双层拦网，设置方式与拦鱼设施相同；湾内水体与大水体相通，水位随水库水位的变化而变化；一般主要靠天然饵料养鱼，因而放养密度一般比土拦库湾小，并且主要饲养较大规格的鱼种或成鱼（表 7-7）。

表 7-7　新江水库网拦库湾鱼种培育指标

培育品种		1 龄鱼种	1 龄鱼种	1 龄鱼种	2 龄鱼种
拦网规格	目大（cm）	0.8 ~ 1.3	1.3 ~ 1.8	3.0 ~ 3.5	4.0 ~ 5.0
	聚乙烯网线规格	0.21/3 × 2	0.21/3 × 2	0.21/3 × 3	0.21/3 × 3 或 3 × 4
培育时间（月份）		7 ~ 11	7 ~ 11	12 ~ 5	5 ~ 12
放养规格（cm）		5.0 ~ 6.0	6.6 ~ 8.3	11.6 ~ 13.2	16.5 ~ 19.8
育成规格（cm）		11.6 ~ 13.2	13.2 ~ 16.5	16.5 ~ 19.8	0.25 ~ 0.5（kg）
搭配比例（鲢∶鳙）		70∶30	70∶30	70∶30	60∶40
放养密度（尾/亩）		3 000	3 000	3 000	3 000

网拦条件较好的库湾，在技术水平较高、肥料充足的情况下，网拦库湾也可培养小规格鱼种，甚至从鱼苗到夏花，而且放养密度可以很高。如广东省高州水库全部采用大草培育法，投放大量绿肥培肥水质，在面积为 10 亩、水深为 1.5 ~ 2m 的一级网拦区，放养草鱼、鲢、鳙、鲮水花 5 万 ~ 10 万尾/亩，培育成 3 ~ 5cm 夏花；然后，放入面积为 100 ~ 180 亩、平均水深 2 ~ 3m 的二级网拦区（密度为 8 000 ~ 15 000尾/亩），培育成 7cm 的鱼种；最后，将 7cm 的鱼种放入面积为 800 ~ 900 亩、水深8 ~ 12m 的三级库湾（密度为 2 000 ~ 3 000 尾/亩），培育成 13cm 以上的大规格鱼种。一、二、三级网拦区直接连在一起。

（四）库湾养鱼的捕捞

库湾养鱼的捕捞比较困难，主要原因是水较深，底部不平。五强溪水库采用张网诱捕，起水率可达90%。主要方法是在食台上大量投饵，诱集鱼群，然后逐渐将食台拖入张网内，将鱼群稳定在张网内后，将张网迅速浮起。在水深面广的库湾，可采用"赶、拦、张"联合渔法捕捞；在小型土坝库湾，可进行拉网扦捕，效果也不错。

第五节　常见鱼病的防治技术

一、鱼病防治基本知识

所谓鱼病，是指病因作用于鱼类机体，引起鱼体新陈代谢活动失调，发生病理变化，扰乱鱼的生命活动的现象。任何鱼病的发生，都是外界环境、病原和鱼体自身免疫力这三方面相互作用的结果。当外界环境恶化、病原体大量繁殖和鱼体免疫力机能下降时，就会发生鱼病。

到目前为止，在我国发现了近100种鱼病，病原包括了病毒、细菌、真菌、藻类、原生动物、蠕虫、甲壳动物和软体动物的幼虫。此外，还有由于水质不良、营养缺乏等非生物因子引起的疾病；生物敌害也能成为鱼类死亡的因素。

（一）致病因素

鱼类致病因素一般分为四种：

1. 生物因素

包括病毒、细菌、寄生虫等各种病原生物。水生环境中除存在一些专性致病微生物外，多数是兼性致病菌，鱼类常与养殖环境中的弧菌、黏细菌、假单胞菌和气单胞菌等兼性致病菌接触，虽有感染也不发病，其致病力随着环境不良因素的增加而增强，环境条件恶化，鱼体受损伤和抵抗力减弱。这些兼性致病菌即可从腐生性转变为寄生性，毒力增强，由不致病转化为致病。因此，这类细菌称条件致病菌。

生物因素对鱼体的致病作用，可分为生理性和机械性两类。细菌分泌的外毒素或菌体分解时产生的内毒素，寄生虫分泌的溶蛋白酶素或摄食鱼血、养料，破坏细胞组织，使鱼体机能紊乱、代谢产物中毒或组织分解，都属于生理性的致病作用。寄生虫所致的器官组织损伤，管腔器官的阻塞、萎缩和穿孔等都属于生理性的致病作用。

2. 环境因素

水温、盐度、酸碱度、溶解氧、水流、水压、风浪等，都属于环境因素。在自然条件下，环境因素不但影响鱼体，也可直接影响致病生物或间接通过鱼体影响致病生物。其中，高温、低温、电流、水压、气压、放射能、机械性损伤都属于物理性致病因素；盐度、酸碱度、溶解氧和氨－氮、硫化氢、甲烷等有毒气体，汞、镉铅、铜等重金属盐类，有机醇、醚、氯仿、酚、有机磷农药、氰化物等中毒，都属于化学性致病因素。

3. 饲养管理因素

在养殖过程中由于饲养管理不当等人为因素，往往导致鱼的发病死亡。如不合理的放养密度，密度过高，造成挤压、缺氧等；投饲不当，投喂脂肪酸败或腐败发臭变质的饵料引起饲料性中毒或水质恶化；饲料中缺乏某些维生素、矿物质所致营养失调或代谢障碍，以及由于操作粗糙所致的机械损伤等，都属于饲养管理方面的致病因素。

4. 遗传免疫因素

鱼类对病原生物的侵袭具有先天的和后天的免疫机制。鱼类的黏液、鳞片、皮肤等是天然的防御屏障，补体、干扰素、溶菌酶、c-反应性蛋白、天然溶血素等组织和体液的杀菌物质，起着自然抗体的保护性免疫作用；炎症反应、肾、脾、胸腺、消化道等网状内皮细胞和血液巨噬细胞、淋巴细胞，具有吞噬异物和天然的细胞免疫功能。另外，种的易感性，具有先天性免疫防御机制，可阻止生物或非生物性侵袭因子向鱼体纵深发展。当水环境因素恶化，可导致鱼体免疫机能下降而易感疾病。

（二）鱼病种类区分

鱼病的种类有很多，按病因区分，一般分为由生物因素和非生物因素引起的两大类。其中，生物因素引起的鱼病依据病原的不同，可分为传染性鱼病、侵袭性鱼病和鱼类敌害3种。凡是由微生物病原体（病毒、细菌、霉菌、单细胞藻类等）引起的鱼病，通称为传染性鱼病；由动物性寄生虫（原生动物、蠕虫、软体动物幼虫、环节动物、甲壳动物等）引起的鱼病，通称为侵袭性鱼病；由低等藻类、水生昆虫、凶猛鱼类、两栖类、爬行类、鸟类等引起的病害，称为鱼类敌害。非生物因素引起的鱼病，则主要包括由于水的理化因子导致对鱼类不利的影响，如缺氧浮头、污染中毒和由于营养不良造成鱼的代谢障碍及某些营养元素缺乏的病症等。按照鱼的生长发育阶段来区分，还可把鱼病划分鱼苗病、鱼种病和成鱼病。按照发病部位，还可分为皮肤病、鳃病、肠道病、其他器官疾病等。

（三）鱼病感染的类型

鱼病感染的类型一般分为以下5种类型：

1. 单纯感染

疾病的发生系一种病原体侵入引起。如白鲢中华鳋病，就是由鲢鳙中华鳋寄生在白鲢鳃丝上而发生的。

2. 混合感染

同时有两种或两种以上的病原体侵入而致病。如罗非鱼鳃上同时被车轮虫和指环虫侵袭。

3. 原发性感染

疾病由病原体侵入健康鱼引起。如有的池塘本来鱼很健康，但后因防疫措施不严，而使病原体传播到该塘健康的鱼感染致病。

4. 继发性感染

病原体侵入原已有病的鱼体上。如草鱼被大中华鳋侵袭鳃丝而发生"鳃蛆病"，鱼害黏球菌在有创伤的鳃丝上大量繁殖，又发生细菌性烂鳃病。因此，在生产中对治疗鱼病往往采取先杀虫、后灭菌的措施。

5. 二重感染

同一种疾病在鱼体上重复发生。如草鱼在梅雨季节得了细菌性烂鳃病和赤皮病等并发症，通过治疗恢复了健康，但到了白露前后又复发此病。

（四）鱼病的发生过程

鱼病的发生过程，可分为潜伏期、前驱期、发展期和结局期。在潜伏期，病原体侵入鱼体，但没有出现症状，肉眼不易察觉，潜伏期与水温密切相关，水温高潜伏期短，水温低则潜伏期长；在前驱期，病鱼开始出现一些不明显的症状，此期较短，容易引起人们的疏忽；在发展期，鱼病很严重，其典型症状显现出来；在结局期，抵抗力强的病鱼依靠自身的免疫力获得痊愈，抵抗力弱的病鱼则死亡，鱼病停止。

（五）鱼病防治的工作方针

无病先防，有病早治，预防为主，防治并举。

（六）病鱼和健康鱼的鉴别

病鱼和健康鱼无论在外表表现和内部生理上都有明显的差别。大多数疾病要用多种检测手段来加以确诊，有些则凭临诊症状便可判断。

1. 活动

鱼的活动状态，可以反映鱼的健康状况。如正常鱼游动活泼，反应灵活；病鱼则游动缓慢，反应迟钝，或做不规则的狂游、打转，平衡失调，或离群独游。

2. 体色或体形

正常鱼体色鲜艳有光泽，体表完整；病鱼则体色变黑或褪色，失去光泽，或有白色或红色斑点、斑块，或鳞片脱落、长毛，或鳍条缺损，或黏液增多，体表呈白色层块状，或鱼体消瘦，腹部膨大，或肛门红肿等。

3. 摄食

正常鱼类食欲旺盛，投饵后即见抢食；病鱼则食欲减退，缓游不摄食，或接触鱼饵也不抢食。

4. 脏器

鳃、肠道、肝脏、脾脏、肾脏、气鳔、胆囊等脏器和组织，病鱼和健康鱼也有明显差别，视病的类型而异。

（七）鱼病的现场调查

鱼生活在水中，其发病死亡虽有多种原因，但往往与环境因素密切相关。为了诊断确切，对发病现场需做周密调查，不可忽视。

1. 发病情况的调查

包括发病的死鱼数量、种类、大小、病鱼的活动与特征，水体中饲养的种类、数量、大小、种苗来源，水质情况，养殖场周围的工厂排污和水源的情况，平时的防病措施和发病后已采取的措施等。

2. 饲养管理情况的调查

包括鱼塘或网箱的放养密度，每天投喂饵料的次数和数量，饵料的种类和质量，饵料的来源、贮藏、消毒情况。池塘的消毒情况，发病塘或网箱周围其他塘、箱的情况，平时饲养管理情况和以往发病史等，都要全面了解清楚。

3. 气候、水质情况的调查

在现场有重点地测定有关气温、水温、下雨、刮风、盐度、酸碱度、溶解氧、氨氮、亚硝酸盐、水流、水色、透明度、硫化氢等有关指标，以便为进一步诊断提供必要的依据。

（八）病鱼的检查、诊断技术

要做到对症下药，首先必须对病鱼作出正确的诊断。诊断的依据除了上述调查所得资料外，还必须对鱼病作详细的剖检，以便综合分析情况，作出最后诊断。病鱼的检查，一般采用肉眼检查（目检）和显微镜检查（镜检）相结合的方法，目检和镜检可同时进行。

1. 取材

应选择晚期病鱼作材料。为了有代表性，一般应检查 3 ~ 5 尾。死亡已久或已腐败的病鱼不宜作材料。未检查到的材料鱼，应在原塘水中蓄养，以保持鲜活状态。

2. 检查的顺序

检查要按一定顺序进行，原则上是从外到内、由表及里，先检查鱼体裸露部位，然后检查血液和脏器、组织。体表、鳃、肠道为必须检查部位。

（1）体表　目检头部吻、口腔、眼和眼眶周围、鳃盖、躯干、鳞片、鳍、肛、尾部等部位有无异常，或可检查出一些大型寄生虫或孢囊，各部位是否有充血、发炎、溃疡、浮肿、斑痕、鳞片松弛、脱落、竖鳞、鳍缺损等征象。

刮取体表、鳍等部位的黏液，放在滴有清水的载玻片上，盖上盖玻片，做成玻片镜检，可发现致病性原虫、蠕虫等寄生虫。镜检时应按先低倍、后高倍的顺序，观察、鉴别虫体。对初学者来说，应把观察到的活动的虫体实物与书本上描绘的虫体图样作对照，提高自已鉴别病虫的能力。

（2）血液　从心脏取出血液滴1滴在载玻片上，或者将汲取的血液全部注入一培养皿中，再取与血清交界处的血液滴一滴在载玻片上，盖上盖玻片，可以检出细菌、异常血细胞、寄生虫、蠕虫等。

（3）鳃　目检鳃瓣是否完整，颜色有无异常，或可检出小型孢囊、大型寄生虫或充血、褪色、肿大发白、腐烂蚀损等。剪下少许鳃丝放在玻片上，玻片上先滴一滴清水（海水鱼用煮沸或过滤海水、淡水鱼用煮沸后的开水），用镊子或解剖针将鳃丝逐一分开，盖上盖玻片镜检，或可发现多种细菌、真菌、原虫、蠕虫和甲壳类等寄生虫。

（4）内部器官　外表检查完即可进行内部组织器官的检查，方法是从肛门沿腹线和侧线剪开，除去一侧腹壁，露出整个内脏。解剖时勿剪破胆囊，记录有无腹腔液及其浊度、颜色，有无大型寄生虫如线虫、绦虫、甲壳类和孢囊。观察各组织器官的体积大小、颜色深浅。从咽喉和靠肛门处剪断消化道，取出整个内脏，在解剖盘中小心分开各器官，剥离内脏器官。按下列顺序镜检：心脏、膀胱、胆囊、肝胰脏、脾脏、肾脏、肠系膜、胃肠道、性腺、气鳔、脂肪组织、脑、脊髓、肌肉等，也可根据临诊和目检所得，重点检查其中若干个部位。

胃肠道可从胃、前肠向后剪开，检查前中后三段，注意胃肠食物充盈，胃肠壁有无发炎、溃疡，肠内黏液的颜色和多寡，有无大型寄生虫或孢囊。然后刮取胃、肠壁黏液少许，放在加有生理盐水（淡水可用0.7%、海水鱼可用1%）的载玻片上，盖上盖玻片镜检。其他脏器则可用压片法检查，检查所得结果对疾病诊断很重要。

3. 诊断

病鱼的诊断是较复杂的一环，初学者或没有经验的养殖工作者，都要从实践中反复学习才能掌握。有些疾病只是单纯感染，有些是多种病原混合感染。有的鱼病单凭目检可做出诊断，而大多数鱼病还要靠镜检，才能做出诊断。有些鱼病单凭镜检不能确诊，还要靠细菌学或病毒学、生化或组织病理学等检测手段的帮助才能得出结论。随着水产养殖业的发展，养殖品种也趋向多样化，新的养殖品种带来新的病种，也增加了诊断的难度。

病原的分析，要与病原的毒性、侵袭力、数量以及环境等因素结合起来进行。少量的病原体在正常条件下不足以致鱼死亡，只有在环境条件恶化，病原体毒力增强达到较高的量，鱼体防御功能难以抵抗时，才能致病死亡。

（九）主要防病措施

总的来讲，主要防病措施可概括为："四消""四定"。"四消"——即池塘水体、鱼种鱼体、饲料食场和工具消毒；"四定"——即投喂饲料要定时、定位、定质、定量。这是我国鱼病防治工作者长期的实践经验总结，也是行之有效的防治措施。

1. 池塘水体消毒

池塘水体是鱼类栖息场所，也是各种病原体隐藏和滋生场所，直接影响到鱼体健康。网箱养殖应慎用药物消毒，但也应做好饲养管理，减少水体污染，防止场地老化。每年冬季池塘应干塘清淤，修补池埂，让阳光曝晒池底，达到消除病虫害的目的。特别是饲养肉食性鱼类的池塘，更为必要。放鱼前，池塘一定要用生石灰、富氯、强氯精、漂白粉、茶粕、巴豆、鱼藤精、氨水等药物清塘消毒。其中，以生石灰的综合效果最好。

2. 鱼种鱼体消毒

经过消毒的鱼塘或水体，在放养鱼种时，应进行鱼体消毒以免带进外来病原体。网箱养鱼也不例外，应在放养前进行，效果更好。

3. 饲料食场消毒

饲料要求新鲜，无论淡水鱼或海水鱼都应防止投喂变质腐败饲料，尤其是动物性饲料。在鱼病流行季节，适当投喂抗菌药物如大蒜素、富碘等，可预防疾病，促进生长。投喂水草，可在 10mg/L 的富氯或鱼虾强氯精溶液中浸泡 30min。施用粪料追肥，要经过发酵后投入。

食场消毒很重要，食场（食台）周围常有残饵沉积、腐败发酵，滋生病原体，导致鱼病。除了勤清除残饵外，每月可用富氯或强氯精泼洒消毒食场 1～2 次。食台 5～7 天应清洗曝晒，或放入 10mg/L 的百消净溶液中消毒。

4. 工具消毒

工具包括捞网、拉网、鱼筛等，在发病池塘使用过后，都要消毒后再使用，以免暴发流行病。消毒的办法，一是在阳光下曝晒；二是用 10mg/L 富氯或灭毒净溶液浸泡 10min。

"四定"的关键是定质，即饲料要新鲜、优质，这是提高鱼体疾病抵抗力的重要一环。在保证饲料质量的前提下，应在一定的时间、一定的位置，投喂一定数量的饲料。

此外，科学的饲养管理也非常重要。必须做到：①控制放养密度；②保持良好的养殖环境；③控制病原体的传播。

二、常见鱼病的防治

（一）暴发性出血病（细菌性败血病）

【病原】嗜水气单胞菌、豚鼠气单胞菌等多种革兰氏阴性短杆菌。

【症状】病鱼体内外全身充血、出血，肛门红肿，腹部膨大，腹腔有大量淡黄色或红色腹水，严重贫血，肝、脾、肾肿大，有的鳞片竖起，肛门处拖黏液便，症状表现多样化，有时甚至肉眼看不出明显症状就死亡，呈现急性感染（图7-10）。

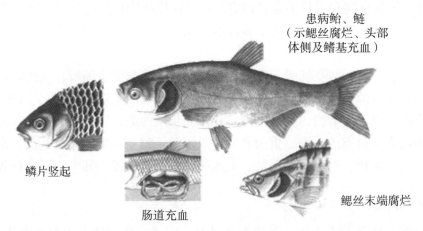

患病鲌、鲢
（示鳃丝腐烂、头部
体侧及鳍基充血）

鳞片竖起

肠道充血

鳃丝末端腐烂

图7-10　暴发性出血病

【流行情况】我国20世纪80年代中期淡水养鱼新出现的、为害最严重的疾病。此病流行范围广，危害鱼的种类多，多呈急性暴发，造成的损失非常大。

【诊断】根据症状及流行情况进行初步诊断，确诊须进行病原学、病理学、免疫学诊断。

【预防措施】进行综合预防，池塘干塘清淤，曝晒灭菌。苗种用全菌苗或毒素苗进行免疫。

【治疗方法】第一步：杀灭鱼体外寄生虫。第二步：杀灭鱼体内外的病原菌：①每100kg鱼每天用鱼泰8号药15g拌饲，分上、下午2次投喂，连喂5～7天（江苏省江都市兽药厂生产）；②全池遍洒含氯消毒药1～3次。第三步：在疾病治愈后2～3天，全池遍洒生石灰，将池水调成弱碱性。

（二）细菌性肠炎病

【病原】肠型点状气单胞菌和豚鼠气单胞菌等。

【症状】肠壁充血发炎，肛门红肿；2龄以上的大鱼患病严重时，更有腹水，肠壁呈紫红色（图7-11）。

【流行情况】危害草鱼、青鱼、月鳢、加州鲈、罗非鱼等多种淡水鱼的鱼种至成鱼；全国都有发生，是危害严重的鱼病之一。

【诊断】根据症状及流行情况进行初步诊断，但要注意：①与以肠出血为主的草鱼病毒性出血病的区别：前者的肠壁弹性较差，肠内黏液较多；后者的肠壁弹性较好，肠内黏液较少。②与食物中毒的区别：食物中毒的病鱼，在肠壁充血的同时，肠内有大量的食物，且是吃同一种饲料的鱼突然发生大批死亡。

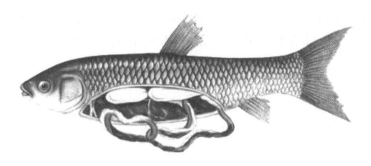

图 7-11 细菌性肠炎病

【预防措施】①进行综合预防,做好"四定"投饲工作,不投喂变质饲料;②发病季节,每月投喂中草药饲料 1 ~ 2 个疗程,每 100kg 鱼每天用大蒜头 500g,或干的地锦草、马齿苋、铁苋菜、辣蓼(合用或单用均可)500g,或穿心莲 2kg,粉碎后加盐 200g,拌饲投喂,连喂 3 天为 1 个疗程。

【治疗方法】每千克饲料中加鱼用肠炎灵 3 ~ 4g 拌饲,连喂 3 ~ 6 天,每天投喂 2 次;或每千克饲料中加磺胺-6-甲氧嘧啶 2 ~ 3g,连喂 4 ~ 6 天,第 1 天用药量加倍,每天投喂 1 次。

(三)细菌性烂鳃病

【病原】柱状嗜纤维菌(原叫柱状屈桡杆菌)。

【症状】病鱼体色发黑,尤以头部为甚,游动缓慢,反应迟钝,呼吸困难;鳃上黏液增多,鳃丝肿胀,严重时鳃丝末端缺损,软骨外露,鳃盖"开天窗"(图 7-12)。

病鱼鳃盖被腐蚀成一个圆形透明小窗

鱼害黏球菌

病鱼鳃上的"柱子"

病鱼鳃丝腐烂

图 7-12 细菌性烂鳃病

【流行情况】危害草鱼、青鱼、鳜、加州鲈、鳗、鲤、鲫等多种淡水鱼,从鱼种至成鱼均可受害。在 15 ~ 30℃范围内,水温越高,越易暴发流行。

【诊断】根据症状及流行情况可做出初步诊断。用显微镜检查,鳃上没有大量寄生虫及真菌寄生,看到有大量细长、滑动的杆菌,可做出进一步诊断。

【预防措施】①进行综合预防；②在发病季节，每月全池遍洒生石灰 1 ~ 2 次，保持池水 pH 8 左右；③发病季节，定期将乌桕叶扎成数小捆，放在池中沤水，隔天翻动 1 次。

【治疗方法】

（1）外用药　全池外泼含氯消毒剂。

（2）内服药　①每千克饲料中加复方新诺明 2 ~ 3g，连喂 3 ~ 5 天，每天上、下午各喂 1 次；②每千克饲料中加鱼用肠炎灵 3 ~ 4g 拌饲，连喂 3 ~ 6 天，每天投喂 2 次；③每千克饲料中加磺胺 -6- 甲氧嘧啶 2 ~ 3g，连喂 4 ~ 6 天，第 1 天用药量加倍，每天投喂 1 次。

（四）赤皮病

【病原】荧光假单胞菌、革兰氏阴性杆菌。

【症状】病鱼体表出血发炎，鳞片脱落，尤其是鱼体两侧及腹部最为明显；鳍的基部或整个鳍充血，鳍的梢端腐烂，常烂去一段，鳍条间的软组织也常被破坏，使鳍条呈扫帚状，称为"蛀鳍"，并常和烂鳃病及肠炎病并发（图 7-13）。

图 7-13　赤皮病

【流行情况】只有当鱼因捕捞、运输、放养时，鱼体受机械损伤，或冻伤，或体表被寄生虫寄生而受损时，病原才能乘虚而入，引起发病。草鱼、青鱼、鲤、鲫、团头鲂等多种淡水鱼均可患此病；在我国各养鱼地区，一年四季都有发生，尤其是在捕捞、运输后及北方在越冬后，最易暴发流行。

【诊断】根据症状及流行情况进行初步诊断，确诊须分离、鉴定病原。

【防治方法】进行综合预防，严防鱼体受伤。治疗方法同细菌性烂鳃病。

（五）病毒性出血病（草鱼出血病）

【病原】草鱼出血病毒（草鱼呼肠孤病毒）。

【症状】病鱼的体色发黑，体表及内脏各器官组织都不同程度地充血、出血，严重时全身肌肉呈鲜红色，病鱼严重贫血，鳃常呈"白鳃"（图 7-14）。

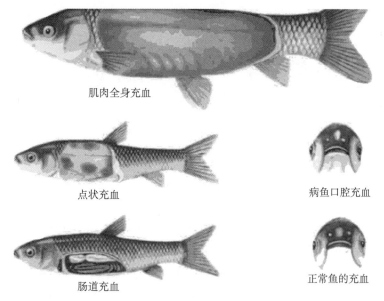

肌肉全身充血

点状充血

病鱼口腔充血

肠道充血

正常鱼的充血

图 7-14　病毒性出血病

【流行情况】草鱼出血病，是草鱼鱼种培育阶段一种广泛流行、危害大的病毒性鱼病。流行季节长，发病率和死亡率均高，往往造成大批草鱼鱼种死亡；1 足龄青鱼也受害，2 龄以上草鱼有时也患此病。流行于水温变化大、鱼体抵抗力低下、病毒的数量多及毒力强时，在水温低至 12℃ 及高至 34.5℃ 时也有发病。

【诊断】根据症状及流行情况进行初步诊断，确诊须进行病原学、病理学及免疫学诊断。

【预防措施】①彻底清塘；②草鱼鱼种下塘前，用灭活疫苗浸浴或注射；③加强饲养管理，改善生态环境，提高鱼体抵抗力；④发病季节，每月用下列治疗药物预防一个疗程。

【治疗方法】

（1）外用药　①每立方米水体泼水体保护神 0.2ml；②每立方米水体泼二氧化氯 1g（先用柠檬酸盐活化）；③每立方米水体泼伏碘 0.2 ~ 0.5g。

（2）内服药　①每千克饲料中加鱼复药 2 号 5g，连喂 7 ~ 10 天；②每千克饲料中加 200g 大黄、黄芩、黄柏、板蓝根（单用或合用均可），再加 170g 食盐，连喂 7 ~ 10 天；③每千克饲料中加水产保护神 0.5 ~ 1ml，连喂 7 ~ 10 天。

（六）打印病（溃烂病或溃疡病）

【病原】嗜水气单胞菌、温和气单胞菌等革兰氏阴性杆菌。

【症状】病灶主要发生在背鳍和腹鳍以后的躯干部分及腹部两侧。患病部位先出现近圆形红斑，故名打印病（图 7-15）；随后病灶中间的鳞片脱落，坏死的表皮腐烂，露出白色真皮，严重时烂及肌肉，甚至露出骨骼、内脏。

图 7-15　打印病

【流行情况】主要是鱼体表受伤后感染发炎，危害鲢、鳙、加州鲈、长吻鮠、泥鳅、胭脂鱼等淡水鱼。

【诊断】根据症状及流行情况进行初步诊断，确诊须进行荧光抗体法诊断。

【防治方法】疾病早期全池外泼消毒液 1 ~ 3 次，即可治愈。但疾病严重时，则需在外泼消毒药的同时内服药饵，内服药的种类及投喂次数均同细菌性败血症。但繁殖用亲鱼严重患病时已失去食欲，在外泼消毒药的同时，必须同时进行肌内注射硫酸链霉素，每千克鱼注射 20ml。有必要时可再注射 1 次。

（七）溃烂病

【病原】嗜水气单胞菌嗜水亚种。

【症状】疾病早期，体表病灶部位充血，周围鳞片松动竖起并逐渐脱落，病灶烂成血红色斑状凹陷（图 7-16），严重时可烂及骨骼。

患病乌鳢

患病罗非鱼

图 7-16　溃烂病

【流行情况】该病发生在养殖密度高、饲养管理不善、水质差、水温变化大、鱼体受伤、鱼体抵抗力低下的情况；从鱼种至成鱼均受害；主要危害罗非鱼、加州鲈、大口鲇、斑鳢、月鳢、鲤等淡水鱼。在疾病早期，将病鱼移入水质优良、水温稳定的水体中，并投喂优质饲料，病鱼会逐渐自愈；否则疾病会日益严重，引起病鱼大批死亡。

【诊断】根据症状及流行情况进行初步诊断，确诊须免疫学诊断。

【防治方法】同打印病。

（八）烂尾病

【病原】温和气单胞菌、嗜水气单胞菌等多种革兰氏阴性杆菌。

【症状】疾病早期，在鳍的外缘和尾柄处有黄色或黄白色的黏性物质，接着尾鳍及尾柄处充血、发炎、糜烂，严重时尾鳍烂掉（图7-17），尾柄处肌肉出血、溃烂，骨骼外露，以至死亡。在水温较低的春秋季，常继发水霉感染。

图 7-17　烂尾病

【流行情况】尾部受伤后，经皮肤接触感染，危害鳗、草鱼、罗非鱼、鲤等多种淡水鱼，可引起鱼种大批死亡；成鱼也患此病，但一般死亡率较低。

【诊断】根据症状及流行情况进行初步诊断，确诊须对病原菌进行分离鉴定。

【防治方法】同溃烂病。如病原为柱状嗜纤维菌，则治疗用药同细菌性烂鳃病。

（九）竖鳞病

【病原】豚鼠气单胞菌。

【症状】疾病早期，病鱼体色发黑，体表粗糙，鱼体前部鳞片竖立，鳞囊内积有半透明液体；严重时全身鳞片竖立（图7-18），鳞囊内积有含血的渗出液，有时伴有体表充血，鳍基充血，鳍膜间有半透明液体；病鱼贫血。

图 7-18　竖鳞病

【流行情况】主要危害鲤、鲮、鲫、金鱼、宽额鳢等多种淡水鱼，从较大的鱼种至成鱼均可受害。该病主要发生在春季，有时在越冬后期也有发生，死亡率一般在50%以上，发病严重的网箱甚至100%死亡。

【诊断】根据症状及流行情况做出初步诊断。但要注意，当大量鱼波豆虫寄生在鲤鱼鳞囊内，也可引起竖鳞症状，用显微镜检查鳞液即可区别，前者为有大量短杆菌，后者为有大量鱼波豆虫。

【预防措施】进行综合预防，严防鱼体受伤，尽量缩短越冬停食期。

【治疗方法】全池遍洒含氯消毒剂，每立方米水体含有效氯在 1 ～ 1.2g。再内服药时，每千克饲料中加 2 ～ 4g 磺胺 -6- 甲氧嘧啶拌食投喂，连喂 4 ～ 6 天，第 1 天用量加倍；或每千克饲料中加复方新诺明 2 ～ 3g，连喂 4 ～ 6 天，每天上、下午各喂 1 次，第 1 次用量加倍。

（十）鲤白云病

【病原】恶臭假单胞菌及荧光假单胞菌等革兰氏阴性短杆菌。

【症状】患病初期可见鱼体表有点状白色黏液物附着并逐渐蔓延扩大，严重时鳞片基部充血（图 7-19），鱼靠近网箱溜边不吃食，游动缓慢，不久即死。

正常鲤

患病鲤

图 7-19　鲤白云病

【流行情况】流行于水温 6 ～ 18℃，并稍有流水、水质清瘦、溶氧充足的网箱养鲤及流水越冬池中，当鱼体受伤后更易暴发流行。当水温上升到 20℃以上，此病可不治而愈。养在同一网箱中的草鱼、鲢、鳙、鲫不感染发病。

【诊断】刮取体表黏液进行镜检，因鲤斜管虫等原生动物大量寄生在皮肤上时，也可引起鱼苗、鱼种的体表有大量黏液覆盖，并引起死亡。确诊须进行病原的分离、鉴定。

【预防措施】①进箱的鱼种用 15 ～ 20g/m³ 浓度的高锰酸钾药浴 10 ～ 30min；②在该病流行季节，每月可投喂下列治疗用内服药饵 1 ～ 2 个疗程，每次连喂 3 天。

【治疗方法】①每立方米水体泼洒高锰酸钾 30g 或水产保护神 3ml；也可以用海绵将药液吸足后分别吊挂在网箱的上风处，每天 1 次，用药 3 天，水流加大则加大用药；②同时，每千克饲料中加复方新诺明 2 ～ 3g，投喂 3 ～ 5 天，每天 2 次。

（十一）罗非鱼细菌综合征病

【病原】荧光假单胞菌、迟缓爱德华氏菌和链球菌等。

【症状】病鱼多数眼球突出，眼膜或眼球混浊发白，间或有眼眶充血、鳃盖或鳃盖内侧充血，鳍条基部充血腐烂，有时在体侧或尾柄处出现疖疮。体表乌黑或色浅，有时腹部有出血点。腹腔内含腹水，肠道充血，松弛，内含浅黄色黏液，肝、脾、肾脏大多肿胀、充血成暗红色，部分可见白色结晶，尤以肝脏较明显。

【流行情况】本病常见于我国水库网箱和工厂化罗非鱼养殖场，有时呈暴发性流行，可引起大批死亡。各致病菌大体表现相似的症状，也略有区别。大多数情况下，3 种菌易同时感染鱼体，形成并发症，很难严格区分。发病季节多在夏、秋两季，在温室养殖中，一年四季都可发生。大多数死亡情况下病程较长，也有急性暴发死亡的病例。

【诊断】根据症状及流行情况进行初步诊断，确诊须对病原菌进行分离鉴定。

【防治方法】预防措施同各种细菌性疾病，注意合理密养，加强饲养管理，保持水质清洁。发病池应即刻用含氯消毒剂遍洒，水库网箱插挂药袋。然后选择下列药物内服：①每 100kg 鱼用 1g 氟苯尼考（学名氟甲砜霉素）拌食投喂，连喂 5 天，第1 天药量加倍；②每 100kg 鱼用 1.5 ~ 2g 恩诺沙星拌食投喂，连喂 3 天；③每 100kg 鱼用 1g 利福平拌食投喂，连喂 5 天。

（十二）水霉病

【病原】多种水霉和绵霉。

【症状】疾病早期，肉眼看不出有什么异状，严重时，在体表或卵表面覆盖一层灰白色棉毛状物（图 7-20）。

图 7-20　水霉病

【流行情况】对水产动物没有选择性，凡是受伤的均可感染，卵在未受精或胚胎因故死亡时，水霉才能在卵上大量繁殖，并覆盖附近发育正常的卵，引起卵窒息死亡。

【诊断】用肉眼观察可做出初步诊断，但要注意与固着类纤毛虫病的区别，所以最好用显微镜检查进行确诊。

【防治方法】①操作时应仔细，勿使鱼体受伤。注意合理密养，勿使越冬密度过高；②每立方米水体用 0.3g 二氧化氯泼洒；③用 3% ~ 4% 的食盐溶液浸泡鱼卵或病鱼 5min 左右，或用 0.5% ~ 0.6% 的食盐溶液浸泡 1h 均有效。如用 0.04% 小苏打合剂泼洒，效果更好；④每立方米水体用苗种平（新洁尔灭溶液）5ml 泼洒。

（十三）小瓜虫病

【病原】多子小瓜虫。

【症状】小瓜虫寄生处形成直径1mm以下的小白点，故名。当病情严重时，躯干、头、鳍、鳃、口腔等处都布满小白点，有时眼角上也有小白点（图7-21）。同时，伴有大量黏液，表皮糜烂、脱落，甚至蛀鳍、瞎眼；病鱼体色发黑，消瘦、游动异常、呼吸困难而死。

图7-21　小瓜虫病

【流行情况】对不同大小的各种鱼类均能感染，全国各地都有发生，尤以不流动的小水体、高密度养殖的幼鱼及观赏鱼类严重，常引起大批死亡。

【诊断】根据症状及流行情况，可做出初步诊断。但要注意，鱼体表有小白点除小瓜虫病外，还有黏孢子虫病、打粉病等多种病，所以必须用显微镜进行检查确诊。

【治疗方法】目前尚无理想的治疗方法，在疾病的早期可采用下面的方法治疗有一定的效果。①全池泼洒辣椒和生姜汤，每立方米水体放辣椒0.8～1.2g、生姜1.5～2.2g，先粉碎加水煮30min后，再连渣带汁一同遍洒池中，每天1次，连泼2～3次；②全池遍洒亚甲基蓝，每立方米水体放亚甲基蓝2g，每天泼1次，连泼2～3次；③全池遍洒瓜虫敌，每立方米水体放药5g。

（十四）车轮虫病

【病原】车轮虫和小车轮虫。

【症状】病鱼游动缓慢，呼吸困难，黏液增多，不吃食死亡。鱼苗被大量车轮虫寄生时，鱼成群绕池边狂游呈"跑马"症状；黑仔鳗被大量车轮虫寄生时，鱼体大部分或全身呈白色（图7-22）。

患车轮虫病的斑点叉尾鮰

寄生在鳃丝上的车轮虫　　　　小车轮虫

图7-22　车轮虫病

【流行情况】车轮虫寄生在鱼的鳃和皮肤上，主要危害苗种，严重感染时可引起苗种大批死亡。

【诊断】虫体较小，必须用显微镜进行检查诊断。

【预防措施】①鱼苗在放养 20 天左右要及时分塘；夏花下塘前必须用 10 ~ 20g/m³ 高锰酸钾水溶液或 8g/m³ 硫酸铜水溶液药浴 10 ~ 30min。②每 100m² 水面放棟树或枫杨树新鲜枝叶 2.5 ~ 3kg 沤水（扎成小捆），隔天翻一下，每隔 7 ~ 10 天换 1 次新鲜枝叶。

【治疗方法】①鳗鲡患病，将水位降低后，遍洒福尔马林 30ml/m³，药浴 1h 后，再加满池水，进行换水；②用 8mg/L 的硫酸铜溶液浸洗病鱼，或用 0.7mg/L 的硫酸铜和硫酸亚铁（5：2）合剂全池遍洒；③用苦楝树枝叶按 30kg/（亩·米）的剂量煮水全池遍洒，效果很好；④用 0.5ml/m³ 的 45% 代森铵或 0.35ml/m³ 的代森锌全池遍洒，治疗罗非鱼亲鱼有特效，对苗种或其他鱼类的治疗要谨慎，应经过小水体试验后再大面积施用；⑤全池遍洒车轮净（主要成分为苦参、苦楝等），每立方米水体用药 0.15 ~ 0.3g。

（十五）指环虫病、三代虫病

【病原】多种指环虫、三代虫。

【症状】指环虫、三代虫寄生在多种淡水鱼的鳃及皮肤上，严重时引起鳃丝肿胀、贫血、花鳃，鳃及皮肤上有大量黏液，呼吸困难，游动迟缓。鱼苗及小鱼种患病严重时，可引起鳃盖张开（图 7-23）。

患病的白鲳

指环虫

图 7-23　指环虫病、三代虫病

【流行情况】危害各种淡水养殖鱼类和观赏鱼类，主要危害苗种。当环境不良、鱼体抵抗力差时，也可以引起成鱼大批死亡。

【诊断】用显微镜检查，看到大量虫寄生即可做出确诊。

【预防措施】鱼种下塘前用 15 ~ 20g/m³ 浓度的高锰酸钾溶液或 10g/m³ 浓度的晶体敌百虫溶液药浴 15 ~ 30min。

【治疗方法】①遍洒强效杀虫灵，每立方米水体放药 0.3 ~ 0.4g 或晶体敌百虫

0.5 ~ 0.7g；②遍洒指环净（京产，主要成分甲苯咪唑），每立方米水体放药 0.2 ~ 0.3g；③每千克饲料中加鱼虫清 2 ~ 2.5g，连喂 2 ~ 3 天；④每千克饲料中加克虫威（内服型）27g，连喂 2 ~ 3 天。需要注意的是：虾、蟹混养池及虹鳟、白鲳、鳜、加州鲈等对晶体敌百虫和克虫威敏感。疾病严重时，隔 1 周再投喂 1 ~ 2 天药饲。治愈后最好再全池泼洒 1 次杀菌药。

（十六）头槽绦虫病

【病原】头槽绦虫，虫体带状、分节，头节有一明显的顶端盘和 2 个较深的吸沟，成熟节片每节有 1 套生殖系统。

【症状】大量寄生时，病鱼消瘦，体色发黑，离群在水面，口常张开，不摄食，恶性贫血；前肠膨大成胃囊状，较正常的粗 3 倍左右，严重时肠壁穿孔，虫溢出（图7-24）。

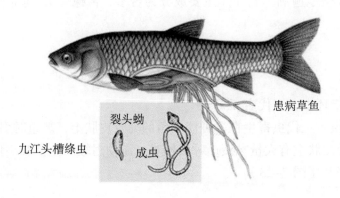

患病草鱼

裂头蚴

九江头槽绦虫　成虫

图 7-24　头槽绦虫病

【流行情况】危害草鱼、鲤、青鱼、鲢、鳙、鲮、剑尾鱼等多种淡水鱼，尤以草鱼、团头鲂、鲤的鱼种受害最严重，死亡率可高达 90%，这与鱼的食性有关。头槽绦虫的中间寄主是剑水蚤，鱼吞食已被感染的剑水蚤而患病。

【诊断】用肉眼检查即可做出诊断。要鉴定种类则须进行切片、染色及生活史的研究。

【预防措施】用 0.005 生石灰或 0.002% 漂白粉清塘，毒杀虫卵及剑水蚤。发病地区，鱼种不放成鱼池中套养。

【治疗方法】

（1）全池遍洒敌百虫，每立方米水体放药 0.5g，杀灭水中的幼虫及中间宿主。

（2）内服药饲　①每立方米水体中加吡喹酮 1.5g，连喂 1 ~ 2 天；②每千克饲料中加鱼虫清 2 ~ 2.5g，连喂 2 ~ 3 天；③每千克饲料中加内服型克虫威 27g，连喂2 ~ 3 天。

（3）如病情严重，治愈后最好再投喂 2 天抗菌药。

（十七）中华鳋病

【病原】中华鳋，雌性成虫营永久性寄生生活。

【症状】轻度感染时，一般无明显症状；严重感染时，病鱼呼吸困难，焦躁不安，在水表层打转或狂游，尾鳍上叶常露出水面，群众称"翘尾病"，最后消瘦、窒息而死。病鱼鳃上黏液增多，鳃丝末端膨大、苍白，有很多小蛆样虫寄生（图7-25）。

患中华鳋病的镜鲤鳃部病症

中华鳋

图7-25 中华鳋病

【流行情况】全国各地都有发生，主要危害2龄以上草鱼、鲢、鳙等，严重时可引起病鱼死亡。

【诊断】根据症状及流行情况进行初步诊断，鉴定种类需要显微镜检查。

【防治方法】①彻底清塘消毒（生石灰、渔经杀虫精即氰戊菊酯溶液、清塘净、漂白粉等）；②B型灭虫精、强效杀虫灵、鱼虫灵、复方增效敌百虫等0.2～0.25mg/L，全池泼洒；③菌虫杀手（氯氰菊酯）10～15ml/（亩·米）水深，全池泼洒；④渔经杀虫精、克暴威（锌硫磷）10～15ml/（亩·米）水深，全池均匀泼洒；⑤步步杀（溴氰菊酯）20～25ml/（亩·米）水深，全池均匀泼洒。

（十八）锚头鳋病

【病原】锚头鳋雌性成虫，营永久性寄生生活。

【症状】锚头鳋寄生在鱼的头部、眼、皮肤、鳍、鳃及口腔内，寄生处红肿发炎（图7-26）；当大量寄生在体表时，鱼体上好似披了蓑衣，故又叫簑衣病；当大量寄生在口腔时，病鱼的口不能关闭。

【流行情况】全国各地都有发生，尤以两广、福建为严重；危害鲢、鳙、鳗、草鱼、鳜、加州鲈等多种鱼类，各龄鱼都受害，尤以鱼种为最大。当有4、5只虫寄生时，即能引起病鱼死亡。鳗鲡主要是危害100g以上的，虫寄生在口腔内，严重感染时口不能闭，病鱼不能摄食而饿死。

【诊断】用肉眼检查，即可做出诊断。

患锚头鳋病的草鱼

锚头鳋

被锚头鳋咬伤的鳞片

图7-26　锚头鳋病

【治疗方法】①全池泼洒晶体敌百虫，每立方米水体用药0.5～0.7g，须连续洒药2～3次，每次间隔的天数随水温而定；②其他防治方法同中华鳋病。

第八章
特种水产养殖技术

第一节　石蛙养殖技术

一、石蛙养殖发展前景

人工养殖石蛙整套技术在近年研究成熟，目前，国内正在起步阶段，加之种源及技术推广和养殖条件等局限性，近年内难以形成一定的生产规模，更不可能出现一哄而上、供大于求的情况。随着市场需求量的增大，野生资源的日趋枯竭，求大于供的矛盾日益增大。为此，引进、掌握成熟的人工养殖技术，尽快形成养殖规模，抓住时机，先行一步，可获得较好的经济效益。

（一）营养价值高

石蛙是我国南方山区特有的名贵产品，生活在清澈的流动山泉水中，以活性的蚯蚓、虾、螃蟹、福寿螺、飞蛾、蚊子及其他昆虫为食。石蛙体大肉多且细嫩鲜美，营养丰富，具有重要的食用、保健和药用价值，它是目前所有蛙类中最具有风味特色和营养价值的蛙种。蛙肉中含有高蛋白、葡萄糖、氨基酸、铁、钙、磷和多种维生素，脂肪、胆固醇含量很低，历来是宴席上的天然高级滋补绿色食品，被美食家誉为"百蛙之王"。

（二）药用价值高

食用硅有清火、明目、化疮、滋补健身之效。据《本草纲目》记载："石蛙主治小儿痨瘦，疳疾、病后虚弱，产妇尤佳。"我国人民食用石蛙历史悠久，自古以来，它是皇家宫廷的名贵山珍之一，被人们誉为"食之长寿、药用化疮"的珍贵野味。

（三）销路好，价格高

人工养殖的石蛙，每千克 80 ~ 100 元；而野生石蛙，每千克要 200 多元。比牛蛙和美国青蛙价格高、销路好。

二、认识石蛙

（一）石蛙的外貌特征

石蛙又叫棘胸蛙。身体分为头、躯干和四肢三个部分（图 8-1）。皮肤粗糙，纵肤沟明显；背部皮肤呈暗黑色，具有纵行的长条形疣粒，上面长有许多黑刺。头部发达，宽而扁，有一宽大的口裂，吻端呈圆形，突出于下颌，吻的尖端有 1 对外鼻孔；两鼻孔之间的距离和两眼之间的距离几乎相等；眼生于头部两侧上方，向外突出，对活动的物体反应敏感、对静止的物体反应迟钝；在眼的后侧各有 1 个圆形的鼓膜；在口咽腔的腹壁有肉质的舌，舌尖分叉。同龄石蛙中雄性个体大于雌性个体，胸部长有角质肉棘，腹部呈淡黄色；皮肤薄软，呈乌褐色；雌性石蛙胸部没有肉棘，腹面光滑呈白色。前肢短小，后肢粗大，且趾间有蹼。石蛙体大粗壮，成蛙体长 10 ~ 14cm，体重 150 ~ 350g，大的可以达到 500g 以上。

图 8-1　石蛙的外形

石蛙的蝌蚪躯体呈长条状，尾巴肥厚，肤色暗黄，并且分布有黑色的星星小点，在躯体与尾部衔接处的背面向下看有黑色的 V 形花纹，蝌蚪的吻突发达，吸附能力很强。

（二）石蛙的养殖特点

石蛙具有食活性、冬眠性、繁殖能力强等特点。

（1）食活性　石蛙喜欢吃活体动物性饵料，不食或少食死的动物体及其他不会动的饲料。因它的视觉特殊，只能看到会动的饲料。喜食的动物性饲料有蚯蚓、黄粉虫、蝇蛆、泥鳅、小鱼虾及其他昆虫。蝌蚪则喜食嫩绿的水生藻类植物。

（2）冬眠性　石蛙有冬眠习性，当外界气温降至10℃以下时，便停止摄食，进入冬眠状态。在长江以南气候条件下，冬眠期4个月左右，一般在11月中下旬开始冬眠至翌年3月中下旬。此期间不需投喂饲料，只要保持水质清新即可。石蛙成体与蝌蚪的抗寒力较强，冬天水温保持在0℃以上即可安全越冬，夏天水温不超过30℃即可安全度夏。生长旺盛的适宜水温在15～22℃。如室内工厂化养殖，采用人工控温措施，可延长旺盛生长期，缩短冬眠期，加速石蛙的生长速度。

（3）繁殖能力强　在正常管理条件下，体重200g以上的种蛙，一年可产卵2次，主要集中在4～5月和7～8月。每次每对排卵量可达1 000～2 000粒。卵为黏性卵，卵大膜薄，多呈片状黏附于石块或水池的侧壁上，经10～15天孵化即成蝌蚪，孵化率可达90%以上，蝌蚪变幼蛙率在80%左右。在水质良好的地方，每平方米可饲养蝌蚪1 000尾左右、幼蛙150～200只、成蛙50～80只。一个专职养殖人员，可负责100m² 左右养殖池的各项工作。

（三）石蛙养殖的类型与设施

石蛙养殖类型有：①幼蛙培育；②室外商品蛙养殖；③加温养殖。

石蛙养殖需要孵化工具、孵化池、蝌蚪培育池、幼蛙培育池、商品蛙池、越冬设施和加热设施等。

三、石蛙养殖技术

（一）石蛙的人工繁殖技术

1.种蛙的选择和培育

（1）种蛙的选择　石蛙的产卵孵化季节在3～10月，4～6月是产卵高峰期，要提高产卵率、孵化率，必须在种蛙冬眠复苏以后、配种繁殖之前，做好种蛙的选择、配种、产卵、孵化等准备工作。选择种蛙是搞好人工繁殖的基础，在冬眠之后、春繁之前，对成蛙做全面检查分类。选择个体较大、身体健壮、皮肤光滑、发育良好、无残疾、无破损、达到性成熟的成蛙留作种用，一般2龄雌蛙，体重达150g以上性已成熟，雄蛙200g以上可作种用。初产蛙卵较少，产过1～2次卵的蛙产卵量较高，质量较好。个体大的老龄蛙产卵量多，但质量不好，受精率不高，一般不应选作种蛙。雄蛙要求健壮，善跳，皮光腿壮；雌蛙要求腿短粗，腹鼓，皮光亮，2～3龄种蛙繁殖力较强。

（2）种蛙的培育　气温、水温、水质、光照、饵料、环境条件，对蛙的健康、繁殖影响极大。生存环境适宜与否，直接影响配种产卵量、受精率、卵孵化率和蝌蚪的成活率。根据石蛙习性，种蛙池应建在安静的弱光处，池高0.8m，面积6m²，池底铺垫卵石和石块构成的石穴，并以水草隐蔽，利于蛙栖息产卵。池内水陆面积为2∶1，要求池水容量相对稳定，水深8~10cm，水质清新，pH 6.5~8，无有害寄生虫。一般在采食旺季，每天换水1次；采食淡季，每间隔2~3天换水1次。每池放雌、雄蛙20~30对，按雌雄1∶1比例进行群养。选留的种蛙在冬眠前或春繁前，必须做好群养的放养准备。选留作种的蛙在冬眠前应加强饲养，使之膘厚体壮。冬季在温度达到12℃以上时，应保持喂食，减少体内能量的消耗，保持石蛙的生长和性腺的良好发育。保证安全越冬，搞好种蛙的培育，除具备适宜的环境条件外，还必须保证有充足的饲料供应。种蛙以蚯蚓、黄粉虫、螃蟹、蝇蛆、昆虫等动物性饲料为主，5~9月摄食量最大，发情期间摄食量减少，产卵后食量增大。因此，必须保证饲料供应，投喂量为蛙体重的5%~7%，以采食后略有剩余为宜；每天投喂保持均衡，不可忽多忽少，依具体情况适情增减。投料时间一般在18∶00~19∶00，每天1次，定点投饲。

2. 石蛙的发情产卵

石蛙冬眠后，卵泡迅速发育。通常在4月（饲养的3月初就会开始产卵）气温20℃以上时开始配种产卵，往往是一蛙先鸣，群蛙呼应。此时，雌蛙随雄蛙叫声传来的方向游动，并有"咕、咕"的应声；发情达到高潮时，雌、雄蛙频频鸣叫、追逐，然后雄蛙伏于雌蛙背上，前肢紧抱雌蛙，雌、雄蛙分别排出精卵，进行体外受精；产卵一般在4∶00~6∶00进行，产卵时间一般需10~20min；产出卵块通常黏附在石块池壁、水草上，一般每次产卵300~1 000粒，高的可达1 000~2 000粒。卵粒圆球形，外胶质膜将卵粒粘连在一起。产出的卵在1h之内尽可能不要搅动，以免卵块破碎，降低孵化率。在种蛙配种产卵时，如果惊动或强光照射，将会影响配种、排卵和受精；蛙卵为黏性卵，9月底产卵基本结束。

3. 石蛙卵的采集

产卵季节，雄蛙鸣声大且频繁时，应每天早晨和中午各巡查1次。雨后天晴的第二、三天往往是产卵的高峰期，更应多巡查。发现卵块时，要及时将卵块移入孵化工具内。采卵时，操作人员应下水，先用剪刀把卵块周围有联系的水草轻轻剪断，用手轻轻拖动，将卵块和附着物带水一同移到脸盆、木盆、提桶中，然后慢慢将其移入孵化工具内。如果卵块较大，可用剪刀先剪成若干块。操作时尽量保持卵块原来的整体性，使卵粒分布均匀，不能重叠，也不能使卵块打翻，影响孵化率。

4. 石蛙的孵化

石蛙卵呈球形，类似鱼眼。卵直径为2~3mm，卵外层胶质膜呈圆形，卵产出落水后，胶质膜吸水即膨大，彼此相连成卵块，呈葡萄状，卵块吸附在产卵池内的石块、水草或池壁上。未受精的卵3天后，动物极明显变黄，植物极白色不透明。受精卵开始发育至蝌蚪孵出，整个孵化期是胚胎发育的时期，胚胎对外界变化十分敏感，这个时期要求环境生态条件稳定避免阳光直射，人工捞取受精卵操作时必须仔细、轻缓，否则就会降低孵化率。在孵化过程中，水要清洁，水温 23 ~ 28℃，pH 中性为宜。根据石蛙人工孵化试验观察，石蛙卵在产出后 5 ~ 10min，动物极呈黑色，植物极呈白色。蛙卵在 23 ~ 28℃水温下孵化，第 5 天可见受精卵动物极黑点变长呈线；第 7 天胚胎呈条状，一端大、一端小；第 8 天胚胎明显显示头和尾，蝌蚪成形，并且会晃动；第 10 天就有少许蝌蚪孵化出膜；第 13 天有 76% 孵出；第 15 天全部孵出，孵化率达 96% 以上。蛙卵在整个孵化过程中，应做到温度适宜、水质无污染、蛙卵消毒、孵化池增氧等技术要求。在繁殖季节，每天早晨巡池 1 次，母蛙排卵 1h 后，应将卵块取出。采卵时注意保持卵块的整体性，勿搞破、搞散、搞碎，取出的卵轻轻放于事先准备好的孵化池中进行孵化。孵化过程中除防止天敌侵害，还应严格掌握孵化的生态条件，包括水温、水深、水质等要求。水温 23 ~ 28℃，水深 8 ~ 10cm，pH 6.5 ~ 8，水质清新无污染，并含充足的氧气。光照自然即可，但忌阳光直射。温度是孵化的主要生态条件之一，它比牛蛙的孵化温度低。高温对其孵化很不利，温度过高，会使胚胎发育到某个阶段停止，最后坏死，其中，尤以发育到神经胚这一段时期死亡率最高。这是因这个时期胚胎正处于神经管的形成、脑的分化、原始消化管形成及胚层的初步分化时期，对外界不良环境反应特别敏感的缘故（图 8-2）。

图 8-2　石蛙卵的发育过程

（二）蝌蚪培育

1. 蝌蚪的发育及食性转化

从蝌蚪发育成幼蛙，要经历几个变态过程（图 8-3）。刚孵出的蝌蚪全长 5 ~ 6.3mm，鼻孔位于头前端，眼后有分支外鳃 3 对，头部下方有马蹄形吸盘。此时，蝌蚪幼小体弱，游动能力差，主要依靠吸盘吸附在水草或其他物体上休息。外鳃期蝌蚪有一个比较大的卵黄囊,是幼小蝌蚪的养料来源。所以,刚孵出来的蝌蚪4~5天不需要吃东西。5~6天后卵黄囊消失,蝌蚪开始吃浮游植物(主要是绿藻、硅藻),也能吞食小型浮游动物,如轮虫、枝角类和无节幼体等。另外,蝌蚪也吞食蛋黄、豆浆等人工饲料。

图 8-3　石蛙蝌蚪

在卵黄囊消失的同时,蝌蚪右鳃、左鳃前后退化,为皮质鳃盖所封闭,转为内鳃蝌蚪期。经过 30~40 天饲养,蝌蚪开始伸出后肢,并逐渐延长。后肢发育完全后,前肢开始伸出,这大约经历 70 天。前肢发育完全后,尾部则逐渐缩短,此时蝌蚪吃东西减少,靠吸收尾部储存的物质供给养料,食性也从以植物性为主转为以肉食性为主,肠也随之缩短。在尾部缩短的同时,口裂逐步加深,鼓膜形成,最后口裂延长到鼓膜下方,舌也已经长成。鳃逐渐退化,转用肺呼吸。所以,此后石蛙再不能长期潜入水中,需常露出水面或登陆呼吸空气,这时应在蝌蚪池中放些木板供其爬上岸。

2. 蝌蚪培育

(1)蝌蚪放养

①准备好蝌蚪放养前的工作:

A. 准备蝌蚪池:40~100m² 较为适宜,水深 1m 左右,池中要放一些水浮莲、槐叶萍等水生植物,以便供蝌蚪休息。

B. 清塘消毒:蝌蚪放养前 5~7 天,用生石灰或漂白粉清塘,杀灭水中的病原体和敌害生物。

C. 注水、施基肥:每 100m² 用腐熟粪肥或大草 40~50kg 培水,培植浮游生物。培育前期宜浅灌,池水 30cm 即可。随着蝌蚪的生长,再逐渐加深池水。

②蝌蚪的放养:刚孵化出膜的蝌蚪,宜在孵化池或孵化网箱中培育 10 天以上。待蝌蚪游动能力较强、个体头部有绿豆大小后,才能移入蝌蚪池中。蝌蚪的放养密度与饵料供应情况、调节能力、放养规格有很大关系。饵料供应充足,又能经常加注新水,则放养密度可适当加大。一般 10~30 日龄,每平方米放 500~1 000 尾;30 日龄后至变态脱尾成幼蛙,每平方米放 100~150 尾。

(2)蝌蚪的饲养管理　蝌蚪的培育一般以施肥为主。除施足基肥外,还应根据水色和透明度施追肥。追肥主要是腐熟的人畜粪肥,这除了能培植浮游生物以外,还可提供大量的腐屑供蝌蚪摄食。追肥应掌握及时、均匀和量少次多的原则，选择晴天泼洒。

以饵料为主培育蝌蚪，能促使其快速生长，提早变态。蝌蚪可以摄食植物性的麦麸、糠饼、稀饭、豆浆、玉米粉等；也可以摄食螺蚌肉、新鲜鱼虾、动物内脏等；也可用人工配合饲料投喂。每天的投饵量一般为蝌蚪体重的 5% ~ 8%。前期培育投饵量每 1 000 尾一般为 40 ~ 70g；30 日龄后投饵量每 1 000 尾为 0.2 ~ 1.2kg。投饵方式可以是全池遍撒，也可以每 2 000 ~ 3 000 尾蝌蚪设 1 个沉水饵料台。一般每天投饵 1 ~ 2 次。

蝌蚪培育期间要特别注意水质的变化情况。一般来说，水的透明度为 25 ~ 30cm，表示水质肥度适当；低于 20cm，表示水过肥，需及时加注新水；透明度高于 30cm，表示水瘦需追肥。另外，要保持池水的清洁卫生，谨防鸟雀、青蛙、水蜈蚣等敌害生物的危害。

（三）商品蛙的饲养管理

1. 幼蛙食性驯化

刚变态的幼蛙体型小，体长不到 1cm，体重在 2g 左右，比原来的蝌蚪还小，采食量和消化力都不及变态前的蝌蚪。幼蛙饲料有蝇蛆、黄粉虫、蚯蚓等运动性饲料。虽然幼蛙尾巴缩掉就开始觅食，但觅食量很少，一般每 2 天采食 1 次，每次只能吃 1 条 2 日龄的小蝇蛆或小蚯蚓。饲料的投喂时间在傍晚天黑前，投料量视其采食量而定，一般保持池内略有饵料剩余为宜。10 天以后，幼蛙就进入正常的活动和觅食状态，每只蛙每天可食 1 条 4 日龄的蝇蛆。幼蛙在 1 月龄之内喂蝇蛆为主，1 个月以后，可以投喂蚯蚓——日本大平 2 号蚯蚓，以后以蚯蚓为主料，一般不喂蝇蛆，到一个半月以后，可以喂给本地小蚯蚓。随着幼蛙日龄的增长和体重的增加，所投喂的蚯蚓也要不断地增粗，且喂量也要不断加大。到 2 月龄以后，就可投喂如筷子粗细的蚯蚓。饲喂幼蛙时，在投饵方式上注意将活的饵料投放在池内食台上，不能直接投到池水中以免污染水质，并应掌握定位、定时、定量、定质的原则。每天投饵在傍晚前后，按体重的 5% ~ 7% 进行投喂。同时，也因个体大小、食欲、气候、气温、数量而酌情增减，饲料要求种类多样，新鲜富营养、足量、少次地进行投喂，以保证蛙营养全面、生长迅速、少患疾病。管理上要注意保持池周安静、光线暗，白天采取避光措施，池水深一般为 10 ~ 15cm，水质要求与蝌蚪期相同，禁用含氯自来水，换水视水温、水质变化定。20 ~ 26℃时，每天换水 1 次；气温超过 37℃时，水深保持 10 ~ 20cm。采取活水饲养，水池、饲料台应定期地进行消毒，特别是高温期，是石蛙活动采食的旺季，更应做好消毒防疫工作，以减少疾病的发生。对幼蛙采用分级饲养，按蛙个体大小的不同来分级、组合进行饲养。养殖密度一般掌握在 100 ~ 300 只 /m²。为防鼠害，蛙池上口加盖纱窗盖，防止潜逃。同时，做好防冻防暑的工作。

2. 室外成蛙养殖

（1）蛙池建造　蛙池大小以 10～20m² 较为适宜,最少有 3 个以上,便于分级饲养。围墙高 1.5m,池的上下分别装进出水管,水管口要用网布包好,防止蛙从管口逃出。池内分高低,各占面积一半,高处为幼蛙登陆及投饵之地,低处水深 2～10cm。水面放养水浮莲（占水面面积约 1/3）,池周引种瓜、树、葡萄,以利夏天遮阴,或在池上搭棚遮阴。石蛙养殖必须有冷泉水或井水降温。

（2）放养　30～50g 的幼蛙,每平方米可放 80～100 只;100～200g 的成蛙,每平方米放 50～80 只;200g 以上的成蛙,每平方米放 40～50 只。这样才能保证蛙的正常摄食活动,否则蛙数量少,摄食时影响摄食静饵。

（3）投饵　蛙的饵料可分为三类:①新鲜的鱼虾、蚯蚓、动物内脏等,这类饵料营养成分全面,是蛙类最营养适口的饵料,饵料系数一般为 4～5;②淡干鱼、蚕蛹等,饵料系数一般为 3 左右;③膨化颗粒饲料,可满足蛙的营养需要,但适口性不太好,饵料系数一般为 2 左右。

（4）饲养管理　蛙的摄食量与蛙的大小、水温和饵料品种有关。一般来说,在适宜温度内,随着温度升高,摄食量相应增大。饲料的品种与摄食量也有很密切的关系,对于新鲜的鱼虾、蚯蚓、动物内脏等,蛙的摄食量大一些,一般为体重的 5%～10%;而淡干鱼、颗粒饲料的投饵量,一般为蛙重的 3%～5%。投喂的饵料大小要合适,太大吞不下,太小蛙也不愿摄食。这是因为石蛙摄食时,要用很大的爆发力,如果入口甚微,则得不偿失。具体确定投饵量时,主要根据蛙的吃食情况随时调整,一般 2h 吃完为度。每天投喂 2～3 次。

3. 石蛙的越冬管理

水温下降到 5～10℃时,蛙便停止活动,入穴冬眠。翌年水温回升至 10℃以上时,开始活动摄食。蛙在自然条件下有两种越冬方式:一是洞穴越冬,越冬池越冬前水位要保持相对稳定,使其洞穴保持湿润,且通气性较好;二是潜水越冬,池水保持 1m 以上,池底有软泥 10～20cm,淤泥不够的,可放一些稻草保温。

越冬期间要注意做好保温工作。如池水深度不够,最好在池上搭 1 个塑料棚,利用太阳能保温;严冬时,可在薄膜上再盖一层稻草帘,以防霜冻。另外,越冬时应保持环境安静,要经常巡视蛙池,防御敌害,防止水质变坏。有条件的地方,可利用各种保温设备,如温室、热水管道等,或者利用温泉水、工厂余热水来提高池水温度。蛙可不冬眠而继续活动、摄食,以利加快其生长,缩短养殖周期。

4. 加温养殖技术

蛙类只要保持皮肤湿润,水温只要在 20℃以上时就能很好地生长,因此在冬季很容易升温、保温。采用这种养殖方式具有投资少、养殖周期短、见效快的优点。

蛙类加温养殖,一般采用圆拱形阳光温室。地基用泡沫塑料或珍珠岩保温,除利用日光能外,还应有加温设备。小规模养殖可采用节煤灶暖气管;大规模养殖可采用锅炉加温。为充分利用热源和空间,蛙池一般按 2～3 层设计,第一层 6～8m²,第二层 4 ～ 5m²，第三层 3 ～ 4m²。设一调温室，进水用微型水泵冲淋，每天 1 次。加温养殖一般从 10 月至翌年 4 月进行。

四、石蛙养殖中常见的问题及对策

（一）发展石蛙养殖应注意的问题

发展石蛙养殖，关键要注意以下几个方面：

（1）懂经营，会管理　养殖石蛙不仅仅要会养殖，还得会经营、懂营销，获得较好的效益。

（2）会驯化石蛙摄食　石蛙在野生状态下食用活动的昆虫，对静止的物体视而不见；人工养殖过程中不可能弄那么多能活动的昆虫，所以要会驯化石蛙摄食不活动的动物饲料以及颗粒饲料。

（3）石蛙安全越冬　水温下降到 5 ～ 10℃时，蛙便停止活动，入穴冬眠。如果保温措施不到位，就会引起蝌蚪、石蛙大量死亡，造成不必要的经济损失。

（二）孵化中应注意的问题

孵化中应注意以下问题：

（1）防止天敌侵害。

（2）严格掌握孵化的生态条件，包括水温、水深、水质等要求，水温 23 ～ 28℃，水深 8 ～ 10cm，pH 6.5 ～ 8，水质清新无污染，并含充足的氧气，自然光照即可，但忌阳光直射。

（三）在蝌蚪饲养过程中防治敌害生物、提高蝌蚪成活率的措施

在蝌蚪饲养过程中，应采取以下措施防治敌害生物，提高蝌蚪的成活率：

（1）设置防护网，拦住鸟类天敌。

（2）加强巡查，及时清除鼠、蛇、水蜈蚣、黄鳝等敌害生物。

（3）用药物防治。

（四）7 月以后孵化出来的石蛙蝌蚪要控制其变态的原因及措施

（1）7 月以后孵化出来的石蛙蝌蚪，要控制其变态的原因主要有：

① 7 月孵化出来的蝌蚪由于其生长后期温度下降，得不到充足的营养，如果勉强变态，则个体小、体质弱，很难安全越冬。

②以蝌蚪形式越冬，越冬蝌蚪由于生长期长、营养充足，变态后个体较大、体质好，摄食能力强，生长速度快。

（2）控制蝌蚪变态的主要措施

①高密度饲养。

②控制投饵，只投放植物性饵料。

③利用井水降低水温，减缓蝌蚪的生长速度。

（五）驯化石蛙的方法及其具体做法

驯化石蛙的方法如下：

（1）选取体长小于2cm的活小鱼放入饵料台，饵料台底的纱窗布浸入水中，水的深度以小鱼既不会死，也不能自由移动，只能横卧蹦跳为度。由于小鱼的跳动，很快引诱幼蛙游向饵料台摄食。

（2）蝇蛆　将蝇蛆放入饵料台，饵料台底稍湿润不浸水，5～7天后可在蛆中掺入大小适度的膨化颗粒饲料。

（3）膨化颗粒饲料　将颗粒饲料慢慢撒在浅水处，由于饵料入水时荡动，蛙摄食时跳动，可以带动颗粒随水浮动，引诱幼蛙摄食。

五、石蛙养殖中常见的疾病防治技术

石蛙养殖中常见的疾病有寄生虫病、红腿病、烂皮病、歪头病、水肿病、白内障病、传染性肝炎、肠胃病、水霉病、气泡病等。

（一）寄生虫病（幼成蛙）

寄生虫主要寄生在蛙的消化道、肌肉、皮下组织等处。

【防治方法】主要注意水质与饵料卫生，也可定期在饵料中添加磺胺类、抗生素和呋喃唑酮类药，以驱除肠道寄生虫和抑制病菌生长。对体表寄生虫，可用 $5g/m^3$ 敌百虫溶液浸泡驱除，连用2次即可。

（二）红腿病（幼成蛙）

该病也称败血症，是幼蛙和成蛙阶段的主要疾病。

【病因】多为外伤后感染嗜水气单胞菌而引起。

【症状】常低头伏地，活动缓慢，后肢无力，不摄食，口和肛门有带血的黏液。发病初期，后肢趾尖红肿，有出血点，很快蔓延到整个后肢。属传染性疾病。剖检后可见腹腔有大量腹水，肝、脾、肾肿大并有出血点，胃肠充血，并充满黏液（图8-4）。

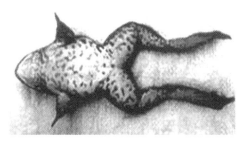

图 8-4 石蛙红腿病

【防治方法】此病应以预防为主,经常注意水体和饵料卫生,尽量减少机械性创伤。可用生石灰全池泼洒,以抑制水体中病菌扩散。对病蛙可用 $10g/m^3$ 的食盐水或用 $1g/m^3$ 硫酸铜和硫酸亚铁合剂全池泼洒,2 ~ 3 天 1 次,连用 2 次即可;或用土霉素溶液治疗。

（三）烂皮病（幼成蛙）

该病又称脱皮病和维生素缺乏综合病,主要是由于饵料单一引起。

【症状】蛙体背皮肤失去光泽,黏液减少,湿润度减低,并出现干燥的白花纹。皮肤、吻突腐烂,视力下降,严重时出现白眼珠,形成瞎眼病。

【防治方法】此病在防治上应加强饵料营养。如食物主要以昆虫为主,应在饵料中添加一些维生素 A、维生素 B、维生素 C 等,同时,用抗生素或磺胺类药物治疗。

【防治方法】用天兽维他,每千克饲料添加多维素 400mg,连用 3 ~ 5 天即可。

（四）歪头病（幼成蛙）

该病是由脑膜炎脓毒性黄杆菌感染引起。该菌直接破坏脑神经,造成神经错乱,产生歪头。患病蛙在水中不停打转,其头向左或右歪转。病蛙死亡率不高,摄食量减少,若不及时处理病蛙,传染很快。

【防治方法】可用 $10g/m^3$ 的福尔马林全池泼洒,适当控制放养密度。蛙池定期用高锰酸钾消毒,可每月用磺胺类药 6 ~ 10 片拌 1kg 饵料投喂。及时处理患病蛙。

（五）水肿病（幼成蛙）

【症状】病蛙的前后肢甚至全身出现浮肿,皮肤与肌肉间充水,不吃不动,几天后死亡。

【防治方法】定期注入新水,经常保持水质清新,用 $1g/m^3$ 的高锰酸钾全池泼洒,可控制疾病蔓延。

（六）白内障病（幼成蛙）

【症状】蛙眼最初有一层薄而不完整的白膜，以后随着病情发展，白膜增厚增大，覆盖整个眼球，如此，蛙眼失明，呈"白内障"状；但眼部水晶体完好；双腿外观呈浅绿色，剪开双腿皮肤，可见肌肉呈黄绿色，似被胆汁所染；内脏解剖发现，肝呈紫黑色，有肿大或呈紫红色稍肿大；胆严重肿大，是淡绿色。

【防治方法】应主要从预防和早期治疗入手，外用药与内服药结合。①外用药：蛙康乐 10 ~ 20mg/L 全池遍洒或漂白粉 5g/m³ 遍洒水体消毒；②内服药：蛙康乐每天每 100kg 体重 30 ~ 40g。

（七）传染性肝炎（幼成蛙）

【症状】蛙体颜色变浅，成土黄色；有时腹胀，后肢根部水肿；有时病蛙张口打嗝，恶心反胃，呈痛苦状，偶尔吐出带有血丝的黏液，并常伴有舌头从口腔吐出的现象。剖开腹壁后，腹水外溢，肝脏浅黄色或灰白色，胆囊肿大，心室充血，胃及小肠充满脂肪色物质。肾脏充血肿大，脂肪体增大，黑色素细胞减少，黄色素细胞增加。

【病因】此病主要发生在高温雨季。高温、高湿条件下，环境卫生是重要诱因。

【防治方法】常消毒，保持清洁，及时隔离病蛙；每千克饵料中添加 360 万 U 青霉素，或 0.4g 链霉素。

（八）肠胃病（幼成蛙、蝌蚪）

【症状】病蛙开始栖息不定，东爬西窜，游动缓慢，喜欢钻泥（图 8-5）。后期平躺在池边和浅滩，不怕惊扰，瘫软无力，全身浮肿，捕捉它时缩头弓背，伸腿闭眼，胃肠鼓气、腹胀。此病多发生在 4 ~ 9 月，传染性强。蝌蚪发病后多浮于水面。

图 8-5　石蛙肠胃病出现瘫痪

【防治方法】坚持每天清除食台上的残饵，洗刷食台，定期消毒。发病季节定期用庆大霉素全池泼洒，或采用 5g/m³ 漂白粉或 10g/m³ 生石灰消毒水体。也可用消炎药制成药饵投喂。在饵料中拌加青霉素、链霉素、酵母粉、磺胺类药。或在饵料中加拌一些 FK 微生物制剂、大蒜、生姜、黄连等。另外，暴饮暴食也会引发胃肠炎，因此，饵料投喂要定时、定量、定点。

（九）蛙卵霉菌（蝌蚪）

【病因】水温降低，光照不足，池水不洁。

【防治方法】对污染水体用生石灰 $10g/m^3$ 或高锰酸钾 $1g/m^3$ 消毒，或用 $3g/m^3$ 的食盐水泼洒。

（十）出血病

【症状】长后脚的蝌蚪在水中打圈，几个小时后死亡。

【防治方法】水体消毒，集中蝌蚪万尾，用 80 万 IU 青霉素溶液浸浴 30min。

（十一）烂鳃病（蝌蚪）

【症状】蝌蚪鳃部腐烂发白，呼吸困难，游动迟缓于水面。

【防治方法】用特效烂鳃灵，每 100L 水用药 10ml，3 ~ 5 天 1 次，连用 2 次既可。或用 $3g/m^3$ 的食盐水与 $5g/m^3$ 的漂白粉液混用泼洒。

（十二）车轮虫病（蝌蚪）

【症状】患病蝌蚪全身遍布车轮虫，其皮肤和鳃的表面呈现青灰色的斑，这是蝌蚪发病时分泌的黏液和坏死的上皮细胞。且该病蝌蚪往往尾部发白，尾鳍组织被破坏，严重时全身尾鳍被腐蚀。患病蝌蚪常浮于水面喘息，食欲减退，游泳迟钝，不摄食，生长停滞，可造成大量死亡，尤其是个体小的蝌蚪。该病常在密度过大、蝌蚪发育缓慢的池中发生。

【防治方法】①用 $10g/m^3$ 的食盐水全池泼洒；②使用硫酸铜和硫酸亚铁合剂 $1g/m^3$ 全池泼洒。

（十三）气泡病（蝌蚪）

【症状】患病蝌蚪漂浮于水面,轻者腹面向下,重者腹面向上,有的仰游不安,缓慢、混乱,不采食。经剖检,除其腹部皮下有一气泡外,其他器官均正常。

【病因】由于受阳光强烈照射，池内水温增高，水生植物的光合作用和有机质的分解，使水中溶解的气体达到过饱和状态。这些过饱和的溶解气体，以气体的形式从水中析出，附于固体物上（饵料或水生动植物体上），蝌蚪在取食过程中，就会不断地把气泡摄入体内而发生气泡病。

【防治方法】及时更换池水，在蝌蚪培育期内经常注入新水。当发现有气泡病时，应立即加注新水，同时排除部分池水。不要使池水浮游植物过多，若发现发病的蝌蚪，将其及时捞出。然后放置于清水中，暂放 1 ~ 2 天，不投饵料，降温保洁。平时，每立方米水体泼洒双黄连 3g 1 ~ 2 次。另外，可以向养殖池加入食盐 10g/m³ 进行治疗。

（十四）脑膜炎（蝌蚪）

【病因】病原为脑膜败血性黄杆菌。该病比较少见，蝌蚪、幼蛙和成蛙均可感染此病。

【症状】病体精神不振，行动迟缓，食欲减退，发病蝌蚪后肢、腹部和口周围有明显的出血斑点。部分蝌蚪腹部膨大，仰浮于水面不由自主地打转，有时又恢复正常。解剖可见腹腔大量积水，肝脏发黑肿大并有出血斑点，脾脏缩小，肠道充血。

【防治方法】引种时严格检疫，养殖过程中勤换水，合理规划养殖密度。发病后可以用氟苯尼考溶液药浴，同时，用 5g/m³ 漂白粉连池水带蝌蚪一起消毒。

第二节　中华鳖养殖技术

一、生物学特性

中华鳖在我国广泛分布，除宁夏、新疆、青海和西藏地区以外都有分布，尤以湖南、湖北、江西、安徽、江苏等省产量较高。中华鳖是珍贵的药材，其成分含动物胶、角蛋白、维生素及碘等，具有滋阴清热、平肝益肾、破结软坚及消淤功能，鳖甲、头、肉、血、胆等都可入药。

（一）形态特征

中华鳖体躯扁平，呈椭圆形，背腹具甲；通体被柔软的革质皮肤，无角质盾片；体色基本一致，无鲜明的淡色斑点；头部粗大，前端略呈三角形，吻端延长呈管状，具长的肉质吻突，约与眼径相等；眼小，位于鼻孔的后方两侧，口无齿，脖颈细长，呈圆筒状，伸缩自如，视觉敏锐；颈基两侧及背甲前缘均无明显的瘰粒或大疣；背甲暗绿色或黄褐色，周边为肥厚的结缔组织，俗称"裙边"；腹甲灰白色或黄白色，平坦光滑，有 7 个胼胝体，分别在上腹板、内腹板、舌腹板与下腹板联体及剑板上；尾部较短；四肢扁平，后肢比前肢发达，前后肢各有 5 趾，趾间有蹼，内侧 3 趾有锋利的爪，四肢均可缩入甲壳内（图8-6）。

图 8-6　中华鳖外形

（二）生态习性

中华鳖属爬行冷血动物，生活于江河、湖沼、池塘、水库等水流平缓、鱼虾繁生的淡水水域，也常出没于大山溪中；在安静、清洁、阳光充足的水岸边活动较频繁，有时上岸但不能离水源太远；能在陆地上爬行、攀登，也能在水中自由游泳；喜晒太阳或乘凉风，民间谚语形容鳖的活动是"春天发水走上滩，夏日炎炎柳荫栖，秋天凉了入水底，冬季严寒钻泥潭"；夏季有晒甲（晒盖）习惯，我国北方地区 10 月底冬眠，翌年 4 月开始寻食；喜食鱼虾、昆虫等，也食水草、谷类等植物性饵料，并特别嗜食臭鱼、烂虾等腐败变质饵料，如食饵缺乏还会互相残食；生性怯懦怕声响，白天潜伏水中或淤泥中，夜间出水觅食（"瓮中捉鳖"或"瓮中之鳖"就是指的利用鳖的这一习性，将缸埋于水边地下，缸口平于地面成一陷阱，鳖觅食爬行时跌入缸内被捕获）；耐饥饿，但贪食且残忍；4 ～ 5 龄成熟，4 ～ 5 月水中交配，待 20 天产卵，多次性产卵，产卵至 8 月结束；通常首次产卵仅 4 ～ 6 枚，体重在 500g 左右的雌性可产卵 24 ～ 30 枚，5 龄以上雌鳖一年可产 50 ～ 100 枚。雌性在繁殖季节一般可产卵 3 ～ 4 次，卵为球形，乳白色，卵径 15 ～ 20mm，卵重为 8 ～ 9g。其选好产卵点后，掘坑 10cm 深，将卵蛋产于其中，然后用土覆盖压平伪装，不留痕迹。一次产卵 10 枚左右，经过 40 ～ 70 天的孵化，稚鳖破壳而出，1 ～ 3 天脐带脱落入水生活；卵及稚鳖常受蚊、鼠、蛇、虫等的侵害。产卵点一般环境安静、干燥向阳、土质松软，据研究观察，其距离水面的高度可准确判断当年的降雨量；中华鳖寿命可达 60 龄以上。

二、养鳖场的设计和建造

（一）场址选择

养鳖场要求水源充足，水质无污染，进、排水方便。地面水最好，也可利用井水、地下泉水，充分利用温泉以及工厂余热资源等。因鳖喜阳怕风、喜静怕惊，故要求阳光充足，避风保暖；安静，干扰少。对土质要求保水性能良好，底部要有 20 ～ 25cm 的淤泥层。为确保有充足的饵料资源，最好选择在水生动物资源丰富的湖区、库区、沿海、城郊或肉（鱼）类加工厂等附近建场。养殖面积由规模和经营方式而定，休闲农庄内一般几十平方米的稻田、庭院都可开展养殖。

（二）养鳖场的设计

养鳖场除需要常规的提水机械、排灌水系统、饵料加工、库房等设施外，还需建造大量不同规格的鳖池，包括稚鳖池、幼鳖池、成鳖池、亲鳖池、暂养池以及病鳖隔离池等。

（三）养鳖池的建造

（1）稚鳖池　一部分在室内，一部分在室外。室内池：水泥结构，5～10m²（长/宽=2/1或5/2），休息台兼作食台占水面的10%～20%。室外池：土池或水泥池20～40m²，池深0.6～0.8m，水深0.3～0.5m，泥沙厚10cm，防逃墙高30cm，进、出水口应套防逃筒。

（2）幼鳖池　全建在室外，用土池或水泥池。2龄幼鳖池50～100m²，3龄幼鳖池200～300m²；池深0.8～1.0m，水深0.5～0.8m，坡比为1：2.5；淤泥层15～20cm，防逃墙高30～50cm；饵料台兼休息台占水面的10%。

（3）成鳖池　一般面积300～1500m²。养鳖池面积过大，管理不方便；面积过小，则不利生长。池深1.5m，水深0.8～1.2m，坡比为1：2.5；泥沙层厚15～20cm，防逃墙高50cm。东西两向宜做成斜面，由浅入深，以利于鳖上岸活动。堤宽1.0～1.5m。池壁垂直。饵料台为水下平面食台，台面在水下20cm，利于投喂动物性饵料。池边斜面食台为2/3高出水面、1/3浸入水中。较大的鳖池，可设200～300m²饵料台1个，每个2m²。

（4）亲鳖池　全场最僻静的地方，与成鳖池相似。产卵场有两种形式：①产卵沙坪：东南堤岸上挖一个或几个长1～10m、宽30～50cm、深20cm的坑，填入粒径为0.5～0.6mm沙子，厚30cm，可掺入20%～30%黏土。上方搭设避雨棚，每个1m²。②产卵房：采取水泥池修建，大小为5～10m²，高1.5m，沙厚30cm。卵受侵害可能性小，收卵方便，可避免产卵沙坪易积水的影响，待产完最后一批卵后还可以兼作孵化房。

（5）防逃设施的修建　外围墙高2～2.5m，防逃、防盗。内围墙高0.3～0.5m，墙顶向内出檐10cm，防鳖逃跑。防逃沟与池水相通，20cm宽、30cm深，便于车辆通过。进、出水口防逃：进水口伸入池20cm，高出水面30cm，放上网罩；出水口放防逃筒或铁丝网。

（6）普通鱼池改建鳖池　需增设食台、休息台、防逃设施。清整池底，使泥厚适中。如改成亲鳖池，需另修产卵池。

三、人工繁殖

（一）亲鳖选择

亲鳖形态应符合中华鳖的分类特征，外形完整，无伤残、无畸变，体色正常，皮肤光亮，裙边肥厚、有弹性，体重 1 ~ 3kg，无病，体质健壮。雌鳖尾短，不能自然伸出裙边；体厚，后腿之间距离较宽。雄鳖尾长而粗壮，能自然伸出裙边；体较薄，后腿之间距离较窄。

（二）亲鳖放养

雌、雄鳖的放养比例为（4 ~ 5）：1，雌、雄鳖个体大小一致，放养亲鳖选择在晴天上午。

鳖体常用消毒药有：①高锰酸钾，浓度 100mg/L，浸浴 5 ~ 10min；②食盐，浓度 3%，浸浴 10min。

放养时将装有消毒鳖的箱或筐轻轻放入水中，让鳖自行爬出，游入水中。

（三）亲鳖投喂

1. 饲料种类
（1）配合饲料。
（2）动物性饲料：鲜活鱼、虾、螺、蚌、蚯蚓、禽畜内脏等，投喂前应消毒处理。
（3）植物性饲料：新鲜南瓜、苹果、西瓜皮、青菜、胡萝卜等，投喂前应消毒处理。

2. 饲料投喂
投喂应严格按照定质、定量、定时、定点的"四定"原则。
（1）定质　配合饲料质量应符合 NY 5072 和 SC/T 1047 的规定；动物性饲料和植物性饲料应新鲜，无污染、无腐败变质。
（2）定量　配合饲料的日投饲量（干重）为鳖体重的 1% ~ 2%；鲜活饲料的日投饲量为鳖体重的 5% ~ 10%；投饲量的多少，应根据气候状况和鳖的摄食强度进行调整，所投的量应控制在 2h 内吃完。
（3）定时　水温 18 ~ 20℃时，2 天 1 次；水温 20 ~ 25℃时，每天 1 次；水温 25℃以上时，每天 2 次，分别为 9：00 前和 16：00 后。
（4）定点　饲料投在未被水淹没的饲料台上。

（四）产卵与孵化

1. 交配产卵
当水温回升至 20℃以上时，亲鳖开始觅食，发情追逐，骑背交配。交配时间大都在晴天傍晚,持续 5 ～ 10min。在秋天也有交配行为。5 月中旬至 8 月上旬雌鳖产卵,6 ～ 7 月间为高峰期。水温 28 ～ 32℃、气温 25 ～ 32℃,是最适宜的产卵温度。

每只成熟雌鳖一年之内在生殖季节产卵 3 ～ 5 批(窝),每批一般 8 ～ 15 个,少则 4 个,多至 20 多个。

雌鳖体重与成熟卵泡之间的关系见表 8-1。

表 8-1 雌鳖体重与成熟卵泡之间的关系

体重(kg)	一年可达性成熟的卵泡	产卵次数
0.5 ～ 0.75	30 ～ 50	2 ～ 3 次
1.0 ～ 2.0	50 ～ 70	3 ～ 4 次
2.0 以上	70 ～ 100	4 ～ 5 次

雌鳖一般在寂静的深夜出水上岸,爬进人工设置的沙盘产卵。在产卵季节,如遇刮风下雨或久旱不雨,天气过于干燥,产卵沙盘的水分大量蒸发,至使灰沙的黏性降低,雌鳖做穴困难,可导致一天或连续几天停止产卵。补救办法,可采用喷水壶洒水,使产卵沙盘湿润至 7% ～ 8% 的含水量,即手捏灰沙成团、手松灰沙散开为宜。

2. 收卵

(1)寻找卵窝 产卵季节,管理人员应每天早晨巡视产卵场所,仔细寻找卵窝,卵窝的特征有:

①产卵洞房土顶(灰沙)松动,有雌鳖爪迹印。

②洞房有松落土粒,洞口泥土光滑。

(2)收集鳖卵 发现卵窝,用手拨开洞口泥土,取出鳖卵,轻放于底部垫有松软底物的容器内,避免撞击和挤压而损坏鳖卵。

3. 人工孵化

(1)受精卵的鉴别 鳖卵产后不久,可从外观看到 1 个圆形白色亮区,这就是胚胎发育所在区域,即受精标志。随着胚胎发育的进展和胚胎区的增长,圆形白色亮区也将逐步扩大;如果产出后的卵子白色亮区若暗若明,又不继续扩大,可视为未受精卵。

(2)孵化条件

①温度:人工控制孵化温度在 33 ～ 34℃,37 ～ 38℃是鳖胚的致死温度。当温度低于 22 ～ 21℃时,发育就会停止。

②湿度:在恒温箱或恒温室内进行人工孵化,湿度为 81% ～ 82%。

③含水量:温床中沙子的含水量必须控制在 7% ～ 8%。淋水过多,造成水涝;不及时淋水,导致干燥,都会使胚胎夭亡。

④孵化操作:将经过鉴别的受精卵,分层成排整齐地埋藏在含水量适当的沙盘中。

因鳖卵没有蛋白系带，在孵化过程中不得翻动，否则胚胎会因更动位置而受压致伤或中途死亡。

⑤孵化时间：从鳖卵产出到稚鳖出壳的整个过程，在33～34℃条件下，历时36～38天。

四、稚鳖的饲养管理

（一）池塘条件

稚鳖池规定，宜在三合土池底上铺设5cm厚的细沙。生产规模大的稚鳖池，面积可达400～500m²。在池塘一处或两处栽种葡萄或丝瓜、南瓜，在炎热季节设遮盖太阳的棚架。

（二）放养方法

将刚出壳的稚鳖放入瓷盘中自由活动2h，让其自然摆脱胚胎时期形成的胚外组织（浆膜、脐带）后，转入瓷盆。用100mg/L的高锰酸钾溶液浸泡消毒15min，然后再投入稚鳖池。

（三）放养密度

每平方米水面放养8～12只稚鳖。

（四）投饲料

（1）饲料种类 最初投喂的饲料是用绞肉机绞碎的蚯蚓、新鲜的鱼虾，或投喂人工混合饲料（鱼粉、淀粉、肠衣皮各占30%，贝壳粉加蚯蚓占10%），应避免过量投喂脂肪性饲料。

（2）投喂量 日投喂量为鳖体重的5%。

（3）投饲方法 每天应定时定量将饲料投放在被水淹没的一端饲料台槽内。

（五）日常管理

（1）巡塘 管理人员每天清晨和傍晚都要到池边进行巡视，了解是否有逃跑或敌害侵入，水质是否正常和稚鳖的摄食情况等。

（2）鳖病防治 稚鳖有相互咬伤和发生水霉病的情况，对有皮肤破伤或患了水霉病的稚鳖，用1%～1.5%的无碘盐溶液浸泡20～30min，然后放回原池。

（3）水质调节　水质应符合 GB 11607 的规定。在高温高湿季节的 7 ~ 8 月间，要特别注意保持水质新鲜，以防池底有机物质分解而产生沼气和硫化氢等有毒物质。

（六）池塘越冬

稚鳖的抗寒能力较弱，当越冬场所㈢的温度下降到 –4℃ 以下时就会造成死亡，应采取以下措施：

（1）越冬前应投足量营养丰富的饲料，使鳖体储积脂肪，用于越冬的消耗。

（2）在遮阳棚架上加盖杂草，防风防冻。

（3）在棚架下方池底添加 5cm 厚的细沙，为稚鳖越冬创造一个适宜的良好环境；在有条件的地方，室外温度下降到 0℃ 以下时，将稚鳖转入室内集中放在填有 30cm 厚度细沙的木箱中，让其自动钻入沙中，上面覆盖一层杂草，室温要保持在 10 ~ 15℃，并特别严防鼠害。

（4）加强管理，预防疾病感染。

（七）温室加温养殖

在冬春低温季节，应用地热水或工厂余热水。在室内或塑料大棚内进行人工控温饲养，模拟自然生态条件，可以解除稚鳖冬眠，实现不受季节限制的全年性养殖。人工控温饲养的技术要求：

（1）水温应保持在 28 ~ 30℃。

（2）池水透明度为 25cm，溶氧量为 2 ~ 5mg/L，其他水质理化因子应符合 GB 11607 的规定。

（3）放养密度为每平方米水面 8 ~ 10 只；日投喂配合饲料为鳖体重的 5%。

（4）日常管理应注意的事项：一是调控水温；二是注意水质变化；三是掌握室内或塑料棚架内的气体交换。

（5）生长速度的指标　当年孵出的 4 ~ 5g 或 5 ~ 8g 体重的稚鳖，经过 4 ~ 5 个月的加温越冬饲养，个体体重可达到 50 ~ 100g。

五、中华鳖常见疾病防治

（一）腐皮病

【症状与病原】腐皮病的发生，是由于鳖的相互搏斗撕咬受伤后细菌感染所致。外部症状主要表现为鳖的四肢、颈部、尾部及甲壳边缘部的皮肤糜烂，皮肤组织变白或变黄，不久坏死，产生溃疡甚至骨骼外露，爪脱落。此病常年发生，于春季流行，有时与疖疮病并发，危害严重。在高密度囤养池，并发症死亡率可高达 20%。腐皮病的病原菌以产气单胞菌为主。

【防治方法】

（1）预防方法　经常保持池水清洁，合理安排放养密度，按规格大小分级饲养，以防鳖相互撕咬，这是防止该病发生的主要措施之一。

每周用含氯消毒剂全池泼洒，保持水中有效氯浓度为 0.17mg/kg。

对已出现症状的鳖，应按其大小分别暂养于隔离池中进行治疗；先用含氯消毒剂或高锰酸钾全池泼洒，第 2 天用土霉素 20 ～ 40mg/L 浸浴 48h。

放养前用 3% 食盐浸浴 3 ～ 5min，既起到预防作用，又可进行早期治疗作用。

（2）治疗方法　在饲料中按 0.11% ～ 0.13% 的比例，添加磺胺类或喹诺酮类药物，口服 5 天。对于并发疖疮病的，用土霉素或四环素 40mg/L，药浴 48h 有显著疗效。

（二）疖疮病

【症状和病原】病鳖的颈部、裙边、四肢基部出现芝麻至黄豆大的由变性组织形成的黄白色渗出物，边缘圆形，向外凸出，似粉刺，用手挤压有一黄色颗粒或脓汁状内容物，留下一洞穴。随病情发展，疖疮四周炎症扩展、溃烂，有的露出颈部肌肉和四肢骨，脚爪脱落。但一般未到这种程度，病鳖已死亡。感染此病后，鳖食欲减退，体质消瘦，活力减弱，衰竭而死。病鳖皮下、口腔、喉头气管内充满黄色黏液，肺和肝脏颜色发黑，肠道充血。病原菌为产气单胞菌点状亚种。

【防治方法】

（1）预防方法　点状亚种产气单胞菌为条件致病菌，常存在于鳖的皮肤、肠道和水体中，与鳖时刻接触。当环境条件良好时，鳖仅为带菌者。当条件恶化或鳖抵抗力降低时，病原体大量繁殖，则导致该病流行暴发。因此，严格控制饲养密度，及时分养，保持饵料新鲜，防止水体恶化，能有效地预防此病。

（2）治疗方法

①每千克饲料中添加磺胺类或喹诺酮类药物 1 ～ 3g，连续服用 5 天。患病严重的，停药 2 天后再服 1 个疗程。

②用土霉素或四环素 40mg/L 浸浴 48h，但此法容易使细菌产生耐药性。

③用高锰酸钾或重铬酸钾 8 ～ 12mg/L 浸浴 8h；然后，用中药大黄 10mg/L 加五倍子 8 ～ 14mg/L 药浴 2 天，重复 1 个疗程，疗效显著。

（三）白斑病

【症状和病原】病鳖的四肢、裙边出现白色斑点，并逐渐扩大成一块边缘不规则的白色斑块，表皮坏死，部分崩解，稚鳖患病后死亡率很高，高达 60%。白斑病一年四季流行，以 3 ～ 6 月最多，饲养 10 ～ 60 天的稚鳖发病率最高。水温低于 25℃，温差变化太大、水质太清是诱发此病的主要原因。该病初期不易发现，诊断方法为将稚鳖浸入水中，用强光照着仔细观察，发现裙边、颈部和四肢有云雾状的斑点即可确诊。该病病原菌为毛霉菌科的毛霉菌。

【防治方法】

（1）预防方法　毛霉菌主要侵害出壳不久体表皮肤较柔嫩且抵抗力较低的鳖苗。由于毛霉菌在有机质浓度较低、透明度高的水体中容易繁殖，其最适生长水温为20℃，故应保持较肥绿的水质，使霉菌的生长受其他细菌的生存竞争而被抑制。不宜滥用抗生素，因泼洒抗生素类药物反而会抑制其他细菌的生长，而促进该病的发展。在鳖的捕捞、运输和放养过程中，操作应尽量小心，避免鳖体受伤。养殖池塘用生石灰彻底清塘，太阳光曝晒，空置一段时间，可减少此病的发生。

（2）治疗方法　用 0.1% 的食盐加 0.4% 的小苏打浸浴 48h，连用 2 个疗程。

每千克饲料添加土霉素或强力霉素 3 ~ 5g，连服 5 天。饲料分成 2 餐投喂，高温期 6:00 投喂，2 ~ 3h 内要清理余料；17:00 投喂，以 4h 吃完为准。投喂饵料后 3h 内，要保持场内完全安静，杜绝人畜等进内，以免干扰鳖的摄食。

（四）鳖病毒性出血病

见图 8-7。

图 8-7　鳖病毒性出血病

【病原】一种无膜球状病毒，暂称中华鳖病毒（TSSV）或中华鳖病毒（TSV）。

【症状】鳖病身体浮肿，背甲和腹甲有点状或斑块状出血。通常颈部肿胀，口和鼻有流血现象。咽喉内部常充血，胸腔和腹腔中常有血色腹水。

【流行】每年 5 ~ 10 月为流行季节，水温 25 ~ 30℃为高峰流行期。温室养殖的稚幼鳖、越冬后的种鳖、成鳖，在复苏后或转入室外鳖池后也容易发病。

【防治方法】

（1）鳖放养前，用生石灰或用含氯制剂 8 ~ 10mg/L，带水清塘消毒。

（2）购进鳖时严格检疫。

（3）每半个月泼洒 1 次强氯精或优氯净，定期投喂氟哌酸等投菌药物。

（4）发病池应立即用强氯精、优氯净 0.3mg/L 全池泼洒，并混饲投喂大青叶和板蓝根煎剂。

第三节　河蟹养殖技术

一、河蟹的生物学特性

河蟹（淡水螃蟹），学名中华绒螯蟹，俗名大闸蟹。一种大型甲壳动物，是在淡水中生长、半咸水中繁殖的蟹类。河蟹的生命是短暂的，寿命一般 2 年。在它的生活史中，历经蚤状幼体、大眼幼体、幼蟹和成蟹几个阶段。幼体需要 5 次蜕壳成为大眼幼体；大眼幼体培育 1 个多月，长成 3 000 只 /kg 左右的仔蟹，俗称 V 期幼蟹、豆蟹；豆蟹经过 5 ~ 6 个月的培育，仔蟹长成 100 ~ 200 只 /kg 的幼蟹，即蟹种或称"扣蟹"；扣蟹再经 5 次左右蜕壳，成为成蟹。河蟹喜欢栖居在江河、湖泊的泥岸或滩涂的洞穴里，或隐匿在石砾和水草丛里。河蟹掘穴为其本能，也是河蟹防御敌害的一种适应方式。河蟹掘穴一般选择在土质坚硬的陡岸，很少在缓坡造穴，更不在平地上掘穴。河蟹食性为杂食性，食物匮乏时会同类相残。在水质良好、水温适宜、饵料丰盛时，河蟹食量很大，但河蟹耐饥能力也很强，断食 10 天乃至半个月不食也不致于饿死。河蟹的生长过程是伴随着幼体蜕壳、仔幼蟹或成蟹蜕壳进行的，每蜕 1 次壳都是在度过一次生存大关。河蟹蜕壳和生长与水体、饵料中的钙、磷关系密切，河蟹在水体中吸收钙离子的能力要比吸收饲料中钙和磷的能力强。

二、天然蟹苗的捕捞、暂养与运输

（一）捕捞

蟹苗具有集群、对淡水特别敏感、喜淡水生活和趋岸等习性。因此，在蟹苗汛期，蟹苗主要集中在沿江或沿海的水闸附近、或有淡水入海的下水道、涵洞口处。蟹苗汛期的捕捞，应在每天 2 次涨水达到最高峰的前后 3 ~ 4h 内进行。如果蟹苗旺发，则捕捞时间长，甚至当这一潮水的蟹苗尚末捕完时，下一潮水的蟹苗又来了。捕捞蟹苗的工具一般采用海斗、三角抄网和水拖网等。捕捞方式可沿闸门或岸边进行，也可在船上捕捞。根据蟹苗的趋光特点，还可在晚间利用灯光诱捕。在蟹苗汛期，若连续几天阴雨、水温较低的情况下，蟹苗往往分布于水体的下层，因此，在捕捞时网具应入水深一些。在风大的情况下，蟹苗则容易密集在下风的一岸。

（二）暂养

蟹苗经过暂养后启运，可明显提高运输和放养后的成活率。其方法是：用 5 块聚乙烯网片拼成长 2m、宽 1m、深 1.5m 的网箱，四周用竹竿拦牢固定后，四角底部各放 1 块石头做网脚，安放在沟或塘的下风处，网口离水面 0.2m 左右。将捕获或收购的蟹苗除去水草、死鱼、烂虾等杂质，再用网布或筛网漂洗死蟹苗，每平方米放蟹苗 3 ～ 4kg。暂养期间每天分 9:00 ～ 10:00、15:00 ～ 16:00、24:00 投喂鸡蛋黄 3 次，每次每平方米投喂蛋黄 4 ～ 5 个，蛋黄研碎加水搅匀泼洒于网箱内。由于网箱暂养密度大，应专人负责，并每隔半小时在网箱外围四周搅动水流进行充氧，网箱上还要加上网盖，防止逃逸。一般经过 3 天的暂养，体色由乳黄色转深乳黄色或蜡黄色，沿网箱四周不停地游动，个休显著增大时，即可装箱启运。

（三）运输

蟹苗运输一般以干法车运为佳。可将蟹苗直接放置在嵌有窗纱的蟹苗箱中，起运之前要计划好起迄地点，安排好运输工具，做到蟹苗一经装箱就开始起运，避免中途耽搁。运输途中要观察蟹苗的湿度状况，经常给蟹苗洒水，每次洒水不能过多，免得蟹苗的附肢和刚毛黏附在苗箱的网目上，使蟹苗受伤死亡。运输宜在阴天、夜间和气温低时为好，苗箱装苗不宜过多。运输中注意气候突变，防止日晒、雨淋，尽量避免强烈地震动。

三、池塘养蟹

（一）池塘的水源和水质

河蟹对水质的要求较高，适合在水质清瘦、透明度大和溶解氧充足的水体中生存。因此，要选择水源充足、排灌方便和水源没有污染的池塘做养蟹池。

（二）池塘的面积、水深和底质

池塘面积以 10 ～ 30 亩较为适宜，便于管理；坡比为 1 : 3；养蟹池的水深一般不能超过 1.5m；池底平坦，底泥厚度在 15cm 左右，以利于水草的种植、生长。

（三）种植水草

栽培的水草种类有伊乐藻、轮叶黑藻、金鱼藻、苦草等。

（四）放养前的准备

（1）清塘整塘　12 月初之前，清理池塘，挖去过多的淤泥，每亩用 15kg 漂白粉或其他清塘药物消毒，排干池水曝晒。水草种植前 10 天，每亩用 100kg 生石灰再次进行清塘。

（2）安装微孔增氧设施　水深在 1m 左右时，功率为 2.2kW 的鼓风机可覆盖 30 亩左右的面积；而当水深达到 1.5m 时，只能覆盖 10 亩左右。

（3）栽种水草　在池塘的最深处或池塘的一端，用网围出 15% ~ 20% 的面积作为蟹种暂养区，其他作为种草区。清塘 10 天后，在暂养区种植伊乐藻。在种草区种植轮叶黑藻和苦草，以轮叶黑藻为主，水草种植的面积约占 80%。

（4）培育肥水　蟹种放养前，根据池塘水质和底质的情况，每亩施经发酵的有机肥 50 ~ 100kg，用以培肥水质。使水色呈黄褐色，为河蟹提供天然饵料和控制青苔的生长。

（5）投放螺蛳　方法有两种：一是清明前一次性投放 500kg/ 亩；二是分次投放：2 月亩投放 250kg 螺蛳，5 月后再亩投放 250kg。

（五）蟹种放养

蟹种放养，包括放养前对蟹种的选择、蟹种放养时间、蟹种规格以及放养密度等。

（1）蟹种选择　河蟹可以分为长江水系、辽河水系等。在长江流域，适合养殖的是长江水系的河蟹蟹种。

（2）放养规格　放养的规格以 120 只 /kg 较为适宜，要求规格均匀，体色正常，体质健壮，活动敏捷，附肢完整足爪尖无磨损，色泽光洁，无附着物，无病害，性腺发育未成熟。

（3）放养密度　600 ~ 700 只 / 亩。

（4）蟹种放养时间　蟹种放养应在农历正月前结束。

（5）蟹种来源　以当地培育的蟹种为好。

（六）混养、套养

1. 混养、套养的原则

（1）凡是与主养对象河蟹产生食物、饵料竞争或能残食主养对象的鱼类一律不混养。如蟹池内禁放草食性鱼类（草鱼），混养青虾时禁止套养鳜。

（2）凡是套养的鱼，要有利于主养对象河蟹的生长和生态环境的改善。如蟹、虾、鲢、鳙混养；蟹、鳜、鲢、鳙混养等。

2. 虾蟹鱼混养的方法

（1）混养一茬青虾　待成蟹肥水后，在种草区亩放养虾苗 5kg、大规格鲢鱼种 20 尾、大规格花鲢 10 尾；5 月开始用地笼捕捞青虾。同时，根据野杂鱼的数量，每亩套养鳜 20 ~ 40 尾，或沙塘鳢 200 尾。

（2）混养两茬青虾 与前一种方法不同的是，不放养鳜，改为放养黄颡鱼。用沙塘鳢和黄颡鱼，来控制过度繁殖的青虾苗。

（七）饲养与管理

（1）增氧机增氧 进入5月就开启增氧机，最佳的使用方法是，在梅雨季节到来开始，24h连续开机，直至高温季节结束为止。但出于生产成本的考虑，使用方法是，6月在闷热天气和连绵阴雨天气，晚上开启；7月以后晴天14：00以后开启，阴雨天在半夜开启。

（2）青苔的防控 目前，青苔的防控主要有两种方法：一是通过施肥，降低池水的透明度，抑制青苔的生长；二是采用药物来杀灭。目前，有效药物为青苔杀手，其防控效果较好。种草区在青苔刚开始出现时，用杀青苔剂泼洒，暂养区内用池底改良剂来进行调控，这样既做到了能有效防控青苔，又不影响水草的生长和河蟹的健康生长。

（3）水质调控 在养殖过程中应使水质做到肥、活、爽，前期即第一、二次蜕壳时，使池水透明度在30cm以上；第三、四次蜕壳使池水透明度在50cm以上；第五次蜕壳时水的透明度应在80cm以上。溶氧保持在5mg/L以上，pH保持在7～8.5。水质调控主要采用以下的方法：

①加注新水 河蟹池塘一般不提倡进行大换水，特别是在蜕壳集中期，大换水容易因为水环境大突变，致使河蟹发生应激反应。

②施用生石灰 定期用生石灰进行调节水质，用量为每亩水面（水深1m）用生石灰10kg左右。若水的pH长期维持在8.0以上，则停止使用生石灰，以免pH上升到过高的水平。

③使用微生态制剂和肥料 水质调控前期，以无机肥和有机肥相互掺合使用，中、后期以生物有肥料配加微生物制剂。并每隔10天左右进行1次底质改良，增加池塘自净能力，减少和降低水中有害物质的形成。

（4）饲料投喂 饲料投喂做到两头精、中间粗，蟹种放养初期投喂高蛋白含量的全价配合颗粒饲料，蛋白含量在35%左右，中期在26%左右和辅以一定量的植物性饲料，后期以动物性饲料小杂鱼为主，再配以蛋白含量35%的颗粒饲料，投喂时通过第二天巡塘时观察池塘中的饲料残余状况进行适当调整，做到确保河蟹吃饱、吃好。饲料在投喂时做到"四定"原则，合理科学地投喂饲料，不仅可以减少饲料不必要的浪费和节约成本，又能减少残余饲料对池水的污染。

（5）水草割茬 伊乐藻不耐高温，夏季容易死亡。因此，在夏季来临前，一方面要及时加深池水；另一方面要及时割去过长的伊乐藻，保持水草距水面30cm，防止水草死亡腐败水质，造成虾蟹死亡。

（6）病害预防 在河蟹第一、第二次蜕壳前，用硫酸锌粉杀灭纤毛虫，隔天用碘制剂、氯制消毒剂进行消毒，杀虫消毒制剂用量参考说明书而定。中、后期用生物消毒制剂实行消毒，期间也可掺插使用生石灰 1、2 次，用量为 10kg/ 亩。应特别注意的是，在高温季节禁止使用含氯消毒剂，以免对河蟹过度刺激。

四、农庄稻田养蟹

农庄稻田里养蟹，是农庄利用稻田的自然环境，辅以人为的措施，既种植水稻又养殖河蟹，使稻田内的水资源、杂草资源、水生动物资源、昆虫资源等更加充分地被河蟹所利用。并通过河蟹的生命活动，达到为稻田除草、灭虫、松土、活水、通气和增肥之目的。

（一）养蟹稻田的选择

选择靠近水源、水质清新、无污染、排灌方便、田埂厚实、保水力强、光照充足、交通便利的田块，面积通常以 10 ~ 20 亩为宜，土质以黏壤土为佳。一般以自然田块为单位，进行集中连片种养。有条件的最好选用一熟沤田，这样的田块保水性能好，容易创造适合河蟹养殖的良好环境，促进稻蟹共生，实现稻蟹双赢。

（二）田间工程建设

稻田养蟹的田间工程，应按一水两用、稻蟹共生的种植要求和养殖技术等条件，合理设计、科学施工。

（1）开挖养蟹沟　养蟹沟通常由环形沟、田间沟和暂养池三部分构成。环形沟一般在稻田的四周离田埂 2 ~ 3m 处开挖，沟宽为 3 ~ 4m、沟深为 0.8 ~ 1.2m，坡比为 1 ∶ 2，环形沟面积占大田面积的 20% 左右；田间沟又称洼沟，出现在田块中央，其形状呈"井"字形，面积可视整个田块大小而定，其沟宽为 1.0 ~ 2.0m、沟深为 30 ~ 40cm，田间沟与环构相通，为河蟹爬进稻田栖息、觅食、隐蔽提供便利；在稻田的一端或一角开挖深 0.8 ~ 1.0m、面积 150 ~ 200m^2 的暂养池，用作暂养蟹种和成蟹。有条件的可利用田头自然沟、塘改建成河蟹的暂养池，也可利用稻田的进排水渠改造而成。环形沟、田间沟和暂养池的总面积，不超过稻田面积的 30%。

（2）田埂加固　一般的田埂低、矮、小，保持的水位低，为了养好河蟹，可用开挖环形沟的泥土对田埂加高、加宽，大块的土要铲碎，不能在埂中留有缝隙，田埂要压实夯牢，做到在大雨大水中不倒、不塌、不漏，避免漏水逃蟹。通常改造后的田埂为斜坡形，其高为 0.8 ~ 1.0m、上宽 1m、底宽 5.0 ~ 6.0m，内坡比为 1 ∶ 3。加固后的田埂，可防止汛期溢水和蟹的逃逸。

（3）进、排水系统　养蟹稻田应单独建设进水渠道，也可直接用水泵将水打入田中。排水渠道可利用农田原有的排水渠。用铁丝网封好进排水口，网眼大小根据河蟹个体大小确定。管道与田埂之间应用水泥混凝土浇灌封实，不能有缝隙，否则，进、排水时如有细微水流，都会引起蟹的逃逸。

（三）建造防逃设施

河蟹攀爬十分迅速，有很强的逃逸能力。因此，要采取防逃措施。通常选用抗氧化能力较强的钙塑板，沿田埂四周内侧埋设防逃墙。钙塑板高 60～70cm，埋入土中 10～20cm，高出地面 50cm，每隔 1m 竖 1 根立柱将其支撑固定，用细铁丝扎牢，接头处要紧密，不能留有缝隙，转角处做成圆弧形。这种防逃设施防逃性能好，能抗住较大的风灾袭击，是当前渔（农）民较为常用的一种防逃设施。

（四）水稻栽插与管理

在稻田里养蟹，水田两用，稻蟹共生，形成了一个新的复活生态系统，最终的目的是要在有限的稻田内获得稻蟹双丰收的理想效果。因而抓好水稻的栽插与管理，也是一个极其重要的方面。

（1）稻苗选择　养蟹的稻田，由于土壤的肥力较好，因而宜选用耐肥力强、茎秆坚韧、不易倒伏、抗病害、产量高且稻谷的成熟期与河蟹的捕获期相一致的稻苗。

（2）稻苗栽插　水稻田通常要求在 5 月底翻耕，6 月 10 日前栽插稻苗。稻苗先在秧畦中育成大苗后再移栽到大田中。稻苗栽插前 2～3 天使用 1 次高效农药，以防水稻病虫害传播。通常采用浅水栽插、宽行密株的栽插方法，株行距为 16cm×20cm，并适当增加田埂内侧养蟹沟两旁的栽插密度，发挥边际优势。

（3）水稻生长期管理措施

①施肥：水稻栽插前施足基肥，基肥以长效有机肥为主，每亩可施有机肥 200～300kg，也可在栽插前结合整地一次性深施碳酸氢铵 40～50kg。追肥以尿素为主，全年施 2～3 次，每次 4～6 kg/ 亩，视水稻生长情况而定。

②除草治虫：养蟹的稻田，一些嫩草被河蟹吃掉，但稗草等杂草需要用人工拔除。养蟹稻田应尽量少施农药，如确需使用，要选用低毒、低残留药剂，如稻瘟净、稻脚青等。注意粉剂要在清晨露水未干时喷洒，水剂在露水干后喷雾，施药前先灌满水，施药后要及时换水，以避免农药污染造成河蟹死亡。

③烤田：为了保证河蟹的觅食生长，要妥善处理好稻、蟹生长与水的关系，平时要保持稻田田面有 5～10cm 的水深。烤田时则采用短时间降水轻搁，水位降至田面露出水面即可。

（五）蟹种放养

在稻田中养蟹，要想取得较好的收益，苗种放养工作尤为重要，需在准备工作就绪、保证蟹种质量的基础上择机投放。

1. 准备工作

（1）清田消毒 稻田在蟹种放养前 10 天，必须停止施用农药和化肥，并将稻田水排干、晾晒 2 ~ 3 天，然后用 75 ~ 100kg/ 亩的生石灰水浆全田泼洒，以达到杀灭病菌和敌害生物的目的。

（2）注水施肥 消毒 5 ~ 7 天后，药效消失，开始注水，注水时用 60 目的筛绢网过滤，防止野杂鱼及其他大型敌害生物及卵进入养蟹稻田。施发酵过的鸡粪、牛粪、猪粪、人粪尿等有机肥，用量为 300 ~ 500kg/ 亩，并施氨基酸肥水素 2 ~ 4kg/ 亩，促使浮游生物繁殖，为刚入池的蟹提供大量的适口饵料，并保持池水透明度达 35cm 以上。

（3）水草移栽 通常在养蟹沟中移栽马来眼子菜、轮叶黑藻、伊乐藻等水生植物。水草移栽的密度，以布环形沟和暂养池面积的 1/2 ~ 2/3 为宜。如被河蟹吃完，还应及时补栽，使养蟹沟和暂养池中始终保持丰盛的水草。移植水草是稻田河蟹养殖过程中的重要环节，是一项不可缺少的技术措施。其主要作用有：一是作为河蟹喜食的天然优质植物性饵料；二是为河蟹提供栖息和蜕壳的隐蔽场所，以防被敌害发现，并减少相互残杀；三是通过光合作用，增加水中含氧量，并可吸收水休中的有机质，防止水质富营养化，起到净化水质的作用；四是在高温季节，水草能起到遮阴降温作用，为河蟹创造健康生长的优良环境。

（4）投放螺蛳 待养殖池塘移栽的水草成活后，投放螺蛳 200 ~ 250kg/ 亩，让其自然生长繁育，为河蟹提供喜食的动物性饵料。8 月再补投 1 次螺蛳，投放量为 100kg/ 亩左右。螺蛳价格较低，来源广泛，活螺蛳肉味鲜美，是河蟹喜食的天然饲料。在河蟹养殖池塘中适时、适量投放螺蛳，让其自然繁殖，有利于降低成本、增加产量、改善品质，同时，还能起到改良水质的作用。

2. 蟹（鱼）种放养

充分利用稻田水域的优越生态条件，放养大规格蟹种，并适当加大放养量，实行以养蟹为主，蟹鱼稻结合，是当前提高稻田养殖经济效益的有效途经。

选择自育或在本地培育的规格整齐、体表鲜亮、体质健壮、附肢齐全、爬行敏捷、无伤无病的 1 龄蟹种，规格为 50 ~ 80 只 /kg，放养密度控制在 500 ~ 600 只 / 亩。放养前将蟹种放入 3% ~ 4% 的食盐水中（不含碘）浸洗消毒 3 ~ 5min，以消灭蟹体上的寄生虫和致病菌，提高放养的成活率。蟹种的放养时间仍以 12 月至翌年的 3 月为主，先在稻田暂养池中进行暂养，强化饲养管理，待稻苗栽插成活后再加深田水，让蟹进入稻田栖息、觅食、生长。蟹种放养后半个月，在养蟹沟内套放花、白鲢鱼种各 10 ~ 15 尾 / 亩。5 月中上旬，套放 5 cm 以上的鳜鱼种 5 ~ 8 尾 / 亩。

（六）河蟹饲养管理

1. 饵料管理

河蟹为杂食性，尤其喜食动物性饵料，且贪食。因而在河蟹饵料的组合与统筹上，要根据季节和河蟹的生长情况,坚持"荤素搭配、精粗结合""两头精、中间青"的原则,在充分利用稻田天然饵料的同时,还应多渠道开辟人工饵料来源,实行科学投饵,随时调整饵料品种,使河蟹吃饱吃好,使之满足河蟹生长的营养需求,促进河蟹健康生长,增大成蟹规格和肥满度。具体应掌握以下三个方面:

(1)饵料培育　充分利用稻田中的光、热、水、气等资源优势,搞好天然饵料的培育与利用。采取施足基肥、适量追肥等方法,培育大批枝角类、桡足类等大型浮游动物以及底栖生物、杂草嫩芽等。同时,4～5月还应投放部分螺蛳,投放量为200～400kg/亩,或投放一部分怀卵的鲫、抱卵的青虾等,让其自然繁殖,从而为蟹种提供大量优质适口的天然饵料。这样既能降低养殖成本,同时又为河蟹生长提供了新的饵料来源。

(2)饵料组合　按照不同季节和河蟹的不同发育生长阶段,搞好饵料组合。蟹种放养初期,由于气温、水温偏低,河蟹个体较小,捕食能力还不强,此时饵料的投喂应以精料为主,并采取少量多次的投喂方法。饵料的主要种类为小鱼、小虾或豆饼、小麦、玉米等商品饲料,也可选择幼蟹配合料投喂。7～9月是河蟹摄食的高峰期,也是河蟹快速增长的旺季,饵料的投喂则以青料为主,适当搭配一些动物性饲料。此时,应多喂水草、南瓜、甘薯等青绿饲料,辅以小杂鱼、螺蛳等动物性饲料。10月是河蟹准备生殖洄游的季节,体内需要积蓄大量营养物质。因此,此时饵料的投喂又应以精料为主,应多投喂一些小杂鱼和螺蚬贝肉,促进河蟹摄食,增加河蟹的规格和体重。同时,又能为河蟹捕捞后暂存、运输、提高成活率创造条件。

(3)投饵方法　根据河蟹生长和昼伏夜出的生活规律,实行科学投饵,投饵量随着河蟹个体的长大而逐步增加。一般从蟹种到商品蟹阶段,日投喂量为稻田内蟹体重的5%～8%,日投喂2次,一般傍晚投喂量应占全天投喂量的60%～70%。饵料的投喂方法应坚持定时、定质、定量、多点投喂、均匀投喂,使稻田内的所有河蟹都能吃到,促进其均衡生长。并根据季节、天气、水质变化以及河蟹吃食活动情况,适时适量调整投喂量。饵料要求新鲜、适口、营养全面,腐败变质的饵料不用,以免影响蟹的生长发育以及抗御疾病的能力。

2. 水质调控

养蟹稻田水位水质的管理,既要服务河蟹生长的需求,又要服从于水稻生长要求的环境。因而在水质的管理上,要把握好以下三个方面:

(1)根据季节变化来调整水位　4、5月,蟹种放养之初,为提高水温,养蟹沟内水深通常保持在0.8～1.0m即可;6月中旬水稻栽插期间,可将养蟹沟水深提高至与稻田持平;7月水稻返青至拔节前,可将养蟹沟内水位提高到1.5m以上,稻田保持3～5cm水深,让河蟹进入稻田觅食;8月水稻拔节后,可提高到最大水位,稻田保持10cm的水深;水稻收割前,再将水位逐步降低直至田面露出,准备收割水稻。

(2)根据天气、水质变化来调整水位　河蟹生长要求池水溶氧充足,水质清新。为达到这一要求,应坚持定期换水。通常4～6月,每10～15天换水1次,每次换水 1/5；7 ~ 9 月高温季节，每周换水 1 ~ 2 次，每次换水 1/3；10 月后每 15 ~ 20 天换水 1 次，每次换水 1/4 ~ 1/3。平时，还要加强观测，水位过浅要及时加水，水质过浓要换新鲜水。换水时水位要保持相对稳定，可采取边排边灌的方法。换水时间可选择在 10:00 ~ 11:00，待河水水温与稻田水温基本接近时再进行，温差不易过大。

（3）根据水稻烤田、治虫要求来调控水位　水稻生长中期，为使空气进入土壤，阳光照射田面，增强根系活力，同时也为杀菌增温需要烤田。通常，养蟹的稻田采取轻烤的办法，将水位降至田面露出水面即可。烤田时间要短，烤田结束随即将水加至原来的水位。再就是水稻生长过程中需要喷药治虫，喷洒农药后，要及时更换新鲜水，从而为水稻、河蟹的生长提供一个良好的生态环境。

3. 日常管理

（1）蟹蜕壳期管理　从蟹种到成蟹一般需要蜕壳 3 ~ 4 次。蜕壳期间，河蟹体软，不吃不动，失去觅食防御能力，需 2 天后才能恢复。蜕壳前要勤换新鲜水，适量施用碳酸钙，人工饵料中添加蜕壳素、维生素等，蜕壳后多投喂易消化高营养的动物性饵料。

（2）巡田管理　实行专人负责，坚持每天早晚各巡田 1 次，主要做到"三查"。即：一查水位水质变化情况，定期测量水温、溶氧、pH 等；二查河蟹活动、蜕壳、吃食情况；三查防逃设施完好程度。发现问题立即采取相应的技术措施，并认真填写记录。

（3）汛期管理　稻田养蟹一般都是在地势低洼的水网地区，而 8、9 月又是洪水汛期和台风季节。因而凡有条件的，都要备足一定的防汛器材，并提前做好田埂、防逃设施的加固，做好防汛、防台风、防逃、防偷，严防大风吹倒防逃设施，洪水漫田造成逃蟹事故。

4. 蟹的捕捞

河蟹的捕捞一般自 10 月中下旬开始，视天气变化状况而定。气温偏高可适当推迟，气温偏低也可提前，总的原则是易早不易迟。河蟹的捕捞方法主要有以下四种：

（1）诱捕法　在养蟹沟内设置地笼、蟹笼等工具进行捕捉，这也是广大养殖户广泛采用的捕蟹方法。

（2）手捕法　利用河蟹夜晚喜欢上滩爬行的习性，采用徒手捕捉。

（3）水流法　采取白天加水、夜晚排水，利用河蟹洄游的习性，夜间在出水口设网捕捉。或者采用先加水、后排水的方法，逐步将河蟹引入暂养池中进行捕捉。

（4）干水法　排干养蟹沟内的水，把未捕净的成蟹捕出。

上述几种方法结合起来使用，捕捞效果更好。

稻田养蟹，河蟹摄食了田间杂草、害虫，翻动表土，有利于稻田的通风透光。河蟹排泄物和残饵肥田，促进了水稻的生长和稻谷的增收。水稻遮挡烈日，有效控制水温上升过高，光合作用产生大量氧气，水生植物净化水质，有利于河蟹的栖息和健康生长。稻田养蟹主要优点有：一是稻田养蟹省田、省工、省肥、省药，大大降低了生产成本；二是稻田养河蟹能改善稻田的环境卫生，河蟹能吃掉稻田的有害昆虫、杂草，预防稻谷某些虫害的传播；三是稻田养蟹可以实现稻蟹共生、稻蟹双收，是农业结构调整中深受广大渔（农）民欢迎的一种种养结合的生产模式。

五、河蟹的疾病防治

河蟹养殖在病害方面以预防为主，在上述各养殖类型中就预防措施已进行了叙述，但一旦出现病害应尽早予以处理。一般池塘养殖较之湖泊和河沟养殖容易发生病害，由于养殖水体面积为小，人工防治相对容易处理，河蟹常见病害及防治方法如下：

（一）上岸不下水症

【流行季节】春、夏、秋季。

【主要症状】病蟹爬在岸边、水草或桩上，长时间不下水。

【病因】细菌或纤毛虫、单胞藻类感染引起。

【防治方法】①若有纤毛虫寄生，先用硫酸锌杀虫。②喹诺酮、维生素 C 拌饵投喂 4 ~ 6 天。③第 5 天用三氯异氰尿酸化水全池泼洒。

【注意事项】如有寄生虫，先杀虫后消毒。

（二）水肿病

【流行季节】春、夏、秋季，但夏季发病率和死亡率较高。

【主要症状】病蟹腹脐及鳃丝水肿透明，有时趴在池边，不摄食也不活动。

【病因】细菌感染引起。

【防治方法】间隔使用三氯异氰尿酸 0.3 ~ 0.5mg/L 或漂白粉（有效氯 26% 以上）0.5 ~ 1.0mg/L，连续 3 天。

【注意事项】如有寄生虫，先用硫酸锌杀虫后消毒。

（三）肠炎病

【流行季节】4 ~ 10 月，高峰 7 ~ 8 月。

【主要症状】病蟹吃食减少，肠道发炎、无粪便。有时肝、肾、鳃也会发生病变；有时则表现出胃溃疡，肛门吐黄水。

【病因】细菌感染。

【防治方法】

（1）预防　定期大蒜素拌饵投喂。

（2）治疗方法

①用聚维酮碘或二氧化氯消毒水体，每天 1 次，连用 2 ~ 3 次。

②用喹诺酮、维生素 C 拌饵投喂，连用 5 ～ 7 天。

【注意事项】不得投喂带有病原及霉变的饲料。

（四）肝坏死

【流行季节】4 ～ 10 月。

【主要症状】肝有的呈灰白色，有的呈黄色，有的呈深黄色，此病一般伴有烂鳃。

【病因】细菌感染。

【防治方法】

（1）预防　同肠炎病。

（2）治疗　四烷基季铵盐络合碘（季铵盐含量 50%）0.3mg/L 或二氧化氯 0.3mg/L 全池泼洒，连用 2 天，同时，投喂大黄、黄柏、黄芩（5∶3∶2）按 5 ～ 10g/kg 拌饵投喂，连喂 3 ～ 5 天。

【注意事项】不投喂带有病原的饲料，预防底质污染。

（五）烂鳃病

【流行季节】春、夏、秋季，但夏季发病率和死亡率较高。

【主要症状】病蟹鳃丝变色，有炎症，局部溃烂，有缺损。

【病因】细菌感染引起。

【防治方法】

（1）预防　同肠炎病。

（2）治疗　三氯异氰尿酸 0.3 ～ 0.5mg/L。

（六）黑鳃病

【流行季节】春、夏、秋季，但夏季发病率和死亡率较高。

【主要症状】鳃呈黄色、黑色，鳃部长满藻类或原生动物、细菌损伤鳃组织，使呼吸困难。

【病因】主要因水质和底质差导致。

【防治方法】

（1）适量换水。

（2）用底质改良剂，定期改良底质。

（3）用二氧化氯或双季铵盐或聚维酮碘消毒，连用 2 ～ 3 次。

（七）甲壳、附肢溃疡病

【流行季节】春、夏、秋、冬季常见，但夏季发病率和死亡率都较高。

【主要症状】病蟹腹部及附肢有黑褐色的溃疡性斑点、溃烂（有时肛门红肿），甲壳被侵蚀成洞，可见肌肉，摄食下降，最终无法蜕壳死亡。

【病因】细菌感染引起。

【防治方法】

（1）预防 同黑鳃病。

（2）治疗 三氯异氰尿酸 0.3 ～ 0.5mg/L，连用 3 天。

（八）纤毛虫病

【流行季节】春、夏、秋季。

【主要症状】病蟹体表长着一层的毛状物，毛上有污物，蟹壳无光泽，手摸光滑黏稠污物难刮除，摄食减少，反应迟钝，生长缓慢，蜕壳困难。

【病因】聚缩虫、钟虫、累枝虫、单缩虫等寄生引起。

【防治方法】甲壳净（纤虫净），用法及用量按药物使用说明书使用。

（九）蜕壳不遂

【流行季节】蜕壳时发生，以第一、二次蜕壳为重。

【主要症状】病蟹背部发黑，背甲有明显棕色斑块，背甲后缘鱼腹部交界出现裂缝，因无力蜕壳而死亡

【病因】疾病感染或营养不全导致。

【预防】在饲料中投喂蜕壳素，增加动物性饵料量。

第四节　牛蛙养殖技术

一、牛蛙的生物学特性

（一）牛蛙的外部形态特征

牛蛙背部的颜色呈深褐色；头及口缘呈鲜绿色；四肢颜色和背部相似，具有深浅不一的虎斑横纹；腹部呈灰白色，并杂有点状暗灰色斑纹。牛蛙背部的颜色常随栖息环境的不同而改变，如果栖息在阳光下或明亮处，体色呈黄绿色，体表暗褐色斑纹十分明显；如果栖息在阴暗处，则呈黑褐色，斑纹不明显。牛蛙成体分头、躯干和四肢三部分。头部扁宽略成三角形，背部隆起呈驼背状，颈部短缩而不见，头和躯干之间无明显界限。一般来说，成蛙体长 12.7 ～ 20.3cm，体重可达 1 000g，最重的可达 2 000g。

（二）牛蛙的栖息习性

牛蛙蝌蚪必须生活在淡水中，幼蛙和成蛙则营水陆两栖生活。与其他蛙类相比，牛蛙更喜欢生活在水中，平时多栖息在湖泊、池塘、浅滩、溪流等水域环境及岸边。白天，常漂浮在水面，或躲在潮湿阴凉的草丛中或洞穴内。牛蛙有群居习性，它们一经适应新环境下来后就不再随便迁移或逃逸。牛蛙还具有归巢性，生殖活动结束后，种蛙仍返回原栖息地生活。

（三）牛蛙的食性

牛蛙是以动物性饵料为主的杂食性动物，比较贪食。牛蛙蝌蚪以植物性食物为主，幼蛙和成蛙则以动物性食物为主。牛蛙经人工驯化后，可摄食配合饲料。目前，配合饲料已经成为牛蛙规模化养殖的主要饵料来源。

二、环境因素对牛蛙生长、发育的影响

（一）温度

牛蛙为变温动物，气候和温度对牛蛙的栖息、摄食、生长和繁殖活动都有很大的影响。牛蛙生长的适宜温度为 20 ~ 30℃，最适温度为 25 ~ 28℃。当水温降低到18℃以下时，牛蛙的食欲减退；降到 15℃时，牛蛙停止摄食；继续降到 9 ~ 10℃时，牛蛙进入冬眠。当水温超过 32℃时，牛蛙的活动和摄食明显减弱；超过 35℃时，牛蛙陆续死亡。

（二）湿度

环境的湿度对牛蛙有很大的影响。牛蛙蝌蚪必须生活在水中。成蛙虽然能长时间地栖息在陆地上，但也需要持久的高湿度才能生存。环境的温度越高，牛蛙对湿度的要求也越高，尤其是幼蛙，更怕日晒和干燥。因此，在牛蛙养殖过程中，湿度是一个重要的影响因素。

（三）光照

牛蛙喜欢栖息在温暖、食物丰富、有利于生长发育和繁殖的向阳环境。畏强光，对光的反应非常敏感，常躲避强烈的阳光直射。趋于弱光，喜蓝色光线。白天，牛蛙潜伏在温暖、能透进少量光线的水草丛或树荫处；夜间，则四处觅食。

（四）水质

3cm 以下的蝌蚪，主要靠鳃进行呼吸，因此，水中的溶氧量应不低于 3.5mg/L。成蛙可进行肺呼吸，一般情况下，水中的溶氧量对其影响不大。

（五）pH 值

最适 pH 为 6.0 ~ 8.0，未被严重污染的水源，一般均能达到要求。

三、牛蛙的繁殖与发育

牛蛙为雌雄异体，繁殖时，成熟个体下水"抢对"，雌性排卵、雄性排精在水中结合，进行体外受精，是典型的蛙类繁殖代表。

（一）性成熟年龄

牛蛙性腺发育，从孵出蝌蚪到性成熟，一般需 8 ~ 9 个月。从体重上选择，雌蛙在 350g 以上、雄蛙在 300g 以上。但实际上，牛蛙性成熟也因温度、饵料、养殖方式的不同有很大的区别。

（二）雌雄鉴别

牛蛙不同部位的雌、雄性特征见表 8-2。

表 8-2　牛蛙不同部位的雌、雄性特征

部位	雌性特征	雄性特征
鼓膜	与眼睛大小相同或稍大	比眼睛大一倍左右
前肢	第一指不发达无婚姻瘤	第一指很发达，有婚姻瘤
咽喉部	呈灰色，皮下无声囊，鸣声低	黄色，皮下有声囊，鸣声如黄牛
体色	黄褐色，斑点明显	暗绿色
体型	生长缓慢，体型较小	生长迅速，体型较大

（三）产卵习性

1. 发情行为

性成熟的雌雄牛蛙在外界环境因素（如温度、光照等）的影响下，都有明显的发情行为。雄性发情的最初行为是不断鸣叫，召唤雌蛙，平均每小时叫声在 100 次以上，并有追逐行为。抓住雌蛙，手指轻触其颌下胸部，左右前肢会迅速合拢抱住。可见到前肢第一肢基部内侧的婚姻瘤格外明显，并呈肉红色。发情的雌蛙不吃食物，向雄蛙的鸣声处跳去，有时发出"咔咔"应和，表明雌蛙有求偶要求，也只有到这个时刻，雌蛙才让雄蛙跳到背上抱对。

2. 抱对

发情达到高潮时，雌雄抱对，一般在下半夜进行，抱对时间一般长达 1 ~ 2 天。

3. 产卵、受精

牛蛙繁殖季节在 4 ~ 9 月，随地域不同而有早迟。产卵的外部条件要求不高，关键是温度，只要水温达 20 ~ 30℃，不论是池塘、河沟，均能顺产。理想环境要求安静、背风、行人稀少，岸边有水草。抱对行为接近尾声时，雌蛙受异体刺激，经感觉器官传到中枢神经，再抵达脑垂体，促使脑垂体分泌激素。在性激素的作用下，雌蛙用力后瞪，腹部借助呼吸和雄蛙搂抱引起收缩，将卵产出体外。同时雄蛙排出精液，进行体外受精。排卵时间每次 10 ~ 20min，一般个体产卵量 2 万 ~ 3 万粒，最多达 5 万粒。

牛蛙是一年多次产卵型，每年自然产卵 3 ~ 5 次。在人工饲养条件下，如能将温度控制在 25 ~ 30℃，则终年都能产卵。

（四）牛蛙的孵化

产卵季节，夜间牛蛙鸣叫不停，此时要注意，每天早上天亮时要巡池 1 周，脚步要轻，行动要缓慢，以免惊动牛蛙产卵。同时，留心观察池边是否有卵块和正在产卵的牛蛙。如牛蛙正在产卵切不可惊动，在牛蛙产卵和卵块周围做好标记。等产完卵后，再根据标记采捞卵块。采捞卵块时，人要站在水中，用剪刀将卵块周围和卵块下面与卵块相连的杂草剪断，然后用脸盆从卵块旁边轻轻地插入卵块下面水中，将卵块搬入孵化池中进行孵化。

发现卵块后要及时采捞，一般产卵后 30min 即应采捞，否则，种蛙及鱼类等动物活动可能冲散卵块或吞食蛙卵；再者，因时间过长，胶膜软化，卵粒就会沉入池底，降低孵化率。

四、饲养技术

（一）放养前的准备工作

1. 准确掌握蝌蚪出池放养的时间

蝌蚪孵出以后还应在孵化池中呆一段时间，待开始吃食以后，才能将蝌蚪从孵化池中移到蝌蚪池中进行饲养。具体时间应取决于水温，根据测定：水温在 18.3 ~ 21.7℃时，应为 188h；水温在 20 ~ 25℃时，为 144 ~ 168h；而水温在 26 ~ 30℃时，只要 72 ~ 96h。

2. 蝌蚪池的清理和施肥

水泥池应在蝌蚪放养前 2 ~ 3 天，用清水洗刷干净，并在太阳下曝晒 1 ~ 2 天后再放入新水，然后放养蝌蚪。土池应在蝌蚪放养前 7 ~ 10 天进行清塘消毒，常用的清塘药物为生石灰和漂白粉。用生石灰清塘的池塘，可在蝌蚪放养前 7 天注水；用漂白粉清塘时，在放养前 4 ~ 5 天注水。注水同时可施基肥，基肥一般可用猪牛羊粪或人粪尿和大草等有机肥料。有机肥料的用量，按每 0.5kg/m² 计算。经过施肥以后，蝌蚪池中的饵料生物迅速繁殖起来。这样，蝌蚪入池后就能吃到充足的饵料，有利于蝌蚪的生长和提高成活率。

（二）蝌蚪的饲养管理

1. 控制水温

当水温达到 32℃时，蝌蚪活动能力下降，吃食减少，生长发育受到抑制；35℃时，蝌蚪处于极度衰弱状态，并出现陆续死亡；38℃时，出现大批死亡。所以，夏天必须采取降温措施，可以采取遮阴降温或加注水温较低的外河新水降温。

2. 调节水质

蝌蚪要求在较小的水体中生活，水深以 0.3 ~ 1m 为宜。春、秋季应保持较低水位，以利于提高水温，促进蝌蚪生长；夏季要加深水位，防止高温；冬季也应保持深水位，使蝌蚪安全越冬。蝌蚪池要求水质"肥、活、嫩、爽"。当发现池水有气泡（水质变坏的先兆）或水质有臭味时，要立即换上清新的水。生产中水质的好坏，主要依据水的颜色来判断，好的水呈油青色，混浊度较小，浮游植物以硅藻、甲藻、金藻、黄藻为主，小型浮游动物较多。

3. 适时调整放养密度

放养密度与蝌蚪池中的水质、投放的饵料、蝌蚪的活动范围和生长速度有直接的关系。一般来说，每平方米水面，10 日龄的蝌蚪可放养 1 000 ~ 2 000 尾；11 ~ 30 日龄，放养 300 ~ 1 000 尾；30 日龄以后，放养 100 ~ 300 尾。根据饲养方式及条件，关键要看水体的溶氧量、饲养管理等情况，来确定不同日龄蝌蚪的具体放养密度。另外，应特别注意将不同发育期，不同个体大小、体质强弱的蝌蚪进行分池放养。避免出现摄食不均匀、变态不整齐等现象。

4. 饲料的投喂

蝌蚪孵出后 3 天就要开始人工投喂饵料。开始阶段，以喂熟蛋黄为好，先将熟蛋黄揉碎，加水化开，用 40 目的纱布过滤后全池泼洒投喂。每 3 000 ~ 5 000 尾蝌蚪每天喂 1 个蛋黄，早晚各喂 1 次。饲喂 5 ~ 6 天后，可改喂粉状配合饲料。

（1）投喂方法　在池的两边搭一竹竿，把饲料盘用绳子系在竹竿上，让饲料盘沉入水中。把饲料搓成团状，放在饲料盘上，蝌蚪即前来摄食。也可在池边浅水处敷一块颜色鲜艳的窗纱，将饲料撒在窗纱处即可。

（2）投喂量　7～30天内，1 000尾蝌蚪日投饵40～70g；30天后到变态，1 000尾蝌蚪日投饵400～800g。每天投喂1次，16∶00左右进行投喂。

5.巡池观察

每天早晨、中午、傍晚各巡池1次，应及时捞出水面上的漂浮杂物、死蝌蚪、残饵等，经常洗刷、消毒饵料台。一旦发现有敌害和其他危害蝌蚪的生物进入蝌蚪池，应立即清除或将蝌蚪换池；若发现池中有大量螺类附生，也应进行及时清除。当水质过肥，呈黑褐色，透明度小于25cm时，要加换新水；水色清，透明度在30～40cm时，要追肥，一般为每3～7天每立方米水体追施尿素5g。

6.蝌蚪的变态与越冬

对于一年之中较早孵出的蝌蚪，要及早加强饲养和管理，促使其较早变态，使其越冬时已长成较大的幼蛙，并在体内积累足够营养，以增强其抗寒能力。较晚孵出的蝌蚪，因为牛蛙蝌蚪的耐寒能力比幼蛙和成蛙强，越冬成活率高，因此，应尽量延缓其变态，使其以蝌蚪的形式越冬。

7.快速变态饲养法

对6月中旬以前出膜的蝌蚪，促使其提前变态，以利于变态后的蝌蚪在越冬前贮足营养，安全越冬。具体措施有：①提高饲养密度；②提高水温，将水温控制在25～28℃；③提高动物性饵料的比例（60%～80%），并增加投饵量；④投喂甲状腺素片，每600尾蝌蚪用3/4片，可使蝌蚪提早变态。

8.延迟变态饲养法

对7月以后出膜的蝌蚪，可采用延迟变态的饲养方法，使蝌蚪推迟至翌年春季才变态。变态后的幼蛙个体强壮，生长迅速。具体方法是：①降低放养密度；②将水温控制在25℃以下；③增加植物性饵料的比例。

9.越冬的注意事项

（1）越冬前将蝌蚪池的水位加到最高处，水深保持在0.8～1.0m。

（2）掌握适当的越冬饲养密度，视其大小，放养100～300尾/m²。

（3）越冬时要经常注换水（一般为1个月换1次水)，调节水质,水温波动不可太大。

（4）当水温超过15℃时，可适量投饵，增强蝌蚪抵御严寒的能力。

（5）如条件许可，采用工厂余热水和温泉水，提高越冬水温，也可在越冬池上搭塑料薄膜棚保温，有利于蝌蚪越冬。

（6）防除敌害，勤于检查。

（三）幼蛙的饲养技术

1.幼蛙的收集

待蝌蚪长出后腿之后，就可以用网从蝌蚪池中将幼蛙捞起，适当集中到一些小水泥池或土池中。前腿长出和尾巴消失之前，用尼龙布做成的捞子将幼蛙捞出，放入幼蛙池。此时收集幼蛙最为有利：①刚刚完成变态的幼蛙不再像蝌蚪那样在水中摄食，也还不能像成蛙那样捕食活的动物，而是靠吸收尾巴的营养来维持生命，可以密集在幼蛙池中暂养而不投饵；②由于这时的幼蛙还有1个长长的尾巴，活动很不灵活，容易用捞子将其捞起。

收集在幼蛙池的幼蛙，放养密度为放养 100 ～ 500 只 /m²，池中水深 10 ～ 15cm，幼蛙的后腿不能着底，迫使幼蛙集中在饵料台上休息，为以后的驯化做准备。

2. 幼蛙驯食与饲养

（1）前期培育　前期培育的目的是，让刚变态体质较差的幼蛙能够均匀地获得一定的饵料，使之身体强壮，并有一定的营养积累。待个体稍大，并能适应新的摄食方式之后再予以驯化，可以避免在驯食的开始阶段，由于不能保证每只幼蛙都能得到食物而引起一些幼蛙的营养不良和死亡。前期培育主要是用蛆和小杂鱼等活饵投喂，幼蛙前期培育 7 ～ 10 天，就可以开始驯食。

（2）幼蛙的驯食　牛蛙从蝌蚪变态成幼蛙后，就只摄食活动饵料，对静态饵料视而不见。若能将静态饵料"活化"，则牛蛙也可摄食。我们把改变牛蛙摄食习性的过程称为食性驯化。驯化的方法有以下 4 种：

①以小杂鱼为引诱物。首先选择长条形的小杂鱼投喂，以后活鱼的比例逐渐减少，死鱼的比例逐渐增多。当死鱼占绝大部分时，逐渐加进颗粒饵料，一直到最后全部投喂颗粒饵料。

②以蛆为引诱物。将蛆放在饵料台上，蛆的蠕动也能引诱幼蛙前来摄食，由于蛆的蠕动幅度不大，更适合于刚变态的幼蛙摄食。这样连续喂蛆 7 天后，就可在蛆中掺入颗粒大小适度的配合饵料，以后逐步过渡到全部投喂颗粒饵料。

③颗粒饵料直接投喂法。采用人工或机械的方法使颗粒饵料在饵料台上下跳动，幼蛙误认为是活饵，就会前来摄食。

④用已驯化的幼蛙摄食，来刺激和带动未驯化的幼蛙摄食。注意，这两种蛙的个体应相差不大，而且已驯化的幼蛙数量应不少于未驯化蛙的 1/5。

（3）牛蛙驯化注意事项

①驯化的幼蛙要大小分开，以免大蛙吃小蛙。

②驯化的幼蛙池不宜过大。一般为 3 ～ 5m² 的水泥池或土池，池底有一定的坡度，无任何的遮蔽物。

③放养要有一定的密度，一般为 100 ～ 500 只 /m²，数量太少，摄食竞争不明显，不能互相刺激和影响，驯化效果较差。

④驯化一定要按时，并在温度适宜时进行，一般为每天驯食 2 次。

⑤保证池水清洁。最好每天换水 1 次，并及时清洗饵料台剩饵，保证水质清新，防止疾病发生。

⑥驯食期间应每天坚持投喂死饵或颗粒饵料，直到驯食结束后幼蛙已完全适应死饵，才可适当地搭配一些活饵予以补充。

（4）幼蛙的饲养管理

①控制水温：牛蛙的适宜生长温度为 20 ～ 30℃。如果水温高于 30℃，则必须采取降温措施，如部分换水、加盖凉棚等。冬季，牛蛙不耐低温，应注意保温，使水温保持在 10℃ 以上。

②控制湿度：要经常保持陆地潮湿，应多种植作物或搭建凉棚，以避免阳光直射。

③控制水质：幼蛙的最适宜 pH 为 6.0 ～ 8.0。要经常清除剩余饵料，捞出死蛙及腐烂植物、浮膜等异物。水深保持在 30 ～ 50cm，高温季节应每天早晨换 1/2 的池水，这对防止牛蛙细菌性疾病的发生有重要作用。有条件的地方可以用流水式换水，保持池水清新，溶氧量在 5mg/L 以上。

④适宜的养殖密度：放养前，幼蛙可用 20g/m³ 的高锰酸钾溶液浸洗 10 ～ 20min，或用 1 ～ 2mg/L 的优碘全池泼洒。放养密度应根据蛙体大小而定，一般刚变态的仔蛙为 150 ～ 100 只 /m²；变态 40 天以后的幼蛙为 100 ～ 50 只 /m²。

⑤及时分类，分池管理：幼蛙生长发育快，个体差异大，为了更科学地饲养管理，避免大蛙吃小蛙，应定期用分蛙器依个体的大小对幼蛙进行分类，分池管理。

⑥饵料投喂：可选用仔蛙人工配合饲料 1 号全价膨化料对幼蛙进行驯食。饵料的投喂量，要根据温度、蛙的大小和数量、饵料种类而确定。气温适宜时，投饵量宜多。蛙的规格越小，相对投饵率应越高。具体投喂量，可参照饲料包装后的说明。颗粒饲料的投饵率为 4% ～ 8%，每天投喂 2 次，即 9：00 和 16：00 各 1 次，并以下午为主，约占全天投喂量的 70%。

⑦日常管理：要经常检查防逃设施有无损坏，特别是在下雨后的夜晚应加强巡视，防止幼蛙逃走。清除池边陆地上的多余杂草，消灭幼蛙敌害。每天投饵时，要注意观察蛙的摄食和活动情况。若发现有的蛙离群独居，或腹部鼓起浮于水面，或垂头伏于池底，都表明已经患病，要将病蛙及时捞起，进行诊断，对症下药。

（四）成蛙的饲养技术

1. 成蛙的养殖

幼蛙经过一段时间的培育，个体长到 100g 左右，就可进入成蛙饲养阶段。水泥池密养时，每平方米可放养 30 ～ 50 只。一般土池饲养时，每平方米可放养 5 ～ 15 只。成蛙以膨化饲料为主食，可根据蛙体的大小分别选用不同粒径的颗粒饲料，投饵率为 2% ～ 5%。成蛙的摄食量较大，排泄物也多，应经常更换池水，其他饲养管理方式与幼蛙相似。另外，因成蛙跳得较高，要特别注意防逃。

2. 牛蛙安全越冬方法

（1）洞穴越冬　为了适应牛蛙挖洞潜伏的习性，可事先在蛙池四周松土，并在向阳背风处，平水位线挖若干个直径 15cm、深 1m 的洞穴，保持湿润，以便牛蛙入穴冬眠。

（2）潜水越冬　蛙池要保持水深 1 ～ 1.2m，池底要留有淤泥 6 ～ 9cm 厚，以便牛蛙潜水蛰伏淤泥越冬。

（3）盖草越冬　冬眠一开始，池内应投放一些水生植物，如水葫芦、水花生等，均占蛙池水面2/3。或池内铺放稻草30cm厚，既可防霜冻，又可确保牛蛙越冬。

（4）草帘越冬　在蛙池北面砌1道土墙，高60～80cm，东西两头砌成北高、南低的三角土墙。在离水面30～40cm处，用木竹搭架，铺上草帘（重复叠盖），四周与池边紧贴，保持水温在10℃左右。

在蛙池向阳背风方向堆一草堆，或先铺松土50cm厚，上盖草堆，保持湿润，再覆盖一层塑料薄膜，牛蛙就可自行钻入草堆中进行冬眠。

在蛙池上离水面30cm高，用木竹搭成人字形棚架，用塑料薄膜密封，最好再覆盖一层网绳，可防风吹破薄膜，使池温不低于10℃，确保牛蛙越冬。当气温回升，要适当揭膜通气。

（5）瓦盆越冬　用大小相同的2个瓦盆，下面的一个放些湿润土，将牛蛙放进去，把另一个盖在上面，然后探挖50～60cm的坑，把2个合盖的盆埋进去，即可安全越冬。

（6）室内越冬　在室内朝阳方向用砖砌1个高40～50cm的池子，在池内铺上松土20～30cm，再在池内放1个水盆，盆缘与泥土等高（能使土壤长期保持一定湿度），池口加盖薄膜封包。还可以在池内悬一盏40W灯泡升温，保证牛蛙安全越冬。

五、牛蛙饵料来源及投喂

（一）蝌蚪饵料的种类

由于蝌蚪以鳃呼吸，生活习性类似于鱼类，其食物种类也和鱼类相似，主要以动物性饵料和植物性饵料为食。

1. 动物性饵料

动物性饵料种类很多，适口性好，含有蝌蚪所需要的各种营养物质，蝌蚪尤为喜吃。常见的动物性饵料可分为浮游动物类、虫类、鱼粉、蚕蛹粉、肉粉、血粉和蛋黄等。

（1）浮游动物类　生活在淡水里的一些浮游甲壳动物。常作为蝌蚪饵料的有裸腹蚤、轮虫、剑水蚤和薄皮蚤等。

（2）虫类　包括水蚯蚓、赤线虫和一些昆虫（如蚊子、摇蚊等的幼虫）。

（3）鱼粉　由一些小杂鱼及鱼类加工厂的废弃物制成。鱼粉中含有很高的蛋白质和较高的钙、磷，饲喂蝌蚪效果很好。但鱼粉中含有4%左右的脂肪，使用时要防止脂肪的氧化。

（4）蚕蛹粉　蚕蛹是缫丝工业的副产品，新鲜蚕蛹经过烘干、脱脂而获得的蚕蛹粉是优质的蝌蚪饵料。蚕蛹中脂肪含量高，若脱脂不净易引起变质，要特别注意。干蚕蛹粉投喂时，一般饵料的系数为1.5～2。

（5）肉粉　由畜禽加工产品的下脚料、肉类制品的下脚料（包括骨骼、内脏等）经高温加热干燥制成，蛋白质含量高，营养丰富，可直接投喂蝌蚪，效果很好。

（6）血粉 由畜禽等动物的血液经凝固、低温喷雾干燥或者高温加热干燥制成，具有特别高的蛋白质含量，氨基酸的组成也很好，是一种上等的动物性蛋白质。但价格较贵，容易变质。

（7）蛋黄 把鸡蛋或鸭蛋煮熟后取出卵黄，加水研碎，再散于池水中饲喂蝌蚪；或将卵黄捣碎，摊在玻璃板上晾干，然后贮存在密封的玻璃瓶等容器中，待缺乏其他饵料时饲喂。其缺点是易使池水变质。

2.植物性饵料

植物性饵料种类很多，一般都是高糖低蛋白的饵料，它们来源广、产量高、成本低，也是蝌蚪的重要养殖饵料。

（1）藻类 包括甲藻、绿藻、蓝藻、硅藻和黄藻等。

（2）谷实类 主要包括玉米、高粱、大麦、豌豆和黄豆等。蝌蚪养殖中，使用最多的是麦类和黄豆。黄豆含蛋白质高，必需氨基酸的含量较多；麦类主要成分为淀粉，含有大量的维生素，特别是麦芽中含有维生素 E，对促进蝌蚪生长发育有一定的作用。谷实类一般都磨成粉末来作为蝌蚪的饵料，黄豆磨成豆浆可饲喂蝌蚪。

（3）饼粕类 主要是指食品工业的副产品，有饼类、糠麸类。饼类中含有较多的植物性蛋白质，糠麸类的蛋白质不及饼类高，但无氮浸出物的含量较多。

①豆饼：是大豆榨取油脂后的副产品，含 40% 的可消化蛋白质，是养殖蝌蚪的最好植物蛋白源。

②菜籽饼：是油菜籽榨取后剩下的饼块，蛋白质含量稍差于豆饼。

③花生饼：蛋白质含量和氨基酸组成与豆饼相似，其中精氨酸含量较高，也是一种优良饵料。

④棉籽饼：棉籽去掉油脂后的副产品。蛋白质含量稍差于豆饼和花生饼，是一种廉价的饵料来源。棉籽饼含有一种叫棉酚的毒素，作为饵料时，须加进 0.5% 的琥珀酸铁盐去掉毒性，并去掉籽壳。

⑤米糠：含有 13% 的蛋白质，15% ~ 20% 的脂肪，是一种优质饵料。目前，市售米糠均已去掉油脂。

⑥麦麸：小麦麸皮，含蛋白质 12% 左右，无氮浸出物含量高达 40% ~ 50%，是一种常用的蝌蚪饵料。

⑦豆渣：黄豆磨成豆浆时剩余的渣滓。含有多量的可消化蛋白质，是较好的蝌蚪饵料。但豆渣易生霉或腐败，不宜久贮，宜鲜喂。

（二）牛蛙的饵料种类

牛蛙的饵料，可分为活饵料和死饵料（静态）两大类。不管是活饵料还是死饵料，都要以动物性蛋白质饲料为主、植物性饲料为辅，并逐步过渡到静态饲料为主、活饲料为次的饲喂方法。

1. 活饵料

能否饲养好牛蛙的关键，一是防逃；二是活饲料。其中，活饲料的充裕供应最为重要，牛蛙最爱食活饵，尤其幼蛙期，供应活食越足，生长发育越快，成活率越高。

投喂牛蛙的活饵料有蝇蛆、水蚤、蚯蚓、黄粉虫、蛾类和甲壳类昆虫、蓖麻蚕、泥鳅和小鱼虾等，牛蛙十分嗜食上述这些活饵料，投喂时可单独饲喂。也可同盘投喂静态的"活化"饲料，达到混合投喂、降低成本、提高效益的目的。

投喂的活饵料，由于成本高和来源困难，在整个饲养过程中应逐步减少。蝌蚪期要充分供应；蝌蚪期转入幼蛙前期活饵可适当减少，但不得低于总饲喂量的2/3；变态后的1个半月的幼蛙可减为总饲量的1/3，以后可逐步减少，静态饲料逐步加大。至幼蛙变态后的3个月龄时，即可全部改为静态的死饲料或人工混合饲料投喂。

2. 死饵料（静态）

动物性蛋白质饲料如肉类、动物内脏，鲜或干的鱼、泥鳅之类，各种螺、蚌、蜗牛、贝壳等软体动物、蚕蛹等；植物性蛋白质饲料如糠麸、饼粕、黄豆粉等；青绿饲料含蛋白质高，如果皮、菜叶等。这些静态饲料，都是饲养牛蛙必不可少的物质基础。块大的静态饲料都需经粉碎、混合、蒸熟，最后搓成粒状。颗粒的大小应根据蛙体年龄大小，做成适合口形的一口能吞食为准；动物性饲料应先切碎后投喂，或与蒸熟的植物性饲料一起制成混合颗粒饲料投喂。

由此可知，饲养好牛蛙，有无活饵料和能否充足供应，是牛蛙养殖业成败的关键。为此，为了保证牛蛙饲养有充足的活饵料供应，必须有自己的活饵料繁养基地，如水蚤、蝇蛆、蚯蚓以及直接在饲养地上方装置黑光灯诱捕蛾、蝶、昆虫之类供牛蛙食用。这样，既可降低成本，又可做到稳定充足供应活饵料，保证牛蛙养殖业的成功。

六、疾病防治

在正常情况下，牛蛙对疾病具有很强的抵抗力，牛蛙湿润的皮肤分泌多种杀菌酶，它们甚至具有抗生素无法比拟的作用；还具有细胞免疫系统和体液免疫系统。所以，幼成蛙、蝌蚪一般很少发病。但当放养密度过大，水质变坏，饲养管理不善，操作受伤，也会发生各种疾病。常见病有病毒性疾病、细菌性、真菌性和寄生虫性疾病。对于这些疾病还是应采取以防为主、防重于治的方针。

（一）蝌蚪期常见疾病

1. 水霉病（肤霉病或白毛病）

【病原】病原体为水霉科的水霉菌，主要寄生在蝌蚪体表皮肤的损伤部位。

【症状】水霉菌从皮肤伤口侵入后，吸取皮肤中的养分，菌丝体向内深入肌肉，向外长成分枝繁茂的菌丝，形成肉眼可见的棉絮状的浅白色斑块。在水温10～20℃

的池水中易发生此病，患病的蝌蚪游动迟缓，觅食困难，而且其他病菌可从伤口侵入而加速死亡。

【防治方法】

（1）蝌蚪池等的操作应注意不对蝌蚪造成创伤，有伤口的蝌蚪可用 3% 的食盐水涂抹皮肤伤口至愈合。

（2）对已发病的蝌蚪，可用 1% ~ 1.5% 的无碘盐溶液浸洗 15 ~ 20min 进行治疗。

（3）可用 20mg/L 的高锰酸钾消毒 30min，每天 2 次，经 3 天可治愈。

2. 车轮虫病

【病原】此病是原生动物寄生虫病，其病原是车轮虫。此虫的外表像碟状或草帽形，虫体周围有均匀分布的纤毛，并有由许多小齿逐个衔接而成的圆形齿环，虫体运动时，以齿环磨损蝌蚪的表皮组织。常发生在密度大、生长缓慢的牛蛙蝌蚪期间。

【症状】车轮虫主要寄生在蝌蚪的皮肤和鳃的表面上，使寄生处呈现青灰色的斑点，尾膜发白，常浮于水面。大量寄生时，会使蝌蚪食欲减退，体表发白，呼吸困难，单独游动，动作迟缓，生长停滞，进而死亡。6 ~ 8 月为发病高峰期。

【防治方法】

（1）加注新水，减少养殖密度，扩大蝌蚪的活动空间，即可避免此病的发生。

（2）发病初期可用硫酸铜、硫酸亚铁合剂（5：2）兑水全池泼洒，每立方米水体用硫酸铜 0.5g 和硫酸亚铁 0.2g。

（3）每亩用切碎的韭菜 0.25kg 与黄豆混合磨浆，然后全池泼洒，连续 1 ~ 2 天，可控制病蝌蚪的死亡。

3. 舌杯虫病

【病原】病原体为筒形舌杯虫。多发生在水质条件差、饲养密度高的池中，以 7、8 月为高峰期，且感染后传播快，2 ~ 3 天即可由个别蝌蚪遍及全池。

【症状】舌杯虫多寄生在蝌蚪尾部，肉眼观察很像水霉。大量寄生时，会引起蝌蚪游泳迟缓，生长停滞，进而死亡，对小蝌蚪危害较大。

【防治方法】

（1）预防方法参照车轮虫病。

（2）用 0.7 ~ 1g/m³ 硫酸铜全池泼洒，12h 后，有 70% 舌杯虫失去附着力掉入水中，24h 治愈可达 95% 以上。

4. 锚头鳋病（铁锚虫病或针虫病）

【病原】病原体是锚头鳋，寄生在牛蛙蝌蚪上的是鲤锚头鳋的雌体。

【症状】蝌蚪体表寄生部位周围的肌肉组织发生红肿并溢血而出现红斑，严重时发生溃烂，组织死亡。

【防治方法】

（1）蝌蚪放养前用生石灰清塘，可以杀灭水中的锚头鳋幼虫。

（2）发病时，可用浓度为 0.5mg/L 的 90% 敌百虫液全池泼洒，治疗效果显著。

5. 斑病（出血病）

【病原】细菌。

【症状】多发生于即将长出后肢的蝌蚪。患病的蝌蚪在腹部或尾部有出血斑块，蝌蚪在水面打圈，数分钟后下沉死亡，属暴发性流行病，死亡率高。

【防治方法】

（1）预防可用生石灰清塘。发现病情后应及时将池水放出，用网把蝌蚪高度集中，每 20 000 只蝌蚪用 120 万 IU 的青霉素和 100 万 IU 的链霉素浸泡 30min，治疗效果好。

（2）用 5 g/m³ 蛙康（中草药）全池泼洒。

（3）内服蛙康，以 1.5% 比例，拌料投喂 3 ~ 5 天。

6. 气泡病

【病因】此病主要是由于水温和气温过高，池水过肥，含氮量和含氧量过高，致使水中的溶解氧过饱和，水中气泡不断地渗入蝌蚪体内和病菌趁机入侵而发炎产生的。

【症状】患病蝌蚪肚子膨胀，肠道充满空气，不能平衡游泳而仰浮于水面上，如不及时抢救会引起大量死亡。

【防治方法】

（1）高温季节应经常换水，搭盖凉棚，水质不能过肥。

（2）将患病的蝌蚪置于清凉水中，用 20% 的硫酸镁溶液浇洒，2 天后放入蝌蚪池，治疗效果较好。

（3）投喂蛙康（中草药），以 10% 比例拌料投喂 3 ~ 5 天。

7. 细菌性烂鳃病

【病因】由黏液球菌侵入蝌蚪鳃部而引起的。

【症状】患病的蝌蚪鳃丝腐烂发白，鳃部糜烂并附着污泥和黏液，呼吸困难，单独游于水面，行动迟缓，常与其他病菌混合感染而死。

【防治方法】

（1）定期用生石灰对蝌蚪池水进行消毒。

（2）蝌蚪患病后，每立方米水体施用生石灰 20g。

（3）将漂白粉溶解于水中，每立方米池水用量为 1g，进行全池泼洒，连泼 2 次（间隔 24h）。

8. 胃肠炎

【病因】多发于春夏和夏秋之交，传染性强，主要是水质恶化造成的。

【症状】患病初期，蝌蚪栖息不定，东窜西爬，游动缓慢，喜钻泥；后期则躺于池边反应迟钝。患病蝌蚪胃肠发炎并充血，肛门周围红肿，食量下降，死亡率高。

【防治方法】

（1）视水质情况换新水，并定期用生石灰消毒。

（2）控制投喂量，减少残饵，避免水质恶化。

（3）外用 2g/m³ 的漂白粉溶液消毒池水，内服土霉素 5 片 / 万尾蝌蚪，每天 2 次，3 天为一个疗程。

（二）幼、成蛙期常见疾病

1. 腐皮病

【症状】易感 10 ~ 50g 的小蛙，流行季节为 7 ~ 9 月。蛙头部两眼之间的表皮出现一小白点，后扩大变黑、溃烂，形如撞伤，然后发展到背部，也是先由小白点到皮肤溃烂，最终死亡。此病来势凶猛，传染迅速，几天之内即可造成大量死亡，甚至全军覆没。

【防治方法】

（1）每立方米水体用 300 万 IU 的链霉素溶液浸泡病蛙，浸泡 15 ~ 20min。根据蛙的病情严重程度浸泡 2 ~ 3 次，即可达到显著疗效。

（2）用 20mg/L 的高锰酸钾溶液浸泡 15min 左右，即可使病情得到控制。

2. 烂皮病

【病原】牛蛙和蝌蚪较常发生的一种传染性疾病。是由于维生素缺乏的综合征，由多种溶血性杆菌所致。

【症状】蛙体表皮肤失去光泽，体表发黑，失去光泽，瘦弱无力，黏液减少，出现干燥的白花纹。眼球出现白色粒状突起，头背部表皮出现裂纹，四肢、爪部红肿。严重时，皮肤腐烂脱落，露出肌肉、骨骼，逐渐扩展全身；病蛙伏在池边或草丛中死去。

【防治方法】

（1）流行季节，每周用硫酸铜溶液全池泼洒 1 次，使池水的浓度达 0.7mg/L。

（2）加强饲养管理，补饲含维生素 A 的鱼肝油，加抗生素消炎。

（3）每千克饵料加入维生素 D_3、维生素 B_6 各 100mg，连喂 7 天。

（4）用庆大霉素溶液（每 10kg 水加 80 万 IU 庆大霉素）浸洗病蛙 24h，再用紫药水涂抹烂皮处。

（5）病蛙用 30mg/L 的阿司匹林溶液药浴 4h。

（6）发病蛙池泼洒新洁尔灭溶液，使池水浓度达 0.02mg/L，24h 后换水。

3. 红腿病

【病原】病原体为气单胞菌属的嗜水气单胞菌。常发生在养殖密度大、温度高、水质条件差的牛蛙池，是牛蛙发生最普遍、危害最严重的一种疾病。

【症状】发病的牛蛙主要症状是瘫软无力，活动迟钝，不吃饵料，身体腹部及腿部皮肤出现红点或红斑，甚至溃烂，且两处的肌肉呈点状充血。严重时，全部肌肉呈红色，还并发胃肠充血发炎，病蛙的舌、口腔等处有出血性斑块。该病发病急，传染性、死亡率高。

【防治方法】

（1）及时换水和定期消毒池水，保持水质清新。

（2）放养密度不宜过大，防止蛙体受伤。一旦发病，及时隔离。

（3）用 0.2g/m³ 的强氯精全池泼洒，连用 3 天。

（4）病蛙用 20% 的磺胺脒溶液浸泡 15min，病情严重的浸泡 48h。

（5）视水温高低，用 1.6 ~ 10mg/L 的硫酸铜溶液浸泡 10 ~ 30min。

（6）用 3% 的食盐水浸泡 15min，第二天重复 1 次。

（7）100ml 蒸馏水加食盐 0.9g，精制葡萄糖 25g，充分搅拌均匀后加入青霉素 40 万 IU。搅拌均匀后，用注射器吸取药液，注射到病蛙口腔。剂量为每只 200 ~ 250g 重的病蛙灌注 2ml 药液，即每只用青霉素 8 000IU。

4. 胃肠炎

【病原】病原体为细菌。发病急，死亡严重。此病多发生于春夏和夏秋之交，有的幼蛙由于胃肠还未发育完全，尾部没有缩，过早进食常有发生；或有的蛙吃了腐烂变质食物，也易感染此病。

【症状】发病的蛙不安定，东爬西窜，有时在水中打转，离群独居，喜欢钻泥，进而蛙体全身瘫软，无力跳动，不下水，喜欢钻草丛、角落、池边，低头弓背，闭目不食，腹部膨大并显红斑，肛门红肿。解剖后，观察胃肠无食物而有淡黄色黏液。

【防治方法】

（1）经常加注新水，保持池水清新。

（2）饵料要清洁、新鲜，不腐败，不变质。饵料台要清洁卫生，定期消毒。每半个月用 1 ~ 2g/m³ 漂白粉水泼洒全池。

（3）可喂胃散片或酵母片，每次每只半片，每天 2 次，连喂 3 天。

（4）从口腔注入含青霉素 2 万 IU、链霉素 0.5 万 IU 的药水 0.2 ~ 0.4ml 进行治疗。

5. 腹水病

【症状】病蛙表现为腹部膨胀，腹腔积水，腹水呈淡红色或淡黄色。后肢水肿，皮肤绷紧平滑、积水，病蛙伏在池边，不摄食、不活动、不鸣叫。胃内无食物，有较多黏液，肝脏肿大并有红斑分布，胆囊褪色，肠内有黄色液体，肛门突出。

【防治方法】

（1）定期消毒池水，保持池水清新。

（2）每千克饲料中添加庆大霉素 5g，进行投喂。

6. 肝肿大病

【症状】病蛙外观呈现肥胖状，后肢粗大，手压有硬肌肉，皮肤呈微红色，剪开双腿皮肤可见皮肤内侧血管充血，肌肉呈淡土黄绿色。肝脏极度肿大，比正常者大 2 ~ 3 倍以上，呈灰白色、土黄色或青灰色，胆肿大呈浅绿色。

【防治方法】

（1）每立方米水体用 10g 生石灰或 0.2g 强氯精进行泼洒。

（2）每天每千克饲料用庆大霉素 5g 或链霉素 10g，拌饲料投喂，连服 3 天。

7. 白内障

【症状】病蛙双眼有一层白膜，呈"白内障"状，但眼部水晶体完好，双腿外观呈浅绿色，剪开双腿皮肤，可见肌肉呈黄绿色，似被胆汁所染。内脏解剖后，发现肝呈紫黑色肿大，或呈紫红色且稍肿大，胆严重水肿，呈淡绿色。

【防治方法】

（1）加强水质管理，高温季节多换水，定期对水质进行处理。

（2）30～40mg/L 的福尔马林全池泼洒。

8. 软体病

【症状】病蛙外观体色从口腔到全身都呈绿色，皮肤粗糙，无光泽，腹部胀大，肌肉无弹性，死亡后四肢僵硬，个别病蛙鼻孔出血。

【防治方法】

（1）定期用 0.2g/m³ 的强氯精溶液消毒水体，保持水质清新。

（2）在每千克饲料中添加 10g 红霉素，或者添加 5g 庆大霉素或卡那霉素。

9. 烂腿病

【症状】牛蛙皮肤损伤后，感染病菌而产生。发病初期，牛蛙的指尖部分发炎，而后逐渐向腿部延伸腐烂，露出骨骼。严重的病蛙一直烂到大腿基部，使牛蛙失去活动能力，直至死亡。

【防治方法】

（1）病蛙用 30g/m³ 的高锰酸钾溶液浸泡 1～2 天（浸没腿部即可）或用 0.2g/m³ 的强氯精浸泡 1 天。

（2）用 2% 的食盐水浸泡 15min，病蛙池也可用 1～2g/m³ 的漂白粉消毒。

此外，在牛蛙蝌蚪孵化期间易因青泥苔、水网藻过多而发生危害，应在孵化前用硫酸铜杀灭。在牛蛙养殖池要防止蚂蟥、老鼠、蛇类等敌害对蝌蚪、牛蛙的侵袭，保证其正常生长。

第五节 稻田养殖泥鳅技术

稻田养泥鳅是一种无公害生态养殖方式，成本低、收效快、经济效益高，是较稻田养鱼更有前途的养殖方法。稻田养鳅还具有保肥、增肥、提高肥效、除虫等作用，对促进水稻优质高产有较大作用，因而很适合推广。

（一）稻田建设

选作养泥鳅的稻田面积不宜过大，一般为 1 000 ～ 2 000m²，要求靠近水源，排灌方便，无污染，稻田保水性强。加固田埂，在稻田四周用水泥或塑料板、薄膜、窗纱等（底部入泥 30cm）建设 30 ～ 50cm 高的防逃墙。防止泥鳅钻洞、跳跃逃逸，进、出水口加设网拦。稻田中开挖鱼沟、鱼溜，面积占稻田总面积的 15% 左右，在距离田埂 50 ～ 100cm 处开挖宽、深均为 40 ～ 50cm 的鱼沟，田间鱼沟呈"十"字形或"井"字形状；在排水沟口附近或在稻田中央开设鱼溜，深 60cm 以上、面积 5 ～ 6m²、与鱼沟相通，鱼溜为夏季高温、施农药化肥及水稻晒田时泥鳅的栖息场所，又便于集中捕捞。

（二）施肥管理

为了保证泥鳅苗下塘即有充足而适口的天然饵料生物，并保证生长过程中浮游生物不断，坚持一次性施足基肥后，根据水质具体情况及时、少量、均匀追肥。基肥以有机肥为主（约占 80%），每亩用腐熟的畜禽肥 250 ～ 500kg。施前先在阳光下晒 4 ～ 5天杀菌，在水稻栽插前 10 ～ 15 天，所施基肥一次性深翻入土，然后上水、耙平、无土块。后视水质情况灵活进行追肥，一般 20 天左右追施腐熟有机粪肥 1 次，每次 25kg。

（三）水稻品种选择与栽插

饲养泥鳅的稻田水稻品种应选择抗倒伏、抗病能力较强的水稻品种，如武运粳 8号、镇稻 99 等品种，6 月初至 6 月中旬移栽结束。水稻移栽前秧苗施 1 次送嫁农药，移栽时要求稀植，每亩达 1.7 万穴，有利于通风透光，可有效防止病害的发生。水稻移栽后 7 ～ 10 天追施一次水稻分蘖肥，每亩 25kg 尿素或 40 ～ 50kg 碳铵。

（四）泥鳅苗种放养

待水稻移栽后，追施的化肥全部沉淀（一般 7 ～ 15 天），秧苗返青，保持鱼沟内水质透明度 25 ～ 30cm，田面 3 ～ 5cm 水深。亩放规格 3 ～ 4g/ 尾的鳅苗约 2 万尾，放养时应避免鳅苗身体破损受伤、体表光滑、无病，放养前用 3% ～ 4% 的食盐液浸泡 10 ～ 15min，消毒后入田，有效预防泥鳅水霉病和防止将病原体、寄生虫带到新环境。

（五）饲养管理

1. 泥鳅放养初期
秧苗移栽后到 7 月 10 日前后，池内天然饵料比较丰富，刚投放的泥鳅苗在新的水域生长环境不太适应，摄食较少，少量人工投饵。保持稻田水深 5 ~ 10cm，秧苗分蘖后在 7 月 15 ~ 25 日期间烤田，鱼溜内水加至 60cm 左右，2 ~ 3 天换 1 次。泥鳅放养到 7 月中旬以后，视鱼、稻的生长情况，逐渐增加水量和投饵。主要投喂动物内脏、血粉、米糠、豆饼、麸皮等动植物性饵料和泥鳅专用配合饵料（占 50%），投饵率为 5% ~ 8%；日投喂 2 次，8：00 ~ 9：00 和 16：00 ~ 17：00；投喂初期，将饲料均匀地撒在田面上或鱼沟内，以后逐渐将饲料投放在固定的鱼溜里，让泥鳅养成在鱼溜定时、定点、定量取食的习惯，以利泥鳅集中摄食和冬季捕捞。根据泥鳅取食、天气、活动等具体情况灵活掌握，一般每次投饵后，1 ~ 2h 内基本吃完为宜。

2. 水稻生长中期

在 7 月 20 日至 8 月 30 日，动物性饵料占 60% ~ 70%（随着水温升高，适当降低动物性饵料比例），投饵率 8% ~ 10%，高温季节适当加深田间水位，保持田面水深 15 ~ 20cm，并注意换水。当水温高于 30℃时，减少投饵量或停止投饵。以防过多的残饵碎屑腐烂，败坏水质。一般每 5 ~ 7 天换水 1 次，每次换水 3 ~ 5cm，保持田水透明度 25cm 左右，黄绿色最佳。

3. 水稻生长后期

8 月 30 日以后，田间管水要干干湿湿，动物性饵料占 40% 左右，投饵率 4% ~ 5%。水温低于 15℃时停喂，及时捕捞上市出售。

4. 稻鳅病虫害防治

由于稻田养鳅具有除草保肥、灭虫增肥的作用，水稻病虫害发生率也较低。在水稻插秧前 3 ~ 5 天施送嫁农药，或插秧后 5 ~ 7 天，对秧苗施药预防 1 次。水稻生长期内为防治病虫害，必须使用高效低毒低残留生物农药，用药前将泥鳅全部赶到鱼溜，灌满田水，稻田的一半先用药，剩余的一半隔天再用药，让泥鳅在田间有多一点躲避的场所。粉剂宜在早晨露水未干时喷施，水剂在露水干后使用。施药时喷嘴要斜向稻叶或朝上，尽量将药喷在稻叶上。下雨前不要施农药，翌日再将鱼溜水换掉 1/3 ~ 2/3。严禁含有甲胺磷、毒杀酚、呋喃丹、五氯酚钠等剧毒农药的水流入稻田。泥鳅对敌百虫较敏感，严禁使用。

7 ~ 8 月，每隔 20 天左右在饵料里加 1 次抗生素类药物，增强泥鳅抵抗力，预防泥鳅赤鳍病。注意加强巡田，特别是天气变化时，发现泥鳅活动异常甚至浮头，及时加注新水。

5. 泥鳅上市

注意观察，泥鳅达到上市规格就分次捕捞上市。

第六节　小龙虾养殖技术

小龙虾是存活于淡水中一种像龙虾的甲壳类动物，学名克氏原螯虾，也叫红螯虾、淡水小龙虾、斗虾。克氏原螯虾是甲壳类中分布最广的外来入侵物种，小龙虾因其杂食性、生长速度快、适应能力强，而在当地生态环境中形成绝对的竞争优势。其摄食范围包括水草、藻类、水生昆虫、动物尸体等，食物匮缺时亦自相残杀。小龙虾近年来在中国已经成为重要的经济养殖品种。在商业养殖过程中应严防逃逸，尤其是严防逃入人迹罕至的原生态水体。其对当地物种生态竞争优势而导致破坏性危害，在世界各地已经有广泛报道，应引起高度重视。

小龙虾是一种世界级的生物入侵物种，美国南部路易斯安那州号称生产了世界上90%的小龙虾。1918年，日本从美国引进小龙虾作为饲养牛蛙的饵料。小龙虾从日本传入我国，现已成为我国淡水虾类中的重要资源，广泛分布于长江中下游各地。

一、小龙虾的生态习性

（一）形态特征

体形较大，呈圆筒状。甲壳坚厚，头胸甲稍侧扁，前侧缘除海螯虾科外，不与口前板愈合，侧缘也不与胸部腹甲和胸肢基部愈合。颈沟明显。第1触角较短小，双鞭。第2触角有较发达的鳞片。3对颚足都具外肢。步足全为单枝型，前3对螯状，其中第1对特别强大、坚厚，故又称螯虾。末2对步足简单、爪状。鳃为丝状鳃。

小龙虾头部有触须3对，触须近头部粗大，尖端细而尖。在头部外缘的1对触须特别粗长，一般比体长长1/3；在1对长触须中间为2对短触须，长度约为体长的一半。栖息和正常爬行时6条触须均向前伸出，若受惊吓或受攻击时，2条长触须弯向尾部，以防尾部受攻击。

胸部有步足5对，第1~3对步足末端呈钳状，第4~5对步足末端呈爪状。第2对步足特别发达而成为很大的螯，雄性的螯比雌性的更发达，并且雄性龙虾的前外缘有一鲜红的薄膜，十分显眼。雌性则没有此红色薄膜，因而这成为雄雌区别的重要特征。

尾部有5片强大的尾扇，母虾在抱卵期和孵化期爬行或遇敌时，尾扇均向内弯曲，以保护受精卵或稚虾免受伤害。

（二）生活习性

小龙虾属于杂食动物，主要吃植物类，小鱼、小虾、浮游生物、底栖生物、藻类都可以作为它的食物。小龙虾的繁殖能力不强，每年繁殖 1 次。

小龙虾的生存能力非常强，除了日本和中国，欧洲和非洲也有它占领的地盘，因此成为世界级的生物入侵物种，也成为世界级的美食。在欧洲、非洲、澳大利亚、加拿大、新西兰和美国，都有人食用，美国的路易斯安那州号称生产了世界上 90% 的小龙虾，而当地人就吃了其中的七成。小龙虾在世界范围内的"成功"，除却一些形态和习性上的优势，还得部分归功于它对污染环境的耐受能力。在科学研究上，对污染物非常敏感，或者非常耐受的生物，往往用作环境有无受到污染的指示生物，小龙虾就是这样的一种潜在指示生物。

科学研究证明，机体虾青素含量跟其抵御外界恶劣环境的能力是正相关，也就说机体虾青素含量越高，其抵御外界恶劣环境的能力就越强。小龙虾自身无法产生虾青素，主要是通过食物链食用微藻类等获取到虾青素，并在体内不断积累产生超强抗氧化能力。虾青素能有效增强小龙虾的抵抗恶劣环境的能力及提高繁殖能力。所以，虾青素是小龙虾顽强生命力的强有力保障，当小龙虾在缺少含有虾青素微藻的环境中反倒难以生存。这也带给人们认识上的一些错觉：小龙虾必须生活在肮脏的环境中。

在饮食习性上，小龙虾在河底比较喜欢吃泥，并且喜欢吃已经死亡的小鱼或者其他水中生物。食用小龙虾应注意以下几方面：

（1）小龙虾体内含有大量细菌和寄生虫，但是基本都在头部内。所以食用时一定要去头，切不可贪图省钱将头部一并食用。鉴于大部分饭店为了省事，出售的小龙虾基本都是含头的，那么食用前一定要将头部摘除掉。

（2）虾线一定要去除，这个部位是仅次于头部第二脏的地方。很多饭店也是为了省事并没有去除虾线，因此，建议大家尽可能地要买回家来自己做着吃。

（3）清洗小龙虾要仔细、认真。外面卖的小龙虾，商家为了省事不可能给你特别仔细的清洗，而且很多无良商家会使用洗虾粉来清洗小龙虾，残留的洗虾粉危害相当大。

（4）最后一点就是烹饪时间要足够，不能少于 20min。外面的商家为了节省燃料费用和时间成本，很多烹饪时间是不够的，这是有卫生安全隐患的。

（5）在吃熟小龙虾的时候，如果发现小龙虾的尾巴是直的，那么这些小龙虾就是死虾，千万不要吃。如果是弯曲的，蜷缩着身体的，就表示是活虾，可以吃，并且有一定营养。

二、小龙虾稻田养殖技术

（一）稻田、水源、沟系要求

1. 稻田工程

水源充足，水质良好、无污染，排灌方便，旱涝保收，交通便利。面积以 2 000 ~ 7 000/m² 为宜。田块四周挖 1 道围沟，东西为深沟，沟上口宽 3.5m、下口宽

1.5m、深 1.5m；南北为窄沟，沟上口宽 2.5m、下口宽 1m、深 0.8m。环形沟面积占大田总面积的 35%，水稻栽插面积占总面积的 50%，开沟挖土堆成的东西向高埂占大田总面积的 15%，以增加小龙虾栖息、活动与觅食的环境空间。同时，可以栽种经济作物，以增加大田的经济收入。

2. 栖息环境的模拟

为避免小龙虾挖穴造成泥土堆积，淤泥堵塞水沟，应在沟坡距底 20cm 处，每隔 50cm 用直径 15cm 的木棍戳成与田面成一定的角度、深 30cm 的人工洞穴，供小龙虾栖息隐蔽，沟两侧的洞穴交错分布。

3. 防逃设施

池堤上围起高 60cm、入土 25cm 的塑料薄膜、水泥板、砖砌防逃墙。注、排水口用密网割口扎牢。

（二）农作物的栽插

1. 水稻栽插

水稻品种选择秸秆健壮、抗病能力强的皖稻 90，进行软盘育秧。小麦收割后（5月下旬），稻田每亩施腐熟的猪粪 1250kg 和 20kg 测土配方肥。在 6 月中、下旬用机械，按行株距 27cm×30cm 和 18cm×30cm 两种方式，每亩 1.1 万~1.2 万穴、每穴 6 株、总计每亩总苗数 6.6 万~7 万株进行栽插。

2. 辣椒栽培

在新筑起的高埂上栽植朝天椒，辣椒品种选择的是韩国天宇 3 号朝天椒，且辣椒中的辣味素对许多害虫的生长发育具有一定的抑制作用，在一定程度上有减少病害虫发生的作用。

（三）虾种放养

1. 亲虾投放

在每年 9~10 月，投放规格为 10~15cm 的亲虾 40~60kg/ 亩。

2. 幼虾投放

在每年 5 月，投放规格为 3~4cm 的幼虾 20~30kg/ 亩。

（四）日常管理

1. 水质管理

（1）水质培养　6 月下旬至 8 月中旬施有机肥，每半个月施发酵腐熟的有机粪肥 50~60kg/ 亩，水色呈豆绿色或茶褐色为好，透明度以 30~40cm 为宜。

（2）水质调控 按"春秋宜浅、高温季节要满"的原则加水调节水质；每隔15～20天，用生石灰10～15kg/亩溶水泼洒；使用光合细菌等微生物制剂调节水质，在养殖过程中以此法调节水质为主。

2. 饵料

（1）饵料种类

①动物性饵料：包括浮游生物、螺蛳和自然增殖的低值野杂鱼。

②植物性饲料：红花草、灯笼草（轮叶黑藻）、小叶浮萍、水葫芦。

（2）生物饵料的培养 在虾种投放前10天，施腐熟有机粪肥500～750kg/亩。

（3）水草栽培 水草是小龙虾重要的饵料源和栖息场所，在成虾养殖阶段其栽种面积应占实际水面的60%左右。

（4）投放螺蛳及鱼类 清明节前后一次性按300kg/亩投放螺蛳，让其自然繁殖。在每年3月中旬，投放规格为50～100g鲢、鳙鱼种200尾/亩左右（按实际水体面积）；或6月下旬，每亩投放鲢、鳙夏花鱼种3000尾/亩左右。

（5）投饵要求 稻田养虾也要定时、定量、定质投饵。养殖前期以培育生物饵料为主，中期以植物性饲料为主，后期以动物性饲料为主。

早期每天分上、下午各投喂1次；后期在18:00左右投喂，投喂的动物性饵料为螺蛳肉、野杂鱼（池塘中的鲢、鳙捕捞后，做成鱼糜加入饲料中投喂），植物性饲料红花草、水葫芦、小叶浮萍、轮叶黑藻等可直接从田间摄食，日投饵量为虾体重的1%～5%。平时要坚持勤检查虾的吃食情况，当天投喂的饵料在2～3h内被吃完，说明投饵量不足，应适当增加投饵量；如在第二天还有剩余，则投饵量要适当减少。

3. 田间管理

（1）田间施肥 由于小龙虾需要水质清新、含氧丰富的水环境，且对化肥、农药比较敏感，所以，小龙虾养殖稻田原则上应重施有机肥、少施化肥，严格控制农药用量。在插秧前施发酵腐熟的有机粪肥300～400kg/亩。在施足基肥的前提下，应尽可能减少追肥次数，特别是化肥。若必须追肥的情况下，可追施尿素和过磷酸钙，追肥次数不应超过3次。

（2）农作物病虫害防治 农作物病害防治采用人工防虫、物理杀虫和生物控制相结合，以实现种、养业的无害化生产。

①人工防虫：农作物发生病虫害时，采用人工灭虫效果较好。方法是先提高田面水深至15cm，然后用竹竿在田中间驱赶，使害虫落入水中，而变成小龙虾的食物。重复3～4次，基本上可以控制虫害。

②物理杀虫：利用频振杀虫灯进行灭虫。频振式杀虫灯集光、波、色、味四种方式于一体，引诱成虫扑灯，灯外配以频振式高压电网触杀，能有效地防治害虫，减少农药的施用量，保护生态环境。

③生物控虫：小龙虾是杂食性动物，可有效地清除水体、土壤中的微生物和昆虫，对农作物病虫害起到一定的预防作用，同时，也可清除人工防虫、物理杀虫过程中掉

落水中、地上的昆虫，对虫害的再次发生起到一定的控制作用。

（3）清除敌害　稻田养虾敌害较多，如水蜈蚣、蛇、水鸟、鳝鱼、水老鼠等。在放虾初期，农作物茎叶不茂，田间水面空隙较大，此时虾个体也较小，活动能力较弱，逃避敌害的能力较差，容易被敌害侵袭。

（4）田沟管理　虾放养后，管好田沟是十分重要的一环。虾放养初期，田水宜浅，随虾的不断长大、农作物生长需水量的增加、以确保动植物生长所需水量和降低水体温度。同时，还应注意观察田沟水质变化，一般每3~5天加注新水1次；盛夏季节，每1~2天加注1次新水，以保持田水清新。

4.病害防治

小龙虾的病害防治，以光合细菌等益生菌的水质调控及生石灰对水体进行消毒为主；因水稻不是主导产品，对其病害不用化学药物进行防治，主要采用物理杀虫。

三、小龙虾池塘养殖技术

（一）选择池塘

水源要求水质清新，溶氧充足，无污染。以壤黏土为好，池埂宽3m以上，坡度1∶2.5，水深0.8~1.5m，pH为7.5~8.5。池塘面积不宜过大，一般3~8亩为宜，长方形，东西向。向池中注入新水时，要用20~40目纱布过滤，防止野杂鱼及鱼卵随水流进入池中。按照高灌低排的格局，建好进、排水渠，做到灌得进、排得出。小龙虾逃逸能力较强，必须搞好防逃设施建设。通常，用塑料薄膜、网片、钙塑板或水泥板沿池埂四周架设防逃设施，以免敌害生物进入和小龙虾逃逸。

（二）清塘消毒

池塘清塘消毒，可有效杀灭池中的敌害生物（鲇、泥鳅、乌鳢、蛇、鼠等），与之争食的野杂鱼类（鲤、鲫鱼等）以及病原体。可以使用生石灰和漂白粉，经济、实惠、安全。具体的操作方法是：①生石灰消毒。干法消毒：每亩用生石灰70kg，化水全池泼洒，有条件的再用钉耙搂一搂，经过1周晒塘后，注入新水；带水消毒：每亩水面按水深1m计算，用生石灰130kg溶于水中后，全池均匀泼洒。②漂白粉消毒。将含有效氯30%漂白粉完全溶化后，全池均匀泼洒，用量为每亩25kg。

（三）栽种水草

"龙虾好不好，池里有无草。龙虾大不大，塘中草当家。"水草，在龙虾养殖中，占有举足轻重的地位。①水草可填补龙虾饵料摄食不足，补充大量维生素；②可以防风浪，吸收水体中部分有害物，净化水质，平衡水体环境；③能为幼虾、蜕壳虾提供隐蔽、栖息场所，减少以强欺弱。一般水草种植面积占池塘总面积的一半为宜。品种可选低杆芦苇、茭白、伊乐藻、轮叶黑藻等。有条件的，还可以在水体底部放一些空易拉罐、竹筒、树根等废弃物，这些都是小龙虾最喜爱的栖息场所。

（四）虾池施肥

在龙虾放养前往虾池中施入适量有机肥，培育饵料生物，能为虾入池后直接提供天然饵料。选用发酵过的有机肥料 400kg/ 亩，保持池水相应的肥度。在饲养的过程中，随着水位逐渐加深，要追施腐熟有机肥，量和时间的选择要视水的肥瘦而定，一般每次以不超过 80kg 为宜。池水透明度保持在 35cm 左右。

（五）小龙虾放养

小龙虾苗种投放分为春季投放和秋季投放。要求规格整齐，附肢齐全，无病无伤，一次放足。放养前用 5% 食盐水浴洗 5 ～ 10min，杀灭寄生虫和致病菌。外购的虾种，因离水长途运输，入塘前应将苗种在池水内浸泡 1min，提起搁置 2 ～ 3min，再浸泡 1min，如此反复 2 ～ 3 次，让苗种体表和鳃腔吸足水分后再放养，可以提高成活率。从养殖户多年经验来看，外运虾苗经长途运输后成活率很低。池内适当混养一些鲢、鳙，可以改善水质，充分利用饵料资源。①春季投放养成虾，3 月中旬，投放体长 3 ～ 5cm 的幼虾 5 000 ～ 6 000 尾；②秋季投放育亲虾，9 月前后，每亩投放 500 只经人工挑选的小龙虾亲虾，雌雄比例为 3 ∶ 1。

（六）饲料选择

小龙虾为杂食性，动物性饲料、植物性饲料及各种人工饲料在不同阶段应配合使用。动物性饲料主要有小鱼碎块、干鱼粉、螺蚌肉及各种动物内脏下脚料等；植物性饲料主要有菜籽饼、豆粕、麸皮、小麦、玉米、南瓜及各种蔬菜和水旱草等。

（七）饲养管理

小龙虾多昼伏夜出，在夜里活动觅食是它们的习性。投喂饲料要坚持每天 10：00、16：00 各投喂 1 次，下午投喂量占全天投喂量的 70% 左右。

小龙虾快速生长的适宜水温为 22 ～ 32℃。从 6 ～ 10 月，小龙虾摄食量逐渐增大，日投喂量可根据实际已捕捞情况适当调整。同时，根据天气、水质状况以及虾活动觅食情况适当增减。农谚说得好：青衣蜕装穿红袄，饲料品种多样好。阴雨水浓要少投，晴天虾欢皆喂饱。

（八）日常管理

小龙虾养殖也要每天巡池，注意水色变化和龙虾活动情况。如发现有小龙虾上岸或爬在水草上驱赶不肯入水，则应检查水体是否缺氧或水质变坏等，要采取相应措施，如增氧、换水。pH 保持在 7.5 左右为宜，透明度 35cm 左右。4、5、6 月每半个月换 1 次水，7、8、9 月每 10 天换水 1 次，每次换水 1/3。每 20 天泼洒 1 次生石灰水，每次用生石灰 10kg/ 亩。水位从春季到盛夏逐渐递升，最深不超过 1.5m。保持水草正常生长和一定的覆盖面积。尽量保证小龙虾集中蜕壳时周边环境保持安静，蜕壳后增加投喂动物性适口饲料，减少相互残杀。小龙虾病害相对于其他水产品来说少很多，但也不能轻视，日常重在预防。喜欢逃跑是小龙虾的天性，特别是汛期要加强检查，严防逃虾。

（九）小龙虾捕捞

小龙虾的捕捞工具以地笼为主。具体的操作方法是，在池塘中靠近水草的地方设置地笼，扎紧地笼两头，待翌日从地笼中收取达到商品规格的小龙虾。另外，可用手抄网或放干池水后用手捕获小龙虾。小龙虾捕捞可采用捕大留小、轮捕轮放的方式，利于提高产量。从 5 月开始起捕，一直到 9 月底全面结束。

三、小龙虾常见病害与敌害防治

淡水小龙虾在自然条件下病害很少，随着高密度人工养殖的扩大，淡水龙虾养殖也面临着疾病暴发的危险。因此，要坚持"以防为主"的原则，做好病害防治工作。

（一）病害的预防

1. 彻底清塘消毒

放养前要彻底清塘消毒，杀灭病原体和敌害生物。要过滤进水，防止敌害生物入池。外来虾苗要用 1% ~ 3% 的食盐水浸浴消毒后再放入池塘。还有饲料、网具也要按常规消毒。

2. 保持水质清新

经常冲注新水或配套增氧机，保持池水溶氧量在每升 3mg 以上；每月视情况用生石灰（每吨水 20g）全池泼洒，使 pH 保持在 7 ~ 8。

3. 科学投喂饲料

以使用人工配合颗粒饲料为好，做到"四定"投喂。池中有残饲或水质及池底恶变，多是由投饲过多所致。当水中溶氧低、水质恶化或恶劣天气时（如雷雨闷热天、连续阴天），要减少投饲或停喂。

4. 疫病要"防重于治，防治结合"

小龙虾大部分时间均栖息于水的底层、水草上、洞穴中，平时在水中是很难看到，即使看到，它们也会迅速逃避，所以，当发现有以下情况，则说明小龙虾有可能生病或已经生病了。

（1）巡塘时发现小龙虾静伏岸边，或伏在水草上不动（非正常天气例外）。

（2）部分小龙虾在水草上端无力的爬动、行动呆滞，反应不灵敏。

（3）投喂的饲料没有像以前在正常时间段吃完。

（4）水质突变，如正常池塘水是混浊的，现在突然变清等。

（5）发现个别或少量虾死亡要引起足够重视，必要时要经技术部门检测确定死因。

日常管理要重视定期预防，生态防控，综合防治，建立重大病害预警机制，发现问题，及时查明原因，对症下药。

5. 避免使用对龙虾特别敏感的农药、化肥

龙虾对目前广泛使用的农药和鱼药、化肥反应敏感，特别对有机磷、锐劲特、菊脂类药物易中毒死亡。养殖过程中，避免使用有机磷、除虫菊酯、菊酯类等杀虫剂；禁用敌百虫、敌杀死等农药；禁用氨水和碳铵作为秧苗肥料。

（二）常见病害与敌害防治

1. 水霉病

由水霉菌所致。主要原因是小龙虾肢体受伤感染。

【症状】患水霉病的小龙虾伤口处的肌肉组织长满长短不等的菌丝，菌丝一端似树根一样深入皮肤组织，另一端游离于体表外，在水中呈灰白色，似棉絮状。该处组织细胞逐渐坏死。病虾消瘦乏力，活动焦躁、集中，摄食量降低，严重者会导致死亡。

【防治】一是放养的虾池要彻底消毒；二是在捕捞、搬运过程中，要仔细小心，避免损伤虾体，拉网要选在晴天，切忌在雨雪天进行，避免冻伤；三是越冬或放养的水体必须经过清洁消毒，以杀死敌害、寄生虫和病原体，减少水霉菌入侵的机会；四是每立方米水体用400g食盐和400g小苏打合剂全池遍洒，预防水霉病效果佳；也可用克霉灵全池泼洒，使池水浓度为0.2～0.4mg/L；或每100kg饲料加克霉唑50g，制成药饵投喂，连续一个疗程后，疗效明显。

2. 甲壳病

是由几丁质分解细菌感染而引起的疾病。

【症状】虾甲壳出现明显棕色或红棕色点状病灶，随病情恶化，病灶逐步发展成块状，块状中心下的肌肉溃疡状、边缘呈黑色，久之会引起死亡。

【防治】可采用生石灰、优氯净、强氯精溶液全池泼洒。发病时，治疗用浓度为 0.5 ～ 1mg/L 的土霉素溶液全池泼洒；或用链霉素、青霉素拌入饲料投喂；同时每千克饲料中加土霉素 0.45g，每天投饵量为虾重的 5% ～ 7%，连喂 7 ～ 10 天。

3. 纤毛虫病

主要是由钟形虫、斜管虫和累枝虫寄生所引起的。

【症状】病虾体表有许多棕色或黄绿色绒毛，对外界刺激无敏感反应，活动无力，虾体消瘦，头胸甲发黑，虾体表多黏液，全身都沾满了泥脏物，并拖着条状物，俗称"拖泥病"。如水温和其他条件适宜时，病原体会迅速繁殖，2 ～ 3 天即大量出现，布满虾全身，严重影响龙虾的呼吸，往往会引起大批死亡。

【防治】一是用药物彻底消毒，保持水质清洁；二是在生产季节，每周换新水一次，保持池水清新；三是放养虾种时，可先用 1% 食盐浸洗虾种 3 ～ 5min；或采用浓度为 0.5 ～ 1mg/L 的新洁尔灭与 5 ～ 10mg/L 的高锰酸钾合剂浸洗病虾。

4. 冻伤病

龙虾属变温动物，水温低于 4℃时虾将会冻伤或冻死。

【症状】冻伤时，胸甲明显肿大，腹部肌肉出现白斑，随着病情加重白斑由小而大，最后扩展到整个躯体。龙虾病初呈休克状态，平卧或侧卧在浅水层草丛里，严重时出现麻痹、僵直等症状，不久即死亡。

【防治】要做好防寒防冻工作，早冬期自然水温下降到 10℃时，应将池水加到位。在越冬期间，可在池中投放有机肥料或稻草，促使水底微生物发酵，提高水温。在秋冬季，注意多投脂肪性饲料，如豆饼、花生饼和菜籽饼等，增加虾的抗病害能力。

5. 泛池

由池水溶氧不足而引起。多数发生在夏秋闷热季节静水池中，5 ～ 10 月多发生在黎明前后。

【症状】虾缺氧表现烦躁不安，到处乱窜，成群爬到岸边草丛处不动，或爬上岸，离水时间长会导致死亡。

【防治】冬闲时及早清除池底过多的淤泥；使用已发酵有机肥，控制水质过浓；控制虾种放养密度；坚持巡塘，常加新水，保持池水清爽。

发现虾不安，立即加注新水，但不能直接冲入，最好是喷洒落入水面。池水深 1m，每亩水面用明矾 2 ～ 3kg、或石膏粉 2 ～ 4kg、或 3 ～ 4g 过氧化钙，溶水后全池泼洒 1 ～ 2h 见效。

（三）常见敌害防治

小龙虾的敌害有鱼害、鸟害和其他敌害。

1. 鱼害

几乎所有的肉食性鱼类都是淡水小龙虾饲养过程中的敌害，包括青鱼、鲤、乌鳢、鳜等，如虾苗放养后期有此类鱼活动，可用 2mg/L 鱼藤精进行灭除。

2. 鸟害

养虾场中水鸟的危害最大的要属鸥类和鹭类，由于鸟类是保护对象，只能用驱赶的方法驱鸟。可以养殖鹅来驱赶鸟，效果好，另外用网拦等方法也很有效。

3. 其他敌害

如水蛇、蛙类、田鼠等都是吃幼虾、成虾的天敌，故要注意预防，其预防方法有用药、驱赶、捕捉、建防护墙等。

第九章
畜禽产品贮藏与加工

第一节 概　　述

一、畜禽产品加工的概念

畜禽产品是指畜牧生产中所获得的初级产品。虽然有的可以被人们直接利用，但是，绝大多数的畜禽产品，必须经过加工处理后才能利用，或提高其利用价值，这种对畜产品通过各种方法和技术保藏起来，使之不发生腐败变质，或者加工成产品供应市场的过程，叫做畜禽产品加工，即畜禽产品加工包含保藏加工和产品加工。

二、畜禽产品加工的内容

畜禽产品加工因其原料种类繁多而内容广泛，凡是以禽畜产品为原料的加工生产都属于它的研究范围，主要有肉与肉制品、乳与乳制品、蛋与蛋制品等的加工生产。因此，畜禽产品加工应包括肉、乳、蛋及其副产品的组成与理化性质、加工贮藏基本理论、加工技术等。

三、畜禽产品加工的主要目的和任务

畜牧生产的初级产品（包括肉类、乳类及蛋类等）有一个和所有其他农产品相同的缺点，那就是缺乏保存性；这种体积膨大，易腐败又无法长期保存的特性，使得一般的畜产品在消费市场上无法和其他商品竞争，唯有通过畜禽产加工，才可以提升消费者的购买量。

因此，畜产加工的主要目的和任务主要体现在：

（一）延长畜产品的保存期限

例如：将猪肉做成肉酱罐头、鸭蛋做成咸鸭蛋等，可以存放较久的时间。

（二）提高畜产品的营养价值

例如：在加工过程中加热，可以使营养素分解以利人体消化吸收、添加乳酸菌的乳类加工品具保健功效等。

（三）增加畜产品的商品价值

例如：各种不同口味的调味乳、变化万千的蛋糕等。

（四）去除原始畜产品中不良的味道及微生物

例如：加热后将肉的血腥味去除、将牛乳中之病原微生物杀死等。

（五）提高畜产品的附加价值

例如：牛皮加工制革后可以作成皮夹克、牛乳中抽出来的酪蛋白可以供医药之用等。

（六）进一步可以促进国际贸易

例如：经过加工处理后的畜产品破除了地域性的限制，可以销售到其他各个有消费需求的地方，甚至外销到国外，为我国赚取更多的外汇。

第二节　畜禽产品保鲜技术

一、畜禽产品保存的条件

肉类的防腐保鲜自古以来都是人类研究的重要课题，随着现代人生活方式和节奏的改变，传统的肉类保鲜技术已不能满足人们的需求，深入研究肉类的防腐保鲜技术势在必行。国内外学者对肉的保鲜进行了广泛的研究。目前认为，任何一种保鲜措施都有缺点，必须采用综合保鲜技术，发挥各种保藏方法的优势，达到优势互补、效果相乘的目的。肉类的腐败主要由三种因素引起：①微生物污染、生长繁殖；②脂肪氧化败；③肌红蛋白的气体变色。这三种因素相互作用，微生物的繁殖会促进油脂氧化和肌红蛋白变色，而油脂氧化也会改变微生物菌系并促进肌红蛋白变色。肉与肉制品的贮藏方法很多。

（一）干燥法

干燥法也称脱水法。主要是使肉内的水分减少，降低水分活性值阻碍微生物的生长发育，达到贮藏目的。

（二）低温贮藏法

低温贮藏法即肉的冷藏。肉和肉制品贮藏中最为实用的一种方法。低温条件下，尤其是当温度降到 −10℃以下时，肉中的水分就结成冰，造成细菌不能生长发育的环境。但当肉被解冻复原时，由于温度升高和肉汁渗出，细菌又开始生长繁殖。所以，利用低温贮藏肉品时，必需坚持一定的低温，直到食用或加工时为止，否则就不能保证肉的品质。

（三）添加溶质法

即在肉品中加入食盐、砂糖等溶质。需用食盐、砂糖等对肉进行腌制，其结果可以降低肉中的水分活性，从而抑制微生物生长。主要是通过食盐，提高肉品的渗透压。盐腌法：盐腌法的贮藏作用。脱去部分水分，并使肉品中的含氧量减少，造成有利于细菌生长繁殖的环境条件。但有些细菌的耐盐性较强，单用食盐腌制不能达到临时保管目的因此，生产中用食盐腌制多在低温下进行，并经常将盐腌法与干燥法结合使用，制作各种风味的肉制品。

二、畜禽产品保存的方法

（一）低温保藏

低温可以抑制微生物的生命活动和酶的活性，从而达到贮藏保鲜的目的。由于能保持肉原有的颜色和状态，方法简单易行、冷藏量大、安全卫生，因而低温贮藏原料肉的方法被广泛采用。根据贮藏时采用的温度不同，肉的低温贮藏可以分为冷却贮藏和冻结贮藏。

1. 冷却贮藏

是使产品深处的温度降低到 0 ~ 1℃，在 0℃左右贮藏的方法。冷却肉因仍有低温菌活动，所以贮存期不长，一般猪肉可以贮存 1 周左右。为了延长冷却肉的贮存期，可使产品深处的温度降低到 −6℃左右。

2. 冻结贮藏

将肉的温度降低到 −18℃以下，肉中的绝大部分水分（80%以上）形成冰结晶，该过程称其为肉的冻结。冻结工艺分为一次冻结和二次冻结。一次冻结是指宰后鲜肉不经冷却，直接送进冻结间冻结。冻结间温度为 −25℃，风速为 1～2m/s，冻结时间 16～18h，肉体深层温度达到 −15℃时，即完成冻结过程。二次冻结是指鲜肉先送入冷却间，在 0～4℃温度下冷却 8～12h，然后转入冻结间，在 −25℃条件下进行冻结，一般 12～16h 完成冻结过程。

（1）空气解冻法 空气解冻也称自然解冻，其方法方便，因空气温度受季节影响，故解冻时间夏短冬长。大规模生产时这种解冻方法不能满足需要。气温 15℃以下的缓慢解冻，适合于解冻加工原料，还可以进行半解冻，使汁液流失减少，但解冻时间较长。若用风机使空气流动，则解冻时间缩短，但冻品表面会产生干燥现象。因此，常在送风解冻装置中增加调温设备。

（2）水解冻法 将冻品浸在水中解冻，由于水比空气的传热性能要好，解冻时间可以缩短。但汁液流失较多，影响风味和营养。

（3）蒸汽解冻法 肉汁损失比空气解冻大得多。当然重量由于水蒸气的冷凝会增加 0.5%～4.0%。

（4）微波解冻法 最好用聚乙烯或多聚苯乙烯，不能使用金属薄板。

（5）真空解冻 真空解冻法的主要优点是解冻过程均匀和没有干耗。厚度 0.09m、重量 31kg 的牛肉，利用真空解冻装置只需 60min。

（二）鲜肉气调保鲜贮藏

研究表明，充入 20%的 CO_2 可抑制肉中革兰氏阴性菌繁殖。20 世纪 80 年代，100% 纯 CO_2 气调为最理想的保鲜方式。如果从屠宰到包装、贮藏过程中有效防止微生物污染，鲜肉在 0℃气调下能达到 20 周的贮存期。气调保鲜肉用的气体须根据保鲜要求，选用由一种、二种或三种气体按一定比例组成的混合气体。①一种气体用 100% 纯 CO_2 气调包装；②二种气体用 75%O_2 和 25%CO_2 的气调包装；③三种气体用 50%O_2、25%CO_2 和 25%N_2 气调包装。

（三）原料肉辐射贮藏

肉类辐射贮藏是利用放射性核素发出的射线，在一定剂量范围内辐照肉，杀灭其中的害虫，消灭病原微生物及其他腐败细菌，或抑制肉品中某些生物活性物质和生理过程，从而达到保藏或保鲜的目的。辐射对肉品质的影响：

1. 颜色

鲜肉类及其制品在真空无氧条件下辐照时，瘦肉的红色更鲜，肥肉也出现淡红色。这种增色在室温贮藏过程中，由于光和空气中氧的作用会慢慢褪去。

2. 嫩化作用

辐射能使粗老牛肉变得细嫩，这可能是射线打断了肉的肌纤维所致。

3. 辐射味

肉类等食品经过辐照后产生一种类似于蘑菇的味道，称作辐射味。

辐射味的产生与照射剂量大致成正比，这种异臭的主要成分是甲硫醇和硫化氢。

为了减少辐照味及辐照所引起的物理变化及化学变化，可以采取低温辐照的方法。但低温时微生物抗辐照性增高，并且冷冻费用也随之增加。

（四）其他保鲜方法

1. 真空包装

真空包装也称减压包装。它是将包装容器内的空气全部抽出密封，维持袋内处于高度减压状态，使好气微生物没有生存条件，以达到肉品保鲜目的。

2. 化学保鲜

主要是利用化学合成的防腐剂和抗氧化剂，应用于鲜肉和肉制品的保鲜与防腐，与其他贮藏手段相结合，发挥着重要作用。

第三节　畜禽产品加工技术

畜禽产品加工技术，包括腌制、干制、灌肠、酱卤、熏制和罐头等加工技术。

一、腌制加工技术

应用食盐等腌制畜禽类食品是传统的保藏方法之一，它的主要目的在于增加保藏性，并使之具有腌制食品的特有风味。腌制加工的特点是：生产设备简单，操作技术简易，便于在短时间内处理大量畜禽食品原料，弥补其保鲜手段的不足。

（一）畜禽食品腌制的方法

1. 干盐法

就是将干盐（结晶状态的食盐）均匀地撒布于被腌制的原料体而进行盐渍的方法。用盐量一般为原料重的10% ~ 35%。其缺点是：①在大量生产时不易实行机械化操作；②由于开始时盐水不能很快形成，影响了盐分向肌肉中的渗透，因而在某种程度上延长了腌制过程；③当形成的盐水尚未完全浸没原料时，上部的原料容易产生"油烧"现象，而降低商品和使用价值。

2. 盐水盐渍法

又称湿腌法。它是预先将食盐制成溶液，然后再用这种溶液进行动物食品腌制，适宜于生产弱咸肉、鱼，用作生产其他制品的一种半成品，这种方法食盐的渗透比较均匀，原料体不暴露于空气中，不易发生（油烧）现象；且盐水的浓度可以自由调节。盐水渍法的缺点是，从动物体中析出的水分，会使原有的盐溶液的浓度迅速降低。如在盐渍过程中从某一部分补充食盐时，似乎可以补偿此种缺陷，但实际上得不到应有的效果。

3. 混合盐渍法

混合盐渍法是一种利用干盐和人工盐水进行腌制的方法。它的实质就是将敷有干盐的原料逐层排列到底部盛有人工盐水的容器中，使之同时受到干盐水的渗透作用。用这种方法腌制时，表面干盐可以及时溶解于从的动物体渗出的水分中，以保持盐水的饱和状态，避免了因盐水冲淡而影响肉的质量的情况，适用于盐渍含脂较多的原料。

4. 低温盐渍法

低温盐渍法又可以分为冷却盐渍法和冷冻盐渍法两种。前者是利用冷库或碎冰的冷却作用，在温度为 0 ~ 5℃范围内进行盐渍的方法。这种盐渍方法的目的是在盐渍过程中阻止细菌作用过程的进行，以保证产品质量。应用于生产熏制或干制的半成品，或用于盐渍大型而肥壮的贵重原料。

（二）咸肉的加工

咸肉是大众化的食品，由于味美可口，又能长期保存，所以深受消费者欢迎。我国浙江生产的咸肉称南肉，苏北产的咸肉称北肉。

原料配方：鲜猪肉 100kg，盐 9 ~ 11kg，香料，八角，桂皮适量。

1. 原料整修

选择经兽医检验合格的新鲜肉或冻肉。若原料为新鲜肉时，必须摊开凉透。若是冻肉，也要摊开散发冷气，微软后分割处理。连片、段头肉应做到"五净"（即修净血槽、护心油、腹腔碎油、腰窝碎油和衣膜），猪头应先从后脑骨用刀劈开，将猪脑取出，但不能影响猪头的完整。然后在左右额骨各斩一刀，使盐汁容易浸入。在原料整修时，要做到"三注意"：①注意割净碎油，若碎油不割净，盐汁就会腌不透，容易发酵变质；②注意割净血槽，若血槽不割净，会影响盐腌的质量；③注意背脊骨、脑骨劈均匀，若劈得不均匀，会降低等级。

2. 开刀门

为保证产品质量，使盐汁迅速渗透到肉的深层，缩短加工期，应当开刀门；一般气温在 10 ~ 15℃时，应开刀门；10℃以下时，少开或不或刀门。但猪身过大者，须看当时气温酌量而定。一般采用开大刀门方式。方法如下：①每片在颈肉下第一根肋骨中间用刀戳进去，刀门的深度约 10cm，要把扇子骨与前脚骨、骱骨切断，同时刀尖戳入扇子骨下面，把骨与精肉划开，但应注意不要把表皮划破；②在夹心背脊骨上面，开一横刀，口径约 8cm，内部为 15cm；③在后腿上腰处开一刀门，须将刀戳至脚蹄骨上，口径约 5cm，内部约 13 ~ 15cm，在上腰中二边须开二刀门，前部也须开一刀门；④在胸腔里面肋骨缝中划开 2 ~ 3 个刀缝，使盐汁浸入。

3. 撒小盐

①原料修整后，将片肉（或腿、头等）放上盐台撒盐，必须将手伸进刀门的肉缝间进行擦盐或塞盐，但不宜塞得过紧。如盐仅塞放刀门口，而未塞到刀门里面肉缝处，这样很容易变质。

②脚蹄上及脚爪开蹄筋的缝内都必须用盐擦到。

③天气热时腌制咸肉，须将肉皮外面全部擦盐，免得起腻。天气冷时，皮面不需擦盐。

④前夹心龙骨（背脊骨）以及后腿部分的用盐量应该较多，肋条用盐较少，胸腔可以略微撒一点头盐。

⑤用盐量要根据猪身大小和气候冷暖程度来决定，同时施工的技术也有高低，因此，要按具体情况酌情考虑。上小盐主要是排除肉内血污和水分，故用盐量要适当，不宜过多，在一般情况下，每 50kg 原料用小盐约 2kg。

4. 上缸复盐

在撒小盐的翌日，必须上缸复盐。

①将腌肉放上盐台擦皮复盐。注意盐要擦匀和塞到刀门内各处，在夹心、腿部、龙骨等地方，必须敷足盐。短肋、软肋和奶脯等处也应撒些盐。

②堆缸时应两人携一片，排成梯形，整齐地堆叠起来，同时要注意摊放和盐的分布，堆叠要皮面朝下，胸腔向上；前身稍低，后身较高地一批压一批，奶脯处稍微向上，好似袋形，以便盐汁集中在胸部。

③堆缸时要仔细操作，不要把夹心、后腿和龙骨上面的盐撒落。如发现脱盐时，必须及时补敷，不能疏忽大意。

④复盐的时间不受限制，主要应以气候和肉色来决定。热水货（在 15℃ 以上气温，开刀门腌制的咸肉叫做垫水货）一般在上缸后 7 ~ 8 天就能复盐（咸猪头、爪只要 4 天），在气候暴冷或暴热时，就要临时进行翻堆，上下互换，同时每片肉都应加盐，以防变质。

⑤盐的用量，热水货开大刀门腌制者，每 50kg 鲜肉用盐约 9kg。如果在冬季腌制咸肉并及时出售者，每 50kg 鲜肉用盐约 7kg。

⑥硝酸钠的用量：撒小盐时不加硝，在堆缸复盐时，需将硝掺拌盐中，每 50kg 鲜肉用硝酸钠 25g。冬季用硝量可少些，按上述量的 80% 加入。

⑦腌制时间（指白肉自腌制至成品的时间）：连片、段头、咸腿在冬季及春初季节腌制，约需 1 个月时间。咸猪头、尾、爪需 15 ~ 20 天。在秋初、春末期间（清明以后）腌制，需开大刀门，腌制时间需 20 天，咸猪头、尾、爪需 12 天。

⑧复盐时间：气温在 0℃ 以上至 15℃ 正常气候时，上小盐后翌日必须上大盐堆缸，经过 7 ~ 8 天后，进行第二次复盐，再经过 10 ~ 12 天第三次复盐，第三次复盐后

10 天左右，就可进行检验分级。

5. 贮存保管

保管咸肉的仓库要阴凉而干燥，仓库温度须经常在 15℃以下，防鼠啮虫叮。保管期为 3 ~ 6 个月。并须定期翻垛，使肉堆内外温度均匀。

二、干制加工技术

干制加工分为天然干制和人工干制。生产出的干制品一般水分含量很低，适于长期保存，干制完全，包装贮藏完善的制品和冷冻品一样可以保存半年到一年。

（一）干制的方法

1. 天然干燥法

天然干燥（日干和风干），就是利用太阳的辐射热和风力对物料进行干燥的一种方法。

2. 人工干燥法

人工干燥法，就是以人为的方法或设备除去原料的水分使之加工成符合要求的制品或半成品，有时也称之为脱水。目前，人工干燥方法主要有以下几种：

（1）热风干燥　由各种换热设备对空气加热（也有的先除湿再加热）后用于干燥物料。干燥过程加热空气是传递热量以供待干燥物料中水分蒸发的载热体，又是带走物料蒸发出来水分的载湿体。

（2）冷风干燥（低温低湿干燥）　在低湿干燥房先用空气冷却器将干燥介质（空气）冷却至冰点以下，除去其中的部分水分，然后将此干燥介质经空气预热器加热到 20℃或 25℃左右（相对湿度在 40% 以下），再经鼓风机将此低温低湿的空气送入干燥物料。冷风干燥的制品，其色、香、味、光泽度和复水性等方面均比热风干燥佳。

（3）真空干燥　真空干燥的基础是在减压状态下液体的沸点降低，将物料置于密封器内，在适当加温的同时容器减压，使物料中水分蒸发，达到干燥的目的，容器内的温度通常在 50℃以下。所以，被干燥物料中蛋白质的热变性及油脂的氧化都很少，制品的质量较好。但这种干燥方法不能连续操作，生产成本也较高。

（二）干制品的种类

畜禽食品干制品根据其干制前处理的情况，大致可以分为以下几类。

1. 生干品

生干品是指不经盐渍、调味或煮熟处理而直接干燥的物品。其主要优点：①在良好干燥条件下，原料组成、结构和性质变化较少，故复水性较好；②原料中的水溶性营养物质流失少，基本上能保持原有品种的良好风味，并有较好的色泽。生干品一般适于体型小、肉质较薄易于迅速干燥的原料。

2. 煮干品

煮干品是以新鲜原料经煮熟后进行干燥的制品。煮干品及其加工工艺有如下特点：①原料在煮熟过程中会脱去部分水分，从而降低原料水分含量；②由于煮熟加热有杀菌和破坏酶的作用，使制品在干燥过程中不易腐败变质，阻止或减少干燥过程中自溶作用及制品在色泽、气味上的变化；③由于加热使肌肉蛋白凝固和组织收缩；④原料经水煮后，部分可溶性物质溶解至煮汤中，影响制品风味和成品率；⑤干燥后成品组织较坚韧，复水性较差。

3. 盐干品

盐干品是原料经盐渍后再经干燥的制品，一般多用于不宜进行生干和煮干的原料和来不及生干和煮干的原料。盐干品中有两种制品，一种是腌制后直接进行干燥的制品，一种是腌制后经漂洗再进行干燥的制品。

4. 调味干品

调味干品是将原料经调味拌料或浸渍后干燥的制品，也可以先将原料干燥至半干后浸调味料再干燥的，是一种方便食品、旅游食品。调味干品加工工艺，包括原料预处理、调料配制与调味、烘干和包装等几个工序。调味料可根据不同地区的嗜好和要求进行选择调整，以生产具有不同风味的制品。调味干制品生产工艺简单，有一定保藏性能，产品大部分可直接食用，携带方便，是一种价美物廉、营养丰富、有发展前途的产品。

（三）畜禽产品干制加工工艺

1. 肉松的加工

肉松是我国著名特产，由于原料不同，有猪肉松、牛肉松、鸡肉松及鱼肉松等。以鸡肉松最受人喜爱，而猪肉松又以福建肉松和太仓肉松最为著名。现将肉松的一般加工方法简介如下：

（1）原料肉的选择　肉松是以纯瘦肉经脱水而成的，故一定要用健康家畜腿部的新鲜肌肉作原料。

（2）原料肉的处理　对符合要求的原料肉，应首先剔除骨、皮、脂肪、筋腱、淋巴、血管等不宜加工的部分，然后顺着肌肉的纤维纹路切成长 3cm 的肉条。

（3）配料　举几例供参考：

①福建肉松：瘦　肉　100kg　　　　白酱油　10kg

　　　　　　白砂糖　8kg　　　　　红　糟　5kg

　　　　　　每千克肉松加 0.4kg 猪油。

②太仓肉松：瘦　肉　100kg　　　　白酱油　15kg

　　　　　　茴　香　0.12kg　　　　绍兴酒　1.5kg

　　　　　　生　姜　2kg　　　　　白砂糖（或冰糖）　3kg

③江南肉松：瘦　肉　100kg　　　　酱　油　11kg

　　　　　　　白　糖　3kg　　　　　　黄　酒　4kg

　　　　　　　茴　香　0.12kg　　　　生　姜　1kg

（4）煮肉与炒制　把切好的瘦肉放入锅内，加入与肉等量的水，然后分三段进行加工。

第一段：煮制。目的是用猛火把瘦肉煮烂，同时不断翻动、撇去浮油。如水干未烂，及时加入适量的水，直到用筷子稍压，肌肉纤维自行分离，则表示火候已到。此时，可把调料加入（茴香、生姜之类可用两层纱包好提前放入），继续煮到汤干为止。

第二段：炒压。这时宜用文火，用锅铲边炒边压。注意不要炒得过早或过迟。过早，肉块未烂不易压散，功效很低；过迟，肉块太烂，易产生焦锅糊底现象。

第三段：炒干。这时要用小火，连续勤炒勤翻，直到水分完全蒸发，肉松颜色由灰棕色转为灰黄色变为金黄色，具有特殊香味时为止。目前，第二和第三阶段多用专用炒松机进行。

如加工福建肉松（油酥），则将上述肉松放入锅内，用小火加热翻炒，待80%的肉松称为酥脆的粉状时，铲入铁丝筛内过筛以除去大颗粒；再将筛出的粉状肉松杯置入锅内，倒入已经加热融化的猪油，同时，不断翻炒成球状团粒即为福建油酥肉松。

2. 肉干的加工

肉干是用瘦肉经煮制成型、配以辅料、干燥而成的肉制品。肉干的名称随原料、辅料、形状等而异，有猪肉干、牛肉干、咖喱肉干、五香肉干，也有片、条、糊状肉干，但加工方法大同小异。现就一般的加工方法介绍如下：

（1）原料的选择　多选用健康、育肥的牛肉为原料，新鲜的前后腿瘦肉为最佳。

（2）原料肉的处理　选好的原料肉应剔去皮骨、脂肪、筋腱、淋巴管、血管等不适宜加工的部分，然后切成0.25kg左右的肉块，并用清水漂洗后沥干。

（3）预煮与成型　将切好的肉块投入沸水中煮制30min，同时撇去汤上浮沫，待肉块切开呈粉红色后即捞出冷凉成型，再按照要求切成肉片或肉丁。

（4）配料　配料随地区而异，在此仅介绍几种一般性的：

第一种：瘦　肉　100kg　　　　食　盐　25kg

　　　　酱　油　6kg　　　　　　五香粉　100～150g

第二种：瘦　肉　100kg　　　　食　盐　2g

　　　　酱　油　6kg　　　　　　白砂糖　8kg

　　　　黄　酒　1kg　　　　　　生　姜　0.25kg

　　　　香　葱　0.25kg　　　　五香粉　0.25kg

第三种：肉　丁　25kg　　　　　食　盐　300g

　　　　白砂糖　100g　　　　　安息香酸钠　25g

　　　　味　精　50g　　　　　　甘草粉　90g

　　　　姜　粉　50g　　　　　　辣椒粉　100g

　　　　酱　油　3.5kg

（5）复煮　取预煮汤一部分（约为成型半成品的1/2），加入配料，用大火煮开，将成型白成品（肉丁或肉片）倒入，用文火焖煮。并不时轻轻翻动，待汤汁快干时即将肉片（或肉丁）取出，沥干。

（6）烘烤　沥干后的肉丁或肉片平摊在铁丝网上，用火烘烤即为成品。如用烘房或烘箱，温度应控制在 50 ～ 55℃。为了均匀干燥，防止烤焦，在烘烤时应经常翻动。

3.兔肉脯的加工

肉脯是一种制作讲究、质量上乘、美味可口、易运送、销售极广泛的方便食品。我国虽有 50 多年制作肉脯的历史，但肉脯的加工历来是以猪、牛肉为原料，为了满足消费的需要，充分利用兔肉资源，开发肉类新产品，现介绍一种工艺简便、成本低廉、质量上乘、市场销售对路的兔肉脯新产品的加工方法。

（1）工艺流程　兔肉胴体剔骨→原料肉检验→整理→配制→斩拌（搅碎）→摊盘→烘干→熟制→压片→切片→质量检验→成品包装→出厂销售。

（2）工艺步骤

①原料肉的检验：在非疫区选健康的肉兔，其经屠宰剔骨后，必须经过检验，原料的肉质必须符合国家的 GB2722—81、GB2723—81 和 GB2724—81 标准中的各项标准，达到一级鲜度标准的兔肉才能用来生产肉脯。

②原料肉的整理：对符合标准的原料肉，需要剔去剩余的碎骨、皮下脂肪、筋膜、肌腱、血污和淋巴结等，然后切成 3 ～ 5cm³ 的小块。

③配料：辅料有白糖、鱼露、鸡蛋、亚硝酸钠、味精、胡椒粉、五香粉等，准确称量各种辅料，先经适当处理，再添加到原料肉中。

④斩拌：整理后的原料肉，要用斩拌机快速斩拌或用搅拌机搅碎成肉糜，边斩拌边加各种佐料，并加入适量的水，斩拌时要细腻，使原辅料调和均匀。如果采用绞肉机搅拌，需搅拌 3 次以上，第一次搅拌后加入各种辅料，均匀再进行第二次。绞碎过程中要加水，以调整黏度，以便于摊盘。

⑤摊盘：斩拌后的肉糜要放 20min 左右，让各种辅料渗到肉组织中。摊盘时先用肉糜抹片，然后用其他器皿抹平，抹平的厚度为 0.2cm，厚薄要均匀。

⑥烘干：将摊盘的肉糜迅速放到 65 ～ 70℃的烘箱或烘房中，烘制 2.5 ～ 4h，有鼓风设备的烘箱或烘房为最好。若采用蒸汽脱水烘干，温度不能忽高忽低，待肉糜大部分水分蒸发，能顺利地揭片时即可翻边。当肉糜大部分水分蒸发已成胚时，可将肉片从烘箱内取出，自然冷却后即为半成品，半成品兔肉脯的水分含量一般为 18% ～ 20%。

⑦烘烤熟制：将半成品肉脯放入 170 ～ 200℃的远红外高温烘烤炉或高温烤箱内烘烤，使半成品经高温预热→收缩→出油直至烘烤成熟。当肉片颜色呈现棕黄色或棕红色时即可成熟，然后迅速出箱，用平板重压，使肉脯平展。烤熟后的肉脯要求无焦块，水分含量不超过 13.5%，既适合消费者的口感，又利于储藏。

⑧切片：为了便于包装、销售和储藏，将压型冷凉后的肉脯切成 8cm×12cm 或 4cm×6cm 的小片，每千克肉脯 60 ～ 65 片或 120 ～ 130 片。

⑨成品包装：将切好片的肉脯放在无菌冷凉室内冷却 1 ~ 2h，室内空气要经过净化处理和消毒杀菌。充分冷凉的肉脯，可采用无毒塑料袋真空包装，每袋 1 ~ 2 片，也可采用听装的方式。

（3）质量检测

①感官指标：色泽成棕黄色或棕红色，有光泽，无焦斑。块形大小整齐一致，厚薄均匀，口感咸而发鲜，滋味香甜、无异味。

②理化指标：水分 12.91%，盐分 1.56%，亚硝酸盐含量 5.7mg/kg。

③微生物指标：细菌总数 $< 1.2 \times 10^3$ 个 /g，大肠菌群 $<$ 30 个 /100g，致病菌不得检出。

（4）出品率与分析　兔肉脯的出品率为 55.73%，其统计见表 9-1。

表 9-1　兔肉脯出品率统计

次　　数	原料兔肉重（g）	成品肉脯重（g）	出品率（%）	平均出品率（%）
1	2 145.0	1 240.0	57.81	55.73
2	2 822.5	1 536.0	54.42	55.73
3	4 373.0	2 347.0	53.67	55.73
4	6 943.3	3 680.5	53.01	55.73

兔肉脯具有很大的发展潜力和市场前景，从兔肉脯配方来看，虽然加入了适量的猪肥膘，但肉脯的脂肪含量在 13% 以下，低于猪肉脯脂肪含量。因而，既为肥膘的综合利用开扩了新的渠道，又为兔肉改善风味、降低生产成本、提高经济效益起到了有益的作用。该产品工艺路线正确，适合我国国情，为我国养兔业的发展、合理利用兔肉资源开拓了一条新途径。

三、灌肠加工技术

将肉类切成肉糜或肉丁状态，加入调味料、辛香料、黏着剂等混合后，灌入动物或人造肠衣等容器内，经过烘烤、煮制、烟熏等工艺加工而成的一大类肉制品。其包装物除动物肠衣（大肠或小肠）、人造肠衣除外，还有动物的膀胱。在动物肠衣中，猪、羊小肠使用的最多，有时也使用大肠。

（一）香肠的加工

1.准备阶段

本阶段包括肉的分割、清洗、肥瘦肉切粒、肥膘肉丁表面脱脂和拌料五个工序。

（1）肉的分割　用臀部（大腿）或前夹（前腿）肉，或用整片胴体分割的肉，尽可能将肌肉中肥膘、肌腱、肌膜等分割下来。分割好的肉尽可能做到肥肉中不见瘦肉，瘦肉中不见肥肉。肥膘以长 20cm、宽 1.5cm 左右为宜。瘦肉还可分割小些，以便切粒工段好操作。一般来说，前腿和后腿肉含肌肉较多，肉质好。肥膘用背脊脂肪最好，这类脂肪融点高、充实，同前后腿肌肉配料后制成香肠经得起烘烤，不易走油，产品外观好、质量高。

（2）清洗　清洗的目的是，将分割肉上的血迹、血斑、污物等洗掉。清洗在水泥池中进行，用水符合食品卫生标准。清洗时间不超过半小时。水从清洗池底部安装的水管上钻的许多小孔中喷出，这样可以起到清洗、冲刷、搅拌三种作用。清洗后，血液、血斑、瘀血和污物应完全去掉。清洗过程中，会损失少量肌红蛋白和血红蛋白，另外，也可能损失损失部分水溶性蛋白质。

（3）肥瘦肉的切粒　清洗后沥干水分，分别由肥膘切粒机和绞肉机将肥瘦肉切成符合要求的肉颗粒。一般瘦肉粒为 $8mm^3$ 见方大小，肥肉粒为 $6mm^3$ 见方大小。切粒的目的是便于灌肠，并且增加香肠肌肉组织的粘接性和断面的紧密型。肥膘颗粒比瘦肉粒小的原因是在烘烤时，肥膘丁比瘦肉粒收缩性小，烘干后肥膘粒和瘦肉粒比较均匀；另外，如肥膘丁大于瘦肉粒，则瘦肉粒掩盖不了肥膘，既造成肥瘦不均，又使消费者误认为肥膘比较多而影响销售。特别是当肥膘未切成碎粒、残留有较大肥膘时，会造成香肠中肥瘦不均匀。因此切粒一定要按照规定大小，并且要均匀，不能残留有太大的肥肉块和瘦肉块，如有要清理出重新切成颗粒。

（4）肥膘粒表面脱脂　将称量好的肥膘丁放入带孔的容器中，用 60～80℃ 的热水冲洗浸泡 10s。并不时搅动，再用清凉水淘洗，沥干待用。这一程序的目的是脱去肥膘丁表面的油，避免相互之间粘连在一起，同时使肉丁变得柔软润滑，便于拌馅时与瘦肉粒等各种配料混合均匀。

（5）拌料　将定量的瘦肉粒与沥干的肥膘丁混合，然后加入定量的各种配料。对固体性配料（如硝酸盐、亚硝酸盐、异维生素 C 钠和味精等），应先用于溶化后再加入，以免拌料不均匀影响成品质量。为使各种配料混合均匀，加快渗透作用，有的拌馅时要加入适量的温水。冬季水温可以高些（65℃左右）、水量少些；而夏季水温可以适当低些、水量可多些。一般以 1kg 肉馅加温水 6～10kg 为宜。

肉馅加水后必须充分搅拌，使肥、瘦肉粒均各自分开，不应有粘连现象，并且使各种辅料均匀地分散在肉馅里。拌好的肉馅不要久置，必须迅速灌制，否则瘦肉丁很快褪色，影响成品色泽。

2. 香肠成型阶段

这一阶段包括灌肠、刺孔扎接、漂洗等工序。

（1）灌肠　灌肠一般采用猪小肠或羊小肠衣（最好是加工后的干肠衣）。要求肠衣色泽白、厚薄均匀、不带花纹、无沙眼等、直径一般为 24～28mm。灌馅前先将干肠衣放在温水中浸泡数分钟，待其柔软后开始灌肠。灌肠采用机械传动灌肠机或人工手动灌肠机。要求灌馅松紧适宜，防止灌得太紧而挤破肠衣；太松残留气体多，不易贮存。

（2）刺孔　用排针刺孔排除掉肠内空气。刺孔的另一目的是，在烘制时使内部水分从小孔中蒸发出。刺孔用的工具是针板，呈圆形，直径 13 ～ 15mm。针的粗细与棉被针相似。方法是将灌制好的香肠排列整齐，然后用针板依次排打一遍。然后将香肠翻转，再拍打一遍。切忌划破肠衣，以免肉馅漏出。

（3）扎结　用铝丝或绳索将香肠每 14 ～ 16cm 扎成一节（每节长度看包装而定）。扎结过程中应把肉馅向两端挤捏，使内容物收紧，空气与多余水分从针孔中排除。在此过程中还应对香肠进行整理，其一是把破裂的香肠挑出并回收肉馅；其二是对香肠的外形进行修整，使其紧实、均匀、大小一致，外形平整美观。

（4）漂洗　经过以上几道工序特别是刺孔后，香肠外表面会残留一些料液和油污。漂洗的目的是，将香肠外衣上的残留物冲洗干净。漂洗在漂洗池内进行。漂洗池可以设置 2 个，一池盛干净的热水，水温在 60 ～ 70℃；另一池盛清洁的冷水。先将香肠在热水中漂烫，在池中来回摆动几次即可；然后再在凉水池中摆动几次。漂洗池内的水要经常更换，保持清洁，漂洗完后立即进入下一阶段。

3. 香肠的烘烤阶段

烘烤过程是香肠的发色、干制过程，也是香肠生产的关键，很不容易掌握，其成败直接影响到香肠的色、香、味和干制质量。按照工艺的要求，烘房的温度应既能阻止微生物的迅速繁殖，又不会将香肠烘烤焦化，还要使香肠收缩均匀、含水率符合要求。

烘烤前要将漂洗整理过的香肠摊在竹竿上，直至挂满 1 根竹竿为止。肠与肠之间的距离 3 ～ 5cm，肠衣间互不相靠为宜。进入烘房后，竹竿之间不易过紧，否则通风不足，会出现肠衣收缩差、收缩不均匀或酸败等现象。肠间和竿间距离应紧密适中。上完烘房后，可进行升温。最初应使用烘房温度迅速升至60℃，如升温时间过长，将引起香肠酸败、发臭、变质。在干制第一阶段（前 15h），要特别注意烘烤温度。因在此阶段香肠含水分较多、温度偏低，微生物极易繁殖，容易造成香肠酸败变质。在这一阶段，温度也不宜过高，过高肠体表面水分迅速蒸发，而中心层水分不能及时移植表面，肠体外层迅速干燥结壳，肠中心水分难以排出而成湿软状态，产品质量不合格；另外，温度过高还会造成肥膘融化走油、肌肉色泽变暗，严重者会产生空心肠。香肠连续烘烤 12h 后，必须调换悬挂位置和烘烤部位，使各部位都能均匀受到烘烤。翻倒后再烘 12h，又进行翻倒，直至层与层间的香肠干制均匀。最后将温度缓慢降至到 45℃左右，香肠即可出烘房。香肠干燥的降温段时间较短，约 3h。香肠在烘房中的总烘烤的时间是 48 ～ 72h，视水分含量而定。烘干的香肠在空气中冷却一段时间，即可进行包装。

4. 香肠的包装阶段

这一阶段包括剪把、包装两个操作程序。

（1）剪把　即将扎结用的绳索和香肠尖头剪去。剪把时注意不要出现肉馅外露、空壳。肉馅和肠衣壁脱落的香肠；有"大泡"和明显酸败的的香肠应拣出，不得作为成品进行包装。

（2）包装　剪把后的香肠经质量检查合格后即可进行包装。现常用的包装袋为塑料薄膜包装袋,如聚乙烯醇和聚乙烯(或聚丙烯)复合膜、尼龙和聚乙烯(或聚丙烯)复合膜。包装袋要求耐油、不透气、不透水等。包装由真空充气包装机械完成。真空度应尽量高,封口状况要尽量完好。包装完后,如不漏气、不胀袋、封口完好,即可入包装箱作为成品出厂。

(二)无硝香肠的制作

1. 配方

视各种风味而定。如广味香肠配方为:瘦肉 70kg,肥肉 30kg,精盐 2.5kg,白糖 8kg,大曲酒 2.8kg,味精 0.2kg,胡椒粉 0.2kg,异维生素 C 钠 80g。

2. 使用方法

先将异维生素 C 钠制成溶液,然后与其他辅料一起和肉搅拌,迅速灌肠。如有条件最好是全机械密封灌注,现配现用,尽量减少与空气的接触,特别是要避免与铜、铁器接触,以防止异维生素 C 钠氧化过快,造成损失。

3. 烘烤

灌注好的香肠分节扎结和漂洗后,立即进入烘房烘烤。烘烤温度应迅速升到 60℃。3 ~ 4h 后达到 85℃左右,然后上下翻坑。烘房温度维持在 60℃左右,烘烤 48 ~ 75h 达到干度标准即可出坑。

4. 香肠的成品规格及指标

(1)肠衣牢固,有韧性,肥瘦、红白相间,分布均匀,瘦肉呈玫瑰红色、枣红色或鲜红色,肥膘呈乳白色或微红色,无虫蛀、鼠咬现象。肉馅紧贴肠衣,无空心,无大小气泡、花纹和发白现象。

(2)具有特殊的腊香味,切面紧实,无霉味、哈味、酸味及其他异常味。外表干燥,手按有弹性。香肠肥瘦、粗细、长度都基本一致。

(3)香肠的感官、理化、微生物指标,分别见表 9-2、表 9-3。

表 9-2　香肠的感官指标

项目	优质(一级香肠)	次级(二级香肠)	变质(等外香肠)
外形	肠衣干燥、完整而紧贴肉馅,无黏液及霉味,坚实而有弹性	肠衣稍湿润或发软,肉馅易于分离,但肠衣不易撕破,表面有霉点,但用手或布抹过无痕迹。而肠身发软无韧性	肠衣湿润发黏,肉馅易于分离,肠身易于撕裂,肠的表面霉斑严重,抹后仍有痕迹
组织状态	切面结实	切面齐,有裂隙,周缘部分有软化现象	切面不齐,裂隙明显中心部分有软化现象
气味	具有香肠特有的气味	风味略减,脂肪有轻度酸败味,有时肉馅带有酸味	脂肪酸败味明显,或有其他异味
色泽	切面无光泽,肌肉呈灰红色至玫瑰色,脂肪呈白色或微红色	部分肉馅有光泽,肌肉深部呈咖啡色脂肪发黄	肉馅无光泽,肌肉呈灰暗色,脂肪呈黄色

表 9-3　香肠理化指标

品种	水分（%）	食盐含量（%） （以 NaCl 计）	酸价	亚硝酸盐含量（mg/kg） （以 NaNO$_2$ 计）
一级香肠	＜ 27	＜ 8	＜ 3	＜ 20
二级香肠	＜ 30	＜ 8	＜ 4	＜ 20

（三）红肠加工

灌肠也称红肠，其生产工艺系国外传入。我国生产灌肠已有近百年历史。目前各地为适合当地消费者的口味习惯，对原工艺和配方大多做了改革，但其加工工艺基本相同。

1. 设备

设备可因陋就简，主要有小型绞肉机、拌料机、手摇灌肠机、烟熏室、铝质浅盘、挂架车、锅、盛器、刀具和操作台等。

2. 配方

灌肠因制作工艺、规格等不同而配方名目繁多，但绝大多数大体相近，可参考表9-4。

表 9-4　灌肠辅料基本配方（50kg 原料肉）

灌肠类型	食盐 （kg）	胡椒粉 （g）	味精 （g）	添加剂 （g）	五香粉 （g）	茴香粉 （g）	曲酒 （g）	亚硝酸钠
小灌肠	1.75 ~ 2	70 ~ 100	30 ~ 40	2.5 ~ 4	—	—	0.15 ~ 0.25	按规定 使用
中粗灌肠	1.75 ~ 2	50 ~ 60	25 ~ 35	2.5 ~ 3.5	25 ~ 30	20 ~ 25	0.15 ~ 0.25	
粗灌肠	1.5 ~ 1.75	60 ~ 90	50 ~ 60	2.5 ~ 4	—	—	0.15 ~ 0.25	

灌肠配方无国家统一标准，同一地区甚至同一城市也不统一。但调料的基本品种大体相近，添加的量不必受到表列数据的限制，可适当进行调整。根据地方口味习惯，还可加入其他调味料，如大葱、洋葱、辣椒、甜味料等，但亚硝酸钠应严格按国家规定使用。

3. 加工过程

灌肠加工主要包括如下 8 个工序：

（1）原料肉选择和整理　因灌肠只用约 80℃水温煮制，故原料肉应选择经过卫生检验、确实健康无病的猪肉及牛肉。原料肉经剔骨后，修去遗漏的碎骨、软骨、硬筋、瘀血、伤斑、淋巴结等，再分成瘦肉和肥膘。把瘦肉切成 1 ~ 1.5cm 的条块，进行腌制；肥膘切成 0.6cm 的薄片，装浅盘冷藏（不腌制），待变硬后切成 0.6cm 见方的肉丁备用。

（2）腌制　腌制能否恰到好处，对保持肉的鲜度、咸度均匀，防止原料变质和产品货架期的长短，均有较大影响。故要做到以下三点：

①正确称量：原料、辅料特别是亚硝酸钠要称量准确。腌制过程中应先将亚硝酸钠同食盐拌匀，然后把原料和亚硝酸盐依次置于拌料箱内，并上下翻动直至均匀，以免"吃盐"不足造成原料变质。

②腌制期：腌制期一般为2天，如设备周转允许，则腌3天更好。腌制好的标准：一是与腌制前比较肉块稍硬；二是切开观察时，切面应稍有干燥感；三是除有轻度血腥味外，无其他异味。

③腌制温度：把用硝盐拌匀的原料装入不透水的铝质浅盘中，以包装原料及时凉透，同时要注意不要让盐卤漏掉而降低咸度，否则肉会出现变质现象。腌制期内最适宜的温度为1～3℃，温度偏低，肉块会结冻，影响盐分的渗透、扩散和亚硝酸钠的发色作用；偏高则肉会轻度变质，鲜度受影响。

（3）绞肉斩拌　经过1～2天腌制的肉块，需进行绞碎或斩拌。绞碎的程度通过不同孔径的网眼筛板控制。一般中粗灌肠用3mm和7mm两种空径的筛板各绞1次。若是牛肉，因其肉质老，需要16mm孔径的筛板或三眼板粗绞1遍，再用3mm和7mm孔径细绞。绞好的肉糜装入盘内，仍置于腌制室，继续腌制1～2天。绞肉除要绞碎作用外，还有拌匀和加速盐分渗透、扩散作用，所以应在腌制期的中间阶段进行。

（4）拌料制馅　先让拌料机运转，手工拌料也可。再依次把肉糜肥瘦比大体以3：7为准，各种添加料、水按原料的8%左右加到拌料桶中。搅拌时间一般为2min，以原料、辅料拌匀为原则。拌好的标准是肉馅具有一定黏性，肥瘦肉和添加料分布均匀，干湿度一致。若用猪肉和牛肉混合制馅，则牛肉应先单独搅拌2～3min后，再按上述次序制馅，可按牛肉：肥肉：瘦肉为3：3：4的比例配置。若是夏季，搅拌时酌量加入冰屑但需扣除水分，以防拌料时肉馅升温而引起脂肪融化，降低结着力，从而导致熏烤时走油。

搅拌时肉馅的温度宜低于10℃，如温度太低，则可适当延长1～2min。

（5）灌馅　灌馅用的灌肠机有很多种，简单来说，有手摇式，半自动式和全自动式三类。一般中小型生产只需要手摇式即可。灌制前应先将肠衣截80～100cm的小段，一段用绳结扎好。将开口的一段套在灌筒上可灌馅。馅不易灌得太满，一般要留出3～4cm肠衣，否则不好结扎封口。灌肠工序中应注意下列三点：①肠衣清洗后要沥干，腔内不能留有残液。肠衣要套到底，不能留有空气，灌好后要检查。如有小气泡，则用细钢针刺破排除；②肠馅要灌得松紧得当。过紧，煮制时因热涨而破裂；过松，则影响制品的弹性和结着力；③灌好的肠要迅速煮制，搁置过久因细菌繁殖而降低鲜度，严重者引起变质。

（6）烘烤　烘烤是各类灌肠不可少的工序，其目的是烤干肠体外水分，使干而不裂。这样煮制着色后，肠的色调均匀美观。烘烤时肠衣收缩而肉馅膨胀。由于烘烤温度（70～80℃）已超过蛋白质的热变性温度（40～50℃），肠衣与肉馅粘成一体，增加了肠衣的牢度，使煮制时不易破碎。

烘烤时在烘房地面架设1～2堆小木。如底面积较大，可视情况酌情增设对数，以点火后房内各处温度能达到大体均匀为原则。所选木柴以不含树脂的硬质木为好，因树脂有苦味，同时容易生成烟尘使肠衣变黑。烟尘是有害成分的载体，黏附于制品表面，有碍于卫生。在肠子入炉前，最好预热一下空炉，使室内平均温度接近于烘烤所需温度，这样可以缩短产品在炉内烘烤的时间，对控制微生物繁殖、提高产品质量有一定的好处。灌肠的烘烤时间和温度，可以参考表9-5数据。

表9-5　灌肠烘烤时间和温度

烘烤制品	时间（min）	烘烤室温度（℃）
小灌肠	20～25	50～60
中粗灌肠	40～45	75～85
粗灌肠	60～90	70～85

（7）煮制　烘烤好的灌肠应立即煮制，以防酸败变质，所用煮锅一般以方锅为好。先把水温预热到85～90℃，在把灌肠连同水棒一起放入锅内，每锅的数量视锅的大小而定。灌肠后水温保持在80℃左右为宜。由于各种灌肠的粗细差别甚大，所以煮制的时间各不相同，可参考表9-6。

表9-6　灌肠煮制温度和时间

煮制物品	下锅温度（℃）	定温温度（℃）	煮制时间（min）
小灌肠	85～90	80±1	10～17
中粗灌肠	85～90	80±1	40～50
粗灌肠	85～90	80±1	80～90

（8）烟熏　大多数灌肠需要烟熏。烟熏方法与烘烤方法类似，烘烤室可与烟熏室通用。方法是先在烟熏室底部架设柴堆，点火将烟熏室预热下，待室内温度升至70～80℃时，即把灌肠挂入。要注意的是肠体之间稍留有空隙，以互不接触为原则，否则会产生阴阳面。此外，在整个烟熏过程中，温度不要保持恒温，一般开始时因灌肠潮湿，可用80～90℃温度。并以开门烟熏为好，时间维持15～25min，提高气流速度，让水分尽快排出。然后加上木屑，压低火势，使熏室温度降至40～50℃，并关闭熏室门，用文火烟熏，时间通常控制在3～5h。如果周转允许，再延长1～2h，质量更好。熏后的灌肠具有以下特征：①肠体表面干而潮湿，皱纹均匀，纹状似小红枣，具有一定的光亮度；②肉馅有弹性，折断面色泽一致，呈淡红色，口味有特殊烟

熏味；③肠衣稍干硬且紧紧贴住肉馅，靠近火的一段不"走油"、不松软，无焦苦味。出炉后自然冷却为好，也可排风冷却，不宜立即放入冷藏室。

4. 灌肠的贮藏

未包装的灌肠必须在悬挂状态下存放，已包装的灌肠应在冷藏库内存放。

灌肠的贮藏时间依其种类和贮藏条件而定。熏灌肠或水分不超过30%的灌肠处于悬挂状态，在温度为10℃、相对湿度为72%的室内，可保存25～35天。如果包装严密，−8℃冷库内可贮藏12个月。

（四）兔肉香肚的制作方法

以兔肉为原料，用碎肠衣人工精心贴成一定形状的肚皮。开发研制成兔肉香肚，它不仅保持了南京香肚的特色和风味，而且扩展了香肚的加工工艺。现将加工方法介绍如下。

1. 工艺流程

选择和整理：→配料→制馅→灌模具准备→贴膜（2～3层）→晾干→脱膜→灌肚→扎口→日晒→发酵鲜化（晾挂）→涂油刷霉→叠缸保藏。

2. 配方

兔肉70kg、猪肥膘30kg、食盐2.5kg、白糖6.0kg、亚硝酸钠20g、花椒粉40g、胡椒粉40g、五香粉50g。

3. 工艺步骤

（1）肚皮制作　在一定形状肚皮膜具上人工贴膜，然后挂于通风处晾干。当晾至肚皮透明变硬，形态完美，片接头不明显，同膜具黏合比较疏松时，即可脱膜备用。

（2）选料与整理　选用新鲜兔肉和猪肥膘。肥膘切成0.6cm×0.6cm×2.5cm的脂肪条。兔肉要剔骨，除去筋膜、肌腱、血污、淋巴等不适宜加工和影响产品质量的部分，然后切成0.8cm×0.8cm×3cm的瘦肉条。

（3）配料　按配方要求准备好各种辅料，将糖、盐、亚硝酸钠、五香粉、花椒粉、胡椒粉等放入容器内，充分拌和均匀待用。亚硝酸钠的用量可根据季节温度不同稍作增减，冬季用25g，春季可用20g左右。

（4）制馅　将准备好的兔肉和猪肥膘倒入拌和均匀的辅料中，搅拌均匀，然后根据不同气温静置10～20min。

（5）灌肚　根据所要求制成香肚的大小，用台秤称量配好的肚馅。大香肚每个200～250g，小香肚150～170g。灌肚方法是两手中指和大拇指分别捏住肚皮口边缘，并外翻，将肚口张开，对着肉馅用两个食指把肚馅扒入肚皮内。灌满后，左手握住肚皮的上部，右手用针在肚皮上刺孔，以排出肚皮内空气。然后，用右手在案板上揉搓香肚，使香肚肉馅紧密呈苹果状。

（6）扎口　香肚口有别签扎口法和绳结扎口法两种。采用绳结扎口法，操作快而简便，易于晾挂。但绳结扎口法不易扎紧，最好先用竹签封口 5 ～ 7 针，再用绳打一活扣，套在香肚与别签之间，用力紧缩，使香肚形状完整美观。然后抽出竹签，剩下的绳头可再扎另一香肚。

（7）日晒晾挂　扎口后的香肚挂在阳光充足、通风良好的地方，晒 2 ～ 4 天，最适温度 12 ～ 20℃。气温 12℃左右晒 3 ～ 4 天，20℃左右晒 2 ～ 3 天。直到肚皮透明、外表干燥，颜色鲜艳，扎口干透为止。在没有阳光的阴雨天，采用 44 ～ 60℃温度烘烤 12 ～ 24h 也可。

（8）发酵鲜化（晾挂）　长时间发酵鲜化是本加工工艺的特点，也是形成香肚特殊风味的关键工序。发酵鲜化的方法是，在阴凉通风干燥处长时间晾挂。具体是：将晾好的香肚剪去扎口长头，晒好的香肚剪去扎口长头，将每 10 只串挂在一起，移入通风干燥处，经 40 ～ 50 天发酵而成。开始时注意通风，后期防止过度干燥引起出油和变形。晾挂中期，香肚表面长出少量红黄霉和白霉，然后白霉逐渐增多。晾挂后期逐渐出现绿霉。据观察，香肚晾挂结束时（50 天），香肚表面霉菌以白色为多，红黄霉和绿霉少量，这现象都是发酵鲜化正常的标志。但如果香肚表面发黏、发滑，伴有腐败气味，则为发酵异常不能食用。发酵异常的主要原因是，日晒不干或晒挂处湿度太大，通风不良。香肚的大小不同，发酵生霉的多少也不同。

（9）涂油刷霉　将发酵鲜化好的香肚涂油刷霉。为了防止霉菌对麻油和菜油的污染，节约成本，采用干净消毒纱布，先浸上精菜油在香肚表面涂擦，刷掉香肚表面霉菌，然后将香肚每 4 只扣在一起，放入少量麻油内，充分搅和，使香肚表面涂上一层麻油，起到既保鲜防腐、又增加风味的作用。如用精菜油，一定要经过高温烧灼，以防香肚有油腻味。

（10）叠缸保藏　香肚表面粘满麻油后，从油中提出，沥油片刻，逐只分层叠放入缸进行保藏，一般可保存半年以上。为了便于销售，也可以直接用纸盒包装，内套塑料袋。

4. 成品质量检验与评析

（1）香肚肚皮薄面而干燥、皮不离馅，肉质坚实而又有弹性，无黏液，无霉斑，切开后肉质紧密而不松软，肉呈玫瑰红色，脂肪呈白色，具有香肚的特殊风味。理化指标符合国家的有关规定。

兔肉香肚外观整齐，颜色呈鲜艳玫瑰色皮薄而干燥，富有弹性、不易破裂，肉质坚实，红白分明，滋味鲜美。因此，不仅同南京香肚外观相似，而且内质相同，风味也没有明显差别。各项理化指标与南京香肚基本相似，是一种很有开发价值的新型肉制品。

（2）从技工的工艺来看，兔肉香肚在南京香肚基础之上，适当改进了某些传统工艺，利用人工肚皮代替数量有限的猪膀胱做肚皮，不但扩大了肚皮的来源，而且制作简单、成本低廉，既提高了经济效益，又为香肚生产开辟了一条新的途径。

（3）兔肉香肚不仅产品质量同南京香肚相似，而且获得了较高的出品率，经晾挂50天左右的兔肉香肚，其出品率高达76.2%，相当于兔肉出品率的106.7%。

（4）从原料综合利用来看，由于兔肉脂肪含量少，为了提高产品质量和风味，必须在香肚制作中加30%的猪肥膘。这样，为猪肥膘肉的有效利用开辟了新的渠道，同时又降低了生产成本，提高了经济效益，起到了一举两得的作用。

四、酱卤加工技术

酱卤制品是我国传统的一大类肉制品，其主要特点是成品都是熟品，可以直接食用，产品酥润，有的带卤汁，不易包装和贮藏，适于就地生产。酱卤制品的加工有两个主要过程，一是调味，二是酱制（煮制）。

（一）调味

调味就是根据各地区消费习惯、品种的不同，加入不同种类和数量的调料，将原料加工成具有特定风味的产品。调味大致可分为基本调味、定性调味、辅助调味三种。

1. 基本调味

在原料整理后未加热前，用盐、酱油或其他辅料进行腌制，奠定产品的咸味，称为基本调味。通常是采用盐和酱油混合腌制原料肉或单用盐涂擦于原料肉上进行腌制，也有把盐、酱油和其他配料混合，再与原料肉混合腌制的。酱卤制品的腌制时间一般在24h之内。

2. 定性调味

原料下锅时，随同加入主要配料如酱油、盐、酒、香辛料等，加热煮制或红烧，以决定产品的风味，称为定性调味。

3. 辅助调味

加热煮熟后或即将出锅时加入糖、味精等，以增进产品的色泽、鲜味，称为辅助调料。辅助调料要注意掌握好调味剂加入的时间和温度，因为有些调味料遇热易挥发，达不到辅助调味的效果。像味精在70～90℃范围助鲜作用最好。

（二）制卤

1. 卤汁的调制

加工酱卤制品的关键技术之一是卤汁的调制。卤汁又叫原卤、老卤。卤制成品质量好不好，卤汁起着很重要的作用。卤汁的优缺点主要看是否和味。所谓和味是指香料加热后合成一种新的味道，尝不出有些香料的气味，因此，和味就是煮制卤汁的标准。各地的制卤方法不尽相同，其调料比也有差异。

（1）红卤的调制　调制红卤的主要调味料是酱油、盐、冰糖（或砂糖）、黄酒、葱、姜等；主要香辛料是八角、桂皮、丁香、花椒、小茴香、草果等。第一次制卤要备有鸡、肉等鲜味成分高的原料，以后只要在第一次卤汁的基础上适当增补就可以了。

将鸡、肉等原料用大火烧煮，煮沸后撇开浮沫，改成文火，加入酱油、盐、糖、黄酒、葱、姜等。同时，把装有各种芳香调料的料袋一起投入汤内熬煮，煮至鸡酥、肉烂、汤汁浓时，捞出鸡、肉和香料袋，将卤汁过滤去其中杂质，冷却后备用。有的地方制作卤汁，不用酱油来提味定色，而是用盐提色，用糖来定色，制卤原理和制作过程与上面方法基本一致，只是将酱油改为糖色，糖色可用市场销售糖色素，也可自行加工。

红卤的定色还可用红曲米提取色素。把红曲米放在纱布袋里，放入卤汁中熬煮，红曲米中的色素慢慢融入卤汁内，卤汁呈玫瑰红色，所用其他原料和上面的方法一样。

制卤的关键除掌握火候外，还要注意各种配料的配色。像酱油过多影响色泽，酱油过少对味、色又不利。应根据卤的不同用途、卤汁原料等灵活掌握调料的投入比例。力求使成品味正香醇，形色俱佳。

红卤可以交叉卤多种原料，甚至一只卤锅内可以同时卤制几种不同的原料，这样口味相互补充，才能形成卤制菜肴特有的风味。

（2）白卤的调制　白卤的调制与红卤基本相同，不同的是白卤以盐来代替酱油或糖色、红曲米等有色调料，以盐定味定色。调制白卤时应注意以下几点：

①定色、定味都要盐，盐量投放应适量，用盐过多口味变咸，用盐过少成品的鲜香味又不容易突出。

②香料的用量要相应减少，白卤制品以清鲜为宜，减少香料用量，可突出白卤之清香风味。

③甜味调料应尽量减少，白卤中使用甜味调料，主要是为了缓解有些调料的苦涩味，只要能达到这个目的即可。

（3）酱汁的调制　一般是沸水2 000g，酱油400g（或面酱500g），花椒、八角、桂皮各50g，或添加糖10～50g，有时还用红曲或糖色增色，为了形成一些独特的风味。往往还添加一些香料，像陈皮、甘草、丁香、茴香、豆蔻、砂仁等。此外，尚有一些较有风味的酱汁，像焖汁酱、糖醋酱、蜜汁酱等。

①焖汁酱：在一般酱制法的基础上，除加红曲增色以外，用糖量增加了好几倍。煮酱时先加3/4的糖，出锅后，再将1/4的糖加入锅的酱汁中，用小火熬煮，并不停翻炒至稀糊状。然后涂刷在制品外层，苏州的酱汁肉便是这个方法。

②糖醋酱：以糖醋味为主，运用适当的火候在锅中将糖酱汁收于制品中。像扬州的清滋排骨便用此方法；而在爱好辣的湖南一带，制作传统糖醋排骨时，还必须在糖醋排骨上加辣椒粉，使其具有酸糖辣味。所以叫糖醋酱，也可称糖醋辣酱。

③蜜汁酱：典型的有上海的蜜汁小肉、蜜汁排骨等。

2. 卤汁的储藏

卤汁用的次数越多，卤出的制品味道越好，这是因为卤汁的可溶性蛋白质等鲜味物质越来越多。所以制好的卤汁要储藏起来，供以后继续使用。为保证储藏质量，应注意以下几点：

（1）使用后撇去汤中的浮油，捞去杂质等，将汤汁烧沸后，盛在干净的器皿中。放到通风口，遮上透风的盖，将香料袋挂在通风口，下次再使用。

（2）盛卤的器皿最好使用瓦缸之类的，而不是使用铝、铜等金属器皿，因为卤汁中的成分与金属发生反应，使卤汁变味，以至不能使用。

（3）烧沸盛入器皿中，不能搅拌，不能接触生水等。夏天至少每天烧沸 1 次，冬天 2 ~ 5 天烧沸 1 次。如凉的放在冰箱中，保存的时间可以长点。

（4）老汤使用较长时间后，应用干净的纱布或细眼筛进行过滤，去除杂质，加些香料于汤汁中起净化作用。

（5）如遇卤汁混浊，可用小火烧开，加入肉末或血水清汤，清理后撇去浮沫，过滤备用。

（三）酱制（煮制）

酱制即煮制，是酱卤制品加工中主要的工艺环节，有清煮和红烧之分。清煮在肉汤中不加任何调料，只用清水煮制；红烧在煮制时需加入各种调味料。无论是清煮或红烧，对形成产品的色、香、味、形等都有决定性的作用。

煮制也就是对产品实行热加工的过程，加热的方式有水、蒸汽等，其目的是改善产品的感官性质，降低肉的硬度，使产品熟透，容易消化吸收。无论采用哪种加热方式，加热过程中，原料肉及其辅料都要发生一系列的变化（这里不介绍）。

（四）加工工艺

1. 肴肉的加工

（1）规格质量　皮色洁白，光滑晶莹，卤冻透明，具有香、酥、嫩特色，瘦肉红润、香酥适口、食不塞牙、肥肉不腻、食之不厌。

（2）配方　去爪猪蹄 100 只，料酒 250g，盐 13.5kg，葱段 250g，姜片 125g，花椒 75g，八角茴香 75g，硝水 3kg（硝酸钠 30g 拌和于 5kg 水中），明矾 30g，以上为平均数，视猪蹄大小和季节不同，酌量增减。

（3）原料整理　选用猪的前蹄膀，也可用后蹄膀代替，去爪除毛、剔骨去筋、刮净污物杂质后洗净。将蹄膀置于松板上，皮朝下用铁杆在蹄膀的瘦肉上戳若干小孔，洒上硝水和清盐，揉匀擦透，平放入有老卤的缸内腌制。夏天每只蹄膀用盐 125g，腌制 6 ~ 8h；冬天用盐 190 ~ 200g，腌制 7 ~ 10 天；春、秋季用盐 110g，腌制 3 ~ 4 天。腌好出缸后，在冷水中浸泡 8h 除去涩味，取出刮去皮上污物，用清水漂洗干净。

（4）制作方法

①烧煮：将葱段、姜片、花椒、八角茴香等拌匀，分装在2只布袋内扎紧袋口，制成香料袋。在锅内放入清水50kg，加盐4kg，明矾16g，用旺火烧开，撇去浮沫，放入猪蹄膀。皮朝上，逐层相叠，最上一层皮朝下，用旺火烧开，撇去浮沫，放入香料袋，加入料酒。在猪蹄膀上盖上竹箅1只，上放清洁重物压紧蹄膀，用小火煮1.5h保持沸腾。将蹄膀上下翻换，重新放入锅内再煮约3h至九成烂时出锅，捞出香料袋，汤留用。

②压蹄：取直径40cm、边高约4.3cm的平盆50个。每只盆内放猪蹄膀2只，皮朝下。每5个盆叠压在一起，上面再盖空盆1个。20min后，将盆逐个移至到锅边，把盆内的汤卤倒入锅内，用旺火将汤卤烧开，撇去浮沫，放入明矾15g、清水2~3kg，将烧开并撇去浮油。将汤卤舀入蹄盆，淹没肉面，置于阴凉处冷却凝冻（天热时凉透后放入冰箱凝冻）即成水晶肴蹄。煮开的余卤即为老卤，可供下次继续使用。

（5）来历　肴肉相传始产于江苏省镇江市，是我国著名的筵席佳品之一。清淡爽口，百吃不厌，故有"镇江肴肉"之称。肴肉的由来：据传清初年间，在镇江之一条著名的大街上，一对夫妇开设了一个酒店。一天他们夫妻俩在腌制蹄膀时，错将"硝"当作盐来用。发觉以后，夫妻俩急中生智，将蹄膀洗了又洗，在清水中泡了又泡，并且加入了葱、姜、花椒、八角、茴香等香料，先用大火烧，后用小火焖，结果烧出来的蹄膀竟色泽红润、光滑晶莹，而且发出一股香味，顾客竞相购买。夫妻俩慎重计，又切了一盘姜丝，倒了一碟香醋，让顾客随酒进食帮助解毒。硝肉竟供不应求，顾客赞不绝口。从此夫妻俩就有意识地在腌制蹄膀时加一点硝，并且清洗、浸泡，大小火力轮番使用加工，又将硝肉的名称改为肴肉。

2. 酱汁肉的加工

（1）规格质量　酥润浓郁，皮糯肉烂，入口即化，肥而不腻，色泽鲜艳，呈4cm见方的方块。

（2）配方　肋条肉50kg，料酒2.5kg，白糖2.5kg，盐1.5~2kg，红曲米600kg，桂皮100g，八角茴香100g，葱500g（打成粑）、姜100g，香料需用纱布包好之后下锅；红曲米加工成粉末，越细越好。

（3）原料整理　选用毛稀、皮薄肉质鲜嫩的肋条肉作为原料，将带皮的整条肋条肉用刮刀把毛和杂质刮净，剪去奶头，切下奶髓，斩下大排骨的脊背，斩时刀不能直接斩到膘上。斩至留有瘦肉的3cm厚度时，就劈出脊骨，形成带有大排骨的整块方肋条。然后开条（俗称抽条子），条子宽度4cm，长度不限。条子开好后斩成4cm见方的块，尽可能做到1kg 20块。排骨部分1kg 14块左右。斩好块之后，将五花肉、排骨肉分别存放于篮中。

（4）制作方法

①酱制：不同规则的原料需分批下锅，在水中白烧。五花肉约10min，排骨肉约

15min。七分熟后在清水中除去污末，将锅内的汤撇去浮油，全部倒出，在锅底放好拆好骨头的猪头10只，加上香料。在猪头上面先放好五花肉，后放上排骨肉，如有排骨、碎肉，可装在小竹篮子中，放在锅中，加上适量的肉汤用大火烧煮1h左右。当锅内水烧开时，再加入红曲米、料酒和糖（2kg），用中火再煮40min起锅。起锅时需用尖竹逐块取出，放在盘中逐行排列，不能叠放。香料、桂皮、八角茴香可重复使用。桂皮用到折断后横切而发黑时为止；八角茴香用到脱落时为止。

②卤制：将余下的0.5kg白糖加入成品出锅后的汤锅中，用小火熬煎，用铲刀不断地在锅内翻动，防止发焦巴锅。将锅内汤汁逐步形成糨糊状时而制成卤汁，舀出盛放在钵或小缸等容器中，以便于出售或食用时浇在酱汁肉上。如果气温低，卤汁冻结，须加热融化后再用，卤的质量很重要，食用时加工好的卤汁除了可使肉的色泽鲜艳外，又可使制品口味甜中带咸、以甜为主，回味无穷。

（5）来历 酱汁肉始产于江苏省苏州市，其原因是江南太湖流域所产的太湖猪细头细脚，肉质鲜嫩，是加工酱汁肉最理想的原料。因此，苏州市出产的酱汁肉历史悠久，享有盛名，通称"苏州酱汁肉"。苏州酱汁肉的生产始于清代，相传苏州有姓陆的人开设一肉店，因生意不佳亏了本，叫苦不迭，到处向人请教做生意的本领。后来遇到了一个"神仙"，"神仙"将睡过的草席给其做烧肉之用，结果烧出的酱汁肉香味扑鼻，色泽鲜美，具有吸引力，人们争相购买。从此"苏州酱汁肉"就在江南一带出了名。

（6）苏州酱制肉的制作 苏州酱汁肉又名五香酱肉，加工技术精细，产品鲜美醇香，肥而不腻，入口即化，色、香、味、形俱佳，皮呈金黄色，瘦肉略红，肥膘洁白晶莹，驰名江南，1981年被评为优质产品。加工时选用肥膘不超过2cm的带皮肋条肉为原料，刮净毛，清除血污，剪去奶头，切成宽10cm、长6cm的长方块，每块0.8kg左右。并在每块肉上用刀划出8～10条刀口，便于吸收盐分。

①配料：

原料肉	50kg	大茴香	100kg
酱 油	1.5kg	葱	1kg
盐	3～3.5kg	生 姜	70kg
绍兴酒	1.5kg	白 糖	0.5kg
桂 皮	75kg	硝酸钠	25g

②腌制：将盐和硝水溶液洒在原料肉上，并在坯料的四周肥膘及表皮上抹上盐粒，随即置于木桶中。待5～6h后再转入盐卤缸中腌制。腌制的时间因气候而异，如室温在20℃左右，腌制12h即可；若夏季气温在30℃以上时，只需几小时；冬季气温低，需1～2天。

③酱制：腌好的原料沥干卤水，锅内先放老汤烧开后放入香料、辅料。然后将肉投入锅内，用旺火烧开，并加入酒和酱油，再用小火焖煮2h，待转为麦秸黄色时即为成品，加糖时间必须在出锅前半小时。

3. 糟肉的加工

（1）规格质量　胶冻白净，清凉鲜嫩，爽口，具有糟香味。

（2）配料　每50g原料肉用成年香糟1.5kg，上等绍酒3.5kg，五香粉1.5kg，盐0.85kg，味精50g，上等酱油1kg，最好用虾子酱油。

（3）原料整理　选用新鲜、皮薄而又细腻的方肉。前后腿肉为原料。方肉块按肋骨横斩对半开，再把肋骨斩成宽15cm、长11cm的长方块，成为肉坯，前后腿肉也斩成同样规格。

（4）白煮　将肉坯倒入锅中烧煮，水须超过肉坯表面，旺火烧至肉汤沸腾后撇净血沫，减小火力继续烧煮，直至骨头容易抽出为止。用尖筷和铲刀把肉坯捞出，出锅后，一面拆骨，一面在肉坯两面敷盐。

（5）准备陈糟　香糟50kg。加1.5～2kg炒过的花椒，再加盐拌和后，置入缸内，用泥封口，待翌年使用，称为陈年香糟。

（6）搅拌香糟　每50kg糟肉用陈年香糟1.5kg，五香粉15g，盐250g，放入缸内。先放入少许上等绍酒，用手边搅边拌，再徐徐加高粱酒100g，直至拌匀没有结块为止，称为糟酒混合物。

（7）制九露　将白纱布置于搪瓷桶上，四周用绳扎牢，中间凹下，在纱布上衬表蕊纸一张，把糟酒混合物倒在纱布上，上面加盖，使糟酒混合物通过表蕊纸，纱布过滤，汁徐徐滴在桶内，称糟露。表蕊纸是一种具有极细空洞的纸，也可以用其他类似纸张代替。

（8）制糟卤　将白煮肉汤撇去浮油，用纱布过滤倒入容器内，加盐0.6kg，味精50g，上等酱油1kg，高粱酒150g，拌和冷却，数量以在15kg左右为宜。将拌和辅料后的白汤倒入糟露内，拌和均匀，即为糟卤。

（9）糟制　将冻透的糟肉坯皮朝外圈砌在盛有糟卤的容器中，糟货桶须事先放在冰箱内。另用一盛冰的细长桶置于糟货桶中间以加速冷却，直至糟卤凝结成冻时为止。

我国生产糟肉的历史悠久，《齐民要术》一书中就有关于糟肉加工方法的记载。到了近代，逐渐增加了糟蹄膀、糟脚爪、糟猪头肉、糟猪舌、糟猪肚、糟圈子以及糟鸡等产品，统称糟货。糟制肉制品的加工环节较多，而且须有冰箱设备。糟制肉制品须保持一定冷度，食用时须加冻并放在冰箱中保存，才能保持其鲜嫩、爽口的特色。

4. 烧鸡的加工

（1）原辅料的选择和准备。

（2）屠宰褪毛　原料鸡在屠宰20h后，采用颈下"三管切断"法宰杀，放血完全后，用58～65℃水浸泡1～2min，待羽毛可顺利拔掉时即行褪毛。褪毛顺序是：头颈→左翅→背腹左半部→右翅→背腹右半部→两腿。

（3）去内脏　鸡背朝上、头朝前，然后在鸡颈部右侧开皮肤3cm，用手指把食管嗉囊与肌膜分开，从颈部扯出。再在下部肛门前开 3cm，用手指伸入剥离鸡油，依次取出鸡的胃、肠、心、肝、胆、肺等全部内脏后，用冷水从颈部伤口进水冲洗鸡体内部。

（4）漂洗　把取出内脏后的鸡放入清水中漂洗，时间 30 ~ 40min，目的是浸出鸡体内的残血。

（5）腌浸　取配置的八味香辛物质，把它们捣碎后，用纱布包好放入锅内，加入一定量的水煮沸 1h，然后在料液中加食盐，使其浓度达 13Be。然后，把漂洗好的鸡放入卤水中腌制。腌制时间为 35 ~ 40min，中间翻倒 1 ~ 2 次。有老卤液的，在腌制时要加老卤液。腌浸完后，卤液要及时处理，即把卤液煮沸杀菌后加食盐保持。保存期间每隔 10 ~ 15 天煮沸 1 次。

（6）整形　为了使鸡外观漂亮，便于销售，要将腌制好的鸡整形。即将腌制好的鸡取出，用清水冲洗干净外表，把鸡放在加工台上，腹部朝上，左手稳住鸡身，将两脚爪从腹部开口处插入鸡的腹腔中，然后将一鸡脚的膝关节卡入另一鸡腿的膝关节内，使其背部朝上，把鸡右翅膀从颈部开口处插入鸡的口腔，另一翅膀按烤鸡的形状整形。整形后鸡似半月形，最后用清水漂洗 1 次，并晾干水分。

（7）烫皮上色　表皮上色的目的是，使其鸡表皮色泽美观大方，有利于销售。方法是：将其整形后的鸡用铁钩钩着鸡颈，用沸水淋烫 2 ~ 4 次，待鸡水分晾干后再上色。糖液的配制：1 份糖加 60℃的热水 3 份，调配成上色液。糖液配制好后，用刷子涂糖在鸡全身均匀刷 3 ~ 4 次，取糖液时，每刷 1 次要等晾干后再刷第二次。将上好糖液的鸡，放入加热到 170 ~ 180℃的植物油中翻炸。油温控制在 160 ~ 170℃，待其呈橘黄色时即可捞出。油炸时动作要轻，不要把鸡皮弄破。

（8）煮制　将原先配好的八味辛香料加适量的水煮沸后，加盐使其具有较浓的咸味。然后加适量的味精、葱、姜，把鸡放入，用文火慢慢煮 2 ~ 4h。将其温度控制在 75 ~ 85℃范围内，等熟后，捞鸡出锅。出锅时要眼疾手快、稳而准，确保鸡形完整、不破裂。

（9）产品质量　烧鸡要求形态别致，呈半月形，肉色酱黄带红，味香肉烂且嫩，食后口有余香，有浓郁的五香佳味。烧鸡的咸中带甜，母鸡肥而不腻，雏鸡肉鲜出品率要求在 60% ~ 66%。

5. 盐水鸭（鹅）的加工

盐水鸭是南京的特产之一，加工制作的季节不受限制。特点是腌制期短、现做现卖，食之清淡而有咸味，肥而不腻，具有香、酥、嫩的特色。除鸭以外，鹅也可照此法加工成盐水鹅，也别有一番风味。

（1）加工方法　选用当年成长的肥鸭，宰杀拔毛，切去翅膀的第二关节和脚爪。然后在右翅之下开膛，取出全部内脏，用清水把鸭体内残留的破碎内脏和血污等冲洗干净。再在冷水中泡 0.5 ~ 1h，以清除鸭体内存在的血污。在鸭子的下颚处开 1 个小口，用钩子钩起来晾挂。经 1 ~ 2h，水分沥干后可进行腌制。腌制方法与南京板鸭相同，但时间要短一些。如春、冬季节，腌制 2 ~ 4h，抠卤后复腌 4 ~ 5h。夏、秋季节，腌制 2h 左右抠卤，复卤 2 ~ 3h，就可以出缸挂起。鸭体整理后，用钩子钩住颈部，再用开水烧烫，使其肌肉和表皮绷紧、外形饱满，然后挂在风口处沥干水分。用中指粗细的芦苇管或小竹管插入鸭的肛门，并在鸭肚内放入姜、葱、八角，然后放进烤炉内，用柴禾（芦柴、松枝、豆荚等）烘烤。点燃后将柴禾拨成 2 行，分布于炉膛两边，使热量均匀。鸭坯经 20 ~ 25min 的烘烤，至周身干燥起壳即可。

（2）焖煮方法　在一定量水中加三料（葱、姜、八角），煮沸，停止烧火，把鸭放入锅中，由于右翅下有开口，肛门插有管子，水很快进入内腔。鸭刚下锅时是冷的，热水进入鸭腔内，水温降低，因此，要提起鸭腿倒出鸭腔内的汤水后，再放入锅中。由于进入体腔内的水温仍然低于锅中的水温，所以要在锅中加入占总水量 1/6 的冷水，使鸭体内外的水温达到平衡，再盖上比锅略小一些的盖子压住鸭子。小火焖 20min 左右，加热烧到锅中出现连珠水泡时，即可停止烧火。此时，锅中水温约 85℃。这段操作叫第一次抽丝。第一次抽丝后，再把鸭提起来，把鸭腔内的汤水倒出后，盖上锅盖，停火焖煮 20min 左右，然后烧火加热进行第二次抽丝。再把鸭腔倒汤，停火焖煮 5 ~ 10min，起锅即为成品。

第四节　畜禽产品加工相关法规

一、《中华人民共和国农产品质量安全法》

十届全国人大常委会第二十一次会议于 2006 年 4 月 29 日审议通过了《中华人民共和国农产品质量安全法》，于 2006 年 11 月 1 日起施行。

（一）制定农产品质量安全法的目的

农产品质量安全，是指农产品的质量符合保障人的健康、安全的要求。农产品的质量安全状况如何，直接关系着人民群众的身体健康乃至生命安全。"民以食为天，食以安为先"。不但要保证老百姓吃得饱，还要保证老百姓吃得安全、吃得放心，这是坚持以人为本、对人民高度负责的体现。为了从源头上保障农产品质量安全，维护公众的身体健康，促进农业和农村经济的发展，制定出台了农产品质量安全法。

（二）农产品质量安全法规定的基本制度

农产品质量安全法从我国农业生产的实际出发，遵循农产品质量安全管理的客观规律，针对保障农产品质量安全的主要环节和关键点，确立了七个基本制度：①政府统一领导，农业主管部门依法监管，其他有关部门分工负责的农产品质量安全管理体制。②农产品质量安全标准的强制实施制度。政府有关部门应当按照保障农产品质量安全的要求，依法制定和发布农产品质量安全标准并监督实施；不符合农产品质量安全标准农产品，禁止销售。③防止因农产品产地污染而危及农产品质量安全的农产品产地管理制度。④农产品的包装和标识管理制度。⑤农产品质量安全监督检查制度。⑥农产品质量安全的风险分析、评估制度和农产品质量安全的信息发布制度。⑦对农产品质量安全违法行为的责任追究制度。

（三）农产品质量安全法对农产品产地管理的规定

农产品产地环境对农产品质量安全具有直接、重大的影响。抓好农产品产地管理，是保障农产品质量安全的前提。农产品质量安全法规定，县级以上政府应当加强农产品产地管理，改善农产品生产条件。禁止违反法律、法规的规定向农产品产地排放或者倾倒废水、废气、固体废物或者其他有毒有害物质；禁止在有毒有害物质超过规定标准的区域生产、捕捞、采集农产品和建立农产品生产基地。县级以上地方政府农业主管部门按照保障农产品质量安全的要求，根据农产品品种特性和生产区域大气、土壤、水体中有毒有害物质状况等因素，认为不适宜特定农产品生产的，应当提出禁止生产的区域，报本级政府批准后公布执行。

（四）农产品生产者在生产过程中应当保障农产品质量安全的规定

生产过程是影响农产品质量安全的关键环节。农产品质量安全法对农产品生产者在生产过程中保证农产品质量安全的基本义务做了如下规定：①依照规定合理使用化肥、农药、兽药、饲料和饲料添加剂等农业投入品，严格执行农业投入品使用安全间隔期或者休药期的规定，禁止使用国家明令禁止使用的农业投入品，防止因违反规定使用农业投入品危及农产品质量安全。②依照规定建立农产品生产记录。③对其生产的农产品的质量安全状况进行检测。农产品生产企业和农民专业合作经济组织，应当自行或者委托检测机构对其生产的农产品的质量安全状况进行检测，经检测不符合农产品质量安全标准的，不得销售。

（五）农产品质量安全法对农产品的包装和标识的要求

逐步建立农产品的包装和标识制度，对于方便消费者识别农产品质量安全状况，对于逐步建立农产品质量安全追溯制度，都具有重要作用。农产品质量安全法对于农产品包装和标识的规定：①对国务院农业主管部门规定在销售时应当包装和附加标识的农产品，农产品生产企业、农民专业合作经济组织以及从事农产品收购的单位或者个人，应当按照规定包装或者附加标识后方可销售；属于农业转基因生物的农产品，应当按照农业转基因生物安全管理的规定进行标识。依法需要实施检疫的动植物及其产品，应当附具检疫合格的标志、证明。②农产品在包装、保鲜、贮存、运输中使用的保鲜剂、防腐剂和添加剂等材料，应当符合国家有关强制性的技术规范。③销售的农产品符合农产品质量安全标准的，生产者可以申请使用无公害农产品标识；农产品质量符合国家规定的有关优质农产品标准的，生产者可以申请使用相应的农产品质量标志。

（六）农产品质量安全监督检查制度

依法实施对农产品质量安全状况的监督检查，是防止不符合农产品质量安全标准的产品流入市场、进入消费，危害人民群众健康、安全后果的必要措施，是农产品质量安全监管部门必须履行的法定职责。农产品质量安全法规定的农产品质量安全监督检查制度的主要内容包括：①县级以上政府农业主管部门应当制定并组织实施农产品质量安全监测计划，对生产中或者市场上销售的农产品进行监督抽查，监督抽查结果由省级以上政府农业主管部门予以公告，以保证公众对农产品质量安全状况的知情权。②监督抽查检测应当委托具有相应的检测条件和能力检测机构承担，并不得向被抽查人收取费用。被抽查人对监督抽查结果有异议的，可以申请复检。③县级以上农业主管部门可以对生产、销售的农产品进行现场检查，查阅、复制与农产品质量安全有关的记录和其他资料，调查了解有关情况。对经检测不符合农产品质量安全标准的农产品，有权查封、扣押。④对检查发现的不符合农产品质量安全标准的产品，责令停止销售、进行无害化处理或者予以监督销毁；对责任者依法给予没收违法所得、罚款等行政处罚；对构成犯罪的，由司法机关依法追究刑事责任。

二、《中华人民共和国食品安全法》

第十二届全国人大常委会第十四次会议以 160 票赞成、1 票反对、3 票弃权表决通过了新修订的《中华人民共和国食品安全法》（以下简称"新法"），于 2015 年 10 月 1 日起施行。这部法规经全国人大常委会第九次会议、第十二次会议两次审议，三易其稿，被称为"史上最严"的食品安全法。

"新法"体现的理念和原则：预防为主，风险管理，全程控制，社会共治。有以下几个亮点。

（一）"新法"覆盖面更广

修订后的"新法"新增 50 条至 154 条。完善统一权威的食品安全监管机构,由"九龙治水"的分段监管变成食品药品监管部门统一监管。建立最严格的全过程的监管制度，对食品生产、流通、餐饮服务和食用农产品销售等环节，食品添加剂、食品相关产品的监管以及网络食品交易等新兴业态进行了细化和完善。更加突出预防为主，风险防范，进一步完善食品安全风险监测、风险评估制度，增设责任约谈、风险分级管理等重点制度。建立最严格的标准，明确了食药监管部门参与食品安全监管标准工作，加强了标准制定与标准执行的衔接。对特殊食品实行严格监管，明确特殊医学用途配方食品、婴幼儿配方乳粉的产品配方实行注册制度。加强对农药的管理，鼓励使用高效低毒低残留的农药，特别强调剧毒、高毒农药不得用于瓜果、蔬菜、茶叶、中草药材等国家规定的农作物。加强风险评估管理，明确规定通过食品安全风险监测或者接到举报发现食品、食品添加剂、食品相关产品可能存在安全隐患等情形，必须进行食品安全风险评估。建立最严格的法律责任制度，从民事和刑事等方面强化了对食品安全违法行为的惩处力度。

（二）食品行业有新义务

规定食品生产经营者对食品安全承担主体责任，对其生产经营食品的安全负责。强化食品生产经营企业追溯义务。明确食品生产经营者的自查和报告义务。强化网络食品交易第三方平台提供者的义务。

（三）别任性，小心严刑重罚

强化刑事责任追究，首先进行刑事责任追究；若因食品安全犯罪被判处有期徒刑以上刑罚，则终身禁业。增设了行政拘留，对用非食品原料生产食品、经营病死畜禽、违法使用剧毒高毒农药等严重行为增设拘留行政处罚。大幅提高罚款额度，对在食品中添加有毒有害物质等性质恶劣的违法行为，直接吊销许可证，并处最高为货值金额30倍的罚款。重复违法行为加大处罚，对在1年内累计3次因违法受到罚款、警告等行政处罚的，给予责令停产停业直至吊销许可证的处罚。非法提供场所增设罚则。对明知从事无证生产经营或者从事非法添加非食用物质等违法行为，仍然为其提供生产经营场所的行为，最高处10万元罚款。强化民事责任追究，实行首负责任制，要求接到消费者赔偿请求的生产经营者应当先行赔付，不得推诿；同时，消费者在法定情形下，可以要求10倍价款或者3倍损失的惩罚性赔偿。

（四）监管部门有新"武器"

实行风险分级管理，监管部门根据食品安全风险监测、评估结果等确定监管重点、方式和频次，实施风险分级管理。完善复检制度，对检验结论有异议的，食品生产经营者可以自收到检验结论之日起7个工作日内，向实施抽样检验的监管部门或者其上一级监管部门提出复检申请。增设临时限量和临时检验方法制度，对食品风险评估的结果证明食品存在安全隐患需要制定修订标准，但食品安全标准未作相应规定的，国务院卫生部门可规定食品中有害物质的临时限量值和临时检验方法。增设生产经营者自查制度，食品生产经营企业应定期自查食品安全状况，发现有发生食品安全事故潜在风险的，立即停止生产经营并向监管部门报告。增设责任约谈制度，食品生产经营者未及时采取措施消除安全隐患的，监管部门可对其负责人进行责任约谈；监管部门未及时消除监管区域内的食品安全隐患的，本级政府可对其主要负责人进行责任约谈；地方政府未履行食品安全职责，未及时消除区域性重大食品安全隐患的，上级政府可以对其主要负责人进行责任约谈。

（五）举报者有奖还受保护

行业协会要当好引导者，此次修订明确，食品行业协会应当加强行业自律，按照章程建立健全行业规范和奖惩机制，提供食品安全信息、技术等服务，引导和督促食品生产经营者依法生产经营。消费者协会要当好监督者，此次修订明确，消费者协会和其他消费者组织对违反食品安全法规定，损害消费者合法权益的行为，依法进行社会监督。举报者有奖还受保护，此次修订明确，对查证属实的举报应当给予举报人奖励，对举报人的相关信息，政府和监管部门要予以保密。同时，参照国外的"吹哨人"制度和公益告发制度，明确规定企业不得通过解除或者变更劳动合同等方式对举报人进行打击报复，对内部举报人给予特别保护。新闻媒体要当好公益宣传员，此次修订明确，新闻媒体应当开展食品安全法律、法规以及食品安全标准和知识的公益宣传，并对食品安全违法行为进行舆论监督。同时，规定对在食品安全工作中做出突出贡献的单位和个人给予表彰、奖励。

（六）保健食品自身要"保健"

改变过去单一的产品注册制度，对保健食品实行注册与备案的分类管理。明确了保健食品原料目录、功能目录的管理制度，对使用符合保健食品原料目录规定原料的产品实行备案管理。保健食品企业应落实主体责任，并实行定期报告等制度。保健食品广告发布必须经过省级食品药品监管部门的审查批准。明确了保健食品违法行为的处罚依据。

（七）消费者有三层"保护网"

保健食品标签不得涉及防病治疗功能。近年来，保健食品在我国销售日益火爆，但市场中鱼龙混杂的现象仍十分严重。根据国家食品药品监管总局对 2012 年全年和 2013 年 1 ~ 3 月期间，118 个省级电视频道、171 个地市级电视频道和 101 份报刊的监测数据显示，保健食品广告90%以上属于虚假违法广告，其中，宣称具有治疗作用的虚假违法广告占39%。此次修订要求保健食品标签不得涉及防病治疗功能，并声明"本品不能代替药物"。

生产经营转基因食品应按规定标示，近年来，农业转基因生物产品越来越多的进入到人们的生活中，关于转基因食品安全性的争议也越演越烈。此次修订明确了生产经营转基因食品应当按照规定显著标示。

婴幼儿配方食品生产全程质量控制，"新法"明确。婴幼儿配方食品生产企业应当建立实施从原料进厂到成品出厂的全过程质量控制，对出厂的婴幼儿配方食品实施逐批检验。

第五节　畜禽产品加工及贮藏中常见的问题与对策

"民以食为天，食以安全为先"，食品安全是人类生存的基本需要，也是国家稳定和社会发展的永恒主题。近几年来，国际国内相继发生了很多重大的畜产品安全事件，如疯牛病、口蹄疫、禽流感、"瘦肉精"、高致病性猪蓝耳病及兽药残留等问题，对畜产品的消费和国际贸易产生了重大的负面影响。对此，世界各国纷纷建立起有关畜产品质量安全检测、研究和管理的机构，特别是很多西方国家对进口的畜产品检测要求相当苛刻，严重制约了我国畜产品的出口创汇，尤其是我国加入WTO后，国际市场门槛的抬高，畜产品质量安全问题已成为制约我国畜产品出口创汇的"瓶颈"。因此，畜产品质量安全问题是我国畜牧业发展新阶段面临的新情况、新问题、新任务。

一、我国畜禽产品质量安全存在的问题

（一）产地环境

1. 重金属污染

重金属污染指由重金属或其化合物所造成的污染。重金属可通过矿山开采、金属冶炼、金属加工及化工生产废水、化石燃料的燃烧、施用农药化肥和生活垃圾等人为污染源，以及地质侵蚀、风化等天然源形式进入水体、土壤和大气。它们毒性较大，在环境中不易被代谢，短时间内不能够降解为无毒物，易被动植物体富集并具有生物放大效应。同时，在生产过程中受环境中放射性物质的污染，也会导致其在动物组织器官中的蓄积，从而危害消费者的身体健康。目前，在畜产品危害较大的重金属有汞、铅、砷、镉、铜、铬等。

2. 农药残留

农药残留是指残存在环境及生物体内的微量农药，包括农药原体、有毒代谢物、降解物和杂质。施用于作物上的农药，其中一部分附着于作物上，一部分散落在土壤、大气和水等环境中，环境残存的农药中的一部分又会被植物吸收。残留农药可直接通过植物果实或水、大气到达人、畜体内，或通过环境、食物链最终传递给人、畜，危害消费者健康。目前，世界各国都存在着程度不同的农药残留问题，在我国有机氯农药的公害问题最大，特别是 DDT、BHC、PBC 及三氯乙烯等。人们在追求粮食高产丰收的同时，盲目大量使用有机氯农药，导致饲料原料及水源严重受到污染，从而使畜禽产品中有机氯残留问题广泛存在。

（二）饲养环节

1. 饲料及饲料添加剂

饲料原料品质不良，均会影响到畜产品质量。某些成分过量或缺乏，也会影响到畜产品的品质。如缺乏维生素 E 和微量元素硒，可造成白肌病；长期饲喂苜蓿、南瓜、胡萝卜等，使黄色素沉积形成黄脂肉。当前使用的饲料添加剂种类很多，主要包括抗氧化剂、防腐剂、激素、抗生素及抗菌剂等。它们在畜禽饲养过程中起着不可忽视的作用，一般来讲只要使用得法，是不会产生副作用的。但很多添加剂若长期使用或使用不当，常常造成残留，使人发生食物中毒或导致人体机能损害，产生畸形胎儿，甚至引发癌症等严重后果。

2. 兽药使用不当

兽药在动物疫病控制中作用巨大，很多养殖户为了追求短期利益，不按规定用药，不执行休药期规定，随便改变用药剂量、给药途径和部位，有的甚至非法使用违禁药品。这些行为都有可能造成动物性食品的药物残留过量，并引起畜禽和人的病原菌耐药性，给人类健康带来隐患。

3. 动物疫病

随着国际贸易交流的发展，动物传染病如今在地理学上比历史任何时候传播的速度都要快。据报道，过去人类流行的传染病病原 68% 来自动物，而现在上升到 72%。动物疫病的变化和动物保健品的广泛应用，使危害畜产品质量安全的因素不断增加。如果处理不当，很多动物疫病可以从畜禽产品直接传染给人，即人畜共患病，如布鲁氏菌病、结核病、禽流感、猪囊虫病、猪流感、血吸虫病等多种人畜共患病。因动物疫病可以使畜产品携带细菌、病毒或寄生虫引起人发病、死亡，所以不容忽视。

（三）转基因动物产品的质量安全问题

随着生物技术的飞速发展，转基因植物产品如小麦、大豆、玉米等，已经进入到人们的生活中。由于社会的需求，相信在不久的将来转基因动物产品也将进入人们的生活，届时转基因动物产品的安全性不可否认将还存在很多不确定的因素。

（四）加工环节

畜产品质量问题不仅在畜禽饲养过程中表现突出，而且在加工过程中由于卫生条件不达标，操作不规范导致的二次污染也较严重，成为畜产品质量安全的又一隐患。因此，畜产品加工业的卫生问题一直是各级政府关注、群众关心的焦点问题。在加工行业中任何一个环节疏于管理，都可能造成严重的畜产品安全事故，危及人民群众的身体健康和生命安全。目前，我国加工行业的安全问题主要有以下几个方面：

1. 企业规模较小，设备简陋，卫生达不到要求

我国的畜产品加工企业绝大多数规模比较小，工艺落后，很多传统工艺达不到卫生要求，卫生条件极差，致使动物性食品严重受到各种微生物的污染或交叉污染。如在宰杀过程中，畜禽冲洗不彻底造成致病菌生长；用于烫毛的水重复使用，形成交叉感染等。根据近几年媒体的曝光可以看出，即使一些品牌食品的加工过程也不完全符合国家规定的卫生标准。

2. 滥用食品添加剂，掺杂、掺假严重

一些食品生产企业为了牟利，不惜利用不合格的原料，甚至有毒有害、过期变质的原料来加工食品。如使用病畜肉生产火腿；还有一些动物性产品的加工经营者为了追求产品感官漂亮和增加产品货架期和售价，超标准使用碱粉、芒硝、漂白粉、色素、香精及防腐剂等。目前，畜产品中掺杂掺假的现象仍然存在，如注水猪肉。注水肉不但因为增加肉的重量而侵害了消费者的财产权利，同时由于往肉内注入的水存在卫生问题，对消费者的食用安全也产生了不良影响。

3. 新原料、新工艺所带来的安全问题

随着食品工业的迅速发展，大量新的化学物质应用于食品加工过程，直接应用于食品及间接与食品接触的化学物质日益增多；现代生物技术、酶制剂等新技术在食品中的应用、食品新资源的开发等，对食品安全带来的隐患同样也需要我们进行深入研究。

4. 食品监管机构缺乏协调机制

我国的食品监管机构相互间未建立起分工明确、协调顺畅、合作紧密的综合性或专项食品安全与卫生管理协调组织与合作机制，责任不明确，出现问题相互推诿。

（五）流通环节

食品的生产流通环节主要有食品原材料生产、食品加工、食品批发、食品零售以及连通各环节的食品储运。食品物流环节包括两个状态，即运输和储存。从畜产品产品生产到畜产品端上消费者餐桌，需要经历多次运输过程，其中，食品流通过程中对仓储与运输要求相当高，稍有不慎，就会对畜产品造成污染。很多食品需要在储运过程中冷藏，不能与其他物品混放，需要有好的储运环境，在保质期内流转。但目前许多食品由非专业储运食品的企业来进行储运。许多食品在储运过程中由于温度、环境、储运时间等原因，导致变质或存在食品安全隐患。

（六）销售环节

目前，我国畜产品零售渠道主要有超市、农贸市场、副食品商店、熟食店等，前两者是主要的。这几种销售渠道都存在不同程度的安全问题，超市虽然是食品安全信誉最高的地方，但食品安全隐患也大大存在。如鲜活产品的有毒有害物质残留超标问题、随意更改产品保质期、新鲜与过期产品的混杂等，国际化超市和国内超市均存在此类问题。农贸市场虽然存在食品安全监管制度，但缺乏足够的食品安全检测手段、检测设备以及检测人员。此外，大量城市的地摊以及农村的农贸市场仍处于安全监管范围之外，一些非法加工的劣质畜产品通过这些逃避监管的渠道进入市场。

（七）消费环节

随着人们生活水平的提高，生活节奏的加快，人们的生活习惯和方式也随之改变，在外就餐机会增多，食用高蛋白、高脂肪、高能量的畜产品的人群也越来越多，心血管疾病也随之增多。因此，饮食和生活方式的变化，成为畜产品的新的不安全因素。

二、我国食品质量安全体系建设中的问题

（一）食品安全监管体系不健全

标准制定滞后，我国的食品法制法规及安全监管部门不健全，已有的各个安全监管部门存在职责不明确、协调不力、执行不彻底等问题。另外，我国的食品安全标准制定工作滞后，远低于国际水平，标准化工作也有差距，并且已有的标准在执行的过程缺乏规范化和持续性。

（二）食品危险评估、监测及预警系统不健全

我们以美国和其他西方国家为参照会发现，我国现有的控制措施与国际水平不一致，没有广泛地应用危险性评估技术，对出现食品安全问题的紧急反应的能力不

够。另外，我国食品安全体系的透明度、宣传普及以及专业人才培养均不如欧美国家。

（三）生产者及整个畜产品行业的发展问题

我国地域辽阔，畜产品生产者众多，有外资企业、国有农场、私人企业、个体户、散养户等，诸多的生产者使政府对畜产品生产过程的监管难度大大增加，很多时候有力不从心的感觉。我国的整个畜产品行业起步晚、起点低。若质量安全体系制定不合理，要求太高的话，可能会制约我们畜产品行业的发展。并且对于我国的畜产品消费情况而言，中低收入的消费者居多，畜产品质量安全要求过严，必定会引起畜产品价格的上涨，反而不利于畜产品的消费。因此，这对于我国食品安全体系建设将是一个严峻的考验。

（四）政府的财政支出能力

近几年来，由于经济的飞速发展，我国的 GDP 虽名列前茅，但是我国人口众多，在标准的构建、仪器购置、人员培训及加强基础设施建设等畜产品安全体系建设的过程中，大大增加了政府的财政支出，这对政府的财政支付能力也是一个相当严峻的考验。

三、对我国畜产品质量安全问题的建议和解决措施

（一）严格控制污染物的排放

严格控制农药的使用和工业三废、生活污水和动物粪便的排放，加大环境治理的力度。鉴于农药和工业三废对环境的危害和畜产品品质的影响，我们要严格控制农药的使用和工业三废的排放，减少对环境的污染并且要合理选址，在畜禽养殖区域内建立绿色屏障。即养殖场周围栽种防护林，各生产区间种植隔离树，建设环保草坪，道路两旁进行遮阴绿化，确保畜禽养殖环境，进而保障畜产品安全。

（二）确保养殖投入品的监管

主要是加大饲料、添加剂及兽药投入、使用的监管力度。

首先，对生产与经营饲料、添加剂及兽药的企业进行不定期抽查，加大对假冒伪劣产品的查处力度，杜绝不合格的饲料充斥市场，从根本上杜绝违禁药物来源。其次，加强基础性研究，积极开发和推广安全可靠的绿色添加剂，减轻药物残留的危害，消除饲料添加剂后患。最后，加强养殖户培训，积极推广安全畜产品生产的标准化技术。

总之，尽量使用低毒、高效、无公害、无残留的"绿色兽药"，生产无公害畜禽。

（三）严格按标准使用兽药

目前，在畜产品中发现的农药、兽药残留，大都是用药错误造成的。因此，在动物疾病的预防及治疗过程中，严格遵守药物使用种类、剂量、配伍、期限、给药途径、用药部位及停药期等规定，严禁使用违禁药物或未被批准使用的药物。

（四）动物疫病的防治

近年来，国内外畜禽动物疫病不断，严重地阻碍着畜牧业生产的健康发展。加上我国畜牧业集约化养殖程度不高，多数是分散饲养，饲养环境差，缺乏基本的动物防疫条件，很难有效地预防和控制畜禽疫病。当前，应该统一思想，总结经验，加大对动物检疫工作人员培训，完善执法队伍人力保障机制、加强动物检疫执法队伍的建设、落实经费，解决畜牧兽医综合执法的物质保障，不断提高执法水平，强化畜产品生产加工和流通环节的监管，严厉打击违反畜产品安全生产的违法行为。

（五）完善法律法规

提高监督管理效率，尽管我国现在已经有相关的法律来保证畜产品安全，如《动物性食品中兽药最高残留限量》《中华人民共和国农产品质量安全法》《兽药管理条例》《允许作饲料药物添加剂的兽药品种及使用规定》等。但是，与发达国家相比，仍然需进一步完善，减少国内国外法律法规的交叉盲点。《中华人民共和国食品安全法》规定，我国食品安全的各个环节由卫生、农业、质监、工商、食品药品监管等部门负责，并强调各部门间的配合与衔接，力求完善从"田头"到"餐桌"的监管链条。但是各部门的协调合作仍需长时间的磨合与调整，才能够使食品安全监督管理的资源得到最大限度的充分利用，进而使监督管理效率得到较大的提高。

（六）完善畜产品质量体系建设

结合国际标准和本国实际，再借鉴欧美成功经验，努力研发引进高效、快速、先进的畜产品检测技术并建立畜产品质量安全信息网络服务平台可追溯体系，实行免疫标识的管理，溯源物资的管理、电子产地检疫的出票管理等，不断建设和完善畜产品质量安全体系。

（七）加大宣传教育力度

首先，在监管的同时，要面向社会大力宣传《中华人民共和国动物防疫法》《兽药管理条例》等法律法规。其次，加大对畜产品安全重要性的宣传，同时密切联系新闻媒体，对案情较大，影响恶劣的案件和违法分子给予曝光。最后，要加大对社会各方面的宣传，聘请社会上政治素质高、业务素质精、责任心强、坚持原则、热心社会公益事业的人担任监督员协助管理，形成群防群治的良好执法氛围，从根本上解决畜产品安全问题。

总之，我国的畜禽产品安全问题形式严峻，一方面农药、兽药、重金属、动物疫病等传统的污染问题继续存在；另一方面，由于各种原因，各种新的污染源也不断出现。畜产品安全问题的出现不仅危害了国民的身体健康，而且严重影响了出口创汇。因此，加强畜产品质量安全体系建设，对于确保畜产品消费安全，促进畜牧业和农村经济发展及出口贸易等具有重要的意义。

参考文献

安铁洙．2013.毛皮动物生产配套技术手册［M］.北京：中国农业出版社.

白秀娟．2013.特种经济动物生产学［M］.北京：中国农业出版社.

陈国宏．2013.中国养鹅学［M］.北京：中国农业出版社.

陈烈．2012.科学养鹅［M］.2版.北京：金盾出版社.

陈明新，索效军．2013.南方山羊养殖新技术［M］.北京：金盾出版社.

陈益填．2011.肉鸽养殖新技术（修订版）［M］.北京：金盾出版社.

丁卫星．2004.中国香猪养殖实用技术［M］.北京：金盾出版社.

杜波．2016.养牛与牛病防治［M］.北京：中国农业出版社.

冯建忠，张效生．2014.规模化羊场生产与经营管理手册［M］.北京：中国农业出版社.

高本刚．2012.养蛇与蛇伤防治大全［M］.北京：中国农业出版社.

高本刚．2013.药用动物养殖与产品加工大全［M］.北京：中国农业出版社.

顾学玲．2012.养蛇新技术百问百答［M］.北京：中国农业出版社.

郭万正．2012.规模养猪实用技术［M］.北京：金盾出版社.

韩占兵，郭艳丽．2015.山鸡高效健康养殖技术［M］.北京：金盾出版社.

洪龙．2014.牛设施养殖技术［M］.北京：金盾出版社.

黄万世．2014.养禽技术［M］.北京：中国农业出版社.

黄炎坤．2009.青粗饲料养鹅配套技术问答［M］.北京：金盾出版社.

霍永久，包文斌．2012.猪标准化生产技能操作教程［M］.北京：金盾出版社.

蒋洪．2013.茂肉牛快速育肥实用技术［M］.2版.北京：金盾出版社.

季海峰．2014.目标养猪新法［M］.3版.北京：中国农业出版社.

李典友．2013.特禽高效养殖与产品深加工新技术［M］.北京：金盾出版社.

李乐文．2016.淡水鱼与鱼病防治［M］.北京：中国农业出版社.

李乐文．2016.小龙虾高产高效养殖新技术［M］.北京：中国农业出版社.

李苏新．2009.南方肉用山羊养殖技术［M］.北京：金盾出版社.

李晓锋．2010.南方种草养羊实用技术［M］.北京：金盾出版社.

李延云．2009.农作物秸秆饲料微贮技术［M］.北京：金盾出版社.

路广计．2014.特种水产养殖手册［M］.北京：中国农业大学出版社.

任克良，石永红．2010.种草养兔技术手册［M］.北京：金盾出版社.

宋晓平 . 2012. 特种禽类生态养殖技术［M］. 北京：中国农业出版社 .

王安 . 2011. 生态养蜂［M］. 北京：中国农业出版社 .

王惠生，王清 . 2012. 波尔山羊科学饲养技术，［M］. 北京：金盾出版社 .

王智权 . 2015. 猪的生产与经营［M］. 北京：中国农业出版社 .

杨公社 . 2012. 猪生产学［M］. 北京：中国农业出版社 .

杨宁 . 2013. 家禽生产学［M］. 2 版 . 北京：中国农业出版社 .

杨泽霖 . 2009. 肉牛育肥与疾病防治［M］. 北京：金盾出版社 .

余四九 . 2003. 经济动物生产学［M］. 北京：中国农业出版社 .

周刚 . 2012. 河蟹规模化健康养殖技术，［M］. 北京：中国农业出版社 .

朱国生 . 2013. 土鸡饲养技术指南［M］. 2 版 . 北京：中国农业大学出版社 .

昝林森 . 2007. 牛生产学［M］. 2 版 . 北京：中国农业出版社 .

钟秀会 . 2012. 药用动物生态养殖［M］. 北京：中国农业出版社 .

赵有璋 . 2011. 羊生产学［M］. 3 版 . 北京：中国农业出版社 .

曾志将 . 2009. 养蜂学［M］. 2 版 . 北京：中国农业出版社 .

张居农 . 2013. 高效养羊综合配套新技术［M］. 2 版 . 北京：中国农业出版社 .